水利工程 BIM 技术应用与拓展

中水珠江规划勘测设计有限公司
吕　彬　杨楚骅　廖祥君　丁秀平
曾庆祥　王存慧　刘博文　陈冰清　著

黄河水利出版社
·郑州·

内 容 提 要

本书以 BIM 技术在水利工程中的应用为主题,介绍了 BIM 技术的拓展应用及项目实践。全书分为4篇共13章,主要内容包括水利工程 BIM 技术应用现状、建模工具二次开发技术与实现、模型信息应用与实现、水利工程 BIM 技术应用工程实例。

本书可作为在校本科生、研究生、科技工作者及工程技术人员学习 BIM 技术的参考书。

图书在版编目(CIP)数据

水利工程 BIM 技术应用与拓展 / 吕彬等著. -- 郑州 : 黄河水利出版社, 2024. 8. -- ISBN 978-7-5509-3973-8

Ⅰ. TV222. 1-39

中国国家版本馆 CIP 数据核字第 202416A5R1 号

组稿编辑:王志宽　电话:0371-66024331　E-mail:278773941@ qq. com

责任编辑　李晓红　　　责任校对　鲁　宁

封面设计　李思璇　　　责任监制　常红昕

出版发行　黄河水利出版社

地址:河南省郑州市顺河路 49 号　邮政编码:450003

网址:www. yrcp. com　E-mail:hhslcbs@ 126. com

发行部电话:0371-66020550

承印单位　河南新华印刷集团有限公司

开　　本　787 mm×1 092 mm　1/16

印　　张　31. 5

字　　数　750 千字

版次印次　2024 年 8 月第 1 版　　2024 年 8 月第 1 次印刷

定　　价　320. 00 元

前 言

BIM 技术在国内水利水电行业的应用,大体从 2006—2008 年开始,早期由于设计软件功能不健全,推广应用进度较慢;2016 年以后,随着软件功能模块的逐渐完善,BIM 软件推广应用开始逐渐提速。2016 年 10 月 26 日,中国水利水电勘测设计协会的 34 家会员单位共同发起,成立了中国水利水电 BIM 设计联盟,旨在以设计引领,重点突破,共同发展,推进水利水电工程全生命周期 BIM 的应用,建立基于 BIM 的生态圈。目前,国内水利水电行业 BIM 应用采用的三维设计平台主要是 Autodesk、Bentley 及 CATIA 三款国外软件,应用实践表明,在专业设计领域上述平台软件均存在对应工具缺失问题,导致设计效率较低、推广应用受阻。要解决好软件在专业设计领域好用、易用、可明显提升设计产品效率及质量问题,需要对基础平台软件功能进行二次开发拓展。

本书基于技术发展及工程应用实践总结,介绍了水利工程 BIM 技术应用现状、基于 Bentley 平台 MicroStation 软件进行专业设计领域工具二次开发的应用及实践、工程信息模型创建及应用、BIM 技术在实际工程项目中应用案例等内容,分为 4 篇 13 章。

第一篇水利工程 BIM 技术应用现状,分 2 章内容(第 1、2 章):第 1 章对 BIM 技术的概念进行了详细介绍和阐述;第 2 章介绍了当前行业内 BIM 技术的应用现状和应用需求,为读者后续学习和理解奠定基础。

第二篇建模工具二次开发技术与实现,分 2 章内容(第 3、4 章):第 3 章梳理了基于 Revit、MicroStation、CATIA 软件的二次开发现状;第 4 章介绍了基于 MicroStation 软件的二次开发在地形处理、场地分析、枢纽建模、出图标注及信息模型创建等方面的应用。

第三篇模型信息应用与实现,分 2 章内容(第 5、6 章):第 5 章主要介绍了水利工程信息模型创建与分类编码方法;第 6 章介绍了信息模型在设计、施工、运维中的应用与实现方法。

第四篇水利工程 BIM 技术应用工程实例,分 7 章内容(第 7~13 章):第 7 章主要介绍了 BIM 技术在地质、金属结构、水工结构等专业中的应用情况;第 8~13 章通过 6 个具体工程案例,从项目概况、BIM 设计整体方案、BIM 技术应用成效、相关创新与拓展等方面介绍了工程应用实践。

本书凝聚了中水珠江规划勘测设计有限公司近 10 年的 BIM 技术应用探索及研究成果,内容共分为 13 章:其中第 1、2、3、5 章由廖祥君撰写,第 4 章第 1、2、3 节由吕彬撰写,第 4 章第 4、5 节及第 7 章由杨楚骅撰写,第 6 章及第 8 章第 4、5 节由刘博文撰写,第 8 章

第1、2、3节由陈冰清撰写,第9、13章由王存慧撰写,第10、12章由丁秀平撰写,第11章由曾庆祥撰写。全书由吕彬、丁秀平统稿。

希望本书能够为读者带来有益的启示和帮助,提供更全面的认识和更深入的理解,同时也希望本书能够引发更多人对该领域的关注和思考,共同推动BIM技术更深层、更广度地发展和进步。

本书作者均为BIM技术应用一线工程技术人员,书稿内容是基于BIM技术在水利水电工程中的应用现状及大量工程实践经验总结而成的。随着科技进步,BIM技术应用的相关技术尚在不断地创新和发展中。

由于作者水平有限,书中难免存在疏漏,恳请读者予以批评指正。

作　者

2024年7月

目　录

第一篇　水利工程 BIM 技术应用现状

第二篇　建模工具二次开发技术与实现

第三篇　模型信息应用与实现

第四篇 水利工程BIM技术应用工程实例

第一篇　水利工程 BIM 技术应用现状

第 1 章　BIM 简介

1.1　基本概念

1.1.1　引言

30 多年前,在国内工程建设行业,一场名为 CAD(computer aided design,计算机辅助设计)的技术革命,宣告工程设计制图行业开始告别传统的“绘图板+丁字尺”手工绘图模式(简称“图纸时代”);而时至今日,一场来势更为迅猛的技术浪潮——BIM(building information modeling,建筑信息模型)也已悄然兴起,渐次席卷境外境内、大江南北。随着 BIM 技术革命的普及和深入,或将终结工程设计行业的“图纸时代”,迎来全新的“模型时代”:工程现场施工管理人员不再俯身翻阅工程蓝图,而人手一台 iPad 指挥现场施工作业,这一场景也许不太遥远。

2011 年 5 月,国家住建部颁布的《2011—2015 年建筑业信息化发展纲要》明确提出:推动基于 BIM 技术的协同设计系统建设与应用,提高工程勘察问题分析能力,提升检测监测分析水平,提高设计集成化与智能化程度;加快推广 BIM、协同设计等技术在勘察设计、施工和工程项目管理中的应用,改进传统的生产与管理模式,提升企业的生产效率和管理水平。由此,业界有人将 2011 年称作“中国工程建设行业 BIM 元年”。

1.1.2　BIM 的由来及基本概念

1.1.2.1　BIM 的由来

BIM,作为对包括工程建设行业在内的多个行业的工作流程、工作方法的一次重大思索和变革,其雏形最早可追溯到 20 世纪 70 年代。早于它衍生的类似术语还有:欧洲所谓的 BPM(building product models)以及芬兰所谓的 PIM(product information models)等,直到 20 世纪 80 年代早期,美国将二者进行综合,并命名为 BIM(building product models)。后来随着对 BIM 技术的不断探索,以及对建筑生命周期的深入理解,出现了一个词语更替,即 BIM 比较多地被定义为 building information modeling。它被直译为“建筑信息建模”“建筑信息模型方法”或“建筑信息模型过程”。但约定俗成,目前国内业界大多称之为“建筑信息模型”。

1.1.2.2　BIM 的基本定义

对 BIM 的中文定义,大众较为认可的是 Mc Graw Hill(麦克格劳·希尔)在 2009 年名为《The Business Value of BIM》的市场调研报告中所给出的,即 BIM 是利用数字模型对建设项目进行设计、施工和运营的过程。该 BIM 定义较为准确、简练、清晰、易记,也便于传播。可以概括地说,BIM 是一个过程,是一个包含多个阶段(甚至是全寿命周期)的过程。

总之,BIM是信息模型在工程建设行业中的具体应用,是创建并利用数字化模型对建设项目的设计、建造和运营全过程,进行实施、管理和优化的方法与工具。它将显著提高建设效率,预知并大幅度降低工程风险。因此,在BIM方法体系中,不仅包含建模技术,也包含可协同建筑项目全生命周期各阶段和各专业的协作平台;它既要有一套可赖以实施的IT工具,更要有一套为决策者、管理者提供优化服务的系统论和方法论。

具体到工程设计阶段,BIM将通过数字信息仿真技术,模拟建筑物所具有的真实信息(包括传统的三维几何形状信息,以及诸如建筑构件的材料、重量、价格和进度等大量非几何形状信息),是对该工程项目多方面综合信息的详尽表达。BIM将使工程设计等技术人员能全面掌控建筑信息,并做出正确应对,从而为协同设计奠定坚实基础。

随着BIM的广泛应用及对其进行深入研究,关于BIM涵义的讨论仍将继续,它也必将衍化出更深层、更广义的含义。无论如何,一场引发建设行业史无前例技术变革的号角已经吹响。

1.1.3 BIM所涉及的主要技术

从技术角度看,BIM是一系列先进信息技术在建设项目上的“集大成”,其主要技术阐述如下。

1.1.3.1 CAD与图形学技术

众所周知,CAD与图形学是建筑几何信息在信息系统中的映射。而对于用户而言,BIM最直观的部分则是“三维”计算机制图技术。可以说,BIM根植于CAD、来源于CAD,是CAD发展的最新阶段,但其表达与表现能力,大大强于传统的二维CAD。

相对传统CAD而言,BIM拥有以下四项独到技术:

(1)曲线曲面造型技术。BIM运用三维曲线曲面造型技术,如Bezier、B-Spline、NURBS曲线曲面,创造传统CAD方式难以企及的奇异而独特的建筑形态。

(2)实体造型技术。BIM运用诸如B-Rep、CSG等实体造型技术及布尔运算,使之成为面向对象的建筑建模的基础,并支持创建复杂建筑实体。

(3)参数化技术。BIM采用参数化技术,即基于特征、全尺寸约束、全数据相关、尺寸驱动设计修改,支持建筑设计及用户交互的创新性。

(4)真实感图形学技术。BIM采用诸如光线追踪、辐射度等富于真实感的渲染技术,将几何模型和计算结果转换成为逼真的三维(及两维)图像或虚拟动画。

1.1.3.2 语义与知识表示技术

除建筑几何信息外,BIM模型中还包含着建筑物的各类物理和功能信息。如何在几何模型中表达这些语义信息,涉及另一项重要的BIM技术——语义与知识表示技术。具体包括以下内容:

(1)语义计算。基于建筑信息模型丰富的语义,在4D(在3D基础上加上进度维度)、5D(在4D基础上加上成本维度)、力学、安全和绿色环保等方面,进行计算、推理和优化。

(2)语义规范约束。针对建筑模型的语义表达及约束规范的形式化表达,对BIM模型进行自动化、智能化的消防设计、管线碰撞等规范性检查。

(3)本体论技术。即对建筑信息中所有概念及概念之间相互关系的描述(尤其是对相互关系的阐述,更精确表达或突出概念的语义)。诸如 ISO12006-2、ISO12006-3 等建筑信息的分类标准,均是本体论技术的重要应用指南。

(4)语义 Web。即机器可读取、可处理的 Web 数据表示,包括 OWL(web ontology language)、XML(extensible markup language)和 RDF(resource description framework)等技术。BIM 中的 IFDLibrary 库,就是极具潜力的语义 Web 服务资源库。

(5)共享资源库。将建筑物基本构件、建成项目、经验数据等重要信息进行分类归纳、整理和存储,形成包括 BIM 标准件资源库、基准价库在内的多元共享资源库。

1.1.3.3　集成与协同技术

就实质而言,BIM 技术就是通过对建筑信息的插入、提取、更新和修改,来支持建设项目在不同阶段、不同利益相关方之间的系统作业和协同作业。因此,BIM 的本质属性之一就是信息交换过程,即可通过网络系统将各自独立的、分布各处的多台计算机相互连接起来,从而有效共享资源并展开协同工作。具体包括以下内容:

(1)协同设计技术。即 CSCW(computer supported cooperative work,计算机支持协同作业),是基于局域网与互联网开展分布异地或异构平台下的协同设计,以及在 Extranet/Intranet 乃至 Internet 环境中,可形成动态的、随"产品"而转移的"虚拟设计组织",从而支持同步或异步协同设计。

(2)数据库技术。数据库相对稳健,具有共享性、并发性、安全性,并允许分布式、异构式应用系统的访问和修改,从而成为 BIM 协同操作的重要技术支撑。

(3)中间件技术。该技术用以实现不同技术平台、不同领域的 BIM 软件之间的互操作,以及 BIM 与其他软件诸如 ERP(enterprise resource planning)、BLM(building lifecycle management)、电子商务系统之间的互通及集成。

(4)软件服务技术。通过诸如 SOA(service-oriented architecture)、SaaS(software as a service)等软件服务技术,在 Web 层面对 BIM 相关数据及操作进行封袋与服务集成,具有良好的松耦合性与跨平台性。

1.1.4　BIM 的典型应用功能

借鉴美国 BSA(building MART alliance)BIM 分类框架,结合目前国内工程建设行业特点,特将 BIM 的典型应用功能归纳如下。

1.1.4.1　BIM 模型维护

根据项目建设进度建立和维护 BIM 模型,实质是使用 BIM 平台消除"信息孤岛",汇总各项目参与方所有建筑工程信息,并以三维模型进行整合和储存,以备项目全过程中项目相关方随时共享。目前,业内主要采用"分布式"BIM 模型(如设计、施工、进度、成本、制造、操作等模型)方法,建立符合工程项目现有条件和用途的 BIM 模型。BIM 模型多由设计单位、施工单位或者运营单位根据各自工作范围单独建立,最后通过统一标准合成。当然,业主也可能委托独立 BIM 咨询服务商,统一规划、维护和管理整个工程项目 BIM 应用,以确保 BIM 模型信息的准确性、安全性和时效性。

1.1.4.2　可视化设计

建筑师传统大量设计工作仍要基于传统 CAD 平台,即使用平、立、剖三视图表达和展现设计成果。这种方式易造成信息割裂,尤其在项目复杂、工期紧时,更易出错。而BIM的出现,使建筑师一举拥有三维可视化设计工具,所见即所得,更能使设计师使用三维思考方式来完成建筑设计,同时也使业主(及最终用户)真正摆脱技术壁垒限制,有力弥补了与设计师间的交流鸿沟,随时直接获取项目信息。

1.1.4.3 协同设计

传统所谓"协同设计"主要基于CAD平台,其实并不能充分实现专业间的信息交流,这是因为CAD通用文件格式仅是对图形的描述,无法加载附加信息,导致专业间数据不具有关联性。而BIM的出现,将使"协同"不再是简单的文件参照。基于BIM的协同设计作为一种新兴设计方式,作为数字化建筑设计技术与快速发展的网络技术相结合的必然产物,可使分布在不同地理位置、不同专业的设计人员,通过网络协同展开设计工作。而且协同范畴可从单纯设计阶段扩展到建筑全生命周期,从而带来项目综合效益的大幅提升。

1.1.4.4 性能化分析

利用BIM技术,建筑师在设计过程中赋予所创建的虚拟建筑模型以大量建筑信息(几何信息、材料性能、构件属性等)。只要将BIM模型导入相关性能化分析软件,就可得到相应分析结果,使得原本CAD时代需要专业人士花费大量时间输入大量专业数据的过程,如今可自动轻松完成,从而显著缩短工作周期、提高设计质量,优化为业主服务。

1.1.4.5 工程量统计

BIM模型作为一个富含工程信息的数据库,可真实地提供造价管理所需的工程量数据。基于这些数据信息,计算机可快速对各种构件进行统计分析,大大减少烦琐的人工操作和潜在错误,便捷实现工程量信息与设计文件的完全一致。通过BIM所获得准确的工程量统计,可用于设计前期的成本估算、方案比选、成本比较,以及开工前预算和竣工后决算。

1.1.4.6 管线综合

随着建筑物规模和使用功能复杂程度的增加,设计单位、施工单位甚至业主,对机电管线综合的出图要求愈加强烈。在CAD时代,设计企业主要由建筑或者机电专业牵头,将所有图纸打印成硫酸图,然后各专业将图纸叠在一起进行管线综合。这种方式机械、低效,导致管线综合成为建筑施工前最让业主放心不下的技术环节。而利用BIM技术后,通过搭建各专业BIM模型,设计师能够在虚拟三维环境下快捷发现设计中的碰撞冲突,从而大幅提高工作效率和质量。这可以及时排除施工中可能遇到的碰撞冲突,显著减少由此产生的变更申请单,更大大提高施工现场作业效率,降低了因施工协调造成的成本增长和工期延误。

1.1.4.7 施工进度模拟

当前建筑工程项目管理中常以甘特图表示进度计划,此方式专业性强,但可视化程度低,无法清晰描述施工进度及各种复杂关系(尤其是动态变化过程)。而通过将BIM与施工进度计划相连接,即把空间信息与时间信息整合在一个可视的4D模型中,可直观、精确地反映整个施工过程,进而可缩短工期、降低成本、提高质量。此外,借助4D模型,将增加施工企业投标竞标优势,因BIM可协助评标专家很快了解投标单位对投标项目主要施工的控制方法、施工安排是否均衡、总体计划是否合理等，从而对投标单位施工经验和实力做出有效评估。

1.1.4.8　施工组织模拟

通过 BIM 可对项目重点及难点部分进行可建性模拟，按月、日、时进行施工安装方案的分析优化，验证复杂建筑体系（如施工模板、玻璃装配、锚固等）的可建造性，从而提高施工计划的可行性。对项目管理方而言，可直观了解整个施工安装环节的时间节点、安装工序，以及疑难点。而施工方也可进一步对原有安装方案进行优化和改善，以提高施工效率和施工方案的安全性。

1.1.4.9　数字化建造

BIM 结合数字化制造，可显著提高建筑行业的生产效率。通过数字化建造，可自动完成建筑物构件的预制，这不仅可减小建造误差、增强可掌控性，还可大幅提高生产率。BIM 模型直接用于制造环节，可让设计人员在设计阶段就提前考虑数字化建造问题。而与参与竞标的构件制造商一起共享构件模型，便于编制更为统一和准确的投标文件，从而有助于缩短招标周期。

1.1.4.10　物料跟踪

在 BIM 出现以前，建筑行业可借助较为成熟的物流行业管理技术（如 RFID 无线射频识别电子标签），将建筑物内各个设备构件贴上标签，记录其状态信息、过程信息，以对其跟踪管理。但 RFID 本身无法进一步获取构件更详细的信息（如生产日期、生产厂家、构件尺寸等），而 BIM 模型可详细记录这部分信息。于是 BIM 与 RFID 形成互补，从而有效解决建筑行业对日益增长的物料跟踪所带来的管理压力。

1.1.4.11　施工现场配合

BIM 集成建筑物完整信息，日渐成为一个便于施工现场各方交流的沟通平台，可方便协调方案，论证项目可实施性，及时排除风险隐患，减少由此产生的工程变更，从而缩短施工时间、降低无谓损耗、提高施工效率。

1.1.4.12　竣工模型交付

BIM 竣工模型能将建筑物空间信息和设备参数信息有机地整合起来，能与施工过程记录信息发生关联，甚至可集成包括隐蔽工程资料在内的竣工信息。这不仅为后续物业管理带来便利，而且可在未来进行的翻新、改造、扩建过程中，为业主提供有效的历史信息。

1.1.4.13　维护计划

建筑物使用期间，其结构（如墙、楼板、屋顶等）和设备设施都需不断得到维护。而 BIM 模型结合运营维护管理系统，可充分发挥空间定位和历史数据记录的优势，对于设施、设备的使用状态提前做出判断，从而合理制订维护计划，分配专人专项维护工作，以降低建筑物使用中出现突发状况的概率。

1.1.4.14　资产管理

传统建筑施工和运营的信息割裂，使得建筑物资产信息需在运营初期依赖大量人工操作来录入，这很容易出现人为错误。而 BIM 中包含的完整建筑信息能被顺利导入资产管理系统，显著减少系统初始化在数据准备方面的时间及人力投入。

1.2 应用价值

BIM作为贯穿建筑物生命周期全过程的一项技术,其应用价值涵盖从项目立项、规划、设计、施工建造到运营维护等各阶段,也覆盖了工程建设相关群体,如业主、开发商、规划师、建筑师、绘图员、结构工程师、设备工程师、造价师、施工总承包商(及分包商)、监理工程师、设备及材料供应商、物业管理人员等多专业参与人员。因此,BIM技术可看作建筑物DNA。

依然根据工程项目基本建设流程,从项目规划、设计、施工和运营(管理)这几个主要阶段出发,以BIM实际运用成果做参照,来深入分析和详细探讨BIM技术的具体应用价值。

1.2.1 项目规划阶段

1.2.1.1 通过BIM技术进行复杂场地分析

借助BIM技术,通过原始地形等高线数据,建立起三维地形模型,并加以高程分析、坡度分析、放坡填挖方处理,从而为后续规划设计工作奠定基础。比如,通过软件分析得到地形的坡度数据,以不同跨度分析地形每一处的坡度,并以不同颜色区分,则可直观看出哪些地方比较平坦、哪些地方陡峭,进而为开发选址提供有力依据,也避免过度填挖土方,造成无端浪费。

1.2.1.2 利用BIM技术进行可视化节能分析

随着自然资源的日益减少及人类对于自身行为的深刻反思,绿色建筑正逐步成为现代工程项目的一个必须而重要的选项。麦克格劳·希尔建筑信息公司于2011年发布的建筑行业调查报告——《绿色BIM:建筑信息模型如何推动绿色设计与施工》显示,BIM在建筑节能分析中可发挥越来越多的重要作用,同时绿色建筑的大量需求也反过来促进着BIM软件的广泛应用。目前,全球接近50%的绿色建筑的从业人员已在50%以上的项目中使用着BIM技术。而暂时未在绿色建筑中应用BIM技术的受访者中,有78%表示会在今后3年内使用BIM软件。

从BIM技术层面而言,可进行日照模拟、二氧化碳排放计算、自然通风和混合系统情境仿真、环境流体力学情境模拟等多项测试比对,也可将规划建设的建筑物置于现有建筑环境当中,进行分析论证,讨论在新建筑增加情况下各项环境指标的变化,从而在众多方案中优选出更节能、更绿色、更生态、更适合人居住的最佳方案。

1.2.1.3 利用BIM技术进行前期规划方案比选、优化

除上述节能分析外,通过BIM三维可视化分析,也可对运营、交通、消防等其他各方面的规划方案进行比选、论证,从中选择最佳结果。亦即,利用直观的BIM三维参数模型,让业主、设计方(甚至施工方)尽早地参与项目讨论与决策,这将大大提高沟通效率,减少不同人因对图纸理解不同而造成的信息损失及沟通成本。如在商业综合体地下停车场的设计方案中,可直观模拟大型货柜车进出情况,从而为将来商场运营提供可靠保障;再比如在别墅设计方案里,可进行道路的最优化设计,以创造出更多的、更宜人的景观空

间及居住空间。

1.2.2　项目设计阶段

(1)通过 BIM 进行可视化设计,便于沟通及调整方案,保持可视化与设计的一致性。可视化是对 Visualization 的直译,如用于建筑行业中的建筑方案设计,可称为"表现";与之相对应,施工图设计可谓之"表达"。

在此前 CAD 和可视化作为建筑业主要数字化工具的时候,CAD 图纸是项目信息的抽象表达,而可视化是对 CAD 图纸所表达项目部分信息的图画式表现。由于可视化三维模型是基于 CAD 图纸而重新建立的,而 CAD 图纸总是处于不断调整和变化之中,因此就很难让可视化模型与 CAD 图纸始终保持高度一致(若保持,成本会很高)。这也是为什么目前很多项目按照 CAD 图纸建成的结果,和当初可视化模型效果不一致的主因之一。

不过,使用 BIM 技术后,该情况就将完全改观。因为 BIM 本身就是一种可视化程度比较高的高级 CAD 绘图工具。这意味着,BIM 自身包含项目的几何、物理和功能等完整信息,其可视化控件可直接从中获取几何、材料、光源和视角等信息,不再需要另行建立可视化模型;而且可视化模型可随 BIM 设计模型的改变而动态更新,从而保证可视化与设计的一致性。在设计方案调整频繁、工期紧迫的情况下,这一优点至关重要,将大大提高生产效率。

(2)通过 BIM 技术进行异形建筑的参数化设计。

在追求设计个性化和计算机技术、建造技术发展迅速的今天,设计师的思想和潜能都得到了前所未有的发挥。由此,各种风格迥异的建筑物应运而生。而 BIM 技术的应用,将让设计构想与项目实施之间没有鸿沟,设计师可以充分发挥其灵动创意,而 BIM 技术以其独特的参数化设计,也已成为异形建筑构思得以实现的必备手段。在 BIM 诞生之前,要兑现异形建筑造型几乎是天方夜谭。

(3)通过 BIM 技术进行项目"能见度"分析,创造更高价值。

"能见度"是指待建建筑物在城市建筑群中的识别性。以 BIM 模型结合先进的摄影测量学技术,可为待建项目建立互动精确的电脑模拟环境,让项目团队能在一个直观、真实的三维环境下,科学地观察、理解及分析项目立面的"能见度"。

(4)通过 BIM 技术校验图纸,解决多专业汇总问题,减少错、漏、碰、缺等设计错误。

通过 BIM 三维可视化控件及程序自动检测,可对建筑物内机电管线和设备进行直观布置、预演,模拟安装,检查是否碰撞,找出问题所在及冲突、矛盾之处,还可调整楼层净高、墙柱尺寸等,从而有效解决传统方法容易造成的设计缺陷、提升设计质量、减少后期修改、降低成本及风险。

1.2.3　项目施工阶段

(1)有助于施工阶段的深化设计。

基于 BIM 三维参数化模型的直观性和清晰性,可有效减小施工单位对设计图纸的理解误差,节约时间、提高效率,还可为施工单位做深化设计提供有益帮助,从而降低施工期间的修改及误工可能性。

(2)有助于施工进程的科学预见和管理。

通过BIM技术带来的4D施工进度模拟,可让施工进度表直观地可视化表达。这不仅让事先制订的施工计划得以验证(进度可精确到周、日),更能作为制订下一步进度的参考,检查施工组织的合理性,及时发现工期延误状况及其原因,进而调整、优化相关工作部署。

(3)有助于施工方法的优化及改进。

通过BIM模型可精确进行复杂建筑的图纸定位,有效指导现场施工人员科学、正确操作,避免错误施工,有效提高施工质量和效率,降低施工难度和风险。比如,有了直观的BIM三维模型,可避免施工人员漏看设计图纸上预留洞口,可使施工重型机械设备在规定时间及有限空间内运转自如、按期完工。

(4)有助于特殊建造物的定位与协调。

通过BIM技术,能为建筑物提供科学的幕墙、水泥板、钢结构等定位与放样依据,为复杂造型及特殊环境下的科学施工创造实用价值。特别是在异形建筑中,能实现科学、精准配料,能有效减少施工误差和成本浪费,从而让设计构想与施工结果更为吻合。

(5)基于BIM虚拟现实技术,有助于提升项目汇报及市场推广能力。

不论在哪一阶段(哪怕项目实际尚未建成),都可利用真实数据并结合BIM虚拟现实技术,在电脑虚拟环境里,全面模拟及浏览建筑建成之后的效果图——BIM竣工模型。可用第一人称感受项目成果,并向相关对象予以展示,让各方提前体验项目细节,从而有助于该项目汇报及市场推广。

1.2.4 项目运营阶段

(1)为后期的运营成本核算、资金支付等创造优化条件。

基于BIM技术的参数化设计和前期的科学定义,建筑物内每一个构件都有其基本信息,整个建筑全部构件信息也能较快统计出来,从而为项目建成后的运营成本核算、工程量预估、资金支付等工作创造优化条件。

(2)为物联网和智能物业管理系统无缝接入提供便利。

借助于前期BIM模型所包含的丰富建筑物信息,项目建成后的物联网和智能物业管理系统可与之实现无缝对接。部分物业管理系统就是BIM技术与互联网、手持设备、射频技术、智能物业管理系统等融合后的具体应用。

(3)有助于科学管控等综合应用的定制开发。

基于BIM参数化设计成果(由图纸发展成为数据库),可根据需求进行相关定制开发,以达到管理者实施科学管控的不同目标。

1.3 设计软件简介

BIM作为工程领域的新技术,几乎涵盖了每一个应用方向、专业,项目的任何阶段。BIM软件严格讲应该是软件群,该软件群主要由建模软件、结构分析软件、造价管理软件、碰撞及进度模拟软件、可视化软件等组成,如图1.3-1所示。

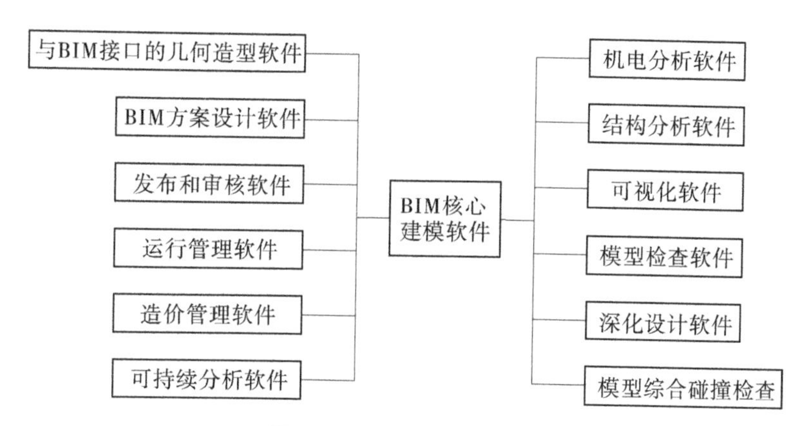

图 1.3-1　BIM 软件类型汇总

目前,在水利水电工程建设领域主要应用的 BIM 软件是 Autodesk 公司的 Revit 软件群、Dassault 公司的 Catia 软件群以及 Bentley 的 MicroSation 软件群。近年来,随着 BIM 研究与应用的推广,国内传统工程软件厂商也陆续开始研发 BIM 专业软件。随着应用实例的增加,部分软件由于更加符合中国规范和标准,也取得了一些成果,比较优秀的如广联达软件、鸿业软件等。

1.3.1　Bentley 三维设计软件

Bentley 公司成立于 1984 年,是一家基础设施工程软件公司。其软件解决方案用来设计、建造和运营公路和桥梁、轨道交通、给水排水、公共工程和公用事业、建筑和园区、采矿及工业设施(见图 1.3-2)。系列产品由基础设施数字孪生平台 ITwin Platform 赋能,包括用于建模和模拟的 MicroStation 和 Bentley Open 系列应用程序、Seequent 专业地球科学软件,以及 Bentley Infrastructure Cloud,其涵盖项目交付软件 ProjectWise、施工管理软件 SYNCHRO 和资产运营软件 Asset Wise。

1.3.1.1　ProjectWise 协同平台

ProjectWise 协同平台是一个流程化、标准化的工程全过程(生命周期)管理系统,可以精确有效地管理各种 A/E/C(architecture/engineer/construction)文件内容,让散布在不同区域甚至不同国家的项目团队,能够在一个集中统一的环境下工作。ProjectWise 协同平台可以将项目中创造和累积的知识加以分类、储存以及供项目团队分享,可作为以后企业进行知识管理的基础,进而能够进一步明确项目成员的责任,提升项目团队的工作效率及生产力。

ProjectWise 协同平台具有解决文档的管理问题,解决远程异地协作问题,解决图档在工程过程中的受控问题,解决图档的安全机制问题,解决沟通和过程记录问题,解决设计、施工、业主的协作问题,解决文件及模型之间的参照关系问题,解决三维模型浏览问题,解决对设计文件红线批注的问题等功能特点。

在实际项目中,ProjectWise 协同平台能够对在工程领域内项目的规划、设计、建设过程中的工程内容进行有效管理与控制,确保分散的工程内容的唯一性、安全性和可控制性,使获得授权的用户能迅速、方便、准确地获得所需要的工程信息,提高团队的整体

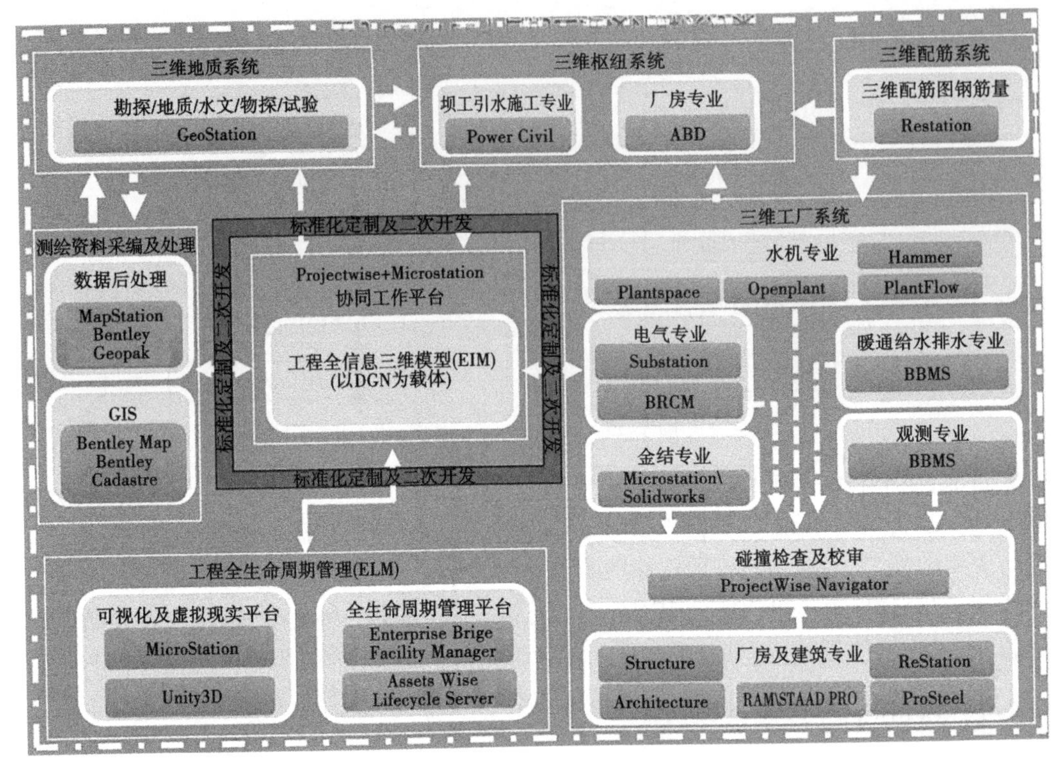

图1.3-2 基于Bentley系列软件的水利水电行业解决方案

效益。

1.3.1.2 MicroStation

MicroStation是专门针对建筑、工程、施工、运营(AECO)和地理信息专业人员的严格要求而开发的无与伦比的信息建模环境。它是所有基础设施类型的理想之选,既可以用作软件应用程序,也可以用作适用于Bentley和其他软件供应商各种特定专业应用程序的技术平台。

作为软件应用程序,MicroStation可通过三维模型和二维设计实现实境交互,生成值得信赖的交付成果,如精确的工程图、逼真的渲染效果和生动的动画;它还具有强大的数据和分析功能,可对设计进行性能模拟。此外,它还能整合来自各种CAD软件和工程格式的大量工程几何图形和数据,确保用户与整个项目团队实现无缝化工作。例如,MicroStation可以整合任何规模的各种点云数据,从而提供设计环境并加快设计流程。

作为适用于Bentley和其他软件供应商特定专业应用程序的技术平台,MicroStation提供了功能强大的子系统,可保证几何图形和数据的无缝集成,并提供在综合的设计、工程和模拟应用程序组合方面共同的用户体验。它可以确保每个应用程序都充分利用这些优势,使跨专业团队通过具有数据互用性的软件组合受益。

1.3.1.3 Open Buildings Designer

Open Buildings Designer是多专业土建设计软件,可通过BIM工作流为土建的设计、分析、模拟和文档制作提供内容丰富的模型,它包含用于计算设计建模的Generative Components®和用于建筑性能评估的Energy Simulator。Open Buildings Designer可在项目团队之间共享设计组件内容。借助内置的碰撞检测功能，设计人员能够协调土建模型通过联合数据建模和绘图管理方法使用户能够同时处理各种规模的项目。

1.3.1.4　Open Plant Modeler

Open Plant Modeler是用于准确快速设计三维工厂的设计工程软件，是一套由等级驱动的、符合设计师工作方式的建模系统。它通过ISO15926标准、iModel，以及对DGN、DWG、JT、点云和PDF等多种格式和数据类型的支持，使项目团队可以获得丰富的移动信息，从而提供灵活的设计和审查流程。Open Plant Modeler适用于任何规模的项目。

采用ISO15926标准作为内部数据模型来实现数据互用性，显著增强了在Open Plant Modeler与其他工厂设计软件、供应商数据库和任何采用ISO15926标准的应用程序之间动态交换信息的能力，而不需要通过专门的软件接口。数据复用的便捷性有助于项目开展，用户可轻松复用现有的设计、模型和相关数据，以及来自PDS、Auto PLANT®和Plant Space®公司级数据库和项目等级库，使项目能够更快启动并保持设计的连续性。现有的PDS设计可通过ISO15926协议或iModel进行审阅和改进，从而避免数据的产品局限性。

1.3.2　Autodesk三维设计软件

Autodesk（欧特克）公司是世界领先的设计软件和数字内容创建公司，业务主要涉及建筑设计土地资源开发、生产、公共设施、通信、媒体和娱乐。Autodesk创建于1982年，主要提供设计软件Internet门户服务、无线开发平台及定点应用，帮助遍及全球150多个国家的400多万用户推动业务保持竞争力。该公司帮助用户将Web和业务结合起来，利用设计信息的竞争优势。现在，设计数据不仅在绘图设计部门，而且在销售、生产、市场及整个供应链中都变得越来越重要。Autodesk已成为保证设计信息在企业内部顺畅流动的关键业务合作伙伴。

1.3.2.1　Vault平台

Vault数据管理软件为设计、工程和施工团队集中管理设计数据和工程流程，从而帮助节省时间、避免代价高昂的错误并更高效地修改和发布设计。

在设计团队中，所有的文件和关联数据都存储在服务器上，因此所有的用户都可以访问该信息及其历史信息。团队每名成员的登录名和密码都必须是唯一的。团队成员需要检出文件以防止多个成员同时编辑同一个文件。将文件重新检入Vault之后，团队成员可以刷新模型文件的本地副本，以从Vault获取最新版本，这样设计团队的所有成员可以协同工作。

Autodesk Vault包含两个主要组件：客户端和服务器。其他组件（如附加模块、文件服务器和作业处理器）可帮助创建稳定的数据管理生态系统。

Vault客户端允许执行文档管理功能，例如检入和检出文件或复制设计。服务器用于存储所有文档和设计的主副本。通过将所有数据存储在一个公用的集中位置，可以在整个设计小组中轻松实现共享和信息管理。此集中位置称为Vault。第一次启动Vault客户端时，必须先选择要登录的Vault，才能开始管理数据。

Vault是一个资源库，用于存储和管理文档及文件。它有两个主要组件：关系数据库和文件存储。

关系数据库用于存储有关文件的信息。数据库中存储的信息包括当前文件状态、文件编辑历史记录和文件特性数据。在数据库中存储文件信息为记录文件关系和历史信息提供了灵活、安全和高性能的平台,也可以搜索、查询和报告文件信息与关系。

文件存储是一个文件夹层次结构,Vault 服务器在其中存储 Autodesk Vault 管理的文件的物理副本。Vault 为每个版本的文件维护一个副本,并在所有权配置中将这些副本保存到文件存储中。文件存储可看作是一个封闭的系统。不能在文件存储中重新配置任何文件或直接在文件存储中编辑任何文件。Vault 服务器通过数据库和文件存储为用户提供协同工作环境。

服务器和客户端应用程序安装有独立的软件组件。

1.3.2.2　Civil3D

Civil3D 旨在面向土木工程设计与文档编制的建筑信息模型(BIM)解决方案。AutoCAD Civil3D 能够帮助从事交通运输、土地开发和水利水电项目的土木工程专业人员保持协调一致,轻松、高效地探索设计方案,分析项目性能,并提供相互一致、高质量的文档。

Autodesk Civil3D 是根据专业需要而专门定制的 AutoCAD,是业界认可的土木工程道路与土石方解决的软件包,可以加快设计理念的实现。它的三维动态工程模型有助于快速完成道路工程、场地、雨水/污水排放系统以及场地规划设计。所有曲面、横断面、纵断面、标注等均以动态方式链接,可快速、轻松地评估多种设计方案,做出明智的决策并生成最新的图纸。测量命令已完全集成到 Civil3D 工具集和用户界面中,用户可以在完全一致的环境中进行各种工作,包括从导入外业手簿、最小二乘法平差和编辑测量观测值,到管理点编组、创建地形模型以及设计地块和路线。

Civil3D 增加了对模型中核心元素的多用户项目支持,从而提高了项目团队的效率,并降低了在项目周期内进行修改时出现协调性错误的风险。Civil3D 中的项目支持利用 Autodesk Vault 的核心数据管理功能,从而确保整个项目团队可以访问完成工作所需的数据。

Civil3D 提供了独一无二的样式机制,使各企业组织可以自行定义 CAD 和设计标准,这些标准可以方便地在整个企业组织中使用。从等高线的颜色、线型和间距,到横断面或纵断面标注栏中显示的标签、各种标准,均可以在样式中进行定义。然后,该样式将在整个设计和生成图纸的过程中得到使用。

Civil3D 具有十分强大的功能,具体特点如下:

(1)强大的土木工程建筑信息模型解决方案。

利用协调一致的数字模型,实现从设计、分析、可视化、文档制作到施工的集成流程。

(2)同一模型,一处变更,多处更新,全部自动。

BIM 是一个集成的流程,它支持在实际建造前以数字化方式探索项目中的关键物理特征和功能特征。AutoCAD Civil3D 软件是 Autodesk 面向土木工程行业的建筑信息模型(BIM)解决方案。该软件能够创建协调一致、包含丰富数据的模型,帮助在设计阶段及早进行分析,实现设计方案外观、性能和成本的可视化及仿真,并且精确地制作设计文档。

AutoCAD Civil3D 生成的单一模型中包含丰富的智能、动态数据,便于在项目的任何阶段快速进行设计变更;根据分析和性能结果做出明智的决策,选择最佳设计方案;快速、高效地创建与设计变更保持同步的可视化效果。该模型可以自动反映对整个项目绘图和标注所做的任何变更。

(3)交付更多创新性项目设计方案。

AutoCAD Civil3D 提供了设计、分析土木工程项目并制作相关文档的更好方法。AutoCAD Civil3D 软件支持快速地交付高质量的交通、土地开发和环境设计项目。该软件中的专门工具支持建筑信息模型(BIM)流程,有助于缩短设计、分析和进行变更的时间。最终,可以评估更多假设条件,优化项目性能。Civil3D 软件中的勘测和设计工具可以自动完成许多耗费时间的任务,有助于简化项目的工作流程。

(4)勘测、曲面和放坡。

Civil3D 全面集成了勘测功能,因此可以在更加一致的环境中完成所有任务,包括:直接导入原始勘测数据、最小二乘法平差,编辑勘测资料,自动创建勘测图形和曲面;可以交互式地创建并编辑勘测图形顶点,发现并编辑相交的特征线,避免潜在的问题,生成能够在项目中直接使用的点、勘测图形和曲面。利用 Civil3D 可以使用传统的勘测数据(如点和特征线)创建曲面:借助曲面简化工具,充分利用航拍测量的大型数据集以及数字高程模型,将曲面用作等高线或三角形;或者创建有效的高程和坡面分析:可将曲面作为参考,创建与源数据保持动态关系的智能对象。团队成员可以利用强大的边坡和放坡投影工具为任何坡形生成曲面模型。

(5)地块布局。

该软件支持通过转换现有的 AutoCAD 实体或使用灵活的布局工具生成地块,实现流程的自动化。如果一个地块发生设计调整变更,邻近的地块会自动反映变更情况。该软件具有许多先进的布局工具,包括测量偏移处正面的选项,以及按最小深度和宽度设计地块布局的选项。

(6)道路建模。

道路建模功能可以将水平和垂直几何图形与定制的横截面组件相结合,为公路和其他交通运输系统创建参数化定义的动态三维模型:可以利用内置的部件(包括行车道、人行道、沟渠和复杂的车道组件)或者根据设计标准创建自己的组件。道路建模功能通过直观的交互或改变用于定义道路横截面的输入参数即可轻松修改道路模型,每个部件均有自己的特点,便于在三维模型中确定已知要素。

(7)管道。

使用基于规则的工具布局生活用水和雨水排水系统:采用图形或数字输入方式可以截断或连接现有管网或者更改管道和结构,进行冲突检查;打印并完成平面图、剖面图和截面图中管道网的最终绘制工作,并与外部分析应用共享管道网信息(如材料和尺寸)。

(8)土方量计算。

该软件支持利用复合体积算法或平均断面算法,可快速地计算现有曲面和设计曲面之间的土方量。使用 Civil3D 生成土方调配图表,用以分析适合的挖填距离、要移动的土方数量及移动方向,确定取土坑和弃土场。

(9)基于标准的几何设计。

根据政府标准或客户需求制定的设计规范，快速设计平面和纵断面路线图形。违反标准时设计约束会向用户发出警告并提供即时反馈，以便进行必要的修改。

(10)专门的道路和高速公路设计工具。

专门的交通设计工具可以为高效地设计道路和高速公路提供帮助，并创建可以动态更新的交互式交叉路口模型。由于知道施工图和标注将始终处于最新状态，从而可以集中精力优化设计。根据常用设计标准快速设计环形道路布局，其中包括交通标识和路面标线。

(11)数量提取分析。

从道路模型中提取材料数量，或者为灯柱、景观等指定材料类型；运行报告，或者使用内建的付款项目列表生成投标合同文件；使用精确的数量提取工具在设计流程中及早地就项目成本做出明智的决策。

(12)提交协调一致。

即使发生设计变更仍能提供与模型保持同步的施工图纸，通过模型与文档之间的智能关联，AutoCAD Civil3D 可以提高工作效率，交付高质量的设计和施工图纸。Civil3D 中基于样式的绘图功能可帮助减少错误，提高图纸的一致性。

(13)施工图生成与变更。

自动生成施工平面图，如标注完整的横断面图、纵断面图和土方施工图等。最重要的是，使用外部参考和数据快捷键可生成多个图纸的草图。这样，在工作流程中便可利用与模型中相同的图例生成施工图纸。一旦模型变更，可以很快地更新所有的施工图。

(14)平面图绘制。

Civil3D 中丰富多样的功能可以帮助自动创建横断面图、平面图和纵断面图。平面图分幅向导(Plans Production)中全面集成的 AutoCAD 图纸集中管理器可按照路线走向自动完成图纸和图幅线的布局，并根据布局生成平面和纵断面图纸。最后，可以为这些图纸添加标注并打印。

地图册功能可对整个项目的图纸进行安排，同时生成针对整个图纸集的重要地图和图例。这项功能非常适用于设计公用事业地图和放坡平面图。

(15)标注。

软件的注释直接源自设计对象，或通过外部参考，在设计发生变更时可进行自动更新；另外，它还会自动适应于图纸比例和视图方向的变更。这样，当变更图纸比例或在不同视口内旋转图纸时，所有标签都会立即更新。

(16)报告。

AutoCAD Civil3D 软件可实时生成灵活且可扩展的报告。因为数据直接来自模型，所以报告可以轻松进行更新，迅速地响应设计变更。

(17)绘图样式和标准。

AutoCAD Civil3D 提供了针对不同国家的 CAD 样式，便于从多个角度控制图纸的显示方式。图纸的颜色、线型、等高线间的等高距、标签等，都可以通过样式来控制。

(18)数据快捷方式和参考。

借助外部参考和数据快捷键，项目团队成员可以共享曲面、路线、管道等模型数据，并在多种设计任务中使用设计对象的同一图例。还可以借助数据快捷方式或直接通过外部参考生成标注,以确保图纸的一致性。

(19)高级数据管理。

该软件中增加的 Autodesk Vault 技术可以增强数据快捷方式的功能,实现先进的设计变更管理版本控制、用户权限和存档控制,实现更为先进的数据管理。

(20)设计评审。

如今的工程设计流程比以往更为复杂,设计评审通常涉及非 CAD 使用者,但同时又是对项目非常重要的团队成员。通过以 DWFTM 格式发布文件,可以利用数字方式让整个团队的人员参与设计评审。

(21)多领域协作。

土木工程师可以将 Autodesk Revit Architecture 软件中的建筑外壳导入 AutoCAD Civil3D,以便直接利用建筑师提供的公用设施连接点、房顶区域、建筑物入口等设计信息。同样,道路工程师可以将纵断面、路线和曲面等信息直接传送给结构工程师,以便其在 Autodesk Revit Structure 软件中设计桥梁、箱形涵洞和其他交通结构物。

(22)地理空间分析和地图绘制。

AutoCAD Civil3D 包含地理空间分析和地图绘制功能,支持基于工程设计的工作流程。该软件可以分析工程图对象之间的空间关系,通过叠加两个或更多拓扑提取或创建新信息,创建并使用缓冲区在其他要素的指定缓冲距离内选择要素;使用公开的地理空间信息进行场地选择,在项目筹备阶段了解各种设计约束条件;生成可靠的地图集,帮助满足可持续设计的要求。

(23)点云。

在 AutoCAD Civil3D 中使用来自 LiDAR 的数据生成点云。导入并可视化点云信息;根据 LAS 分类、RGB、高程和密度确定点云样式;使用数据创建曲面,进行场地勘测,数字化土木工程设计项目中的竣工特性。

(24)可持续性设计。

AutoCAD Civil3D 软件能够帮助提高土木工程设计的可持续性。工程师可以根据可靠的场地现状模型和设计约束来评估设计方案,推导出更具创新性的环保设计。AutoCAD Civil3D 中的许多工具支持通过分析研究连接、项目方位、雨水管理方案等,帮助客户达到公认的可持续发展水平(如 LEED)。

(25)借助分析和可视化优化性能。

在设计流程中及早对诸多假设方案进行评估,利用一流的三维可视化工具表现最终胜出的设计创意。AutoCAD Civil3D 软件中集成的分析和可视化工具可以帮助评估各种备选方案,以便迅速地完成更具创新性的设计。

(26)雨水分析和仿真。

利用面向收集系统、池塘及涵洞的集成仿真工具对雨水洪水系统进行设计和分析,可以减少开发之后的径流量,同时提供符合可持续发展要求的雨水流量和质量报告。用户可以对诸多设计方案进行评估,包括创新绿色最佳管理实践,以创建更加环保、更加美观的设计。另外,还可以准备精确的施工文档,包括水力坡降线和能量梯度线,以便更好地验证设计，确保公共安全。

(27)可视化。

创建出色的可视化效果，让相关人员能够超前体验项目。直接为模型创建可视化效果。获得多种设计方案，以便更好地了解设计对周围环境的影响。将模型发布到 GoogleEarth TM 地图服务网站上，以便在真实的环境中更好地了解项目。使用 Autodesk 3dsMa 软件为模型生成照片级的染效果图在 Autodesk Navisworks 软件中对 Civil3D 模型进行仿真，让项目相关人员更全面地了解项目在竣工后的外观和性能。

AutoCAD Civil3D 和 AutoCAD 都具有一定的三维建模能力，但是要用作三维设计，还是和专业三维设计软件差距很大。Civil3D 功能齐全，因此操作较为烦琐，一般适用于复杂的项目。

1.3.2.3 Revit 软件

Revit 系列软件是专为建筑信息模型(BIM)构建的，BIM 是以从设计、施工到运营的协调可靠的项目信息为基础而构建的集成流程。通过采用 BIM 技术，建筑公司可以在整个流程中使用一致的信息来设计和绘制创新项目，并且可以通过精确实现建筑外观的可视化来支持更好的沟通，模拟真实性能，以便让项目各方了解成本、工期与环境影响。Revit 可帮助建筑设计师设计、建造和维护质量更好、能效更高的建筑。

1. 功能介绍

Autodesk Revit 作为一种应用程序融合了 Autodesk Revit、Architecture、Autodesk Revit MEP 和 Autodesk Revit Structure 软件的功能，提供支持建筑设计、MEP 工程设计和结构工程设计的工具 AutoCAD Revit。下面对上述三个软件分别进行介绍。

1) Architecture(建筑)

Autodesk Revit 软件可以按照建筑师和设计师的思考方式进行设计，因此可以提供高质量、精确的建筑设计。通过使用专为支持建筑信息模型工作流而构建的工具，可以获取并分析概念，并可通过设计、文档和建筑保持设计师的视野。强大的建筑设计工具可帮助捕捉和分析概念，以及保持从设计到建筑的各个阶段的一致性。

2) Autodesk Revit MEP(机械、电器、管道)

Autodesk Revit 向暖通、电气和给水排水(MEP)工程师提供了可以设计复杂建筑系统的工具。Revit 支持建筑信息建模(BIM)可帮助导出高效的建筑系统，从概念到建筑的精确设计、分析和文档。使用信息丰富的模型在整个建筑生命周期中支持建筑系统。专为暖通、电气和给水排水(MEP)工程师构建的工具，可帮助设计和分析高效的建筑系统，以及为这些系统编档。

3) Autodesk Revit Structure(结构)

Autodesk Revit Structure 软件是专为结构工程师定制的建筑信息模型(BIM)解决方案，拥有用于结构设计与分析的强大工具。Revit Structure 将多材质的物理模型与独立、可编辑的分析模型进行了集成，可实现高效的结构分析，并为常用的结构分析软件提供了双向链接。它可帮助工程师在施工前对建筑结构进行精确的可视化，从而在设计阶段的早期制定明智的决策。Revit Structure 提供了 BIM 所拥有的优势，可提高编制结构设计文档的多专业协调能力，最大限度地减少错误，并能够加强工程团队与建筑团队之间的合作。其是专为结构工程师构建的工具,可帮助设计师精确地设计和建造高效的建筑结构。

2. 特点

Revit在BIM领域中属于后起之秀,在Autodesk公司的大力推动下,凭借其出色的建模能力如今已经成为BIM领域运用最多的软件之一。在建模和功能上它具有如下特点。

1)Revit项目样板

项目样板文件在实际设计过程中起到非常重要的作用,它统一的标准设置为设计提供了便利,在满足设计标准的同时大大提高了设计师的工作效率。

项目样板提供项目的初始状态。每一个Revit软件中都提供了几个默认的样板文件,用户也可以创建自己的样板。基于样板的任意新项目均继承来自样板的所有族、设置(如单位、填充样式、线样式、线宽和视图比例)以及几何图形。样板文件是一个系统性文件,其中的很多内容来源于设计中的日积月累。

Revit样板文件以Rte为扩展名。使用合适的样板,有助于快速开展项目。国内比较通用的Revit样板文件,例如Revit中国本地化样板,有集合国家规范化标准和常用族等优势。

2)Revit族库

Revit族库就是把大量Revit族按照特性、参数等属性分类归档而成的数据库。相关行业的企业或组织随着项目的开展和深入,都会积累到一套自己独有的族库。在以后的工作中,相关人员可直接调用族库数据,并根据实际情况修改参数,由此提高工作效率。Revit族库可以说是一种无形的知识生产力。族库的质量,是相关行业的企业或组织核心竞争力的一种体现。

3)参数化构件

参数化构件(亦称族)是在Revit中设计使用的所有建筑构件的基础。它们提供了一个开放的图形式系统,让设计者能够自由地构思设计、创建外型,并以逐步细化的方式来表达设计意图。设计者可以使用参数化构件创建最复杂的组件(如细木家具和设备),以及最基础的建筑构件(如墙和柱)。

4)RevitServer

RevitServer能够帮助不同地点的项目团队通过广域网(WAN)轻松地协作处理共享的Revit模型。Revit的这种特性有助于从当地服务器访问的单个服务器上维护统一的中央Revit模型集,且内置的冗余性可在WAN连接丢失时提供保护。

5)工作共享

Revit的工作共享特性可使整个项目团队获得参数化建筑建模环境的强大性能。许多用户都可以共享同一智能建筑信息模型,并将他们的工作保存到一个中央文件中。

Autodesk Vault Collaboration AEC软件与Revit配合使用,可简化与建筑、工程和跨行业项目关联的数据管理(从规划到设计和建造)。这样有助于节省时间和提高数据精确度,甚至设计师会不知道自己在进行数据管理,从而可以将精力放在项目上,而不是数据上。

6)多材质建模

Autodesk Revit和Autodesk Revit Structure包含许多建筑材料,如钢、现浇混凝土、预

制混凝土砖和木材。鉴于设计师设计的建筑需要使用多种建筑材料,Revit支持设计师使用所需材料创建结构模型。

7)结构钢筋

设计者可以在Autodesk Revit和Autodesk Revit Structure中快速、轻松地定义和呈现钢筋混凝土,也可以安装插件,利用插件包含的功能对混凝土结构进行结构配筋。

8)分析模型

Autodesk Revit和Autodesk Revit Structure中的工具可帮助创建和管理结构分析模型,包括控制分析模型以及与结构物理模型的一致性。增强的分析模型工具包括:

(1)控制可见性/图形。

(2)在分析模型图元中添加分析参数。

(3)向地板、楼板与墙体分析模型添加曲面。

(4)向物理模型图元添加“启动分析模型”参数。

(5)更加轻松地确定线性分析模型端部。

(6)面向分析调节的全编辑模式。

(7)模型调整功能支持通过节点与直接操纵工具来完成编辑。

(8)支持使用投射与支撑行为,调整线性分析模型。

(9)自动侦测功能,用于保存物理连接件与附件。

9)双向链接

Autodesk Revit和Autodesk Revit Structure软件中的分析模型可以与Autodesk Robot TMStructural Analysis软件进行双向链接。利用双向链接的分析结果将自动更新模型。

参数化变更技术能够在整个项目视图和施工工程图内协调这些更新。Revit还能够与第三方结构分析和设计程序建立链接,从而优化结构分析信息的交换流程。可共享以下类型的信息:版本和边界条件、负载和负载组合、材质及剖面属性。

10)文档编制

(1)建筑建模时新的建模工具可帮助工程师设计模型上获得更好的施工见解,通过分割和操纵对象,如墙体层与混凝土浇筑等,以此来精确地表现施工方法。相应的工具可以为更多模型构件装配的文档编制带来灵活性,让设计师更加轻松地为构造准备施工图。

(2)结构详图。

通过附加的注释从三维模型视图中创建详图,或者使用Autodesk Revit Structure二维绘图工具新建详图,或者从传统CAD文件中导入详图。为了节省时间,可以从之前的项目中以DWGTM格式导入完整的标准详图。专用的绘图工具支持对钢筋混凝土详图进行结构建模,例如焊接符号、固定锚栓、钢筋、钢筋混凝土。

(3)材料算量。

材料算量是一种Revit工具,可以帮助计算详细的材料数量,在成本估算中追踪材料数量,参数变更引擎可以帮助进行精确的材料算量。

11)点云工具

Revit点云工具可直接将激光扫描数据连接至BIM流程,从而加速改造和翻新项目流程。通过在RevitMEP软件环境中直接对点云进行可视化,用户可以更加轻松、更加自信、更加精确地创建竣工建筑信息模型。

12)DWG、DWF、DXF和DGN支持

Revit可以行业主流格式(如DWGTM、DXFTM、DGN和IFC)导入、导出及链接数据,因此可以轻松地处理来自顾问、客户或承包商的数据。

13)漫游与渲染

Revit在完成建模后,可以使用漫游功能,通过设置路径然后导出漫游视频;也可以使用渲染功能对模型进行渲染,只需要更改构建的材质及颜色,便可以渲染出十分美丽的效果图,对室内装修以及场外布景非常有用。

1.3.2.4 Inventor

Inventor三维CAD软件提供了专业级机械设计、文档编制和产品仿真工具,是参数化建模、直接建模、自由形状建模和基于规则的设计功能的强大组合,是用于钣金、结构件设计、三维布管、电缆和线束、演示、渲染、仿真、机床设计等的集成工具。

TrustedDWG的兼容性与强大的基于模型的定义功能,可直接将制造信息嵌入三维模型中。

1.3.2.5 Autodesk Navisworks

Autodesk Navisworks是可视化和仿真软件,能分析多种格式的三维设计模型。软件能够将AutoCAD和Revit系列等应用创建的设计数据,与来自其他设计工具的几何图形和信息相结合,将其作为整体的三维项目,通过多种文件格式进行实时审阅,而无须考虑文件的大小。Navisworks软件产品可以帮助所有相关方将项目作为一个整体来看待,从而优化从设计决策、建筑实施、性能预测和规划直至设施管理和运营等各个环节。

Autodesk Navisworks软件系列包括四款产品,能够帮助和扩展团队加强对项目的控制,使用现有的三维设计数据透彻了解并预测项目的性能,即使在复杂的项目中也可提高工作效率,保证工程质量。

Autodesk Navisworks Manage软件是设计和施工管理专业人员使用的一款具有全面审阅解决方案的软件,用于保证项目顺利进行。Navisworks Manage将精确的错误查找和冲突管理功能与动态的四维项目进度仿真和照片级可视化功能完美结合。

Autodesk Navisworks Simulate软件能够精确地再现设计意图,制定准确的四维施工进度表,超前实现施工项目的可视化。设计师在实际动工前,就可以在真实的环境中体验所设计的项目,全面地评估和验证所用材质和纹理是否符合设计意图。

1.3.3 CATIA三维设计软件

达索系统3DEXPERIENCE(3D体验)平台通过统一的数据环境,将13个品牌的专业工具及面向不同业务流程的解决方案集成在同一个平台上,打通了铁路工程业务产业链之间的各个环节,打破了传统割裂且低效的勘察、设计、采购、施工的业务模式。

通过平台和专业的工具技术,业务人员可以实时协同、并行,甚至是前置式地开展工作;通过虚拟孪生技术最大限度地预演工程项目的各个环节,从而反复迭代优化设计;借助平台的知识工程体系可以积淀成熟的设计产品,从而实现铁路项目面向交付的整体性的优化设计。同时,企业可以实现向技术和知识的整合者发展,把传统的铁路行业相关的

全产业链、全流程业务有机地结合成一个智慧系统进行交付,实现业务转型及创造增值。

平台集成的核心功能如下。

1.3.3.1　CATIA3D 建模

CATIA 是全球领先的工程设计软件,可实现完整的工程 3D 设计,被广泛应用于汽车、航空航天、船舶、军工、仪器仪表、土木工程、电气管道、通信等行业。

面向基础设施行业,CATIA 提供了土木工程设计工具集的专有行业模块,并允许用户弹性地增添功能模块,以满足各专业 BIM 模型设计的需要。其中的曲面设计模块特别适用于复杂的曲面造型的 3D 设计建模。此外,从最新的 CATIAV6 版本开始,还支持地形建模,允许通过等高线、点云数据、航拍数据生成地形,支持土方开挖计算、钢筋建模等。

1.3.3.2　GEOVIA 地形地质建模

GEOVIA 是地形地质建模工具,通过易于使用、功能强大的 3D 图形,以及可与公司特定流程和数据流保持一致的工作流程自动化,提高效率和准确性。

GEOVIA-Surpac 可满足基础设施领域内地质学家、勘测员和工程师的核心要求,并且非常灵活,适用于钻孔数据管理、地质建模、块建模、地质统计、矿区设计、矿业规划、资源评估等。

1.3.3.3　SIMULIA 有限元分析

SIMULIA 品牌是世界知名的计算机仿真软件。SIMULIA 通过不断吸取最新的分析理论和计算机技术,领导着全世界非线性有限元技术和仿真数据管理系统的发展,目前产品线包括统一有限元技术(UnifiedFEA)、多物理场分析技术(Multiphysics)和仿真生命周期管理平台(Simulation Lifecycle Management)三部分内容。

1.3.3.4　DELMIA 施工仿真

DELMIA 是仿真模拟工具,提供了当今业界可用的最全面集成和协同的数字仿真解决方案。DELMIA 建立在一个开放式结构的产品、工艺与资源组合模型(PPR)上,与 CATIA 设计解决方案、ENOVIA 和 SMARTEAM 的数据管理和协同工作解决方案紧密结合,以工艺为中心的技术来模拟分析工程施工过程中的各种问题,并给出优化解决方案。

DELMIA 能从工序级别(时间)、工艺级别(做法),甚至人机交互级别(显示施工人员的具体操作过程,并分析操作可行性)来帮助用户优化施工方案,以减少错误、提高效率。

1.3.3.5　ENOVIA 项目管理

ENOVIA 是项目全生命周期管理平台,是一款用于支持生产效率提高、产品和流程优化,以及企业效率提升的产品。

ENOVIA 把人员、流程、内容和系统联系在一起,能够带给企业巨大的竞争优势。通过贯穿产品全生命周期统一和优化产品开发流程,ENOVIA 在企业内部和外部帮助企业轻松地开展项目并节约成本,应对不断变化的市场,并融入世界最具创新性的企业的经过验证的最佳实践。

1.3.3.6　3DEXCITE 高质量图形/图像输出

3DEXCITE 是一款支持 VR 的高质量的图形/图像输出工具,允许用户在整个创作过程中持续检查几何图形、材料和设计。3DEXCITE 所提供的专用工具和功能可让用户实时有效地自由沟通各种创意,从一开始就吸引决策者。实时 3D 设计理念虚拟制图允许讨论、评估和测试，带来高度逼真的产品体验，其展示效果达到 IMAX 电影级的水平。

1.3.3.7　EXALEAD-NETVIBES 大数据信息智能决策

EXALEAD-NETVIBES 解决方案将大量的异构、多源数据转换为有意义的实时信息，以帮助用户做出决策，改善业务流程并获得竞争优势。从大数据中以用户希望的方式提供有价值的信息。

（1）采购和标准化智能。解决方案可从 3D 模型信息中挖掘数据，因此可以优化材料或组件的采购并形成标准化的采购。

（2）PLMAnalytics。提供用于协作和项目智能的 PLM 数据洞察力的解决方案。

（3）数字运营智能。可聚合项目运营和支持过程中使用的数据，应用信息智能以优化运营、资本项目、质量和客户关系的管理。

（4）行业情报。仪表板可监视有关行业、公司及产品，以及客户和竞争对手在网络、社交媒体上的活动。

第2章　行业BIM应用现状和应用需求

2.1　水利水电行业BIM应用现状

中国水利水电勘测设计协会在2017年发布《BIM技术应用调研报告》,该报告指出,当前水利水电行业BIM应用已经有了自下而上的发展动能,BIM理念逐渐得到行业设计单位的认同,开展BIM应用的单位由最初的几家发展到现在的数十家,项目从几个发展到几百个。对于领先的单位,BIM技术的应用为项目的相关方带来能力的提升和效益的增长,也成为行业其他单位学习、借鉴的样板。通过深入调研,水利水电行业BIM应用虽已从概念阶段转入探索应用阶段,但从应用的深度和范围以及自主知识产权等方面来看,相比欧美发达国家和国内建筑与交通行业还有较大差距,水利水电行业BIM的应用还停留在企业和项目的自发层面,究其原因是缺少自上而下的行业政策指引,缺少统一的标准体系、市场机制没有形成、高端技术人才短缺、软件产品鱼龙混杂。种种问题得不到有效的规范和治理,导致低端重复式的开发内容较多,而且很多数据无法共享共用,"信息孤岛"问题严重,部分系统验收后无法有效持续利用,数据资源散乱或闲置,没有形成自主知识产权的技术,引发一系列数据安全问题。

2.1.1　水利BIM的差距

不得不承认,我们对水利BIM领域还有很多未知,对未来水利BIM发展还存在不确定性。水利与建筑、交通、电力和水电等基础设施行业在BIM认知、标准、技术、应用、共享、人才、市场和创新平台等方面均存在差距。

2.1.1.1　认知

基础设施行业已经认识到BIM是工程建设和管理的一场革命。BIM更强调的是工程全生命周期内信息共享和业务协同,并通过可视化、可模拟化等特性为工程参与方提供全新的认知能力,为工程的决策提供更加"精、准、活"的信息,并可实现决策的精准动态实时反馈,是工程智能的数据基础。基础设施行业已经由自下而上地自发摸索推进,转变为自上而下地加速推进。水利行业在认知方面大多停留在设计辅助和项目汇报展示层面,差距比较明显。

2.1.1.2　标准

基础设施行业普遍启动了BIM标准化工作,住房和城乡建设部启动了多项国家标准的编制,水电行业紧跟国家标准,能源局安排水电水利规划设计总院启动了水电BIM标准编制工作。水利BIM由设计单位最先引入,初衷是提高设计效率和质量。由于缺少行业标准,无法有效传递信息,长期以来有自娱自乐之嫌。而且受认识的限制,如何交付BIM模型?交付什么样的BIM模型?必要的要素是什么?这些都需要尽快建立行业

BIM标准,通过标准化来打通上下游。

2.1.1.3　技术

建筑行业或机械制造行业都有专业的技术提供商提供Revit、CATIA那样的BIM工具。而水利BIM由于市场小、投入少,目前采用的折中方案是借用Revit、MicroStation、CATIA这样的工具解决水利BIM建模。这种借用的方式好的一面是多样化发展能够促进技术进步,但同时也会造成价格昂贵、认识混乱、不能落地、共享困难、难以交付等问题。水利BIM虽然难以统一技术,但也不能放任自流,需要达成共识,打通技术壁垒,降低入门价格,建立行业技术解决方案,抓住交付和管理环节的BIM应用,建立水利自主标准格式的BIM数据管理和交付平台。

2.1.1.4　应用

基础设施行业BIM应用水平较高,尤其是建筑和水电在设计、施工和运营方面积累了较多经验,逐步解决智能调度和运行的问题,水利行业BIM应用基本停留在工程设计阶段,可以提高设计效率和解决质量问题,但在施工和运营方面案例较少。

2.1.1.5　共享

由于基础设施行业大多选用的是单一BIM技术,共享和沟通不存在技术壁垒。但由于水利BIM技术不统一、兼容性差、技术资源少、竞争激烈,对自有知识产权保护意识高、对他人的知识产权尊重差。同时,在资源匮乏的情况下,简单低端的重复工作又浪费了资金和精力。我们必须认识到,单打独斗难以做大做精水利BIM,垄断也不是发展之道,加强共享才能发展。行业需要建立共享机制,开展资源交换、资源交易和资源共享,并交流技术、交换信息。

2.1.1.6　人才

建筑行业BIM人才储备较好,已经有完整的培训认证体系和市场化的职业发展途径。水利BIM人才主要是从专业技术人员转行而来的,从事BIM主要靠兴趣、激情、对BIM的热爱和信念。但受职称晋升和职业发展等因素的限制,兴趣和激情难以持续,本就缺少人才,又有流失现象。同时,缺少高端人才,缺少项目管理级和决策级的人才,难以发现和创造BIM的新价值。水利行业需要为水利BIM人才发展提供必要路径。

2.1.1.7　市场

当前建筑行业在建筑节能、装配式建筑,以及复杂结构建筑方面,都应用BIM技术来分析和表达,已经成为刚需,形成了全新的BIM市场。水电工程、新能源工程的业主已经将BIM作为信息资产来管理,雅砻江、大渡河等业主已经将数字化交付、数字化管理作为必备的建设内容。而水利BIM的价值还停留在仅仅为设计服务、简单地模拟施工过程,虽然很多水利业主意识到BIM的重要性,尝试BIM投入,但定价机制还不完善,同一个BIM项目有免费的,有报价几万的,也有报价几百万的,给业主造成很大困惑。水利行业还需要不断发现BIM新价值,创造全新的水利BIM市场。

2.1.1.8　创新平台

从行业BIM创新平台来看,水电行业的ECIDI/Bentley中国工程设计软件研究中心可为行业提供三维数字化的咨询和创新服务,IBM智慧流域研究院和达索工程数字化创新中心可为行业提供数字流域的研究和支撑服务。从品牌来讲,华东设计研究院的

hydro-station、昆明设计研究院的hydro-bim均已形成品牌，但都还处于品牌推广阶段，没有形成真正的品牌影响力。水利行业BIM创新能力严重不足，应明确定位，占据行业BIM的核心位置，站在行业服务的高度，在同质化竞争的同时，特别是应坚持建立水利BIM创新中心，形成水利BIM生态圈。

2.1.2 水利水电BIM应用情况

2.1.2.1 平台软件应用情况

设计单位使用的BIM平台软件，主要用于解决专业间协同以及绘图和出图效率的问题，只有少数设计单位使用BIM平台软件解决企业管理的需要。BIM技术更多是解决设计过程中的实际操作问题，在项目管理层面应用较少。

调研显示，已熟练使用BIM平台软件3年以上的设计单位占比为54%，使用BIM平台软件1年以下的设计单位为42%；水利水电行业BIM应用的基础积累已经初步完成，结合行业特征，深化应用将成为水利水电行业下一阶段的核心问题。水利水电行业BIM软件主要围绕国外三大平台厂商，分别是Autodesk、Bentley和Dassault，其中应用Bentley软件的设计单位占全部设计单位的35%，Autodesk占35%，Dassault占30%。

各类工具的业务特点和解决问题的出发点不同，导致超过50%的设计单位接触两种以上的BIM平台软件。除平台软件外，设计单位还配套使用了ABACUS、ANSYS、Flac和Fluent等分析软件，其中，Ansys占45%、Abacus占28%、Fluent占20%、Flac占7%。企业使用的应用系统趋于多元化，各软件特点不同，一个应用系统很难解决企业的所有问题。

大多数设计单位使用多家的产品，并尝试建立统一的BIM管理类平台软件来解决多产品信息交互的问题，其中63%的单位希望建立统一的管理平台，但因技术存在较大难度，仅有极少数企业着手建设。

2.1.2.2 应用规模分析

水利水电BIM应用处于起步阶段，大部分单位因项目需求而采购BIM产品。其中，71%的单位正常使用；17%的单位偶尔使用；少数单位因项目结束不再使用，占比为7%。

超过一半的设计单位对BIM软件应用比较频繁。其中，46%的设计单位使用BIM比较频繁，34%的设计单位会偶尔使用BIM，10%的设计单位应用非常频繁，另有10%的设计单位暂无项目应用BIM。

设计单位主要将BIM技术应用于大型综合项目，占比为53%；部分设计单位主要应用于时间和周期长以及工程难度大的项目，占比分别为17%和16%；还有14%的设计单位BIM技术主要应用于资金充裕的项目。

2.1.2.3 业务应用情况

行业各单位BIM应用推广的出发点不尽相同，主要表现为业主要求、投标演示、项目需求、课题研究、提升企业形象、提高企业核心竞争力等。其中，38家单位把BIM技术的推广和应用定位为提升企业核心竞争力，19家单位希望通过BIM应用推广建立新的业务形态，23家单位是基于项目需要被动开展BIM应用。

调研显示，设计单位应用BIM技术的最大门槛，主要表现在缺乏专业化行业解决方案、缺少行业成功案例、缺乏应用的技术资源和针对性的专业培训。

设计单位在BIM应用过程中存在需求不明确、管理水平不规范、内部认知不统一的问题。希望相关部门出台有关政策和标准,解决应用过程中的数据规范、作业规范等问题。

调研显示,BIM应用深入的有利因素依次是业主的投入和认可、标准的完备程度、行业指导政策、BIM的转接成熟度。BIM技术的应用已从概念普及过渡到项目试点阶段,行业对BIM未来的发展具有信心,并且已经认识到BIM对单位发展的重要性。85%的设计单位已经开展了BIM应用试点工作;7%的设计单位还未应用,但考虑半年内进行项目试点;还有5%的设计单位虽有试点,但认为价值不大,暂时不考虑推广。

设计单位主要将BIM应用于枢纽工程,其次为水闸泵站工程和引调水工程,而在河道治理灌渠工程上BIM应用程度较低。

2.1.2.4 业务价值识别

设计单位对应用BIM的需求不尽相同。提升企业品牌形象、打造企业核心竞争力成为应用BIM的主要需要;其次是BIM在不同业务中的价值体现,包括提高预测能力、减少施工现场突发变化及缩短工期、提高计划的准确率等;现阶段在招标投标管理、现场安全管理、文档管理方面价值体现还不明显。

目前,行业BIM价值的挖掘主要体现在规划设计阶段,BIM技术在该领域的应用也较成熟,应用场景也较丰富,在一定程度上建立了刚需。但在施工、运维阶段应用尚不成熟,需要更多地向施工、运维阶段延伸,更有利于BIM技术在项目全生命周期的应用。可行性研究、初步设计和施工图设计阶段BIM应用有利于对项目全过程的管控。认为可行性研究阶段有利于项目全过程管控的占比约为25%,初步设计应用占比约为35%,施工图设计应用占比为30%。

设计单位目前已经认可的BIM技术应用价值点为工程量计算、协同管理、碰撞检查、深化设计及可视化、虚拟建造和工程档案与信息集成。

由于引入了BIM技术,项目在设计环节不同阶段提供了更高质量和内容更丰富的BIM产品。在可行性研究阶段,14家设计单位希望设计费最高增幅10%,17家设计单位希望设计费最高增幅7%。在初步设计阶段,19家设计单位希望设计费最高增幅10%,12家设计单位希望设计费最高增幅9%。在施工图设计阶段,24家设计单位希望设计费最高增幅20%,8家设计单位希望设计费最高增幅15%。BIM技术的深化应用将会影响未来设计市场的竞争格局。

设计单位认为在施工过程中引入BIM技术,可以降低施工成本,88%的设计单位表示应用BIM后可以降低施工成本,原因是BIM技术所具有的碰撞检查、施工进度模拟和组织模拟功能可以减少返工次数,并且提高设计方与施工方之间的沟通效率。

应用BIM技术可否缩短项目工期也是行业普遍关注的问题,工期的缩短是提升企业市场竞争力和综合实力的关键因素。其中,认为缩短工期超过20%的设计单位占比10%,认为工期提前不足10%的设计单位占比46%。通过调研可以看出,BIM技术的应用对项目工期都有不同程度的缩短。

BIM技术的应用在缩短项目工期的基础上,还可以降低施工延误风险。BIM技术能够比较准确地模拟施工进度,并且在实际施工过程中对施工进度实时跟进,帮助企业及时发现引起工期滞后的原因,69%的设计单位对BIM技术可以降低施工延误风险表示认可。

2.1.3　配套管理提升方向

配套管理措施涉及交付标准、实施指南、领导与组织、业务流程用条款、交付。调研发行业宣传业务流程、BIM角色职责定义、教育培训、激励机制、合同专用条款、交付平台、协同平台、构件库、行业宣传推广等多方面。调研发现,目前迫切需要从内部组织协同、BIM实施标准、行业宣传推广等三个方面重点突破。

2.1.3.1　内部组织协同

掌握BIM技术的团队是成功应用BIM的关键。调研显示,10家设计单位在全企业开展BIM应用;23家设计单位成立独立的BIM部门开展BIM应用;18家设计单位未成立BIM部门,在个别项目上开展BIM应用。目前,大部分设计单位处于二维设计与BIM混合应用的阶段,企业内部的BIM组织还未与企业生产模式完全融合。

尽管水利水电行业二维设计模式的CAD软件已经得到广泛应用,各工程参与方,甚至设计单位内部还不能充分共享信息,一个环节发生变更,反馈时间长,影响工程的整体进度。借助BIM技术优势,高效的协同将贯穿工程全生命周期,但需要设计、施工、运营、维护等各方的集体参与。调研显示,90%的设计单位认为BIM对于各单位和各部门间的协同作用非常重要,7%的设计单位认为重要程度一般,仅有3%的设计单位认为不重要。

2.1.3.2　BIM实施标准

行业BIM标准的建立有利于各相关方共享数据,促进工程全生命周期贯通和工业化建造,提高BIM建模的效率和应用水平,促进整个行业的BIM技术发展。国外BIM技术应用水平较高的国家均在ISO标准基础上建立了适用其本国的BIM技术标准体系。调研显示,42%的设计单位最急需行业标准和企业级BIM实施标准,极少数设计单位急需项目级实施标准。大部分设计单位已建立项目级实施标准来指导项目团队工作,目前迫切希望水电水利规划设计总院牵头制定BIM行业标准。

2.1.3.3　行业宣传推广

通过宣传推广、行业经验交流、互学互鉴,有助于推动行业BIM应用与发展。调研显示,在影响BIM深化应用的因素中,提高业主对BIM的主动接受度最为重要,其次是行业解决方案、BIM人才培养、示范工程。

组织业主单位、施工单位、科研院所、BIM技术咨询公司、软件厂商等相关方开展BIM应用技术交流、培训和专题研究,提高业主对BIM的认知度,推广BIM应用价值,培养专业技术人才,及时总结示范工程的成功经验,提炼出行业解决方案。

2.1.4　人才培养情况

通过调研发现,在业务执行和事务处理过程中,人才作为执行主体对执行效率、执行质量等方面起到至关重要的作用,水利水电行业相关单位在BIM管理理念、综合能力和人员技能等方面有较大的提升空间。

2.1.4.1 人员现状

被调研的41家设计单位共有员工约36 000人,其中最多的有员工4 000余人,最少的有员工142人。各设计单位规模差异较大,超过一半的设计单位其员工人数还未能达到行业平均值。

在调研的41家设计单位中,熟练使用BIM技术人员数量在10人以下的设计单位占34%,10~50人规模的占42%,百人以上的占17%。熟练掌握BIM技术人员的数量,代表着设计单位BIM深化应用的能力,目前掌握BIM核心技术和BIM综合应用的人员欠缺,急需开展BIM技术的深化应用培训,在广大设计人员中普及BIM技术,提高应用水平。

2.1.4.2 人员培养需求

调研发现,设计单位BIM人才主要集中在年轻且有经验的设计师、专业负责人和应届毕业生。由于水利行业BIM未全面深化应用,传统设计人员接触BIM设计工具较少。

BIM深化应用,不仅需要设计人员具有专业背景,还需具备跨专业协同的能力。在对BIM专业人员的培养方面,需要由浅入深,由基础工具应用到专业设计应用逐步递进。在对参加BIM应用培训的时间点开展调研时,入职1~3年的员工,61%有BIM培训需求;入职3个月的员工,22%有BIM培训需求;入职3~5年的员工,17%有BIM培训需求。可以看出,入职1~3年的设计人员对培训的需求最为强烈。同时在调研中大部分设计单位认为,在设计人员入职1年并具有一定设计经验的基础上开展BIM应用培训,能够更好、更快地提升BIM技术的认知水平与实操能力。

因设计单位规模、投入和资源不同,在BIM人员引进和培养方面也有所不同,多数设计单位会采用BIM技术培训的方式,还有部分设计单位会采用开展项目导航或直接招聘BIM专业人员的方式。目前,专业人才匮乏是BIM推广的主要瓶颈,需要加强行业专业人才BIM技能的培训。

在BIM培训课程设计上,目前主要为BIM软件操作培训、BIM基础理念及管理培训和项目导航培训。在关于设计单位已开展培训情况的反馈中,BIM软件操作方面的需求仍比较大。

76%的设计单位认为建立行业统一的BIM应用能力考试认证制度很有必要。行业BIM技能认证机制可以有效推动BIM应用发展,促进行业建立多方面、多层次的培训体系,提供水利水电行业BIM深化应用所需的人才。

2.2 水利水电行业BIM应用需求

对于通用软件系统的研发需求,主要是三维可视化校审平台、数字化交付平台等,这些研发需求是提高工程BIM设计过程管控、应用服务能力的重要内容,研发难度、投入均是有限的,可由中国水利水电BIM设计联盟组织相关设计单位开展研发工作。

对于BIM应用标准需求,目前各单位编制的标准内容主要涉及BIM工作的组织管理、流程管理、模型及数据的命名和分类编码、模型建立要求及作业手册等方面,且是分别基于各BIM平台建立的,暂时还难以形成跨平台的BIM技术标准,联盟可根据行业BIM应用需要、已有标准情况,确定行业标准体系并选择关键标准内容,结合A、B、C 3个平台分别编写相应标准。

综合各单位提出的 BIM 研发需求情况，虽然部分单位已开展了不少应用研发工作并取得了一定的研发成果，但和工程 BIM 设计需求相比还有很大的缺口，无论是专业设计软件、通用软件系统研发，还是标准制定都需要投入大量的资源和时间才能实现。因此，选择合适的结合点和重点任务开展工作，后续再逐步滚动发展，较为符合联盟当前经费、人员、时间均有限的实际。

2.2.1 各工程阶段 BIM 应用

经过近几年的应用研究和发展，BIM 技术对于工程设计的作用在勘测设计行业已得到广泛认同，能够有效地提升工程设计效率和产品质量，进一步增强各勘测设计单位的核心技术能力和市场竞争力，较好地解决所面临的建设周期缩短、同期启动的项目多、技术难度加大等难题，促进工程勘测设计工作产生质的飞跃。

BIM 技术在水利水电行业工程全生命周期（规划、设计、施工、运维等阶段）的应用目前还主要集中在设计阶段，其次是规划和施工阶段，运维阶段应用程度较低。这是目前 BIM 技术应用亟待提升的方面，即在深入开展工程设计 BIM 应用的基础上，向施工和运维等阶段延伸，能够真正应用 BIM 技术支持施工和运维阶段相关工作的更好开展，最大程度地发挥 BIM 技术的价值。

2.2.1.1 设计阶段

在工程项目设计中实施 BIM 的最终目的是提高项目设计质量和效率，从而减少后续施工期间的洽商和返工，保障施工周期，节约项目资金。其在工程设计阶段的价值主要体现在以下 5 个方面：

（1）可视化（Visualization）。BIM 将专业、抽象的二维建筑描述通俗化、三维直观化，使得专业设计师和业主等非专业人员对项目需求是否得到满足的判断更为明确、高效，决策更为准确。

（2）协调（Coordination）。BIM 将专业内多成员间，多专业、多系统间原本各自独立的设计成果（包括中间结果与过程），置于统一、直观的三维协同设计环境中，避免因误解或沟通不及时造成不必要的设计错误，提高设计质量和效率。

（3）模拟（Simulation）。BIM 将原本需要在真实场景中实现的建造过程与结果，在数字虚拟世界中预先实现，可以最大限度地减少未来真实世界的遗憾。

（4）优化（Optimization）。前面的三大特征，使得设计优化成为可能，进一步保障真实世界的完美。这点对目前越来越多的复杂造型建筑设计尤其重要。

（5）出图（Documentation）。基于 BIM 成果的工程施工图及统计表将最大限度保障工程设计企业最终产品的准确、高质量、富于创新。

在工程设计阶段，BIM 应用需求主要体现在三维协同设计、信息共享、设计优化、成果交付等方面。

1. 三维协同设计

三维协同设计可实现地质、水工、机电、施工等专业设计对象的快速三维模型建立，主要水工结构、机电设备能够进行参数化设计并具有逻辑关联关系，同时某一专业内、不同专业间设计人员在同一设计环境下进行协同设计，提升工程设计质量和效率。

三维协同设计工作的基础是各专业设计对象的三维参数化建模和信息关联互通，通过各专业的模型库/构件库、专业设计系统、作业手册、标准，以及基于协同平台的流程管理、版本控制等规范规程设计对象的三维设计工作。

2. 信息共享

实现不同专业设计之间的信息共享，各专业设计系统从BIM模型中获取所需的设计参数和相关属性信息，不需要重复录入数据，避免数据冗余、歧义和错误。

信息共享除实现各专业设计对象的设计参数和相关属性信息的共享应用外，相关设计工作的规范、手册及已有设计成果（设计方案、应用经验、审查意见等）等也需作为工程设计可借鉴使用的信息加以管理。

3. 设计优化

实现设计方案结合碰撞检测、结构分析、能耗分析、成本控制等结果进行设计方案优化工作。

设计优化需要提供BIM设计软件与碰撞检测、结构分析、能耗分析、造价等软件的接口，方便工程建筑物设计信息、各类分析结果在软件间的传递和交互，实现工程设计方案的快捷优化调整。

4. 成果交付

实现工程设计图纸、BIM模型等成果交付，满足不同设计阶段的成果使用要求。

成果交付内容除设计图纸、BIM模型外，还包括各类工程建筑物的工程量、材料表以及相关的计算书、设计报告等，同时考虑工程汇报、宣传需要，还应有工程设计方案的三维展示系统或演示文件。

工程设计阶段（以水利工程为例）包含从项目建议书至施工图阶段，各阶段对设计成果的要求（图纸、模型、信息的精度和深度）都有所不同，各设计阶段BIM应用的主要内容包括：

（1）前期设计阶段。包括项目建议书、可行性研究等阶段，主要将BIM成果应用到设计方案的可视化展示、方案比选等方面，提高工程设计沟通交流效率。

（2）初步设计阶段。主要将BIM成果应用到设计方案的合理性验证、优化设计等方面，初步确定各专业设计对象的几何信息、属性信息、空间关系及相互之间的关联关系等。

（3）施工图设计阶段。主要是建立包括各专业的完整BIM模型、图纸等，满足施工规范要求，方便设计协调及设计修改完善等。

2.2.1.2　建设阶段

在建设阶段，BIM应用需求主要体现在施工场地布置、施工方案模拟、施工进度模拟与对比、施工质量与安全、物资材料管理、成本控制等方面。建设阶段BIM应用需建立工程施工BIM模型，并搭建相应的施工管控平台开展工作。

1. 施工场地布置

对施工阶段的场地地形、既有建筑设施、周边环境、施工区域、临时道路、临时设施、加工区域、材料堆场、临水临电、施工机械、安全文明施工设施等进行规划布置和分析优化，以实现场地布置科学合理。

施工场地布置需在工程施工总布置设计的基础上，基于工程施工 BIM 模型，通过三维可视化手段进行布置优化，并开发相关定制工具，便于实现相关功能。对于大型工程、引调水工程等工程区范围较大的水利水电工程，需考虑结合三维 GIS 系统进行总体布置和优化。

2. 施工方案模拟

在施工 BIM 模型上附加施工过程、施工顺序、施工工艺等信息，进行施工过程的可视化模拟，并充分利用 BIM 模型对方案进行分析和优化，提高方案审核的准确性，实现施工方案的可视化交底。

3. 施工进度模拟与对比

在 BIM 模型上附加施工进度，可模拟施工进度计划，通过虚拟进度计划和实际进度的比对，找出差异，分析原因，实现对项目进度的合理控制与优化。施工进度模拟需建立与工程项目管理系统的接口，结合工程施工进度计划建立工程施工过程仿真系统，实现工程施工进度的可视化模拟与分析。

4. 施工质量与安全

基于 BIM 技术的质量与安全管理是通过现场施工情况与模型的比对，提高质量检查的效率与准确性，并有效控制危险源，进而实现项目质量、安全可控的目标。需建立质量、安全相应的流程和信息管理系统，通过 BIM 模型进行施工质量与安全相关信息的可视化管理。

5. 物资材料管理

运用 BIM 技术达到按施工作业面配料的目的，实现施工过程中设备、材料的有效控制，提高工作效率，减少浪费。

6. 成本控制

通过 BIM 模型，实现建设单位的施工过程造价动态成本与招标采购的管理。在施工单位内部实现施工过程造价动态工程量监控、维护与统计分析，达到施工单位自身合理有效的动态资源配置与管理的目标。

2.2.1.3 运维阶段

运维阶段 BIM 应用应根据业主设施运营的核心需求，充分利用竣工交付 BIM 模型，搭建智能运维管理平台。在运维阶段，BIM 应用需求主要体现在监测分析、调度与控制、资产管理、设施设备维护管理、日常巡检、应急管理等。

1. 监测分析

基于 BIM 技术进行水文、水质及工程安全等监测，能收集监测传感器的数据，及时进行监测、统计、分析并能进行相关预警，使得业主及时做出调度与控制决策。

2. 调度与控制

在 BIM 模型上对重要设备进行远程控制。通过远程控制及监测分析，可充分了解设备的运行状况，为更好地进行运维管理提供良好条件。

3. 资产管理

利用 BIM 模型建立资产数据库对资产进行信息化管理，辅助建设单位进行投资决策和制订短期、长期的管理计划。利用运维模型数据评估、改造和更新建筑资产的费用，建立和维护与模型关联的资产数据库。

4. 设施设备维护管理

将建筑设备自控(BA)系统、消防(FA)系统、安防(SA)系统及其他智能化系统和建筑运维模型结合,形成基于BIM技术的建筑运行管理系统和运行管理方案,有利于实施建筑项目信息化维护管理。可以实现准确定位故障点,快速显示建筑设备的维护信息和维护方案;有利于制定合理的预防性维护计划及流程,延长设备使用寿命,从而降低设备替换成本,并能够提供更稳定的服务;记录建筑设备的维护信息,建立维护机制,以合理管理备品、备件,有效降低维护成本。

5. 日常巡检

利用建筑模型和设施设备及系统模型制订日常巡检计划,在虚拟环境下进行巡检。

6. 应急管理

基于BIM技术的管理不会有任何盲区,通过BIM技术的运维管理对突发事件进行管理,包括预防、警报和处理。当突发事件发生时,在BIM模型中直观显示事件发生的位置,显示相关建筑和设备信息,并启动相应的应急预案,以控制事态发展,减少突发事件的直接损失和间接损失。

2.2.2 专业应用需求

2.2.2.1 测绘

目前,测绘数据获取主要采用以全球定位系统GPS、遥感RS、地理信息系统GIS为代表的“3S”高新技术,采用高精度GPS、智能全站仪、测量机器人、数字水准仪等先进设备,进行空间定位基准建设和精密测量;采用航空摄影测量技术采集地理信息,生产数字线划地图DLG、数字高程模型DEM、数字正射影像DOM、数字表面模型DSM等多种数字产品,为水利水电工程设计相关专业提供基础数据支撑。

利用高分辨卫星遥感、新型航空传感器、机载激光雷达、地面激光扫描仪、无人机等先进技术,能够实现多区域多尺度测绘地理信息的快速采集,基本达到测绘数据采集的数字化与半自动化,提高了作业效率、降低了劳动强度、节约了生产成本,显著提高了地理空间信息的获取能力。测绘专业BIM应用主要需求如下。

1. 数据管理维护

实现各类采集数据的存储、查询、调用、更新等功能,满足工程现场采集信息的逐步完善及下游专业对各类测绘产品的应用需求。

2. 地形模型

除传统测绘产品交付下游专业外,为更好地支持下游专业工作的开展,还应提供能直接用于后续工作的三维地形模型,如基于工程设计BIM平台的各类模型成果。三维地形模型的建立应快速、准确,可基于获取的三维点云和倾斜影像,快速建立精细的工程区域、建筑物外表三维模型,利用三维地面激光扫描仪获取的数据建立地下/建筑物内部空间的三维模型,为后续三维设计工作及工程建设、运维工作提供个性化的地理信息数据支撑。同时,三维地形模型的轻量化需从数据引擎机制以及运算机制等方面加以研究,解决因地形模型数据量过大而影响地形开挖等应用工作。

3. 地形坐标系

建立测绘系统中的大地坐标系与工程设计系统坐标系的转换适配技术或方案，解决BIM软件设计工作中的坐标系统不统一、大范围或长距离工程区域的坐标匹配问题，满足坐标系的创建、管理及坐标转换方面的需求。

4. BIM+全站仪

建立BIM技术与全站仪在工程设计与施工结合方面的集成应用方案，实现将设计成果高效、准确地标定到施工现场，提高测量放样工作的效率和准确性，为施工工作提供直接有效的施工指导，促进设计成果的应用延伸。同时，结合施工进展情况，将完工对象的现场实测数据与设计数据进行对比检查，支持工程施工质量的有效管控。

5. BIM+GIS

建立BIM技术与GIS技术(尤其是3DGIS)的集成应用方案，实现工程设计、建设、运维等全生命周期的完整信息的充分表达，整合BIM精细化工程模型、全面的工程属性数据(设计参数、施工参数、运维参数)及GIS工程区域完整的空间地理信息数据应用、专业的空间信息查询分析展示能力，将工程区域的宏观信息、工程建筑物及设备的详细信息有机地融合在一起，促进整体工程建设管理工作的精细化、一体化管理。

2.2.2.2　地质

地质专业作为工程设计工作的基础专业，重点工作包括工程地质数据采集、管理、应用及三维地质建模应用研发，构建三维地质模型的工作标准、流程、专业接口及技术平台，实现工程地质可视化，与测绘、水工等专业全面协同，提升地质工作效率及质量。地质专业BIM应用主要需求如下。

1. 数据维护

数据维护包括采集传输、编辑存储、查询计算、报表输出等。数据采集包括收集历史资料，工程勘察现场采集的信息(包括遥感、测绘、勘探、物探、试验等)，采集方式可以多样化(多引入智能感知、三维激光扫描、无人机等技术手段)、便携化(手持设备、传感器自动采集等)，以适应变化多端的现场条件和数据采集要求。根据工程项目的具体情况，选取合适的数据传输方式，包括卫星通信、有线网络、移动网络、Wi-Fi、蓝牙等，实现勘察内外业一体化。随着大数据时代的来临，数据的存储也需采用分布式云存储方式。

2. 三维建模

作为地质BIM应用的核心功能，三维地质建模需要包括几何建模和属性建模功能，可以实现在三维场景中描述包括各地质要素的空间展布状态(几何建模)，以及地质体或界面的物理力学、变形、渗透等属性(属性建模)。功能：要有数据维护管理功能，与三维地质建模平台无缝连接，为三维地质建模提供数据支持；具有完善的地质点线面体及任意复杂地质体建模功能；随着勘察信息的不断增加，对地质体认识的逐步加深，平台具有局部干预修正完善模型的功能。性能：具有确定性和不确定性对象快速建模技术；具有命令建模、流程建模等建模方式，从地质人员的视角进行模型的建立，门槛低，容易上手，简便快捷，提高效率。

3. 制图输出

制图输出可实现包括地质平面图、平切图、剖面图等的自动绘制，基于三维地质模型自动绘制符合制图标准的专业图件，尽量减少人工干预，模型修改后切制的图件可以方便地快速更新且尽量减少重复的人工编辑，尽量达到打印输出，将繁重的切图工作交给计算机来完成。

4. 分析评价

实现基于三维模型和数据库支持之下的专业分析评价功能，如应力场、地下水流场、地下温度场等的分析及多场耦合分析等；比如边坡稳定分析、库岸稳定分析、渗透性分析、围岩稳定分析、淹没浸没区预测分析等。

5. 三维展示

三维展示可实现将地质要素在三维空间中展示的功能，直观形象地将地质要素的空间展布特征、属性分布特征及其相互之间或与建筑物之间的位置关系展示出来，要有贴图、材质、光照、渲染等功能，实现漫游显示、视频输出，可以用于投标、汇报、演示等。

6. 增强现实/虚拟现实

采用虚拟现实技术进行工程区地质环境三维场景的虚拟构建，并且将真实世界与虚拟世界的信息无缝集成，采用多媒体、三维建模、实时视频显示及控制、多传感器融合、实时跟踪、场景融合等技术手段展现真实世界的信息，且将虚拟的信息同时显示，两种信息互相补充叠加，可以应用于工程勘察设计方面不同工程布置方案、施工开挖过程模拟、边坡及硐室围岩变形破坏过程模拟、水库库岸再造、洪水演进、淹没浸没分析等过程。

7. 多专业协同

BIM平台需要满足多专业协同设计的需求，地质专业是为工程设计服务的，是工程勘察设计施工过程中的一个重要环节，需要测绘、勘探、物探、试验等专业的支持，地质成果为工程设计提供坚实的基础。地质专业需要接收测绘、物探、勘探、试验等专业的数据，并在此基础上工作，地质成果要提供给设计专业使用，地质专业也需要参考设计专业的建筑模型布置勘探工作量，就需要多专业协同工作，要求数据共享及时、顺畅，需要丰富的数据接口，以适应多专业应用系统之间的数据、模型共享。

2.2.2.3　水工

水工设计是水利水电工程设计中最重要、最复杂的工作，涉及的专业有坝工、厂房、水道等，专业之间接口复杂。水工设计是在前期地质、规划等资料基础上，进行计算、分析、比较，确定枢纽各建筑物的最优布置形式，满足各种经济及技术指标。在工程前期阶段提供的成果主要是报告和图纸，施工阶段提供的主要是施工图纸。

1. 水工建筑物体型设计

通过引用工程地形、地质三维模型，在此基础上进行水工建筑物三维体型设计工作，包括大坝、厂房、引水建筑物、泄水建筑物、过坝建筑物等。

为提高水工建筑物设计质量和效率，需建立各类水工建筑物参数化模型库/构件库，实现各建筑物模型的快速建立及调整修改。参数化模型库/构件库应按照坝工、厂房、水道等专业设计内容进行分类建立，并结合各专业设计对象的类型进行进一步细分，具体参数化构件应包含尺寸、定位、材质等信息。对于复杂体型的建筑物，如蜗壳、尾水管、渐变段等，需建立相应的建模工具或方法以提高建模和修改的效率。

对于常用的、构成相对简单的单体建筑物，如进水塔、溢洪道、隧洞等，可考虑建立相应的建模系统,将各组成部分的参数化建模、相互间关联关系进行整合,进一步提高设计质量和效率。

2. 开挖设计

结合水工建筑物设计情况,通过引用工程地形、地质三维模型、水工建筑物三维模型,在此基础上进行水工建筑物三维开挖设计工作。

开挖设计中,建立参数化开挖工具,方便开挖设计及调整修改,提高开挖模型的建模效率。对于复杂的开挖三维建模,如变坡马道、拱坝重力坝的复杂建基面、土石坝建基面清基等,需要专用工具进行开挖建模,以提高工作效率和质量。

水工建筑物开挖模型应与三维地质模型、水工建筑物三维模型进行关联,方便在地质数据更新完善、水工建筑物设计调整时自动适配调整。

3. 计算分析

建立水工建筑物建模软件与常用计算分析软件间的数据接口,如ANSYS、ABQUS、MIDAS等软件,能够将水工建筑物模型不进行或少进行加工处理,直接导入相应的计算软件中,方便进行稳定分析、应力分析、位移分析等计算分析工作,并能将计算分析调整后的模型返回水工建筑物建模软件的设计模型中,促进设计工作优化调整的便捷性。

4. 配筋设计

配筋设计基于水工建筑物结构三维模型进行钢筋配筋,三维钢筋的生成要求符合水利水电设计的习惯,如钢筋的折弯、延长、单独增加或减少和修改等。在三维配筋的基础上,实现钢筋类型、数量的自动统计及钢筋表的自动生成。由于配筋设计已到达设计工作的最后一环,结构体型模型可以不支持联动。

5. 图纸输出

建立适合水利水电工程设计规范的统一制图模板,基于各类专业三维模型实现各类工程图纸的生成,包括平面图、剖面图、立视图以及局部详图等,内容包括图框及标题栏、各类标注(包括字型、字号、线型、线宽、符号形式、填充方式、颜色等)、各类数据表格、图幅及比例尺适配等。生成的工程图纸需与相应的水工建筑物模型关联,实现设计调整修改时,工程图纸的自动更新。

2.2.2.4　施工

施工组织设计是工程设计的重要组成部分,是把建筑物设计付诸实施的指导性文件。水利水电工程不仅建设规模大、施工条件复杂,在建设过程中还受洪水制约,施工季节性强,其施工条件要比一般土木工程困难,因此水利水电工程施工组织设计非常重要。施工组织设计内容主要包括施工布置、施工方法模拟和施工进度模拟。

1. 施工布置

通过引用三维地形模型、三维地质模型、工程建筑物三维模型,开展工程施工总布置、导流布置等设计工作,实现工程区域可视化施工布置、场地分析、布置方案评估,对道路交通、施工营地、加工厂、渣场、物料堆场等进行优化调整,提高工程施工布置的科学性、合理性,减少后续施工当中不必要的人物资源浪费以及工期的迟延。

2. 施工方法模拟

通过基于BIM的施工方法模拟,能够直观、全面地了解施工组织的过程、关键环节、难点问题等,提高指导施工项目全过程各项活动的合理性、有效性。通过对重点、难点建设部分的可建性模拟,更好地支持施工方案的优化完善;对施工工序、施工工艺的模拟,可以进行相关工艺和工法交底,更加方便地指导施工过程;通过人机工程模拟,可以方便地展现施工环境及可能存在的危险因素,有效保证人员施工安全。

3. 施工进度模拟

施工进度模拟结合项目进度甘特图等创建,与实际进度相匹配,能够较为便捷地完成施工仿真设计,施工仿真基于体型设计创建,且能够在有关体型调整后同步更新,实现施工仿真与体型设计相互促进、相互指导。对于施工中所需设备,可以根据实际施工中设备的运行方式,简化其模型,完成相关设备库的创建,并能够在各平台间兼容。

2.2.2.5　机电

机电设计工作包括水力机械设计和电气设计,其中水力机械设计包括水力机械选型设计、电站辅助系统设计、厂房尺寸及布置设计、暖通及消防系统设计、设备及管道布置设计等;电气专业设计分为电气一次和电气二次,包括发电机组设计与选型、发电系统设计开关站出线系统设计、厂用电系统设计、照明、接地系统设计以及厂内控制系统设计、保护系统设计、交直流系统设计、厂内视频监控、消防火灾报警系统设计等。具体工作涵盖设计报告编制、设计计算、设备选型、方案比选及设备布置详细设计等内容,在设计、施工、安装调试中需要多个专业协同配合。

1. 机电设备及管路设计

通过引用工程地形、地质三维模型及枢纽布置、厂房建筑结构三维模型,进行机电设备及管路设计工作。

为提高设计质量和效率,需建立各类水机、电气设备及管路的参数化模型库,实现各类设备模型的快速建立及调整修改。参数化模型库应按照水力机械、电气等专业设计内容中的系统划分方式进行分类建立,并结合各类系统的组成内容进行进一步细分,具体参数化构件除包含尺寸、定位、材质等信息外,还应包括型号规格、功能描述、设计参数、材料、生产厂家、安装时间、检修时间、状态记录等属性信息。

对于常用的机电设备模型,应与厂家协调获取设备三维模型及关联信息,建立各类机电设备三维模型库及与之对应的二维符号库,实现二维设备符号与三维设备模型相互快速定位、布置。同时,可考虑建立机电设备参数化建模工具,实现机电设备简化模型的快速建模,重点包括设备外轮廓、安装尺寸以及进出接口位置等,方便机电设备模型库的建立和补充。建立各类机电设备模型的属性信息标准,规范设备信息内容,方便设计人员添加必要的设备属性。

2. 碰撞检测

在水电站厂房建筑、结构、机电等专业三维模型总装的基础上,对各类三维模型进行空间关系的检查和分析,包括机电各系统的设备、管路之间的碰撞检测(软件碰撞),以及机电设备及管路与厂房建筑结构之间的碰撞检测,保证机电设备及管路设计成果的正确。

3. 成果输出

机电专业设计成果主要包括各类设备管路材料明细表、专业设计图纸,图纸主要包括系统图、设备布置图、设备安装图、管路布置图、电缆清册等。

2.2.2.6 金结

金结专业设计的主要内容是闸门设计、启闭机及其他配套设备。

1. 闸门设计

通过引用水工建筑物的建筑、结构三维模型，结合孔口情况、上下游水位条件，进行闸门的设计工作。

闸门的零部件有很多，为提高设计质量和效率，需建立各类零部件的参数化模型库/构件库，常用的构件包括面板、梁系、滑块、止水、吊耳、侧导向、底坎、柱、侧轨等。参数化模型库/构件库应按照平面闸门、弧形闸门等进行分类建立，并结合各类闸门的构件组成进行进一步细分，具体参数化构件包含尺寸、定位、材质等信息。

2. 计算分析

计算分析主要包括水压力计算、确定启闭力的闸门重量和重心计算、稳定分析、应力变形分析等。

2.2.2.7 总装

模型总装需要将各专业的分散模型进行总体整合，并进行空间相对位置关系的调整。对总装平台的要求是：支持导入各专业的模型，并能进行位置关系的自由调整，对于经常需要修改调整的模型，还应支持模型联动。由于水利水电工程模型数量和体量都十分巨大，总装平台要求拥有超大模型数量和体量的承载及处理能力，在对总装模型进行操作时，能够比较流畅。在模型轻量化方面，总装平台要求有对各专业模型进行轻量化的功能，在最终数字移交时，可以轻量化打包封装，简化模型，只移交下一阶段需要的三维模型和信息。

2.2.2.8 造价

（1）BIM 模型中所有的构件包含所有参数信息，自动建立项目数据库，数据库应能与水利水电行业的定额算法规则统一。水利水电工程工程量计算条目应与现行计算规范一致。

（2）造价人员能在数据库中读取土建及设备等工程量，直接导入造价软件计算分析。

（3）数据库能跟随三维模型信息进行自动更新，在不同阶段能够快速地进行计算和修正。

（4）BIM 造价软件应有较强的计算分析能力，能适应不同阶段使用。

（5）模型与造价挂接主要考虑每一项清单是否有对应的模型，价格与模型一一对应，运输的问题可以在单价里考虑。

2.2.3 专项应用研发需求

2.2.3.1 开发工具类

1. 开挖工具

目前各主要软件平台尚未有成熟的开挖工具，但对该工具都有需求。开挖工具可以较方便地对原始地形面进行清基，建立建基面，可以快速完成常规马道开挖，并支持斜马道开挖。要求操作简单，可自动统计挖方、填方等工程量，可以进行联合开挖（联合开挖应支持开挖顺序的调整）。

2. 三维标注工具

目前,Autodesk、Bentley、Dassault 尚未有成熟的三维标注绘图工具,需要在三平台分别进行开发。要求可进行三维桩号标注、三维高程标注,当模型发生变化时,标注会自动更新。

3. 配筋工具

目前已有多家设计单位开发了配筋软件,可以较好地满足当前应用需求。考虑到后期建造和运维阶段可能应用到钢筋模型,要求配筋软件有导出功能。

2.2.3.2　资源库

BIM 技术是在水利水电行业全生命周期管理,提高设计效率和设计质量的有效手段。各软件的资源库作为建模的基础,资源库的完善直接影响模型建立的效率;带有 BIM 信息的资源库,不仅为计算选型、算量计价等提供支撑,也为后期运营维护提供必不可少的信息数据。

水利水电工程的特殊性,导致各平台的资源库并不能满足行业需求。

(1)建筑类:各平台资源库的建筑类资源库基本较为完善,能满足需求。

(2)给水排水类:缺少大、中型水泵构件,宜增加各类泵的参数化模型。

(3)电气类:缺少变压器等设备构件,宜增加各类变压器的参数化模型。

(4)阀门类:对于常规阀门,在各平台资源库已建立,尚缺少水轮机进水阀(球阀、蝶阀)、减压阀、流量调节阀等特殊阀门的资源库。

(5)水机发电机组:基本无。

(6)水工:水利水电工程水工结构复杂,结构形式多样,资源库不多。大部分结构形式如泵站、水闸等较为规则的结构,可以通过参数化方式进行定制。

对于各平台欠缺的资源库,可通过参数化建模和软件接口互通,直接从设备模型导入各平台。特别对于进水阀、水轮发电机组等较高的专业性的设备导入平台后的轻量化模型应做出标准要求。

2.2.3.3　专业设计系统

水利水电设计工作具有特殊的专业化的特点,在二维设计工作阶段也做过相应的专业设计系统的工作,而 BIM 技术有了准确的含有数据的模型,便于实现参数化的设计,可以更有利于促进专业设计系统的形成,从而总结以往的设计经验,提高设计效率和水利水电工程的标准化工作。

鉴于水利水电工程的复杂性,建议从专业化强、实现难度小的项目开始,比如挡土墙的设计。具体要求是首先确定挡土墙的设计类别,初步拟订挡土墙的设计参数,通过输入计算参数,完成整个挡土墙的计算,然后根据计算及设计完成数字化建模,供 BIM 设计使用。这个系统整体应该是一体完成,最终应能形成计算书和 BIM 模型,还应实现动态调整。

各水工建筑物 BIM 设计中需对开挖中存在的“浅层开挖”(如土石坝及土地平整等开挖设计中,部分地形面需开挖而部分无须开挖)问题予以有效解决。对于各种建筑物的基础地质信息,能够通过相关参数调整完成其结构计算,能够通过体型参数更改完成设计方案修改及优化,能够获取工程所需相关建筑物物料清单,能够生成满足目前工程所需的二维图纸。

其中,水闸设计包括体型(进口岸墙、翼墙、闸室段、消能防冲段)设计、开挖设计、稳定渗流计算等。

土石坝设计包括坝体开挖设计、体型(底部结合槽、坝体填筑区、细部结构)设计、渗流稳定计算等。

重力坝设计包括坝体开挖设计、体型(挡水坝段、进水口段、泄流底孔、泄流表孔、廊道排水监测系统)设计、渗流稳定计算等。

厂房设计包括开挖设计、体型(主厂房、副厂房、主变压器场、高压开关站)设计等。

导流洞设计包括进、出口开挖设计,体型(进口引渠、闸室段、封堵塔、洞室段、消能防冲段)设计等。

2.2.3.4　专业协同与校审

1.数据格式的交互

BIM技术涉及多专业、多领域的综合应用,其实现方式必定将是多种软件、多种工具相辅相成、彼此配合,而不可能存在一个软件完成企业所有需求的情况。以A平台为例,地质子系统主要以Civil3D为主,建立地质专业三维模型,并进行开挖设计;枢纽子系统主要以Inventor为主,建立枢纽布置中的各专业建筑物模型,进行结构体型设计;厂房子系统主要以Revit为主,建立厂房内部土建结构、机电设备、建筑装修模型,进行结构、管路、设备布置设计;施工子系统主要以Infraworks360为主,建立和集成施工总布置中各种建筑物、施工场地、设施模型,进行场地布置设计。各子系统可在统一的Vault协同平台上进行数据交互,在Navisworks软件中进行项目整体模型整合、三维可视化校审、碰撞检查、进度模拟等工作。借助BIM360云平台,开展项目参建各方的信息共享与协同工作。从上述过程可以看出,BIM设计软件众多,彼此之间的数据交互十分重要。根据参与问卷调查单位的反馈,行业对于数据格式交互的需求具有普遍性,主要包括以下几项。

1)A、B、C三个平台间的数据互通问题

设计单位接触BIM面临的第一个问题就是选择哪个平台。理解BIM需要一个过程,无论选择哪一个平台都需要花费大量的时间和精力去摸索与实践。由于目前A、B、C各成一派,彼此之间数据无法共享,就意味着平台的选择具有很高的机会成本。如果选择了不适合本单位的平台,前期投入的时间和人力对任何企业来说都将是难以接受的资源浪费。因此,行业需求软件商能够打通三家软件的技术壁垒,实现A、B、C中的任何一家都可以打开其他两家的BIM设计成果,并便于编辑。

2)平台内部的数据互通问题

不同专业所用软件有所不同,难以实现不同软件表达信息的统一和信息兼容。不同阶段的模型无法做到上下游衔接,存在大量二次建模的现象。比如Revit、Inventor导入Civil3D属性参数查询、材质不完整,Revit软件与Inventor软件材质协调问题等。期望能改进软件交互的数据格式,使不同软件、不同专业间的信息可以无损传递;或者各软件采用统一的信息表达格式,来满足水电、水利行业的设计信息表达需求。比如Autodesk平台下各软件数据互通问题,由Autodesk软件自身升级解决是最好的方式,或者通过二次开发解决。

3)计算和建模软件的数据接口

BIM软件厂商应与水利水电行业的计算、分析软件需求合作,提供模型到计算的数据接口,而计算后的模型能返回到原BIM软件中修改,像YJK和Revit的互通互导一样。

2.协同方式、权限

准确和充分的数据交换是业务协同的基础。在传统二维设计模式下,多采用定期、节点性的提资,通过图纸来进行专业间的业务数据交换,这种传统方式明显存在着数据交换不充分、理解不完整的问题。此外,图纸间缺乏相互的数据关联性,也经常会造成不同图纸表达不一致的问题。企业应用BIM技术后,各方可基于同一BIM模型随时获取所需的数据,实现并行的协同工作模式,改善各方内部及相互间的工作协调与数据交换方式。基于BIM的协同工作模式的改变,也必将在工作方法与业务流程方面产生一定的变化,更好地达到协同工作的效果。

设计单位的内部协同工作规范应遵循如下几个原则:

(1)基于统一的BIM模型数据源进行,以实现实时的数据共享。

(2)应制定合理的任务分配原则,以保证各设计者、各专业协同工作顺畅有序。

(3)应考虑企业现有的软硬件条件,制定合理的协同工作流程,以避免超负荷运行所带来的损失。

(4)各专业间建立互不干涉的协同工作权限,实时共享数据,但不能随意修改。

部分BIM软件有协同作业的功能。如在Revit软件中,存在工作集和文件链接两种方式,具体采用哪种方式可根据项目的大小及复杂程度而定。通常,专业内协同设计采用工作集方式,专业间协同设计通常采用工作集及文件链接形式。使用软件本身的协同功能,能在一定程度上解决协同问题。但对于大型工程,单个软件的协同功能难以满足项目级的协同需求,多软件、多专业异构数据在同一环境集成困难。目前,对于协同平台建议国产自主研发和直接采购(如Autodesk的Vault)两种方式,需要进一步调研这两种方式的优缺点,为各单位选择平台提供指导意见。

3.三维校审的流程、方式、方法

随着BIM的普及应用,将改变传统的设计成品校审方式,原来阶段性的二维图纸校审将转变为“实时三维模型+二维联动图纸校审”的工作模式。目前,各设计单位普遍存在的问题是,掌握BIM的员工往往比较年轻,工程经验相对不足;而承担校审工作的设计师多数年长,缺乏对BIM的理解,习惯于传统的校审方式。在BIM环境下,设计校审是审图还是审模,行业内仍缺乏统一的认识。

需要进一步研究在三维校审方面的做法,并找到好的实施办法。比如研发基于多CAD格式的三维设计成果可视化校审平台,满足设计校审流程及信息检索、统计、成果提取等功能,从而实现三维校审成果及关联的二维设计成果归档管理。在此基础上,行业主管部门适时出台相应的指导意见或管理方法,从技术和管理两个方面,为全行业解决BIM校审问题指明方向。

2.2.3.5　数据转换

目前水利水电行业A、B、C三种平台BIM软件鼎立,这就造成平台间接口不兼容问题。同时平台内部各软件间不能有效对接问题也很普遍,如Autodesk平台中Civil3D地质信息导入 RVT 中、RVT 导入 INFRAWORKS 中、C3D 导入 INFRAWORKS 中,属性、尺寸、构件丢失等。这些需要软件供应商参与进来,共同研发。

轻量化方面,主要分两个层次。

(1)BIM 实施层面,在 BIM 推行的初期,落实复杂的 BIM 技术必须走轻量化路线,即先应用轻便、快捷的 BIM 技术。BIM 轻量化应用路线主要集中在设计、造价、施工方面,分别对应设计院、工程咨询公司、施工单位,而运维方面不应过早强调。BIM 的推广必须先在各个较为方便的轻量化应用方面发挥独立作用,待 BIM 拥有一套成熟、稳定的工作流程后,再将各个独立的功能整合到一起,形成覆盖从建筑物设计到拆除的全生命周期的建筑信息模型。

(2)轻量化表现在模型体量上。模型的体量大,不仅对硬件要求高,而且对操作过程的流畅性也有很大阻力。所以,模型轻量化技术急需研发提升,可以减少对电脑硬件设备的依赖,便于移动办公使用和传播,提高工作效率,降低沟通成本。

2.2.3.6 成果管理与交付

BIM 成果统一存储在服务器端,协同设计平台一般同时具有文件存储的功能。在成果管理上,根据工程全生命周期各阶段要求,以及每个阶段中的各个子阶段的要求,均需要有多个版本的固化存储作为档案资料保存,这些版本的 BIM 成果只有只读属性,不可进行修改。如果协同平台的管理以项目方式进行,还可以将项目涉及的所有电子化的各种格式文件进行统一存储。

各个专业模型在服务器端固化时,应进行合理分类和标识,对复杂模型还应编写说明书,以便后期资料的查阅及使用。

第二篇　建模工具二次开发技术与实现

第 3 章　建模工具二次开发概述

基于 BIM 的二次开发指的是在原有 BIM 软件基础上，通过编程技术扩展和优化其功能，以满足特定项目或业务需求。二次开发可以提高 BIM 软件的实用性、协作性和智能化水平，从而更好地支持工程项目的设计、施工和运维等环节。基于 BIM 的二次开发提高了软件的可定制性，使 BIM 软件更贴合实际应用场景。通过优化工作流程，二次开发减少了重复性工作，提高了设计师、工程师等参与者的协作效率。使数据交互无接缝，各专业间模型和数据交互更便捷，提高了项目协同性。此外，二次开发整合了现有资源，实现了项目进度、成本、质量等方面的有效管理。经过 BIM 的应用和推广，基于 BIM 的二次开发仍然面临一些挑战。首先，开发成本较为高昂，包括人力、物力和财力的投入，这对于中小型企业而言可能构成较重的负担。其次，技术门槛较高，非专业技术人员掌握起来难度较大。此外，随着 BIM 软件的更新升级，二次开发应用需要不断进行调整和维护，以确保其兼容性和稳定性。同时，还需关注兼容性问题、数据安全风险、标准化程度不一、培训和推广成本等因素。基于 BIM 二次开发的方向如表 3.1-1 所示。

表 3.1-1　基于 BIM 二次开发的方向

开发方向	开发内容
协同平台	针对项目设计和施工阶段面临的各类协作性问题，开发以 BIM 为底层数据的协同平台，如施工管理平台
数据挖掘与分析	利用大数据、人工智能等技术，对 BIM 模型中的数据进行挖掘和分析，为项目决策提供支持
参数化设计	通过参数化建模，实现 BIM 模型的快速生成与修改，提高设计效率
物联网应用	将 BIM 技术与物联网技术相结合，实现建筑设备的实时监控与控制，提升建筑物的智能化水平
虚拟现实与增强现实	将 BIM 模型与虚拟现实（VR）和增强现实（AR）技术相结合，为设计审查、施工指导、运维管理等方面提供更为直观的体验和指导
建筑性能分析	利用 BIM 模型及其相关数据，进行建筑性能分析，如能耗分析、空气流动分析、结构分析等，以提高建筑物的舒适性和节能性能
机器人与自动化	利用 BIM 数据驱动建筑机器人与自动化设备，实现施工与运维的自动化，提高生产效率和质量
城市信息模型	将 BIM 技术应用于城市规划、设计和建设领域，构建城市信息模型，为城市管理和决策提供数据支持
绿色建筑与可持续发展	借助 BIM 模型及其数据，实现绿色建筑的设计和施工，关注建筑物的生态环境影响，促进可持续发展
建筑经济与管理	利用 BIM 数据进行建筑项目的成本估算、进度管理、风险评估等，提高项目管理效率和准确性

二次开发平台是建筑信息模型(BIM)的重要组成部分,它们为开发者提供了便捷的工具和接口,以便根据项目需求进行定制化开发。

3.1　基于 Revit 的二次开发

Revit 是由美国 Autodesk 公司开发的一款建筑信息建模(BIM)软件。它是一种专业的建筑设计和建筑信息管理工具,广泛应用于建筑、土木工程、室内设计和建筑规划等领域。

Revit 二次开发是指使用 Revit API(应用程序编程接口)来创建自定义应用程序、插件、脚本和工作流程,以扩展 Autodesk Revit 的功能,满足特定项目或行业需求。二次开发的应用程序可以帮助建筑、设计和施工领域的专业人员更好地利用 Revit 的功能,提高工作效率并改善项目管理和设计过程。Revit 二次开发通常使用 .NET 编程语言,如 C#和 VB. NET。这些语言与 RevitAPI 密切集成,使开发人员能够轻松地与 Revit 进行交互。Revit 二次开发的常见形式是创建自定义插件,插件可以添加新功能、工具和命令到 Revit 的用户界面中。插件可以用于生成特定类型的构件、自动化任务、报告生成、数据导出等。可利用 RevitAPI 开发自动化复杂的任务,如批量处理、规则检查、模型协调和数据转换,有助于提高工作效率,减少人工操作。同时,开发人员可以使用 RevitAPI 访问和修改 Revit 项目中的数据,包括构建元素、参数、视图和图形数据,创建自定义工具,用于修改和管理项目数据。

利用 Dynamo 创建 Revit 脚本也是基于 Revit 的二次开发的一种方式,Dynamo 是一种开源的视觉编程工具,主要用于建筑设计、工程和建筑信息建模(BIM)领域。它的目标是帮助用户创建自定义设计和建模工作流程,无须编写传统编程代码。Dynamo 可以与 Revit 集成,允许用户创建和编辑 Revit 元素、参数和视图,以自动执行复杂的设计和建模任务。同时,Dynamo 提供了一种直观的方式来创建自定义脚本,而不需要深入了解编程语言。

3.2　基于 MicroStation 的二次开发

MicroStation 即 Bentley 的基础图形平台软件。它基于三维设计,支持实体建模、B 样条曲面建模和网格建模-大三维图形内核,可兼容其他各种图形平台导入的数据格式。同时,MicroStation 还是一个囊括二维绘图、二维建模、图形渲染、动画制作的全方位多功能图形平台。基于强大的 MicroStation 平台,根据各个专业的不同需求,Bentley 开发出面向不同专业的 Open 系列设计软件,生成模型可利用 Bentley 开发的计算软件进行结果分析。

基于 MicroStation 的二次开发是指开发人员利用 MicroStation 的开发平台和工具,对 MicroStation 进行自定义扩展,以满足特定项目或工作流程的需求。二次开发可以通过 MicroStation 的 API 和宏语言进行,以实现自定义功能和工具的添加。

以下是四种 MicroStation 二次开发方式:

(1)基于 VBA 的宏编写。MicroStation 支持 Visual Basic for Applications(VBA),可以使用 VBA 来编写宏,自动化各种任务,包括创建和编辑设计文件元素、修改设置等。

(2)基于.NET 编程。MicroStation 提供了.NETAPI,可以使用 C#或 VB.NET 等.NET 编程语言来进行二次开发,创建功能强大的插件和应用程序,以扩展 MicroStation 的功能。

(3)自带的宏语言。MicroStation 内置了一种类似 BASIC 的宏语言,称为 MicroStationBasic。可以使用这个宏语言编写自定义宏,以执行各种任务。Bentley 强烈建议在任何 MicroStationV8 版本中使用 VBA 而不是 MicroStationBasic。

(4)MDL(MicroStation development language)。MDL 是 MicroStation 的原生开发语言,它是一种强大的编程语言,允许创建自定义应用程序和扩展。可以使用 MDL 来操作和修改 MicroStation 设计文件中的元素,以及自定义用户界面。

3.3　基于 CATIA 的二次开发

CATIA(computer-aided three-dimensional interactive application)是法国达索公司开发的一套计算机辅助设计(CAD)、计算机辅助制造(CAM)、计算机辅助工程(CAE)和产品生命周期管理(PLM)软件套件。CATIA 是在航空航天、汽车和其他工程领域广泛使用的强大软件。CATIA 以其在创建 3D 模型、模拟和工程设计方面的广泛能力而闻名。CATIA 被用于诸如设计复杂的 3D 零件和装配件、进行应力分析以及模拟各种机械系统的行为等任务。CATIA 是一个全面的软件套件,包括不同工程和设计任务的各种模块。

CATIA 的二次开发是指在 CATIA 的基础上,通过编程和自定义来扩展其功能,以满足特定的工程和设计需求。这种开发通常涉及使用 CATIA 的 API 和脚本编程来创建定制的工具、插件和应用程序,以提高 CATIA 的性能和适应性。开发人员可以使用 CATIA 提供的 API(如 CATIAVBScript、CATScript 和 CATIACAA),来创建自定义插件和工具,这些插件能够自动化重复性任务、简化复杂操作,并添加新功能。CATIA 二次开发可以将 CATIA 集成到其他工程或制造系统中,通过 API 和数据交换功能实现数据共享和交互;数据分析和报告生成工具的开发有助于更好地理解和分享设计数据以及工程分析结果。同时,通过二次开发,可以实现自动化设计和工程流程(从设计到制造的全过程),从而提高效率并减少错误。

CATIA 提供了强大的 API,使开发人员能够扩展 CATIA 的功能、自动化任务和与 CATIA 进行集成。CATIA 的 API 允许开发者通过编程方式与 CATIA 的对象模型进行交互,执行各种操作,从而满足特定工程和设计需求。以下是一些常见的 CATIA 二次开发方式和开发语言:

(1)VBScript。是一种常用的脚本语言,可以用于 CATIA 的二次开发。它适用于创建宏(macros)和自动化任务。VBScript 可用于编写简单的脚本来执行操作,例如创建几何体、修改属性或执行复杂操作。VBScript 代码通常存储在 CATScript 文件中,并可以在 CATIA 中运行。

(2)C++。可以用于 CATIA 的二次开发。开发者可以使用 CATIA 的 C++API 来创建自定义插件和应用程序。这种方法通常用于构建高度复杂和性能要求较高的扩展。

(3)C#。可被用于开发 CATIA 的二次开发工具。通过使用 C#和 CATIA 的 C#API，开发者可以构建功能强大的插件和应用程序。C#更容易学习和使用，因此它适合开发人员入门二次开发。

(4)CATScript。是 CATIA 的一种脚本语言，专门设计用于二次开发。它使用简单的命令和语法，可用于创建脚本和宏，以执行 CATIA 操作。CATScript 通常适合快速任务自动化和定制。

第4章　基于 MicroStation 平台二次开发应用与实现

4.1　地形处理

4.1.1　关键技术研究

4.1.1.1　等高线地形分块预处理及设计地形提取

大范围地形图设计中地形提取方法主要分以下三步。

1. 等高线地形预处理

第一步的主要目的是剔除原始等高线地形图文件中的非等高线元素,为第二步等高线分块处理做准备。将传统形式等高线地形图,按照图层(或其他方式)删除(或隐藏)非等高线元素,仅保留等高线元素,并另存为新的等高线地形文件。

2. 等高线分块处理

第二步通过二次开发实现,所有步骤均在程序后台执行,输入为经第一步处理后的等高线文件、地形分块尺寸 b,输出成果为 Index. xml 文件、Block. xml 文件。主要目的是生成地形分块后的分块索引文件 Index. xml 文件、分块等高线文件 Block. xml 文件,为第三步设计等高线地形提取做准备。

(1)将所有等高线生成一个 cell 格式元素。主要目的是方便提取等高线的边界范围。

(2)提取等高线元素的基点 P0、X 方向的范围 length_X、Y 方向的范围 length_Y。主要目的是确定创建方格网基点及方格网在 X、Y 方向的最小范围(见图 4. 1-1)。

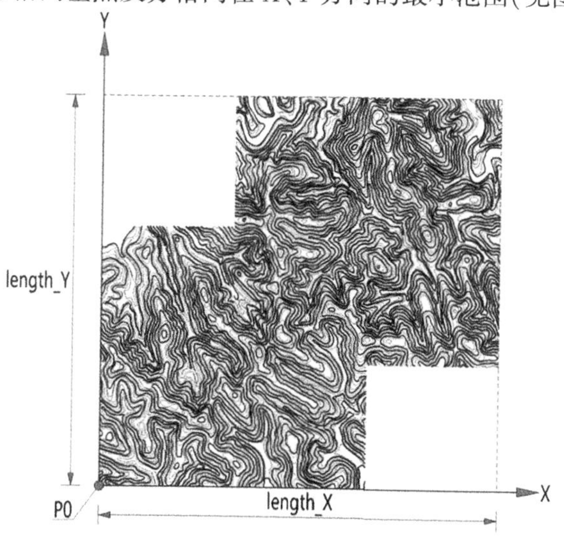

图 4. 1-1　提取地形范围

(3)创建方格网(见图 4.1-2)。以上一步提取的 P0、length_X、length_Y 及用户输入的方格网尺寸 b,创建覆盖等高线范围的方格网。方格网创建工程中,以 P0 为基点,X、Y 方向的增量均为 b。

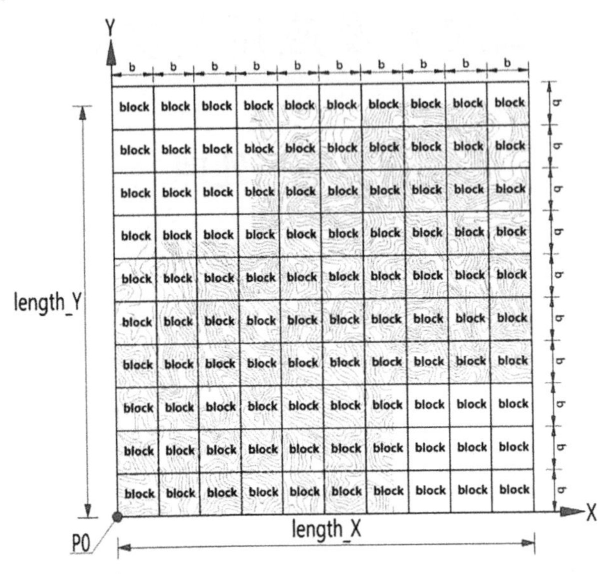

图 4.1-2　创建方格网

(4)提取方格网的索引 block_i(见图 4.1-3),以及每个方格网的 4 个控制点坐标 point1、point2、point3、point4。

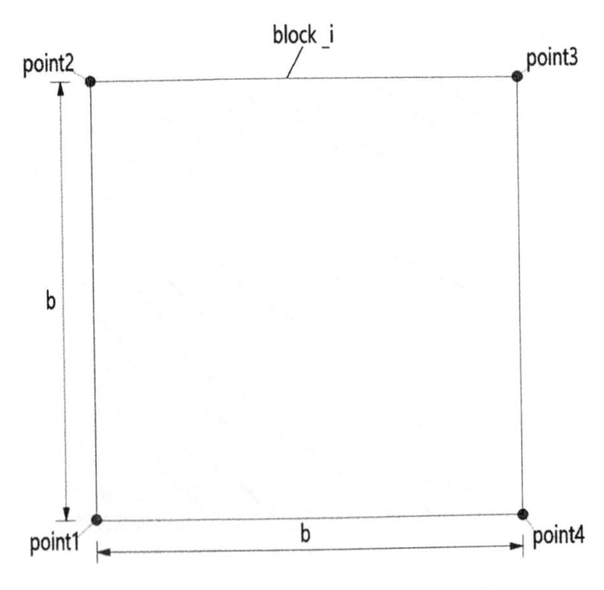

图 4.1-3　提取方格网索引及控制点坐标

(5)提取方格网内各条等高线坐标(见图 4.1-4)。遍历上一步命名的所有 block,以 block_i 对应的方格网控制点坐标 point1、point2、point3、point4 生成封闭的 LineString 线,以 LineString 线为边界截取或提取位于其范围内的等高线,得到 block_i 覆盖的等高线

Line_1、Line_2、Line_3、…、Line_n，提取每条等高线上的控制点坐标 p_1、p_2、p_3、…、p_n。

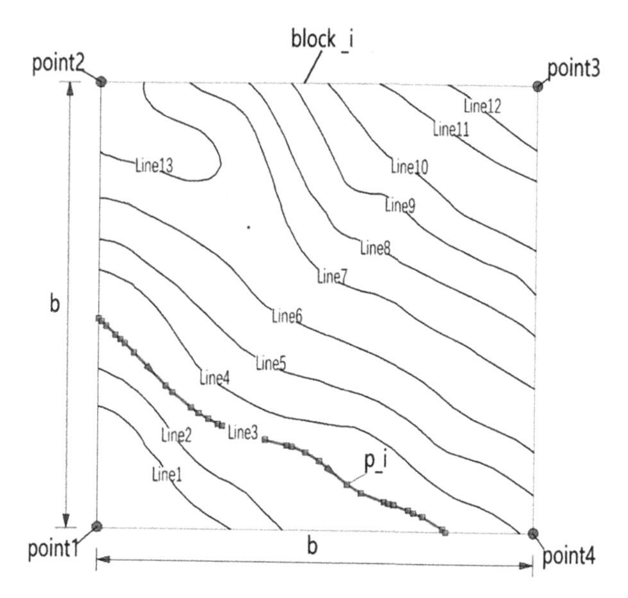

图 4.1-4　提取方格网索引及方格网内各条等高线控制点坐标

(6)生成方格网索引.xml 文件(见图 4.1-5)。以第(4)步命名的方格网及提取的方格网控制点坐标，生成 Index.xml 文件，并保存在本地磁盘。

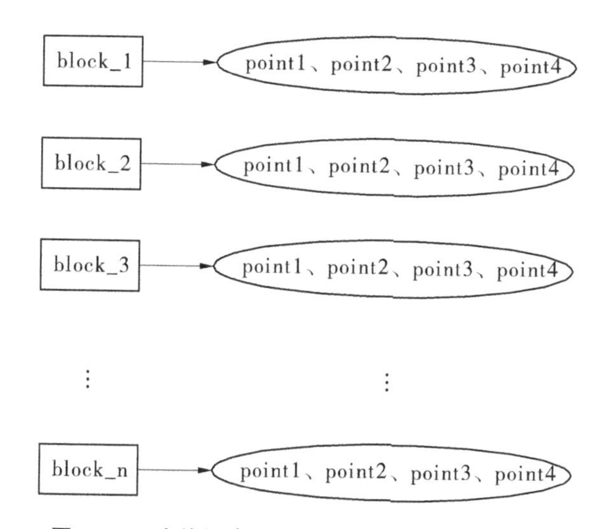

图 4.1-5　方格网索引.xml 文件数据存储格式示意

(7)生成方格网等高线.xml 文件(见图 4.1-6)。以第(5)步提取的等高线及等高线控制点坐标，生成 Block.xml 文件，并保存在本地磁盘。

3. 设计等高线地形提取

第三步通过二次开发实现，所有步骤均在程序后台进行，输入为第二步生成的 Index.xml 及 Block.xml 数据源文件、用户输入的设计轴线，以及左、右侧范围 LB、RB 参

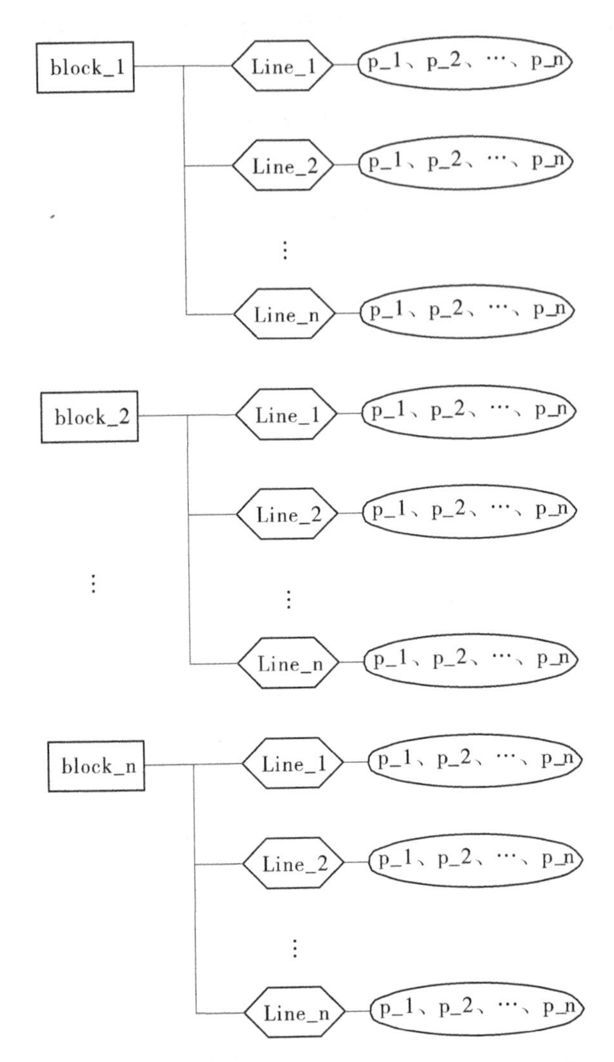

图 4.1-6　方格网等高线.xml 文件数据存储格式示意

数，输出为需要提取的设计等高线。

(1)生成设计地形范围 Range(见图 4.1-7)。通过给定的设计轴线及轴线左侧的范围 LB、轴线右侧的范围 RB，通过偏移设计轴线的方式得到“左侧边界线”“右侧边界线”；“左侧边界线”“右侧边界线”的对应始末点相连，得到“辅助线 1”“辅助线 2”；“左侧边界线”“右侧边界线”“辅助线 1”“辅助线 2”构成了封闭的设计地形范围 Range。

(2)提取范围 Range 覆盖的 Block(见图 4.1-8)，生成 SelectBlock 列表。遍历 Index.xml 文件中的所有 block，根据 block_i 控制点 point1、point2、point3、point4 生成的范围，判断 block_i 和上一步生成的范围 Range 之间的关系，如果 block_i 位于 Range 范围内或 block_i 与 Range 范围边界相交，则将 block_i 的索引名“block_i”添加至 SelectBlock 列表，否则不添加。

(3)提取 SelectBlock 列表内各个 block 覆盖范围内的等高线(见图 4.1-9)。遍历

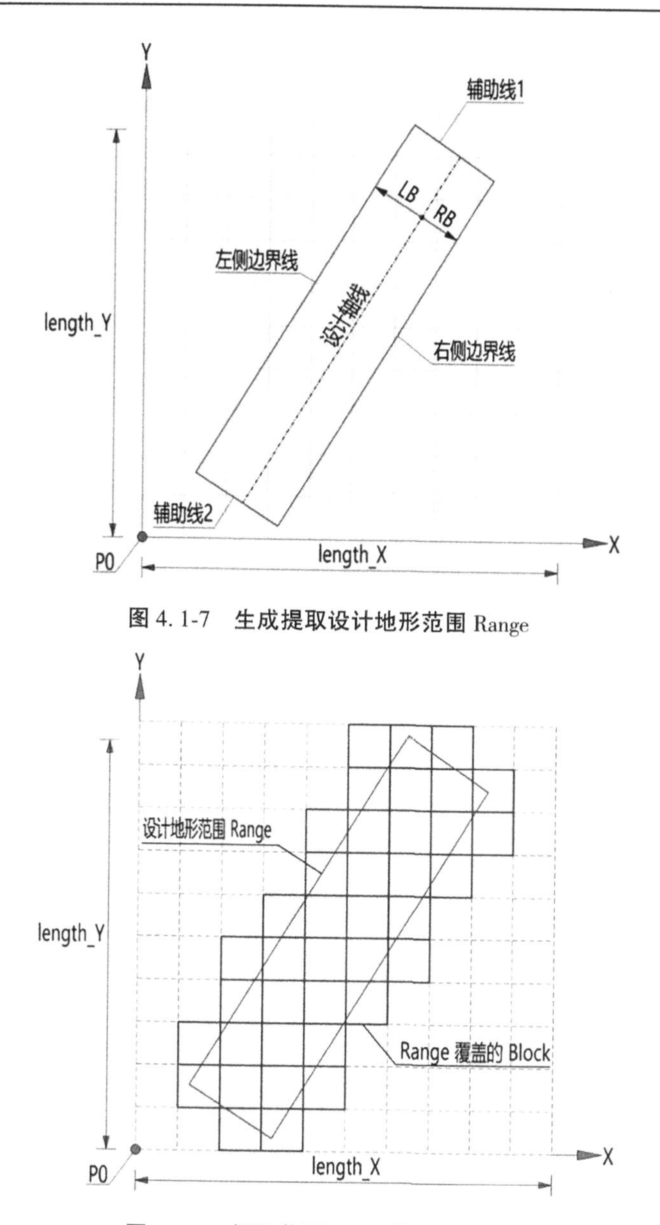

图 4.1-7　生成提取设计地形范围 Range

图 4.1-8　提取范围 Range 覆盖的 Block

Block.xml 文件中的所有 block，如果上一步生成的 SelectBlock 列表中包含索引为“block_i”的方格网，则提取 block_i 包含的各条等高线（Line_1、Line_2、Line_3、…、Line_n）对应的控制点坐标 p_1、p_2、p_3、…、p_n，利用 BentleyMicroStation 软件提供的创建 LineString 线的接口，生成等高线并加载至模型空间。

4.1.1.2　三维地形创建

基于灰度图及影像图地形模型创建方法研究总体框架见图 4.1-10，共分为六步。其中第一步至第三步是通过常用软件原生功能完成的，第四步至第六步是通过对 MicroStation 软件二次开发完成的。二次开发工具界面见图 4.1-11。

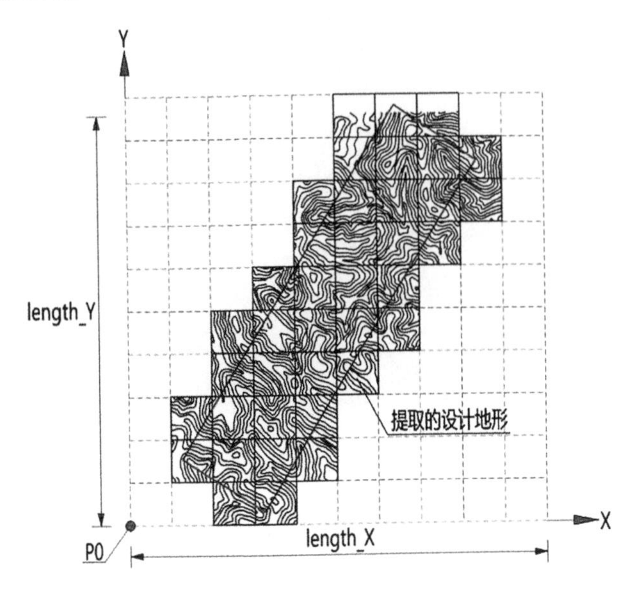

图 4.1-9　提取的设计地形

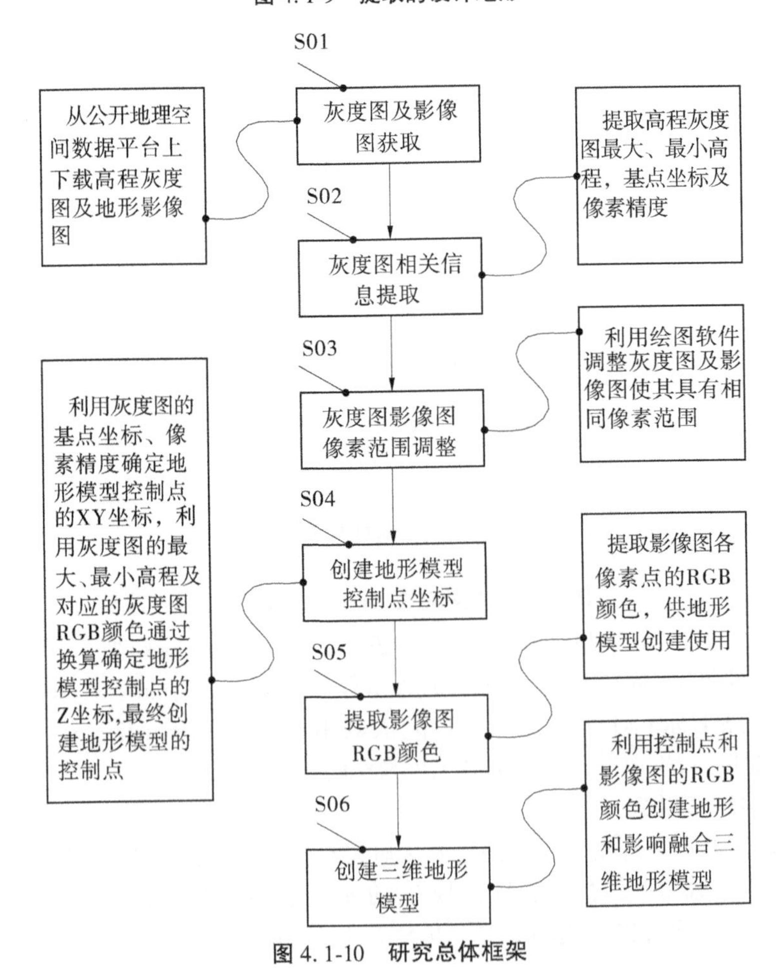

图 4.1-10　研究总体框架

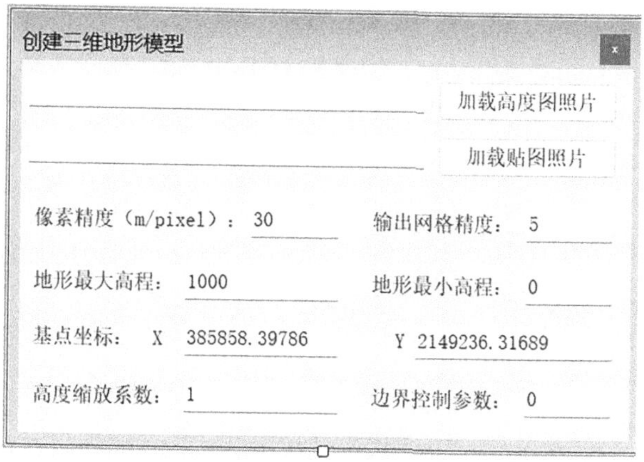

图 4.1-11 “创建三维地形模型”工具界面

1. 高程灰度图及地形影像图获取

高程灰度图及地形影像图是本书创建三维地形模型的基础，图像获取是通过公开地理空间数据平台下载得到，图像下载时须确保两者具有相同的边界范围。为确保高程灰度图可用于后续环节地形创建流程，灰度图下载时坐标系统应选用平面坐标系如 WGS-84 坐标系 UTM 投影、2000 国家大地坐标系高斯投影等。图像下载过程中应根据数据平台提供的可选精度尽量选择高精度图像下载。

2. 高程灰度图相关信息提取

高程灰度图创建过程中会形成. jgw 格式的配置文件，该文件记录了图片实际控制基点坐标及像素精度等信息，基点一般为图像左上角点像素点位置坐标，因此可通过. jgw 配置文件获得基点坐标 P0、像素精度 disXY。另外，可通过常用地形图绘制软件查询功能获得高程灰度图对应地形模型最大高程 eleMax 及最小高程 eleMin。提取的参数在二次开发的工具界面上进行输入，用于三维地形模型的生成。

3. 高程灰度图及地形影像图像素范围调整

高程灰度图及对应影像图像素范围会存在不匹配情况，本书研究的是模型和影像贴图融合的三维地形模型创建方法，三维地形模型控制点坐标是以高程灰度图的像素点为基准，因此影像贴图像素范围需和高程灰度图像素范围匹配。

图像像素范围调整采用常用的图像处理软件完成，处理目标是：使高程灰度图和地形影像图具有相同的像素范围。

4. 创建地形模型控制点坐标

三维地形模型控制点创建需要确定点的平面 XY 坐标及 Z 坐标，本书平面 XY 坐标是以高程灰度图像素点为基准创建的，Z 坐标以灰度图对应地形模型的最小高程 eleMin、最大高程 eleMax 及灰度图各像素点的 RGB 颜色通过比例换算得到，具体实现方法如下。

1）控制点 XY 坐标确定

通过上述方法可获得灰度图对应地形模型的基点坐标 P0、像素精度 disXY，并作为参数在二次开发的“创建三维地形模型”工具界面输入，P0 一般为灰度图左上角角点像素的位置坐标，为方便程序内部执行，本书基于已知点 P0 通过换算方式得到坐标计算基准点 Pxy(0,0)，假定 P0 的 XY 坐标值为(X0,Y0)、灰度图 Y 方向的像素点个数为 num_y、灰度图 X 方向的像素点个数为 num_x，则基准点 Pxy(0,0)的 XY 坐标(Xbase,Ybase)计算公式为：

$$Xbase = X0 \tag{4.1-1}$$

$$Ybase = Y0 - (num\_y - 1) \times disXY \tag{4.1-2}$$

基于确定基点 Pxy(0,0)的平面坐标(Xbase,Ybase)，通过循环遍历的方式得到所有像素点实际 XY 坐标，并创建点坐标二维数据列表 pList_xy，以 Y 方向像素点序号作为第 1 个索引号 i，以 X 方向像素点序号作为第 2 个索引号 j，pList[i][j]所代表点的 XY 坐标计算公式为：

$$x = Xbase + j \times disXY \tag{4.1-3}$$

$$y = Ybase + i \times disXY \tag{4.1-4}$$

控制点 XY 坐标创建及点索引规则示意图见图 4.1-12。

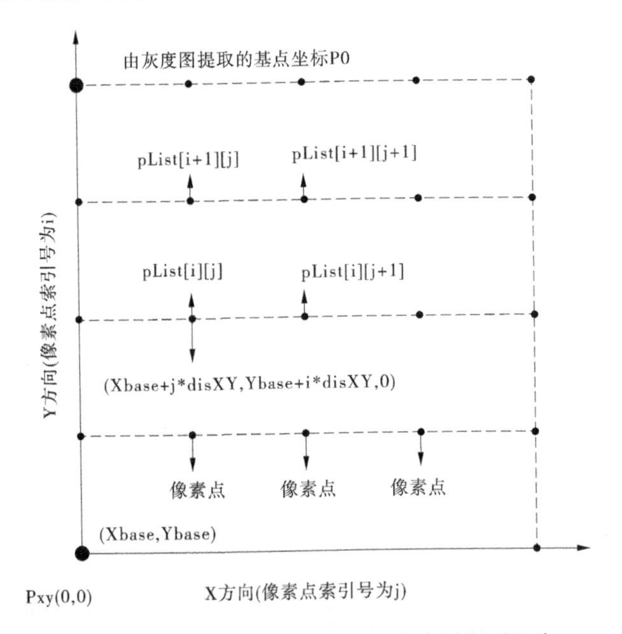

图 4.1-12　控制点 XY 坐标创建及点索引规则示意

2)控制点 Z 坐标确定

地形起伏在高程灰度图像中表现为受光照作用效果的灰度梯度变化，可直观地展现出整个地形的高低起伏，一般说来，地形起伏变化越大，高程灰度变化越强烈，高程灰度图的颜色深浅与地形起伏分布呈明显的正相关性，即灰度颜色的深浅可反映地形高程值的大小。任何颜色都是由红、蓝、绿三原色组成的，用 RGB(R,G,B)表示，高程灰度图没有色彩，RGB 的三个分量相等，即 R=G=B。灰度值是指黑白图像中像素点的颜色深度，范围为 0~255，0 代表黑色，255 代表白色。

以上述提取到的高程灰度图对应三维地形模型的最小高程 eleMin、最大高程 eleMax 为基准，另外通过遍历高程灰度图的所有像素点，可得到高程灰度图的最小灰度值 colMin、最大灰度值 colMax，则最小高程 eleMin 对应的灰度值为 colMin、最大高程 eleMax

对应的灰度值为 colMax,因此可得到任意灰度值 col 对应的高程值 Z,计算公式为:

$$Z = eleMin + \frac{eleMax - eleMin}{colMax - colMin} \times col \tag{4.1-5}$$

按照上述 XY 坐标创建过程中灰度图像素点索引提取的顺序原则,提取灰度图各像素点的灰度值,并按照公式计算对应像素点的 Z 坐标值,最后用计算得到的 Z 坐标值替换二维点数据列表 pList 中对应点的 Z 坐标值,最终得到地形模型控制点坐标二维数据列表 pList。

5. 提取影像图 RGB 颜色

通过上述方法调整后的地形影像图和高程灰度图具有相同的像素范围,即两者的像素点是一一对应的。利用上述控制点 XY 坐标确定过程中高程灰度图像素点遍历的顺序及原则,遍历地形影像图的各像素点,并提取像素点的颜色 RGB,最终形成地形影像图像素点 RGB 值二维数据列表 colList。

4.1.1.3　创建三维地形模型

1. 实现思路

三维地形模型创建的基础是上述创建形成的地形控制点二维数据列表 pList 及创建形成的色彩 RGB 值二维数据列表 colList,pList 和 colList 数据列表是一一对应的。

三维地形模型一般采用 Mesh 类型元素描述,MicroStation 软件提供了一种 Mesh 元素创建接口,具体思路是:逐一创建构成 Mesh 元素的单个网片 Facet,然后将所有 Facet 合并转换成 Mesh,单个网片 Facet 是通过对应的控制点生成的,图 4.1-13 示例了由 9 个四边形 Facet 构成的 Mesh 元素,每个四边形网片 Facet 均由 4 个控制点生成。

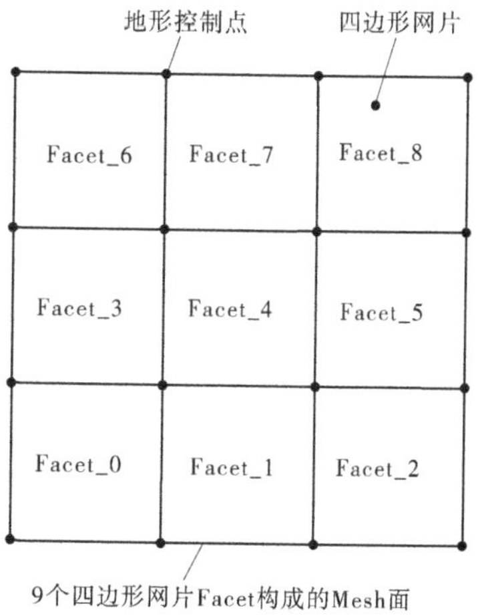

根据上述 Mesh 元素创建思路,需要对二维点数据列表 pList 及色彩 RGB 值二维数据列表 colList 进行处理,处理目标是将二维数据列表转换成按照单个网片 Facet 生成所需控制点的顺序排列的一维数据列表。

地形控制点　四边形网片

Facet_6　Facet_7　Facet_8
Facet_3　Facet_4　Facet_5
Facet_0　Facet_1　Facet_2

9个四边形网片Facet构成的Mesh面

图 4.1-13　Mesh 元素创建示例

2. 二维数据列表转换

研究采用四边形网片 Facet 创建三维地形 Mesh 面。二次开发工具界面上有“输出网格精度”输入参数,该参数的主要作用是控制生成 Mesh 网格控制点的数量,进而控制生成模型的体量,例如当该参数值为 2 时,由二维数据列表 pList 生成一维数据列表 pListSg,控制点添加顺序见图 4.1-14,图中示例了当索引值为 i、j 时,按顺序添加 P1、P2、P3、P4 四个点。

色彩 RGB 值二维数据列表 colList 和控制点二维数据列表 pList 是一一对应关系,因此采用同上述 pList 转换成一维点数据列表 pListSg 的方法,创建 RGB 值一维数据列表 colListSg。

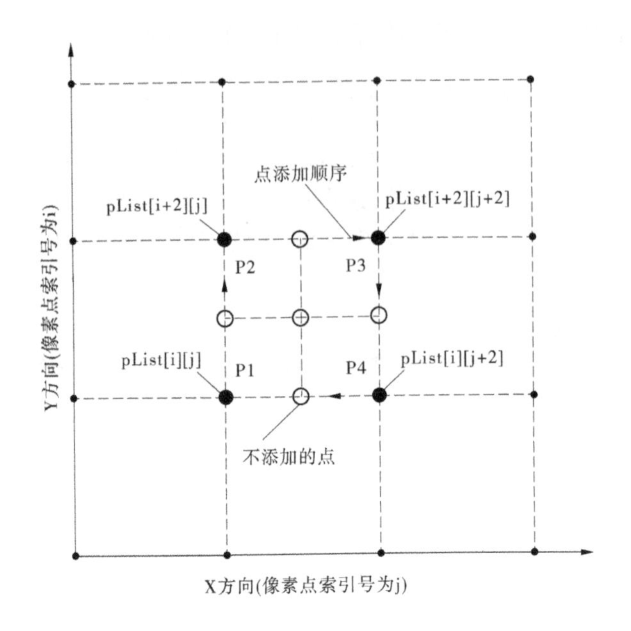

图 4.1-14　控制点添加顺序示意图

3. 控制点高程值调整

如二次开发工具界面(见图 4.1-11)所示,界面上有“高度缩放系数”参数,该参数主要作用是控制生成的三维地形模型在 Z 方向的拉伸比例,从而改变生成地形模型的起伏程度,主要应用场景是创建仅用于展示山形地势的大范围三维地形模型。

假定该参数为 ration,具体使用方法如下:

(1)当 ration = 1 时,表示地形模型 Z 方向不需要修正,参数不参与模型创建。

(2)当 ration ≠ 1 时,遍历生成的一维点数据列表 pListSg,将各控制点的 Z 坐标值乘以系数 ration,并替换掉原始 Z 坐标值。

4. 生成模型

生成三维地形模型的必要条件是一维点数据列表 pListSg 及色彩 RGB 值数据列表 colListSg。

高程灰度图及地形影像图一般为规则的矩形区域,可生成矩形规则边界的三维地形模型。对于大范围的不规则边界,如按照行政边界划分的区域三维地形模型,本书提供了“边界控制参数”来控制生成不规则边界地形模型,该参数含义是指边界范围以外的地形影像图上的 RGB 颜色值。具体实现思路是利用绘图软件对地形影像图进行预处理,将边界范围之外的图像颜色调整为纯色,一般调整为纯黑色或者纯白色,纯黑色对应的灰度值是 0,纯白色对应的灰度值是 255。根据上述创建思路,程序内部在逐一添加网片 Facet 的过程中,先判断 Facet 的控制点对应地形影像图上各像素点的 RGB 颜色值是否存在和“边界控制参数”值相等的像素点,如果存在则不添加该网片,如果不存在则添加网片。

4.1.2 功能实现

4.1.2.1 地形分块

1. 工作文件路径

功能:设置工作文件存放目录,用于存放分块地形数据.xml 文件。

备注:使用“原始地块分区”工具前需先试用本工具设置存储文件的目录(见图 4.1-15),否则无法完成提取工作。

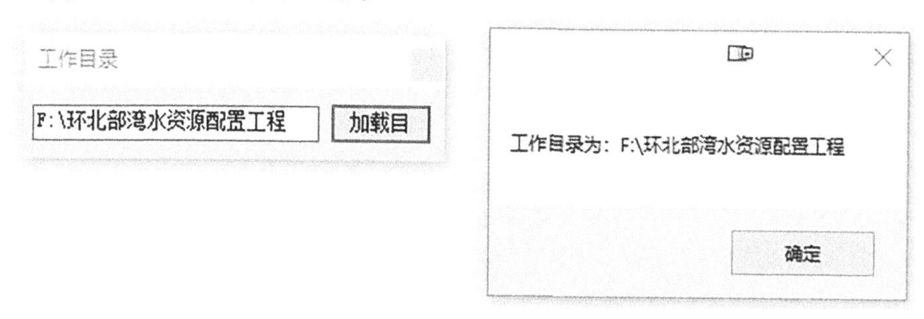

图 4.1-15 “工作文件路径”工具界面

2. 原始地块分区

功能:按照给定的分块尺寸及地块名称将当前视图中的等高线地形分块,并提取不同分块的等高线高程点信息存放在本地对应的文件夹中。

备注:在使用本工具前需将当前视图中除等高线外的无关元素隐藏或删除。

本工具处理的等高线地形可以是通过参考引用方式引用的 CAD 等高线地形图,也可以是合并至 MicroStation 软件的等高线地形图;“根文件夹目录”自动提取“工作文件路径”工具设定的文件夹路径;如果“原始地块分区”工具中“根文件夹目录”项值为“-1”,请先使用“工作文件路径”工具设置目录(见图 4.1-16)。

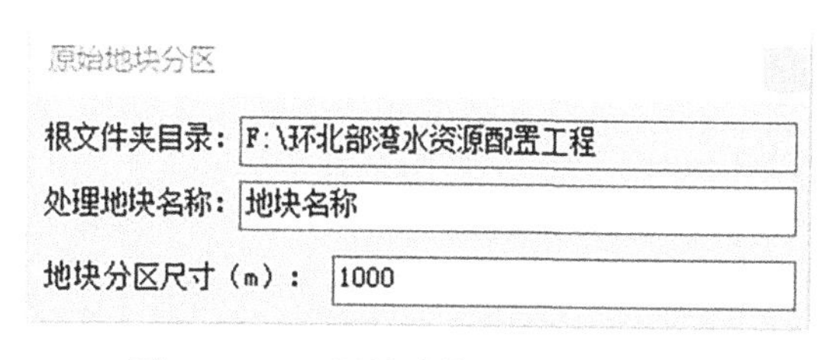

图 4.1-16 “原始地块分区”工具界面

3. 设计地形提取

功能:利用“原始地块分区”工具生成的分块地形数据,按照不同的等高线间距提取线型工程轴线两侧一定范围内的设计等高线地形(高精度地形)、提取设计地形之外的区域地形(低精度地形),按照需求可生成三维地形模型(见图 4.1-17、图 4.1-18)。

备注:

(1)“轴线侧最小范围”值不应大于“原始地块分区”工具的“地块分区尺寸”值。

(2)勾选“是否生成 Mesh”选项时,异常等高线限值指的是最小高程值。

设计地形提取

索引文件路径： F:\环北部湾水资源配置工程\01地形处理

索引文件名称： mainIndex　加载文件

○提取其他地形等高线　等高线间距（m）： 100

◉提取设计地形等高线　等高线间距（m）： 5

轴线侧最小范围（m）：900　注：需小于地块分区尺寸

□是否生成 Mesh

异常等高线限值（m）：1　精度：50

图 4.1-17　“设计地形提取”工具界面

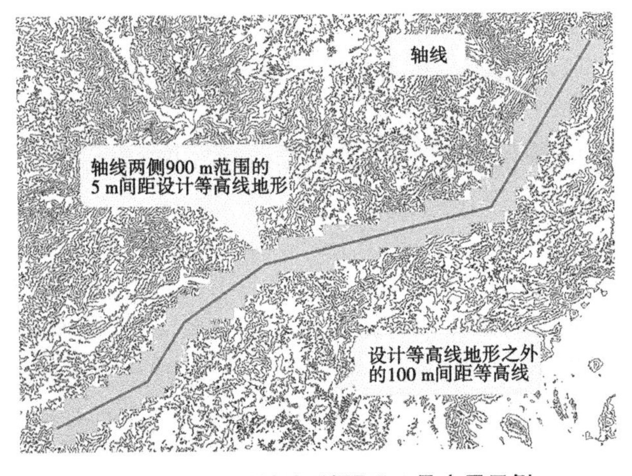

图 4.1-18　“设计地形提取”工具应用示例

4.1.2.2　地形生成

1. 等高线创建地形图

功能：通过等高线地形图创建三维地形模型（见图 4.1-19、图 4.1-20）。

备注：等高线类型仅包括 Line、LineString、Arc、ComplexLine 等线性元素，其他类型元素无效。

2. 高度图创建地形图

功能：利用地形高程灰度图创建三维地形模型（见图 4.1-21～图 4.1-23），主要用于项目前期资料欠缺情况下，方案粗略布置地形模型创建。

备注：

（1）高程灰度图数据可从“91 位图”“地理空间数据云”等平台下载。

（2）注意数据下载过程中的坐标系统选取，应选取投影坐标系（不能选择经纬度坐标系）。

（3）高程灰度图的像素越高，三维地形模型的精度越高。

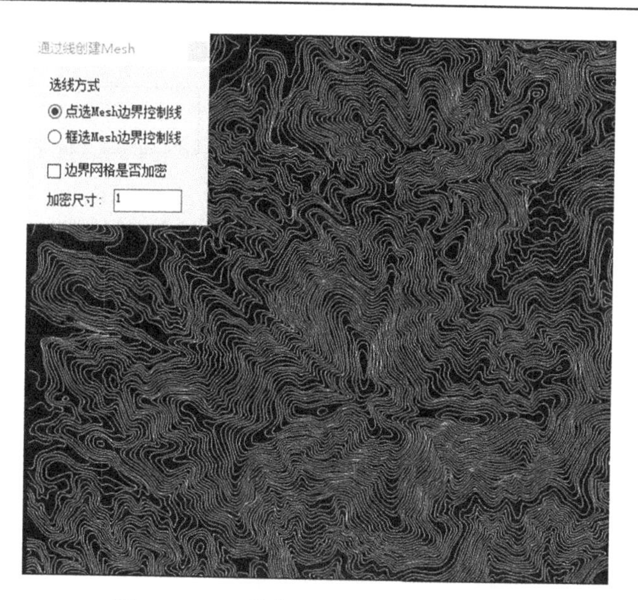

图4.1-19　“等高线创建地形”工具界面

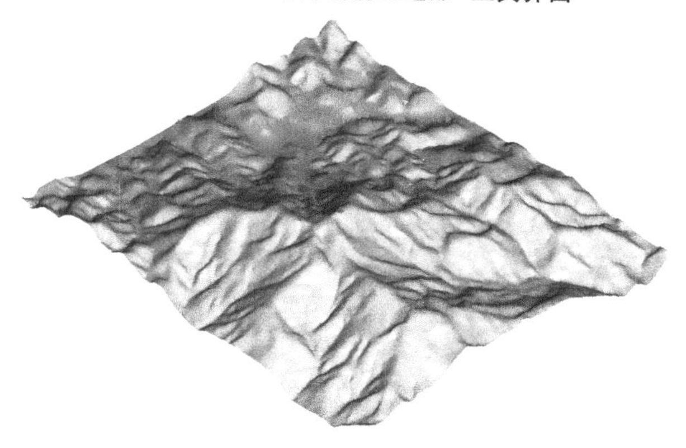

图4.1-20　“等高线创建地形”工具应用示例

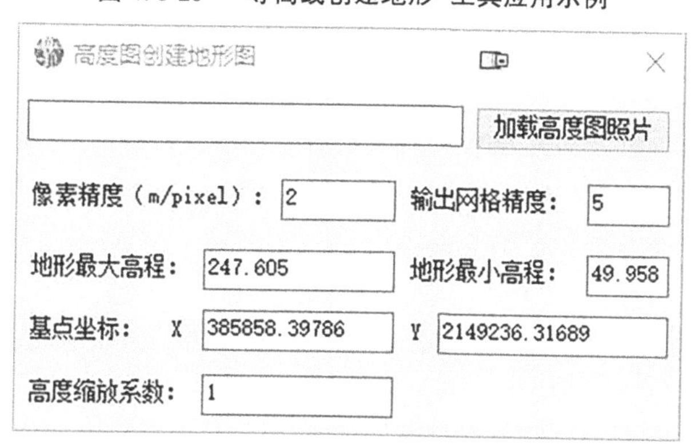

图4.1-21　“高度图创建地形图”工具界面

(4)参数表中的“地形最大高程”“地形最小高程”可以通过GlobeMaper软件从高程灰度图上提取。

(5)参数表中的“基点坐标”可通过下载灰度图时对应配置文件中获取。

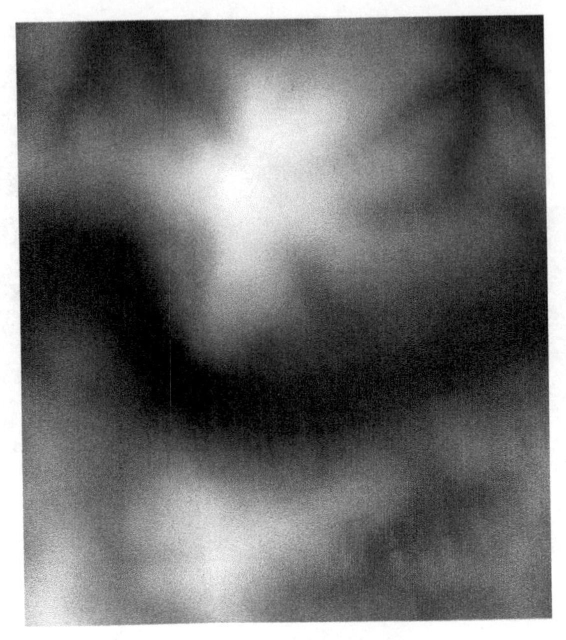

图 4.1-22　灰度图示例

图 4.1-23　由高程灰度图生成的三维地形模型示例

3. 创建地形图及贴图

功能：通过高程灰度图照片及对应范围的地形影像图，创建大范围区域规则边界三维地形模型，创建模型为带色彩的三维 Mesh 网格（见图 4.1-24～图 4.1-27）。主要用于大范围区域地形、地貌展示及项目前期方案比选。

备注：

（1）高程灰度图数据可从“91 位图”“地理空间数据云”等平台下载。

（2）注意数据下载过程中的坐标系统选取，应选取投影坐标系（不能选择经纬度坐标系）。

（3）高程灰度图的像素越高，三维地形模型的精度越高。

（4）参数表中的“地形最大高程”“地形最小高程”可以通过 GlobeMaper 软件从高程灰度图上提取。

（5）参数表中的“基点坐标”可通过下载灰度图时对应配置文件中获取。

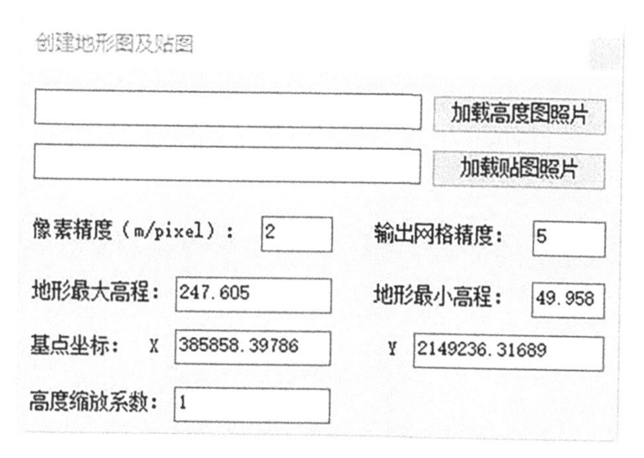

图4.1-24 “创建地形图及贴图”工具界面

(6)高程灰度图和地形影像图的像素范围要一致，例如高程灰度图的像素范围为10 000×5 000，则地形影像图的像素范围同样也应为10 000×5 000，具体调整可以采用通用的图片处理软件完成。

(7)本工具创建的是矩形范围的三维地形模型，创建的地形模型网格顶点自带地形影像颜色，即已经进行了贴图操作，后期不需要另行贴图。

(8)工具界面中的“高度缩放系数”参数，主要作用是控制生成的三维地形模型在Z方向的缩放比例，如等于1则不进行Z方向缩放。

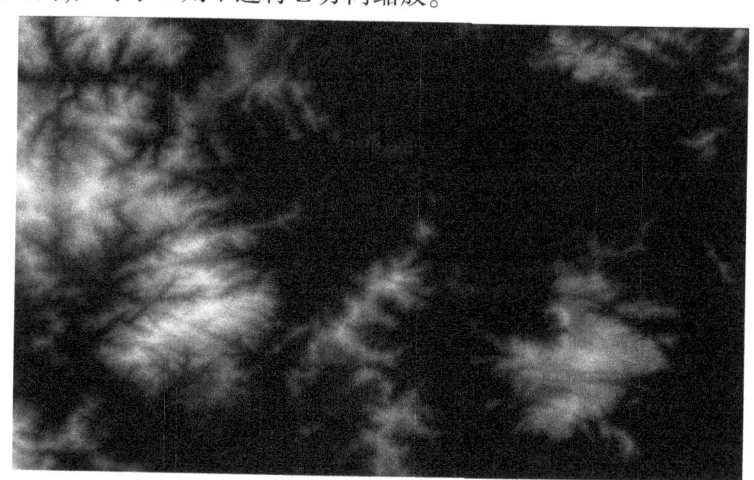

图4.1-25 高程灰度图示例

4. 复杂边界地形创建

功能：通过高程灰度图照片及对应范围的地形影像图，创建大范围区域不规则边界三维地形模型，创建模型为带色彩的三维Mesh网格（见图4.1-28～图4.1-31）。主要用于大范围区域地形、地貌展示及项目前期方案比选。

备注：

(1)高程灰度图数据可从“91位图”“地理空间数据云”等平台下载。

(2)注意数据下载过程中的坐标系统选取，应选取投影坐标系（不能选择经纬度

图 4.1-26　地形影像图示例

图 4.1-27　生成的三维地形模型

坐标系)。

(3)高程灰度图的像素越高,三维地形模型的精度越高。

(4)参数表中的“地形最大高程”“地形最小高程”可以通过 GlobeMaper 软件从高程灰度图上提取。

(5)参数表中的“基点坐标”可通过下载灰度图时对应配置文件中获取。

(6)高程灰度图和地形影像图的像素范围要一致,例如高程灰度图的像素范围为 10 000×5 000,则地形影像图的像素范围同样也应为 10 000×5 000,具体调整可以采用通用的图片处理软件完成。

(7)本工具创建的是矩形范围的三维地形模型,创建的地形模型网格顶点自带地形影像颜色,即已经进行了贴图操作,后期不需要另行贴图。

(8)工具界面中的“高度缩放系数”参数,主要作用是控制生成的三维地形模型在 Z 方向的缩放比例,如等于 1 则不进行 Z 方向缩放。

(9)工具界面中的边界控制参数,具体含义是地形影像图中复杂边界范围之外的不需要生成三维地形模型的范围颜色,对于复杂边界模型生成,程序采用该颜色来判断是否生成三维地形模型中的对应网片单元,建议在地形影像图处理时,该部分颜色调整为黑色

(颜色编号为0)。

(10)该工具的主要应用场景是区域性大范围、用于展示区域性山形地貌的三维地形模型创建,例如省级范围、县级范围等。

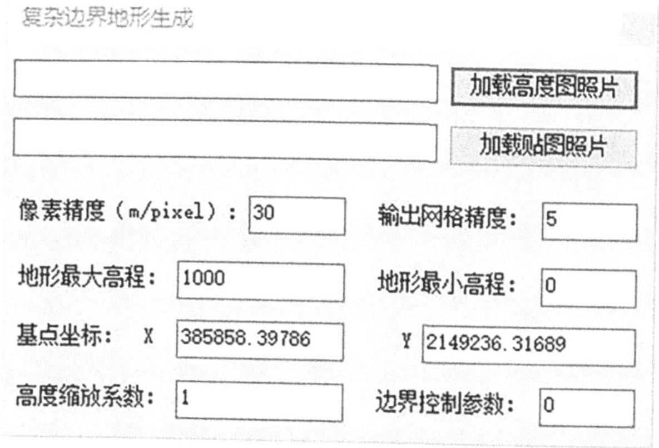

复杂边界地形生成

加载高度图照片

加载贴图照片

像素精度(m/pixel): 30　　输出网格精度: 5

地形最大高程: 1000　　地形最小高程: 0

基点坐标: X 385858.39786　　Y 2149236.31689

高度缩放系数: 1　　边界控制参数: 0

图4.1-28 "复杂边界地形生成"工具界面

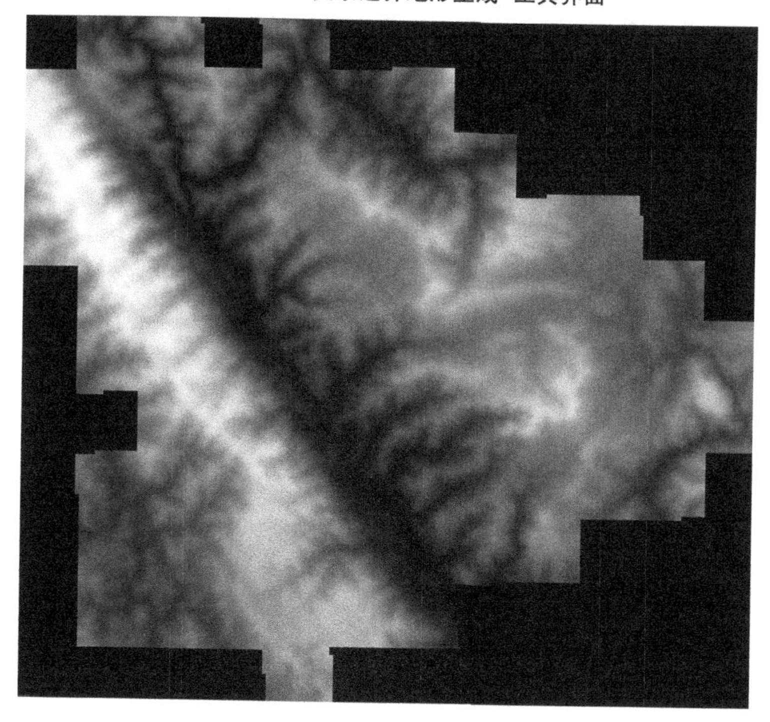

图4.1-29 高程灰度图示例

4.1.2.3 地形处理

1.地形结构化

功能:将非结构化三维Mesh地形模型按照给定的精度转化为结构化三维Mesh地形模型,主要作用是清理及简化地模网格数量(见图4.1-32~图4.1-34)。同样网格数量的结构化网格比非结构化网格在视图空间的操作流畅性更好,主要解决枢纽工程三维地形模型的简化。

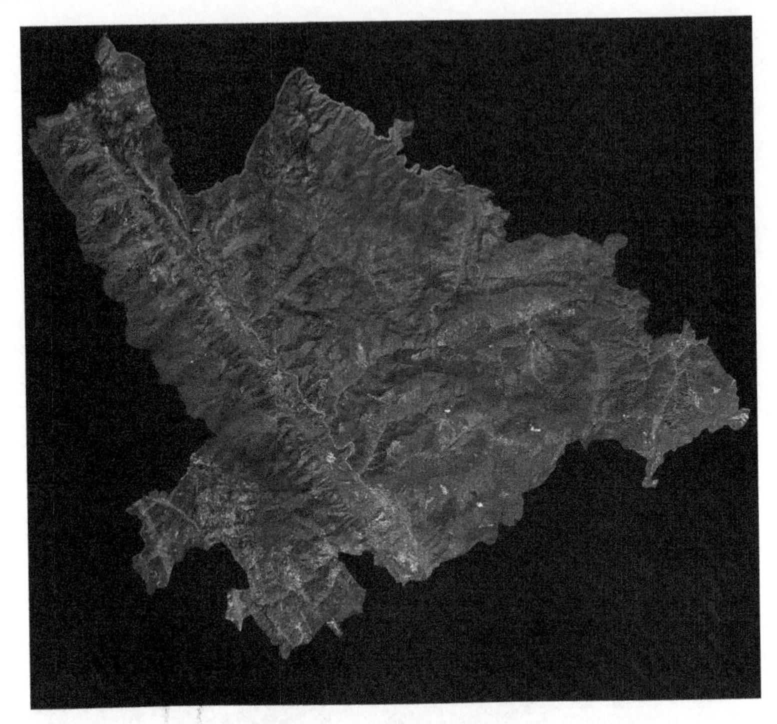

图 4.1-30　地形影像图示例

图 4.1-31　生成的三维地形模型

备注:简化后网格总数量控制在 100 万以下。

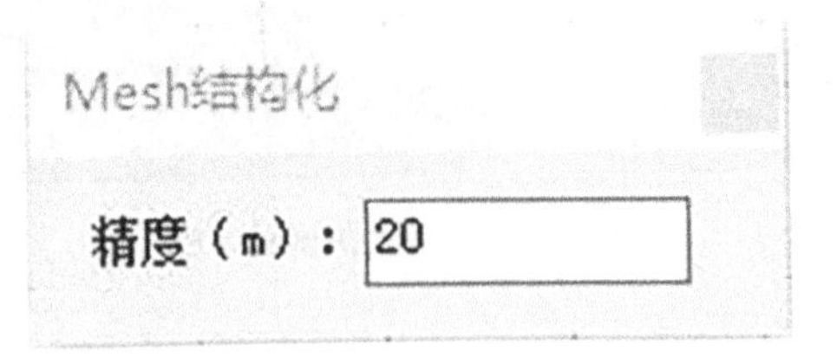

图 4.1-32　"Mesh 结构化"工具界面

2. 地形分割

功能:实现利用给定边界对三维地形模型的分割及裁切功能(见图 4.1-35)。

备注:采用本工具需要预先绘制分割边界,分割边界的类型应为 Shape 类型。

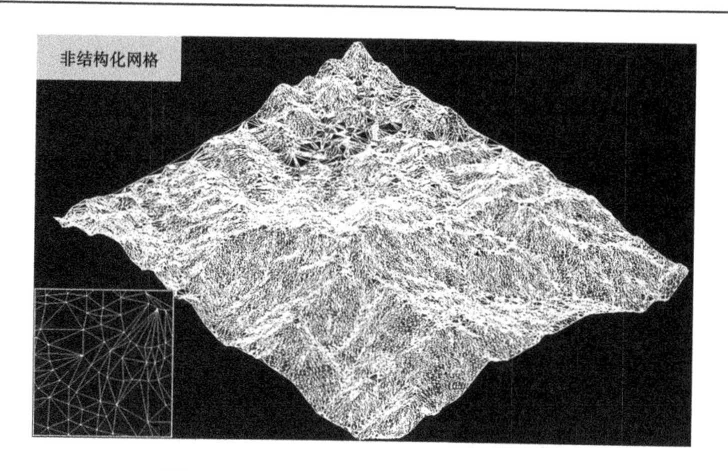

图 4.1-33　原始非结构化地形网格示例

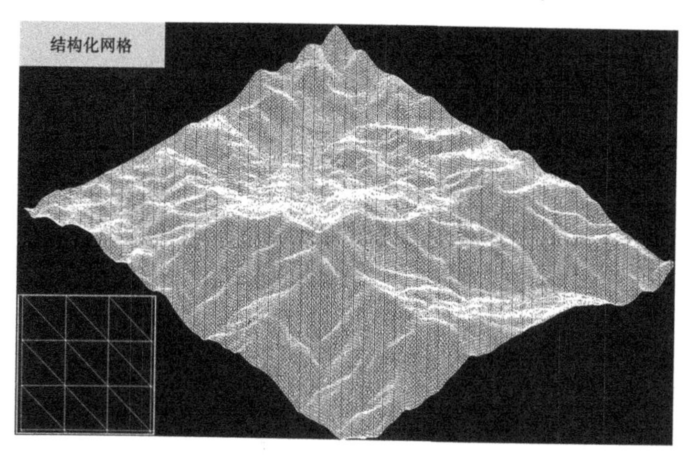

图 4.1-34　采用地形结构化工具处理后的结构化网格示例

3. 地形重构

功能:将“StichIntoMesh”缝合的多个 Mesh 面重新生成一个 Mesh 面,处理 Mesh 缝合过程中缝合边界产生的空洞问题,处理三维地形中的异常高程(见图 4.1-36~图 4.1-38)。

备注:本工具主要应用场景为多个 Mesh 元素通过软件自带功能“StichIntoMesh”工具缝合后的 Mesh 元素进行重构,缝合过程中主要解决缝合边界处的网格空洞等异常。

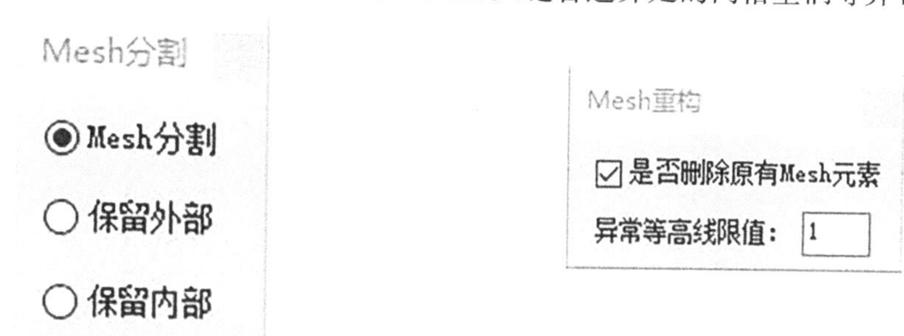

图 4.1-35　“Mesh 分割”工具界面

图 4.1-36　“Mesh 重构”工具界面

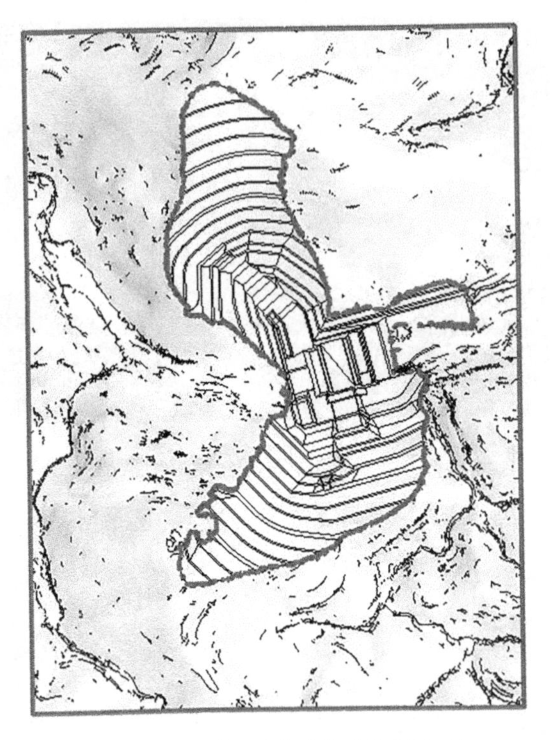

图 4.1-37　地形重构前网格孔洞分布

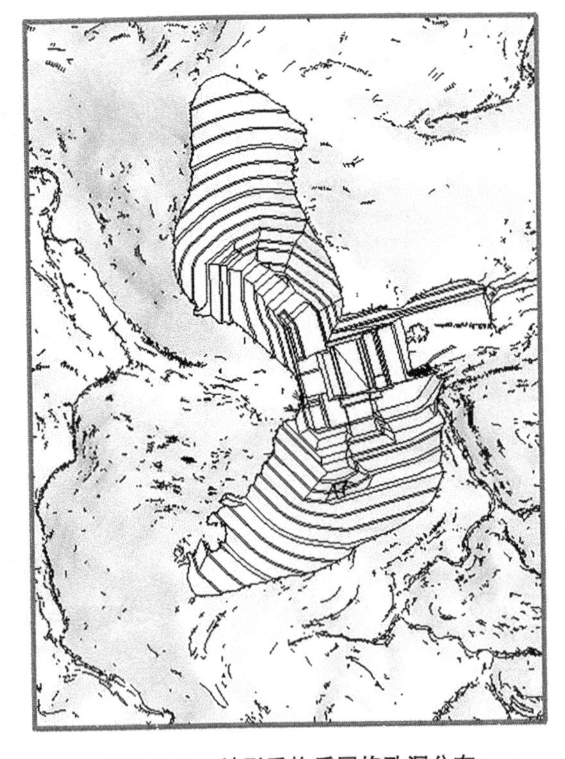

图 4.1-38　地形重构后网格孔洞分布

4. 提取等高线控制点

功能：提取等高线地形图上控制点坐标（见图 4.1-39、图 4.1-40），提取过程中可根据给定的参数对控制点进行加密或稀疏。

图 4.1-39　“提取等高线控制点”工具界面及应用示例

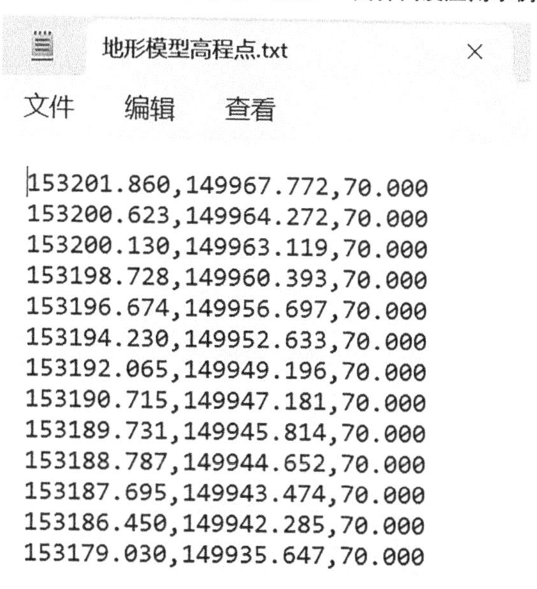

地形模型高程点.txt

文件　编辑　查看

153201.860,149967.772,70.000
153200.623,149964.272,70.000
153200.130,149963.119,70.000
153198.728,149960.393,70.000
153196.674,149956.697,70.000
153194.230,149952.633,70.000
153192.065,149949.196,70.000
153190.715,149947.181,70.000
153189.731,149945.814,70.000
153188.787,149944.652,70.000
153187.695,149943.474,70.000
153186.450,149942.285,70.000
153179.030,149935.647,70.000

图 4.1-40　提取高程点.txt 格式文档示例

5. 等高线抽稀工具

功能：将地形等高线进行抽稀，可根据给定的参数仅抽稀特定高程以上的等高线（见图 4.1-41、图 4.1-42），例如枢纽工程中，一般坝顶高程以下的等高线和工程设计关系紧密可不抽稀，坝顶高程以上的等高线可适当抽稀；抽稀后等高线数量会大幅减少，进而生成的三维地形模型顶点、面片数量会大幅降低，生成三维地形模型的体量会减小，以便于在设计软件中能流畅运行使用。

图 4.1-41　抽稀前等高线地形图示例

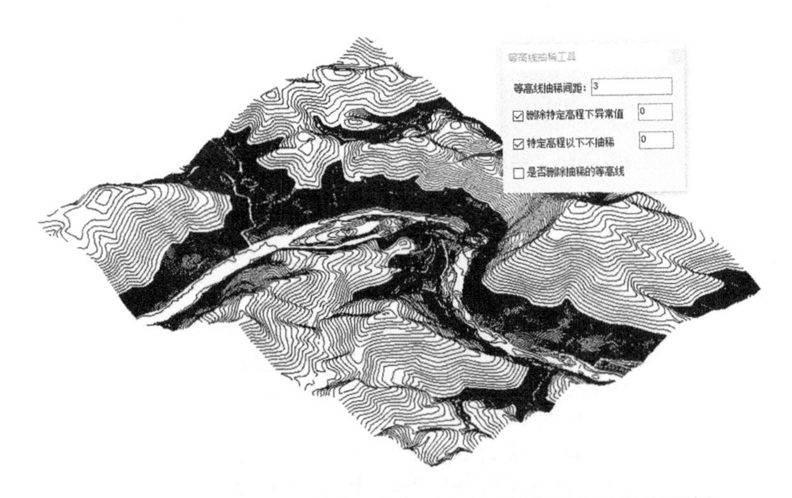

图 4.1-42　坝顶高程以上按间距 3 抽稀后的等高线地形图示例

备注：

(1)采用本工具抽稀后的等高线会放置于名称为“ThinLevel”的图层上，且图层会自动处于关闭状态。

(2)为了更精确地精简等高线地形图上无关区域的等高线，可对原等高线地形图进行分区域处理，经测试特别对于大范围的、各部位工区相对独立的情况，精简后的地形图生成的三维地形模型体量减小更加明显。

4.1.2.4　贴图处理

三维地形模型及贴图影像导出后供 UE、blender 等三维效果展示等引擎使用时，地形模型需要和贴图进行完整匹配，因此需要基于地形模型对贴图影像进行精确裁剪。

1. 贴图裁剪

功能:给三维地形模型进行贴图时,通常贴图影像的范围会大于三维地形模型的范围,贴图影像和地形模型范围不匹配,在MicroStation软件中可通过配置文件的方式进行两者的配准;但当三维地形模型导出至UE、blender等三维渲染软件时,没有配置文件,需要在该类软件内部进行贴图和模型的手动配准,配准精度差。因此,采用贴图裁剪工具(见图4.1-43),将在MicroStation软件中进行精确配准的贴图影像以三维地形模型的实际范围进行精确裁剪,裁剪后的贴图影像范围和三维地形模型完全匹配;裁剪后的影像图和三维地形模型仅需要在UE、blender等软件中进行大小的缩放、平移等操作即可完成配准工作。裁剪前、后贴图影像见图4.1-44、图4.1-45。

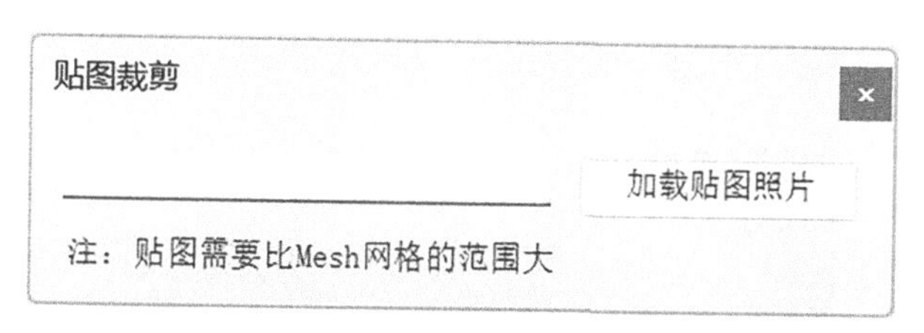

图4.1-43 贴图裁剪工具界面

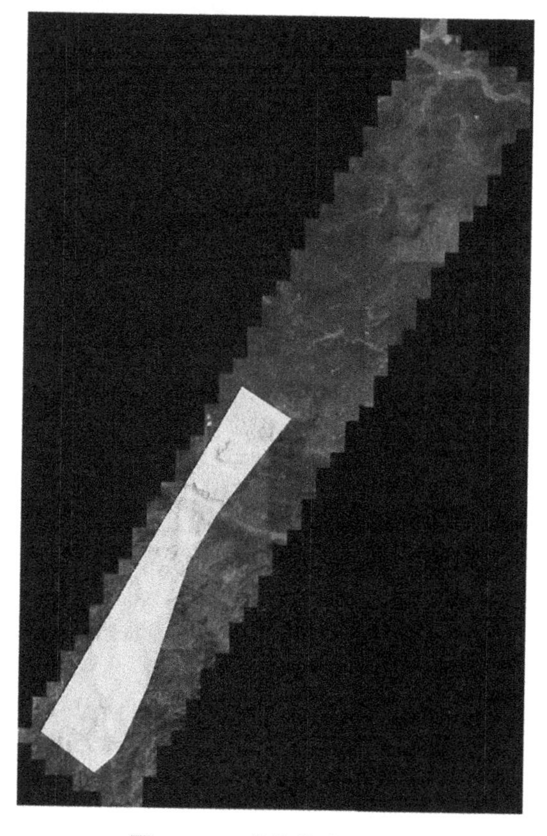

图4.1-44 裁剪前贴图影像

图 4.1-45　**裁剪后贴图影像**

备注：

(1)原始贴图影像的图片格式可以是任意图片格式。

(2)裁剪前需要预先在 MicroStation 软件中完成贴图影像和三维地形模型的配准工作。

(3)生成的裁切后地形影像图存放在原影像图的文件路径中，命名为 XX_裁剪.tif，并生成新的配置文件 XX_裁剪.tfw 文件。

2. 创建贴图

功能：在软件中根据给定的边界范围，将边界覆盖的元素输出为.png 格式图片文件(见图 4.1-46)。

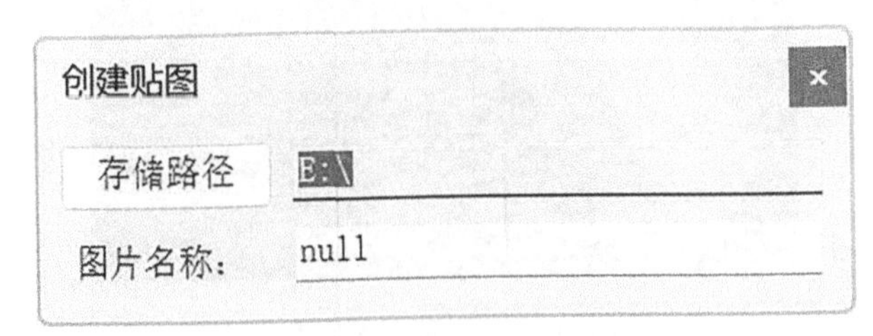

图 4.1-46　**创建贴图工具界面**

备注：

(1)可以创建任意视角下的模型图片。

(2)边界范围一般为矩形范围，和当前视图平行，类型为 LineString。

3. 地层剖面

功能：基于三维地形模型、其他地层模型及工程设计轴线，创建地形纵断面(见图 4.1-47、图 4.1-48)。

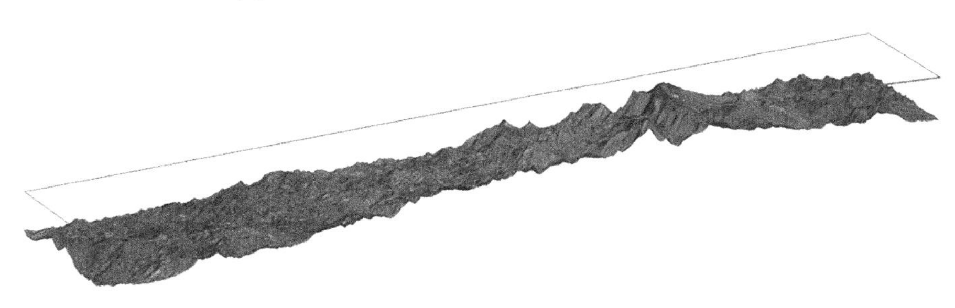

图 4.1-47　三维地形模型及轴线、其余 3 边的边界线

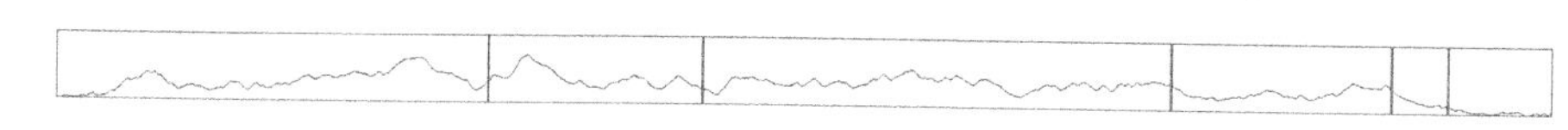

图 4.1-48　采用地层剖面工具创建的轴线纵断面图

备注：

(1)轴线可以为 Line 线，也可以为 LineString 线，但不能是圆弧或复杂链。轴线需为控制点等高程的平面线，不能是空间线。

(2)轴线一旦确定，不能再次修改其位置、高程及曲线方向，后续剖面图复原时需要以剖切剖面时的轴线为基准。

(3)轴线控制点高程一般情况下需要高于地形模型的最高点高程。

(4)创建四周封闭的简易地质模型时，除轴线外的其他 3 面，建议采用独立的 3 条 Line 线控制。

(5)当轴线为折线型分段时，创建的地层剖面会在折点处自动断开，分段展示。

4. 地层填充

功能：基于“地层剖面”工具创建的地层纵断面及地质专业提供的实际地质纵断面，对地层纵断面进行不同地质属性面的填充(见图 4.1-49、图 4.1-50)。

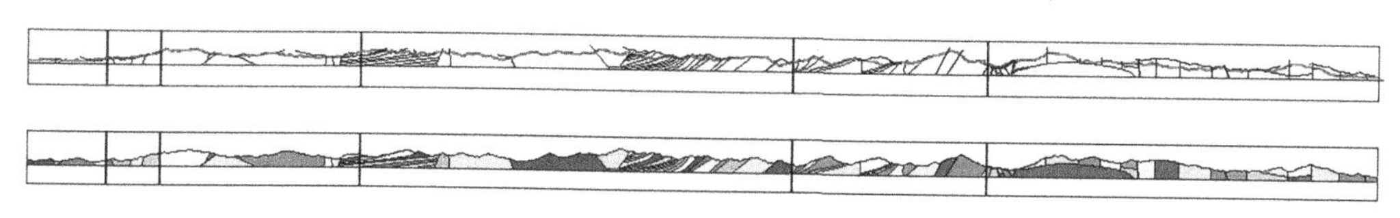

图 4.1-49　填充后的地层纵断面(整条轴线)

备注：

(1)剖切地层剖面时的平面轴线需要和实测地质纵断面的平面轴线匹配。

(2)需以“地层剖面”工具创建生成的地形纵断面上的地形线替换实测地质纵断面图上的地形线，并以替换后的地形线为基准将实测地质纵断面各控制线进行适当修剪及延

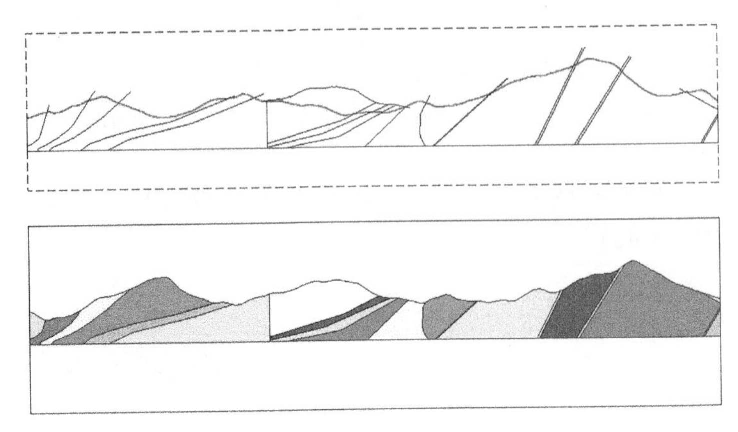

图 4.1-50 填充后的地层纵断面(局部桩号段)

伸,确保各个分区层的封闭性。

(3)填充时可将同一属性的地层分区填充为同一颜色。

(4)填充操作时,可根据需要创建地质模型的 Z 方向厚度修改地层纵断面的最低位置边界,但不能修改最高边界。

5. 剖面复原

功能:以轴线为基准,将填充完成的位于 XY 平面内的地质纵断面复原至三维空间实际位置,完成简易三维地质模型的创建(见图 4.1-51~图 4.1-53)。

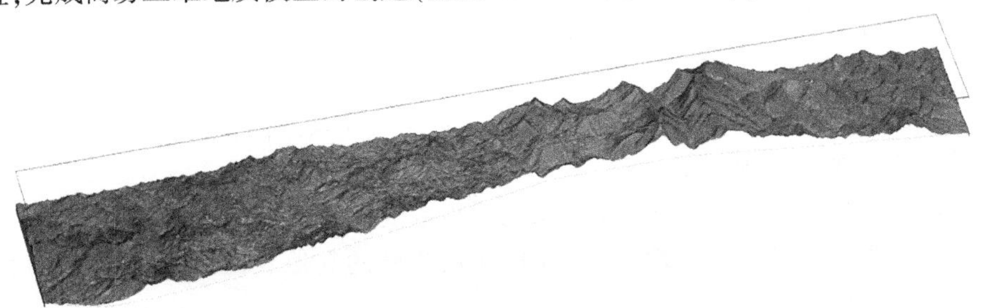

图 4.1-51 剖面复原前的三维地形模型(整条线路)

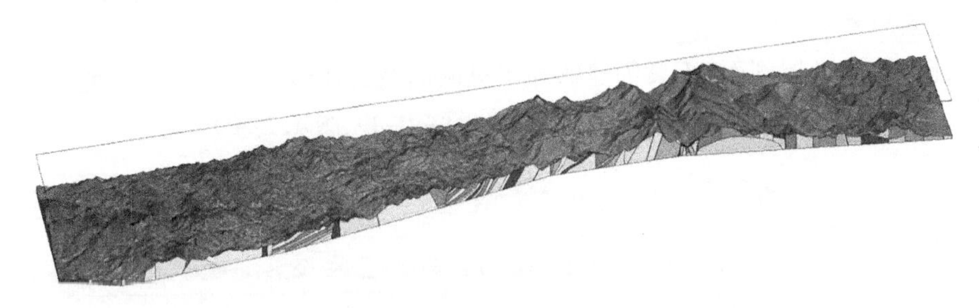

图 4.1-52 剖面复原后的简易三维地质模型(整条线路)

备注:

(1)剖面复原时的轴线必须为使用“地层剖面”剖切工具时选择的轴线,并且轴线的位置及高程、方向等不能有任何修改。

(2)利用“地层剖面”剖切工具生成的地层剖面图的外框 LineString 线的顶面 Line 线

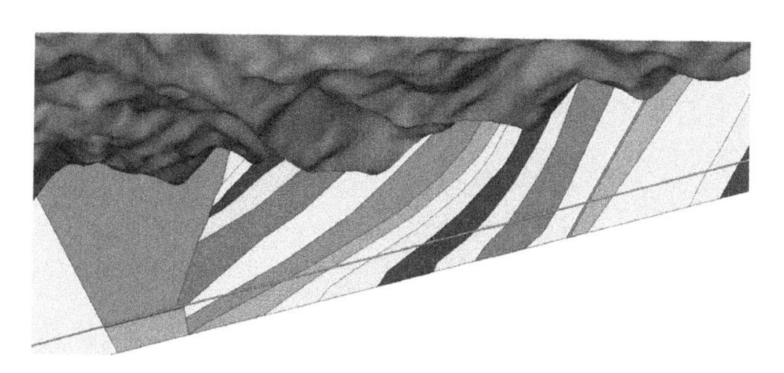

图 4.1-53　剖面复原后的简易三维地质模型(局部桩号段)

段不能做任何修改,该线段是剖面复原时和平面线段匹配对应的基准。

(3)利用"地层剖面"剖切工具生成的地层剖面图的外框 LineString 和内部剖面的相对位置关系不能调整。

6. UV 分解

功能:将创建完成的简易三维地质模型进行 UV 分解,并创建匹配的贴图影像图、导出经过 UV 分解后的 dae 格式模型(见图 4.1-54、图 4.1-55)。

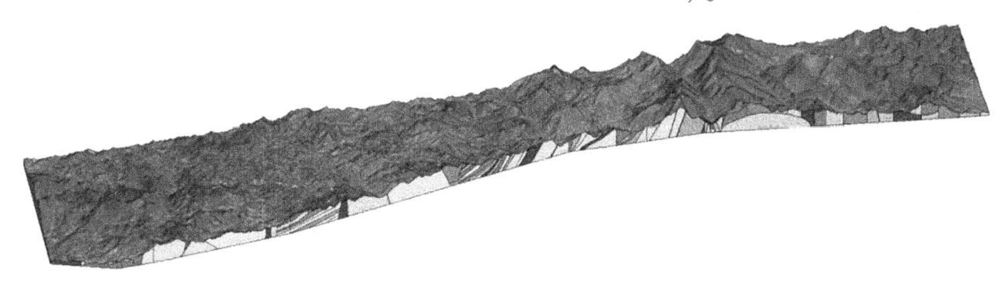

图 4.1-54　创建完成的简易三维地质模型

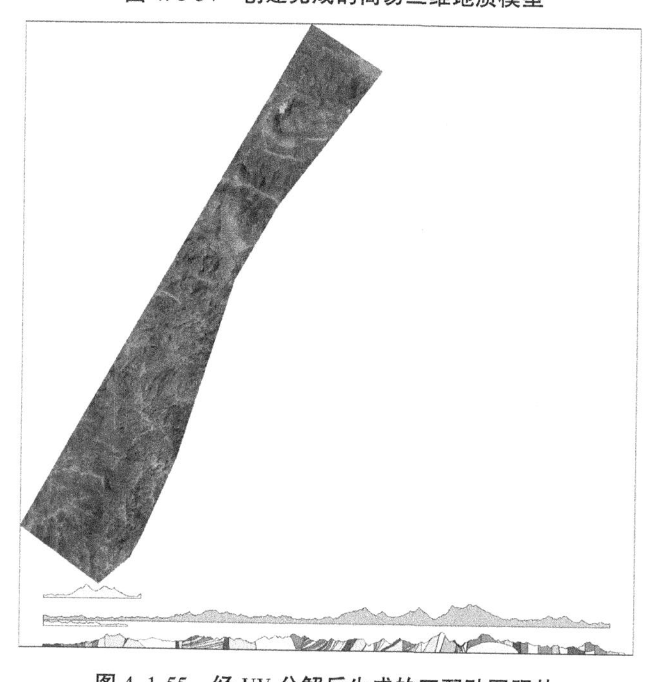

图 4.1-55　经 UV 分解后生成的匹配贴图照片

4.2 场地分析

4.2.1 关键技术研究

4.2.1.1 开挖边线生成

三维开挖边线是指由结构建筑物的建基面控制边线(简称基线)按照一定的坡比、高差及放坡方向生成的开挖面控制边线(简称控制线)。建基面较规则的结构,基线及控制线一般分为线的各控制点均等高程的平面线及至少有一个点不等高程的空间线。由基线生成控制线的基本思路为:通过对基线进行水平及竖直方向的偏移实现,偏移高差值为放坡段高程之差,偏移平距值为偏移高差值乘以坡比。关键函数如下:

```
intmdlElmdscr_copyParallel(
MSElementDescrHoutDscrPP,
MSElementDescrPinDscr,
Dpoint3d * point,
doubledistance,
Dpoint3d * normal)
```

4.2.1.2 开挖面及开挖开口线生成

三维开挖面是指由基线及控制线为边界构成的 Mesh 面,分初始开挖面和精确开挖面两种形式。初始开挖面由基线和控制线直接生成,边界一般伸出地形面,和地形面的交线确定开挖开口线开挖;开挖开口线和初始开挖面在空间上是重合的,位于其内侧的初始开挖面区域称作精确开挖面;精确开挖面是以开挖开口线为剪切工具将位于其外侧的初始开挖面区域剪切掉的方式生成。创建 Mesh 面的关键函数如下:

```
PolyfaceHeader. CreateXYTriangulation(IList<DPoint3d>point);
DgnNetElements. MeshHeaderElement
  (DgnModeldgnModel,
ElementtemplateElement,
PolyfaceHeadermeshData);
```

开挖开口线提取关键函数:

```
MSElementDescrPmdlPop_elementDescrFromElementDescrIntersection
  (MSElementDescrCPpDescr0,
MSElementDescrCPpDescr1,
MSElementCPpTemplate)
```

剪切初始开挖面关键函数:

```
IntmdlClip_element
  (MSElementDescrHinsideEdPP,
MSElementDescrHoutsideEdPP,
MSElementDescrPinputEdP,
```

```
DgnModelRefPmodelRef,
ClipVectorCPclip,
intview)
```

4.2.1.3 开挖工程量提取

结合实际工作需求,开挖工程量统计分为以下几种应用场景:

(1)总开挖量统计。

(2)总土石方单独工程量统计。

(3)按建筑物部位分区(如重力坝的左坝肩、河床段、右坝肩)的分区开挖土石方工程量。

(4)分层开挖量统计。

总开挖量是统计精确开挖面和原地形面包围的封闭区域的体积;总土石方单独工程量中,石方总量为精确开挖面与岩土分界面两者之间包围的封闭区域的体积,土方开挖总量为精确开挖面、岩土分界面及原地形面三者之间包围的封闭区域的体积;按建筑物部位分区的分区开挖量计算时,需给定分区范围,程序根据给定的分区范围将精确开挖面进行分割分区,然后用分割后的开挖面与岩土分界面、原地形面统计对应工程量;分层开挖量一般用于设计或施工过程中需要统计某高程段区间内开挖方量情况,需依次给定分层高程,程序根据分层高程创建位于该高程的水平分层Mesh面,最后利用分层面、精确开挖面及原地形面统计对应区域开挖量。如项目前期方案比选阶段暂无岩土分界面情况,软件给出了按土石方比例统计开挖量选项。

程序实现的关键是计算多个Mesh元素围封区域的体积,关键函数可用以下两种方式之一:

关键函数一:

```
boolComputePrincipalMomentsAllowMissingSideFacets
  (double&volume,
DPoint3dRcentroid,
RotMatrixRaxes,
DVec3dRmomentxyz,
boolforcePositiveVolume,
doublerelativeTolerance=1.0e-8)
```

关键函数二:

```
PolyfaceHeader.ComputeSingleSheetCutFillMeshes
  (PolyfaceHeaderterrain,
PolyfaceHeaderroad,
outPolyfaceHeadercutMesh,
outPolyfaceHeaderfillMesh)
```

4.2.1.4 支护工程量提取

水利水电工程基坑及边坡开挖面通常需要分区域进行不同支护措施或同种措施不同支护参数的支护,常规的支护措施有挂网喷混凝土支护、排水孔。软件可对常规支护措施的分区支护工程量、总工程量进行统计，生成分区支护参数表、分区支护工程量表及工程量总表。

操作中需预先对开挖面进行支护分区，软件内置了默认支护参数，用户可进行调整，默认参数的组织结构如下：

"锚杆规格"——25@ 3×3（锚杆直径@ 锚杆间距×锚杆排距）；

"锚杆长度"——6/9（6 m、9 m 锚杆错开布置）；

"挂网参数"——8@ 200×200（钢筋直径@ 网格长度×宽度）；

"喷砼参数"——C20@ 100（混凝土强度等级@ 喷混凝土厚度）；

"排水孔"——100@ 2×2/6（直径@ 间距×排距/长度）。

支护工程量提取的关键是快速进行精确开挖面按支护范围分区及提取分区范围的实际面积，通过分区面积及支护参数计算对应工程量，面积提取关键函数如下：

```
intmdlMeasure_areaProperties
  (double * perimeterP,
double * areaP,
DPoint3dPnormalP,
DPoint3dPcentroidP,
DPoint3dPmomentP,
double * iXYP,
double * iXZP,
double * iYZP,
DPoint3dPprincipalMomentsP,
DPoint3dPprincipalDirectionsP,
MSElementDescrPedP,
doubletolerance)
```

4.2.1.5　开挖剖面图绘制

软件生成的开挖断面图由高程标尺及相关剖面元素组成，高程标尺为 CellHeader Element 类型元素，标尺数值区间记录了当前剖面图的高程范围，可作为剖面图高程自动标注的基准点位及基础标高；剖面元素包含由所有相关 Mesh 面元素剖切的线性元素及建筑物结构剖切的 CellHeaderElement 元素。

剖面图程序生成过程为：对于 Mesh 面类型元素，利用剖面位置线投影到对应的面上，生成剖面线；对于结构模型的剖切，程序先将结构元素转换成 Mesh 类型元素，再用剖面位置线生成 Z 方向的 Mesh 面，最后通过 Mesh 面相交方式生成结构剖面线。上述生成的剖面元素均位于模型实际空间位置，一般平行于 Z 轴方向的任意面，需要通过平移、旋转的方式将剖面图放置在 XY 平面指定位置，对于折线型剖面位置线增加剖面元素展平过程。

通过线投影方式生成剖面线关键函数如下：

```
voidSweepLinestringToMesh
  (bvector<DPoint3d>&xyzOut,
```

bvector<int>&linestringIndexOut,

bvector<int>&meshIndexOut,

bvector<DPoint3d>const&linestringPoints,

DVec3dCRsweepDirection)

生成结构剖面线关键函数同上述开口线生成关键函数。

4.2.1.6　开挖剖面图标注

开挖图标注包含平面图上高程、坡比、控制点坐标等标注,剖面图上高程、坡比、桩号、特征水位等标注内容。标注工具的输出内容一般包含文字和符号。

符号指的是坡度标注的示坡线、高程标注的“倒三角”高程符号等(见工程应用部分展示示例),一般同类标注所用的符号基本一致,因此将所用到的符号预先定义在.dgnlib库文件中,标注时通过调用库文件中对应名称的符号。MicroStation 平台.dgnlib 库文件的特点是定义好之后放在 MicroStation 安装目录的特定位置,当程序启动时会自动加载到当前文件。

程序实现的基本思路为通过鼠标点选输入需要标注的线或点,经过几何运算计算出对应的高程、坡比、桩号等数值生成文字,然后调用对应的标注符号;文字和符号生成的初始位置均位于绘图空间 XOY 平面的坐标原点处,最后通过平移旋转的方式变换至标注位置进行输出。

4.2.2　功能实现

4.2.2.1　通用类

1. 设置高程

功能:根据给定高程快速重置 Line、LineString 线所有控制点高程(见图 4.2-1),将空间线或平面线重置为给定高程平面线。

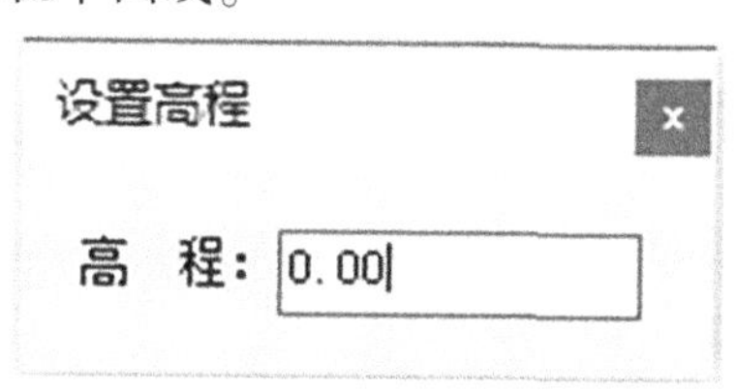

图 4.2-1　设置高程工具界面

备注:设置完成后原线条元素类型统一变为 LineString,如需要 Line 类型线可用打散命令进行打散操作。

2. 元素隐藏

功能:依次隐藏鼠标左键点选的元素,工具启动状态下点击鼠标右键显示所有隐藏元素。

备注:

(1)命令运行状态下,点击鼠标右键退出功能并显示所有已隐藏元素。

(2)此工具可配合 Esc 键使用,确定隐藏的元素后可利用 Esc 键暂时退出命令,需要显示隐藏元素时重新启动命令点击鼠标右键显示。

3. 放置图框

功能：在绘图空间中插入对应设计图框。

备注：

(1)界面中“平面高程”参数设置图框放置在绘图空间中的高程(见图 4.2-2)。

(2)图框的原始尺寸为实际大小尺寸，如 A1 图框原始大小为 841 mm×594 mm，“放大比例”参数根据出图比例确定。

4.2.2.2　放坡类

1. 平面基线放坡

功能：将平面基线根据给定的坡比放坡至给定高程、高差或平距，用于放单级边坡(见图 4.2-3)。

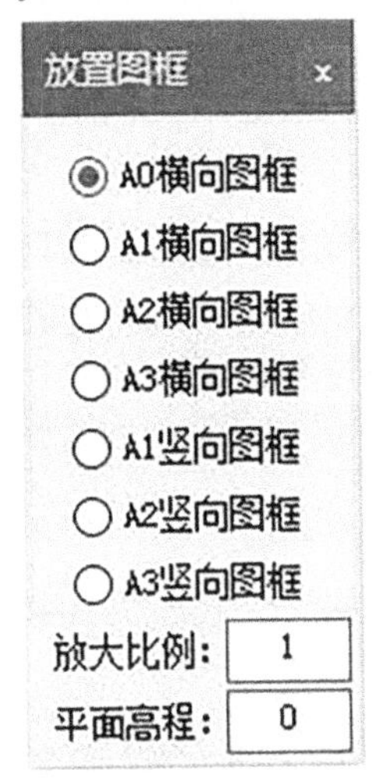

图 4.2-2　放置图框工具界面

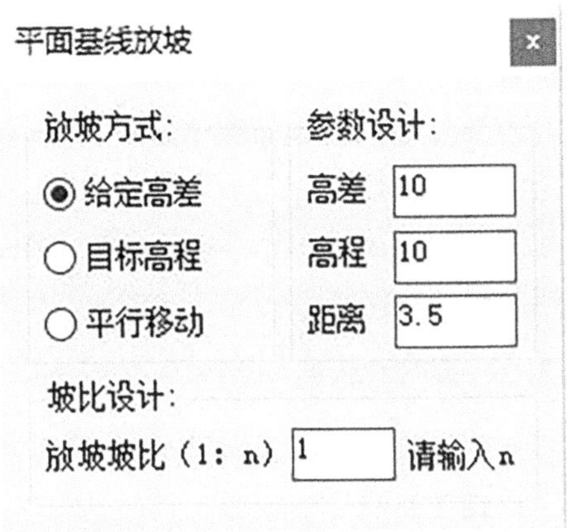

图 4.2-3　平面基线放坡工具界面

备注：

(1)放坡基线元素可以是 Line、LineSring、ComplexString、Arc。

(2)该工具不能用于空间基线放坡。

(3)“给定高差”放坡时，输入正值为向上放坡，负值为向下放坡。

(4)“平行移动”用于绘制马道，坡比为无用参数。

2. 多级马道放坡

功能：将坡脚线根据边坡高差、边坡坡比、马道宽度及边坡级数进行放坡(见图 4.2-4、图 4.2-5)。

备注：

(1)放坡线形元素可以是 Line、LineSring、ComplexString、Arc。

(2)该工具不能用于空间基线放坡。

(3)“边坡高差”参数，正值为向上放坡，负值为向下放坡。

(4)对于 Line、LineSring 线，放坡线会自动连接坡面变化处交线。

(5)放坡基线须为坡脚线(非马道边线)，边坡级数大于或等于 1。

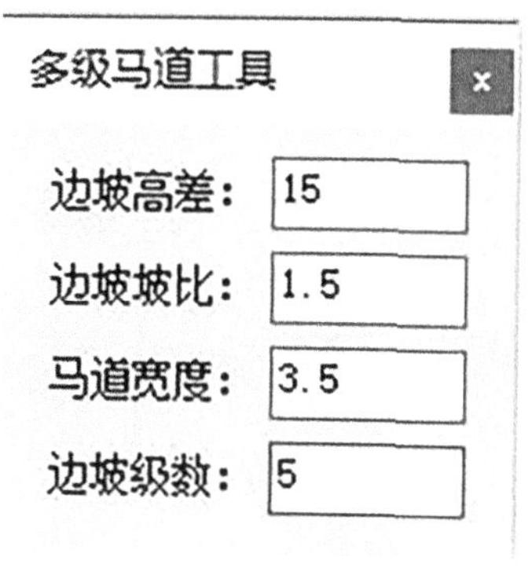

图4.2-4 多级马道放坡工具

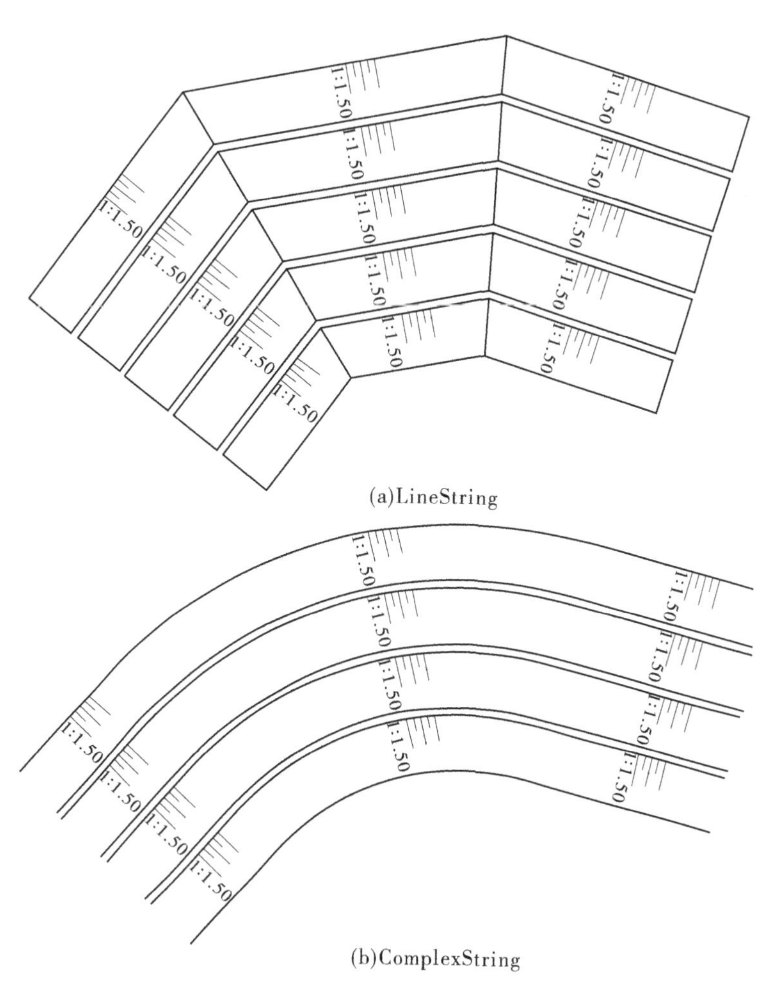

(a)LineString

(b)ComplexString

图4.2-5 坡面交线示意

3. 空间基线放坡

功能：将空间基线按给定坡比放坡为平面基线（见图4.2-6），主要用于将空间基线转为平面基线再进行下一步放坡（如重力坝左右坝肩槽开挖）。

备注：

(1)该工具操作元素的类型为 Line。

(2)仅对空间型基线起作用。

(3)“马道宽度”参数控制放坡后是否生成马道，默认 0 表示不生成。

(4)“是否绘制坡面底边线”参数控制空间基线放坡后是否生成共面矩形坡面底边线。

(5)此工具仅对给定坡比存在情况下起作用。

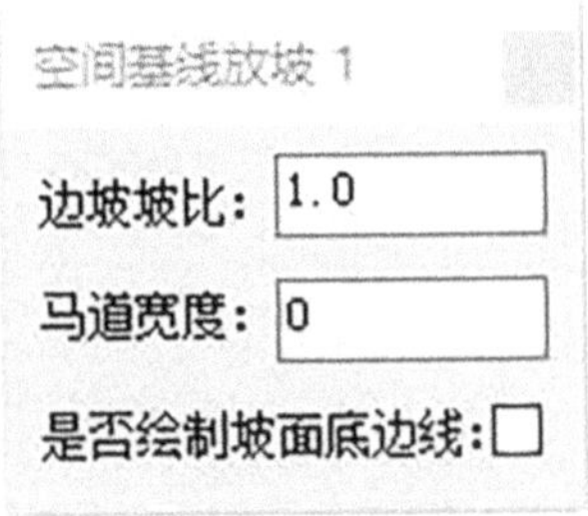

图 4.2-6　空间基线放坡工具界面

4. 鱼道开挖放坡

功能：从下而上根据鱼道开挖边坡坡比、鱼道纵坡、鱼道宽度及休息室平段长度、放坡高程设计鱼道边坡及建基面边线(见图 4.2-7、图 4.2-8)。

备注：

(1)放坡线元素类型为 Line。

(2)该工具可用于平面基线或空间基线的放坡。

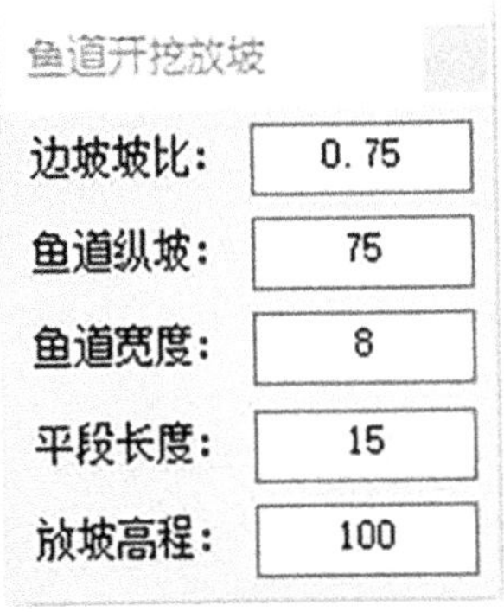

图 4.2-7　鱼道开挖放坡工具界面

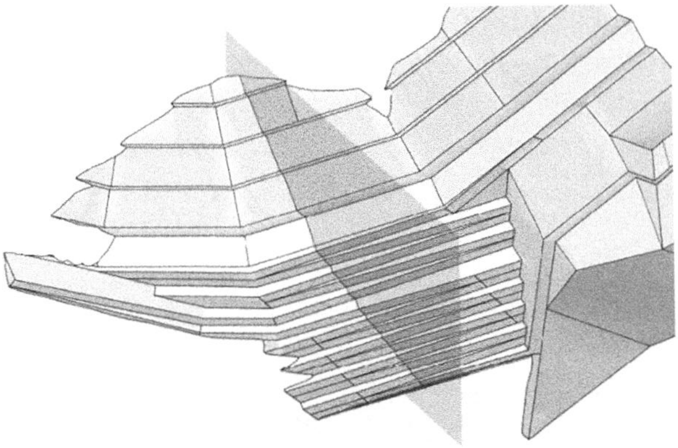

图 4.2-8　鱼道开挖放坡示例

5. 施工道路开挖

功能：根据空间轴线及道路开挖(或回填断面)生成放坡线(见图 4.2-9、图 4.2-10)。

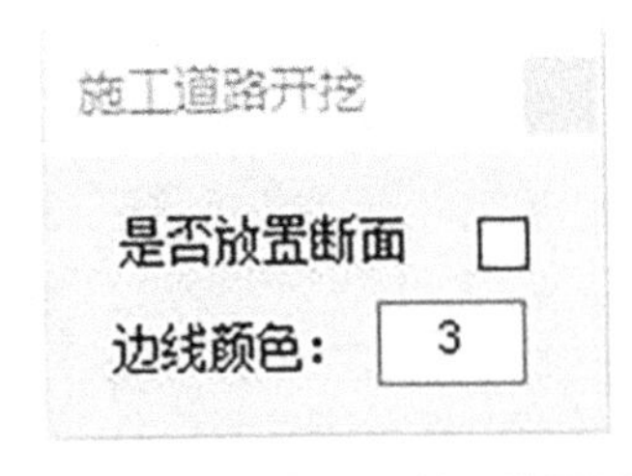

图 4.2-9　施工道路开挖工具界面

备注：

(1)轴线为 LineSring 线，控制点尽量加密，可从纬地道路设计软件中导出三维轴线。

(2)放坡断面需在 XZ 平面内，可利用“平面基线放坡”“多级马道放坡”工具辅助生成。

(3)工具操作过程中选择放坡断面时，用鼠标点选需选择和轴线对应的放坡断面上的点。

(4)可进行道路开挖及回填设计。

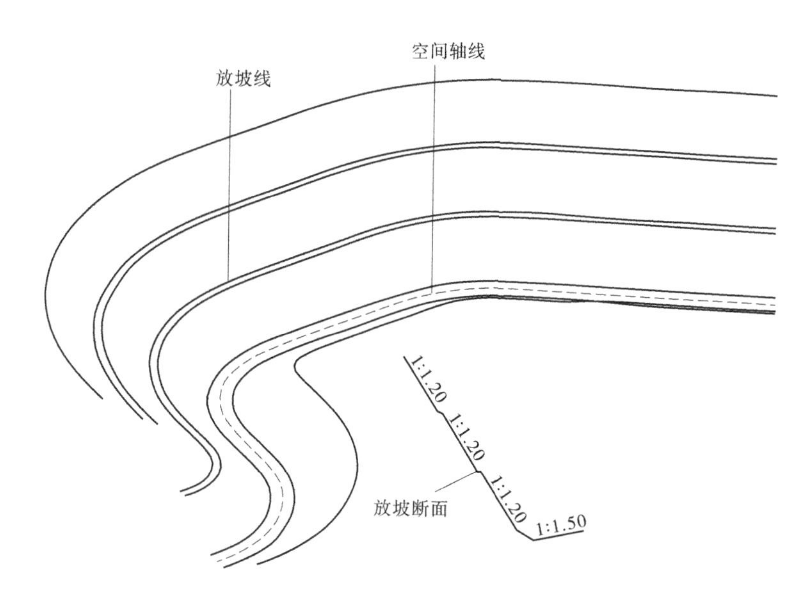

图 4. 2-10　空间轴线及放坡断面生成放坡线示例

4. 2. 2. 3　辅助类

1. Mesh 创建

功能:根据等高线或其他 Mesh 控制边线创建三维地模或 Mesh 元素(见图 4. 2-11)。

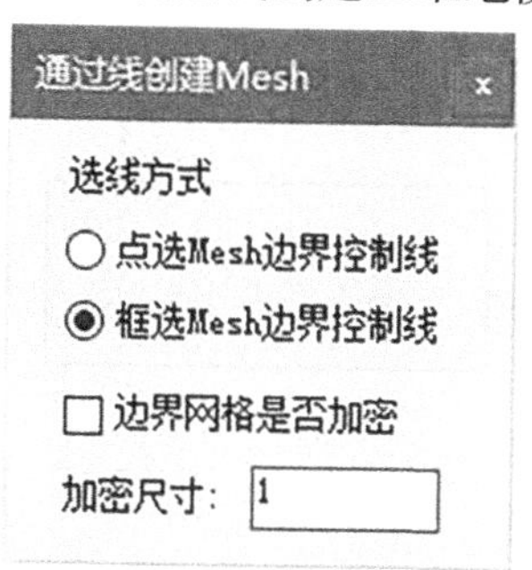

图 4. 2-11　创建 Mesh 工具界面

备注:

(1)该工具操作对象为 Line、LineSring、ComplexString、Arc 线,框选元素前请先过滤元素,确保所选元素无其他类型。

(2)设置“边界网格是否加密”参数,对生成开挖面折角位置模型效果较好,加密尺寸 1~2 m 效果较好,该选项在生成三维地形模型时不建议勾选。

(3)需避免使用垂直面控制边线生成 Mesh 元素。

2. Mesh 分割

功能:通过指定区域(Shape 面)对 Mesh 元素进行分割操作,可进行分割、保留区域内部或外部操作(见图 4. 2-12、图 4. 2-13)。

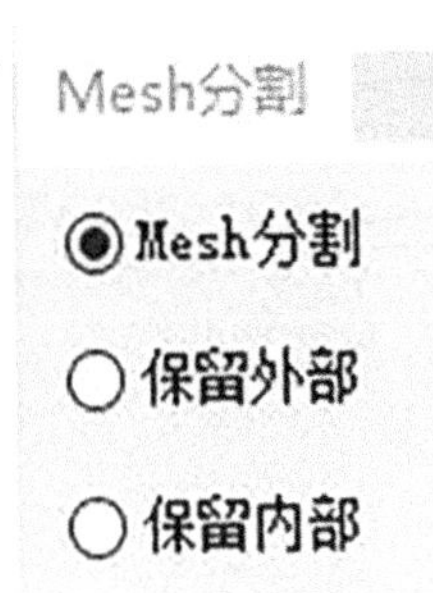

图 4.2-12　Mesh 分割工具界面

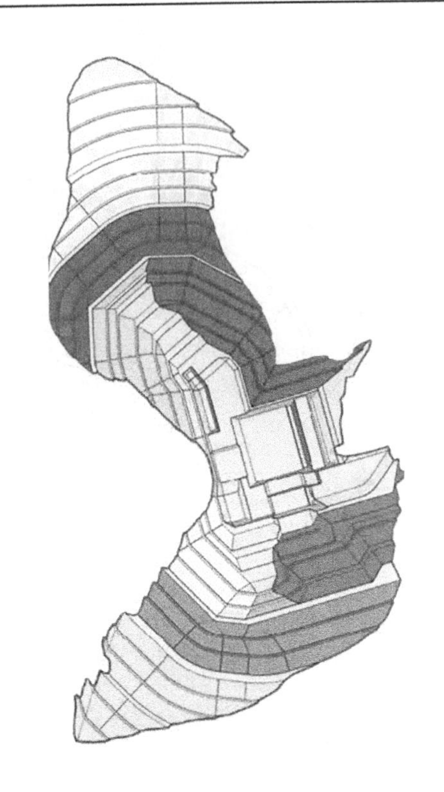

图 4.2-13　使用 Mesh 分割工具实例(对开挖面进行分区)

备注:

(1)该工具被分割的对象为 Mesh,分割界面为 Shape 类型元素。

(2)原则上分割区域 Shape 面可在任意高程,实际操作中为方便选择,Shape 面高程一般在 Mesh 面最大高程以上。

(3)该工具适用于所有 Mesh 元素,一般常用于开挖面支护分区。

3. Mesh 重构

功能:将使用"StichIntoMesh"工具缝合的多个 Mesh 面重新生成一个 Mesh 面(见图 4.2-14),处理 Mesh 缝合过程中缝合边界产生的空洞问题,处理三维地形中的异常高程。

备注:如需对精确开挖面和开挖面外原地形缝合的 Mesh 面进行 Mesh 重构,建议在开挖面生成过程中对网格进行加密处理,避免重构过程中网格混乱。

4. Mesh 结构化

功能:将非结构化三维 Mesh 地形模型按照给定的精度转化为结构化三维 Mesh 地形模型(见图 4.2-15~图 4.2-17),主要作用是清理及简化地形模型网格数量。

备注:建议控制结构化之后的网格节点数在 100 万以内。

Mesh重构

☑是否删除原有Mesh元素

异常等高线限值：1

图 4. 2-14　Mesh 重构工具界面

Mesh结构化

精度（m）：20

图 4. 2-15　Mesh 结构化工具界面

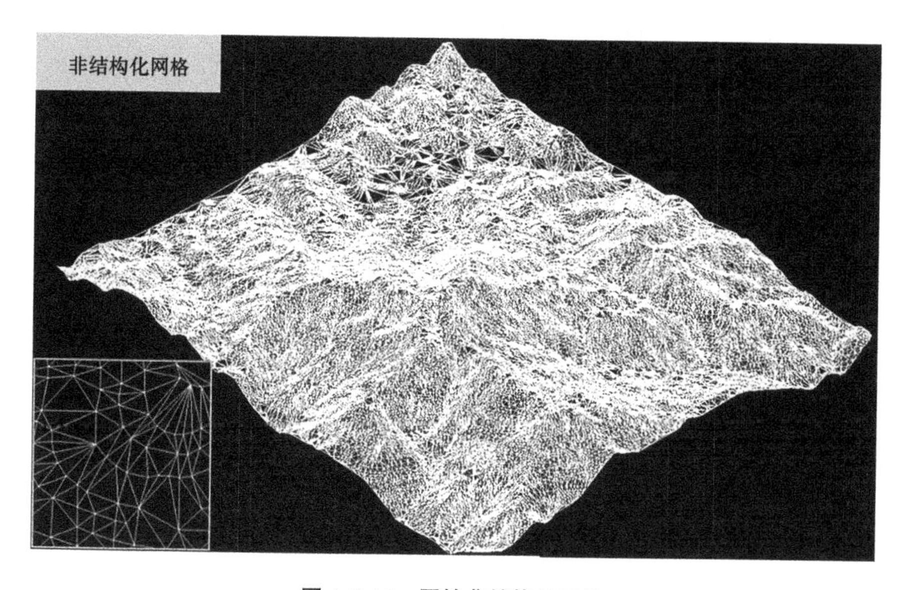

图 4. 2-16　原始非结构化网格

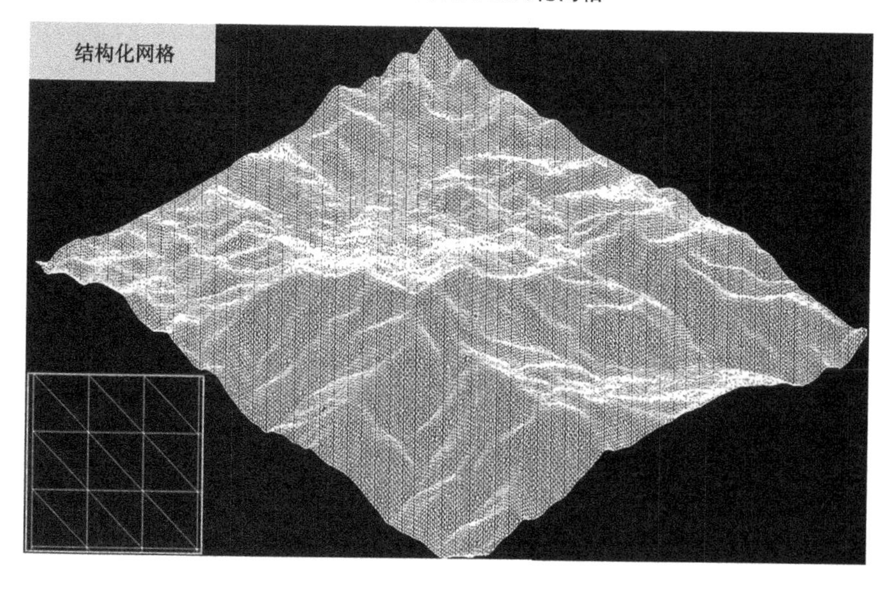

图 4. 2-17　处理后的结构化网格

5. 提取交线

功能：提取两个 Mesh 元素的交线（主要用于快速提取开挖开口线）（见图 4.2-18）。

备注：

（1）该工具操作对象为 Mesh 元素。

（2）“投影线属性”参数用于将两个 Mesh 元素的交线投影至特定高程，如不需要可不勾选。

（3）对于封闭 Mesh 元素也可用此工具提取其交线。

（4）交线一般为 LineString 线，当控制点个数大于 1 000 时会自动断开为多段 Line String 线；对于开挖开口线，提取完成后建议检查其封闭性，如有断开可手动连接。

6. 提取等高线

功能：提取三维地形模型上给定高程的等高线（见图 4.2-19）。

备注：

（1）提取等高线的对象只能是 Mesh 类型。

（2）工具界面会显示当前地形模型的最大、最小高程，可据此判断地形模型是否有错误。

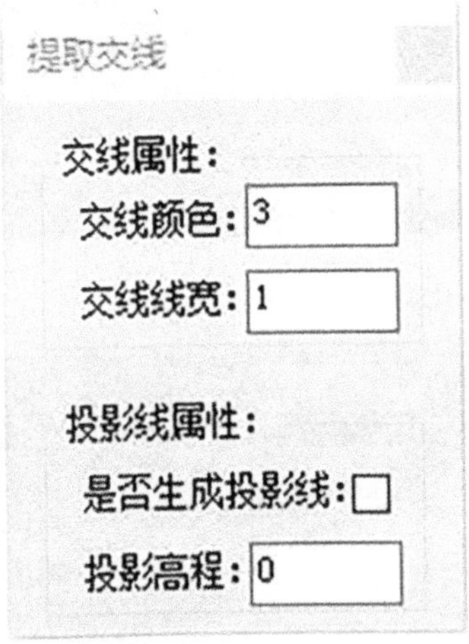

图 4.2-18 提取交线工具界面

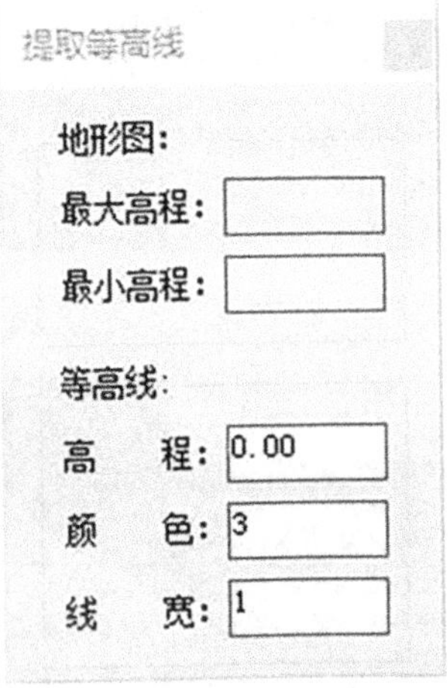

图 4.2-19 提取等高线工具界面

7. 地质体开挖/分割

功能：用 Mesh 面对 Mesh 体（封闭 Mesh 元素）进行分割（见图 4.2-20），一般用于地质模型开挖。

备注：对 Mesh 面及 Mesh 体的网格质量要求较高。

8. 按体积剔除元素

功能：根据给定的元素体积限值，删除或移动体积小于给定限值的元素（见图 4.2-21），一般用于地质模型开挖后元素清理。

备注：X 方向移动距离，指在世界坐标系（非当前激活的自定义坐标系）下在模型原位置的 X 方向移动的距离。

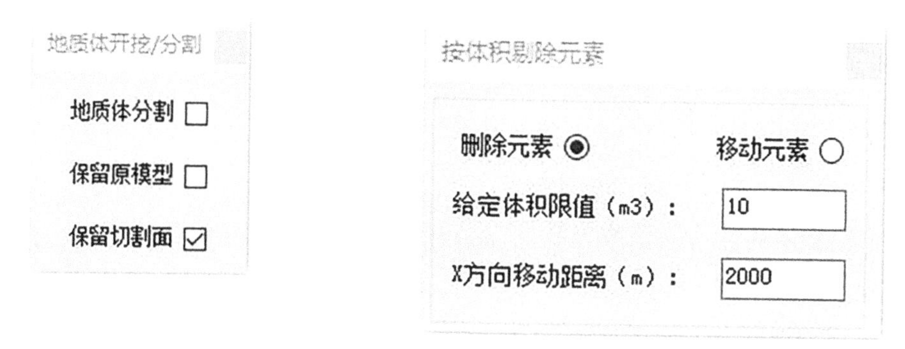

图4.2-20　地质体开挖/分割工具界面

图4.2-21　按体积剔除元素工具界面

4.2.2.4　剖面类

1.地形结构剖面

功能:剖切包含地形、地质、开挖及主要结构等Mesh元素,绘制开挖剖面图(见图4.2-22)。

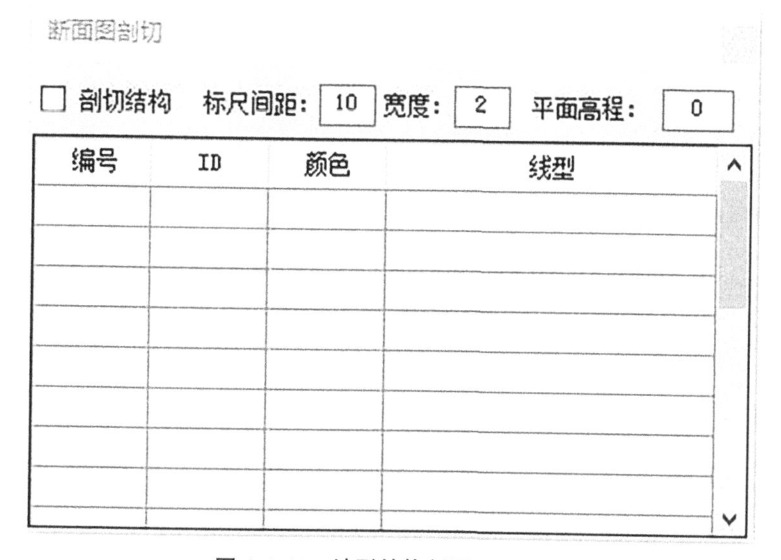

图4.2-22　地形结构剖面工具界面

备注:

(1)剖切对象为Mesh元素,对于结构模型需先转化成Mesh后使用“StitchIntoMesh”工具合并成一个Mesh元素。

(2)剖面位置线可以是Line或LineString,可以是直线也可以是折线(不能是圆弧);若剖面位置线为折线,则剖面图为展开图;剖面线高程一般定在开挖面最大高程以上,方便选择。

(3)“是否剖切结构线”选项控制是否剖切结构模型,如勾选则需确保结构模型为操作第三步的最后一个选择Mesh元素,剖面图中结构线为Cell类型,其余线为LineString类型。

(4)剖面图颜色需要在操作第五步时在“颜色”列对应位置输入色号,在“线型”对应位置下拉列表中选择(列表中会显示线型.Lib 文件中的所有线型,包括自定义线型)。

(5)“标尺间距”指断面图高程标尺间距,“宽度”指断面图高程标尺宽度,两个参数单位均为 m;高程标尺文字会随当前 Model 注释比例更改变化。

2. 地层交线提取

功能:根据给定的剖面平面位置线获得该线在三维地形、地层 Mesh 面上的投影线(见图 4.2-23),一般用于坝轴线、帷幕灌浆轴线等在实际位置与地形、地质的层面的交线。

备注:

(1)剖切对象为 Mesh 元素。

(2)剖面位置线可以是 Line 或 LineString,可以是直线也可以是折线(不能是圆弧);剖面线高程一般定在开挖面最大高程以上,方便选择。

4.2.2.5　统计类

1. 开挖体积统计

功能:计算两个 Mesh 面之间的体积(见图 4.2-24),可生成体积模型,主要用于总开挖量统计。

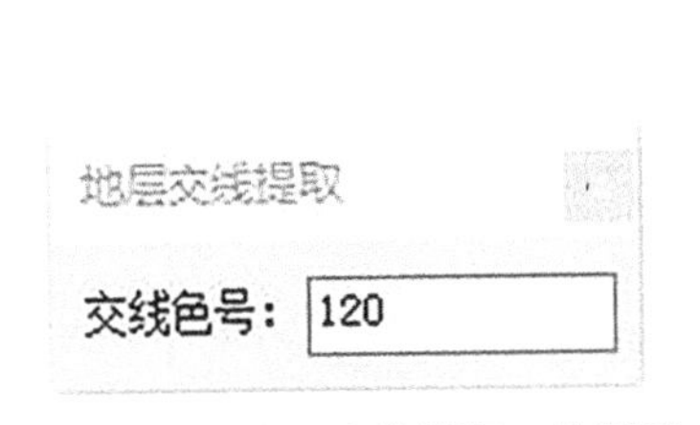

图 4.2-23　地层交线提取工具界面

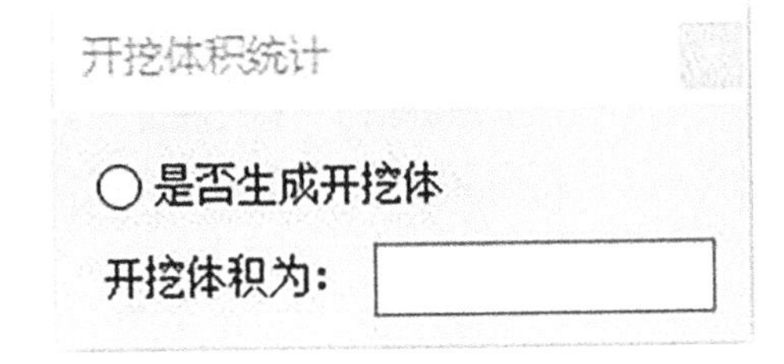

图 4.2-24　开挖体积统计工具界面

备注:

(1)体积计算原则是选择的第一个 Mesh 面到第二个 Mesh 面-Z 方向包含的体积。

(2)元素选择过程中,一般情况下第一个元素选择原地形 Mesh,第二个元素选择开挖面 Mesh。

(3)建议在计算体积过程中,选择“是否生成开挖体”选项,以便检查体积计算是否正确;如果结果不正确(反向),可改变第一次计算过程中两个 Mesh 面的选择顺序,重新计算。

2. 分区开挖量统计

功能:根据开挖分部位情况,对整个开挖区域分部位统计土石方开挖量(见图 4.2-25),并生成工程量表,对土石方工程量有以下两种计算方式:

(1)按给定的土石方比例。

(2)按实际岩土分界面。

备注:

(1)应用该工具的必要条件是要有三维地形 Mesh 模型、基于此地模的精确开挖 Mesh 面及开挖量分部位范围 Shape 面。

分区开挖量统计

○ 按给定土石方比例统计　土石方比例：0.6　模型注释比例：600
◉ 按实际岩土分界面统计　工程量系数：1.2　耗时：11.76mi　放置表格

编号	部位	单位	比例	系数	土方	石方	合计
1	1区	m3	—	1.2	1220760.94	2282787.59	3503548.52
2	2区	m3	—	1.2	1022543.32	544087.85	1566631.17
3	3区	m3	—	1.2	873540.05	881044.21	1754584.26
4	合计	—	—	—	3116844.31	3707919.65	6824763.95

图 4.2-25　分区开挖量统计工具界面

(2)工程量分部位 Shape 面指根据分部位情况绘制的大于精确开挖 Mesh 面的 Shape 面。

(3)如选择采用给定土石方比例计算工程量,则需要输入土石方比例参数;如选择按实际岩土分界面计算工程量,则需岩土分界 Mesh 面。

(4)工程量可根据项目阶段给定工程量系数计算。

(5)“放置表格”按钮将计算结果表格以共享注释 Cell 的形式放置到模型中,工具界面中的“模型注释比例”表示当前 Model 注释比例。

(6)表格中“部位”列默认为 1 区、2 区、3 区……可在放置表格前根据情况修改为有意义的名称,如左坝肩、河床段、右坝肩等。

3. 分层开挖量统计

功能:根据给定区域范围,计算给定分层的分层开挖量(见图 4.2-26、图 4.2-27)。

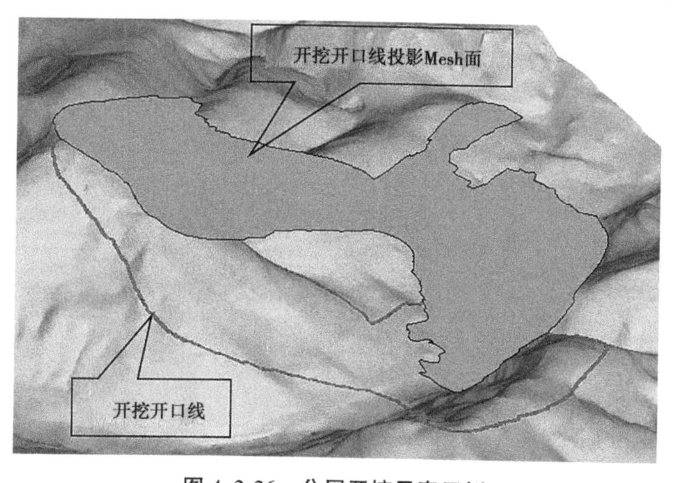

图 4.2-26　分层开挖元素示例

分层开挖量统计

高程(m)	高程之下量(m3)	高程区间量(m3)
250	5794277.97	0.00
230	5622322.71	171955.26
210	5330773.25	291549.46
190	4945258.70	385514.55
170	4416108.20	529150.50
150	3675306.43	740801.76

注：分层最大高程至最小高程顺序输入，n<30　　放置表格

高程(m)	高程之下量(m3)	高程区间量(m3)
250	5794277.97	0.00
230	5622322.71	171955.26
210	5330773.25	291549.46
190	4945258.70	385514.55
170	4416108.20	529150.50
150	3675306.43	740801.76

图 4.2-27　分层开挖工具计算成果示例(将统计成果表格放入当前 Model)

备注：

(1)计算范围面必须为开挖开口线的部分投影面或全部投影面，且必须为 Mesh 面元素。

(2)工具界面“高程”列数值建议从大到小输入，最大高程一般大于开挖面最大高程，最小高程一般不小于开挖面最小高程。

4. 支护工程量统计

功能：根据开挖面支护分区情况，统计常用支护工程量并生成表格(见图 4.2-28、图 4.2-29)。常用支护形式包括锚杆、挂网、喷混凝土及排水孔。

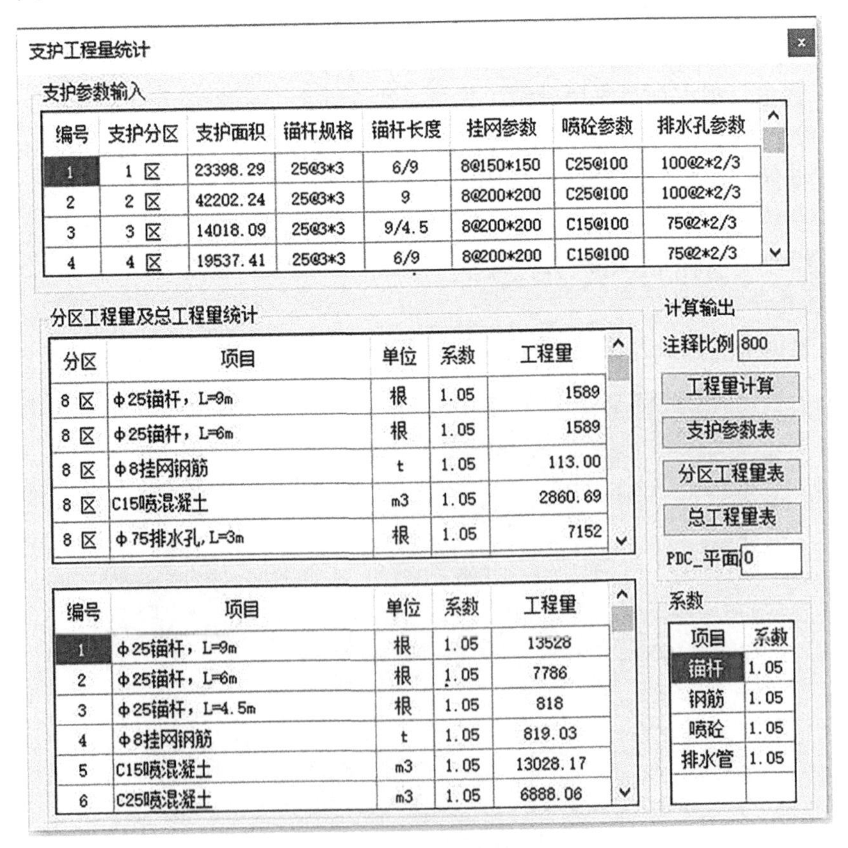

编号	支护分区	支护面积	锚杆规格	锚杆长度	挂网参数	喷砼参数	排水孔参数
1	1 区	23398.29	25@3*3	6/9	8@150*150	C25@100	100@2*2/3
2	2 区	42202.24	25@3*3	9	8@200*200	C25@100	100@2*2/3
3	3 区	14018.09	25@3*3	9/4.5	8@200*200	C15@100	75@2*2/3
4	4 区	19537.41	25@3*3	6/9	8@200*200	C15@100	75@2*2/3

分区	项目	单位	系数	工程量
8 区	φ25锚杆，L=9m	根	1.05	1589
8 区	φ25锚杆，L=6m	根	1.05	1589
8 区	φ8挂网钢筋	t	1.05	113.00
8 区	C15喷混凝土	m3	1.05	2860.69
8 区	φ75排水孔，L=3m	根	1.05	7152

编号	项目	单位	系数	工程量
1	φ25锚杆，L=9m	根	1.05	13528
2	φ25锚杆，L=6m	根	1.05	7786
3	φ25锚杆，L=4.5m	根	1.05	818
4	φ8挂网钢筋	t	1.05	819.03
5	C15喷混凝土	m3	1.05	13028.17
6	C25喷混凝土	m3	1.05	6888.06

项目	系数
锚杆	1.05
钢筋	1.05
喷砼	1.05
排水管	1.05

图 4.2-28　支护工程量统计工具界面

支护参数表

编号	支护分区	支护面积	锚杆规格	锚杆长度	挂网参数	喷砼参数	排水孔参数
1	1区	23398.29	32@3*3	6/9	8@150*150	C25@100	100@2*2/3
2	2区	42202.24	28@3*3	9	8@200*200	C25@100	100@2*2/3
3	3区	14018.09	25@3*3	9/4.5	8@200*200	C15@100	75@2*2/3
4	4区	19537.41	25@3*3	6/9	8@200*200	C15@100	75@2*2/3
5	5区	12663.54	25@3*3	6/9	8@200*200	C15@100	75@2*2/3
6	6区	22689.41	25@3*3	6/9	8@200*200	C15@100	75@2*2/3
7	7区	27924.63	25@3*3	6/9	8@200*200	C15@100	75@2*2/3
8	8区	27244.65	25@3*3	6/9	8@200*200	C15@100	75@2*2/3

分区支护工程量表

分区	项目	单位	系数	工程量
8区	φ25锚杆，L=9m	根	1.05	1589
8区	φ25锚杆，L=6m	根	1.05	1589
8区	φ8挂网钢筋	t	1.05	113.00
8区	C15喷混凝土	m3	1.05	2860.69
8区	φ75排水孔，L=3m	根	1.05	7152
7区	φ25锚杆，L=9m	根	1.05	1629
7区	φ25锚杆，L=6m	根	1.05	1629
7区	φ8挂网钢筋	t	1.05	115.82
7区	C15喷混凝土	m3	1.05	2932.09
7区	φ75排水孔，L=3m	根	1.05	7330
6区	φ25锚杆，L=9m	根	1.05	1324

总工程量表

编号	项目	单位	系数	工程量
1	φ25锚杆，L=9m	根	1.05	7239
2	φ25锚杆，L=6m	根	1.05	6421
3	φ25锚杆，L=4.5m	根	1.05	818
4	φ28锚杆，L=9m	根	1.05	4924
5	φ32锚杆，L=9m	根	1.05	1365
6	φ32锚杆，L=6m	根	1.05	1365
7	φ8挂网钢筋	t	1.05	819.03
8	C15喷混凝土	m3	1.05	13028.17
9	C25喷混凝土	m3	1.05	6888.06
10	φ75排水孔，L=3m	根	1.05	32571
11	φ100排水孔，L=3m	根	1.05	17220

图4.2-29　支护工程量统计成果示例

备注：

(1)需先用“Mesh分割”工具进行支护分区，得到分区面。

(2)“支护面积”列数据自动提取，其他参数格式解释如下：

“锚杆规格”——25@3×3(锚杆直径@锚杆间距×锚杆排距)。

“锚杆长度”——6/9(6 m、9 m锚杆错开布置)。

“挂网参数”——8@200×200(钢筋直径@网格长度×宽度)。

“喷砼参数”——C20@100(混凝土强度等级@喷混凝土厚度)。

“排水孔参数”——100@2×2/6(直径@间距×排距/长度)。

(3)分区选择完成确认后，参数表中各分区会有默认参数，根据实际情况逐区按照约定格式进行修改即可。

4.2.2.6　土石坝清基开挖

土石坝清基开挖工具集(清基底边线、建基面设计、坡脚反坡设计等三个工具)的主要目的是构建建基面控制线及反坡线，通过建基面控制线及反坡线生成初始开挖面，利用初始开挖面和原地形求开挖开口线。

1.清基底边线

功能：提取坝面Mesh面和清基面的交线(见图4.2-30)。

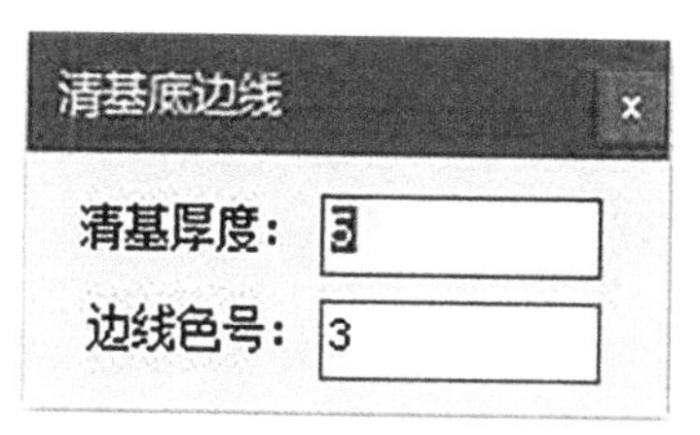

图4.2-30　清基底边线工具界面

备注：

(1)坝面Mesh控制线可通过“平面基线放坡”工具得到。

(2)“清基厚度”为统一厚度。

(3)生成的清基底边线主要作用是裁剪“建基面设计”工具生成的初始控制底边线。

2. 建基面设计

功能:主要用于根据给定的断面间距生成初始建基面控制边线(见图 4. 2-31、图 4. 2-32)。

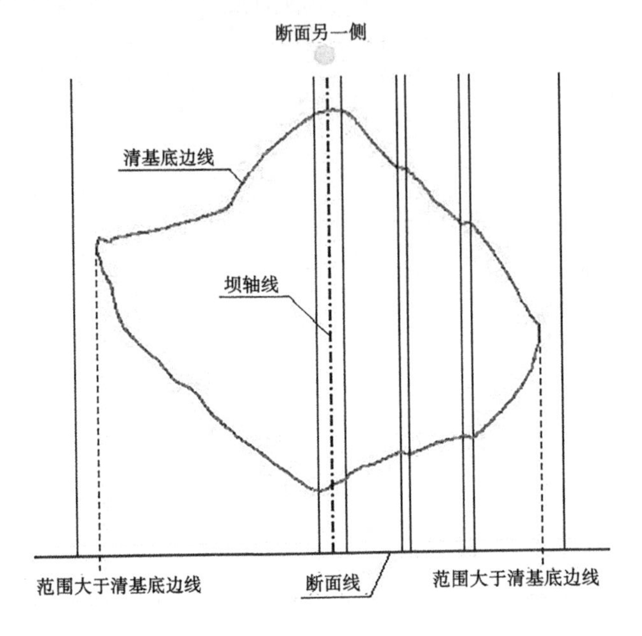

图 4. 2-31　建基面设计工具操作配图示意

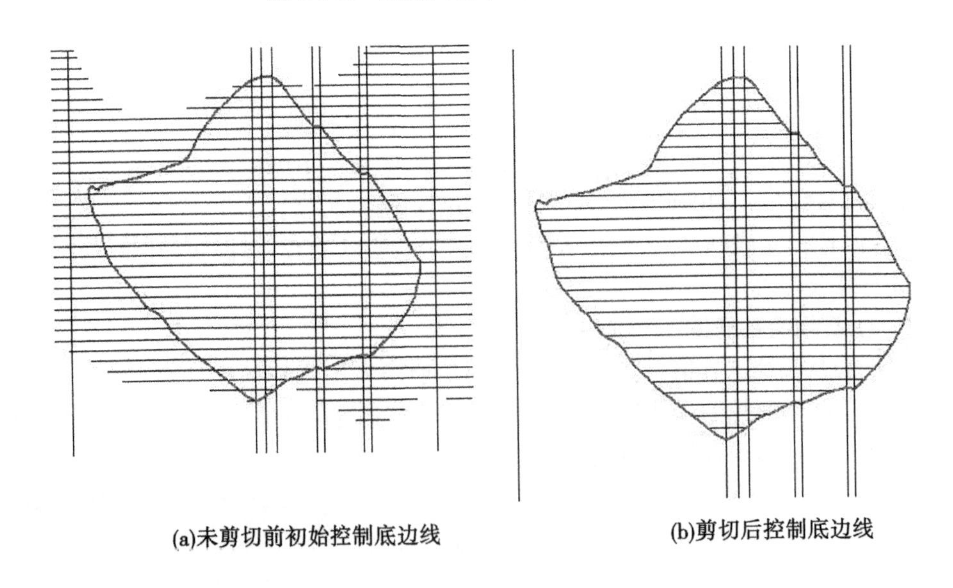

图 4. 2-32　建基面控制底边线示例

备注:

(1)清基面为第一步“清基底边线”工具生成的绿色面。

(2)断面线为在坝轴线一侧绘制的垂直于坝轴线的线,范围需略大于清基底边线。

(3)坝轴线和断面线的元素类型只能为Line类型。

3. 坡脚反坡设计

功能:通过控制底边线及反坡参数生成反坡线(见图4.2-33、图4.2-34)。

备注:

(1)控制底边线需为修剪后的控制底边线。

(2)“偏移距离”指反坡段有无平段,无平段输入0。

(3)“延伸长度”指反坡线向原地面Mesh的延伸长度,一般需要伸出原地面Mesh面。

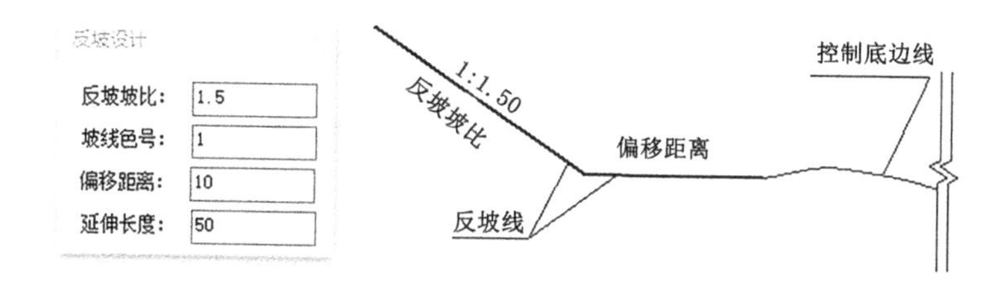

图4.2-33 坡脚反坡设计工具界面及参数示例

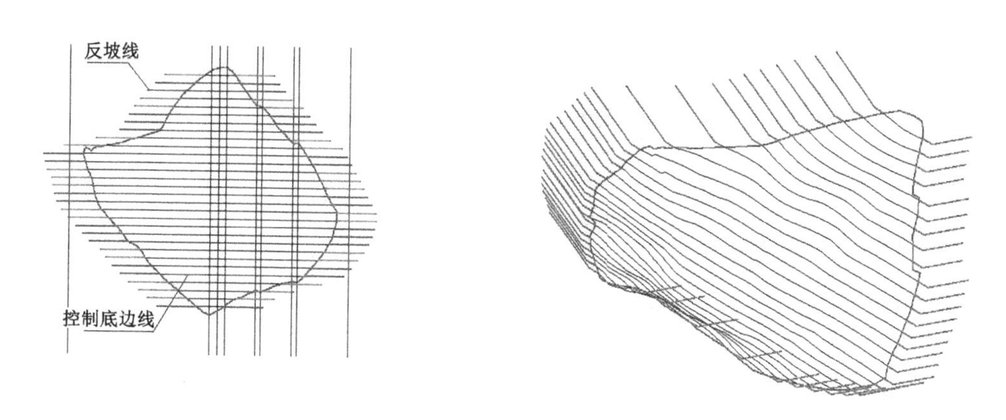

图4.2-34 坡脚反坡设计示例

4.2.3 三维开挖设计流程

4.2.3.1 重力坝、泵闸、厂房等三维开挖

重力坝、泵闸、厂房等结构建基面相对较规则,开挖放坡基线可由结构模型直接提取使用,三维开挖设计流程如图4.2-35所示。

4.2.3.2 土石坝三维开挖

土石坝清基开挖的建基面一般不规则,清基开挖流程如图4.2-36所示;如坝基防渗体有抽槽开挖,可在清基开挖基础上进行二次开挖设计,流程参照重力坝三维开挖操作流程,清基开挖面为二次抽槽开挖的原始地形模型。

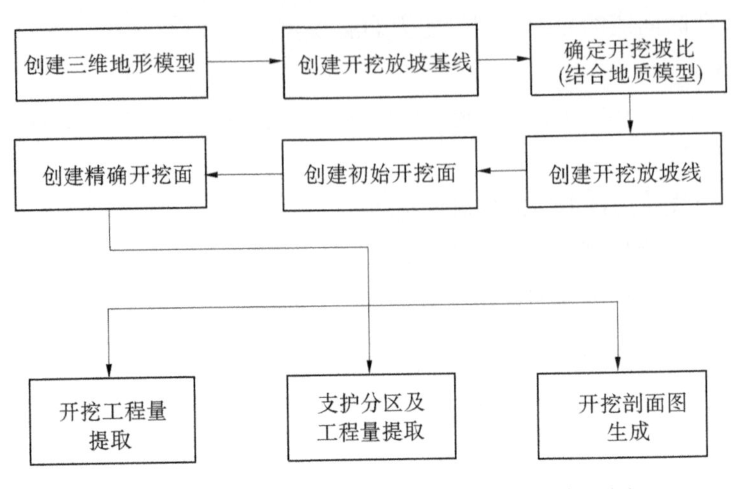

图 4.2-35　**重力坝、泵闸、厂房等三维开挖操作流程**

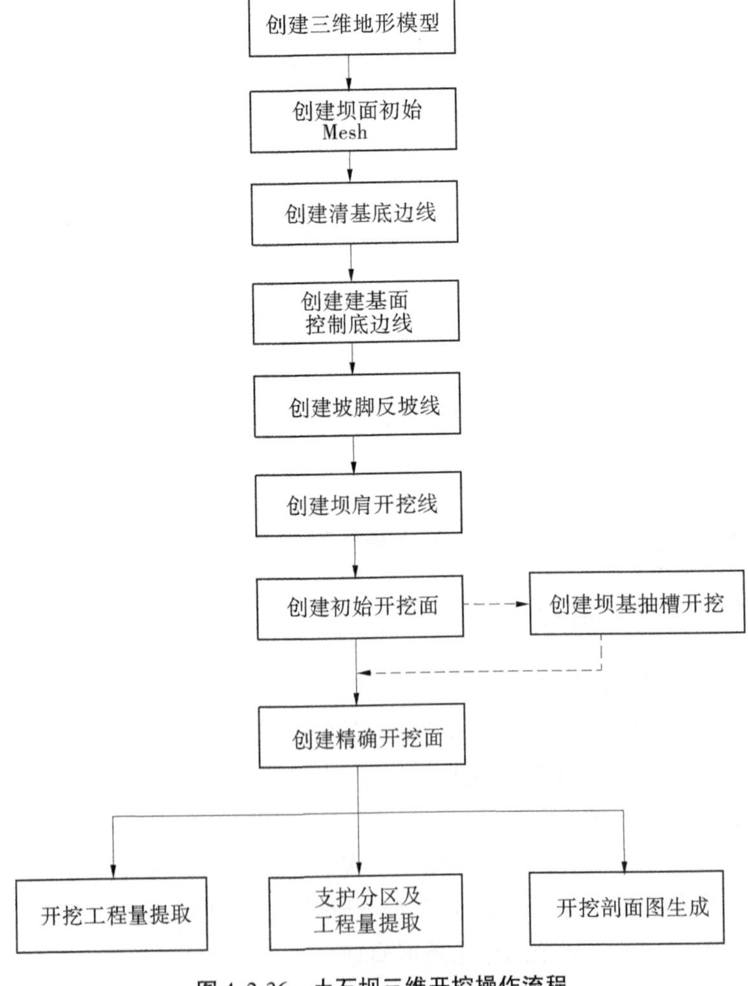

图 4.2-36　**土石坝三维开挖操作流程**

4.3　枢纽建模

4.3.1　关键技术研究

4.3.1.1　复杂模型快速创建

复杂模型快速建模方面，主要研究了通过给定参数快速实现结构模型的创建，实现的具体思路是：预先对需要生成的三维模型进行分析，拟定控制模型生成的独立参数变量，然后在程序内部根据生成模型的各变量的控制逻辑关系，通过调用 SDK 中的相关函数实现。

复杂模型快速创建相关工具，输入端为相关参数，程序内部根据拉伸、旋转、布尔运算等操作完成模型创建，输出为需要创建的三维模型。

4.3.1.2　坝体材料分区

在水利水电工程枢纽建筑物设计中通常需要对坝体材料进行分区，然后统计分区材料的工程量。针对坝体材料分区，着重研究了重力坝及土石坝的材料分区关键技术。

重力坝因结构形式相对土石坝较为规则，因此模型分区的基本思路是：先根据坝体断面特性生成坝体基本模型，然后基于基本模型和典型分区断面实现坝体材料分区模型创建。通过典型分区断面沿坝轴线拉伸形成的体和坝体基本模型之间的布尔运算实现。

土石坝模型通常和三维地形密切相关，分区模型创建的基本思路是：先进行横断面分区，然后基于地形模型（或进行清基处理后的建基面模型）和分区横断面创建土石坝分区模型，具体实现过程如图 4.3-1 所示。

4.3.1.3　工程量快速提取

工程量提取关键技术研究主要分为坝体填筑工程量提取及帷幕灌浆工程量提取。

1. 坝体填筑工程量提取

针对重力坝及土石坝具体实现思路如下：分区模型创建过程中通过给分区断面附加对应材料属性，并在分区模型创建过程中将断面属性继承至分区三维模型，从而实现材料属性名称和三维模型绑定，最后通过提取对应材料属性名称的三维模型的体积实现工程量的统计。

材料属性信息的附加及提取采用的是 MicroStation 软件提供的 EC 属性附加接口。

2. 帷幕灌浆工程量提取

对于水利水电枢纽建筑物，帷幕灌浆一般分为坝体廊道帷幕灌浆及坝肩灌浆平硐帷幕灌浆。帷幕灌浆一般需要统计灌浆的有效进尺、无效进尺及总进尺，对于单孔需要统计孔顶高程、始灌高程及下线高程。

帷幕灌浆工程量提取实现具体思路如下：

（1）通过灌浆廊道或灌浆平硐轴线作为孔位布置的轴线，按照孔位间距进行灌浆孔位的布置。

（2）对于坝内廊道灌浆，对应灌浆孔在廊道轴线处的高程为该孔的孔顶高程，灌浆孔和坝基建基面的交点高程为始灌高程，灌浆孔和特定地质层面（如 3 Lu 线、5 Lu 线）的

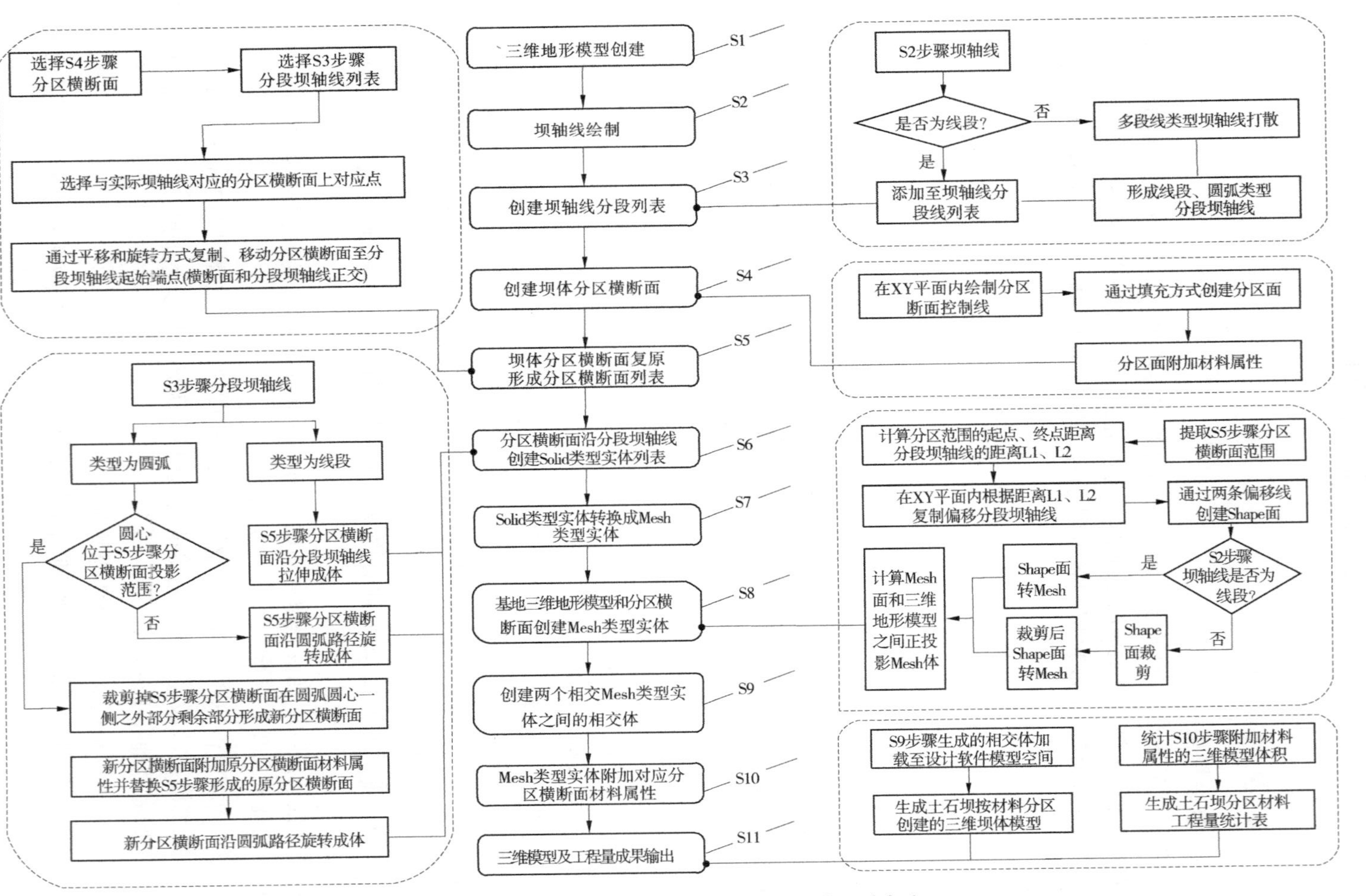

图 4.3-1　土石坝模型创建及工程算量总体研究框架

交点并考虑一定层深度厚的高程为灌浆孔的下限高程，通过各特定高程之间的计算得到孔位的有效进尺、无效进尺及总进尺。

4.3.2　功能实现

4.3.2.1　通用类

1. 边界拟合

功能：主要作用是对复杂的线型边界进行规则化拟合（见图 4.3-2），配合后续其他工具使用。

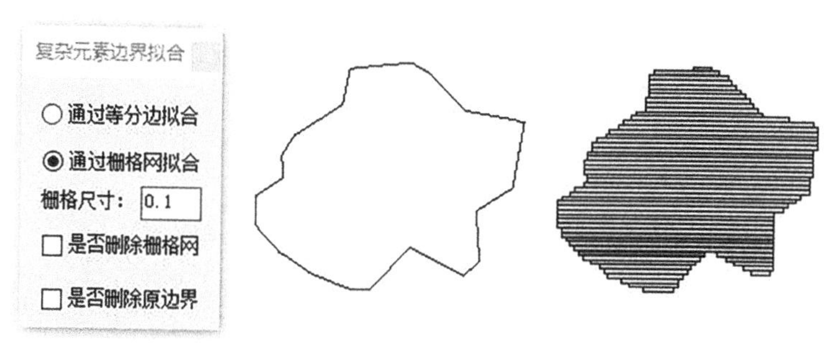

图 4.3-2　复杂元素边界拟合工具界面及应用示例

2. 提取属性

功能：主要完成批量提取元素的属性信息（见图 4.3-3），包含元素 ID、元素的最大最小高程、元素的体积，可根据预先给定的模型"含钢量"初步统计钢筋工程量。

备注：如不选择"Lib 库文件名"及"ItemTypes 属性名"，默认仅统计基本属性。

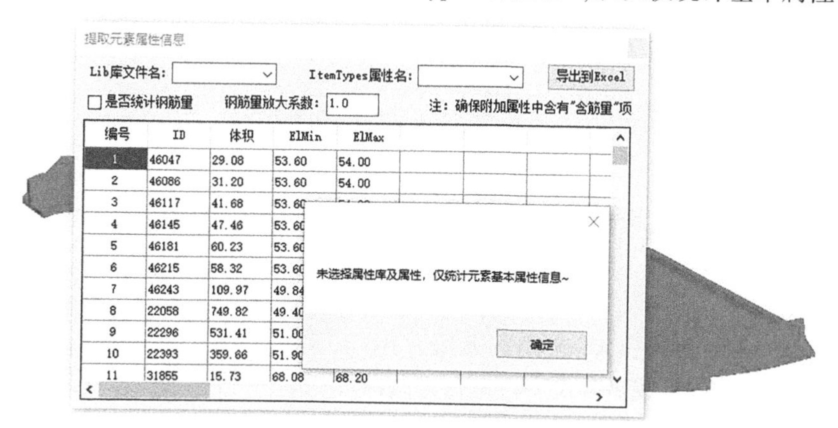

图 4.3-3　提取元素属性信息工具界面及应用示例

3. 画线工具

功能：主要完成按照给定的坡比画线功能（见图 4.3-4）。

4.3.2.2　复杂体型快速建模

1. WES 实用堰建模

功能：根据设计参数创建三圆弧堰头或椭圆弧堰头的 WES 实用堰模型（见图 4.3-5、图 4.3-6），并生成堰面曲线方程。

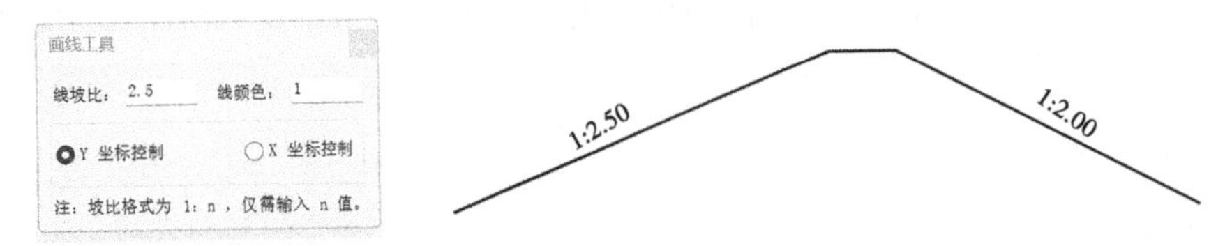

图 4.3-4　画线工具界面及应用示例

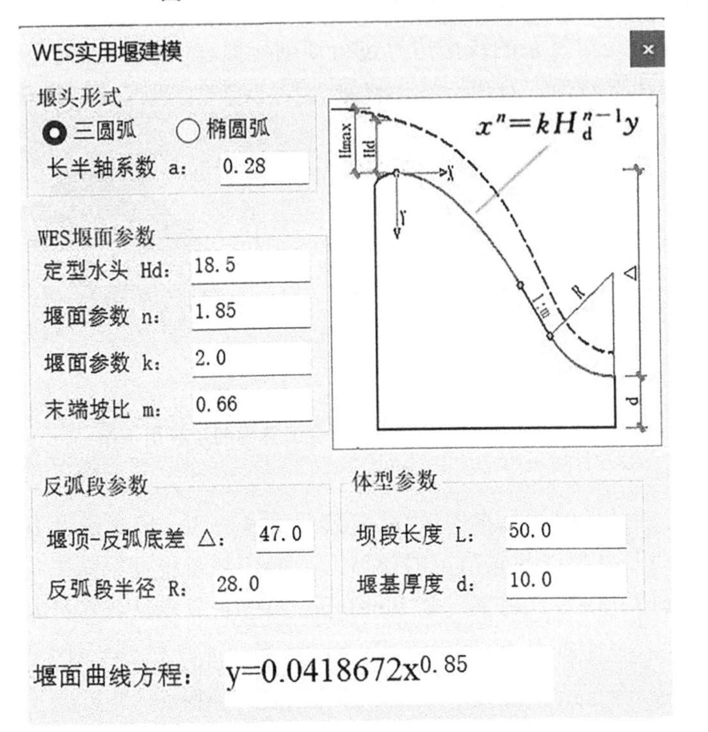

图 4.3-5　WES 实用堰建模工具界面

备注：

(1)各参数对应含义见工具界面图示。

(2)该工具会根据输入参数自动判断堰面和反弧段之间是否有连接直段。

(3)反弧段末点切线和 XY 平面的夹角为 0。若实际项目该夹角不为 0,先生成基础模型再进行修改即可。

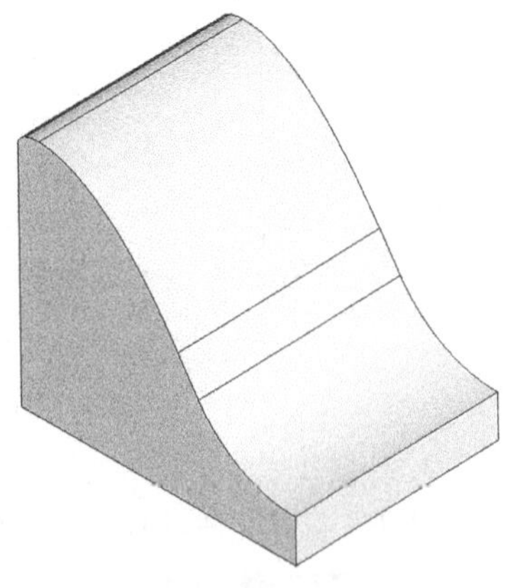

图 4.3-6　WES 实用堰建模工具应用示例

2. 抛物线堰面建模

功能:根据设计参数创建三圆弧堰头或椭圆弧堰头的抛物线堰模型(见图 4.3-7、图 4.3-8),并生成堰面曲线方程。

备注：

(1)各参数对应含义见工具界面图示。

(2)该工具会根据输入参数自动判断堰面和反弧段之间是否有连接直段。

(3)反弧段末点切线和 XY 平面的夹角为 0。若实际项目该夹角不为 0,先生成基础模型再进行修改即可。

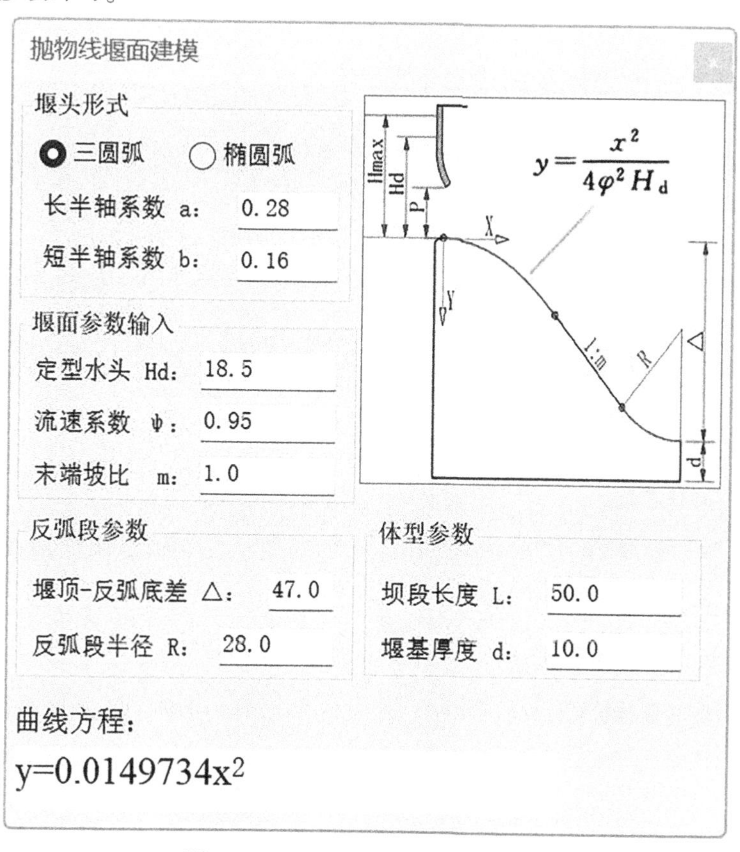

图 4.3-7　抛物线堰面建模工具界面

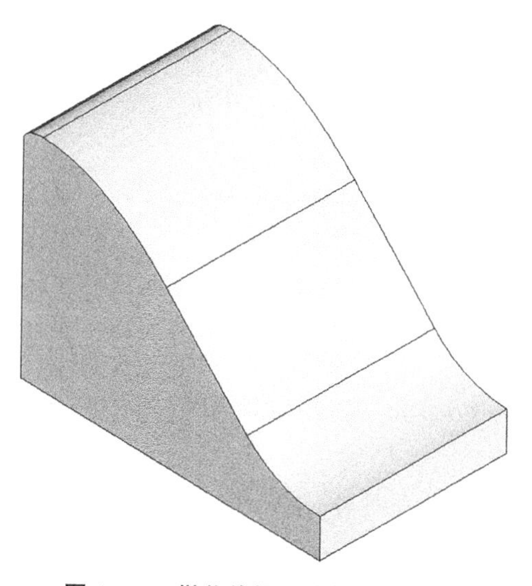

图 4.3-8　抛物线堰面建模应用示例

3. 驼峰堰快速建模

功能：根据设计参数创建 a 型或 b 型驼峰堰模型（见图 4. 3-9、图 4. 3-10），并生成堰体参数。

备注：工具界面中“堰体参数”部分不需要输入。

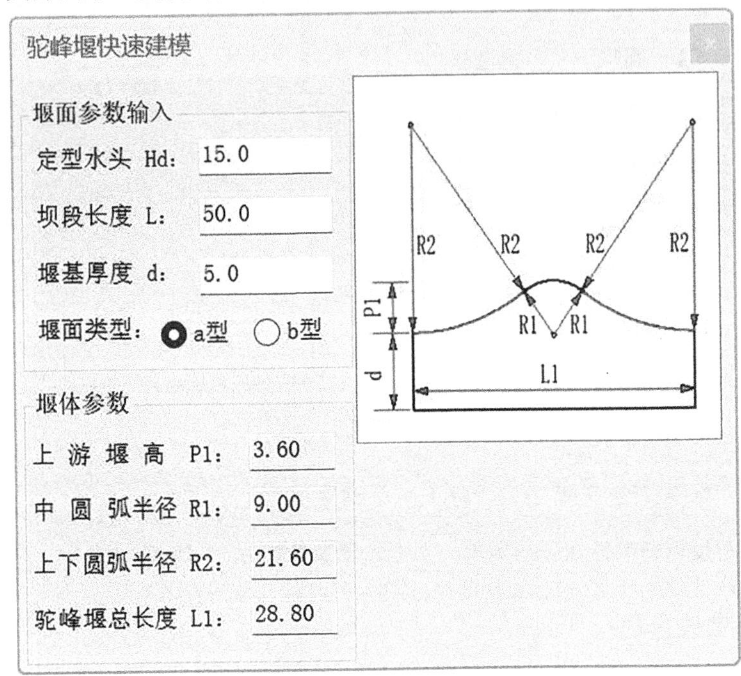

图 4. 3-9　驼峰堰快速建模工具界面

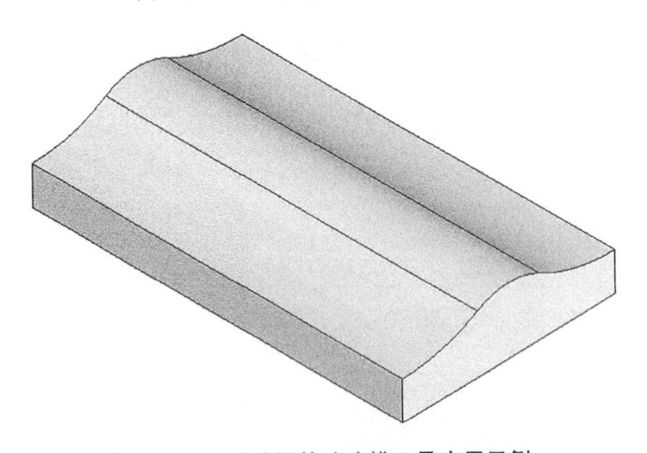

图 4. 3-10　驼峰堰快速建模工具应用示例

4. 重力坝快速建模

功能：根据设计参数生成重力坝基本断面模型（见图 4. 3-11、图 4. 3-12）。

备注：

(1)“上游悬挑”参数表中若 B2 = 0，则其余参数为无效参数，生成坝顶上游无悬挑重力坝模型。

（2）“上游贴角”参数表中若 n3 = 0，则其余参数为无效参数，生成坝踵无贴角重力坝模型。

（3）重力坝基本断面和坝顶上游悬挑、坝踵贴角可任意组合生成相关模型。

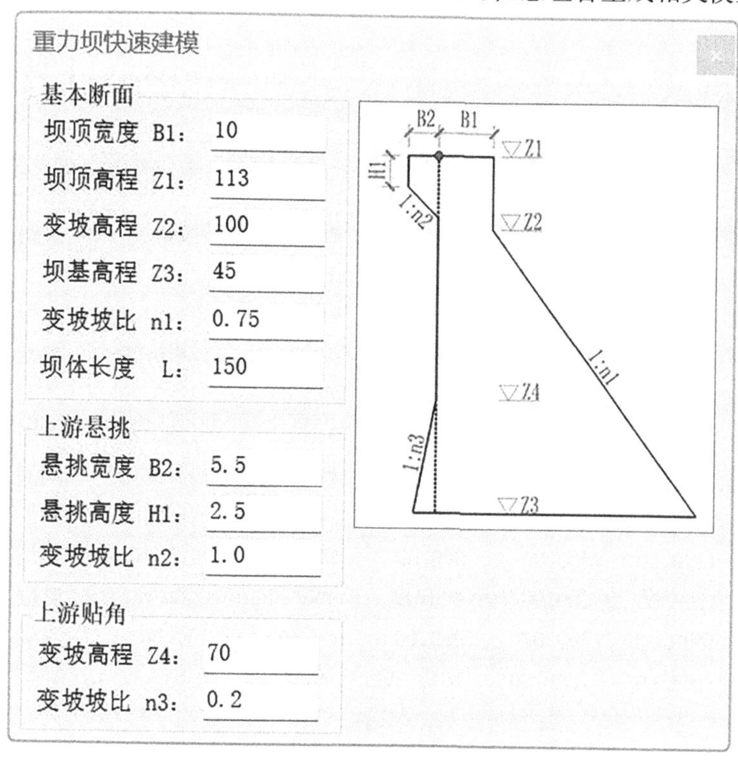

图 4.3-11　重力坝快速建模工具界面

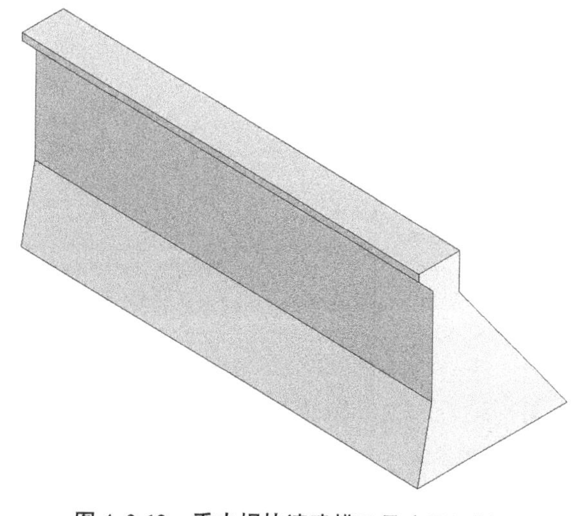

图 4.3-12　重力坝快速建模工具应用示例

5. 灯泡贯流机流道快速建模

功能：根据已有灯泡贯流尺寸文件（Excel 格式），给定流道放置点后，快速建立模型

(见图 4.3-13、图 4.3-14)。

灯泡贯流机流道

数据源(Excel文件)

打开Excel文件　E:\003 二次开发测试\16 厂站　Sheet1$　加载Excel

编号	断面宽度 B(mm)	断面高度 Hd(mm)	断面高度 Hu(mm)	倒角半径 R(mm)	断面距离 L(mm)	断面类型 Hd(mm)
0	2840.00	1618.80	1618.80	0.00	-6000.00	类型 4
1	2840.00	1618.80	1618.80	0.00	-2920.20	类型 4
2	2840.00	1618.80	1618.80	220.00	-2700.20	类型 3
3	2840.00	1618.80	1618.80	460.00	-2460.20	类型 3
4	2840.00	1618.80	1618.80	700.00	-2220.20	类型 3
5	2840.00	1618.80	1618.80	940.00	-1980.20	类型 3
6	2840.00	1618.80	1618.80	1180.00	-1806.40	类型 3
7	2840.00	1420.00	1420.00	1420.00	-1500.20	类型 1
8	1800.00	900.00	900.00	900.00	-700.00	类型 1
9	1200.00	600.00	600.00	600.00	0.00	类型 1
10	1600.00	800.00	800.00	800.00	700.00	类型 1
11	2158.40	1079.20	1079.20	1079.20	2457.60	类型 1

图 4.3-13　灯泡贯流机流道快速建模工具界面

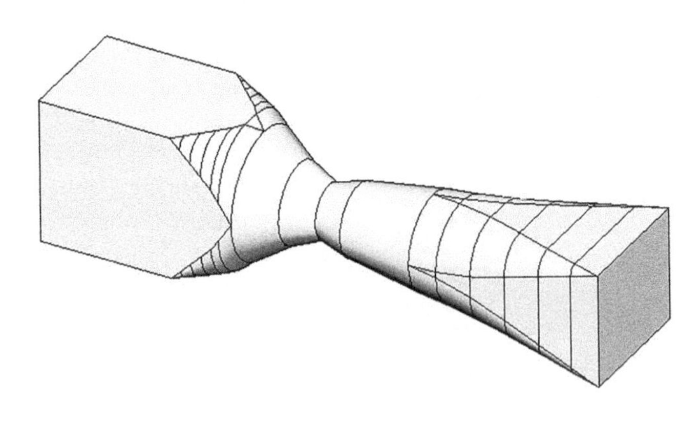

图 4.3-14　灯泡贯流机流道快速建模工具应用示例

6. 蜗壳快速建模

功能:根据已有蜗壳参数文件(Excel 格式),给定蜗壳放置点后,快速建立模型(见图 4.3-15、图 4.3-16)。

7. 尾水管快速建模

功能:根据已有尾水管参数文件(Excel 格式),给定尾水管放置点后,快速建立模型

（见图4.3-17、图4.3-18）。

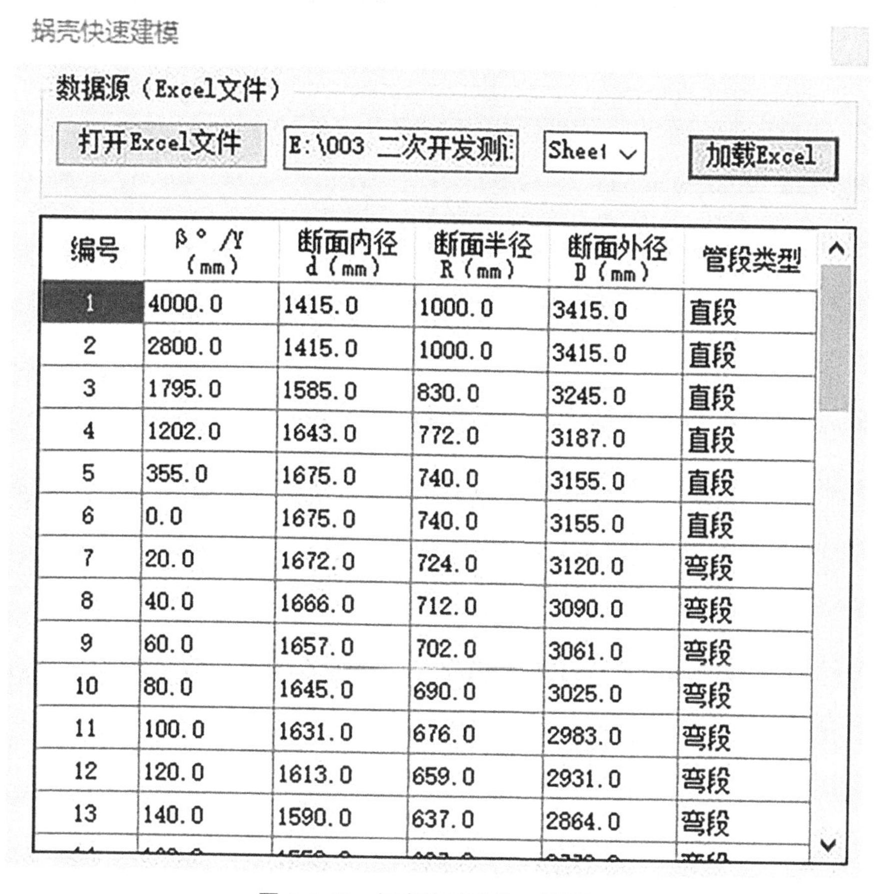

编号	β°/Y (mm)	断面内径 d (mm)	断面半径 R (mm)	断面外径 D (mm)	管段类型
1	4000.0	1415.0	1000.0	3415.0	直段
2	2800.0	1415.0	1000.0	3415.0	直段
3	1795.0	1585.0	830.0	3245.0	直段
4	1202.0	1643.0	772.0	3187.0	直段
5	355.0	1675.0	740.0	3155.0	直段
6	0.0	1675.0	740.0	3155.0	直段
7	20.0	1672.0	724.0	3120.0	弯段
8	40.0	1666.0	712.0	3090.0	弯段
9	60.0	1657.0	702.0	3061.0	弯段
10	80.0	1645.0	690.0	3025.0	弯段
11	100.0	1631.0	676.0	2983.0	弯段
12	120.0	1613.0	659.0	2931.0	弯段
13	140.0	1590.0	637.0	2864.0	弯段

图4.3-15　蜗壳快速建模工具界面

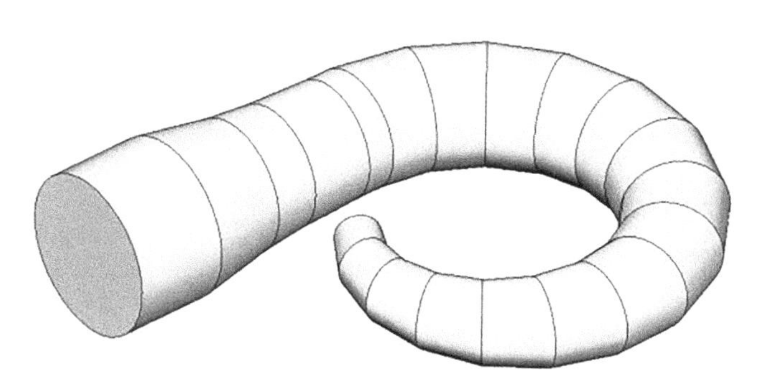

图4.3-16　蜗壳快速建模工具应用示例

4.3.2.3　常规构件快速建模

1. 底板快速建模

功能：通过直接输入底板参数，在绘图空间中实现底板的快速建模（见图4.3-19、图4.3-20）。

尾水管快速建模

数据源（Excel文件）

打开Excel文件　E:\003 二次开发测试\16 厂站设计软件\流道参数.xlsx　Sheet1$　加载Excel

编号	底层导线 Xd(mm)	底层导线 Yd(mm)	面层导线 Xu(mm)	面层导线 Yu(mm)	断面宽 B(mm)	断面高 Hd(mm)	断面高 Hu(mm)	倒角半径 R(mm)	断面类型
0	-500.00	-1000.00	500.00	-1000.00	1000.00	500.00	500.00	500.00	类型 1
1	-732.30	0.00	732.30	0.00	1464.60	732.30	732.30	732.30	类型 1
2	-736.50	337.80	755.40	163.70	1553.90	751.00	751.00	751.00	类型 2
3	-647.00	663.80	770.00	268.20	1680.60	735.60	735.60	735.60	类型 2
4	-473.90	954.10	790.70	368.60	1868.40	696.80	696.80	696.80	类型 2
5	-253.00	1209.90	828.50	476.00	2109.40	653.50	653.50	653.50	类型 2
6	0.00	1424.90	887.80	587.80	2389.30	610.20	610.20	610.20	类型 2
7	293.50	1604.50	974.40	700.40	2693.20	565.90	565.90	565.90	类型 2
8	605.70	1733.80	1089.90	803.80	3003.30	524.30	524.30	524.30	类型 2
9	938.80	1814.00	1223.70	883.50	3294.60	486.60	486.60	486.60	类型 2
10	1280.80	1841.00	1401.90	945.20	3547.00	452.00	452.00	452.00	类型 2
11	1619.00	1841.00	1666.30	995.60	3741.20	422.70	422.70	422.70	类型 2
12	1943.40	1841.00	1943.40	1021.30	3877.40	409.90	409.90	409.90	类型 2
13	2250.20	1841.00	2250.20	1014.50	3941.20	413.20	413.20	382.60	类型 3

图 4.3-17　尾水管快速建模工具界面

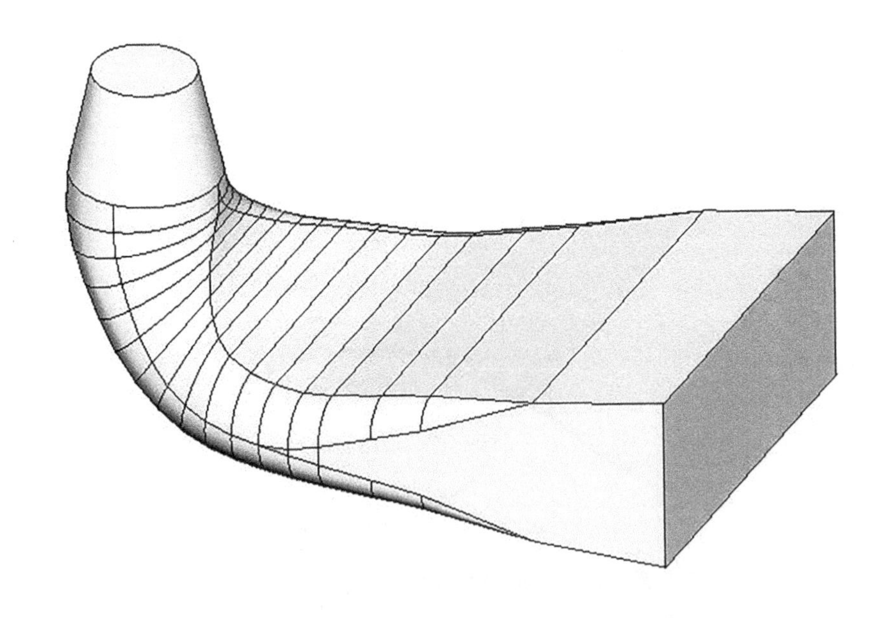

图 4.3-18　尾水管快速建模工具应用示例

2. 箱涵快速建模

功能：通过直接输入箱涵参数，在绘图空间中实现箱涵的快速建模（见图 4.3-21、图 4.3-22）。

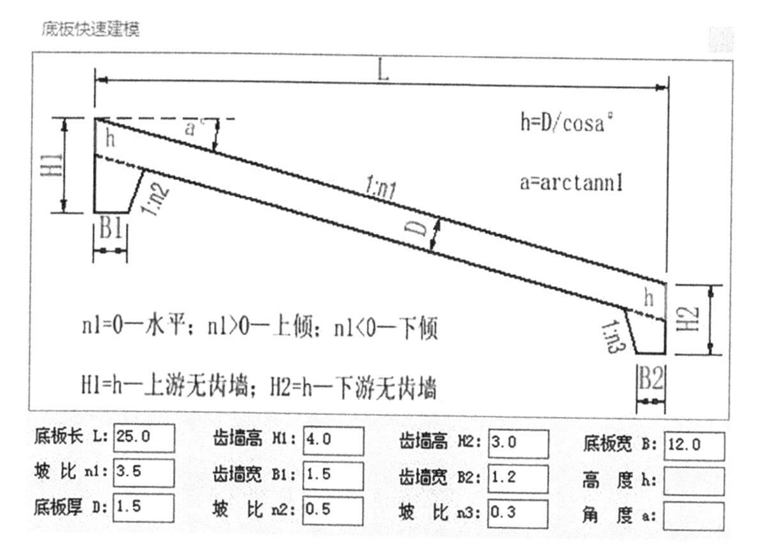

图 4.3-19　底板快速建模工具界面

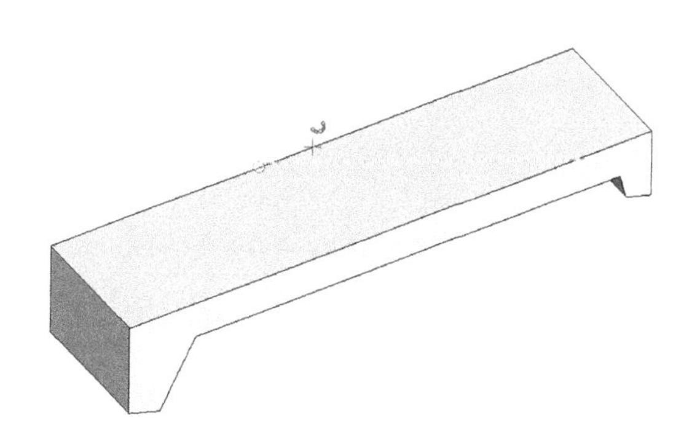

图 4.3-20　底板快速建模工具应用示例

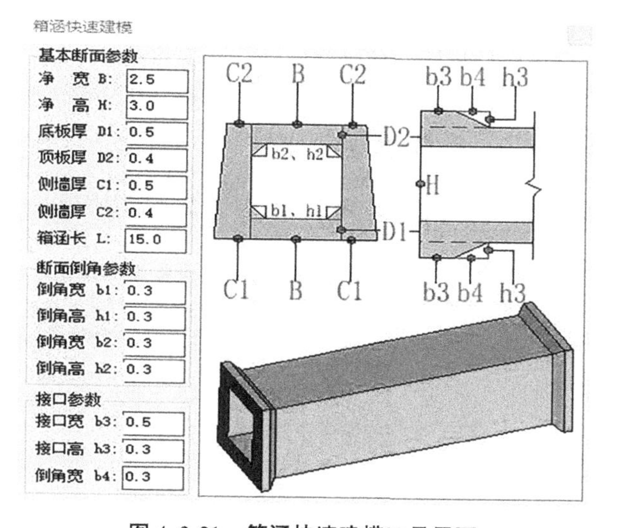

图 4.3-21　箱涵快速建模工具界面

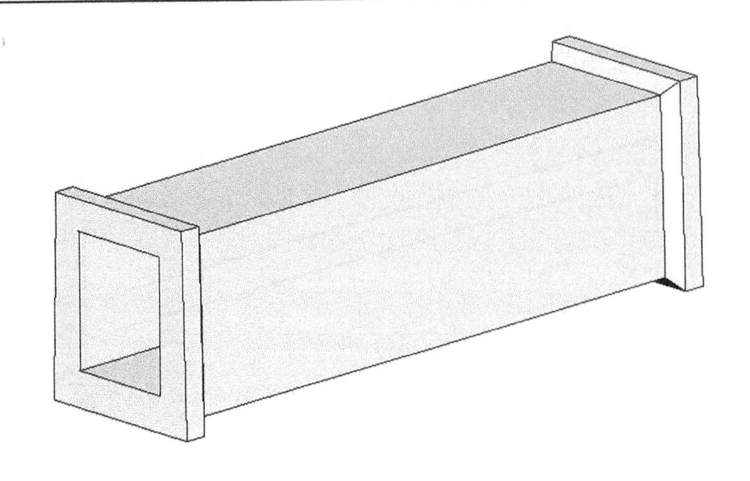

图 4.3-22　箱涵快速建模工具应用示例

3. 闸墩快速建模

功能:通过直接输入闸墩参数,在绘图空间中实现闸墩的快速建模(见图 4.3-23、图 4.3-24)。

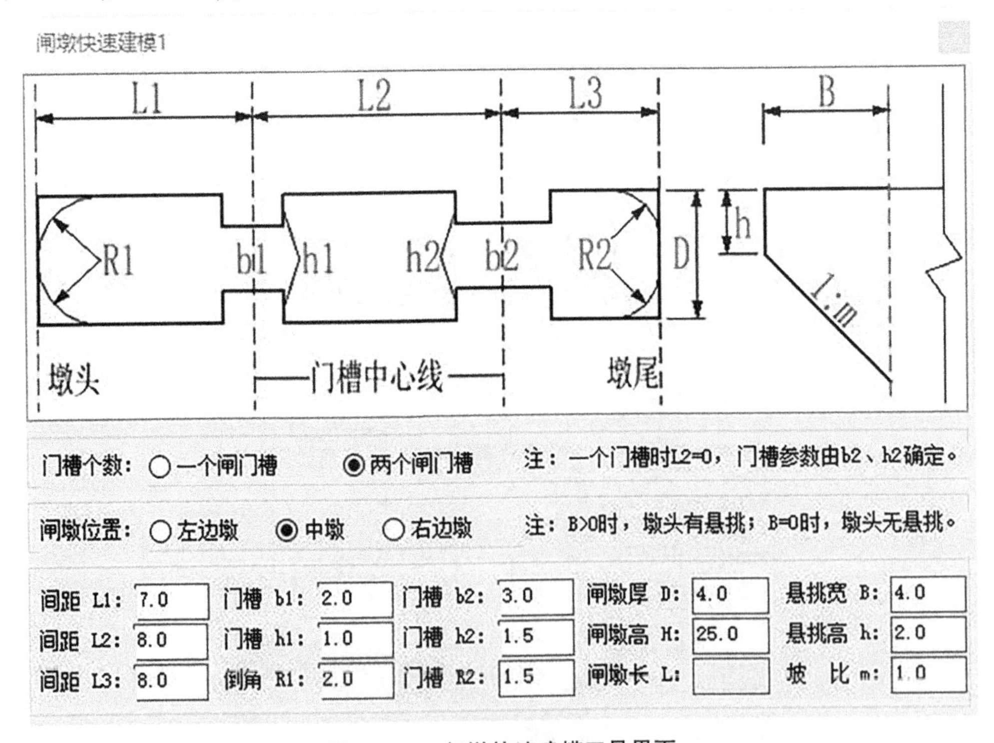

图 4.3-23　闸墩快速建模工具界面

4. 牛腿柱快速建模

功能:通过直接输入牛腿柱参数,在绘图空间中实现牛腿柱的快速建模(见图 4.3-25、图 4.3-26)。

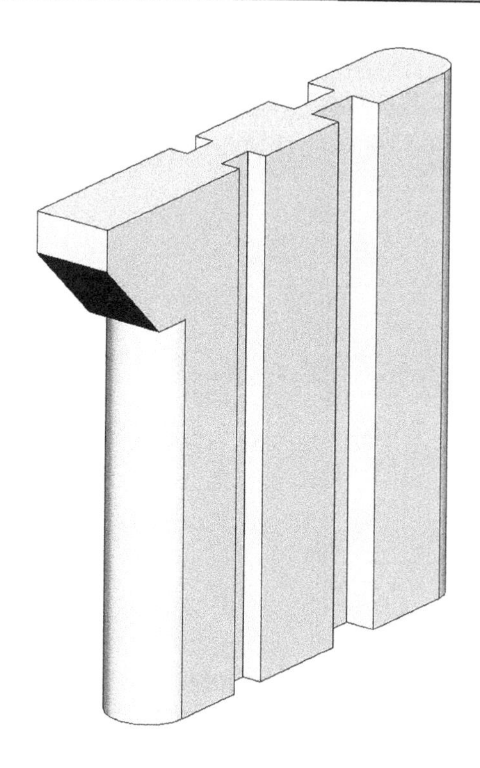

图4.3-24　闸墩快速建模工具应用示例

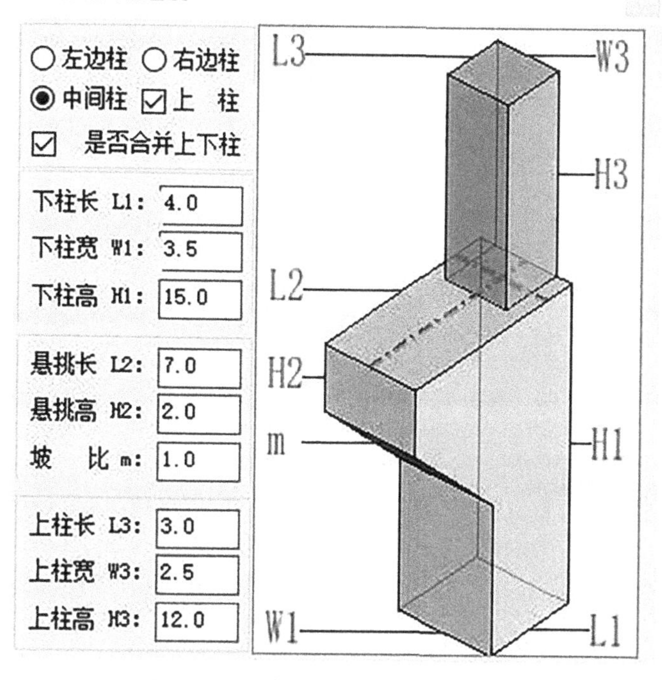

图4.3-25　牛腿柱快速建模工具界面

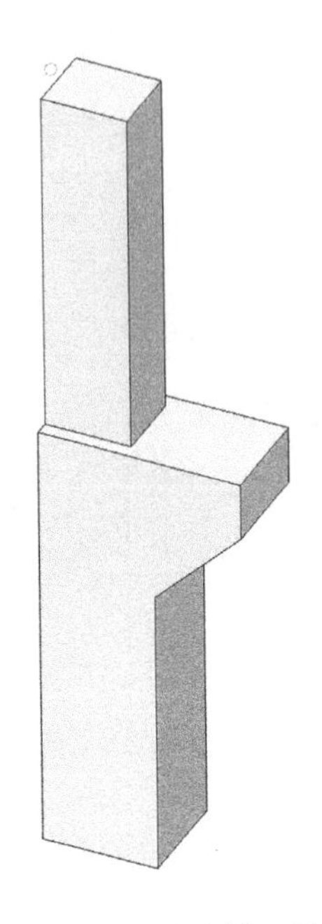

图 4.3-26　牛腿柱快速建模工具应用示例

5. 楼梯快速建模

功能：根据输入的设计参数快速创建多种板式楼梯，楼梯由用户单击鼠标左键进行放置（见图 4.3-27、图 4.3-28）。

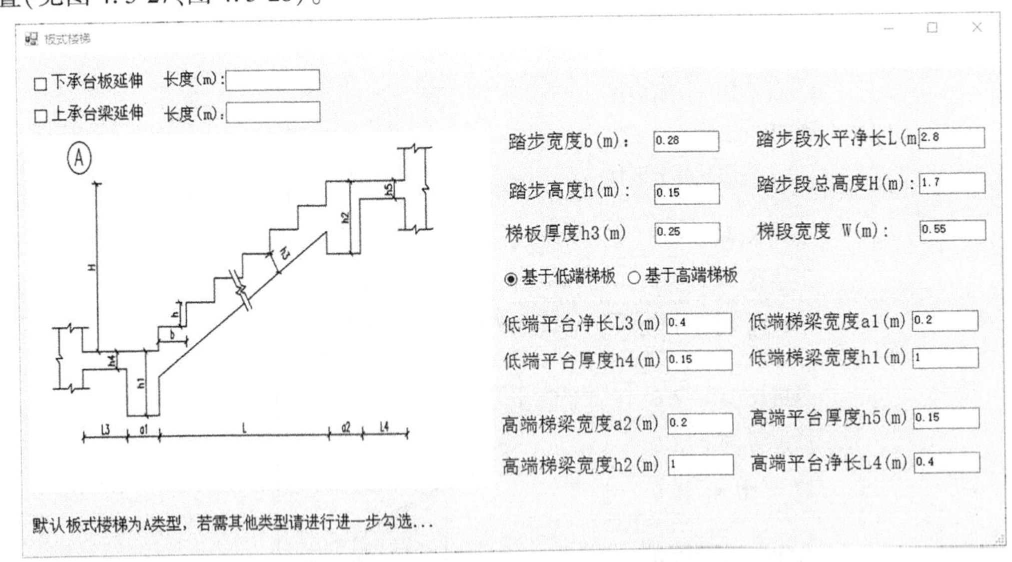

图 4.3-27　楼梯快速建模工具界面

备注：

(1)各参数对应含义见工具界面图示。

(2)工具提供四种常见板式楼梯类型，可依据设计参数自动切换至相应的楼梯类型。

(3)板式楼梯放置位置由用户单击鼠标左键确定。

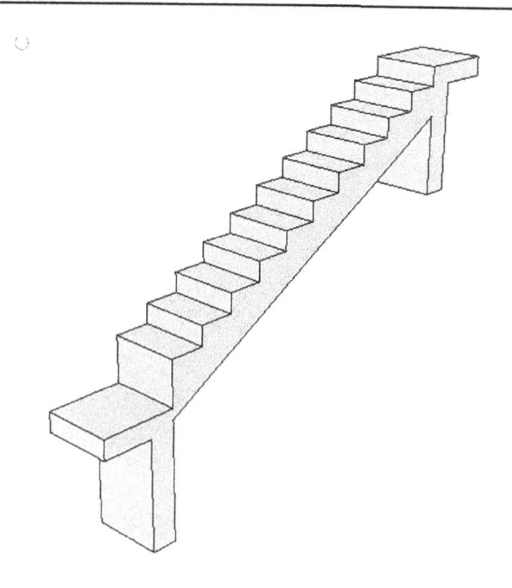

图 4. 3-28 楼梯快速建模工具应用示例

4. 3. 2. 4 拱坝建模

功能：根据拱坝设计参数快速生成坝体三维模型（见图 4. 3-29、图 4. 3-30）。

备注：拱坝体型参数需要按照规则进行输入。

拱坝建模

打开Excel文件 E:\003 二次开发测试\11 拱坝\拱坝体型参数-五嘎冲.xls 拱坝体型参数加载

编号	参数	A0	A1	A2
1	Yc(Z)	0.0	-0.160539215686275	0.001535467128027680
2	Tc(Z)	6.0	0.196078431372549	-0.000865051903114183
3	TdL(Z)	6.3	0.202450980392157	-0.000865051903114184
4	TdR(Z)	6.3	0.202450980392157	-0.000865051903114184
5	RCL(Z)	104.3242	-0.693518627450981	-0.001468771626297570
6	RCR(Z)	73.6236	-0.593843137254903	0.004277422145328750

序号	高程	EL	ER
1	1340	99.00	64.00
2	1330	93.50	62.30
3	1320	88.00	60.50
4	1310	82.30	58.70
5	1306	80.00	58.00
6	1300	76.40	56.80
7	1290	70.20	54.70
8	1280	63.50	52.30
9	1272	58.00	50.00
10	1270	56.50	49.40

分层高差（m）：2

控制点数（n）：100

系 数：1 （1或者-1）

☑ 生成三维模型 ☐ 上游面展开图

☐ 生成平面拱圈 ☐ 下游面展开图

图 4. 3-29 拱坝建模工具界面

4. 3. 2. 5 重力坝分区及算量

1. 坝断面材料分区

功能：对重力坝基本断面按照筑坝材料进行分区（见图 4. 3-31），生成分区 Shape 面，

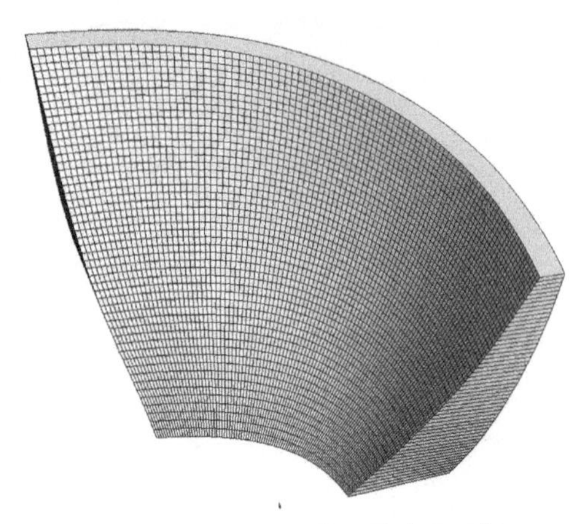

图 4. 3-30　拱坝建模工具应用示例

分区后的各区域均附加有分区材料属性，为重力坝模型分区做准备。

备注：

(1)分区边界线需先旋转至 XZ 平面，所有线 Y 坐标需相同，区域创建完后再旋转、移动至实际位置。

(2)创建分区时视图方向需设置为 FrontView。

(3)各分区边界线需构成封闭的区域，边界线可超出区域。

(4)分区附加属性对应的 ItemTypes(属性统计—结构材料)已在 PRPSDC_TEXT. dgnlib 中预定义，xxx. dgn 文件打开时会自动加载，第一次使用时需要手动激活，否则程序报错。

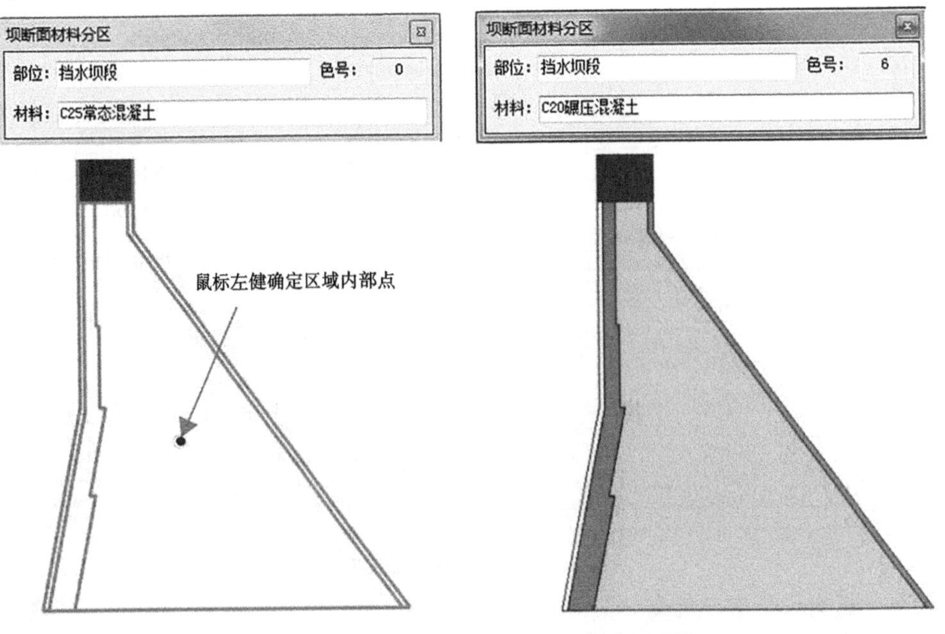

图 4. 3-31　断面材料分区工具界面及应用示例

2. 坝体分区及计量

功能:利用“坝断面材料分区”创建的分区面对坝体结构进行分区(见图4.3-32),并给分区结构附加属性。

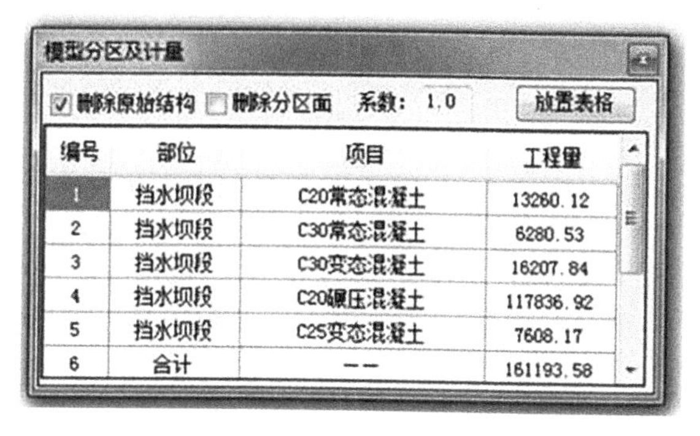

模型分区及计量

☑删除原始结构 □删除分区面 系数: 1.0 放置表格

编号	部位	项目	工程量
1	挡水坝段	C20常态混凝土	13260.12
2	挡水坝段	C30常态混凝土	6280.53
3	挡水坝段	C30变态混凝土	16207.84
4	挡水坝段	C20碾压混凝土	117836.92
5	挡水坝段	C25变态混凝土	7608.17
6	合计	——	161193.58

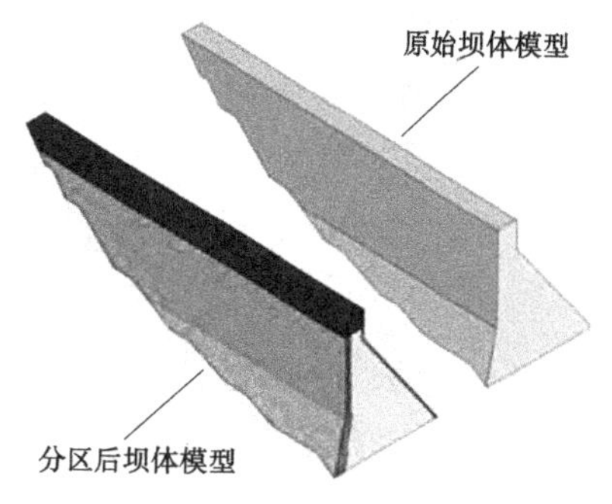

图4.3-32 坝体分区及计量工具界面及应用示例

备注:

(1)坝体模型元素类型需是Smartsolid,若元素类型为ParametricSolid,需要用DropElement命令先转换为Smartsolid。

(2)若生成模型与原始坝体模型方向相反,则将分区断面移动至坝体另一边重新操作。

(3)若勾选“删除原始结构”,则坝体分区完成后删除原有结构模型;若勾选“删除分区面”,则坝体分区完成后删除分区断面。

(4)分区模型附加属性对应的ItemTypes(属性统计—结构材料)已在PRPSDC_TEXT.dgnlib中预定义。

3. 其他构件附属性

功能:给不需要进行分区的结构模型附加属性(见图4.3-33),如溢流坝闸墩等模型,为后期混凝土总工程量统计做准备。

图4.3-33 其他构建附属性工具界面及应用示例

备注:

(1)需附加属性的元素类型需是Smartsolid,若元素类型为ParametricSolid,需要用DropElement命令先转换为Smartsolid。

(2)分区附加属性对应的ItemTypes(属性统计—结构材料)已在PRPSDC_TEXT.dgnlib中预定义,xxx.dgn文件打开时会自动加载,第一次使用时需要手动激活,否则程序报错。

4. 混凝土总工程量统计

功能:统计附加有ItemTypes(属性统计—结构材料)属性的所有构件工程量。

备注：

(1)该工具仅统计附加有ItemTypes(属性统计—结构材料)属性的构件工程量，框选区域内未附加ItemTypes(属性统计—结构材料)属性的元素会单独隔离出来，检查构件工程量统计是否有遗漏。

(2)可设置工程量放大系数，如需设置工程量放大系数，则需要在启动工具后先设置再选元素，再在绘图区域空白处确认选择。

(3)工程量表中项目排序是根据“部位”列从Z—A的方式排列的。

4.3.2.6 土石坝建模及算量

1. 高程调整

功能：“高程调整”工具主要完成土石坝横断面控制边线的高程调整(见图4.3-34)，为后续“断面分区”功能做准备。

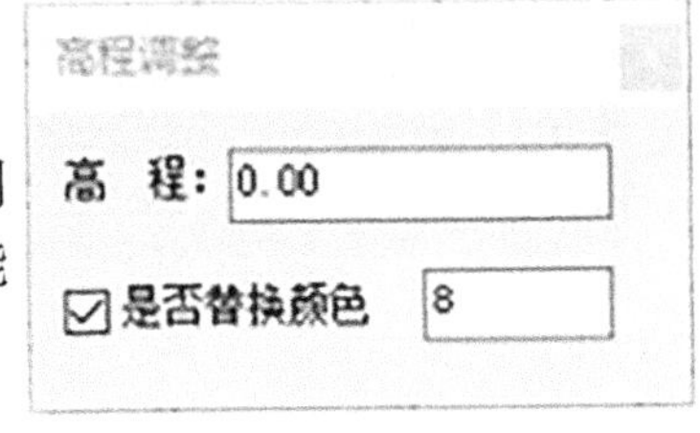

图4.3-34　高程调整工具界面

备注：

建议使用“断面分区”工具前，先使用“高程调整”工具统一设置横断面控制边线高程。

2. 土石坝断面分区

功能：对土石坝基本断面按照筑坝材料进行分区(见图4.3-35)，生成分区Shape面，分区后的各区域均附加有分区材料属性，为土石坝分区模型创建做准备。

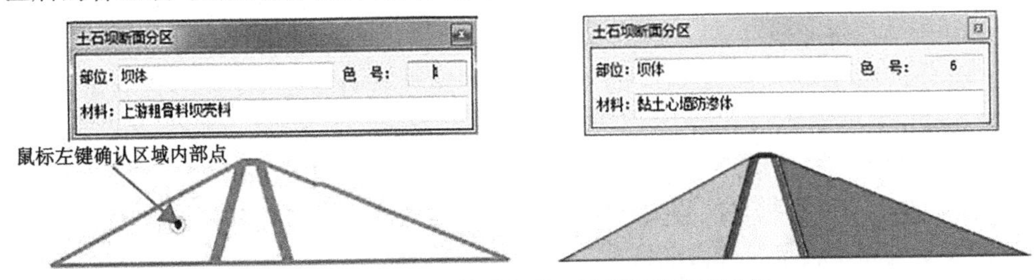

图4.3-35　土石坝断面分区工具界面及应用示例

备注：

(1)分区边界线需先旋转至XZ平面，所有线Y坐标需相同，区域创建完后再旋转、移动至实际位置。

(2)各分区边界线需构成封闭的区域，边界线可超出区域。

(3)分区附加属性对应的ItemTypes(属性统计—结构材料)已在PRPSDC_TEXT.dgnlib中预定义，xxx.dgn文件打开时会自动加载，第一次使用时需要手动激活，否则程序报错。

3. 断面移动

功能：“断面移动”工具主要完成将位于任意XY平面内的土石坝横断面移动至坝轴线的端点位置(横断面和坝轴线垂直)(见图4.3-36、图4.3-37)，为下一步建模算量做准备。

备注：坝轴线应为单线(Line线)或复杂链。

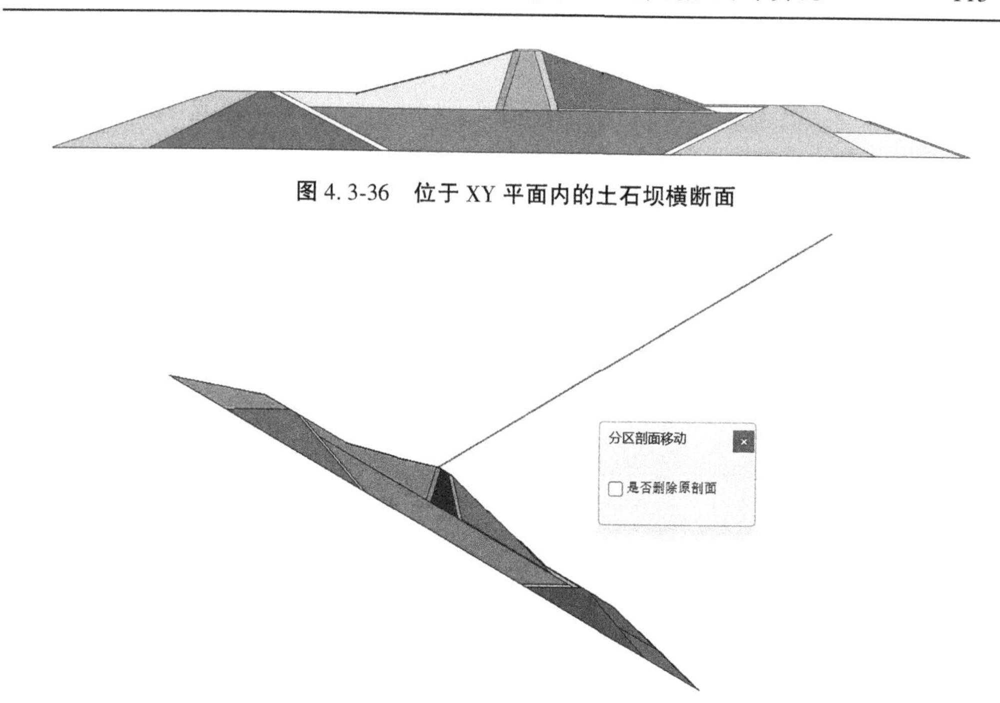

图 4.3-36　位于 XY 平面内的土石坝横断面

图 4.3-37　断面移动工具界面及移动后横断面示例

4. 属性信息附加

功能:“属性信息附加”工具主要完成土石坝建模过程中三维地形面、地质面及特定元素的属性信息附加(见图 4.3-38),附加信息的主要目的是为工程量统计及横断面出图做准备。

备注:该工具主要用于三维地形模型及地质层面的属性附加。

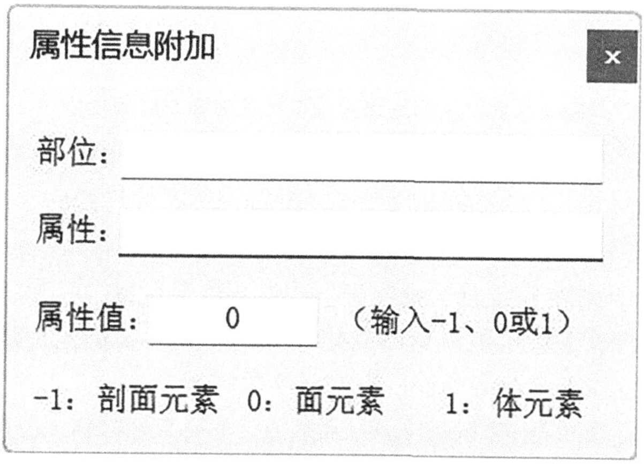

属性信息附加　×

部位:

属性:

属性值:　0　(输入-1、0或1)

-1:剖面元素　0:面元素　1:体元素

图 4.3-38　属性信息附加工具界面

5. 建模算量

功能:利用土石坝建基面及“土石坝断面分区”创建土石坝分区 Mesh 面(见图 4.3-39),并附加 ItemTypes(属性统计—结构材料)属性,生成工程量表。

土石坝分区建模

侧向偏移距离：1　竖向偏移距离：2　放置表格

□是否删除分区面　□是否进行反向操作　输出Excel

体积限值：1　体积小于限值的元素在X方向移动距离：5000

编号	部位	项目	系数	工程量
1	土石坝	开挖盖重6a	1.0	204973.63
2	土石坝	抛大块石戗堤5a	1.0	172287.42
3	土石坝	反滤层2	1.0	20456.29
4	土石坝	上游坝壳填筑	1.0	548466.60
5	土石坝	填砂砾振冲层	1.0	384039.21
6	土石坝	砼齿墙	1.0	152.70
7	土石坝	现浇砼护坡	1.0	4341.77
8	土石坝	砂垫层	1.0	3569.86
9	土石坝	砼齿墙	1.0	233.12
10	土石坝	现浇砼护坡	1.0	0.00
11	土石坝	现浇砼护坡	1.0	0.00
12	土石坝	砂垫层	1.0	4776.10
13	土石坝	反滤层2a	1.0	52813.28
14	土石坝	黏土心墙1	1.0	199280.11

图 4.3-39　土石坝建模算量工具界面及应用实例

备注：

(1)材料分区面位于 XY 平面，需先使用“断面移动”工具旋转平移至垂直于坝轴线方向。

(2)若勾选“是否删除分区面”，则模型生成后删除分区面。

(3)如需设置工程量放大系数，需要在启动工具后先设置再选元素。

(4)单击“放置表格”按钮将工程量表放至绘图区域。

(5)分区附加属性对应的 ItemTypes（属性统计—结构材料）已在 PRPSDC_TEXT.dgnlib 中预定义，xxx.dgn 文件打开时会自动加载，第一次使用时需要手动激活，否则程序报错。

(6)可使用工具界面上的“输出 Excel”按钮将工程量导出至 Excel 文件。

4.3.2.7　趾板及面板设计

1. 趾板设计

功能：“趾板设计”工具主要完成根据趾板设计参数完成趾板三维模型创建（见

图4.3-40～图4.3-42）。

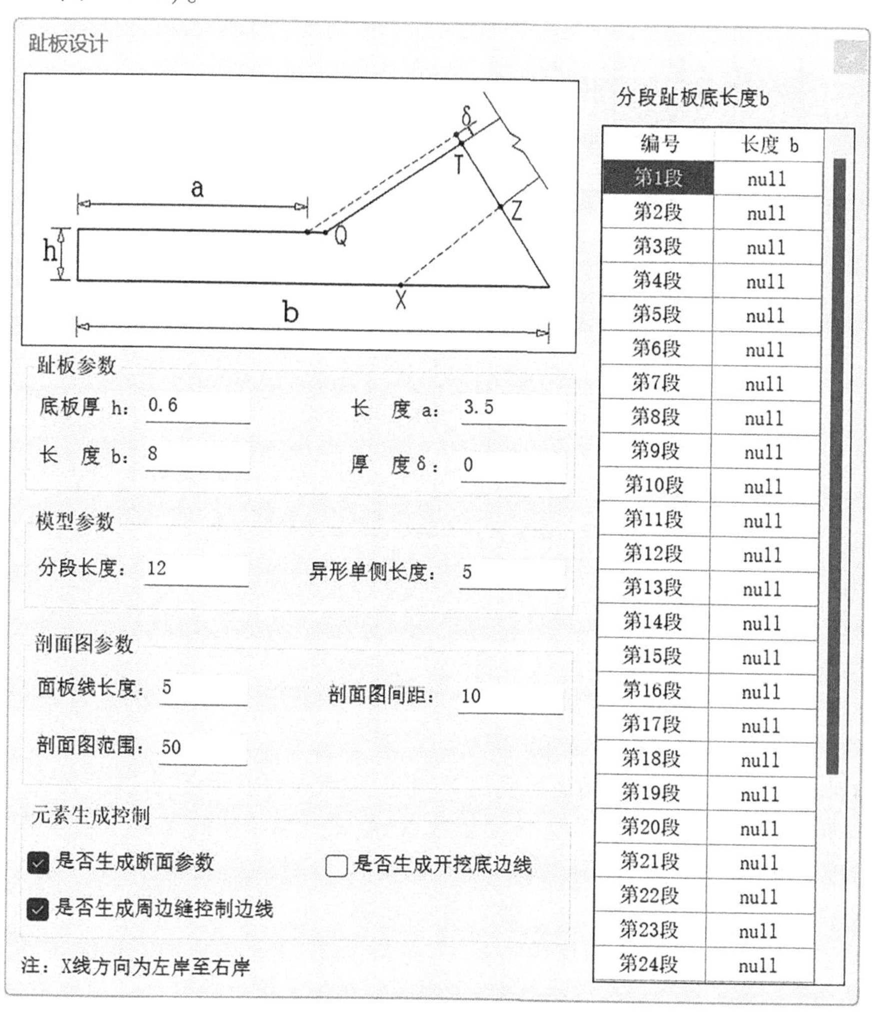

图4.3-40　趾板设计工具界面

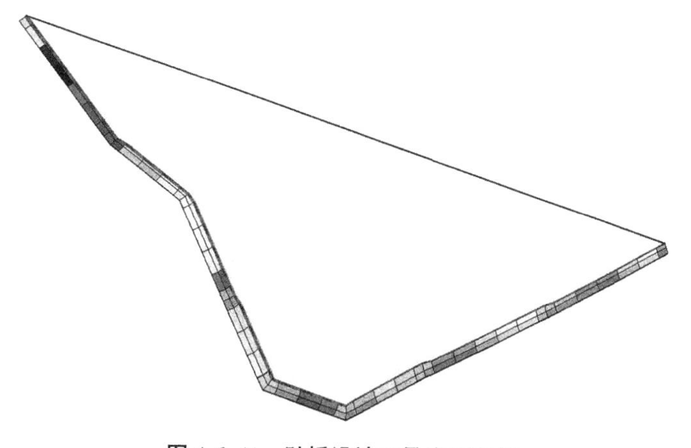

图4.3-41　趾板设计工具应用示例

编号	断面	底宽b(m)	顶宽a(m)	厚度h(m)	斜长s(m)	角度α(°)	高程z(m)
1	1-1	6.000	3.495	0.600	1.800	32.198	120.000
	1-2	6.000	3.493	0.600	1.801	32.198	118.401
	1-3	6.000	3.489	0.600	1.805	32.198	114.565
	1-4	6.000	3.485	0.600	1.809	32.198	110.728
	1-5	6.000	3.480	0.600	1.813	32.198	106.891
	1-6	6.000	3.476	0.600	1.816	32.198	103.055
	1-7	6.000	3.472	0.600	1.820	32.198	99.218
	1-8	6.000	3.469	0.600	1.822	32.198	97.082
	1-9	6.037	3.519	0.600	1.767	33.550	95.484

图 4.3-42　趾板设计工具输出的趾板参数示例

备注：

(1)使用该工具前需要预先设计趾板 X 线(LineString 元素)、面板顶面及面板底面(Mesh 类型元素)。

(2)面板顶面及面板底面可采用坝轴线及面板的坡比采用“开挖放坡”工具先生成控制线，再通过控制线生成对应的 Mesh 面。

(3)趾板 X 线的设计可先用面板底面 Mesh 面和地层面求取交线，以该交线为参照并基于面板底面设置自定义坐标系统，然后绘制 X 线，确保所绘制的 X 线位于面板底面上。

(4)该工具同时会输出趾板横断面(根据给定的分段长度)及趾板参数。

2. X 线修改

功能：“X 线修改”工具主要作用是基于“趾板设计”工具生成的趾板横断，结合横断面上的地质线调整趾板的位置(一般趾板需要放置在弱风化层内)，然后根据调整后的趾板横断面重新生成趾板 X 线。

备注：本工具的主要作用相当于结合地质线进行趾板的精确定线，生成精确的 X 线后，再利用“趾板设计”工具重新生成趾板三维模型。

3. 创建面板

功能：创建面板堆石坝的面板(见图 4.3-43)。

备注：周边缝线及趾板下游侧控制边线是利用“趾板设计”工具时自动生成的。

4. 面板分缝

功能：根据给定的面板分缝参数对面板进行分缝(见图 4.3-44、图 4.3-45)。

备注：

(1)本工具面板分缝时考虑了相关规范要求的面板和趾板相接位置需要有一垂直段。

(2)本工具面板分缝时考虑了左右岸加密情况。

(3)周边缝线是利用“趾板设计”工具时自动生成的。

创建砼面板
是否进行体分割
是否删除顶底面

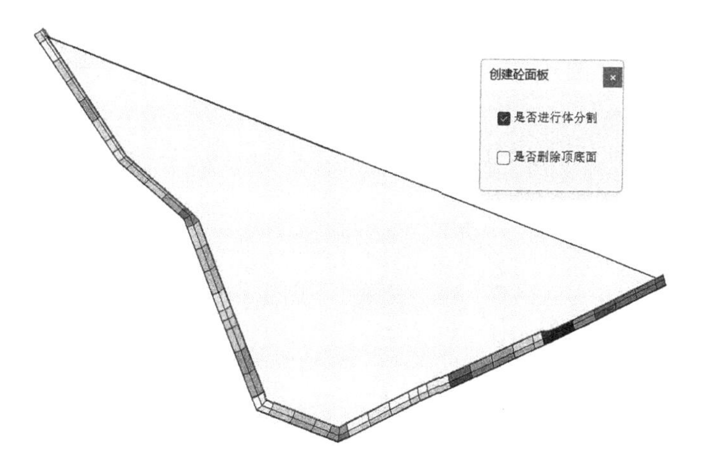

图 4.3-43　创建面板工具界面及应用示例

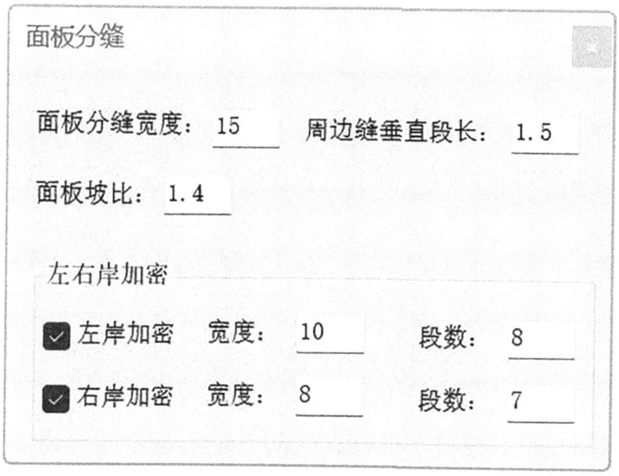

面板分缝
面板分缝宽度：15
周边缝垂直段长：1.5
面板坡比：1.4
左右岸加密
左岸加密　宽度：10　段数：8
右岸加密　宽度：8　段数：7

图 4.3-44　面板分缝工具界面

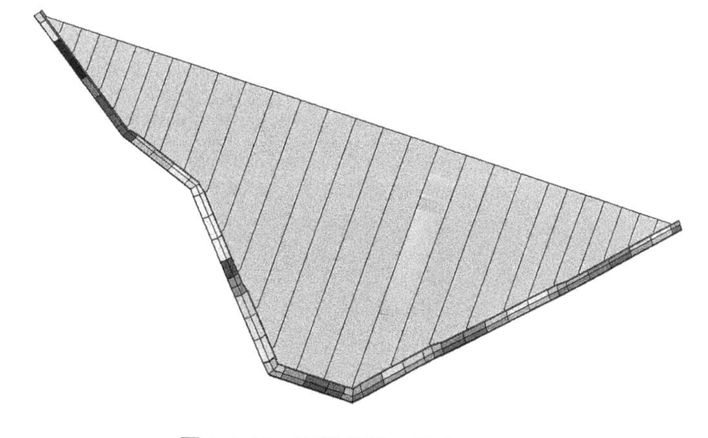

图 4.3-45　面板分缝工具应用示例

5. 工程量统计

功能：工程量统计工具主要用于统计趾板、面板的混凝土工程量、防渗工程量等（见图 4.3-46）。

备注：应用本工具时趾板及面板均需用前述工具生成。

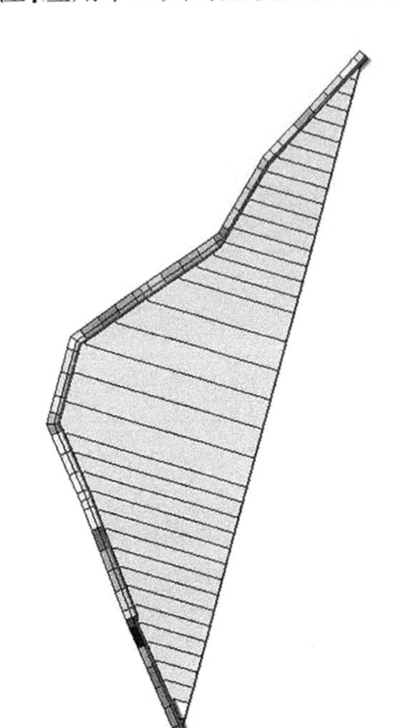

工程量提取

编号	项目	单位	工程量
1	趾板混凝土量	m3	2826.49
2	面板混凝土量	m3	21349.23
3	趾板防渗	m	312.81
4	周边缝防渗	m	446.76
5	面板防渗	m	2190.05

注：提取趾、面板砼量及相关部位防渗长度　放置表格

编号	项目	单位	工程量
1	趾板混凝土量	m3	2826.49
2	面板混凝土量	m3	21349.23
3	趾板防渗	m	312.81
4	周边缝防渗	m	446.76
5	面板防渗	m	2190.05

图 4.3-46　趾板及面板工程量统计工具界面及应用示例

6. 建基面调整

功能：建基面调整工具主要用于将趾板建基面按照给定的参数向上下游侧进行偏移（见图 4.3-47、图 4.3-48），当上游侧或下游侧设置防渗板时，建基面开挖范围需要扩大。输入的参数为不包含趾板宽度情况下，上、下游侧需要扩挖的宽度。

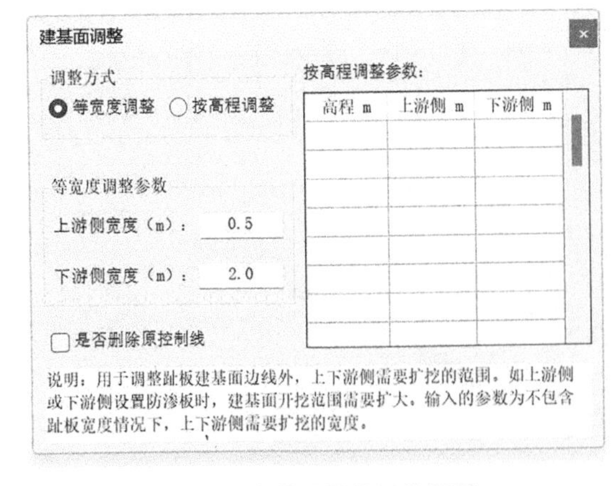

图 4.3-47　建基面调整工具界面

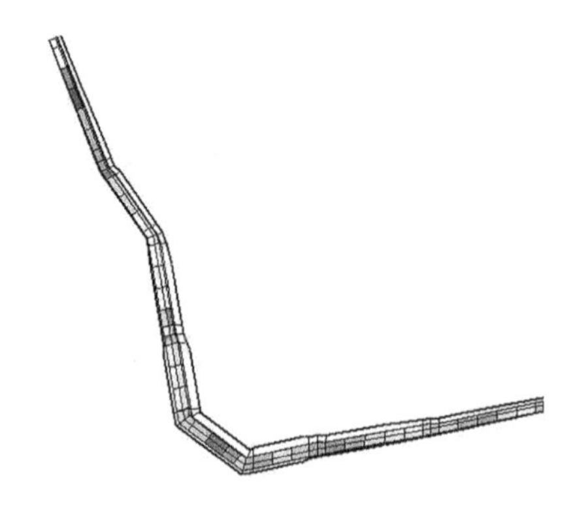

图 4.3-48　建基面调整工具应用示例

备注:趾板建基面边线是利用“趾板设计”工具时自动生成的,原始生成的是 Cell 类型元素,使用本工具前需要先将 Cell 打散,然后选择。

7. 趾板开挖

功能:“趾板开挖”工具主要作用是基于调整后的建基面边线及给定的马道高程、坡比快速生成趾板上下游侧开挖边线(见图 4.3-49、图 4.3-50)。

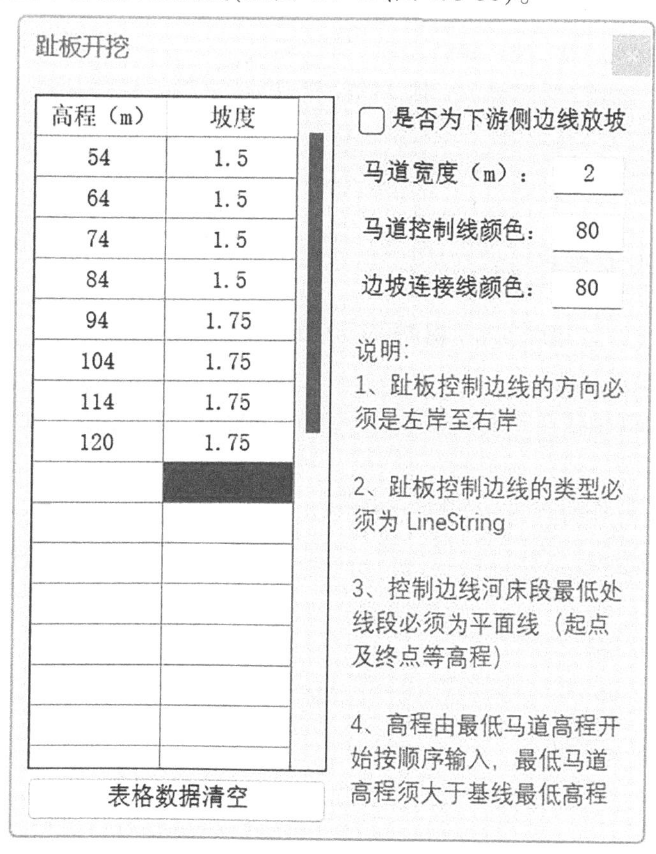

图 4.3-49　趾板开挖工具界面

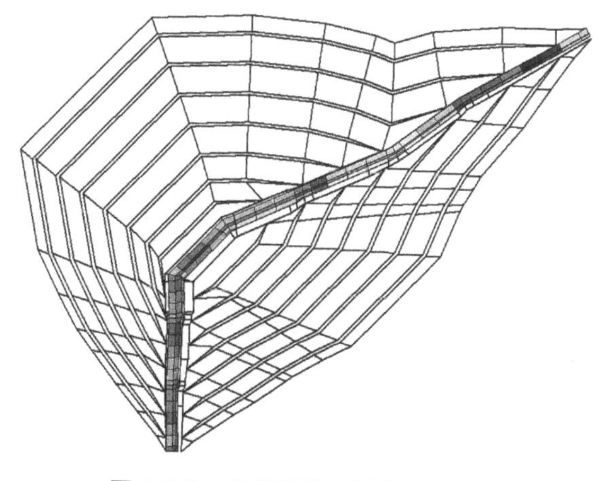

图 4.3-50　趾板开挖工具应用示例

4.3.2.8　帷幕灌浆

1. 灌浆轴线生成

功能:将帷幕灌浆平面轴线转换为空间轴线(见图 4.3-51)。

备注:平面 LineString 轴线控制点坐标需小于 23 个。

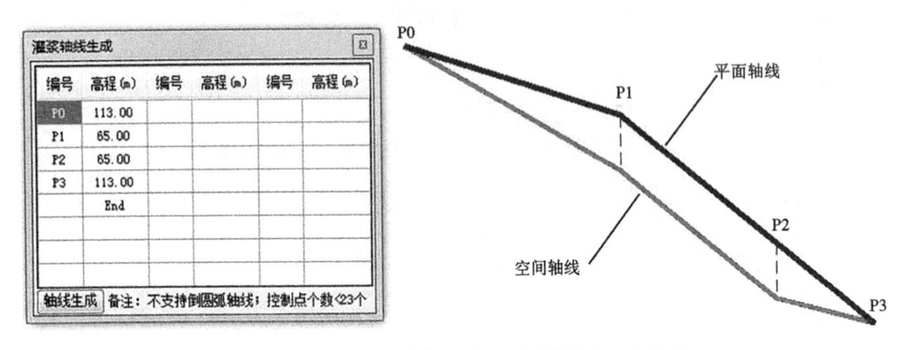

图 4.3-51　灌浆轴线生成工具界面及应用示例

2. 平硐断面放置

功能:根据空间轴线及平硐或廊道断面参数放置断面,为灌浆平硐或廊道模型生成做准备(见图 4.3-52)。

备注:断面参数详细含义见工具界面图示。

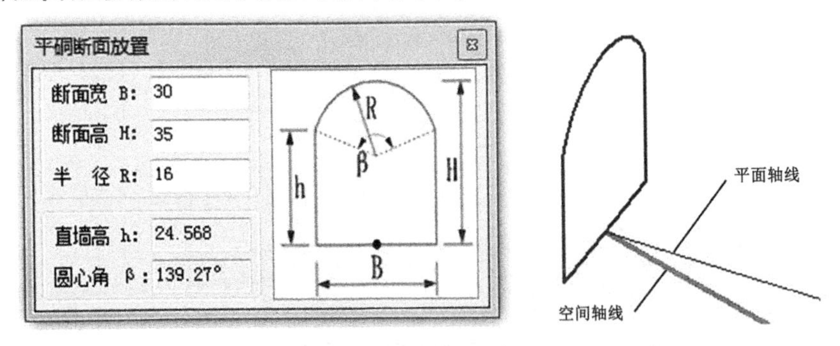

图 4.3-52　平硐断面放置工具界面及应用示例

3. 地层交线提取

功能:提取轴线位置的开挖面、相对不透水层面的交线(见图 4.3-53),为帷幕灌浆孔位布置及统计做准备。

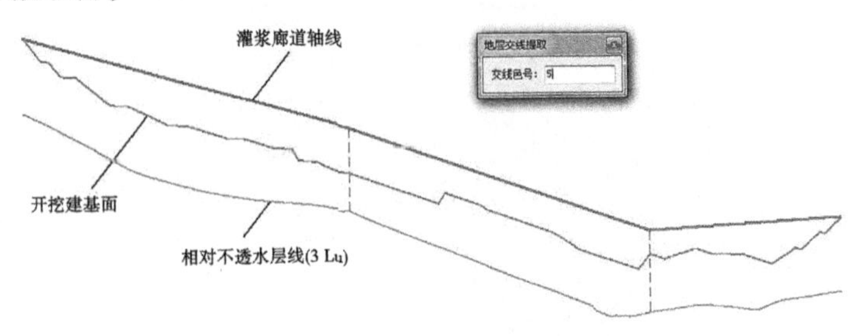

图 4.3-53　地层交线提取工具界面及应用示例

备注：开挖面、相对不透水层面的平面范围需大于平面轴线的范围。

4. 灌浆孔位统计

功能：对坝肩灌浆平硐或坝内灌浆廊道的灌浆孔位进行布置并统计相关工程量(见图4.3-54~图4.3-56)；坝肩平硐用正常蓄水位划分有效孔与无效孔，坝内灌浆廊道用开挖面划分有效孔与无效孔。

备注：

(1)布置及统计坝肩灌浆平硐孔位时不需要选择开挖面，需设置正常蓄水位参数；布置及统计坝内灌浆廊道孔位时，需选择开挖线，正常蓄水位参数无效。

(2)点击“放置表格”按钮放置工程量表至绘图区域。

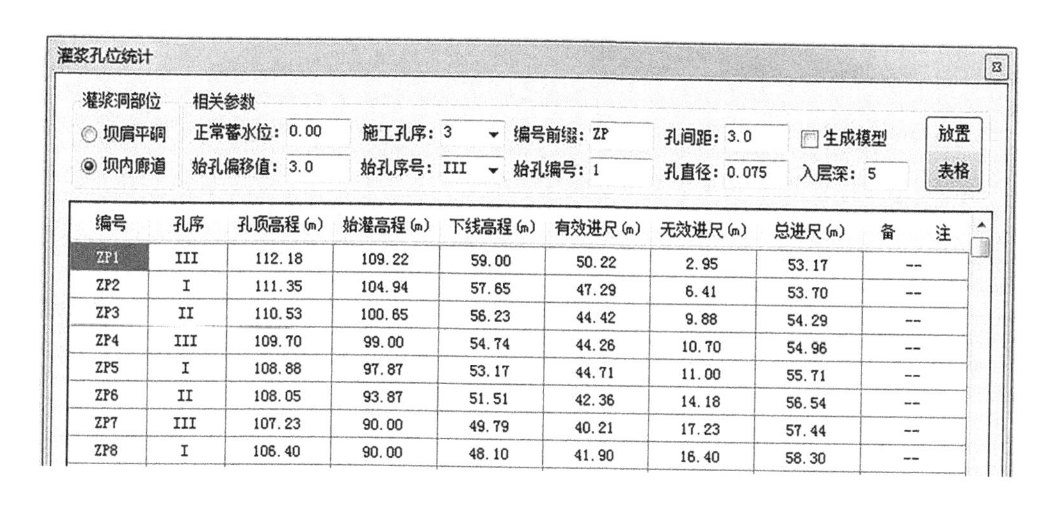

编号	孔序	孔顶高程(m)	始灌高程(m)	下线高程(m)	有效进尺(m)	无效进尺(m)	总进尺(m)	备注
ZP1	III	112.18	109.22	59.00	50.22	2.95	53.17	--
ZP2	I	111.35	104.94	57.65	47.29	6.41	53.70	--
ZP3	II	110.53	100.65	56.23	44.42	9.88	54.29	--
ZP4	III	109.70	99.00	54.74	44.26	10.70	54.96	--
ZP5	I	108.88	97.87	53.17	44.71	11.00	55.71	--
ZP6	II	108.05	93.87	51.51	42.36	14.18	56.54	--
ZP7	III	107.23	90.00	49.79	40.21	17.23	57.44	--
ZP8	I	106.40	90.00	48.10	41.90	16.40	58.30	--

图4.3-54　灌浆孔位统计工具界面

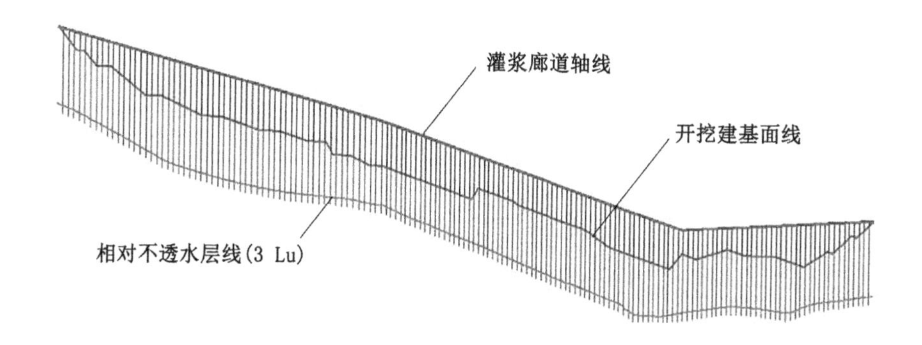

图4.3-55　灌浆孔位统计工具应用示例

灌浆孔位统计表

编号	孔序	孔顶高程(m)	始灌高程(m)	下线高程(m)	有效进尺(m)	无效进尺(m)	总进尺(m)	备　注
ZP1	III	112.18	109.22	59.00	50.22	2.95	53.17	--
ZP2	I	111.35	104.94	57.65	47.29	6.41	53.70	--
ZP3	II	110.53	100.65	56.23	44.42	9.88	54.29	--
ZP4	III	109.70	99.00	54.74	44.26	10.70	54.96	--
ZP5	I	108.88	97.87	53.17	44.71	11.00	55.71	--
ZP6	II	108.05	93.87	51.51	42.36	14.18	56.54	--
ZP7	III	107.23	90.00	49.79	40.21	17.23	57.44	--
ZP8	I	106.40	90.00	48.10	41.90	16.40	58.30	--
ZP9	II	105.58	90.00	46.33	43.67	15.58	59.25	--
ZP10	III	104.75	88.82	44.61	44.21	15.93	60.14	--
ZP11	I	103.93	86.10	42.91	43.19	17.83	61.02	--
ZP12	II	103.11	83.37	41.20	42.17	19.74	61.91	--
ZP13	III	102.28	80.64	39.46	41.18	21.64	62.82	--
ZP14	I	101.46	77.91	37.65	40.27	23.54	63.81	--
ZP15	II	100.63	75.19	35.77	39.42	25.44	64.86	--
ZP16	III	99.81	73.00	33.87	39.13	26.81	65.93	--
ZP17	I	98.98	73.00	32.02	40.98	25.98	66.97	--
ZP18	II	98.16	73.00	30.19	42.81	25.16	67.97	--
ZP19	III	97.33	72.70	28.54	44.16	24.63	68.79	--
ZP20	I	96.51	71.20	27.11	44.09	25.31	69.40	--
ZP21	II	95.69	69.70	25.90	43.81	25.98	69.79	--
ZP22	III	94.86	68.20	24.84	43.37	26.66	70.03	--
ZP23	I	94.04	66.70	23.93	42.78	27.33	70.11	--
ZP24	II	93.21	65.20	23.08	42.12	28.01	70.13	--
ZP25	III	92.39	63.70	22.23	41.48	28.68	70.16	--
ZP26	I	91.56	62.20	21.41	40.80	29.36	70.16	--
ZP27	II	90.74	62.00	20.59	41.41	28.74	70.15	--
ZP28	III	89.91	62.00	19.76	42.24	27.91	70.15	--
ZP29	I	89.09	62.00	18.95	43.05	27.09	70.14	--
ZP30	II	88.26	61.47	18.26	43.21	26.79	70.01	--

图 4.3-56　灌浆孔位统计工具应用示例

4.4　出图标注

4.4.1　关键技术研究

基于 BIM 模型实现三维正向设计出图需解决关键问题：一是剖面图创建，解决切面图生成及剖视图中不可见边虚线显示问题；二是剖面图填充，解决切面根据结构材料属性自动进行符号填充问题；三是图纸和模型关联，解决模型修改后图纸联动更新问题；四是成图标注，解决剖面图组图及图面信息快速标注问题。根据需要解决的问题，研究框架见图 4.4-1，其中 S01、S02 研究的主要目的是预先定义剖面填充符号及结构三维模型附加材料属性信息，基于此实现剖面自动填充；剖面图创建及图纸和模型关联是在 S05 部分实现,主要通过剖面图和模型之间信息关联完成。

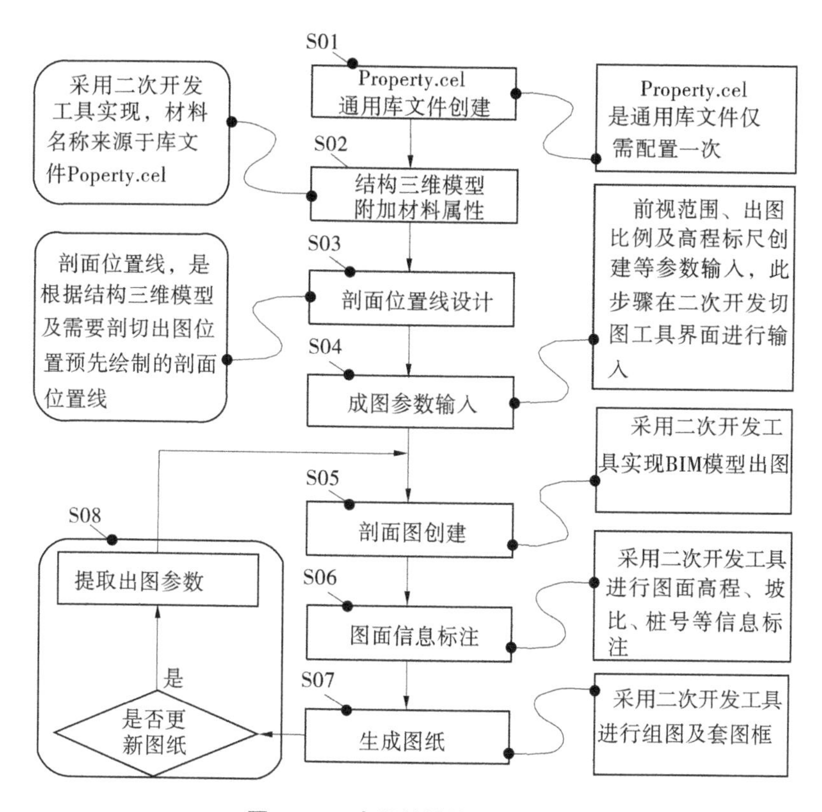

图4.4-1　出图关键技术研究总体框架

4.4.1.1　通用库文件创建

出图阶段,剖面图需要进行对应结构材料的填充符号填充,具体实现思路是将材料名称及对应的填充符号通过库文件方式预先定义好,剖面填充时自动调用。例如,将该库文件命名为Property.cel,根据MicroStation软件特点可以在Property.cel文件中创建多个不同的Model,每个Model采用对应属性材料名称命名,并在绘图空间中绘制对应的填充符号。

通用库文件的主要作用是定义结构材料名称及对应的填充符号,在结构三维模型附加材料属性环节提供可选的属性材料名称;在剖面图创建环节提供对应属性名称的填充符号。通用库文件是一个配置文件,仅需创建一次,程序运行时自动调用。

4.4.1.2　结构三维模型附加材料属性

结构三维模型附加材料属性功能的主要目的是给几何裸模型附加对应材料属性信息,以便在剖面图创建环节程序可确定剖面图需要填充符号的类型,从而实现剖面图自动填充。

附加材料属性通过二次开发工具实现,具体思路为:程序内部读取Property.cel配置文件中所有Model名称并在工具界面上以文本列表形式展示,使用时将选中的属性名称附加至对应的结构三维模型。属性名称和三维模型关联采用MicroStation提供的ItemTypes属性附加接口完成,该接口可实现对软件原生属性信息展示页面内容进行扩展,将附加属性信息在原生属性信息展示页面进行展示。

4.4.1.3　剖面位置线设计

剖面位置线是 BIM 模型出图过程中确定剖面位置的依据,需根据设计出图需求采用 MicroStation 软件提供的画线工具在结构建筑物适当位置画线确定。剖面位置线一般为 XY 平面内 Line 线或 LingString 线,为确保后续出图环节方便选择,高程一般需高于所有结构模型最大高程。剖面位置线是剖面图创建的必要输入条件。

4.4.1.4　成图参数输入

成图参数是 BIM 模型出图过程中的高程标尺创建参数、出图比例、批量切图时剖面图间距、剖面图起始编号、前视图前视深度等的控制。参数在二次开发工具界面上输入。

4.4.1.5　剖面图创建

剖面图创建是从三维模型上按照给定剖面位置线创建二维剖面图,前置条件是结构三维模型需附加对应材料属性、存在已创建好的剖面位置线,该步骤同步完成剖面图自动填充及图纸和模型的信息关联。程序内部主要通过三大步骤实现:S1 步骤提取切面图,S2 步骤提取创建前视图,S3 步骤关联信息附加。当前视深度参数设定为 0 时,执行 S1、S3 步骤;当前视深度参数大于 0 时,执行 S1、S2、S3 步骤,总体创建流程见图 4.4-2,工具界面见图 4.4-3。

4.4.1.6　提取切面图

创建切面图的主要目的是提取剖面位置线处模型的剖切面。具体实现思路如下:

(1)将位于 XY 平面内的剖面位置线沿 Z 方向拉伸成 Shape 面。

(2)利用软件提供的 Shape 面和 Solid 体相交面提取接口提取 Shape 面和结构三维模型的相交面 Shape1。

(3)通过平移、旋转的方式将相交面 Shape1 移动至 XY 平面,完成切面图创建。

切面图创建后,程序自动提取对应切面的三维结构模型上附加的材料属性信息名称,并根据属性信息名称在预先创建存储于本地磁盘的通用库文件 Property. cel 中提取填充符号,利用提取的填充符号完成切面图自动填充。

4.4.1.7　提取前视图

提取前视图的主要目的是对于有前视图表达需求时,提取给定前视范围内模型可见边及不可见边,水利工程制图一般约定可见边用实线表示、不可见边用虚线表示。具体思路如下:

(1)以剖面位置线为基础,根据给定的前视深度参数创建前视范围实体 Solid。

(2)利用 MicroStation 软件提供的实体布尔运算接口,提取前视范围 Solid 和结构三维模型相交体 Solid1。

(3)将相交体 Solid1 通过平移、旋转方式移动至 XY 平面。

(4)提取 Solid1 实体可见边及不可见边并设置实线或虚线显示样式,完成前视图提取。

基于 Solid 实体提取实线显示的可见边、虚线显示的不可见边,主要是利用 MicroStation 软件提供的将 3DModel 转换成 2DModel 过程中,通过对相关参数的控制实现的。

(1)在 3DModel 中设置显示样式为“HiddenLine”,在该样式下通过设置其“HiddenEdges”

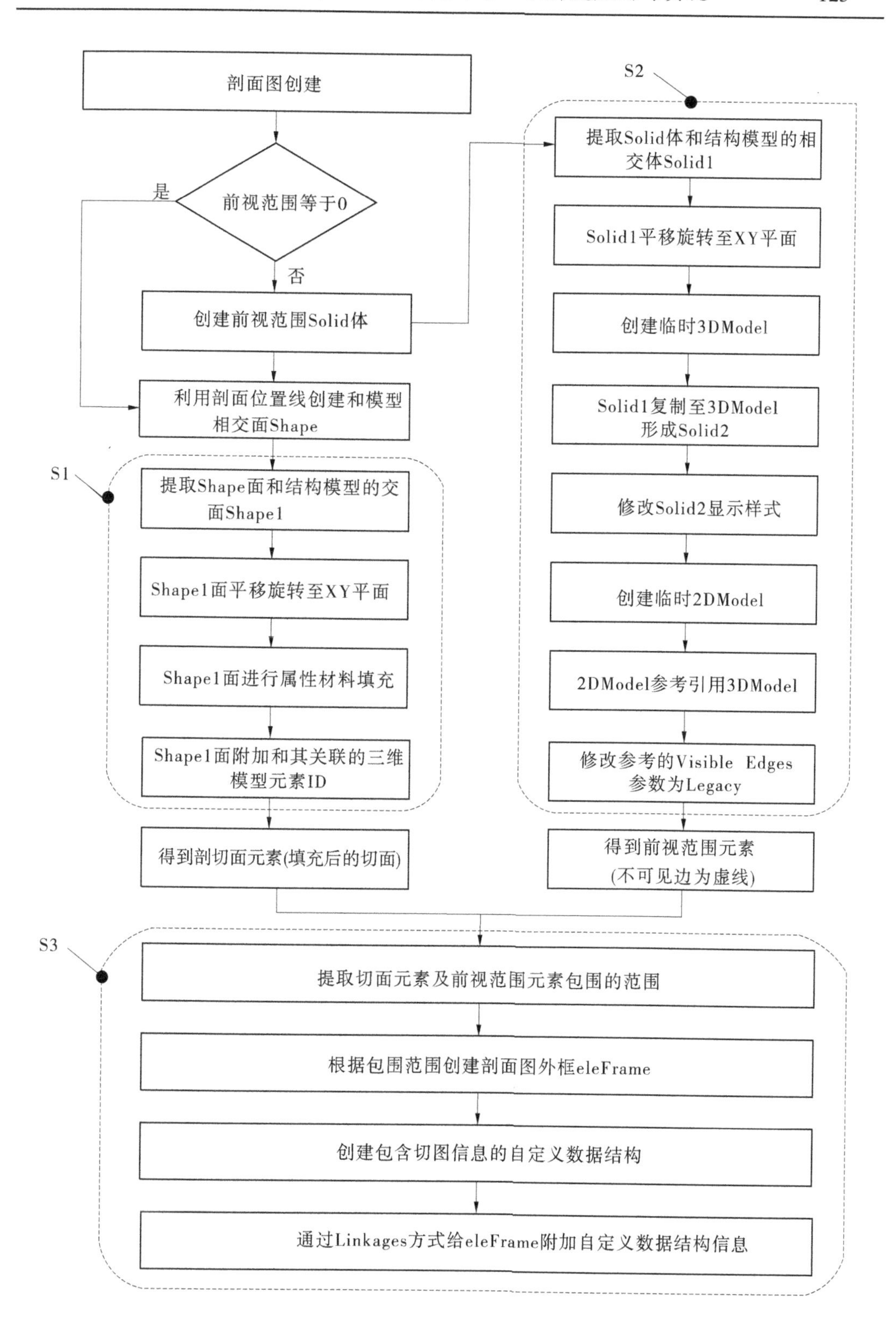

图4.4-2　剖面图创建总体流程

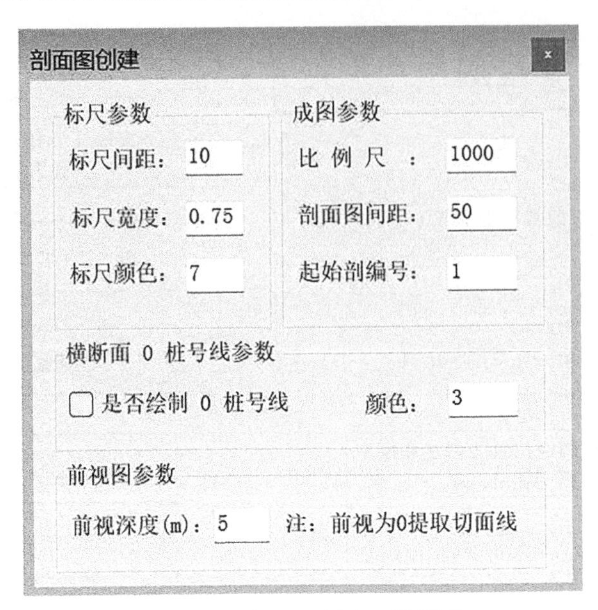

图4.4-3　剖面图创建工具界面

参数为“虚线”可实现模型不可见边虚线显示问题。

(2)修改显示样式后的模型仍为三维模型，需要将其参考至2DModel中，并设置参考的“VisibleEdges”参数为“Legacy”，从而将三维模型转化成二维线条，并保留三维模型可见边实线、不可见边虚线样式。

4.4.1.8　关联信息附加

关联信息附加的主要目的是记录出图参数信息，为剖面图联动更新做准备。根据提取剖面图的思路，需记录信息。各信息具体作用见表4.4-1。

表4.4-1　各信息具体作用

序号	关联信息	作用
1	剖面位置	剖面图旋转、平移至XY平面的基准线；用于剖切新剖面的基准线
2	放置点	剖面图在XY平面内放置点坐标
3	出图比例	提取剖面图的缩放比例
4	前视范围	提取剖面的前视深度

对于剖面图出图信息的记录，将其作为附加属性记录在旋转至XY平面后的剖面图外框上，见图4.4-4，外框eleFrame根据剖面图范围创建，主要作用为：

(1)作为剖面图出图信息记录载体。

(2)作为剖面图边界，当进行图纸更新时，仅需更新位于该边界范围内剖面。

关联信息仅用作程序内部调用，不需要在软件属性信息展示页面展示，所以本书采用软件提供的Linkages属性信息附加接口实现，该接口可在模型上存储double、int及string等类型的数据，并且不会在属性信息展示页面显示；接口使用过程中需自定义数据结构。

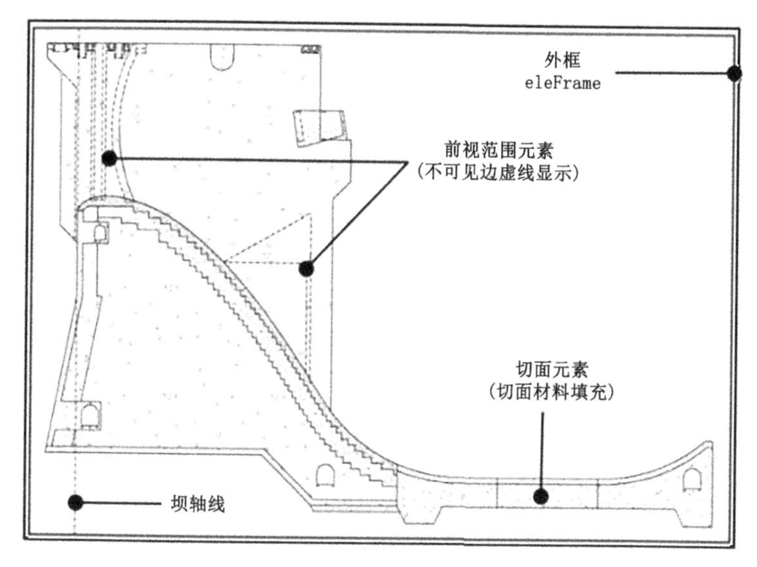

图4.4-4 剖面图外框示例

为方便后续成图需要,eleFrame外框创建过程中程序会自动将其放置在特定图层上,图纸最终定稿后在打印阶段关闭该图层即可,不影响图面元素表达。

4.4.1.9 图面信息标注

MicroStation软件原生功能对于常规尺寸标注有完善工具支撑,但对于高程、坡比、桩号及特征水位、引出标注等无适用于水利水电工程出图约定样式的标注工具,导致图面标注工作效率低。本书通过二次开发方式对相关工具进行了补充,实现了成图阶段的图面快速标注。

4.4.1.10 创建图纸

施工图纸创建过程中通常需将多个剖面图放置在同一图框中表达。本书通过二次开发方式提供了图框调用及剖面图移动等组图工具。

图框调用工具主要目的是实现图框快速调用,实现思路是将常用图框做成图框.cel库文件,使用时通过在二次开发工具界面上选择图框名称,程序自动加载对应的图框。

当三维结构模型修改后剖面图需进行联动更新,eleFrame外框上附加的剖面图放置点信息是更新后剖面图放置的基准点,组图过程中移动剖面图会改变实际的放置点坐标,因此需要同步更新放置点属性信息。剖面图移动工具在使用过程中,程序会根据移动后的相对坐标变化值更新剖面图eleFrame外框上附加自定义数据结构中的"放置点"属性值。

4.4.1.11 图纸更新

当结构三维模型调整后,图纸需要根据新模型进行更新,实现思路是:

(1)提取eleFrame外框上附加的出图信息自定义数据结构,提取剖面位置、放置点、出图比例、前视范围等出图参数。

(2)采用提取到的出图参数按照出图流程重新创建剖面图,新剖面图创建过程中利用eleFrame外框作为边界,将位于边界范围内原剖面元素用新剖面元素替换,完成剖面图和模型联动更新。

剖面图更新过程中,仅更新剖面图元素,图面上原有标注信息、剖面图组图方式均不发生改变,剖面图更新后仅需将模型调整部分的图面标注进行修改即可完成更新。

4.4.2　功能实现

4.4.2.1　平面图

1. 结构平面图

功能:根据结构三维模型进行二维平面图出图(见图 4.4-5~图 4.4-7)。

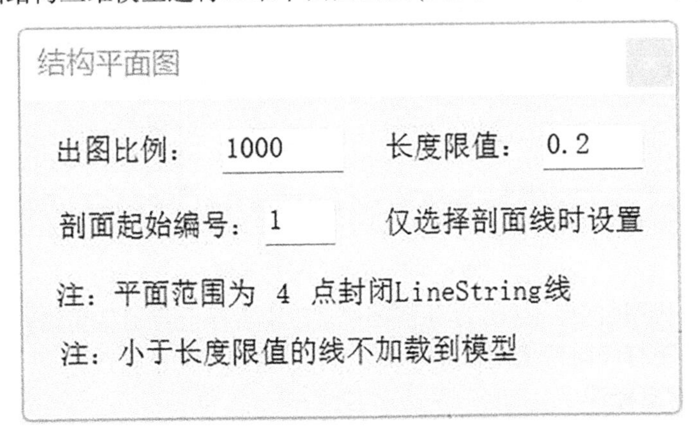

图 4.4-5　结构平面图工具界面

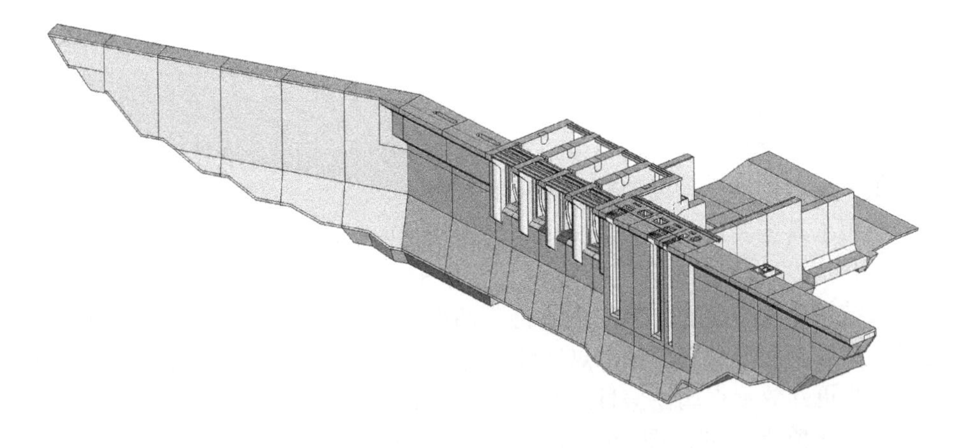

图 4.4-6　结构三维模型

备注:

(1)可进行参考引用模型的平面图出图。

(2)平面图上的剖面图位置线和平面图旋转摆正控制线为可选项,如不需要可不进行设置。

(3)设置出图比例后,后期如需要调整比例,不建议直接缩放,建议重新抽取平面图。

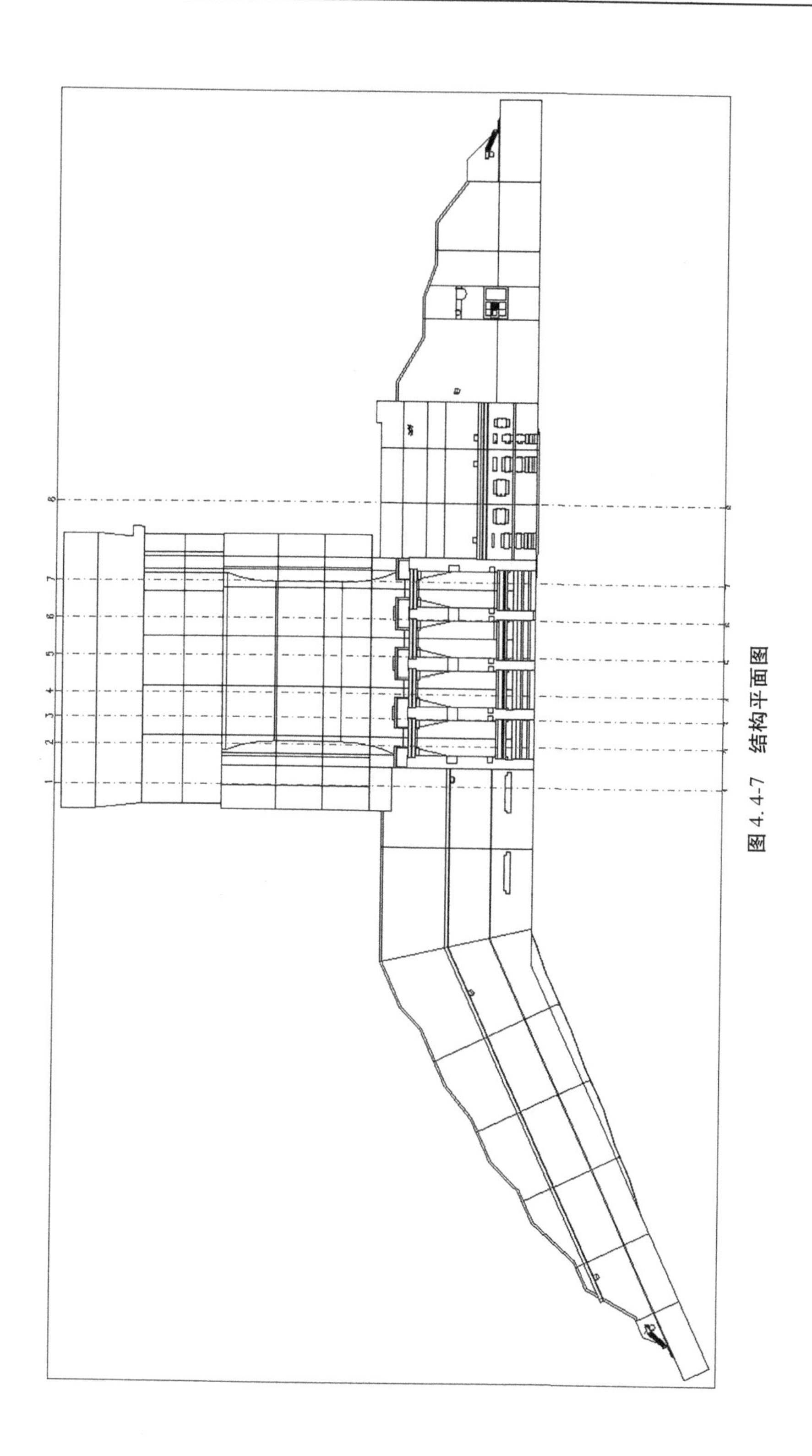

图 4.4-7　结构平面图

2. 平面图移动

功能：对基于“结构平面图”工具生成的平面图进行平移、组图，移动后可更新及保留平面图生成的各类参数信息。

备注：

(1) 该工具的操作对象是通过“结构平面图”工具生成的平面图。

(2) 在使用该工具前需打开 PrpsdcHideLevel 图层。

(3) 框选平面图时必须选择平面图外框。

3. 平面图更新

功能：用于对三维模型进行局部修改后，对其所匹配的平面图进行联动更改。

备注：

(1) 该工具的操作对象是通过“结构平面图”工具生成的平面图。

(2) 在使用该工具前需打开 PrpsdcHideLevel 图层。

4.4.2.2 平切图

1. 结构平面切图

功能：主要用于提取特定高程切面图及特定高程范围剖视图。

备注：

(1) 必须先框选所有需要剖切的模型后启动工具。

(2) 如选择“平面切面图”方式，不需要点击“放置模型”按钮，跳过该步操作。

(3)“平面切面图”方式对应的切图范围 Shape 面平行于 XOY 平面内，其高程为需要提取切面的高程；“平面剖视图”方式对应的切图范围 Shape 面垂直于 XOY 平面，Shape 面的最大高程、最小高程为需要切图的高程范围，Shape 面的方向上无其他不需要剖切的模型。

(4) 如不需要定位线，可跳过“单击 Ctrl 键后选择定位线”操作。

2. 结构平面轮廓

功能：主要用于提取顶面及地面轮廓线(见图 4.4-8)，顶面轮廓线可用于出平面布置图，地面轮廓线可用于三维开挖的建基面底边线。

备注：

(1) 必须先框选所有参与提取轮廓线的模型，再启动工具。

(2) 工具界面“是否进行投影”复选框，控制生成的轮廓线是否压平至同一高程。

(3) 模型范围 Shape 面位于 XOY 平面内，范围应包含所有参与提取轮廓线的模型。

(4) 如不需要定位线，可跳过该步操作。

4.4.2.3 剖面图

1. 附加填充料

功能：设置结构模型的填充材料属性，主要用于结构剖面图填充。

备注：使用本工具前，必须在软件安装包的配置文件“CELLLIST”文件夹中的 Pattern.cel 配置文件内预先定义好填充符号的名称及对应的填充符号，填充符号的名称为 Pattern.cel 文件内不同 Model 的名称，填充符号在各个 Model 内进行绘制；工具界面中的“填充材料列表”提取的是 Pattern.cel 文件中所有 Model 的名称。

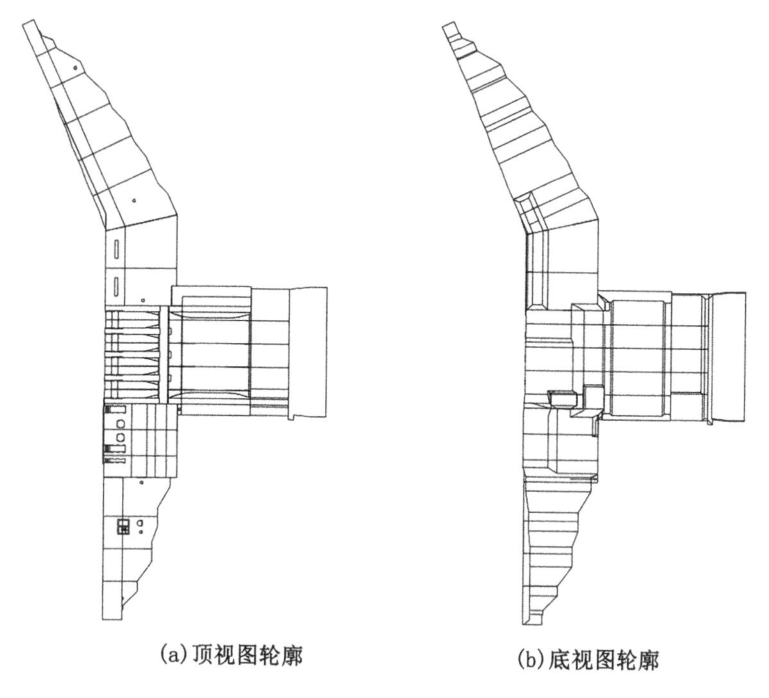

(a)顶视图轮廓　　(b)底视图轮廓

图 4. 4-8　结构平面轮廓工具应用示例

2. 结构剖面图

功能:依据已有三维模型及设定剖面线,使用工具快速生成结构剖面图。工具中可对“标尺参数”“成图参数”“前视图参数”等进行设置(见图 4. 4-9)。应用示例如图 4. 4-10 所示。

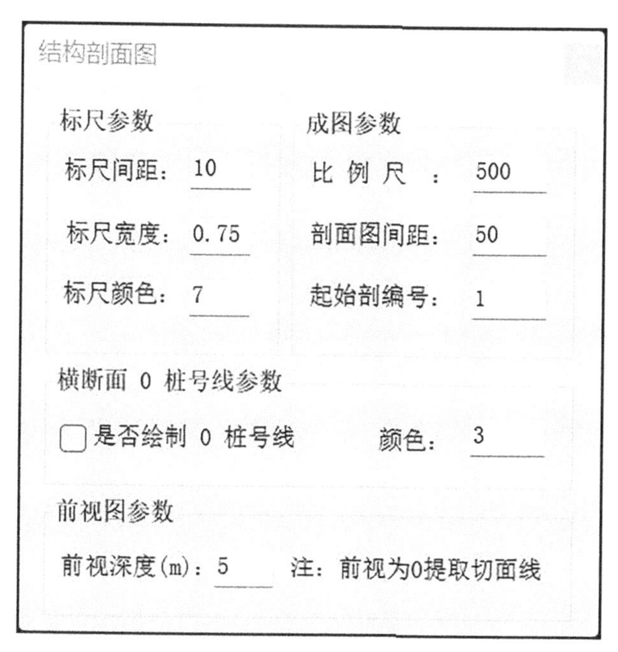

图 4. 4-9　结构剖面图工具界面

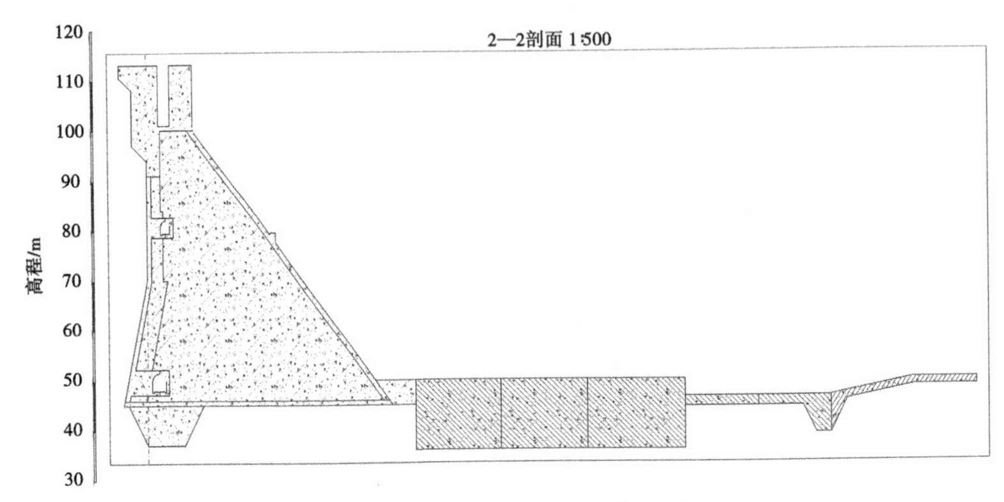

图 4.4-10　“结构剖面图”工具应用示例

备注：

(1)本工具操作的模型元素可以是合并至主 Model 的模型，也可以是通过参考引用方式引用的模型。

(2)本工具可剖切除 Cell 类型元素之外的所有体类型元素，包含 Solid、SmartSolid、ParametricSolid 等。

(3)本工具可同时剖切多个剖面，仅需依次点选不同的剖面位置线即可，另外剖面位置线的类型必须是 Line。

(4)当勾选“是否绘制 0 桩号线”选框时，需要在所有剖面位置线选择完成后点击 Ctrl 键，然后依次选择坝轴线等剖面图对应的 0 桩号线。

(5)工具界面中的“前视深度”参数控制的是以剖面位置线为基准向前剖切模型的范围。

3. 剖面图移动

功能：对基于“结构剖面图”工具生成的平面图进行平移、组图，移动后可更新及保留平面图生成的各类参数信息。

备注：

(1)该工具的操作对象是通过“结构剖面图”工具生成的剖面图。

(2)在使用该工具前需打开 PrpsdcHideLevel 图层。

4. 剖面图更新

功能：用于对三维模型进行局部修改后，对其所匹配的剖面图进行联动更改。

备注：

(1)该工具的操作对象是通过“结构剖面图”工具生成的剖面图。

(2)在使用该工具前需打开 PrpsdcHideLevel 图层。

5. 剖面定位模型

功能：通过结构剖面定位与剖面关联的三维模型，方便模型校审及修改。

备注：本工具的应用结果是，在剖面图中对应剖面的中心点画一条线指向对应的三维模型。

4.4.2.4　土石坝横断面

功能：基于创建完成的土石坝分区三维模型，以及规划的横断面剖面位置线，批量剖切生成横断面（见图4.4-11～图4.4-13）。

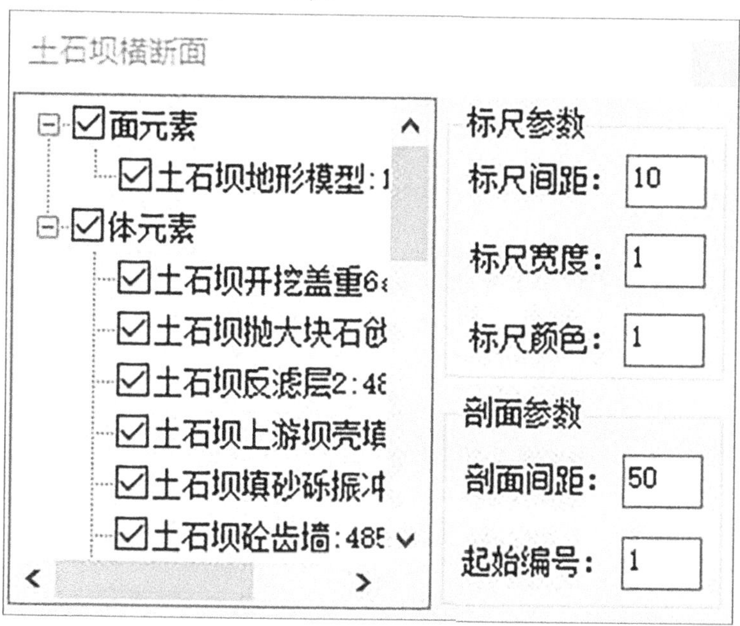

图4.4-11　土石坝横断面工具界面

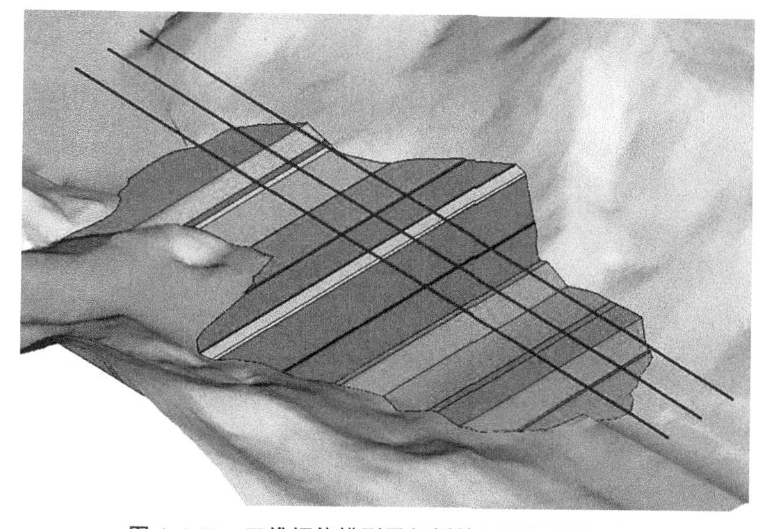

图4.4-12　三维坝体模型及规划的剖面位置线示例

备注：

（1）三维坝体模型必须是由“土石坝建模算量”工具创建的，三维地形模型及三维地层模型必须附加“结构材料”属性。

（2）操作流程中的第四步“鼠标左键空白处点击”目的是先将所有地形及地层模型隐

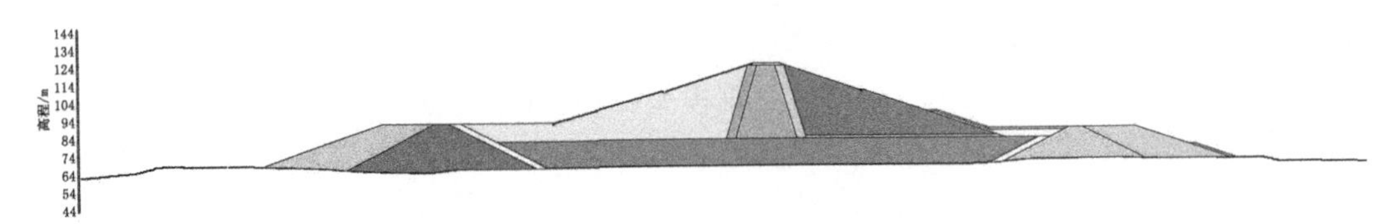

图 4.4-13　批量剖切的横断面应用示例

藏,以方便选择剖面位置线。

(3)预先规划的剖面位置线需为 Line 线,高程尽量高于模型,方便选择。

4.4.2.5　轴测图

1. 结构轴测轮廓

功能:提取模型任意三维视角的可见边轮廓线(见图 4.4-14~图 4.4-16),主要用于三维轴测图出图,提取结构为平面线条。

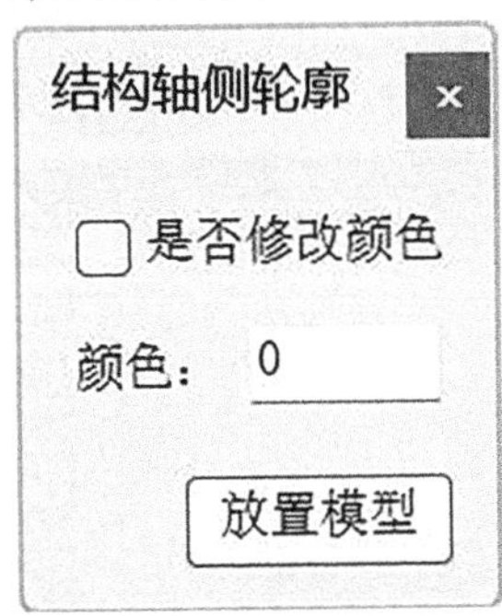

图 4.4-14　结构轴测轮廓工具界面

备注:

(1)模型范围 Shape 面必须是和当前三维轴测视图视口平行的面。

(2)"结构轴测轮廓"工具生成的是结构轴测的可见边线性图,已经不是三维模型。

2. 结构轴测视图

功能:提取模型任意三维视角的视图,并旋转至 XY 平面,主要用于三维轴测视图出图。

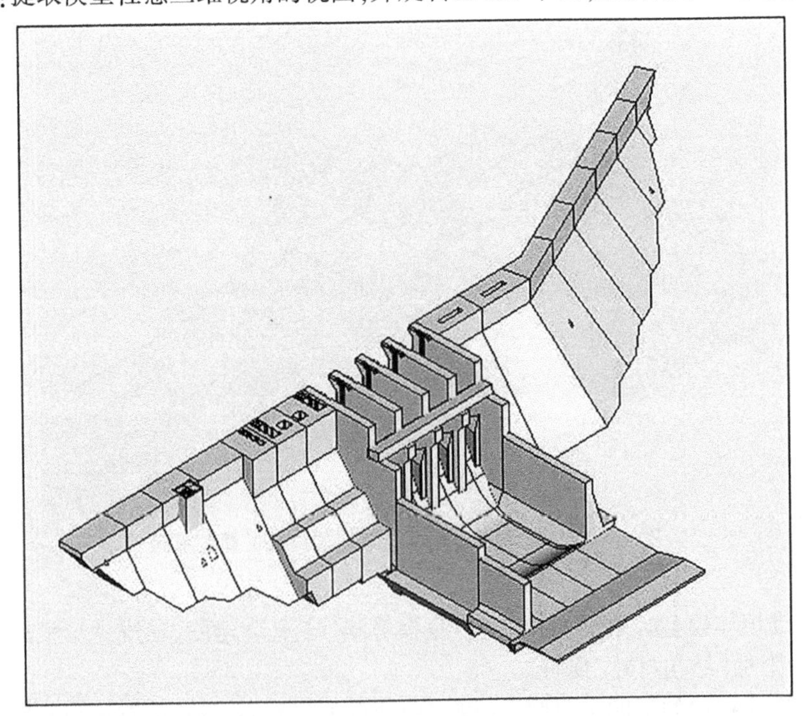

图 4.4-15　应用示例:黄色面为和当前三维视图视口平行的 Shape 面

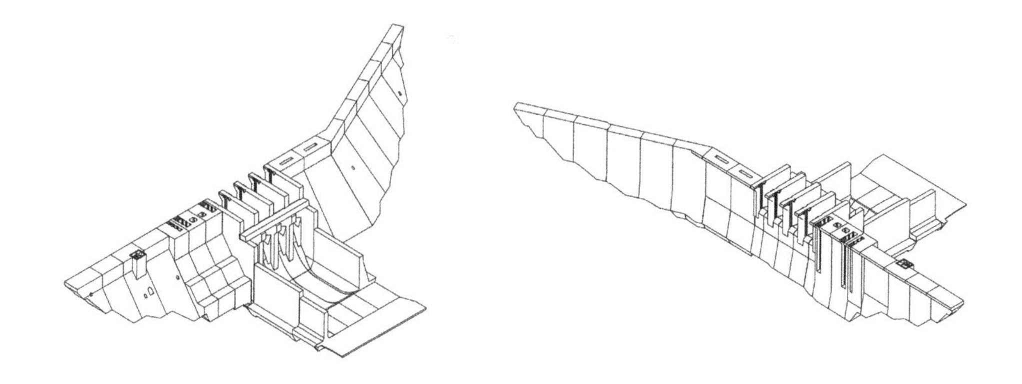

图 4.4-16　结构轴测轮廓工具应用示例

备注：

(1)模型范围 Shape 面必须是和当前三维轴测视图视口平行的面。

(2)“结构轴测视图”工具生成的是结构的轴测视图，结果仍为三维模型。

4.4.2.6　线性出图

1. 添加标签

功能：给元素添加“结构材料”属性(见图 4.4-17)，以方便模型出图时程序内部调用属性。

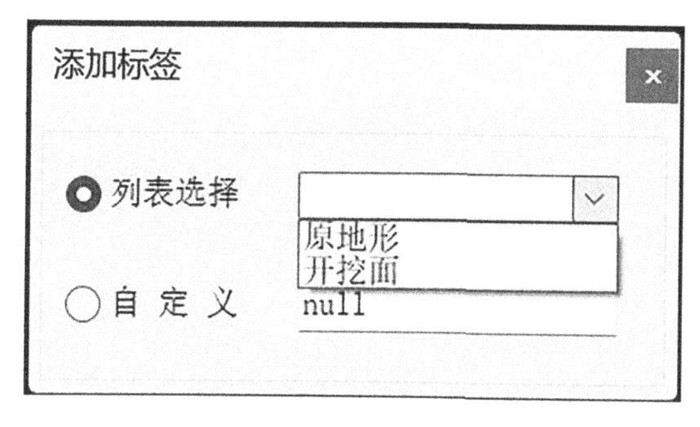

图 4.4-17　添加标签工具界面

备注：标签名称可以在工具界面中选择，也可以通过自定义的方式添加，对于航道整治工程的出图，地形面、开挖面三维模型添加标签时，必须在列表中选择。

2. 剖面图剖切

功能：基于三维地形模型、开挖面及地层模型，根据给定的参数批量剖切横断面图(见图 4.4-18、图 4.4-19)。

4.4.2.7　二维标注

1. 平面坡度标注

功能：标注开挖平面图边坡坡比(见图 4.4-20)。

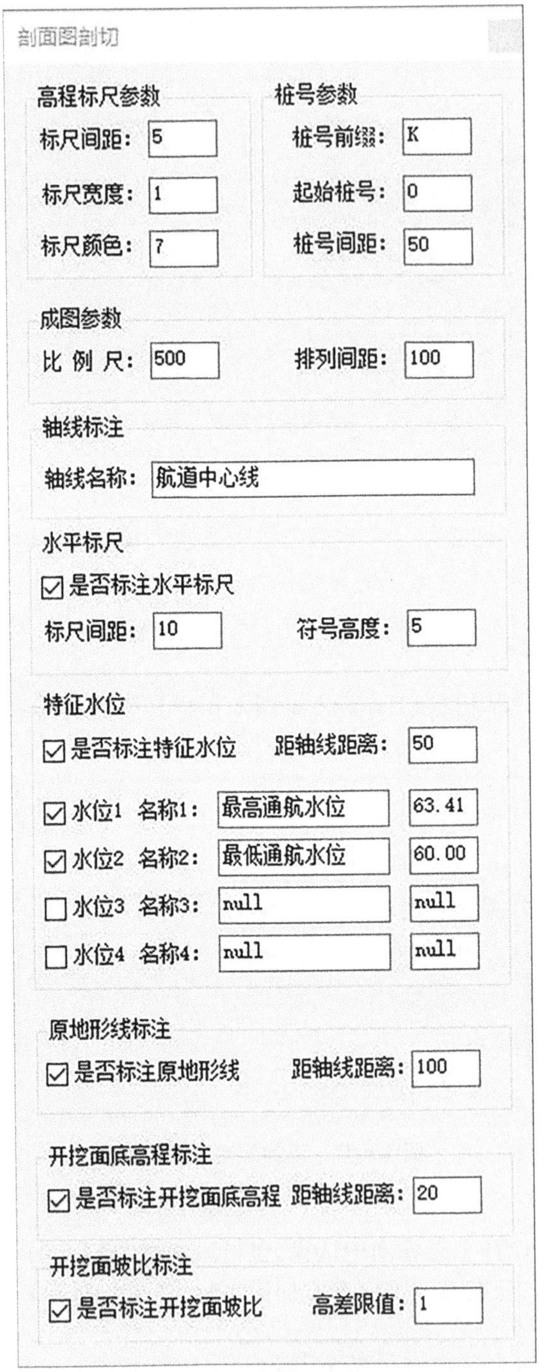

剖面图剖切

高程标尺参数
标尺间距：5
标尺宽度：1
标尺颜色：7

桩号参数
桩号前缀：K
起始桩号：0
桩号间距：50

成图参数
比 例 尺：500
排列间距：100

轴线标注
轴线名称：航道中心线

水平标尺
☑是否标注水平标尺
标尺间距：10
符号高度：5

特征水位
☑是否标注特征水位　距轴线距离：50
☑水位1　名称1：最高通航水位　63.41
☑水位2　名称2：最低通航水位　60.00
☐水位3　名称3：null　null
☐水位4　名称4：null　null

原地形线标注
☑是否标注原地形线　距轴线距离：100

开挖面底高程标注
☑是否标注开挖面底高程　距轴线距离：20

开挖面坡比标注
☑是否标注开挖面坡比　高差限值：1

图 4.4-18　剖面图剖切工具界面

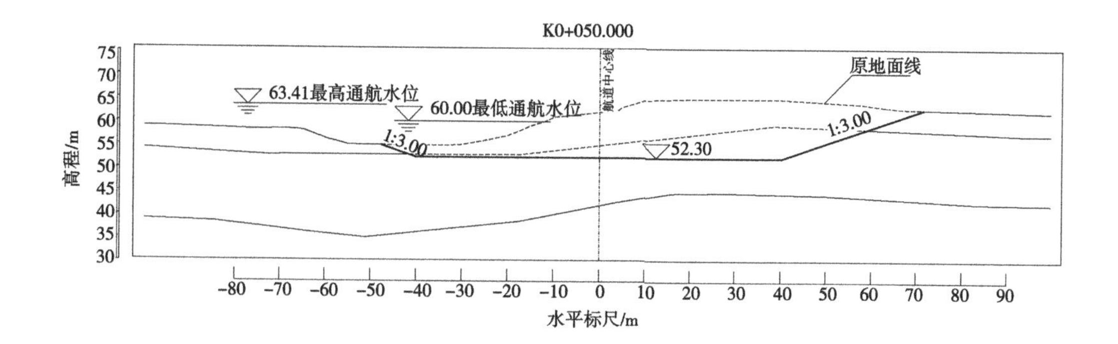

图 4.4-19　批量剖切自动标注完成的断面图示例

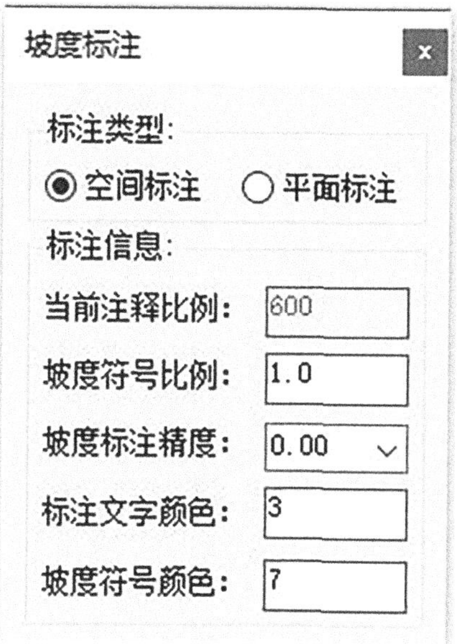

坡度标注

标注类型:
◉ 空间标注　○ 平面标注
标注信息:
当前注释比例: 600
坡度符号比例: 1.0
坡度标注精度: 0.00
标注文字颜色: 3
坡度符号颜色: 7

图 4.4-20　坡度标注工具界面

备注:

(1)共面的线需是 Line 线或 LineString 线上的线段,不能是 ComplexString 线。

(2)共面的线可以是两条平行线,也可以是两条不平行的线,坡度定义为两条线构成的面和 XY 平面夹角正切值。

(3)标注符号放置位置为选择的第一条线上的选择点。

(4)坡度符号和文字会随同 Model 当前注释比例进行缩放。

2. 平面高程标注

功能:标注开挖平面图马道高程。

备注:

(1)确定文字对齐方向的两点应选在同一高程,一般为马道线的内侧边线,文字方向与两点的先后顺序有关。

(2)符号和文字会随同 Model 当前注释比例进行缩放。

3. 立面坡度标注

功能：在剖面图上标注开挖断面图坡度（见图 4.4-21）。

备注：

（1）标注坡度的线为 Line 线、LineString 线。

（2）符号和文字会随同 Model 当前注释比例进行缩放。

4. 立面高程标注

功能：在剖面图上标注开挖断面图高程。

操作步骤：启动工具→设置参数→左键点选断面图高程标尺→左键点击需要标注高程的点或元素。

备注：

（1）剖面必须是“地形结构剖面”工具生成的剖面。

（2）标注元素可为任意类型，标注的是选择点的高程。

（3）符号和文字会随同 Model 当前注释比例进行缩放。

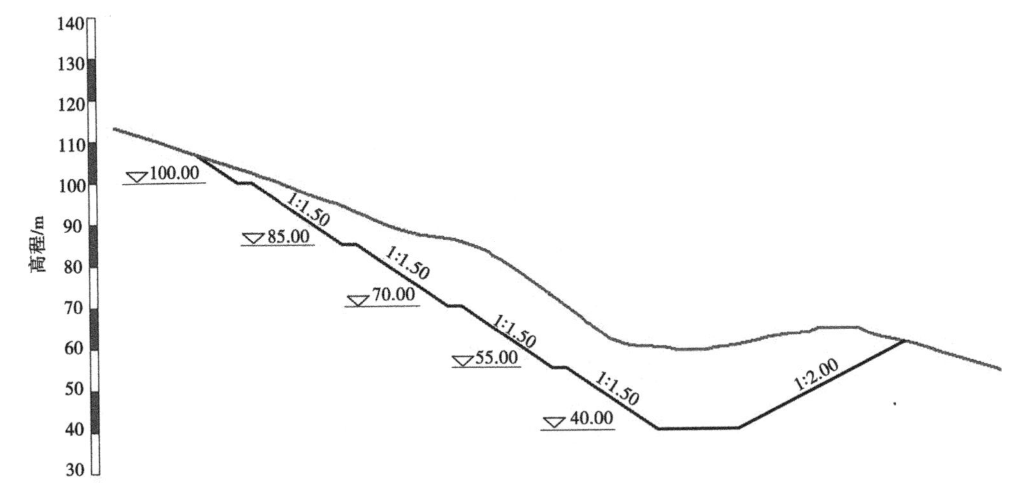

图 4.4-21　立面坡度、立面高程标注工具示例

5. 平面桩号标注

功能：剖面图桩号标注（逐点手动标注）（见图 4.4-22）。

备注：

（1）剖面图应在 XY 平面内。

（2）0+000 桩号左侧为“-”，右侧为“+”。

6. 桩号批量标注

功能：剖面图桩号标注（逐点批量标注）。

备注：

（1）剖面图应在 XY 平面内。

（2）0+000 桩号左侧为“-”，右侧为“+”。

（3）批量标注工具不标注 0+000 桩号，需要使用“平面桩号标注”工具另行标注。

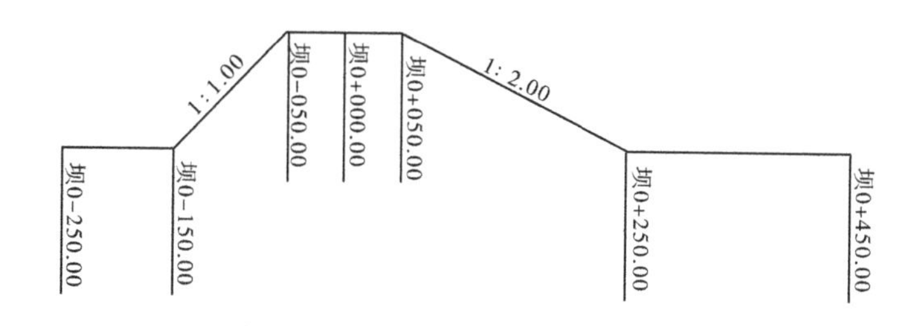

图 4.4-22　平面桩号标注工具应用示例

7. 坐标标注

功能:三维控制点标注(见图 4.4-23、图 4.4-24)。

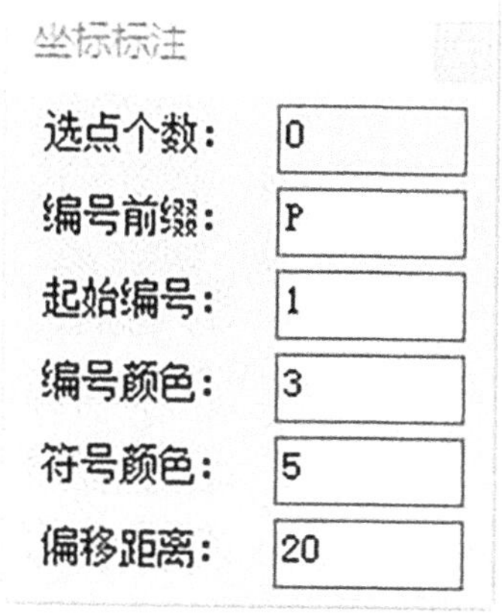

坐标标注

选点个数:	0
编号前缀:	P
起始编号:	1
编号颜色:	3
符号颜色:	5
偏移距离:	20

图 4.4-23　坐标标注工具界面

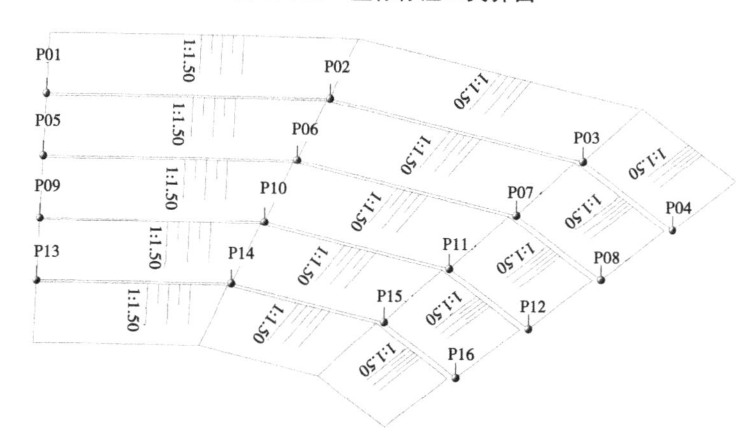

图 4.4-24　坐标标注工具应用示例

备注:

(1)坐标标注文字朝向与视图无关,始终正对屏幕文字及符号大小随绘图比例调整变化。

(2)参数“偏移距离”指标注点与标注文字之间的距离。

8. 生成坐标表

功能:生成由"坐标点标注"工具标注的控制点坐标表(见图 4.4-25)。

备注:

(1)框选所有标注点,可包含其他元素。

(2)注意生成的坐标表 XY 坐标是否需要互换。

(3)生成的坐标表包含 Z 坐标值。

编号	X坐标	Y坐标	Z坐标	备注
P16	1718776810.813	306771886.454	15.000	—
P15	1718776834.627	306771809.250	15.000	—
P14	1718776821.429	306771738.288	15.000	—
P13	1718776768.693	306771698.192	15.000	—
P12	1718776835.180	306771893.970	30.000	—
P11	1718776860.845	306771810.763	30.000	—
P10	1718776844.699	306771723.947	30.000	—
P09	1718776784.127	306771677.893	30.000	—
P08	1718776859.548	306771901.486	45.000	—
P07	1718776887.064	306771812.277	45.000	—
P06	1718776867.969	306771709.606	45.000	—
P05	1718776799.560	306771657.594	45.000	—
P04	1718776883.915	306771909.002	60.000	—
P03	1718776913.283	306771813.790	60.000	—
P02	1718776891.240	306771695.265	60.000	—
P01	1718776814.994	306771637.295	60.000	—

图 4.4-25　生成坐标表示例

9. 特征水位标注

功能:批量标注剖面图特征水位(校核洪水位、设计洪水位、正常蓄水位及死水位)(见图 4.4-26、图 4.4-27)。

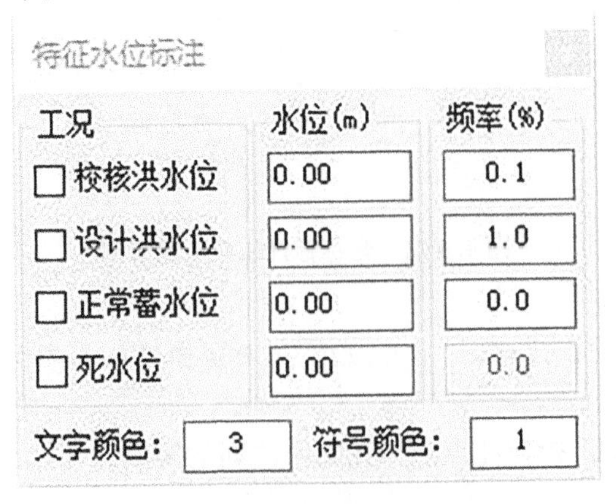

图 4.4-26　特征水位标注工具界面

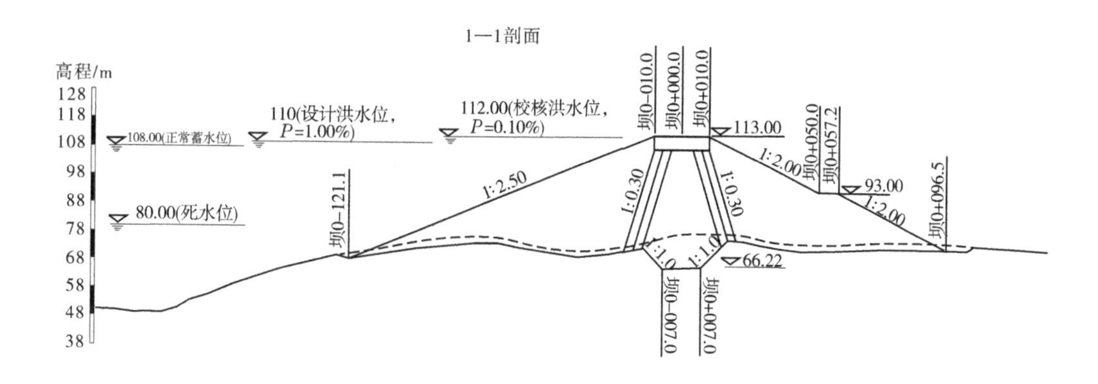

图4.4-27　特征水位标注工具应用示例

备注：剖面图必须是“地形结构剖面”或“结构剖面剖切”工具生成的剖面。

4.4.2.8　三维标注

1. 三维高程标注

功能：可在三维模型中对模型高程进行标注（见图4.4-28），同时在工具中可对当前注释比例标注文字颜色、高程标注精度等进行参数设置。

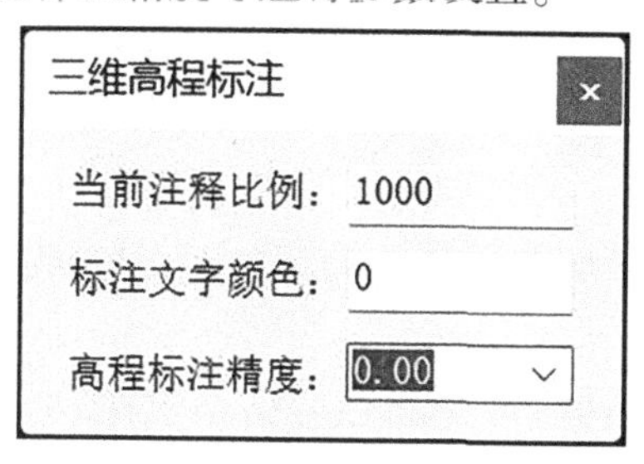

图4.4-28　三维高程标注工具界面

2. 三维桩号标注

功能：可在三维模型中对桩号进行标注（见图4.4-29、图4.4-30），同时在工具中可对注释比例、文字颜色、桩号前缀、起点桩号等参数进行设置。

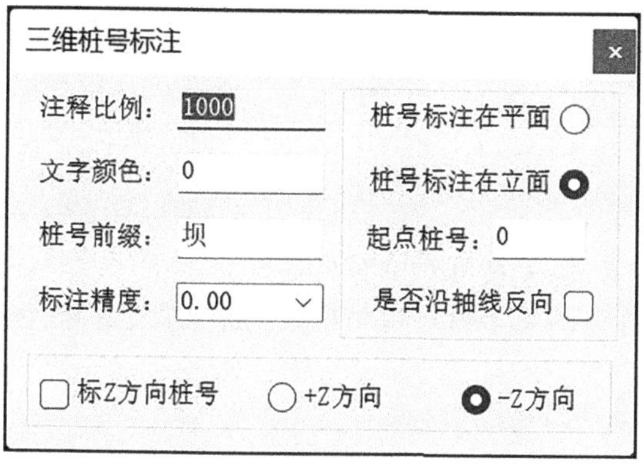

三维桩号标注
注释比例：1000
文字颜色：0
桩号前缀：坝
标注精度：0.00
桩号标注在平面
桩号标注在立面
起点桩号：0
是否沿轴线反向
标Z方向桩号
+Z方向
-Z方向

图4.4-29　三维桩号标注工具界面

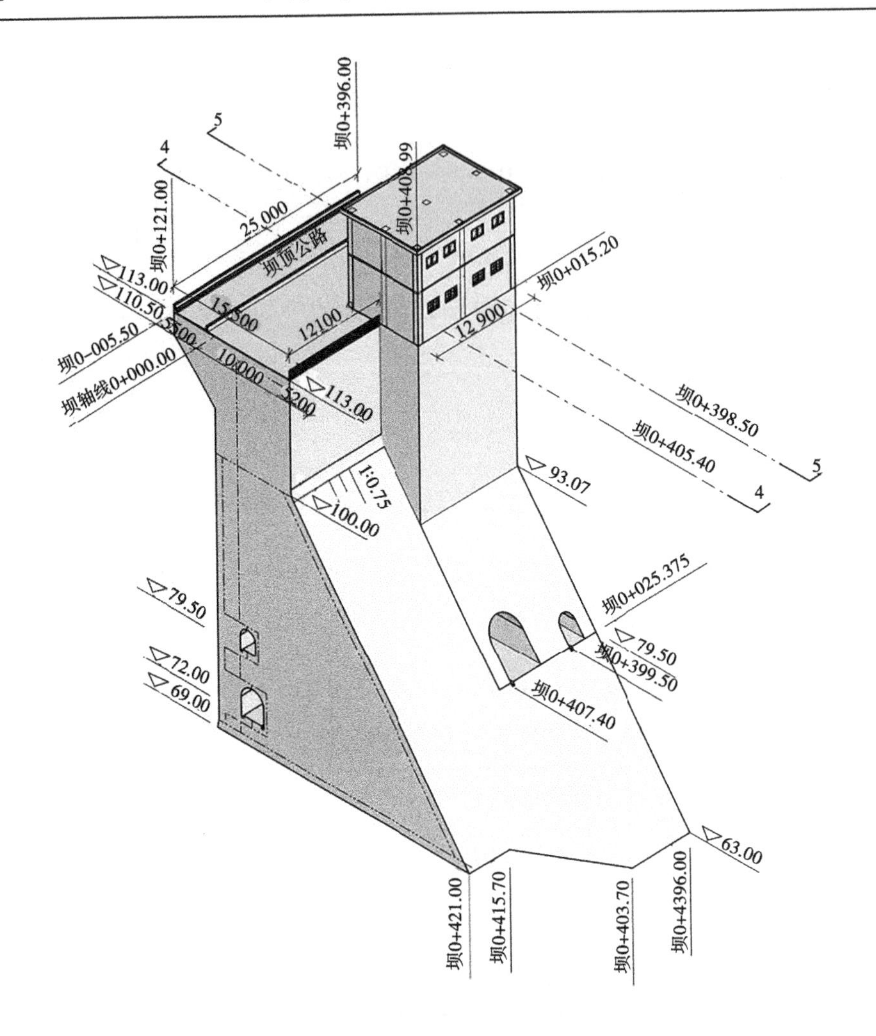

图 4.4-30　三维高程标注及三维桩号标注工具示例

4.4.2.9　标注修改

1. 标注对齐工具

功能：针对立面图中标注位置不齐等情况，使用工具对多个标注元素进行对齐（见图 4.4-31、图 4.4-32），选择元素时可采用“点选元素”与“框选元素”两种方式。

标注对齐工具　×

点选元素　框选元素

置于同高程　null

图 4.4-31　标注对齐工具界面

2. 修改高程标尺

功能：依据工程需求，该工具可对已有高程标尺进行单个/批量修改（见图 4.4-33），可对标尺间距、标尺宽度、标尺颜色、最大高程、最小高程进行设置。

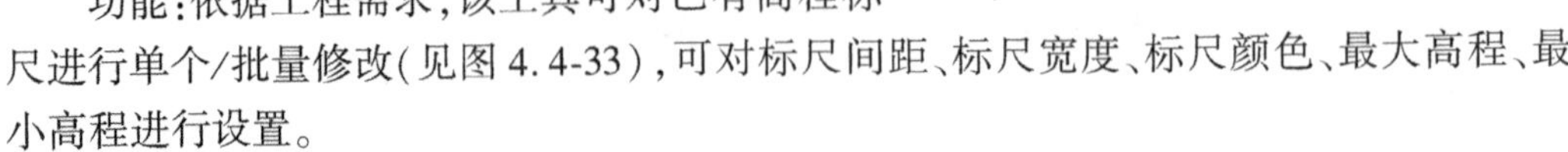

3. 生成高程标尺

功能：依据工程需求，该工具可基于输入参数自动生成高程标尺元素（见图 4.4-34）。

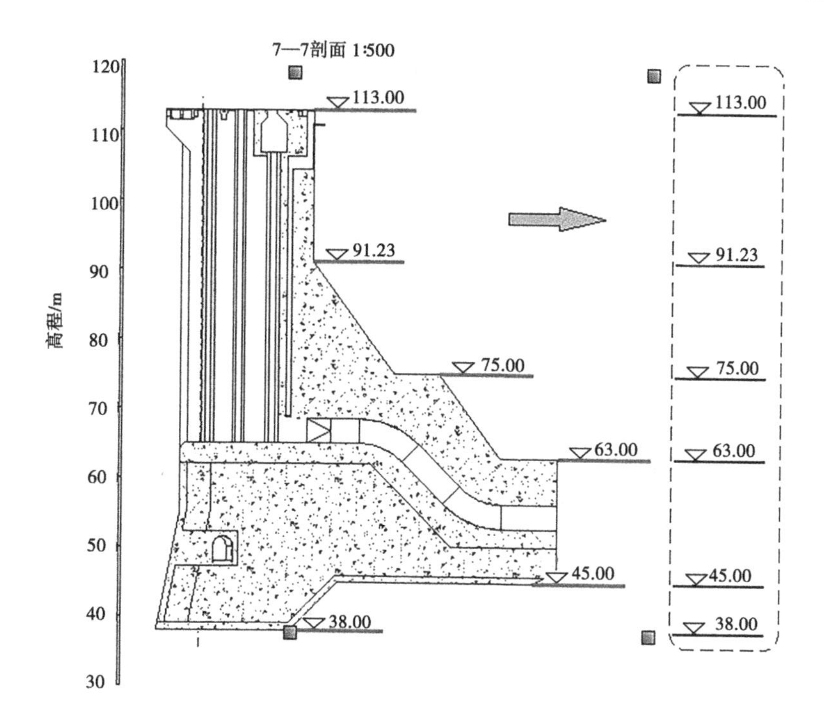

图 4.4-32　标注对齐工具工程示例

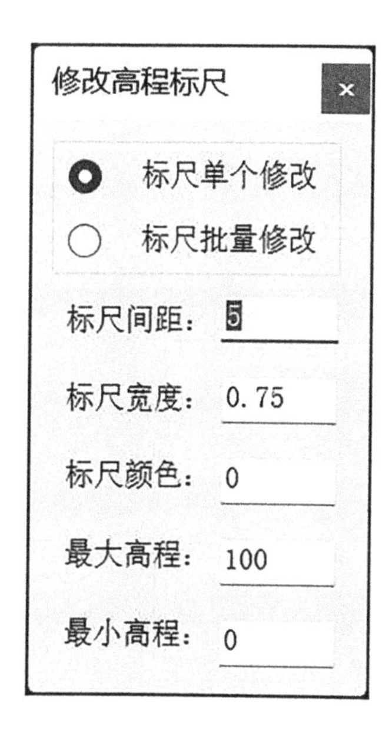

图 4.4-33　修改高程标尺工具界面

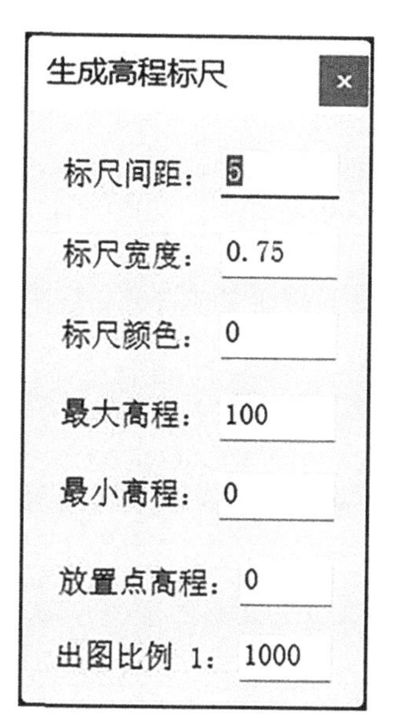

图 4.4-34　生成高程标尺工具界面

4.5　信息模型创建

4.5.1　关键技术研究

元素属性信息附加是指将需要附加至三维模型上的数据信息和几何模型进行关联，所指数据信息为水利工程、水运工程等行业或团体标准对信息模型的要求及特定工程的特性化需求数据。

数据信息和几何模型之间的关联采用的是 Bentley MicroStation 软件提供的 EC 数据附加接口。EC 是 MicroStation 平台用于解决行业数据交互的解决方案，基于 EC 框架可根据行业标准自定义文件格式；以. xml 文件格式存储，方便地进行数据交换，且格式可自解析；用于行业数据的交换，不依赖于具体的软件。EC 框架的程序开发支持 C#、C++等面向对象语言。同时 EC 在 MicroStation 上的实现机制采用了面向对象语言的动态绑定特性，通过 C#语言等程序语言实现相关功能时可充分利用这一特性进行数据信息的扩展。EC 提供的基础类见表 4. 5-1。

表 4. 5-1　EC 提供的基础类

类名称	用途
ECSchema	数据规范、标准定义类；其包含 ECClass 的类型定义；以. xml 格式存储，并可引用其他 Schema 文件
ECClass	与程序语言中的类意义及用法相同；数据信息对象的定义
ECInsane	是 ECClass 的实例化，即具体数据信息
ECProperty	属性
ECRelationshipClass	对象关系定义
ECRelationshipInstatnce	对象关系实例
ECCustomAttribute	附加属性定义

基于 EC 可方便地实现自定义标准文件格式，其主要实现路径见图 4. 5-1。

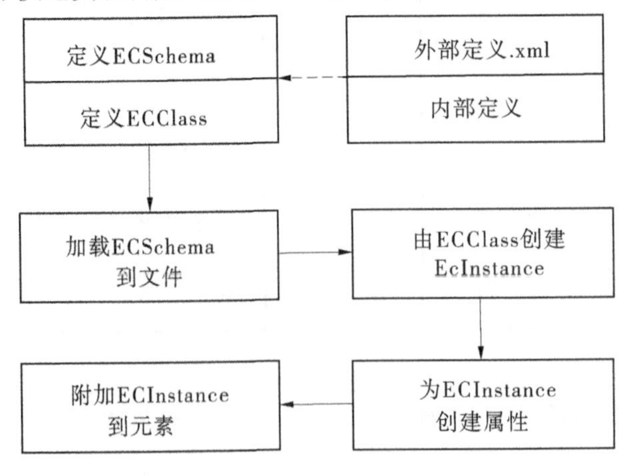

图 4. 5-1　EC 实现路径

基于上述EC数据信息附加框架的应用，实现了线型工程编码信息附加、水利及水运工程信息编码附加、通用数据信息附加及工程特性化需求数据信息附加工具。

4.5.1.1　属性修改

属性修改主要完成模型信息编码的检查、编码删除及信息模型的分割等功能。属性修改类工具实现的关键技术是对几何模型上附加的EC属性信息的提取，然后对提取到的数据信息进行相关的操作。

4.5.1.2　属性导入导出

属性导入导出功能的主要目的是形成交付成果中的模型信息表（一般为Excel表格），.dgn格式的信息模型和模型信息表同时进行交付。属性导入导出功能实现的关键技术为对几何模型上附加的EC属性信息的提取，然后对提取到的数据信息进行导入导出操作。

4.5.2　功能实现

4.5.2.1　格式转换

1. 模型转DAE格式

功能：将设计模型（.dgn格式）转换为.dae格式（见图4.5-2），转换后的模型可进行模型轻量化处理，可供施工监管、运行维护等网络端、移动端平台调用。

图4.5-2　模型转DAE格式工具界面

备注：

(1)转换前需要将所有需转换的元素变为 Mesh 类型元素。

(2)是否将模型移动至(0,0,0)点附近,主要解决当模型实际位置距离坐标原点较远时,导出. dae 格式文件错误问题,移动基点指当前需导出的任意模型上的任意一个捕捉点(点的 Z 坐标设为 0),后续应用过程中可通过导出的转换关系将模型移动至实际坐标位置。

(3)元素定位方式有两种:①元素自带的 ID;②给定的编码。默认是通过 ID 定位(对应的 Lib 库文件名为空,ItemTypes 属性名为空),如需要通过编码定位元素,需先给元素附加编码属性,并在工具界面页选择“元素编码”Lib 库及“编码”ItemTypes。

(4)如模型实际坐标位置距离原点坐标较近,可不进行模型移动操作,不勾选“是否将模型移动至(0,0,0)点附近”框,不导出转换关系。

2. 尺寸元素转 Mesh

功能:将 Dimension 类型元素转换为 Mesh 类型元素(见图 4.5-3),然后可通过“模型转 DAE 格式”工具将结构模型和尺寸标注共同转换为. dae 格式。

4.5.2.2　属性附加

1. 线型工程模型编码

功能:对线型排列元素按顺序进行编码属性附加(见图 4.5-4、图 4.5-5),主要用于线型工程模型定位需求。

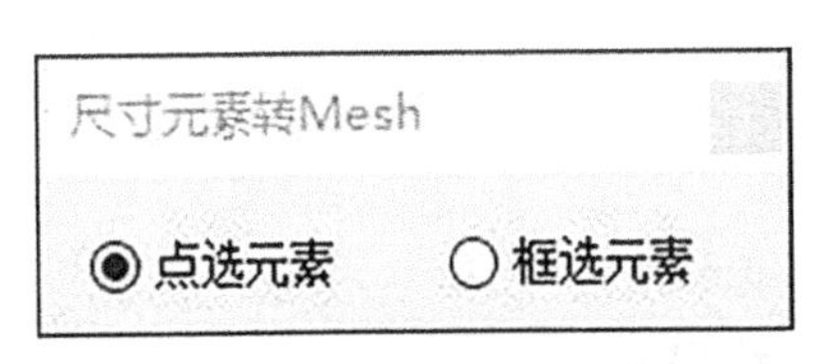

图 4.5-3　尺寸元素转 Mesh 工具界面

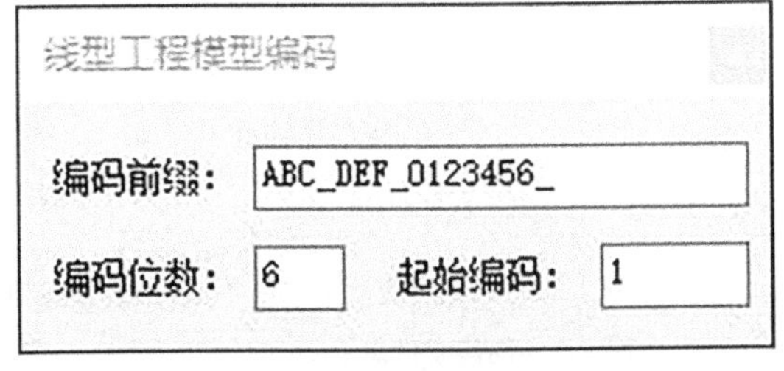

图 4.5-4　线型工程模型编码工具界面

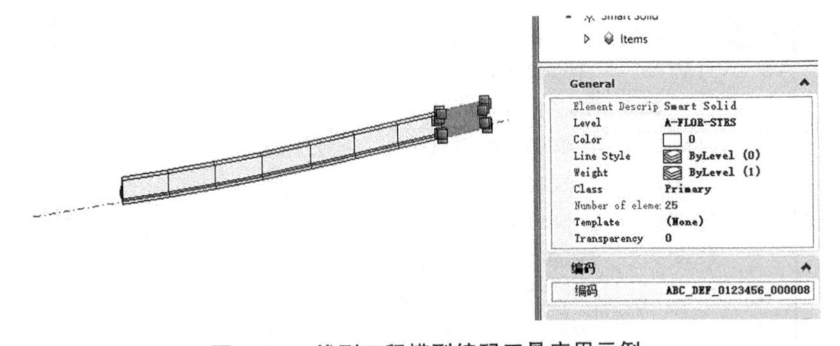

图 4.5-5　线型工程模型编码工具应用示例

备注：

(1)所有元素需为在 XY 平面内线性排列,模型之间平面位置不完全重合,不支持在 Z 方向竖向排列元素。

(2)参与编码的元素类型为 Solid、Mesh 等体类型元素，不对线类型、面类型元素进行编码。

(3)编码增加的顺序与轴线方向一致。

(4)工具界面中“编码前缀”参数可为除汉字外的任意字符组合，“编码位数”指前缀后追加的数字编码位数，如工具界面所示的完整编码为“ABC_DEF_0123456_000001”。

2. 模型基本属性附加

功能：给模型添加“元素类型”“元素”“编码”及“LOD”四种基本属性(见图 4.5-6)，主要用于定位元素及元素基本属性描述需求。

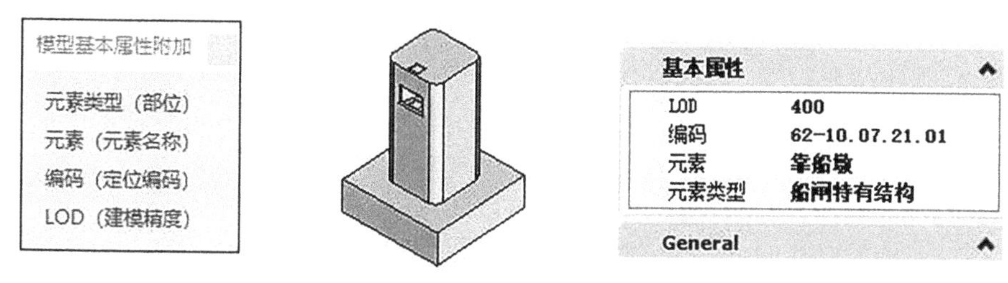

图 4.5-6　模型基本属性附加工具界面及示例

3. 模型编码信息附加

功能：根据相关规范、标准要求给模型附加基本属性信息、几何模型信息、非几何模型信息条目(见图 4.5-7、图 4.5-8)，主要用于满足相关规范要求的完整模型信息存储要求的信息附加。

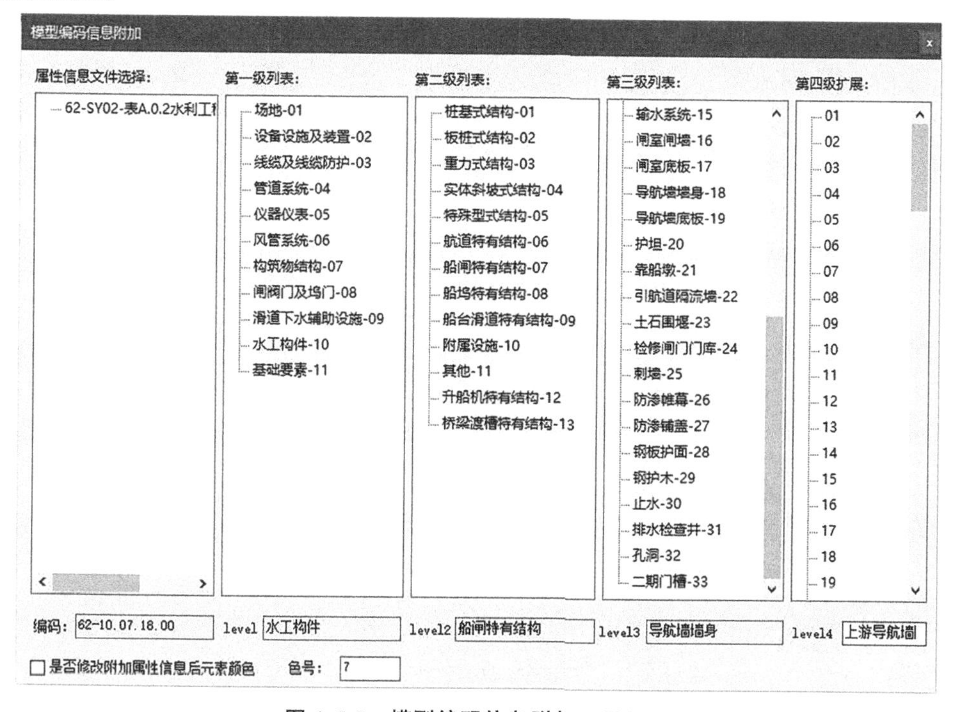

图 4.5-7　模型编码信息附加工具界面

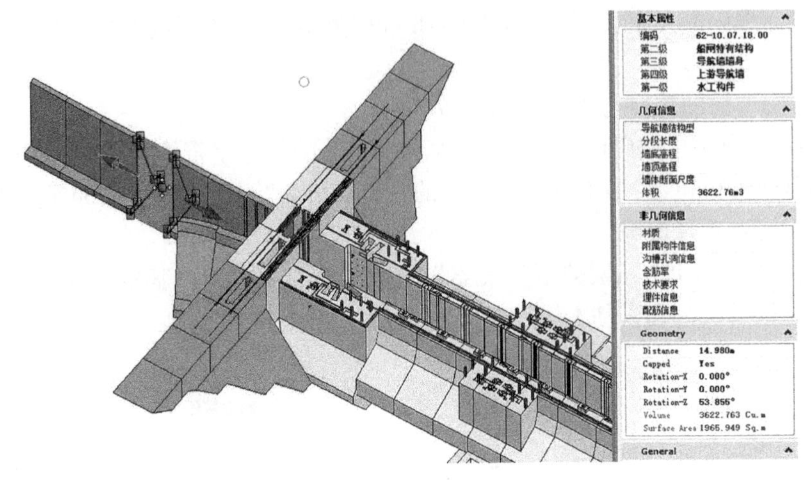

图 4.5-8　模型编码信息附加工具工程示例

备注：

(1)需预先定义属性信息文件，该文件对于同一项目仅需要定义一次。

(2)第四级列表为扩展列表，在编码字符串中对应最后两位字符，Level4 变量为扩展属性的属性名称。

(3)“基本属性”类属性值会自动填写对应属性值，自动提取几何信息中的体积工程量属性值，“几何信息”及“非几何信息”中其他属性值可在软件内逐个填写，也可通过“模型编码信息导出”“模型编码信息导入”两个工具在外部 Excel 文件中填写，然后批量、快速一次附加。

4.5.2.3　KKS 编码

1. KKS 编码附加

功能：根据项目要求给模型附加数字及字母组合编码(见图 4.5-9、图 4.5-10)，编码可根据需求附加七级。

图 4.5-9　KKS 编码附加工具界面

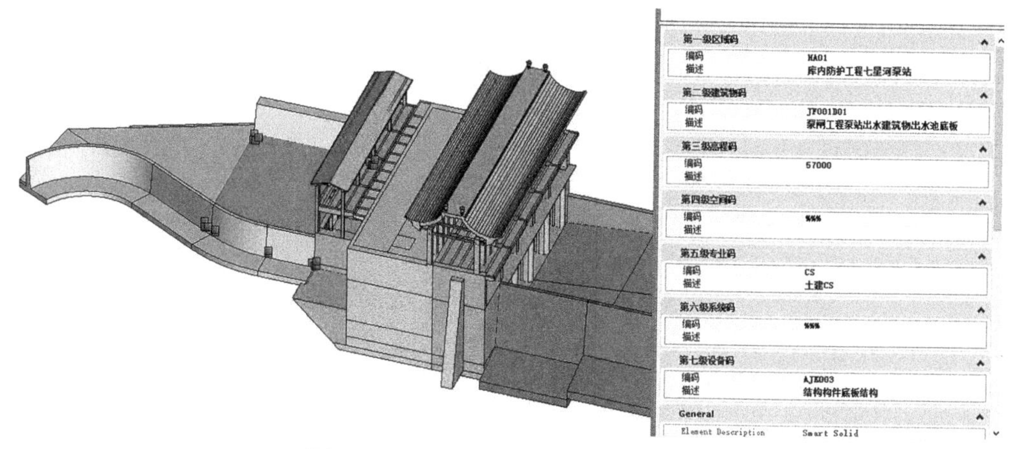

图 4.5-10　KKS 编码附加工具应用示例

备注：可根据实际需求先整体再局部层层附码，提高效率。

2. KKS 编码合成

功能：对由“KKS 编码附加”工具附加的多级编码进行总码合成(见图 4.5-11、图 4.5-12)。

备注：对于七级编码中存在附加情况时，总码中该级码用“Null”占位。

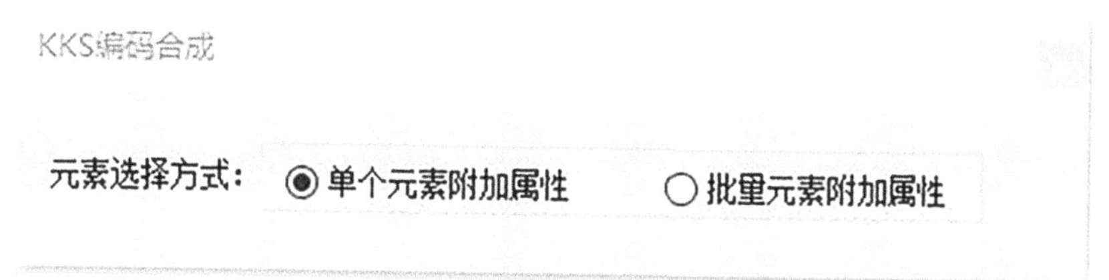

图 4.5-11　KKS 编码合成工具界面

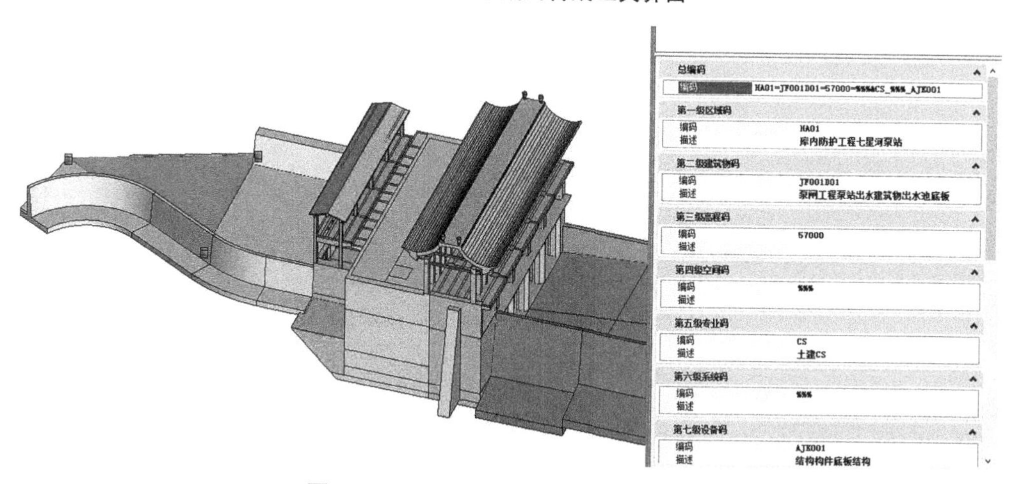

图 4.5-12　KKS 编码合成工具应用示例

3. KKS 编码导出

功能：导出三维模型总码、模型对应的 ID、模型文件位置及对应 Model、各级码对应描述等信息(见图 4.5-13、图 4.5-14)，主要用于信息模型交付及编码检查。

备注:可进行单个元素导出或批量元素导出。

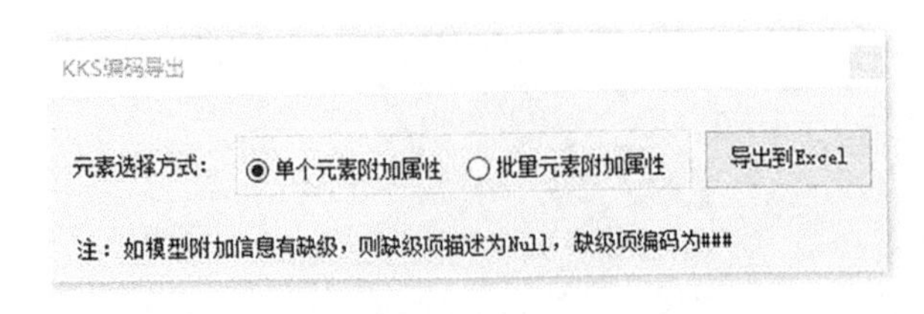

图 4.5-13 KKS 编码导出工具界面

	A	B	C	D	E	F	G	H	I	J	K	L
1	序号	DgnFile	DgnModel	元素ID	一级区域批	级建筑物	三级高程批	四级空间批	五级专业批	六级系统批	七级设备批	总编码
2	1	-软件 V2.0 2022111	3D Metric Design	40332	护工程七星	程主机间上	###	###	土建CS	###	构构件建筑	HA01=JC001A01=67900=%%%&CS_%%%_AJG001
3	2	-软件 V2.0 2022111	3D Metric Design	40346	护工程七星	程主机间上	###	###	土建CS	###	构构件建筑	HA01=JC001A01=67900=%%%&CS_%%%_AJG002
4	3	-软件 V2.0 2022111	3D Metric Design	40360	护工程七星	程主机间上	###	###	土建CS	###	构构件建筑	HA01=JC001A01=67900=%%%&CS_%%%_AJG003
5	4	-软件 V2.0 2022111	3D Metric Design	40374	护工程七星	程主机间上	###	###	土建CS	###	构构件建筑	HA01=JC001A01=67900=%%%&CS_%%%_AJG004
6	5	-软件 V2.0 2022111	3D Metric Design	40388	护工程七星	程主机间上	###	###	土建CS	###	构构件建筑	HA01=JC001A01=67900=%%%&CS_%%%_AJG005
7	6	-软件 V2.0 2022111	3D Metric Design	40402	护工程七星	程主机间上	###	###	土建CS	###	构构件建筑	HA01=JC001A01=67900=%%%&CS_%%%_AJG006
8	7	-软件 V2.0 2022111	3D Metric Design	40416	护工程七星	程主机间上	###	###	土建CS	###	构构件建筑	HA01=JC001A01=67900=%%%&CS_%%%_AJG007
9	8	-软件 V2.0 2022111	3D Metric Design	41794	护工程七星	程主机间下	###	###	土建CS	###	吉构构件楼	HA01=JC001B01=%%%=%%%&CS_%%%_AJM001
10	9	-软件 V2.0 2022111	3D Metric Design	41865	护工程七星	程主机间下	###	###	土建CS	###	吉构构件楼	HA01=JC001B01=%%%=%%%&CS_%%%_AJM002

图 4.5-14 KKS 编码导出工具应用示例

4. KKS 模型筛选

功能:对已经附加编码的模型按照不同分类要求进行模型筛选(见图 4.5-15),主要目的是检查编码模型的完整性。

备注:一次操作完成后可不退出工具,配合使用"显示全部元素""重新选择元素""确认元素选择"按钮进行多层次筛选。

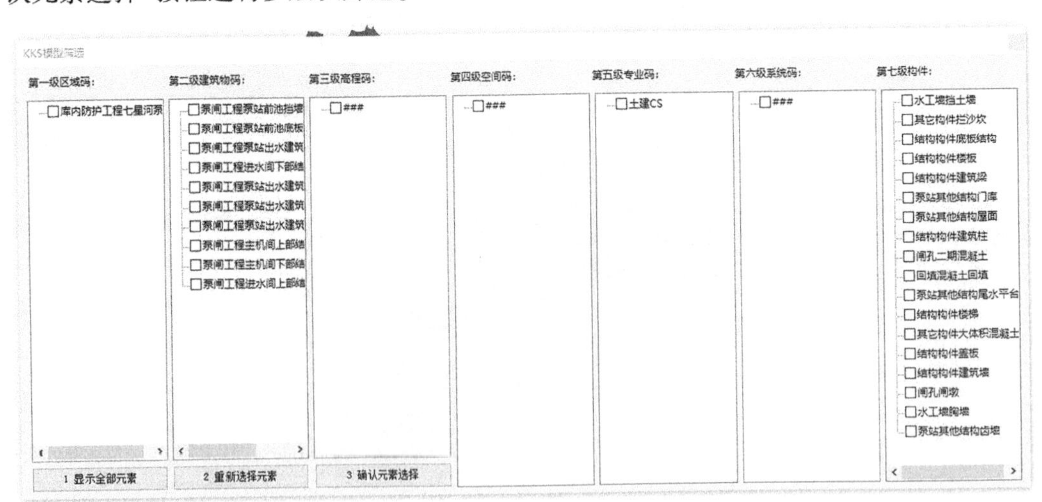

图 4.5-15 KKS 模型筛选工具界面

5. KKS 构件批量编码

功能:对同一类型构件码按照不同的递增规则进行批量编码(见图 4.5-16)。

备注:沿给定平面路径编码需要选择平面路径。

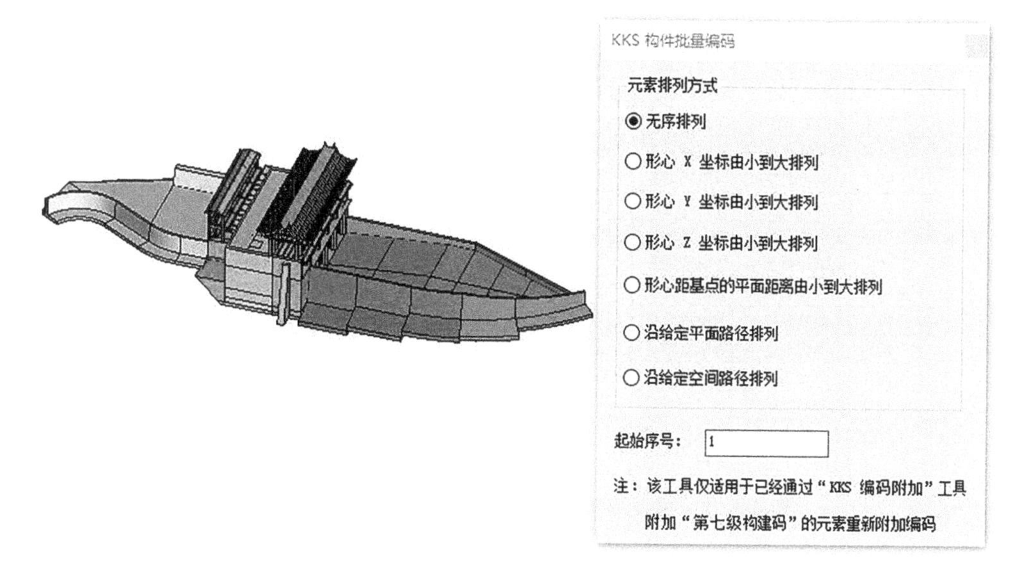

图 4.5-16　KKS 构件批量编码工具界面

4.5.2.4　属性修改

1. 模型编码信息导出

功能：导出模型上通过“模型编码信息附加”工具附加的信息至 Excel 文件（见图 4.5-17、图 4.5-18），主要作用是：可在 Excel 文件中快速填写属性条目对应的属性值，填写完后通过“模型编码信息导入”工具批量、快速导入属性值。

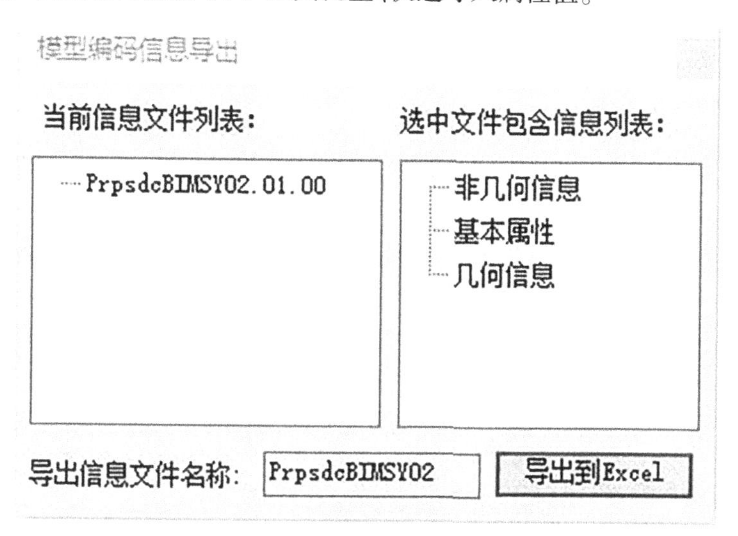

图 4.5-17　模型编码信息导出工具界面

2. 模型编码信息导入

功能：以更新、修改属性值后的 Excel 文件（使用“模型编码信息导出”工具导出的 Excel 文件）为源数据，更新模型的属性信息值（见图 4.5-19、图 4.5-20）。

	A	B	C	D	E	F	G	H
1	第一级	第二级	第三级	第四级	编码	属性类型	属性	属性值
2	水工构件	船闸特有结构	导航墙墙身	上游导航墙	62-10.07.18.00	几何信息	导航墙结构型式	
3	水工构件	船闸特有结构	导航墙墙身	上游导航墙	62-10.07.18.00	几何信息	墙底高程	
4	水工构件	船闸特有结构	导航墙墙身	上游导航墙	62-10.07.18.00	几何信息	墙顶高程	
5	水工构件	船闸特有结构	导航墙墙身	上游导航墙	62-10.07.18.00	几何信息	分段长度	
6	水工构件	船闸特有结构	导航墙墙身	上游导航墙	62-10.07.18.00	几何信息	墙体断面尺度	
7	水工构件	船闸特有结构	导航墙墙身	上游导航墙	62-10.07.18.00	几何信息	体积	3622.76m3
8	水工构件	船闸特有结构	导航墙墙身	上游导航墙	62-10.07.18.00	非几何信息	含筋率	
9	水工构件	船闸特有结构	导航墙墙身	上游导航墙	62-10.07.18.00	非几何信息	配筋信息	
10	水工构件	船闸特有结构	导航墙墙身	上游导航墙	62-10.07.18.00	非几何信息	材质	
11	水工构件	船闸特有结构	导航墙墙身	上游导航墙	62-10.07.18.00	非几何信息	埋件信息	
12	水工构件	船闸特有结构	导航墙墙身	上游导航墙	62-10.07.18.00	非几何信息	附属构件信息	
13	水工构件	船闸特有结构	导航墙墙身	上游导航墙	62-10.07.18.00	非几何信息	沟槽孔洞信息	
14	水工构件	船闸特有结构	导航墙墙身	上游导航墙	62-10.07.18.00	非几何信息	技术要求	
15	——	——	——	——	——	——	——	——

图 4.5-18　模型编码信息导出工具工程示例(Excel 表格)

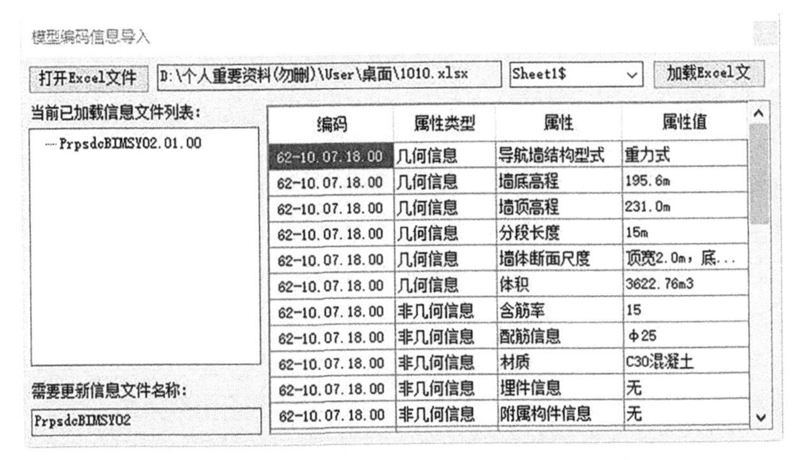

图 4.5-19　模型编码信息导入工具界面

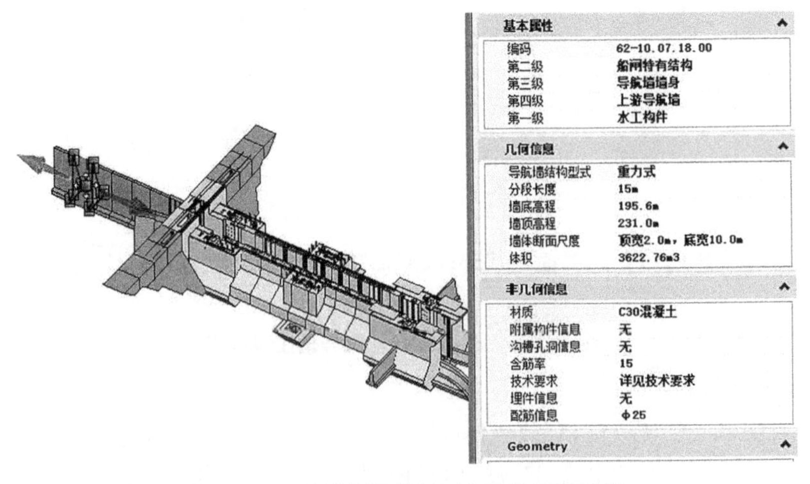

图 4.5-20　模型编码信息导入工具工程示例

3. 模型信息编码检查

功能：用于检查所有已编码元素是否有重码（见图4.5-21、图4.5-22）。

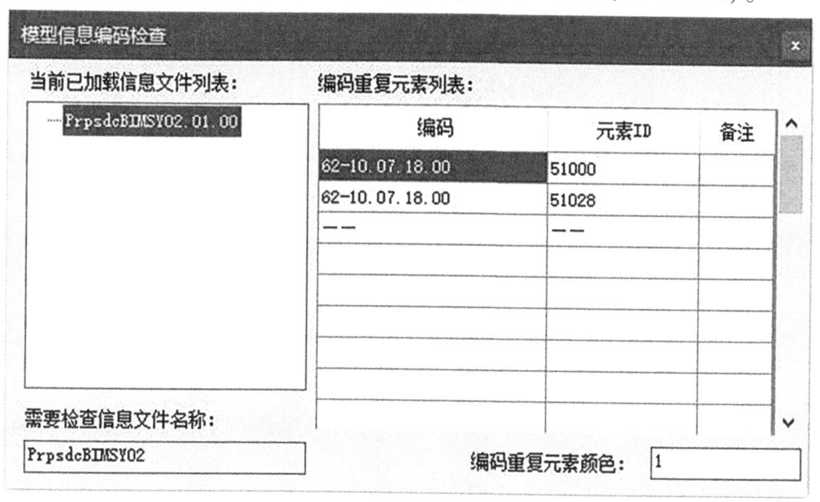

图4.5-21　模型信息编码检查工具界面

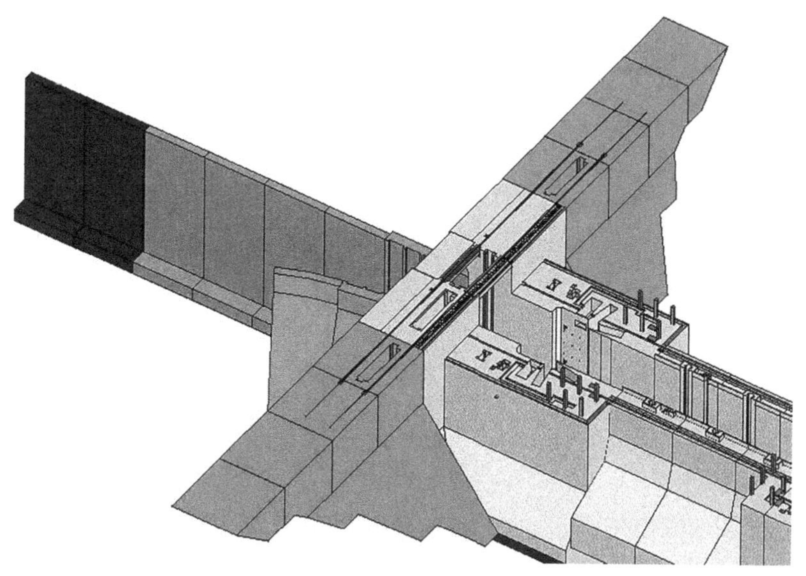

图4.5-22　模型信息编码检查工具工程示例

4. 模型编码信息删除

功能：删除模型元素上附加的属性信息（见图4.5-23）。

5. 编码信息模型分割

功能：对已经附加编码的模型进行分割（见图4.5-24），分割后的模型继承原模型的所有附加属性。

备注：分割面类型为Shape面。

6. 批量修改元素颜色

功能：批量修改所有模型的颜色，确保单个模型颜色的在当前Model中的唯一性，主

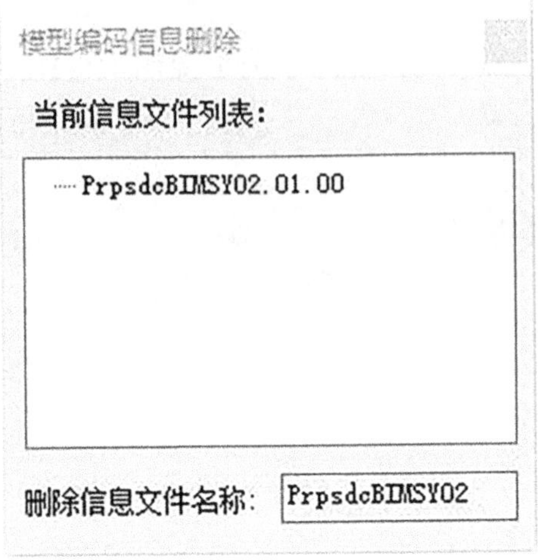

图 4.5-23　**模型编码信息删除工具界面**

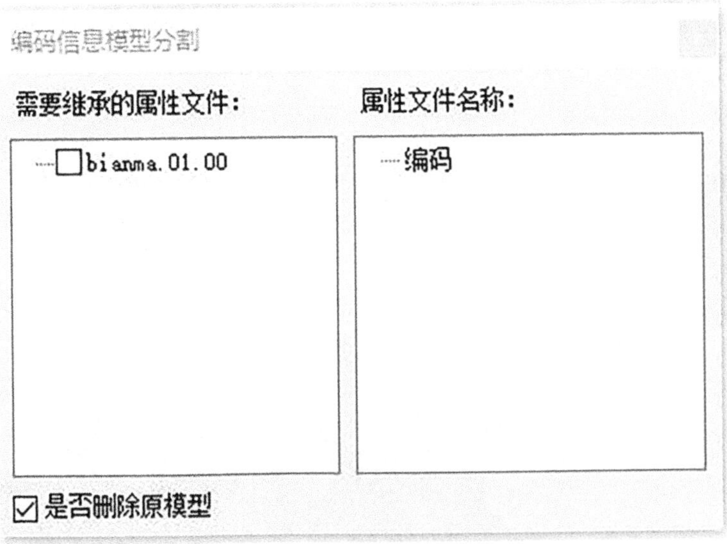

图 4.5-24　**编码信息模型分割工具界面**

要解决颜色相同的模型在导出. dae 格式、. fbx 格式等中间格式时会被自动合并问题。

备注:单次修改元素的数量不超过 1 600 个。

4.5.2.5　通用模型编码

功能:实现几何模型上多级自定义编码的附加(见图 4.5-25)。

备注:

(1)本工具适用于多级自定义编码附加,多级编码需预先在 Excel 文件中定义,不同级别的编码在 Excel 中需要分不同的表单。

(2)本工具提供了通过特定名称快速搜索编码的功能,使用过程中可在搜索框内输入特定名称进行搜索,提高效率。

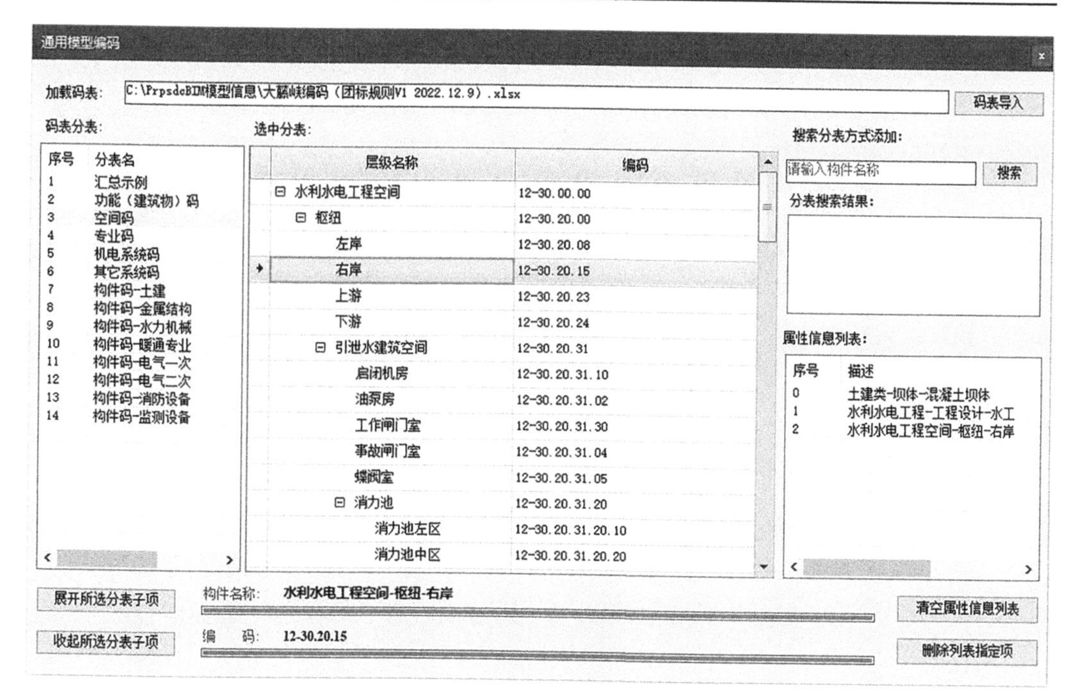

图 4.5-25　通用模型编码工具界面

第三篇　模型信息应用与实现

第5章 水利水电工程BIM模型的创建与分类编码

随着信息化、数字化的发展，水利水电工程建设也越来越注重信息化建设。信息模型分类和编码标准是信息化建设的重要组成部分，本章将介绍水利水电工程信息模型分类和编码标准的相关内容。

(1)水利水电工程信息模型分类。一般包括以下几类：基本信息模型、设计信息模型、施工信息模型、运维信息模型、监测信息模型等。其中，基本信息模型是各类信息模型的基础，主要包括水利水电工程名称、位置、规模、用途等基本信息；设计信息模型是水利水电工程设计阶段的信息模型，主要包括设计方案、设计图纸、设计计算等信息；施工信息模型是水利水电工程施工阶段的信息模型，主要包括施工方案、施工图纸、施工计划等信息；运维信息模型是水利水电工程运维阶段的信息模型，主要包括运行数据、维护记录、保养计划等信息；监测信息模型是对水利水电工程运行状态进行监测的信息模型，主要包括监测数据、监测报告、预警信息等信息。

(2)水利水电工程信息模型编码标准。是为了实现信息模型的标准化管理和互操作性，而采用的一套标准编码。水利水电工程信息模型编码标准主要包括以下方面：命名规则、分类方法、属性定义、关系定义等。其中，命名规则是为了保证信息模型的名称规范统一，分类方法是为了对信息模型进行分类管理，属性定义是为了对信息模型的各个属性进行明确的定义，关系定义是为了对不同信息模型之间的关系进行定义和管理。在实际应用中，可以采用国际标准或者行业标准进行编码。

水利水电工程信息模型分类和编码标准是信息化建设的重要组成部分，对于提高水利水电工程建设的信息化水平具有重要意义。

5.1 信息模型创建要求

信息模型质量的好坏决定了后期模型应用的成败和效果，因此建立规范优质的模型是信息模型应用的基础。

5.1.1 模型创建的一般规定

三维模型文档创建时，应该采用指定的种子文件作为模板，枢纽系统和工厂系统采用的种子文件不同。

各专业单体模型一般需先在世界坐标原点附近创建除建模与地形模型关系密切的，如地形模型、开挖模型、坝体模型等需在地形模型基础上建立的模型，单体模型通过参考的方式旋转、移动到正确坐标位置进行专业总装，整体模型参考各专业总装文件。

枢纽部分三维建模坐标系由地质勘察数据确定。

工厂部分三维建模坐标系由厂房/结构专业规定,Z 坐标代表实际高程;XY 坐标表示两个方向的桩号,按顺水流方向进行表示,+Y 表示下游侧,-Y 表示上游侧,+X 表示厂右侧,-X 表示厂左侧,XY 平面原点与厂左右 0±000.00、厂上下 0±000.00 重合。

工厂部分三维建模以轴网作为辅助坐标系,由厂房/结构专业负责创建和维护。轴网各个轴线即为建筑物主要结构柱中心线。建议从厂左向厂右的轴号依次为 1、2、3、4、…,上下游方向轴号为 A、B、C、D、…。

各个专业的三维模型应该根据模型的种类、功能放置在规定的图层内,具体图层见《水利水电工程三维数字化设计模型技术指南》中相关内容;模型的色彩应严格按照《水利水电工程三维数字化设计模型技术指南》中相关内容赋予,指南中未涉及的内容,应另行商定其色彩。

各个专业建模过程中应参考其他专业的三维模型,及时了解相关专业的布置情况和布置动态。

涉及地形的模型宜采用米为单位,其他采用毫米。

5.1.2　模型层级

为满足不同层次的 BIM 模型应用需要,需将 BIM 模型划分层级。根据《水利水电工程设计信息模型交付标准》(T/CWHIDA 0006—2019),BIM 模型的层级划分原则见表 5.1-1。

表 5.1-1　BIM 模型的层级划分原则

模型层级	信息模型
项目级	项目的总体模型,由各功能级信息模型集成
功能级	按专业分(如水工模型、机电模型、地质模型)
	承载完整功能的系统
	建筑物空间分区
构件级	是单体内专业级信息模型的最小功能单元(如墙、板、水泵等)
零件级	是构件与设备级信息模型的最小组成单元

模型单元的划分应满足工程项目各专业、各参建方协同工作的需要。

(1)项目级模型单元包含工程、子工程,若没有子工程,也可合并为工程。子工程的划分应符合下列规定:

①按项目功能拆分,如环北广东水资源配置工程_初设_地心泵站工程。

②多个建筑物地理位置较为分散的大中型水利水电工程或线性工程,按工程地理位置拆分,如环北广东水资源配置工程_初设_输水工程_云浮段。

招标阶段按施工分标段拆分,如环北广东水资源配置工程_施工_A1 标段。

(2)功能级模型单元的划分应符合下列规定:

①水工专业按建筑物功能拆分,如水工专业_挡水建筑物_重力坝_溢洪道。

②监测专业按部位、仪器类型拆分,如监测专业_泄水闸段_应力应变及温度监测_应

力计。

③机电专业按电厂标识系统拆分,如机电专业_电气一次_厂用电系统_厂用变压器。

④金结专业按部位、设备类型拆分,如金结专业_引水闸坝段_闸门_弧形闸门。

(3)构件级模型单元的划分应符合下列规定:

①水工专业按构件拆分,如基础、底板。

②监测、机电专业按单个仪器设备拆分,如引水闸坝段1#应力计、1#变压器。

③金结专业闸门(工作闸门、检修闸门)、阀门(工作阀门、检修阀门)等按构件拆分,如1#工作闸门_门叶结构;启闭机按单个设备拆分,如1#固定式卷扬机。

(4)零件级模型单元为划分的最小模型单元,施工阶段应按工程质量检验与评定的要求进行拆分。

5.1.3　命名规则

模型文件命名考虑到模型校审或其他人员能直观从中读取到模型相关信息,如模型归属、阶段、专业、实施者等,命名以尽量简洁易识别为原则,且尽量用对象名称首字母或数字代替进行字符位数限制,模型文件命名如下:

<项目代码>_<阶段>_【区域】_<专业代码>_【模型级别】_<分部>_【桩号/编号】_<作者/更新者>_<版本>

解释如下:<必填项目>【选填项目】

<项目代码>——用于辨识不同项目,取项目大写首字母,比如环北部湾广东水资源配置工程可编写为HBSZYPZ;

<阶段>——用于区分项目阶段的代码,不同阶段代码见表5.1-2;

表5.1-2　阶段代码

序号	阶段	阶段代码	英文全称
1	预可行性研究项目建议书	PP	ProjectProposal
2	可行性研究阶段	PS	FeasibilityStudy
3	初步设计阶段	PD	PreliminaryDesign
4	招标设计阶段	BD	BiddingDesign
5	施工图设计阶段	DD	DetailedDesign

【区域】——用于区分项目不同区域的工作内容;

【模型级别】——项目总装、标段总装、区域总装、专业总装当不是总装时,此命名层级忽略);

<专业代码>——区分区域内各专业代码,专业代码见表5.1-3;

<分部>——按模型划分,分成建筑物及组成建筑物的部位或机电系统的划分(模型为总装时忽略);

【桩号/编号】——用于识别模型文件水平方向的位置,可以为桩号/编号(模型为总装时忽略);

<作者/更新者>——模型创建的人员姓名及更新人员姓名；

<版本>——用于区分因变更产生的模型版本，采用版本号+日期方式，版本号按大写英文字母排序。

表 5.1-3　专业代码

专业	测绘	地质	水工	监测	金结	水机	电一
代码	SM	G	HS	Mo	MS	HM	EP
专业	电二	施工	通信	信息	消防	建筑	结构
代码	ES	C	CE	I	FP	A	S
专业	给水排水	暖通工程	环境工程	景观专业	交通		
代码	P	M	EE	L	T		

5.1.4　建模内容

5.1.4.1　测绘专业的模型

测绘专业的模型宜包括下列内容：

(1)地形模型，用于表示地面起伏形态的三维模型，包括陆域地形和水域地形。

(2)地物模型，用于表示地面上固定性物体的三维模型，包括地上地物、地下地物、水上地物、水下地物。

5.1.4.2　地质专业的模型

地质专业的模型宜包括下列内容：

(1)地质地层模型，用于体现勘区地层几何分布的三维模型，包括勘探孔、土层单元、岩层单元和其他薄层地质体、透镜体等。

(2)特殊地质体模型，用于表示自然界中特殊地质现象的三维模型，包括滑坡、泥石流、溶洞、土洞、危岩、采空区和孤石等。

5.1.4.3　水工专业的模型

1. 挡水工程

(1)土石坝模型宜包括下列内容：

①坝基开挖与处理模型。

②坝基及坝肩防渗模型。

③防渗心墙模型。

④坝体填筑模型。

⑤坝体排水模型。

⑥坝脚排水棱体模型。

⑦上游坝面护坡模型。

⑧下游坝面护坡模型。

⑨坝顶模型。

⑩护岸及其他模型。
(2)重力坝模型宜包括下列内容:
①坝基开挖与处理模型。
②坝基及坝肩防渗排水模型。
③非溢流坝段模型。
④溢流坝段模型。
⑤引水坝段模型。
⑥厂坝连接段模型。
⑦底孔坝段模型。
⑧坝体接缝灌浆模型。
⑨廊道及坝内交通模型。
⑩坝顶模型。
⑪消能防冲工程模型。
⑫高边坡处理模型。
(3)混凝土面板堆石坝模型宜包括下列内容:
①坝基开挖与处理模型。
②趾板及周边缝止水模型。
③坝基及坝肩防渗模型。
④混凝土面板及接缝止水模型。
⑤垫层与过渡层模型。
⑥堆石体模型。
⑦上游铺盖与盖重模型。
⑧下游坝面护坡模型。
⑨坝顶模型。
⑩护岸与其他模型。
(4)沥青混凝土面板堆石坝模型宜包括下列内容:
①坝基开挖与处理模型。
②坝基及坝肩防渗模型。
③混凝土面板心墙模型。
④坝体填筑模型。
⑤坝体排水模型。
⑥上游坝面护坡模型。
⑦下游坝面护坡模型。
⑧坝顶模型。
⑨护岸与其他模型。
(5)拱坝模型宜包括下列内容:
①坝基开挖与处理模型。
②坝基及坝肩防渗排水模型。

③非溢流坝段模型。
④溢流坝段模型。
⑤底孔中孔坝段模型。
⑥坝体接缝灌浆模型。
⑦廊道及坝内交通模型。
⑧消能防冲模型。
⑨坝顶模型。
⑩推力墩模型。
⑪周边墩模型。
⑫绞座模型。
⑬高边坡处理模型。
(6)橡胶坝模型宜包括下列内容：
①坝基开挖与处理模型。
②基础底板模型。
③边墩、中墩模型。
④铺盖或截渗墙模型。
⑤上游翼墙及护坡模型。
⑥消能防冲模型。
⑦坝袋模型。
(7)水闸泄洪闸、冲砂闸、进水闸模型宜包括下列内容：
①上游连接段模型。
②基础防渗排水模型。
③闸室段模型。
④消能防冲模型。
⑤下游连接段模型。
⑥交通桥模型。

2. 泄水工程

(1)溢洪道模型宜包括下列内容：
①地基防渗与排水模型。
②进水渠模型。
③控制段模型。
④泄槽段模型。
⑤消能防冲模型。
⑥尾水段模型。
⑦护坡与其他模型。
(2)泄洪隧洞放空洞、排砂洞模型宜包括下列内容：
①进水口或竖井模型。
②有压洞身段模型。

③无压洞身段模型。
④工作阀门段模型。
⑤出口消能段模型。
⑥尾水段模型。
⑦导流洞堵体段模型。

3. 枢纽工程中的引水工程

(1)坝体引水模型宜包括下列内容:
①进水闸室段模型。
②引水渠段模型。
③厂坝连接段模型。

(2)引水隧洞及压力管道模型宜包括下列内容:
①进水闸室段模型。
②洞身段模型。
③调压井模型。
④压力管道段模型。
⑤灌浆模型。

4. 发电工程

(1)地面厂房模型宜包括下列内容:
①进口段模型。
②安装间模型。
③主机段模型。
④尾水段模型。
⑤副厂房、中控室模型。
⑥其他模型。

(2)地下厂房模型宜包括下列内容:
①安装间模型。
②主机段模型。
③尾水段模型。
④副厂房、中控室模型。
⑤交通隧洞模型。
⑥出线洞模型。
⑦通风洞模型。
⑧其他模型。

5. 升压变电工程

地面升压变电站、地下升压变电站模型宜包括下列内容:
(1)变电站模型。
(2)开关站模型。
(3)交通洞模型。

(4)母线洞模型。

(5)出线洞模型。

(6)通风洞模型。

6. 航运工程

(1)船闸模型宜包括下列内容:

①基槽开挖模型。

②地基与基础处理模型。

③上游引航道模型。

④上闸首模型。

⑤闸室模型。

⑥下闸首模型。

⑦下游引航道模型。

⑧墙后工程模型。

(2)升船机模型宜包括下列内容:

①基槽开挖模型。

②地基与基础处理模型。

③上游引航道模型。

④上闸首模型。

⑤升船机主体模型。

⑥下闸首模型。

⑦下游引航道模型。

⑧墙后工程模型。

(3)码头模型宜包括下列内容:

①桩基式结构模型,包括桩基、桩帽、横梁、上横梁、下横梁、轨道梁、纵梁、前边梁、后边梁、系靠船梁、靠船构件、水平撑、立柱、墩台、联系梁、地梁、面板、面层、节点等。

②板桩式结构模型,包括板桩、地下连续墙、拉杆、导梁、帽梁、锚碇墙、锚碇板、板桩胸墙、卸荷承台、遮帘桩等。

③重力式结构模型,包括基床、沉箱、坐床式圆筒、结构内回填料、扶壁、实心方块、空心块体、挡土墙、减压棱体、倒滤井、胸墙、卸荷板、混凝土压顶等。

④实体斜坡式结构模型,包括护底、压脚、垫层、堤心石、护面结构、挡浪墙、轨枕、横撑、盲沟、明沟、枯水平台、截流沟等。

⑤特殊形式结构模型,包括格形钢板桩、沉入式圆筒、半圆体、沉井、陆域轨道梁、趸船等。

7. 过鱼工程

(1)鱼道模型宜包括下列内容:

①进口段模型。

②槽身段模型。

③出口段模型。

(2)鱼闸模型宜包括下列内容：
①上鱼室模型。
②闸室模型。
③下鱼室模型。

8. 堤防工程

堤防工程模型宜包括下列内容：
(1)堤基处理模型。
(2)防渗模型。
(3)堤身填筑模型。
(4)压浸平台模型。
(5)堤身防护模型。
(6)堤脚防护模型。

9. 引输水河渠道工程

(1)明渠、暗渠模型宜包括下列内容：
①渠基开挖模型。
②渠基填筑模型。
③渠身模型。
④边坡处理模型。
(2)水闸模型宜包括下列内容：
①上游引河段模型。
②上游连接段模型。
③闸基开挖与处理模型。
④地基防渗与排水模型。
⑤闸室段模型。
⑥消能防冲模型。
⑦下游连接段模型。
⑧下游引河段模型。
⑨桥梁模型。
(3)渡槽模型宜包括下列内容：
①基础模型。
②进、出口段模型。
③支撑结构模型。
④槽身模型。
(4)隧洞模型宜包括下列内容：
①开挖模型。
②隧洞固结灌浆模型。
③进口段模型。
④洞身模型。

⑤出口段模型。

(5)倒虹吸模型宜包括下列内容:

①进口段模型。

②管道段模型。

③出口段模型。

(6)涵洞模型宜包括下列内容:

①基础与地基模型。

②进口段模型。

③洞身模型。

④出口段模型。

(7)泵站模型宜包括下列内容:

①基础与地基模型。

②引渠模型。

③前池及进水池模型。

④主机段模型。

⑤检修间模型。

⑥配电间模型。

⑦输水管道模型。

⑧出水池模型。

⑨交通桥模型。

5.1.4.4　监测专业的模型

监测专业的模型宜包括下列内容:

(1)集中检测设备模型,包括监测计算机、计算机外设、通信对讲设备、定位设备、测量单元 MCU、中继器或路由器、防雷设备、数据读取仪表、集线箱。

(2)传感仪表模型,包括温度仪表、湿度仪表、雨量仪表、压力仪表、风速与风力仪表、水位仪表、流量仪表、渗流渗压仪表、应力与应变仪表、水平位移仪表、垂直位移仪表、倾斜位移仪表、其他位移仪表、振动测量仪表、掺气测量仪表等。

(3)仪表管线敷设模型,包括普通钢管敷设、高压管敷设、不锈钢管敷设、非金属管敷设、电缆敷设、光缆敷设等。

5.1.4.5　金结专业的模型

金结专业的模型宜包括下列内容:

(1)工作闸门模型,包括平面滑动闸门、平面定轮闸门、链轮闸门、弧形闸门、翻板式闸门、升卧式闸门、人字闸门、浮式闸门。

(2)检修闸门模型,包括实腹式叠梁检修闸门、桁架式叠梁检修闸门、浮箱式叠梁检修闸门、浮式检修闸门等。

(3)工作阀门模型,包括平板工作阀门、反向弧形阀门等。

(4)检修阀门模型,包括平板检修阀门、变截面检修阀门等。

(5)承船厢模型。

(6)附属设施模型,包括浮式系船柱、拦污栅、拦污排、系靠柱等。

(7)启闭设备模型,包括液压直推式启闭机、固定式卷扬启闭机、台车式卷扬启闭机、螺杆式启闭机、齿轮齿盘式启闭机、齿轮齿条式启闭机、齿杆启闭机和简易起吊设备等。

5.1.4.6　水机专业的模型

水机专业的模型宜包括下列内容:

(1)发电机组模型,包括水轮机、发电机。

(2)提水机组模型。

(3)桥机模型,包括起重小车、轨道、车挡等。

(4)泵模型,包括渗漏排水泵、检修排水泵、供水泵、潜水泵、油泵、深井泵、轴流泵、混流泵、离心泵等。

(5)阀门模型,包括自动空气阀、逆止阀、截止阀、电磁阀、安全阀、闸阀、球阀、蝶阀、减压阀等。

(6)水机设备模型,包括调速器、滤油机、空气压缩机控制柜、空气压缩机、机组制动柜、检修密封柜、油压装置等。

(7)密封设施模型,包括水封水汽系统、密封门、检修孔盖等。

(8)气、水、油管路及附属模型,包括低压管道、中压管道、高压管道、自动化元件及仪表等。

(9)气、水、油存储设施模型,包括供水池、稳压水池、储气罐、油罐、漏油箱等。

5.1.4.7　电一专业的模型

电一专业的模型宜包括下列内容:

(1)变配电设备模型,包括高压配电设备、低压配电设备、箱式变电站、变压器、照明配电箱、动力配电箱、检修箱、设备接线箱等。

(2)电源设备模型,包括柴油发电机、直流电源屏、船舶岸电系统、充电桩、应急电源、不间断电源、双电源切换装置等。

(3)照明设备及装置模型,包括室外照明灯具、室内照明灯具、应急照明灯具、开关、插座等。

(4)防雷接地装置模型,包括接闪器、引下线、接地装置等。

(5)线缆及线缆防护模型,包括母线槽、高压电缆、低压电缆、滑触线、导线、电缆线槽、电缆桥架、母线桥、电缆保护管、分线盒、电缆支架、电缆吊架等。

(6)电气构筑物模型,包括电缆沟、电缆井、电缆隧道、箱式变电站基础、照明杆塔基础等。

5.1.4.8　控制专业的模型

控制专业的模型宜包括下列内容:

(1)终端设备模型,包括工作站、移动式计算机、显示设备、拼接显示设备等。

(2)网络设备模型,包括机柜、路由器、交换机、防火墙等。

(3)数据处理设备模型,包括服务器、存储器、无线设备等。

(4)电源设备模型,包括应急电源、不间断电源、双电源切换装置等。

(5)输出设备模型,包括打印机、扫描仪、复印机、传真机等。

(6)控制设备模型,包括主控器、通信模块、电源模块、输入模块、输出模块、检测保护开关、编码器等。

(7)仪表模型,包括温度仪表、压力仪表、流量仪表、物位仪表、过程分析仪表、显示控制仪表等。

(8)火灾报警装置模型,包括主控设备、火灾探测器、按钮、联动控制设备、联动电源、联动机柜、火灾区域显示器、线性测温设备、接线端子箱、模块、声光报警器、消防广播、消防电话等。

(9)线缆及线缆防护模型,包括控制电缆、导线、电缆线槽、电缆桥架、电缆保护管、分线盒、电缆支架、电缆吊架等。

(10)控制构筑物模型,包括电缆沟、电缆井等。

5.1.4.9　施工专业的模型

施工专业的模型宜包括下列内容:

(1)围堰模型。

(2)施工道路模型。

(3)临时设施模型。

(4)施工机械模型。

5.1.4.10　通信专业的模型

通信专业的模型宜包括下列内容:

(1)通信设备及装置模型,包括摄像机、电视机、电话机、投影仪、广播话站、扬声器、光端机、音频设备、放大器、信息插座等。

(2)网络设备模型,包括机柜、路由器、交换机等。

(3)数据处理设备模型,包括服务器、存储器、无线设备等。

(4)输出设备模型,包括打印机、扫描仪、复印机、传真机等。

(5)电源设备模型,包括应急电源、不间断电源、双电源切换装置等。

(6)线缆及线缆防护模型,包括通信电缆、光缆、导线、电缆线槽、电缆桥架、电缆保护管、分线盒、电缆支架、电缆吊架等。

(7)通信构筑物模型,包括电缆沟、电缆井等。

5.1.4.11　信息专业的模型

信息专业的模型宜包括下列内容:

(1)网络设备模型,包括机柜、路由器、交换机、防火墙等。

(2)数据处理设备模型,包括服务器、存储器、无线设备等。

(3)输出设备模型,包括打印机、扫描仪、复印机、传真机等。

(4)电源设备模型,包括应急电源、不间断电源、双电源切换装置等。

(5)线缆及线缆防护模型,包括信息电缆、光缆、导线、电缆线槽、电缆桥架、电缆保护管、分线盒、电缆支架、电缆吊架等。

(6)信息构筑物模型,包括电缆沟、电缆井等。

5.1.4.12 消防专业的模型

消防专业的模型宜包括下列内容:

(1)室内、室外的消防设备模型,包括消防泵、稳压泵、稳压罐、增压稳压给水设备、气压给水设备、消防炮、泡沫比例混合装置、消火栓、消火栓箱、灭火器、灭火器箱、消防水箱等。

(2)消防配套设施模型,包括检查井、阀门井、消防水池、消防炮塔等。

(3)管道、阀门附件及仪表、管道支墩支吊架、设备基础和预埋件等模型。

5.1.4.13 建筑专业的模型

建筑专业的模型宜包括下列内容:生产与辅助生产建筑物、辅助生活建筑物等。

5.1.4.14 建筑结构专业的模型

建筑结构专业的模型宜包括下列内容:工程内生产与辅助生产建筑物、辅助生活建筑物、廊道、栈桥、管架、坑道、室外设备基础、管沟井及其基础开挖回填等。

5.1.4.15 给水排水专业的模型

给水排水专业的模型宜包括下列内容:

(1)室内、室外的给水及排水设备模型,包括清水泵、污水泵、稳压泵、稳压罐、增压稳压给水设备、气压给水设备、水箱等。

(2)给水排水配套设施模型,包括清水池、污水池、检查井、沟管连接井、跌水井、水封井、截流井、沉泥井、水表井、阀门井、闸门井、雨水口、排水沟、出水口等。

(3)管道、阀门附件及仪表、管道支墩支吊架、设备基础和预埋件等模型。

5.1.4.16 暖通专业的模型

暖通专业的模型宜包括下列内容:

(1)室内、室外的设备模型,包括锅炉、散热器、稳压设备、冷水热泵机组、空调机组、冷却塔、风机、水泵、分集水器、分汽缸、空调末端设备、风幕机、除尘器、空气处理设备、储气罐、空气压缩机、喷嘴、喷枪、喷枪阀门箱、末端控制箱、水气分配器等。

(2)配套设施模型,包括检查井、管沟等。

(3)管道、阀门附件及仪表、管道支墩支吊架、设备基础和预埋件模型等。

5.1.4.17 环境专业的模型

环境专业的模型宜包括下列内容:

(1)污水处理构筑物与设备模型,包括调节池、沉淀池、沉沙池、生物池、过滤池、消毒池、污泥池等,以及拦污设备、加药设备、浮液浮渣污泥排除设备、油水分离设备、气浮设备、沉淀装置、生物处理装置、过滤装置和消毒设备等。

(2)粉尘控制设备模型,包括防风抑尘网和除尘器等。

(3)废气处理设备模型,包括油气回收设备和废气净化设备等。

(4)噪声控制设备模型,包括隔声屏障等。

(5)溢油应急设备模型,包括围油栏等。

(6)管道系统及配套设施模型,包括管道、管道管件、管道阀门、管道仪表和管道支护等,以及检查井、沟管连接井、跌水井、水封井、截流井、水表井、阀门井、闸门井、排水沟、出水口、化粪池和隔油池等配套设施。

5.1.4.18　景观专业的模型

景观专业的模型主要是展示工程建筑周边自然环境概况,宜包括下列内容:地形模型、植被模型、水系模型、设施构建、动物和人、气候环境等。

5.1.4.19　交通专业的模型

交通专业的模型宜包括下列内容:

(1)路基模型,包括路床、路堤。

(2)路基加固模型,包括垫层、砂井、排水板、桩基、土工合成材料等。

(3)排水构建模型,包括路面排水、路基排水等。

(4)支挡防护构建模型,包括挡土墙、边坡防护。

(5)路面结构模型,包括面层、基层、底基层、垫层、路缘石。

(6)桥梁模型,包括上部结构、下部结构、钢筋、预应力及管道构件、基础构件、桥台构件、桥墩构件、桥面系和附属工程构件。

5.1.5　信息模型属性的附加与编码

信息模型属性的附加与编码见中水珠江规划勘测设计有限公司企业标准《三维信息模型存储指南》第 3 章“3.3　属性附加”与“3.4　KKS 编码”。

5.1.6　模型拆分

模型拆分应根据需要选择拆分方式。

信息模型按专业、工程对象、功能系统、工作要求等进行拆分。

信息模型在按专业进行拆分的基础上,宜遵循下列规定:

(1)当模型内存在多个工程对象时,可按工程对象拆分,也可以依照工程对象的不同等级进行细分。

(2)当专业模型内存在多个系统时,可按功能系统进行拆分;专业内模型可按系统类型进行拆分。

(3)当需考虑特定工作要求时,可按工作要求拆分。

5.1.7　模型精细度要求

根据《水利水电工程设计信息模型交付标准》(T/CWHIDA 0006—2019)模型的精细度由精细度等级衡量,模型精细度等级划分应符合表 5.1-4 的规定。根据工程项目的应用需求,可在基本等级之间扩充模型精细度等级。

表 5.1-4　模型精细度等级划分

等级	英文名	代号	所包含的最小模型单元	对应设计阶段的最低要求
1.0 级模型精细度	LevelofModelDefinition1.0	LOD1.0	项目级模型单元	项目建议书阶段
2.0 级模型精细度	LevelofModelDefinition2.0	LOD2.0	功能级模型单元	可行性研究报告阶段
3.0 级模型精细度	LevelofModelDefinition3.0	LOD3.0	构件级模型单元	初步设计阶段、招标设计阶段
4.0 级模型精细度	LevelofModelDefinition4.0	LOD4.0	零件级模型单元	施工图设计阶段、竣工移交模型

5.2　信息模型创建

在项目开展之初，通过对设计工作范围和设计要求深入解读，对设计任务全面梳理，厘清设计流程，明确设计成果及 BIM 应用要求，明确数字化移交要求，按照项目级 BIM 应用标准体系与 BIM 应用策划方案，形成标准模型和操作指南，并经由业主和专家审查后执行。

在设计执行过程、控制过程和收尾过程中，分别从技术、进度、质量、风险、变更等方面执行策划方案，并进行实时干预，及时了解项目资源占用、进度计划等情况，动态调整，提高信息化管理效率。同时，通过设立项目 BIM 总监，建立 BIM 支持团队，全程参与 BIM 技术应用流程，从顶层设计上对项目 BIM 应用进行监督管理，确保 BIM 策划的顺利实施。

5.2.1　平台搭建

协同平台由 BentleyProjectWise 和 MicroStation 组成，ProjectWise 采用 C/S(客户端/服务器)架构(见图 5.2-1)，主要用于工程信息管理。MicroStation 是统一的工程信息创建平台，可查看、编辑所有专业的设计成果，提供参考、连接、打开、导入导出等多种方式，实现不同专业、不同软件之间的数据共享。各专业采用统一的文件格式(DGN)，以便无损共享。

5.2.2　先进的设计建模方法

本工程将进行全专业分类数据库搭建，分别定制水工模版库、金结模版库、机电模版库、施工模版库等，以参数化或半参数化搭积木的方式进行建模，以数据核心驱动，提升三维设计效率。

目前，已自主研发一套三维正向设计产品，包含三维厂站辅助设计、三维枢纽结构辅助设计、三维构件设计、三维规划设计、三维开挖设计、三维模型信息设计、三维出图设计、

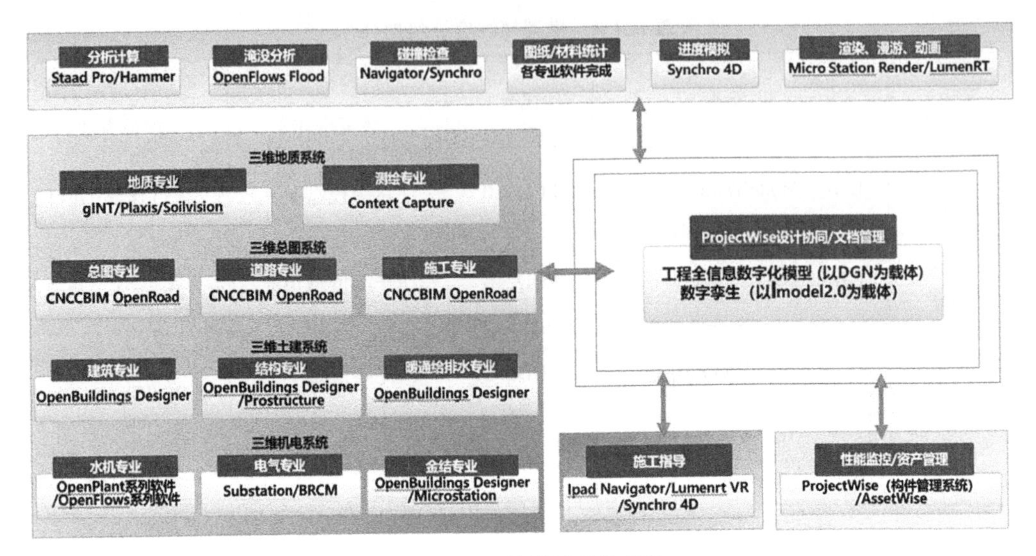

图 5.2-1　三维设计总体架构

三维地形设计、三维模型算量等 9 款设计软件。通过多个项目的检验，以快速设计、精确提量的手段，快速进行多方案设计及工程量提取工作，优化设计方案，提升了设计产品质量、提高了 BIM 正向设计效率，获得了专业设计人员好评。

测绘专业使用 MapStation 的“地形模型”模块，利用点云、等高线、高程点等地形要素创建三维地形模型，见图 5.2-2。

图 5.2-2　工程原始三维地形

地质专业使用 GeoStation 软件，利用钻探数据、勘探剖面图、工程地质平面图等地质要素创建三维地质模型，见图 5.2-3。

水工专业使用 MicroStation 或 AECOsimBuildingDesigner（简称 ABD）的建筑、结构、设备等模块，依据相关资料进行三维设计，创建水工三维模型（见图 5.2-4～图 5.2-6）。在建模过程中经多年的探索已定制或通过二次开发的方式形成了一套复杂模型快速建模及参数化建模工具集。

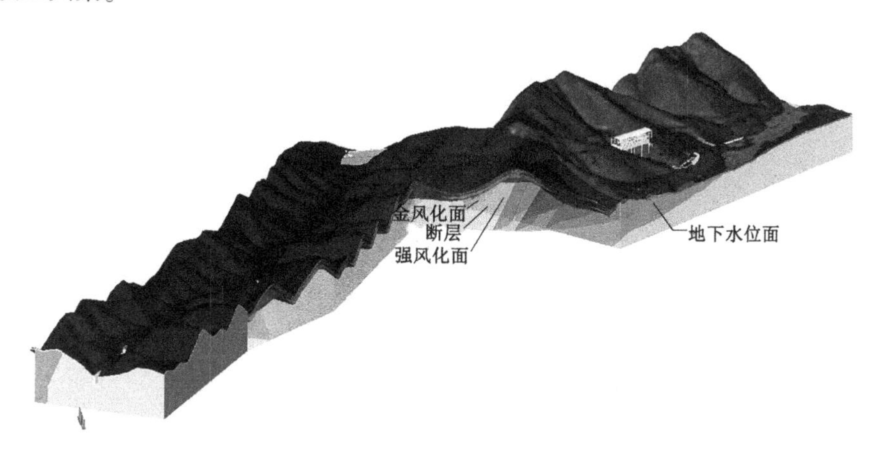

图 5.2-3　工程三维地质模型(示例)

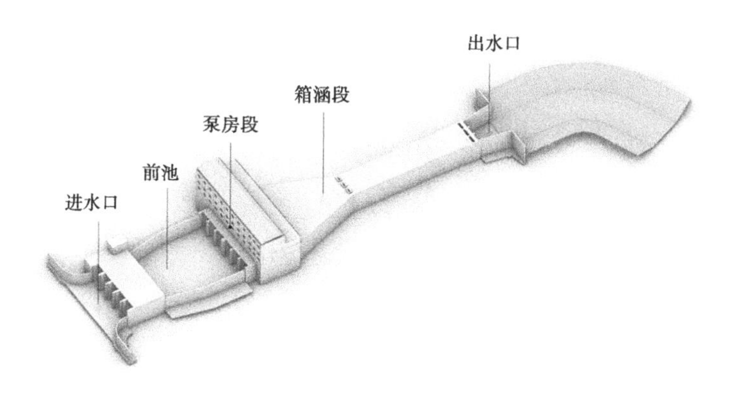

图 5.2-4　三维轴测图 1

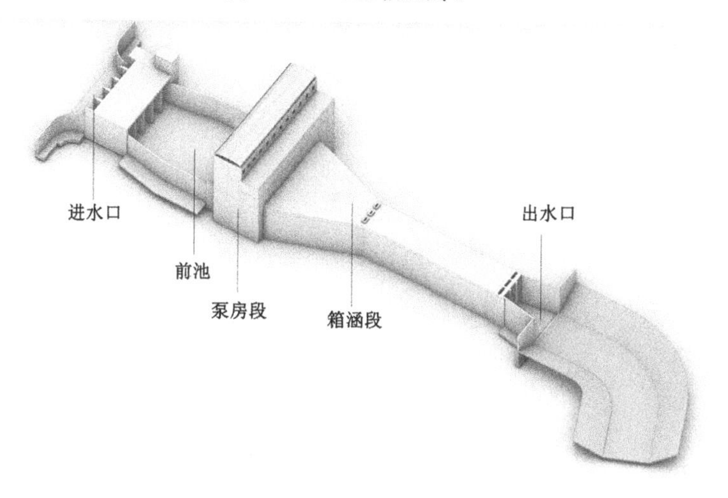

图 5.2-5　三维轴测图 2

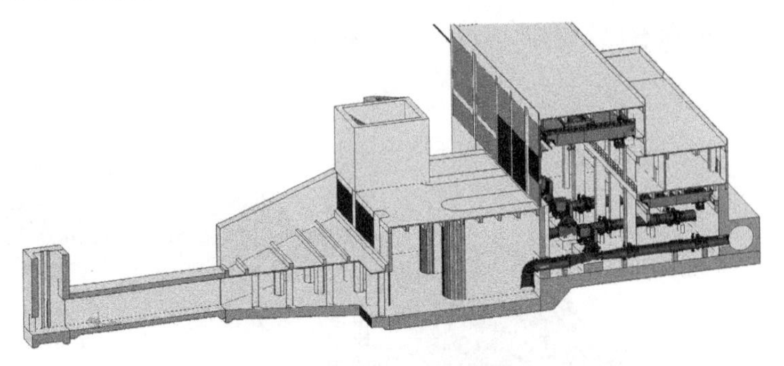

图 5.2-6　泵站三维模型

金结专业利用 SolidWorks 软件创建了金属结构,金结三维模型见图 5.2-7、图 5.2-8。

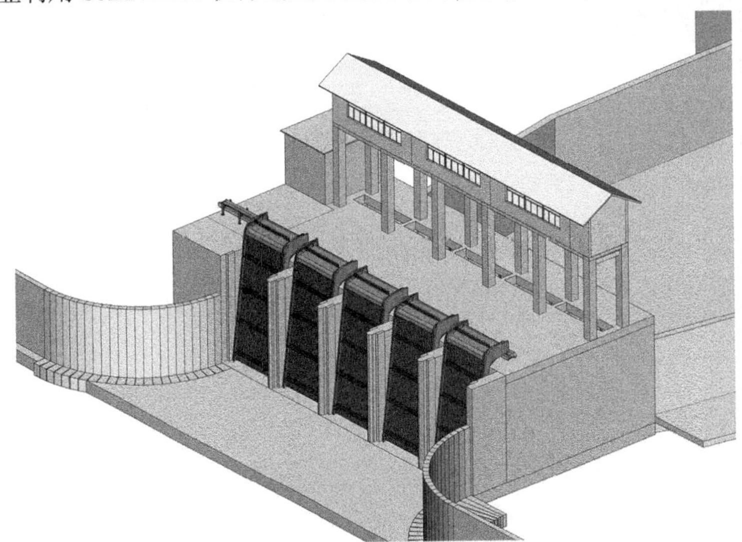

图 5.2-7　拦污栅金结三维模型

图 5.2-8　泵站闸门金结三维模型

水机专业利用 OpenPlantModelerCE 软件创建了泵站的卧式中开离心泵、电动双梁桥式起重机、蝶阀等三维模型,水机专业三维模型见图 5.2-9~图 5.2-11。

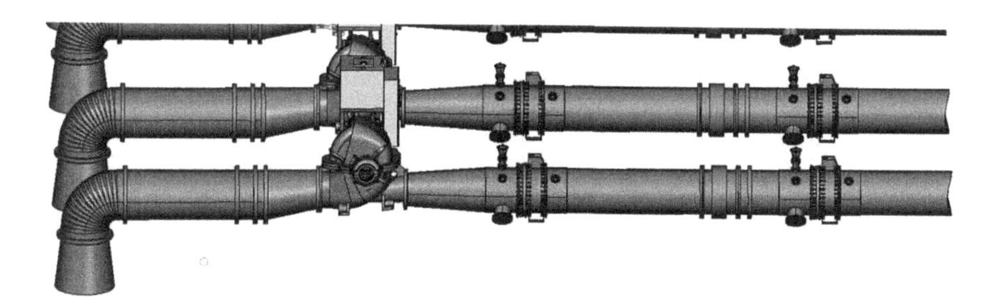

图5.2-9　水机三维模型

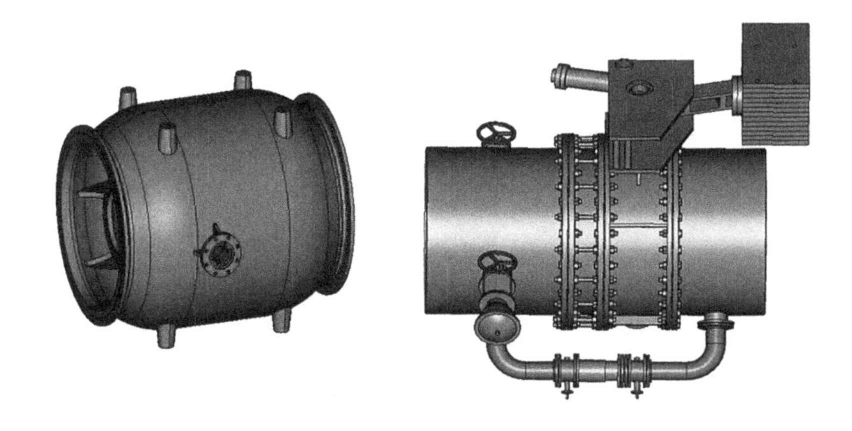

图5.2-10　调压阀、蝶阀三维模型

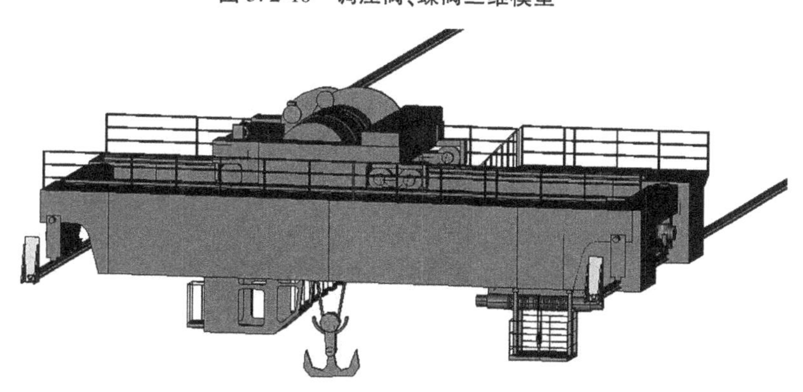

图5.2-11　泵站桥机三维模型

5.3　信息模型的分类编码

水利水电工程建设资源、建设进程、建设成果中,建筑、结构、暖通、室内工程等内容引用《建筑信息模型分类和编码标准》(GB/T 51269—2017),其他水利水电工程信息模型分类采用《水利水电工程信息模型分类和编码标准》(T/CWHIDA 0007—2020)的分类编码规则。设计阶段信息模型中信息的分类与编码在设计各阶段应具有继承性和延续性。设计各阶段赋予模型的编码信息应根据工作进度适时添加和完善,后续设计工作可以继承和拆分。

设计阶段信息模型编码顺序应符合表 5.3-1 的规定，详见《水利水电工程信息模型分类和编码标准》（T/CWHIDA 0007—2020）附录 A。

表 5.3-1　设计阶段信息模型编码顺序

序号	表代码	分类表名称	编制说明
1	10	按功能分建筑物	在 GB/T 51269 基础上扩展水利水电工程相关内容
2	11	按形式分建筑物	引用 GB/T 51269
3	12	按功能分建筑空间	在 GB/T 51269 基础上扩展水利水电工程相关内容
4	13	按形态分建筑空间	引用 GB/T 51269
5	14	元素	引用 GB/T 51269
6	15	工作成果	引用 GB/T 51269
7	21	行为	引用 GB/T 51269
8	22	专业领域	在 GB/T 51269 基础上扩展水利水电工程相关内容
9	31	组织角色	引用 GB/T 51269
10	32	工具	引用 GB/T 51269
11	33	信息	引用 GB/T 51269
12	40	材料	引用 GB/T 51269
13	41	属性	引用 GB/T 51269
14	53	水利水电工程构件	按水利水电工程信息模型分类编码需求编制
15	54	水利水电工程工项	按水利水电工程信息模型分类编码需求编制
16	55	水利水电工程阶段	按水利水电工程信息模型分类编码需求编制
17	56	水利水电工程人员角色	按水利水电工程信息模型分类编码需求编制
18	57	水利水电工程产品	按水利水电工程信息模型分类编码需求编制
19	58	水利水电工程特性	按水利水电工程信息模型分类编码需求编制

续表 5.3-1

序号	表代码	分类表名称	编制说明
20	59	测绘与地质	按水利水电工程信息模型分类编码需求编制
21	60	水利水电工程系统	按水利水电工程信息模型分类编码需求编制
22	61	机电系统(KKS)	按水利水电工程信息模型分类编码需求编制
23	62	施工设备	按水利水电工程信息模型分类编码需求编制

第 6 章　水利水电工程 BIM 模型设计与应用

水利水电行业发展至今,在水利水电工程全生命周期中存在以下几个问题:

(1)信息在工程全生命周期各阶段(勘测、设计、施工、运行、报废)流失严重,主要体现在各个阶段的实施单位不是同一家单位,所使用的软件也不同,信息模型的传达与应用没有得到有效地传承与应用,信息在传递过程中丢失严重。

(2)工程项目设计效率低。水利水电行业设计单位仍然主要以二维设计为主,特别是中小设计院或者小型项目,这种设计方法不利于表达工程三维整体形象,没有专业知识的人需要很多时间才能看懂图纸、理解设计的意图,从而降低了成果的使用效率。对于一些大型设计院或者有一定体量的中型设计院,虽然可以使用三维设计,但是也很难做到三维正向协同设计,且模型主要以非参数化为主,这种设计方法虽较二维设计有了巨大进步,但是构造出的模型都是几何体系的堆叠,仅描述了设计模型的可视形状,不包含设计者的设计思想,也不具有可重用性;少数设计院中的少数专业已有的参数化设计却没有一个统一的标准,各设计院建立模型存在建模顺序、构件划分、尺寸变量以及装配参数不统一的现象,导致不同设计院的设计成果在协作过程中不能互用;此外,缺少高效的协同设计模式,图纸内的信息与模型无法进行有效关联,设计人员要找到相互关联的资料,仍然需要花费大量的时间自行查找、筛选;由于不能有效管理设计图档的版本,协同设计过程中经常会出现参考错误的旧版图档而不得不重新设计的情况,这不仅影响工作效率,还影响到了设计人员的积极性。

(3)信息共享管理水平低。水利水电工程项目信息来自项目勘测、设计、施工和运行阶段的各个环节,来自业主、设计单位、施工单位、材料供应商以及其他各组织与部门;来自测绘、水文、地质、规划、水工、机电金结、施工、水库、环保、水保等各个专业;来自质量控制、安全控制、进度控制、投资控制、合同管理等管理活动的各个方面,具有海量、多源、种类多、流通量大、更新迅速等特点。目前,信息的共享交流还是以二维图档形式为主,然而由于表达水利水电工程建筑物、岩体三维面貌需要大量二维图档支持,因此信息共享的量和效率严重受到针对二维图档进行的大量关联性分析和版本筛选的影响。此外,目前不同设计单位之间选用的设计软件不同,设计单位内部各专业业务不同导致专业间选用的设计软件也有所差异,因此各专业建立的三维模型在专业间及设计单位间均无法得到有效流通和利用,导致信息无法完全共享。

(4)信息的使用与表达没有有效地反馈工程。主要表现在:设计阶段,设计质量难以保证,存在结构和施工设计方案并未同时满足施工结构安全和施工进度的问题,以致施工阶段出现多次设计变更;施工阶段,项目管理者无法全面、直观、动态地掌握工程施工过程中的施工进度与结构安全状态,以致没有及时做出有效的调整与控制措施,导致工程施工进度延误和结构安全问题时有发生。

因此，借鉴建筑行业的BIM(building information model)技术，建立适用于水利水电行业的水利水电工程信息模型(Hydro-EIM，hydro-engineering information model)及其实施框架，研究信息模型的建立、共享管理和使用等环节的实施方法，对实现水利水电行业信息的充分集成、利用，提高设计效率，促进信息共享互用以及提高设计质量，保证施工安全与进度具有重要意义。

BIM即“建筑信息模型”，是以三维数字技术为基础，集成了工程各类相关信息的工程数据模型，是对工程项目设施实体与功能特性的数字化表达。一个完善的信息模型，能够连接工程全生命周期不同阶段的数据、过程和资源，是对工程对象的完整描述，可被建设项目各参与方共同使用。BIM具有单一工程数据源，可解决分布式、异构工程数据之间的一致性和全局共享问题，支持建设项目生命周期中动态的工程信息创建、管理和共享。信息模型又是一种应用于设计、建造、管理的数字化方法，这种方法支持工程的集成管理环境，可以使工程在其整个进程中显著提高效率并大量减少风险。

BIM的概念与传统2D传统技术相比较，具有如下特性及优势：

(1)模型信息的完备性：除了对工程对象进行3D几何信息和拓扑关系的描述，还包括完整的工程信息描述，如对象名称、结构类型、建筑材料、工程性能等设计信息；施工工序、进度、成本、质量及人力、机械、材料资源等施工信息；工程安全性能、材料耐久性能、设备产品厂商等维护信息；对象之间的工程逻辑关系等。

(2)模型信息的关联性：信息模型中的对象是可识别且相互关联的，系统能够对模型的信息进行统计和分析，并生成相应的图形和文档。如果模型中的某个对象发生变化，与之关联的所有对象都会随之更新，以保持模型的完整性和健康性。

(3)模型信息的一致性：在工程生命周期的不同阶段模型信息是一致的，同一信息无须重复输入，模型对象在不同阶段可以简单地进行修改和扩展，而无须重新创建，避免了信息不一致、信息割裂等问题。

BIM的概念，可以从单阶段BIM应用和全生命周期BIM应用角度加以考虑。单阶段BIM是将BIM理解成像CAD一样的绘图、设计及指导施工的手段，可以单独应用于工程的某个阶段、某个过程，这只是BIM最初的应用，单阶段BIM对应的BIM软件工具仅指相关BIM软件厂商等推出的相应软件，并且仅应用于建设项目某个阶段。

全生命周期BIM是为实现工程数字化、设计建造可视化及运营智能化等目标而产生的一系列工具、过程与方法的集合，是工程科学与IT实践的交融结合，也是工程业变革的发展方向。BIM贯穿并应用于工程的全生命周期，打通全过程的信息和数据，使整个工程全生命周期数据真正流转应用起来。

数字孪生已经成为建设数字中国、智慧社会的重要技术手段。数字化与数字孪生是建设智慧水利的重要基础。水利工程数字化的主要手段是BIM技术的应用，BIM技术应用是构建数字孪生水利工程以及智慧化模拟的基础，也是实现水利工程建设和运行管理智慧化的技术支撑，需要加快BIM技术在水利工程全生命周期的应用。

BIM 技术提供水利工程的外观几何尺寸，以及在不同阶段、不同应用场景下给予模型不同的属性数据信息，是水利工程孪生环境搭建的基础组成，并为智慧化模拟提供全方位的数据支撑，结合专业分析软件和应用系统，实现基于 BIM 工程全生命周期的应用。

6.1　设计过程中信息模型的应用

水利水电工程牵扯面广、投资大、专业性强，建筑结构形式多样，尤其是水电站、水库、泵站、引调水等工程，水工结构复杂、金属机电结构及设施设备种类繁多、数量庞大、设计成果管理及多专业协同设计难度大，传统的二维图纸设计方法，无法直观地从图纸上展示设计的实际效果，造成各专业之间"打架碰撞"，导致设计变更、工程量漏计或重复计量，造成投资浪费等现象频繁出现。因此，基于 BIM 技术的三维设计和协同设计技术能有效解决以上问题。

开展多专业三维正向设计工作，建立集多专业于一体的综合性 BIM 模型。利用 BIM 技术参数化设计、信息集成、协同管理、数据共享方面的优势，实现参数驱动建模、三维出图、碰撞检测、可视化仿真等应用，满足勘察设计阶段设计需求，并为施工阶段、运维阶段智慧应用提供数字化模型基础。

从设计角度而言，BIM 技术可将各专业集成到一个平台，基于同一个三维信息模型进行协同设计，利于排查设计碰撞，保证设计质量；此外，它突破了传统设计的上、下游专业界定，大部分专业可独立设计最后总装，提高了设计效率。从工程全生命周期角度而言，BIM 模型一经创建，后续根据各阶段要求进行优化、深化，使得每一阶段的模型都最具时效性、最为合理；此外，BIM 模型作为工程目标模型，有利于工程各方沟通协调、理解各方意图、降低沟通成本。

水利水电工程参考《水利水电工程信息模型设计应用标准》(T/CWHIDA 0005—2019)和各省已颁布的地方应用标准，设计阶段的信息模型应用主要为模型创建、场地分析、仿真分析、方案比选、可视化应用、碰撞检测、模型出图、工程算量(见表 6.1-1)。

表 6.1-1　水利水电工程设计阶段模型应用框架

序号	应用项	应用子项	项目建议书	可行性研究	初步设计	招标设计	施工图设计
1	模型创建	勘测模型	□	■	■	■	■
		水工模型	□	■	■	■	■
		机电模型	–	□	■	■	■
		金属结构模型	–	□	■	■	■
		临时工程模型	–	□	■	■	■
		其他专业模型	–	□	■	■	■

续表 6.1-1

序号	应用项	应用子项	项目建议书	可行性研究	初步设计	招标设计	施工图设计
2	场地分析	现状场地分析	■	■	■	■	■
		工程布置	■	■	■	■	■
		开挖设计	■	■	■	■	■
3	仿真分析	水流流态分析	-	□	■	■	■
		结构受力分析	□	■	■	■	■
		基础稳定分析	□	■	■	■	■
		应急预案模拟	□	■	■	■	■
		洪水淹没仿真	-	□	■	■	■
4	方案比选	设计方案比选及优化	□	■	■	□	-
5	可视化应用	虚拟仿真漫游	■	■	■	■	■
		可视化校审	■	■	■	■	■
		可视化交底	■	■	■	■	■
6	碰撞检测	碰撞检测、空间分析	-	■	■	■	■
7	模型出图	设计表达(出图)	□	■	■	■	■
8	工程算量	工程量统计	■	■	■	■	■

注：表中“■”表示基本应用，“□”表示可采用，“-”项为该阶段不适用。

6.1.1　场地分析

水利水电项目一般涉及范围大、周边界面复杂，基于 BIM 技术开展场地分析，可为施工现场的场地布置、施工组织等提供依据。场地分析还可用于项目展示、设计规划、工地管理、救援决策、灾害评估等方面。采用无人机倾斜摄影、激光点云采集等数字化测图方式开展场地数据采集，可及时收集项目建设初期地理信息数据与施工过程数据，提供真实直观的场地信息。利用水利水电工程信息模型可进行场地建模与分析，操作流程见图 6.1-1。

常用的影像数据大多只有地物顶部的信息特征，缺乏地物完整信息。三维实景建模有利于全面了解工程建设场地及周边环境（见图 6.1-2、图 6.1-3），便于更准确地进行方案设计与建设场地可行性研究，有效避免重建、返工等工作，为三维模型集成展示、设计方案决策等提供支持。

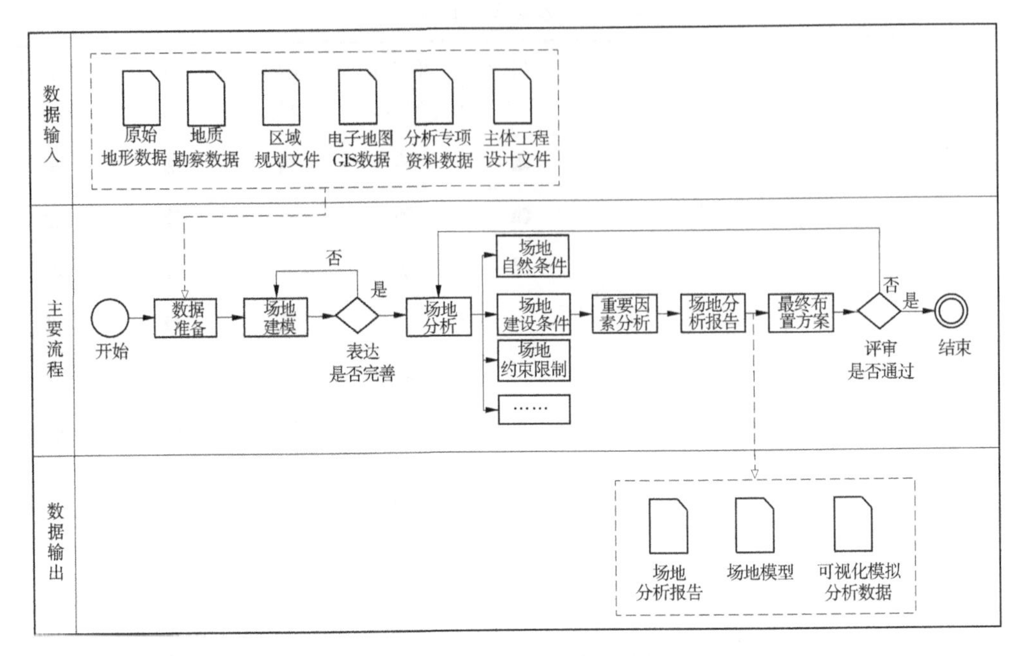

图6.1-1　场地分析操作流程

图6.1-2　大藤峡二线、三线船闸右岸方案

图6.1-3　大藤峡二线、三线船闸左岸方案

6.1.2　仿真分析

传统的结构力学方法需要进行很多简化,计算过程中人工干预较多、十分复杂,计算结果与实际存在较大的差异,主要表现为传统的计算一般简化为二维平面计算,无法与实际的真实三维匹配,而信息模型与真实的世界有很好的关联,是真实世界的映射与孪生。随着计算机性能的发展,越来越多的项目可用三维仿真技术模拟实际的工程情况。利用水利水电工程信息模型可进行性能仿真分析,操作流程见图6.1-4。

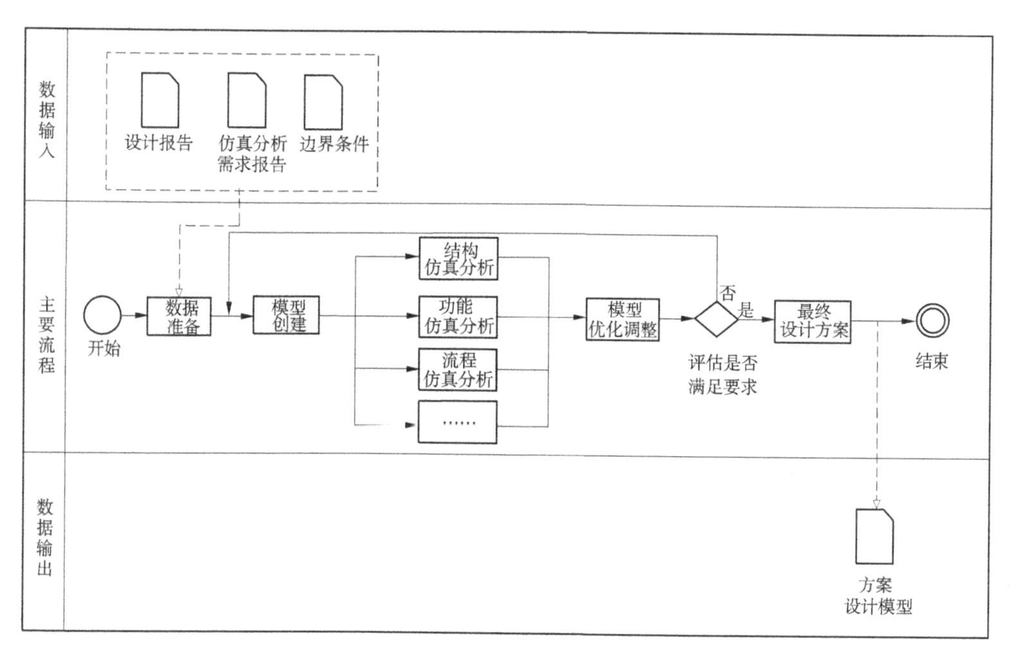

图6.1-4　仿真分析操作流程

仿真分析包括水流流态模拟、结构受力分析、基础稳定分析、洪水淹没等(见图6.1-5~图6.1-7)。

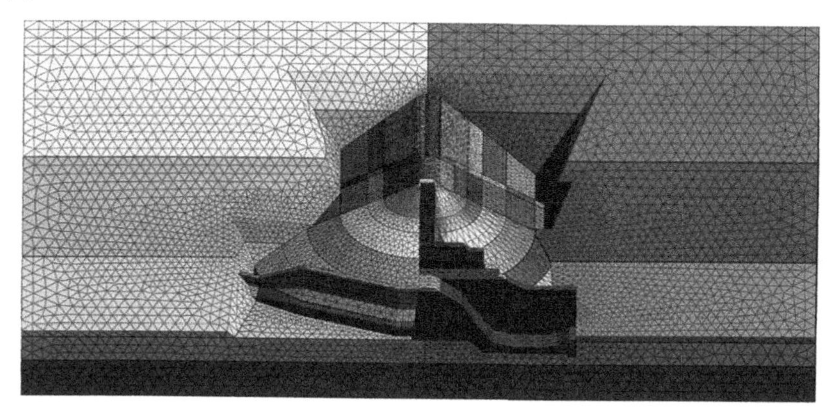

图6.1-5　大坝计算模型

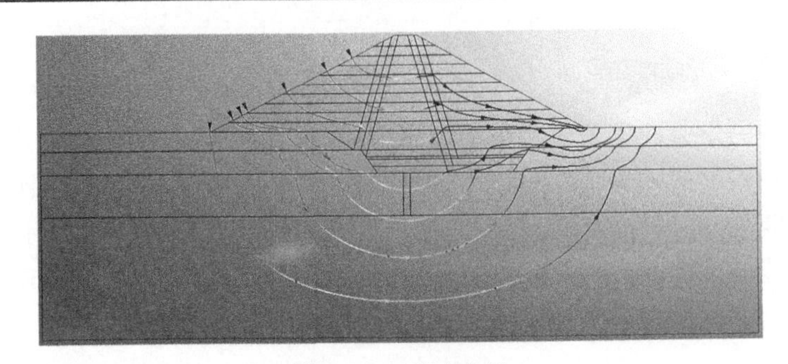

图 6.1-6　渗流分析

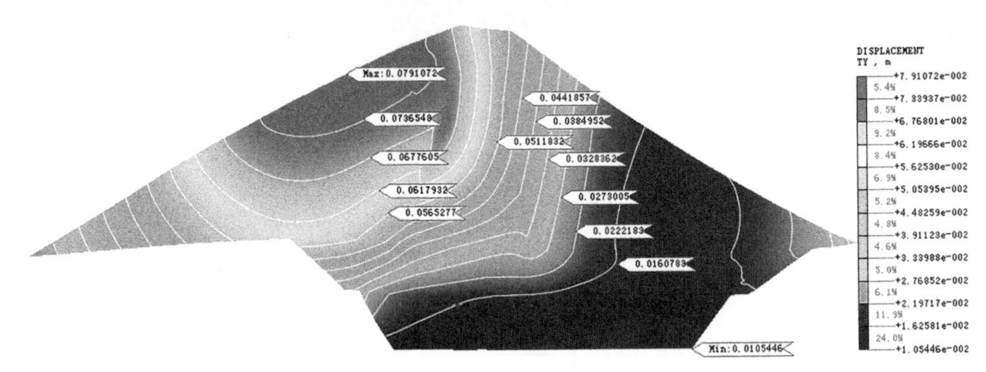

图 6.1-7　应变分析

6.1.3　方案比选

通过建立不同方案的 BIM+GIS 模型,并通过可视化从各备选方案的可行性、功能性、经济性及美观性等方面进行全面比选。

利用水利水电工程信息模型可进行设计方案的比选和优化,操作流程见图 6.1-8。

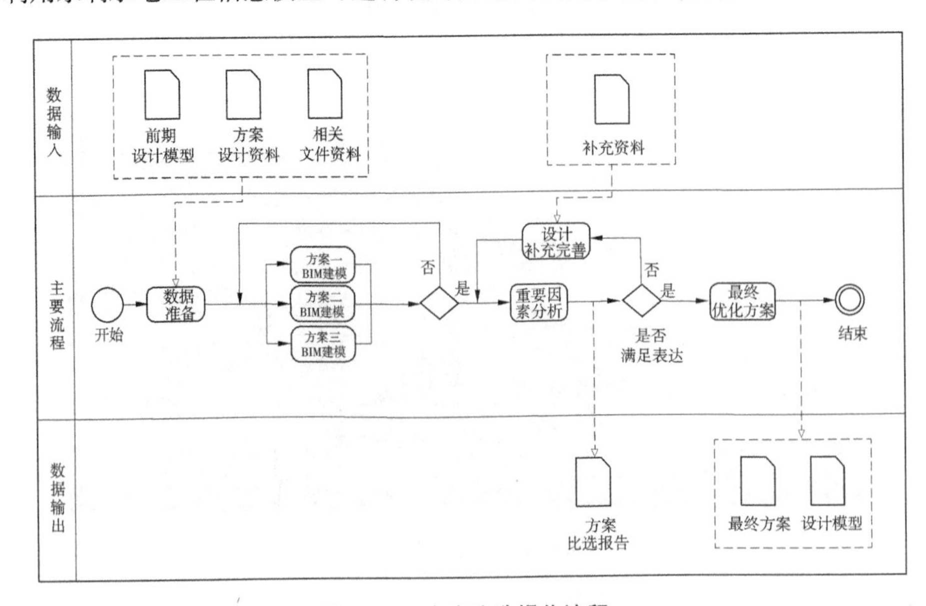

图 6.1-8　方案比选操作流程

本工程初步设计阶段泵站位置比选过程中，借助于三维设计的优势，短时间内完成多个设计方案的比选（见图 6.1-9～图 6.1-11）。在方案汇报时更为简单直观，助力项目顺利通过评审。

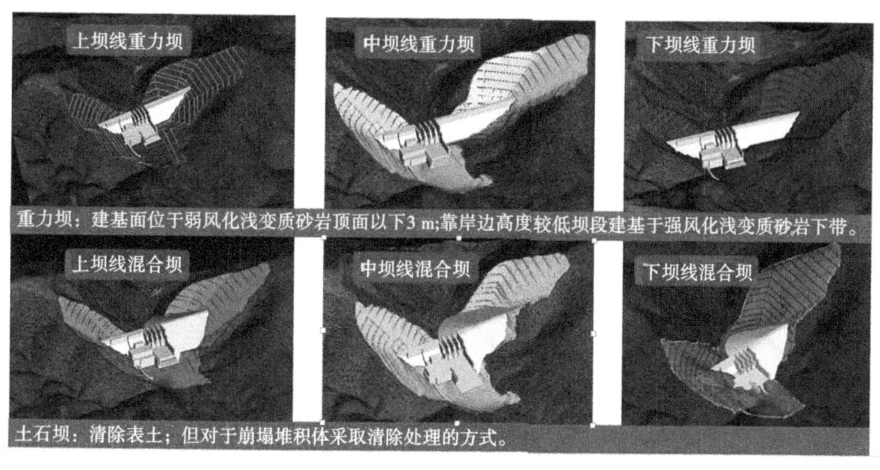

图 6.1-9　方案比选（示例）

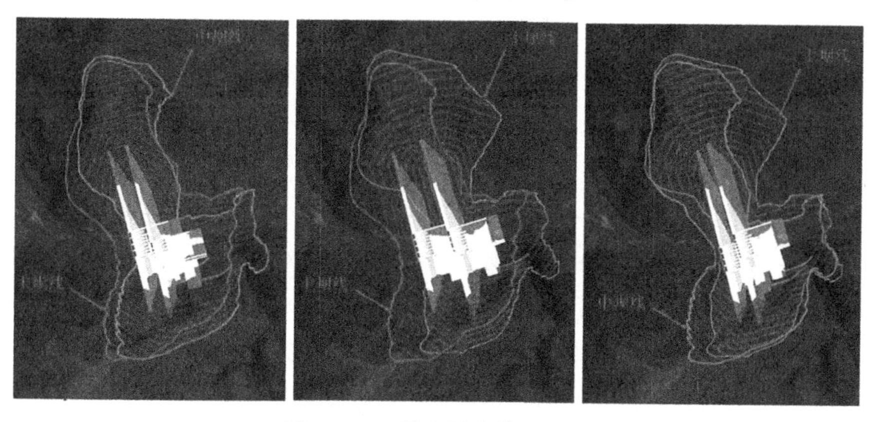

图 6.1-10　重力坝比选（示例）

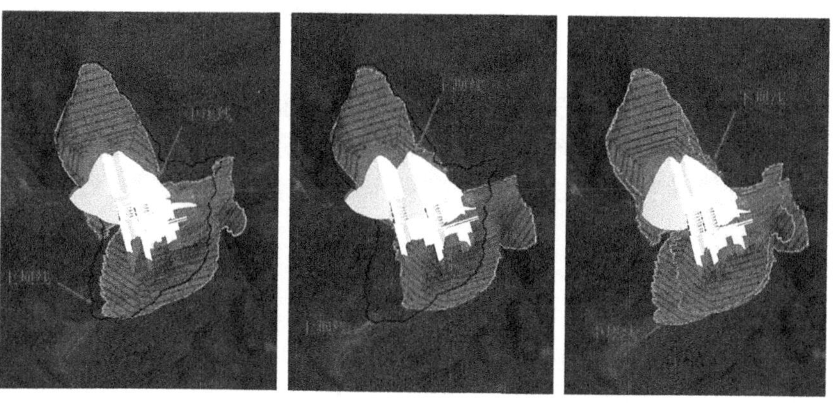

图 6.1-11　混合坝比选（示例）

6.1.4　可视化应用

可视化技术是一种现代化技术,它的核心技术包括两个方面内容:一是将数据信息转化为图形或者图像,二是可视化建模的实现。虚拟仿真、漫游应根据需要选择模型并进行轻量化处理,操作流程见图 6.1-12。

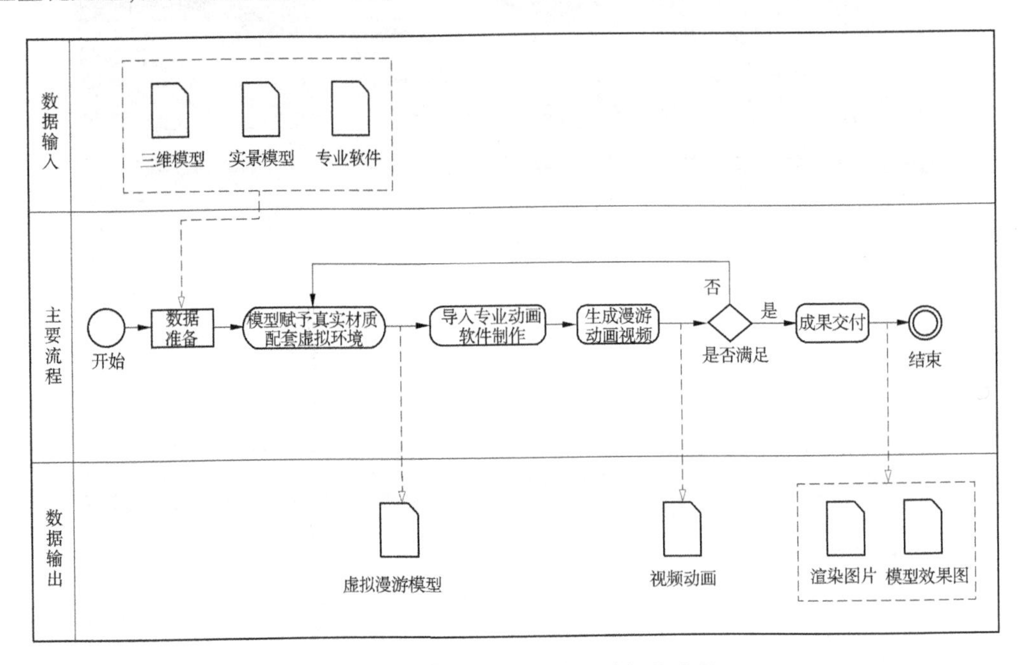

图 6.1-12　**可视化虚拟仿真漫游操作流程**

可视化应用主要有以下两点:

(1)优化设计,提升质量。基于工程设计 BIM 模型,设计人员对整体工程能有一个直观的了解,在工程具体设计过程中,把深入水下、地下、山体等无法直接观察的工程内容模拟出来(见图 6.1-13),经过不同角度、不同层次的观察与分析,找出设计中存在的不足和缺陷,及时纠正工程设计中存在的问题,为设计人员提供正确的决策依据,从而提高工程的设计质量和效率。

(2)三维渲染、宣传展示。三维可视化展示技术包括三维动画、三维效果图、三维虚拟现实和仿真等(见图 6.1-14、图 6.1-15),具有传统展示方式所不具备的直观、真实、交互等特点。它可以将物体的形态、空间位置、表面材质、运动过程等直观展现出来,给人以真实感和直接的视觉冲击。

6.1.5　碰撞检测

BIM 模型碰撞检测分为硬碰撞检测和软碰撞检测,并且根据进一步需要,分为专业内碰撞检测和专业间碰撞检测。硬碰撞检测是对 BIM 模型实体间交叉状态的检查,软碰撞检测则是对不满足相关规范要求的模型间隙、预留空间、净空、预埋等数据的检查。为了提高碰撞检测效率,工程 BIM 模型将先进行专业内碰撞检测,在确保各专业模型内不存

图 6. 1-13　铜陵钟仓二站扩建工程效果

图 6. 1-14　某工程漫游(示例)

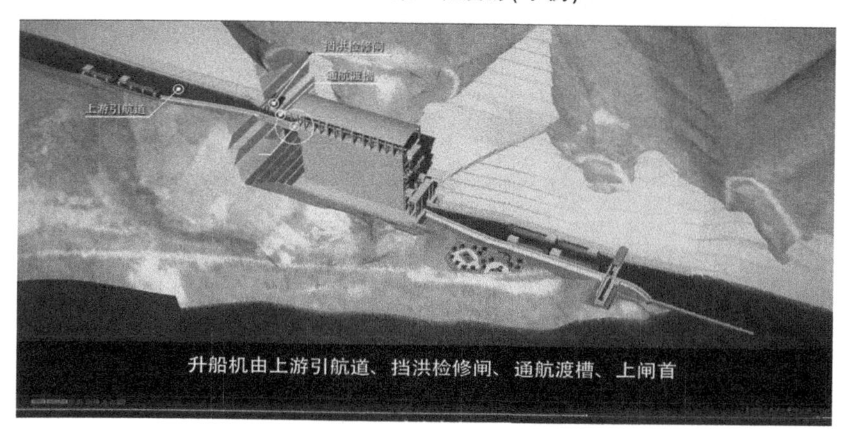

图 6. 1-15　某工程视频展示(示例)

在碰撞问题后,再进行多专业间碰撞检测。碰撞检测流程如图 6. 1-16 所示。

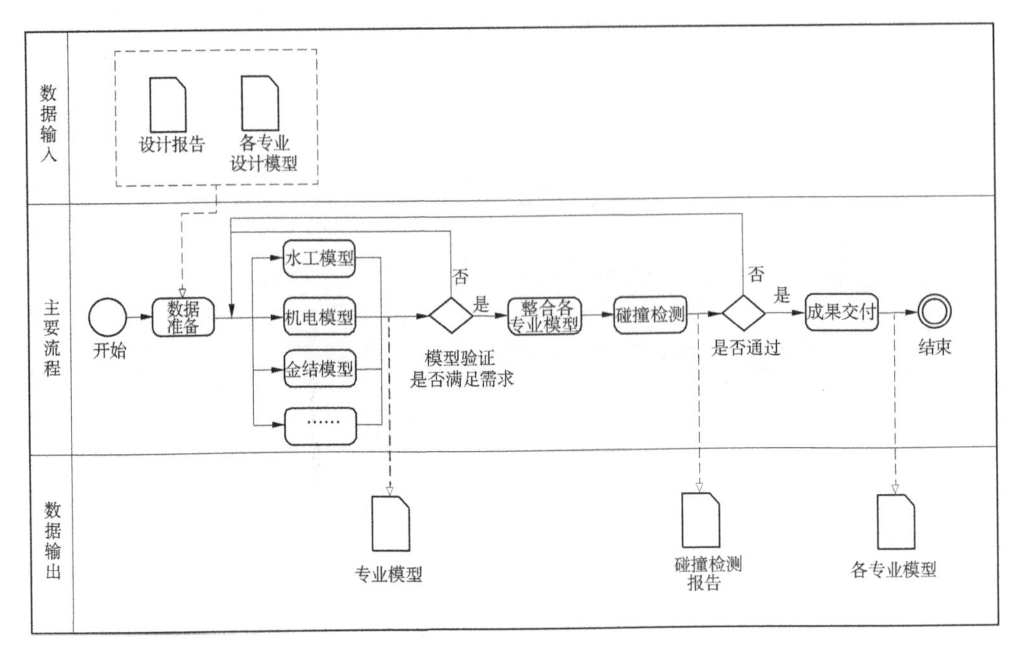

图 6.1-16　碰撞检测流程

碰撞检测的主要目标是发现并减少设计方案当中不必要的碰撞问题,确保设计意图能够正确表达(见图 6.1-17),避免碰撞错误被转移至下个阶段。各专业设计人员根据碰撞检测结果,对硬碰撞结果进行及时修正,对软碰撞结果进行专业内沟通与交流,确保满足相关规程规范要求。各专业设计人员进行多次碰撞检测,直到 BIM 模型满足碰撞检测要求。

图 6.1-17　管线碰撞检测

在专业内 BIM 模型满足碰撞检测要求后,由各专业负责人将各专业模型统一交付至

BIM平台进行专业间碰撞检测,通过检查,及时发现在设计过程中出现的各专业模型间的交叉、碰撞问题,动态调整,从而保证设计方案的正确性。

6.1.6　模型出图

工程设计周期短、设施设备种类多,出图任务重,通过构建三维模型,各专业利用BIM软件的工程制图模块,基于同一模型数据,进行动态剖切,自动生成平面、立面、剖面等二维断面图,并可结合三维模型进行图纸成果校审,在省去大量的二维图绘制时间的同时,最大程度上避免图纸错误,保证设计成果质量。对于复杂结构体型建筑物,可辅以三维透视图和轴测图等空间展示方法,以获得更好的方案展示效果。通过模型生成的图纸与设计模型之间具有相关性,图纸可随模型的更改同步更新,能更好地适应方案的调整和变化,保证设计的进度和质量。利用水利水电工程信息模型可进行模型出图,操作流程见图6.1-18。

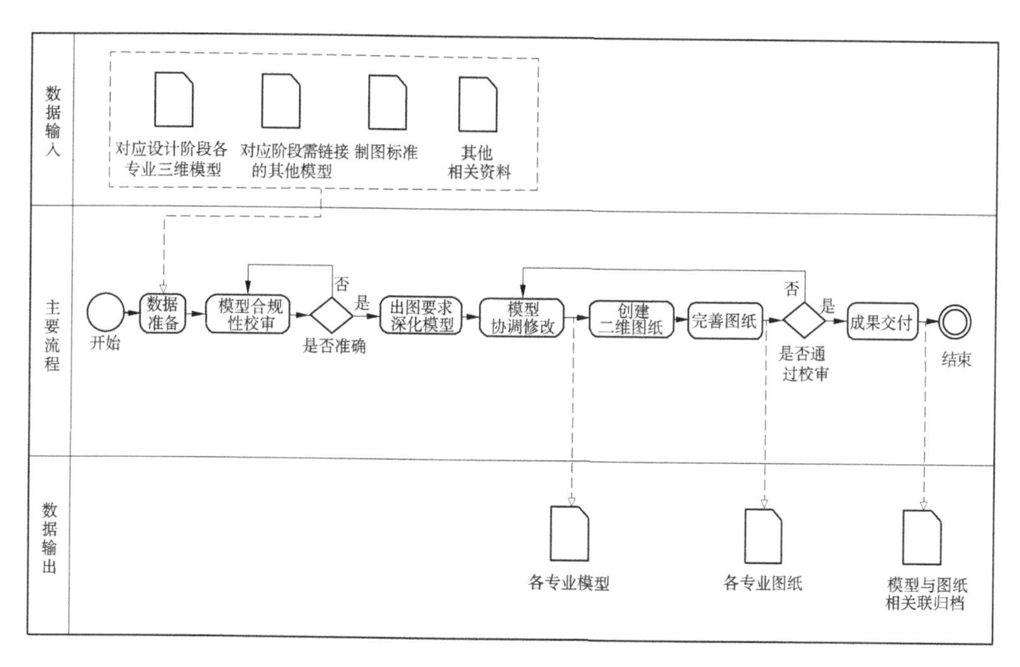

图6.1-18　模型出图操作流程

针对水工混凝土结构钢筋图工作量大、设计烦琐的特点,在施工图阶段采用三维配筋软件提高质量与效率。对于一些有共性的构件进行配筋定制开发,能够实现一键式的参数化建模和参数化配筋(见图6.1-19、图6.1-20);对于没有共性的构件也可以实现模型更改,配筋、出图联动更改,满足设计变更的需求。

6.1.7　工程量计量

传统工程量计算根据图纸进行手算,耗时长、强度大、容易出错,但是BIM软件能很好地解决这一难题,通过自定义类别样式,定义构件属性信息并赋到构件上就能很快导出不同构件的工程量清单,利用软件可直接算出水工、开挖、金属结构等工程量(见图6.1-21)。

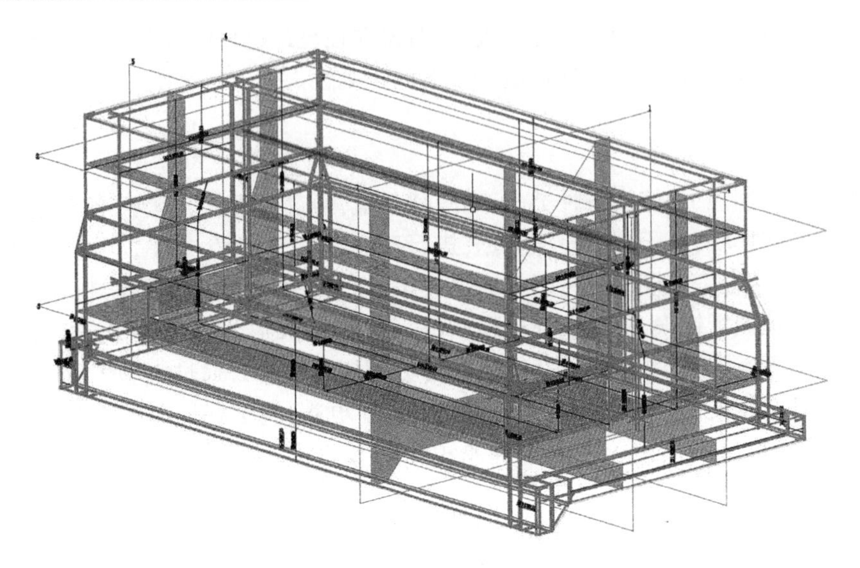

图 6.1-19　泵站配筋模型

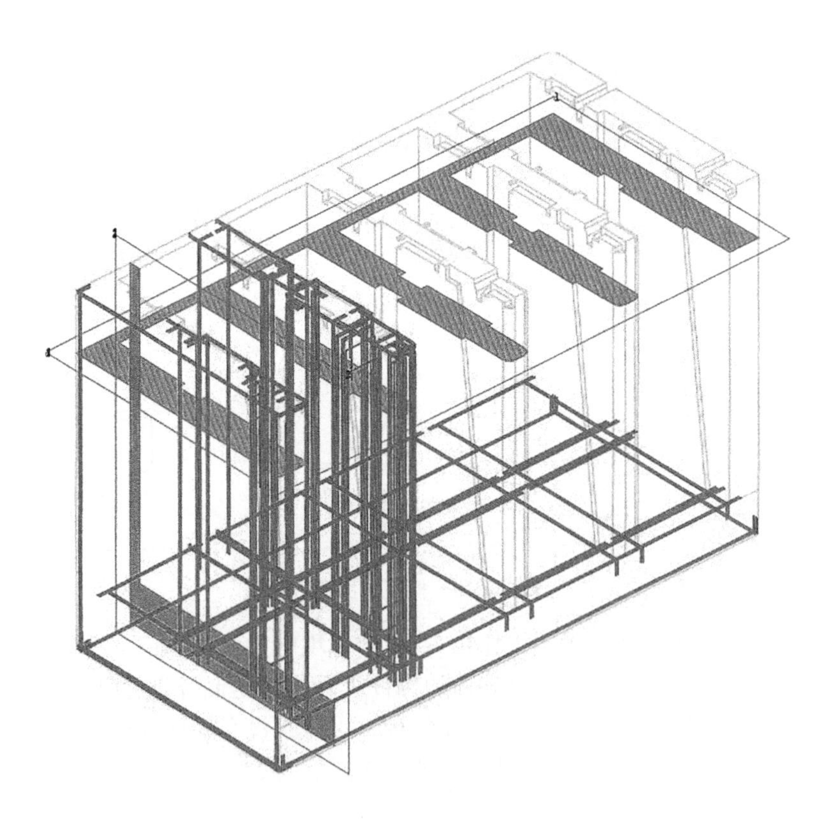

图 6.1-20　进水口配筋模型

通过精确的三维模型,一键提取工程量,得出准确的材料用量,极大地提升了设计效率和产品质量。

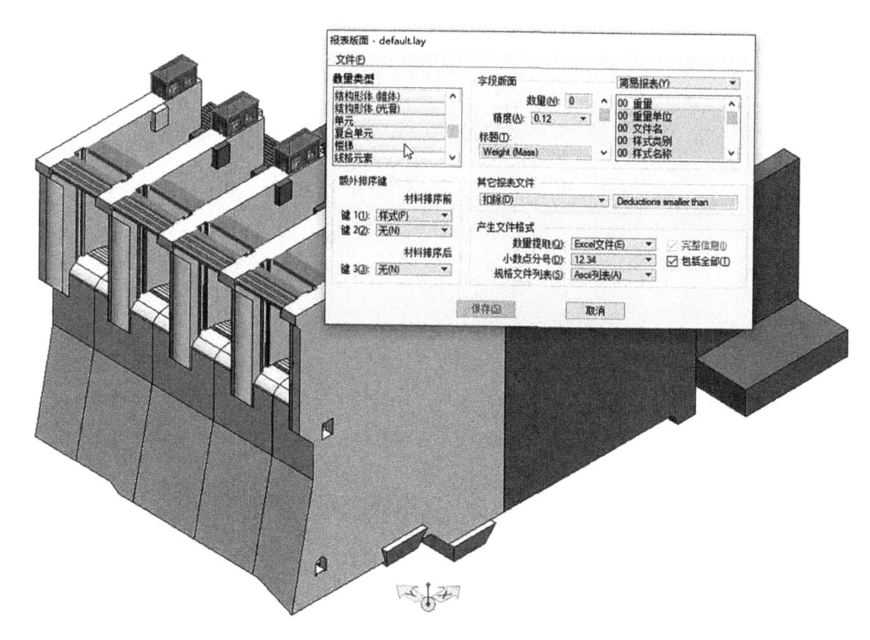

图6.1-21　混凝土工程量统计

6.2　施工过程中信息模型的应用

BIM技术在施工阶段的应用是将设计意图转化为工程实体的过程，是BIM技术在全生命周期应用中的重点环节。施工阶段工程信息模型应用贯穿施工准备、施工建造及竣工移交等阶段，覆盖建设单位、勘察设计单位、施工单位、监理单位及设备供应商等主要参与单位，根据工程特点，施工阶段信息模型的应用主要为深化设计、施工准备、施工组织管理、进度管理、成本管理、质量管理、安全管理和交工验收管理等。结合工程特点，施工阶段包括以下三个应用阶段。

6.2.1　施工准备

由于设计模型重点考虑在设计过程中的影响因素，未充分考虑项目施工特点，难以传递至施工单位使用，因此基于设计模型开展施工模型深化设计，合理统筹项目施工工艺流程与施工方法，尤其是对土建工程的重点区域、隐蔽工程等采用三维可视化的方式进行展现，使方案更合理、精细，能有效指导现场施工，提高施工质量。同时，深化设计是与其他专业协同开展的，能够保障现场施工的有效性，减少返工带来的施工影响。

6.2.1.1　土建深化设计

在设计阶段信息模型的基础上，施工方根据施工的实际情况（周边地形、地质、水文及地下管网等）和施工工艺，更新建立施工深化模型（见图6.2-1），输出深化设计图、工程量清单等，最终提升BIM模型的准确性和完整性。

针对本工程泵站主体结构、二期混凝土、预埋构件、钢筋、金结设备等方面构建工程整

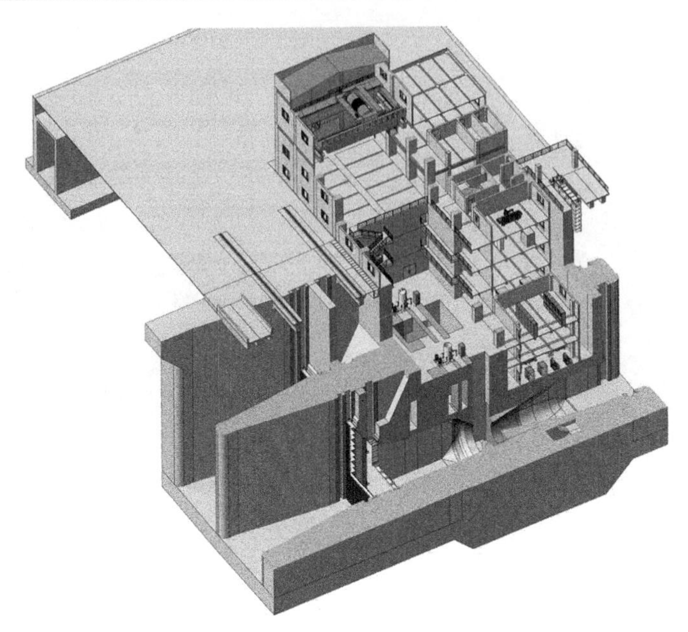

图 6.2-1　厂房深化模型

体或细部的三维模型,指导现场工程施工方案的实施。集成各专业模型,检查各专业设计与土建模型之间的关系,如根据设计模型中相关管线、桥架构件的尺寸、位置和高度信息,指导施工现场孔洞预留,并根据预埋构件的布置要求,指导现场施工,避免正式施工因为错、漏、碰、缺等问题导致管线拆改、封堵孔洞、重新开凿和重新埋设等返工,达到节约成本和保障工期的目的。

土建深化设计模型专业内容较多,在深化完善模型时,需根据施工工序进行分层建模或根据不同的施工内容进行分段、分类建模,分段建模时需注意统一坐标系,方便链接参照和模型整合。

(1)针对主体结构深化设计,对工程的主体结构,以及与二次结构连接节点、机电设备、装饰安装工程的连接节点进行深化设计,检查是否存在错、漏、碰、缺的问题。

(2)针对二次结构深化设计,在主体模型的基础上复核构造、机电、精装等工程的穿插工序是否合理,优化工序工法。

(3)针对预留预埋深化设计,运用设计模型准确获取穿墙点相关管线与桥架构件的尺寸、位置和高度等信息,形成开孔剖面;搜索设计模型的预埋件位置,并获取预埋件的类型、规格、位置和高度等信息,形成包含尺寸标注的金属结构预埋模型(见图 6.2-2)。

(4)针对钢筋深化设计,对关键区域或节点进行钢筋模型创建,通过三维可视化的方式,检查钢筋设计的合理性、可实施性。

6.2.1.2　机电深化设计

机电深化设计包括机电各专业的深化设计及专业之间的协调深化设计,将施工操作规范与施工工艺融入机电 BIM 模型,使机电 BIM 模型能够满足施工作业,以及后期运营维保等需求。基于 BIM 的机电深化设计应在开工前开展,为正式施工实施提供技术支撑,机电深化设计主要包括管线综合优化排布、设备及预留孔安装定位、支吊架设计等

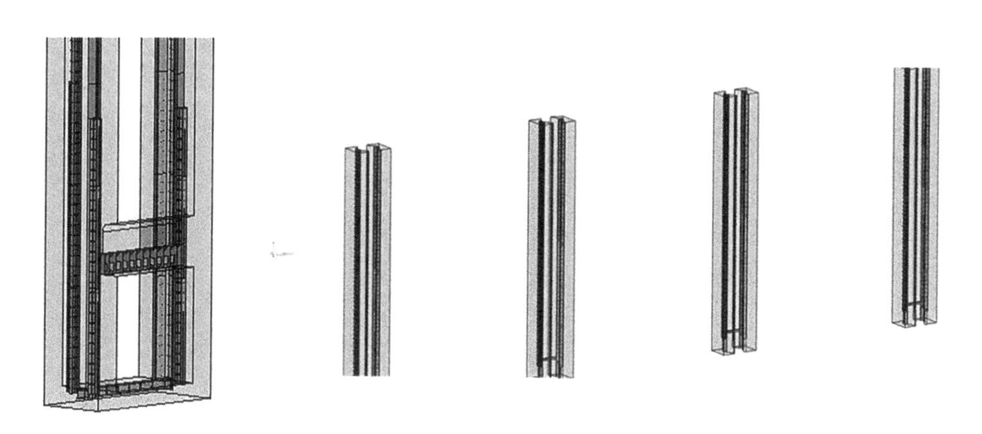

图6.2-2　金属结构预埋模型

内容。

机电深化设计模型需根据施工工序进行分层建模或根据不同的施工内容进行分段、分类建模,分段建模时需注意统一坐标系,方便链接参照和模型整合。机电总装模型如图6.2-3所示。

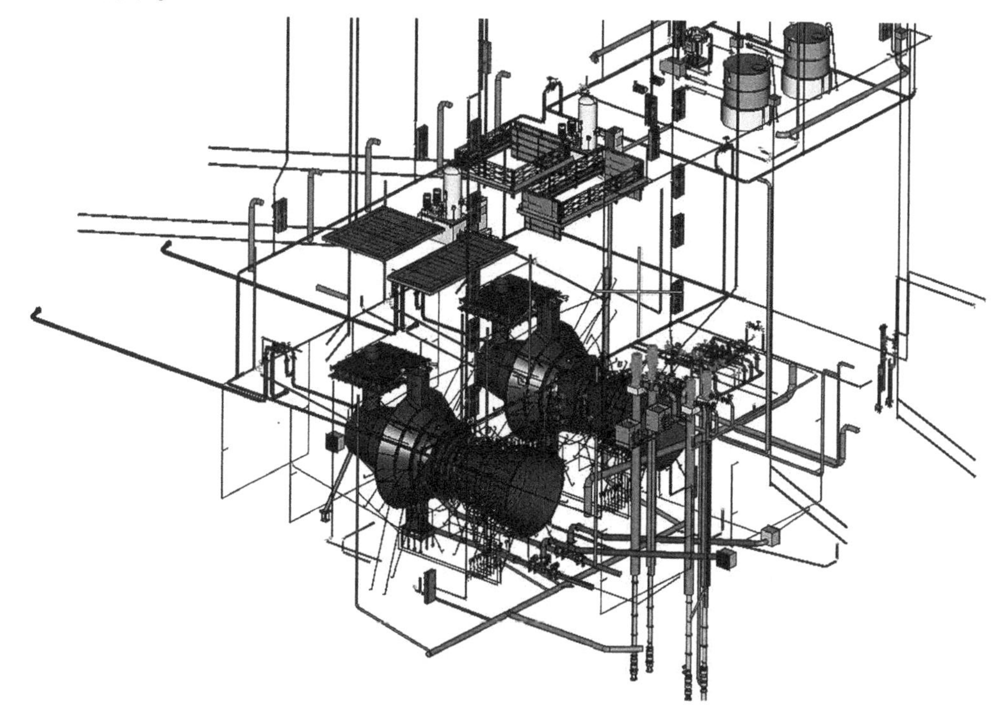

图6.2-3　机电总装模型

(1)针对管线综合深化设计,机电管线错综复杂,应综合运用BIM软件的碰撞检测功能,开展各机电管线间的干涉检查分析(见图6.2-4),对于检查并经确认的碰撞干涉点,联合设计单位优化调整,明确管线综合深化设计方案,实现管线整体优化布置。

(2)针对设备及预留孔安装定位,依据BIM管线综合模型建立穿墙套管BIM模型,并

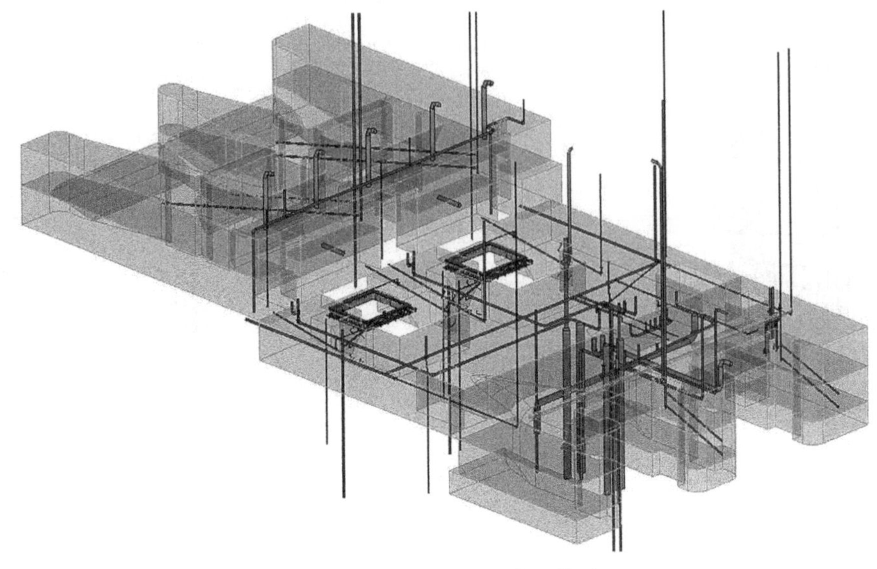

图 6.2-4　机电预埋管线模型

依据穿墙套管 BIM 模型中套管的位置，对现场穿墙套管进行预埋，保证现场套管尺寸及位置与模型保持一致。

（3）针对支吊架深化设计，运用 BIM 三维可视化特点，对管线支吊架进行深化设计（见图 6.2-5），并出具支吊架施工图，避免因支架无法安装导致管线返工现象。

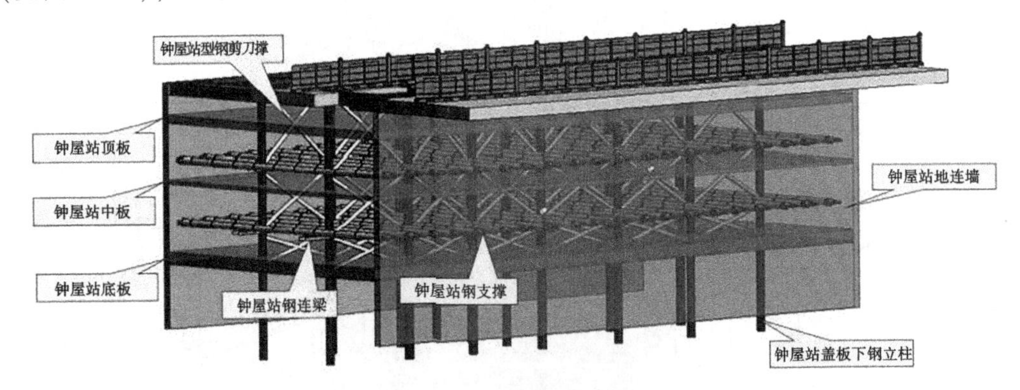

图 6.2-5　支架体系模型

6.2.1.3　施工场地布置

施工单位在进场前，应根据现场环境和周围边界条件情况，采用 BIM 技术开展施工场地布置。通过施工场地布置方案，建立地形、道路、建筑物、临时设施等三维模型，还原施工现场及周边真实环境，具备条件的可采用倾斜摄影技术创建施工现场周边实景模型（见图 6.2-6）。

施工场地是“人、材、物、料、机”的集合体，需根据施工实施情况合理规划用地区域，包括施工区域、临时道路、临时设施、加工区域、材料堆场、临水临电、施工机械、安全文明施工设施等内容，创建施工场地布置 BIM 模型。施工场地布置方案的模型符合各地区的绿色工地规范要求，人车分流、洗车池、沉降池、消防栓、变电箱等设施符合相关规范要求，

图 6.2-6　施工场地布置效果

并在模型中重点标识;施工场地布置方案模型的机械符合施工现场的机械尺寸要求,以判断实际现场施工是否存在相互干扰的问题。

施工场地布置模拟分析不仅是对人员、材料、设备等土地利用规划进行分析,还需要考虑施工期间的动态变化,施工现场处于持续发生变化的状态。因此,施工场地布置 BIM 模型根据现场施工变化开展定期更新和维护(见图 6.2-7)。

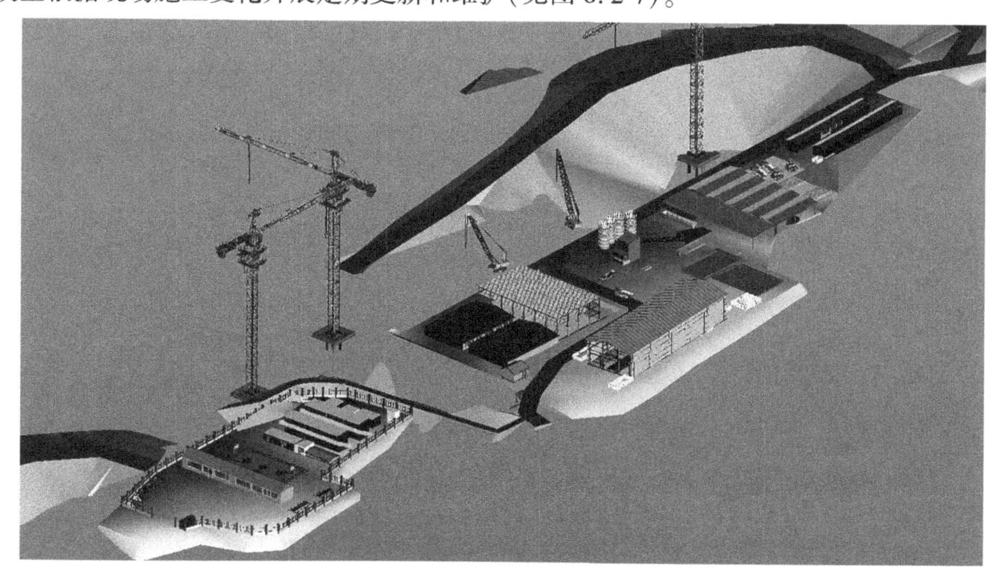

图 6.2-7　临时设施总布置模型

6.2.1.4　关键、复杂节点工序模拟

复杂节点、技术重难点、安全类专项方案、危险性较大分部分项工程等可采用 BIM 技术进行模拟与方案优化,尤其是基坑支护、基坑开挖、大型设备及构件安装、垂直运输、脚手架工程、模板工程,以及新技术、新工艺等方面。混凝土浇筑模拟及现场图如图 6.2-8 所示。

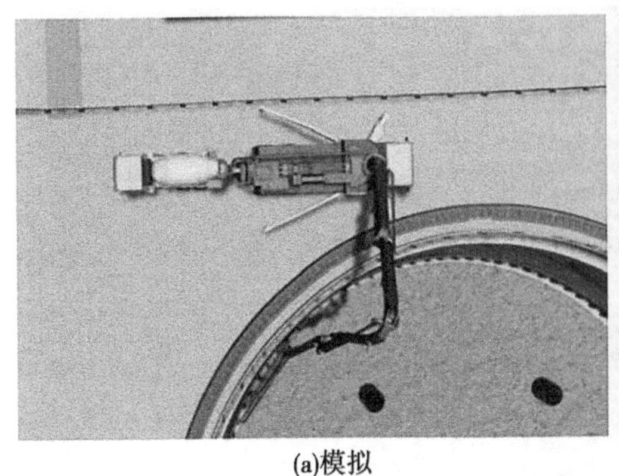
(a)模拟

(b)现场

图 6.2-8 混凝土浇筑模拟及现场图

应结合现场布置、技术方案等建立 BIM 模型,并将施工工艺工法与模型关联,得出资源配置计划、施工进度计划等,并形成相应的模拟视频动画,以有效指导现场施工。BIM 模拟过程应能够有效表达施工方案的工艺工序,使项目参与方基于三维 BIM 模型进行审核并提出优化建议,以保证关键、复杂节点工序的安全、合理施工(见图 6.2-9)。

图 6.2-9 关键工艺模拟

6.2.2 施工实施

6.2.2.1 进度管理

将施工深化模型根据 WES 施工任务及方法进行划分及编码,并通过将进度计划与施工 BIM 模型进行绑定关联,实现施工前进度方案模拟与优化。在施工中,通过计划进度和实际进度的对比,动态调整现场施工方案和调配资源,降低施工时间成本。施工进度管理流程如图 6.2-10 所示。

将进度计划、产值计划挂接到 BIM 模型上,按照“计划时间”模拟计划施工工序,施工

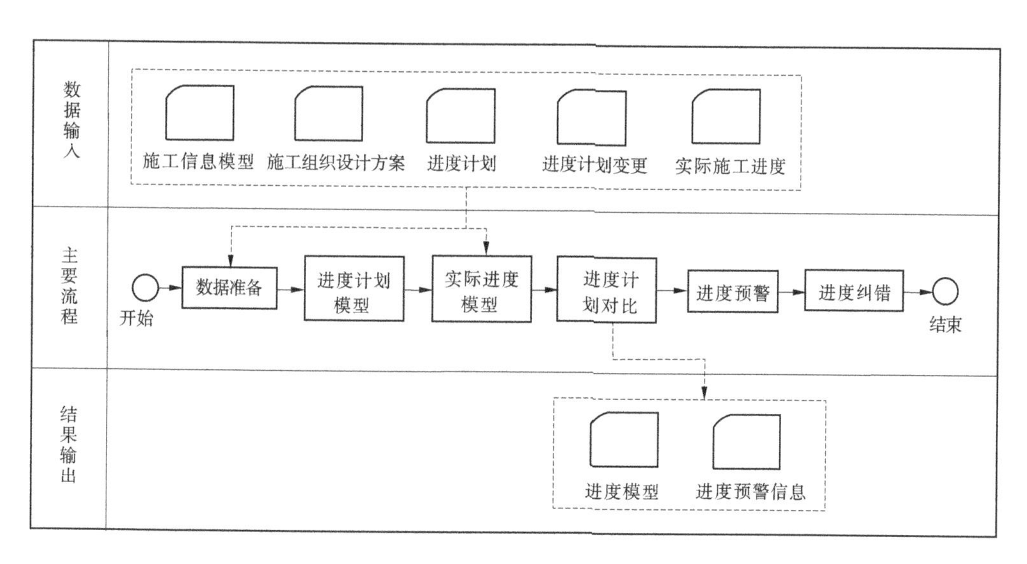

图6.2-10 施工进度管理流程

单位通过视频模拟辅助核对形象进度计划是否符合逻辑,优化调整施工方案或计划(见图6.2-11、表6.2-1)。BIM模型+进度计划实现四维施工模拟,可进行项目施工方案论证。找出差异,分析原因,根据偏差情况进行施工方案优化。

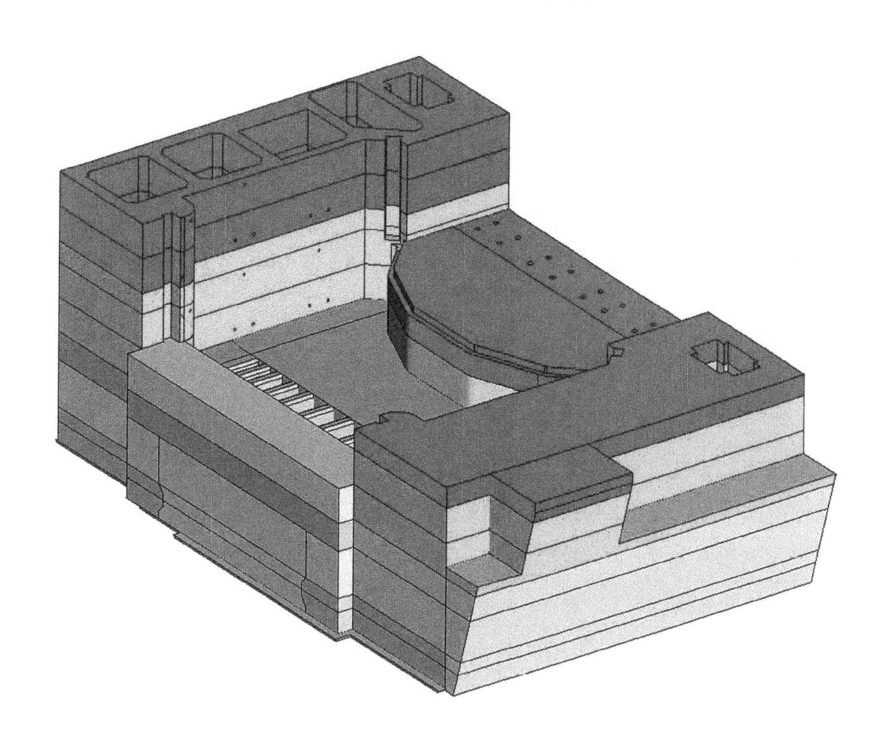

图6.2-11 基于BIM的计划进度与实际进度分析

表 6.2-1 工程计划与完成情况(示例)

位置	浇筑仓位名称	模型工程量/m³	完成情况	完成率/%	说明
上闸首	边墩左侧边墩第 3 层(14.2~19.2 m)	676.4	已完成	100	
	边墩左侧中部空箱底板(19.2~20.7 m)	367.5	已完成	100	
	边墩左侧中部空箱(20.7~25.7 m)	671.5	未完成	0	
	边墩左侧顶部空箱底板(25.7~27.2 m)	325.7	未完成	0	
	边墩右侧底部空箱第 1 层(14.2~16.7 m)	554.6	已完成	100	
	边墩右侧底部空箱第 2 层(16.7~19.2 m)	496.7	已完成	100	
	边墩右侧中部空箱底板(19.2~20.7 m)	472.8	未完成	0	
	边墩右侧中部空箱(20.7~25.7 m)	1 035.1	未完成	0	
	门槛第 3 层(16.7~18.8 m)	342	未完成	0	
	消能室第 2 层(11.2~13 m)	57	已完成	100	
	消能室第 3 层(13~18 m)	81	未完成	0	
	消能室第 4 层(16.7~18.8 m)	229	未完成	0	
闸室	1#出水段底板 2 层(7.8~8.8 m)	767	已完成	100	
	1#出水段右侧廊道第 1 层(8.8~13 m)	368.9	未完成	0	
	5#闸墙第 5 层(24.41~27.53 m)	185.9	已完成	100	
	5#闸墙第 6 层(27.53~28.65 m)	60.1	右闸墙完成	50	
	6#闸墙第 5 层(24.41~27.53 m)	185.9	已完成	100	
	6#闸墙第 6 层(27.53~28.65 m)	60.1	未完成	0	
	7#闸墙左侧第 4 层(21.29~24.41 m)	111.8	已完成	100	
	7#闸墙第 5 层(24.41~27.53 m)	185.9	已完成	100	
	7#闸墙第 6 层(27.53~28.65 m)	60.1	未完成	0	
	8#闸墙右侧第 4 层(21.29~24.41 m)	111.8	已完成	100	
	8#闸墙第 5 层(24.41~27.53 m)	185.9	左闸墙完成	50	
	8#闸墙第 6 层(27.53~28.65 m)	60.1	未完成	0	
	9#闸墙第 4 层(21.29~24.41 m)	223.6	已完成	100	
	9#闸墙第 5 层(24.41~27.53 m)	185.9	已完成	100	
	9#闸墙第 6 层(27.53~28.65 m)	60.1	未完成	0	
	10#闸墙左侧第 4 层(21.29~24.41 m)	219.6	已完成	100	
	10#闸墙第 5 层(24.41~27.53 m)	185.9	左闸墙完成	50	
	10#闸墙第 6 层(27.53~28.65 m)	60.1	未完成	0	
	11#闸墙左侧第 4 层(21.29~24.41 m)	219.6	已完成	100	
	11#闸墙第 5 层(24.41~27.53 m)	185.9	右闸墙完成	50	

6.2.2.2　工程量统计与成本管理

传统的工程量计算是根据二维图纸进行计算的，工作量大、耗时长，且容易出错，往往依赖于造价工程师的经验。基于深化设计BIM模型按照算量规则进行调整完善，根据分部分项工程要求和构件拆分规则要求，对不同类型构件按需求进行拆分，并对拆分的构件信息附加相应的属性信息，以保证每个清单都有对应的模型匹配，进而实现基于BIM模型的工程量统计（见图6.2-12、图6.2-13），提高工程量计算的准确性和效率。基于BIM模型的自动算量将设计等相关人员从烦琐的工程量计算工作中解放，极大地提高了工作效率，使工程量计算摆脱人为失误因素，使得设计人员回归设计方案的优化，有助于提高设计质量。工程量统计与成本管理流程如图6.2-14所示。

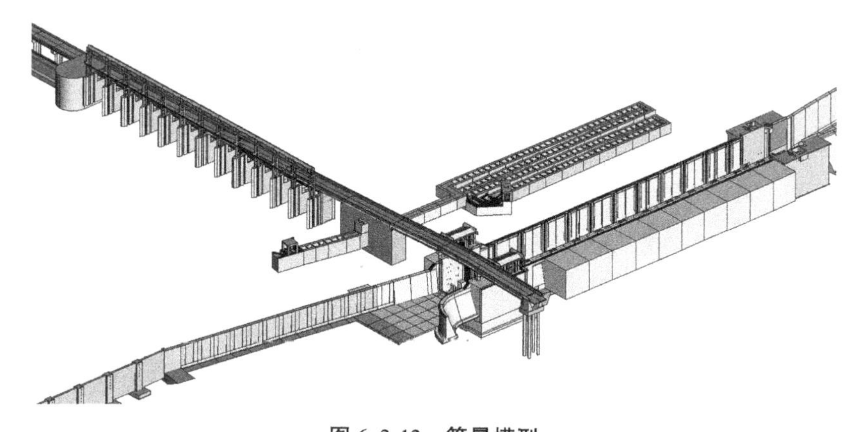

图6.2-12　算量模型

Fam.	Component	Description	Quantity	Unit
Concrete	1	Concrete	1345.40	m3
钢材	钢筋	钢筋	8790069.84	kg
墙	砖		1464.37	m3
上游辅导航墙	现浇C25混凝土		59252.21	m3
上游靠船墩	现浇C25混凝土		25208.34	m3
	150kN系船钩		300.00	套
上游主导航墙	现浇C25混凝土		307465.55	m3
上闸首	现浇边墙C25混凝土		211458.38	m3
	现浇底板C25混凝土		226403.57	m3
下闸首	现浇边墙C25混凝土		193249.20	m3
	现浇底板C25混凝土		247854.75	m3
闸室	钢护木		2880.00	m
	现浇边墙C25混凝土		1544181.36	m3
	现浇底板C25混凝土		693745.52	m3

图6.2-13　算量统计

同时，施工现场复杂多变，工程量计算需根据变更情况进行快速响应，基于BIM模型的工程量统计能够快速导出工程量清单（包括不同构件混凝土体积、钢筋，主要管线长度，主要设备数量等），满足变更前后对比分析的需求。将自动算量结果与造价咨询的计算结果进行对比复核，提高算量质量。

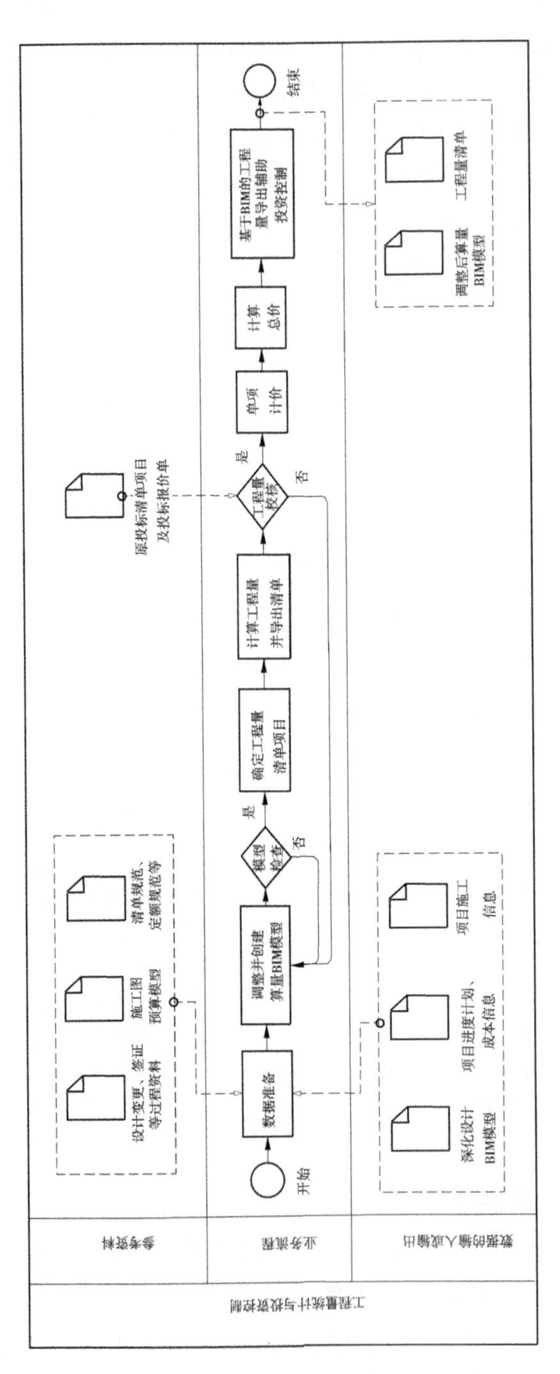

图 6.2-14　工程量统计与成本管理流程

由于现场施工的变化,应结合现场实际情况,及时调整算量模型,更新工程量及明细表,与现场进度、项目成本信息结合,实现动态的成本管理。

6.2.3　竣工移交

竣工阶段,BIM 模型作为重要的数字资产,应一并移交。在移交前,将项目竣工信息添加至 BIM 模型中,并将各专业设施设备的相关资料绑定或链接在相应的构件模型中。依据现场项目实际情况及时调整 BIM 模型,以保证 BIM 模型与现场工程的一致性,即"实模一致",基于施工 BIM 模型经修改完善形成竣工 BIM 模型(见图 6.2-15),为后期竣工验收提供支撑。

该模型包含项目的详细信息,且与现场实体保持一致,可为后期的运营维护提供重要的数据基础。基于 BIM 模型的竣工移交,将促进水利工程的数字化交付,将竣工 BIM 模型交付至运营,提升运营管理水平。

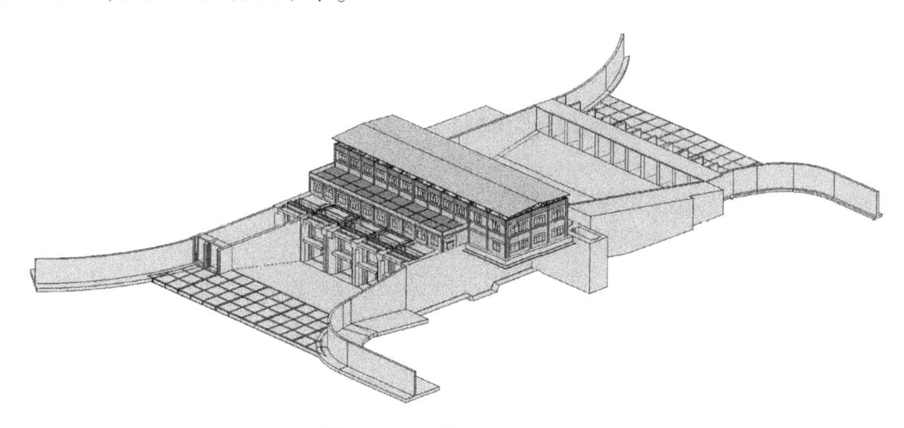

图 6.2-15　竣工 BIM 模型

6.2.4　施工管理平台

在传统的项目建设过程中,不同的参与方的管理是分割的,上游的指令往往不能及时传到下游,下游的反馈也不能及时传给上游,造成了信息管理中的"孤岛"现象。通过 BIM 技术可以使不同的参与方能及时有效地进行信息的沟通,而专业的软件需要相应的专业技能且需购买相应的软件。为了简化 BIM、GS 数据的操作难度,结合大众易于接受的互联网技术,可改建 BIM 管理平台(见图 6.2-16)。本平台融合了物联网、大数据可视化、BIM、3S、三维仿真等多种先进技术,集基础性、全局性的施工过程信息资源于一体,实现项目施工信息的集约化管理与检索,以及信息共享、信息交换、协同工作的工作平台。可将施工过程中的施工质量、安全、进度、费用、档案全过程可视化、集成化、协同化综合管理和分析,从而全面提升工程建设品质。

目前,已自主研发并获得《基于 BIM 的施工管理系统》软件著作权。通过多个项目的检验,取得了很好的效果。

图 6.2-16　改建工程 BIM 管理平台

6.3　后期运维中信息模型的应用

运维信息模型作为工程运维的基础数据输入 BIM 的运营管理平台，为运维管理单位提供智能化与精细化的运营管理服务，后期运维阶段 BIM 应用主要包括运维模型创建、设施信息化管理、设施故障管理、资产管理及应急指挥管理等。

6.3.1　运维模型创建

竣工 BIM 模型集成了各专业设施设备信息，并与 EAM（enterprise asset management，资产管理）系统（若有）对接，保障数据共享。运维模型（见图 6.3-1）将设备运行、监控等动态数据通过平台链接在 BIM 模型上，实现设备运行全过程管理。

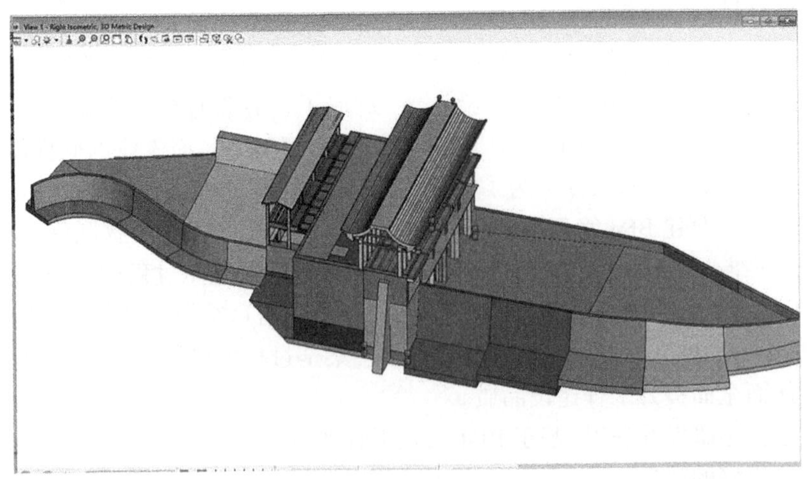

图 6.3-1　泵站运维信息模型

根据动态数据运行状况分析并预测设备故障情况。当设备发生故障时，通过 BIM 模型精准定位至设备位置,并调用BIM模型数据开展故障维修维保,提高设备维保效率。

6.3.2　设施信息化管理

通过对接设备设施系统(如EAM系统),获取设备设施基础信息,包括制造商详情、采购管理、库存信息、维修记录、操作手册、维修人员等,完善平台中设施设备信息,具备数据与模型之间的双向交互,对BIM模型信息和运维中得到的数据进行筛选、整合和分类,得到各类别设施设备的统计信息,如各类专业设备统计、普通设备统计、故障设备统计、维修记录等,基于BIM模型信息辅助设备设施运维。

6.3.3　设施故障管理

当设备发生故障时,巡检人员通过BIM平台对故障设备模型进行标注,描述故障情况,上传现场照片,辅助管理人员与维修人员快速定位故障位置及故障原因。通过故障填报系统与BIM模型结合,准确表达故障设备或故障点的位置和问题。

6.3.4　资产管理

设备设施全生命期管理中产生的各类数据资料平台中进行规范化管理,包括设备设施基础信息(见图6.3-2),以及操作手册、图纸、采购单、联系单、合同文件等,管理人员可根据需要对数据库资料进行增、删、改、查等管理,通过输入关键字,可实现快速检索功能。同时根据相关专业和属性对资料进行分类归档,实现图样与构件一对一的关联、图样二维与三维之间的切换。通过精细化、信息化的BIM模型,辅助工程各专业设备设施的资产管理。

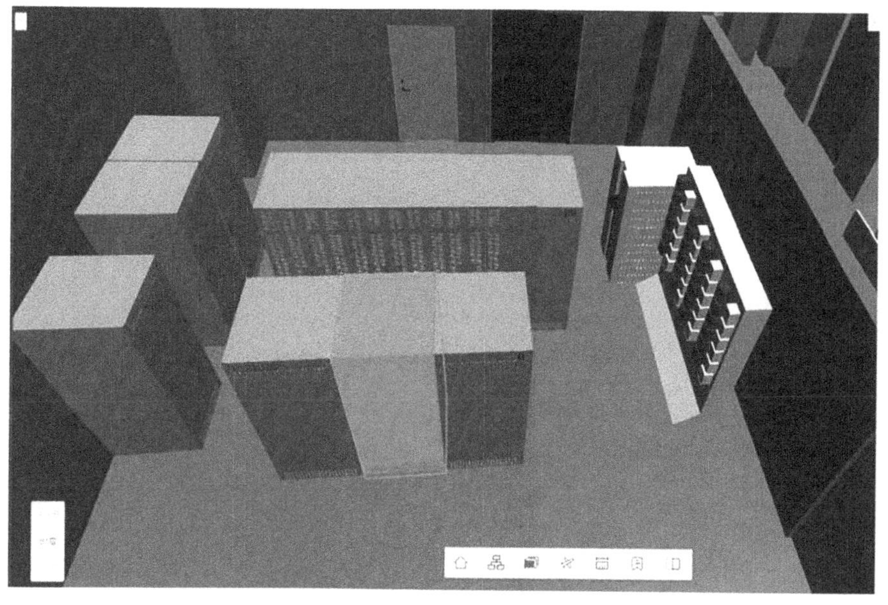

图6.3-2　设备设施基础信息模型

6.3.5 应急指挥管理

基于BIM模型可集成区域摄像头,采用数据服务方式嵌入工程应急指挥系统,关联应急疏散、应急物资运输等方案。当发生突发事件时,在BIM模型中可直观展示事故位置,启动相应的应急预案,以控制事态发展、减少损失。同时,将应急物资与BIM模型进行链接,在平台中快速调取所需应急物资,辅助现场处置。应急物资包括安防、AED、防火、"三防"、行车等类型。

第四篇　水利工程 BIM 技术应用工程实例

第7章　水利水电工程BIM模型在专业中的应用

7.1　地质勘察专业中的应用

近年来,BIM技术在水利水电行业的应用蓬勃发展,其在提高质量、缩短工期、减少成本等方面较传统技术有明显的优势。而工程地质条件作为整个工程项目中的基础,能否将其较为准确地表达出来,对整个项目至关重要,亦有助于设计专业解决工程问题。BIM技术在工程地质中应用的基本方法:地质勘察人员通过野外数据采集系统将地质勘探数据保存至服务器;运用建模软件进行二维地质剖面解译;将相同地质属性的线条用拟合工具生成地质界面和地质体。通过BIM技术在多个水利水电工程地质中的应用,成果表明:通过野外数据采集系统,有效解决了传统地质工作中遇到的工作程序繁冗、效率低下的问题;三维地质模型能够更加直观地表达地层岩面、地质构造的形态与分布,为工程各方人员理解工程地质条件、解决工程问题提供便利;在三维地质模型的基础上,结合设计工具进行开挖设计、工程算量等后期应用,显著提高了工作效率,提升了设计成果质量。

7.1.1　模型创建

BIM技术在工程地质勘察中的应用主要体现在勘察数据采集、三维地质模型建立、二维出图等方面,主要流程见图7.1-1。

7.1.1.1　数据采集

基于工程地质野外数据采集系统,地质勘察人员在勘察现场不再拘泥于纸质记录,可直接利用移动端App进行数据采集(见图7.1-2、图7.1-3),将勘察数据(钻孔、探坑、探槽、地质点等)同步至数据服务器;而且可以直接下载、查看数据服务器上已有数据,进行修改和新增。

地质野外数据采集系统可直接输入钻孔编号、坐标、高程等基本信息,也包括孔径结构、地层岩性、完整程度、风化程度、钻遇构造、水位等勘察数据;同时,在野外拍摄岩芯照片后,输入起止深度,岩芯照片自动处理后上传至服务器。

传统勘察工作流程中,野外编录时,地质勘察人员在编录纸上简要记录相关的勘察数据,内业整理时先将数据补充完善,再录入地质制图软件中。此类勘察数据多数储存于个人电脑中。

BIM技术在勘察数据采集方面的应用,改变了以往先纸质记录再内业整理录入的工作模式,提高了工作效率。此外,统一的数据库录入系统有效整合了勘察数据,避免缺漏重复的现象发生,也方便了数据的管理。

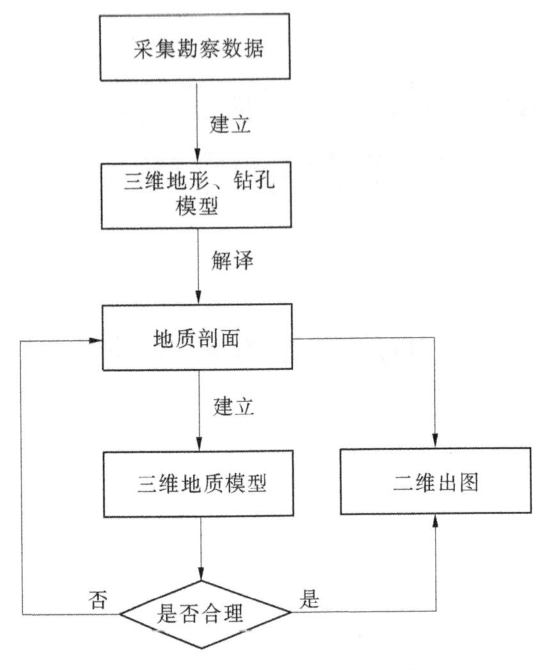

图 7.1-1　地质勘察 BIM 应用流程

钻孔基本信息　岩芯编录　孔径结构　地层岩性编录　孔径结构　地层岩性界面　完整程度　风化

勘探线编号	
工程位置	
孔口横坐标Y(m)	51778.98
孔口纵坐标X(m)	79561.0
孔口高程Z(m)	23.0
方位角(度)	0.0
倾角(度)	90.0
勘察单位	
施工机组	
开孔日期	
终孔日期	

岩层名称	地层编号	止孔深(m)
素填土	=Q$4	8.0
粉土	=Q$4	19.0
中细砂	=Q$4	30.0
黑云角闪片麻岩	=Ar$2=y	45.0

ZKX1#第1箱岩芯

0.00m

5.00m

取消　保存

图 7.1-2　野外勘察数据采集

7.1.1.2　剖面解译

勘察数据录入后进行勘探剖面解译,主要步骤为:运用建模软件生成三维地形面、三维钻孔模型,确定剖面线后进行二维剖面地质解译,绘制具有地质属性的二维线条。

在此过程中,会将二维线条转化为三维空间线条,以便后期的三维建模使用。因此,利用 BIM 技术绘制剖面图,能有效解决相交剖面位置剖面线空间交错的问题,不仅提高了绘图工作效率,也为校核工作提供了便利。此外,三维空间线条储存于三维模型中,钻

ZKC29

钻孔概况　岩芯编录　孔径结构　地层岩性&界面　完整程度　风化程度　钻遇构造　节理统计　水文试验　试验取样　综合测井　原位测试　孔内观测

	钻孔编号*	钻探类型*	勘察阶段*	工程区名称*	勘线编号	工程位置	孔口横坐标Y(m)	孔口纵坐标X(m)	孔口高程Z(m)*	钻孔孔深(m)	地下水深d(m)	方位角*	倾角*
1	ZKC29	综合钻孔	施工详图设计	泵站			117.233	7419.323	70.84	36.00	21.30	0.00	90.00
2	ZKC87	综合钻孔	初步设计	泵站			867.200	0181.690	16.78	40.00	8.40	0.00	90.00
3	ZKC88	综合钻孔	初步设计	泵站	KTX-2		887.570	0139.070	9.90	40.00	6.70	0.00	90.00
4	ZKC89	综合钻孔	初步设计	泵站			909.890	0134.460	10.89	40.00	1.80	0.00	90.00
5	ZKC90	综合钻孔	初步设计	泵站	KTX-2		939.210	0129.410	12.59	40.00	3.50	0.00	90.00
6	ZKC91	综合钻孔	初步设计	泵站			857.330	0119.770	9.74	40.00	0.90	0.00	90.00
7	ZKC92	综合钻孔	初步设计	泵站			903.000	0099.000	6.80	25.00	-1.80	0.00	90.00
8	ZKC141	综合钻孔	施工详图设计	泵站			879.510	1908.240	42.30	20.00	5.30	0.00	90.00
9	ZKC142	综合钻孔	施工详图设计	泵站			728.250	502.280	50.60	20.00	12.10	0.00	90.00
10	ZKC143	综合钻孔	施工详图设计	泵站			761.210	904.430	54.46	20.00	8.10	0.00	90.00
11	ZKC145	综合钻孔	施工详图设计	泵站			223.760	499.730	56.76	20.00	3.30	0.00	90.00
12	ZKC146	综合钻孔	施工详图设计	泵站			892.420	763.760	57.35	20.00	1.50	0.00	90.00
13	ZKC147	综合钻孔	施工详图设计	泵站			130.000	014.000	78.80	20.00	1.00	0.00	90.00
14	ZKC148	综合钻孔	施工详图设计	泵站			367.490	90.330	49.88	20.00	-0.20	0.00	90.00
15	ZKC149	综合钻孔	施工详图设计	泵站			395.510	89.280	50.34	20.00	-0.10	0.00	90.00

图 7.1-3　勘察数据库

孔更新后,重新进行二维剖面解译会保留原始的线条,只需修改相应的地质线条,即可生成二维剖面图,针对钻孔数据不断更新的工程,可有效提高工作效率。

7.1.1.3　三维建模

三维地质模型是基于钻孔、物探等地勘数据建立的具有地质特征的数学模型,即在三维环境下将地质解译、空间信息管理、空间分析和预测、地质统计学、实体内容分析及图形可视化等结合起来进行地质建模与分析,并给出了主要的支撑技术和方法。

三维地质模型的建立遵循"点-线-面-体"的思路。

"点"——勘探模型的建立:输完勘察数据后,将其按照岩性分层生成钻孔实体模型。将钻孔中揭露的地质属性(地层界点、风化界面、地下水位等)以点的形式生成,作为建模元素,见图 7.1-4。

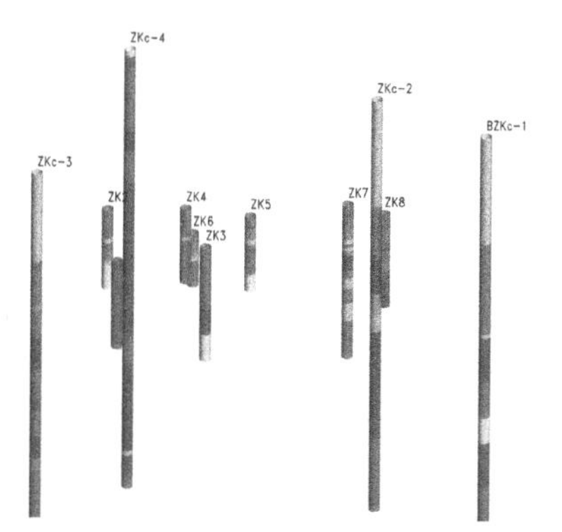

图 7.1-4　三维钻孔模型及三维地质界线

"线"——剖面线的建立:勘探线布置之后,选择相应的勘探线进行剖面解译,根据勘探数据,结合专业经验和知识绘制不同的地质界线。

"面"——地质界面的建立:包括所有的地层界面、风化界面、水位面、裂隙面、断层面等。利用面拟合工具,将钻孔揭露的地质点、剖面线拟合成面,见图 7.1-5、图 7.1-6。

"体"——地质体的建立:建立 Mesh 体之后,用相应的地层界面(岩性界面)进行布尔运算,进行属性定义,地质体就建立完毕了,见图 7.1-7。

相较于二维成果,三维地质模型能够更加直观地表达三维空间内的地层岩面、地质构造的形态与分布,为工程各方人员理解工程地质条件提供便利。

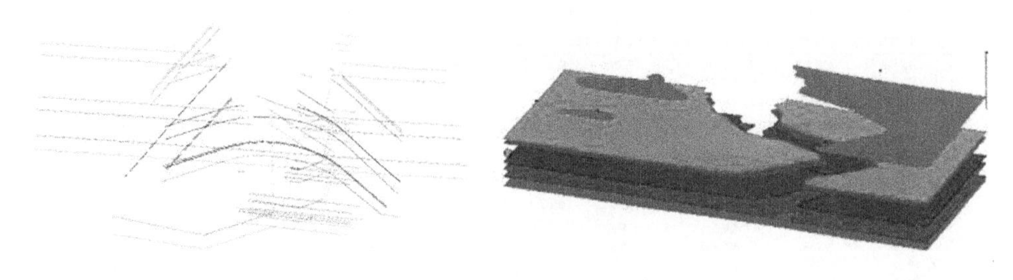

图 7.1-5　地层界面生成

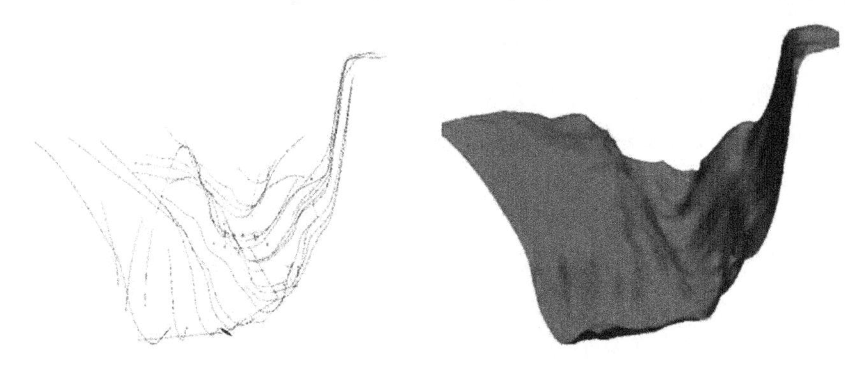

图 7.1-6　风化界面生成

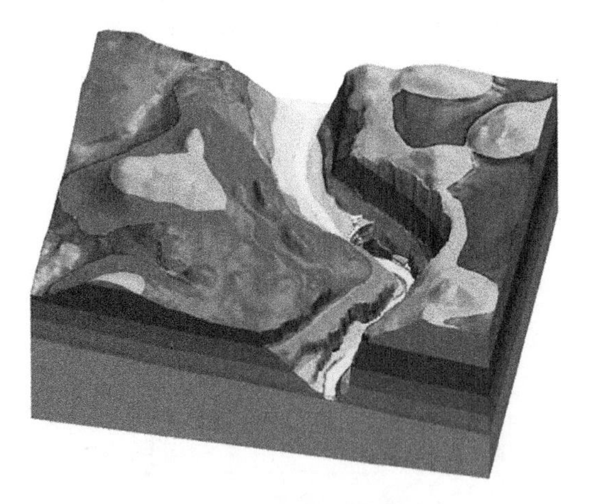

图 7.1-7　三维地质模型建立

7.1.2　二维出图

地质图件主要包括钻孔柱状图、二维平面图、剖面图(见图 7.1-8)、节理裂隙玫瑰花图、赤平投影图等图件。传统地质勘察图编制主要依据地质科学理论,运用数学投影原理,将地质现象投影到一个平面上,从而对地质特征进行表达。

应用 BIM 技术进行二维出图(见图 7.1-9),基本原理与传统地质图编制一样,可在"剖面解译"的基础上直接进行出图;或基于固化的模型进行动态剖切,自动生成二维断面图,结合三维剖切图进行图纸成果校审。

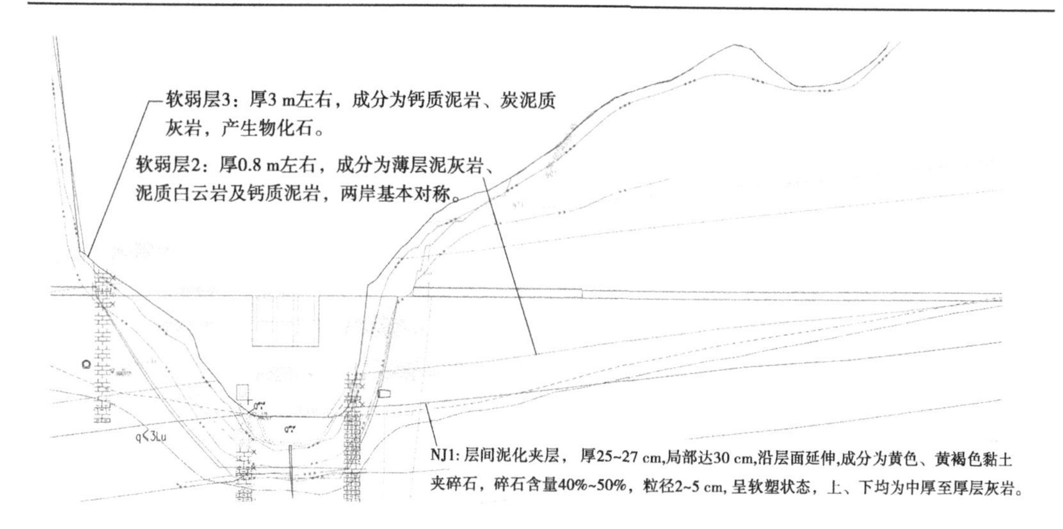

图7.1-8　工程地质剖面图(局部)

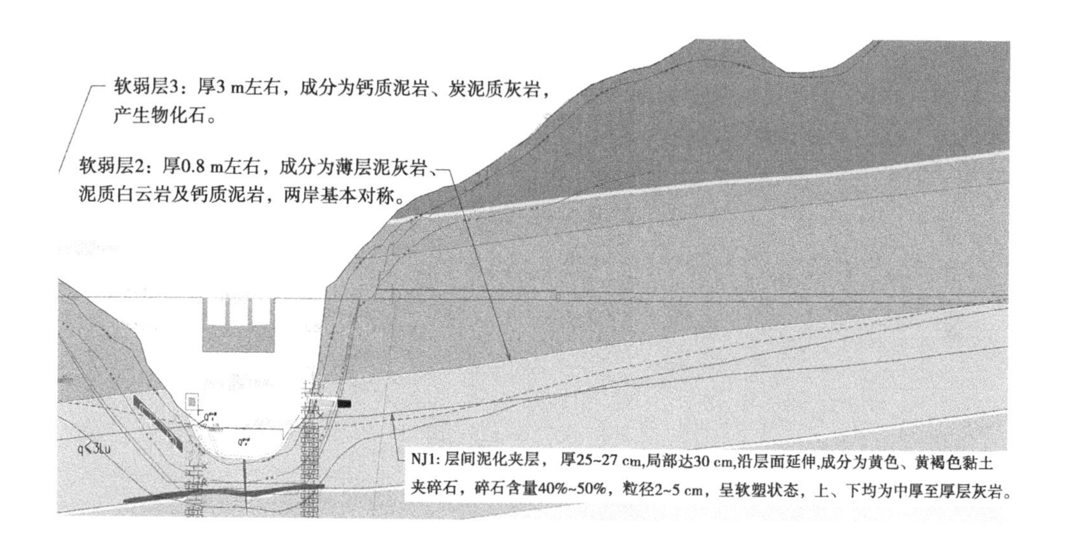

图7.1-9　二、三维剖面出图(局部)

7.1.3　深化设计方案

7.1.3.1　裂隙处理

某工程右岸坡地质结构复杂，卸荷裂隙发育，主要地质问题为：强卸荷带、L4裂隙及L1裂隙。通过反复分析施工地质的勘察结果，建立了三维地质模型(见图7.1-10)，模型较好地反映了现场的工程地质情况。

根据施工图阶段的三维地质模型，分析与初步设计阶段地质条件的差异，及时调整了右坝肩L1的处理方案：增加沿L1面追挖的两条抗剪平硐和两个竖井，然后进行裂隙清理和填充，并对竖井和平硐进行混凝土回填，以增加L1面的抗剪和抗压能力。

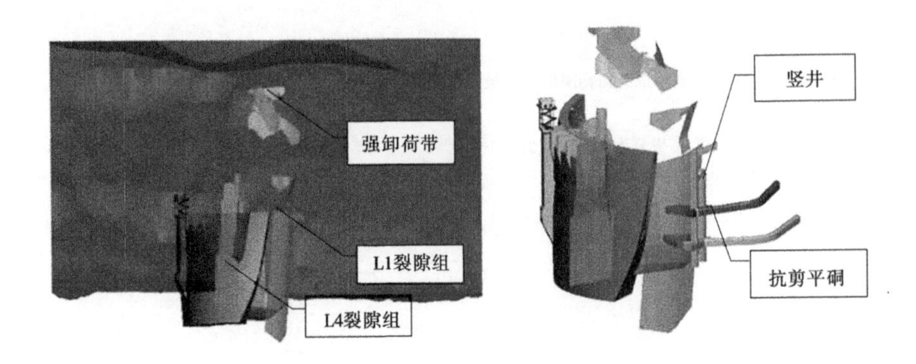

图 7.1-10　右坝肩裂隙模型及其处理方案

7.1.3.2　**左岸崩塌体处理**

拱坝左岸崩塌体拟处理方案:需完全挖除失稳的风化岩体(见图 7.1-11),还应设计合理的“之”字形马道,保证卸荷处理的施工安全。

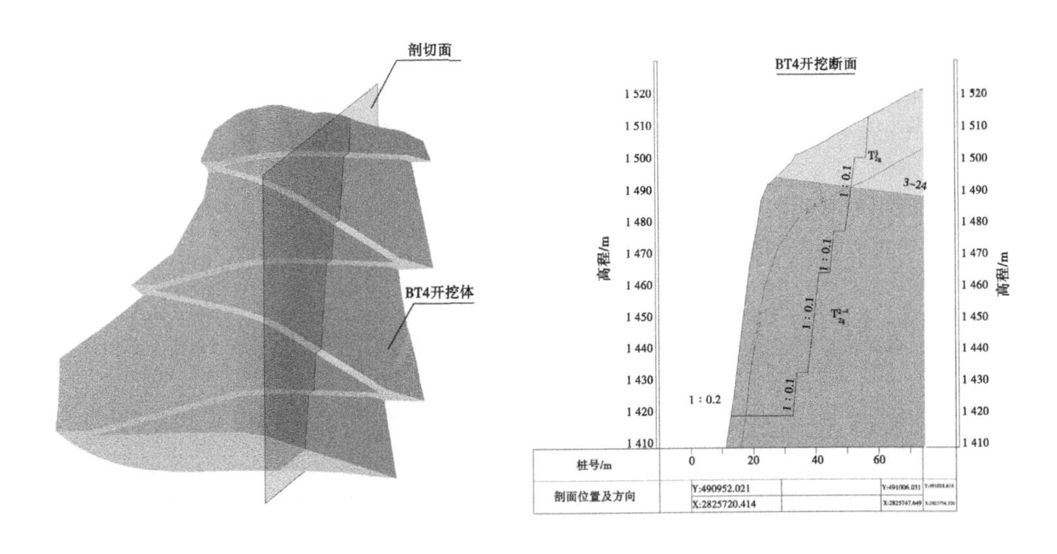

图 7.1-11　崩塌体卸荷处理方案

以三维地质模型为基础,剖切对应的地质剖面,并以其三维地形为基面、地层界面为参考,设计范围、深度适中的开挖面,以及坡度、走向合理的“之”字形马道。

7.1.4　可视化展示

通过三维可视化技术,将抽象的二维工程地质剖面三维具象化,制作工程地质模型展示视频(见图 7.1-12),生动形象地展示了工程地质条件,为工程各方人员理解工程地质条件提供了便利。

7.1.4.1　**开挖设计**

以三维地质模型为基础,结合开挖软件,在设计过程中快速进行多方案比选优化,有效解决了坝址左右岸高边坡开挖布置问题(见图 7.1-13)。

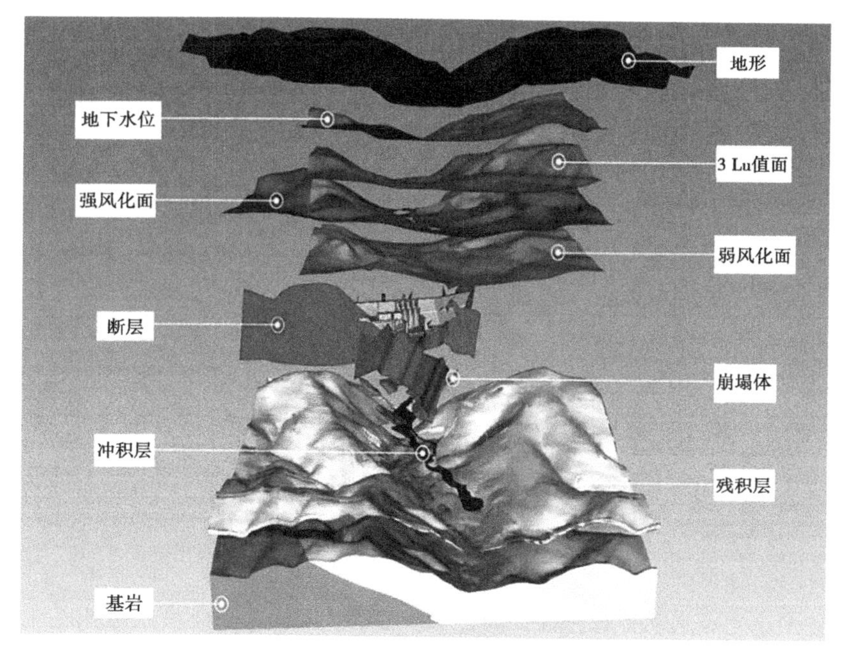

图7.1-12　三维地质模型动画截图展示

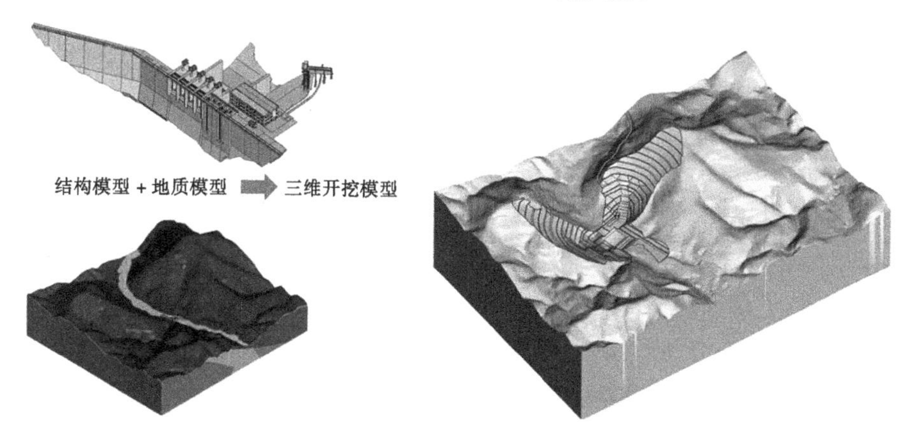

图7.1-13　地质模型与三维开挖模型

7.1.4.2　工程量提取

通过三维开挖模型，一键提取工程量，得出准确的材料用量（见图7.1-14），极大地提升了设计效率和产品质量。

7.1.5　应用展望

通过建立三维地质模型，能够更加直观地表达三维空间内的地层岩面、地质构造的形态与分布，提升成果表达效果，为工程各方人员理解工程地质条件、解决工程问题提供了便利。

在三维地质模型的基础上，结合设计工具进行开挖设计、工程算量等后期应用，显著提高了工作效率，提升了设计成果质量。

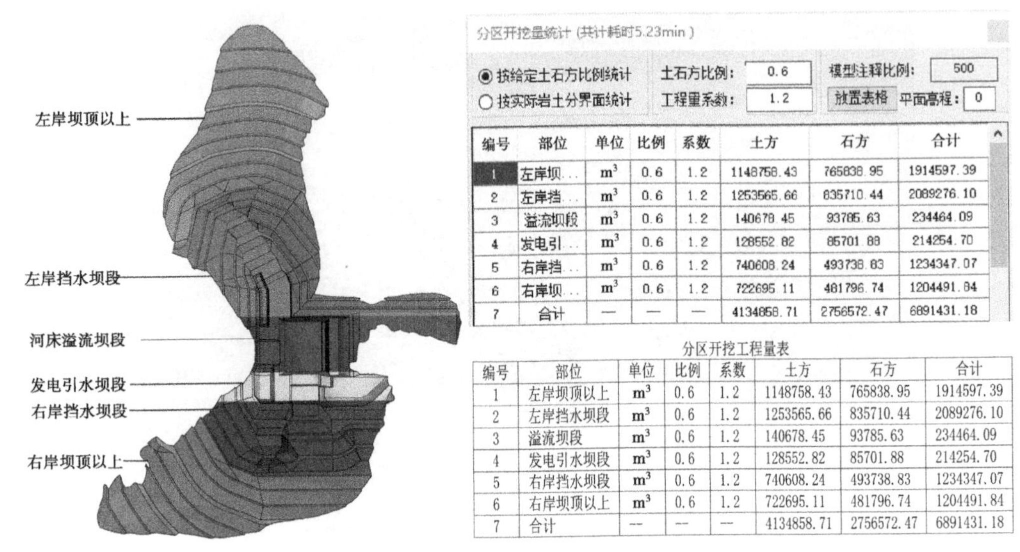

编号	部位	单位	比例	系数	土方	石方	合计
1	左岸坝...	m^3	0.6	1.2	1148758.43	765838.95	1914597.39
2	左岸挡...	m^3	0.6	1.2	1253565.66	835710.44	2089276.10
3	溢流坝段	m^3	0.6	1.2	140678.45	93785.63	234464.09
4	发电引...	m^3	0.6	1.2	128552.82	85701.88	214254.70
5	右岸挡...	m^3	0.6	1.2	740608.24	493738.83	1234347.07
6	右岸坝...	m^3	0.6	1.2	722695.11	481796.74	1204491.84
7	合计	—	—	—	4134858.71	2756572.47	6891431.18

分区开挖工程量表

编号	部位	单位	比例	系数	土方	石方	合计
1	左岸坝顶以上	m^3	0.6	1.2	1148758.43	765838.95	1914597.39
2	左岸挡水坝段	m^3	0.6	1.2	1253565.66	835710.44	2089276.10
3	溢流坝段	m^3	0.6	1.2	140678.45	93785.63	234464.09
4	发电引水坝段	m^3	0.6	1.2	128552.82	85701.88	214254.70
5	右岸挡水坝段	m^3	0.6	1.2	740608.24	493738.83	1234347.07
6	右岸坝顶以上	m^3	0.6	1.2	722695.11	481796.74	1204491.84
7	合计	--	--	--	4134858.71	2756572.47	6891431.18

图 7.1-14　开挖工程量统计

BIM 技术是当今水利工程设计的新趋势，如何更好地将 BIM 技术应用在工程地质勘察中，在今后工作中需要继续探索。

7.2　金属结构专业中的应用

7.2.1　三维参数化设计

随着计算机技术的发展，工程三维设计朝着智能化、协同化和虚拟现实化方向发展，各类三维软件都有各自的专业性，选择合适的专业性软件，更能提高设计者的表达能力及效率。中水珠江规划勘测设计有限公司在金属结构专业三维设计中选用了 SolidWorks，SolidWorks 作为一款主流、强大的三维设计软件，有强大的工程图功能，特别是模型和工程图之间的联动功能，相似模型在参数化驱动后，省去了重复建模环节，工程图出图效率大大提高。金属结构水工钢闸门由于不同孔口的门叶结构梁格结构中主次梁数和主次梁间距不同，无法像小型阀门一样实现参数化的设计，只能是在结构类似的钢闸门之间做到模型的参数化设计。

参数化驱动是 Solidworks 建模最大的特点，此功能相比无参数化驱动的三维软件更便于零件系列化和产品的变型设计，相比传统的设计手段，参数化驱动是大幅度提高效率的关键所在。一款新的闸门设备往往需要自上而下的设计手段，确定方案后还需要多次调整，如弧门液压缸的布置往往需要多次调整才能得出最优的布置，尤其对于深孔偏心铰弧形工作闸门，由于设备增多，布置烦琐，闸门开启和关闭的运动过程复杂，采用常规手段设计效率较低，为解决以上设计难题，通过 SolidWorks 参数化的布局草图，仅数次调整几个重要的参数即可得到最佳的布置方案，有效提高设备布置效率，草图可以模拟闸门实际的运行状态，确保了闸门后期的运行效果。参数化的钢岔管模型，结合管道布置参数，修改通用模型后快速生成新的模型，并自动生成二维图和二维展开图，省去了二维制图时为得到正确的二维图而做的大量复杂计算工作。以下是采用参数化设计进行闸门三维设计的过程。

7.2.1.1　水工钢闸门模型参数化设计

在参数化设计系统中，设计人员根据工程关系和几何关系来制定设计要求。要满足这些设计要求，不仅需要考虑尺寸或工程参数的初值，而且要在每次改变这些设计参数时来维护这些基本关系，即将参数分为两类：其一为各种尺寸值，称为可变参数；其二为几何元素间的各种连续几何信息，称为不变参数。参数化设计的本质是在可变参数的作用下，系统能够自动维护所有的不变参数。因此，参数化模型中建立的各种约束关系正是体现了设计人员的设计意图。在钢闸门门叶结构中，基本的尺寸，如闸门高度、厚度、宽度及梁的截面尺寸等属于可变参数；相互之间的定位关系，如几何元素之间平行、垂直、相切、对称等，像钢闸门中主次梁的端部一定是边柱腹板相连的关系，垂直次梁的外轮廓一定要通过主次梁和后翼缘通过转换实体引用得到，这些就是不变参数。当两个门叶结构的模型只有可变参数不同、不变参数完全相同时，通过可变参数的作用实现两个模型的参数化转换。

水工钢闸门由于不同孔口的门叶结构梁格结构中主次梁数和主次梁间距不同，无法像小型阀门一样实现完全参数化的设计，但是钢闸门在一定的孔口尺寸范围时，闸门的几何形状包括梁格的布置都是相同的，这样在同类型尺寸相当的闸门的设计中就可以实现参数化设计。钢闸门参数化设计要遵循的原则就是在一定的尺寸范围内修改每一个全局变量后，重建的模型依然会是一个完整的、没有报错的模型。下面以直支臂的低孔冲沙弧形工作闸门为例，介绍闸门的参数化建模过程。

7.2.1.2　弧形工作门的装配结构及建模步骤

1. 弧形工作门的装配结构

闸门由门叶结构、直支臂、支铰、水封、侧轮及紧固件组成，装配架构如图7.2-1所示。

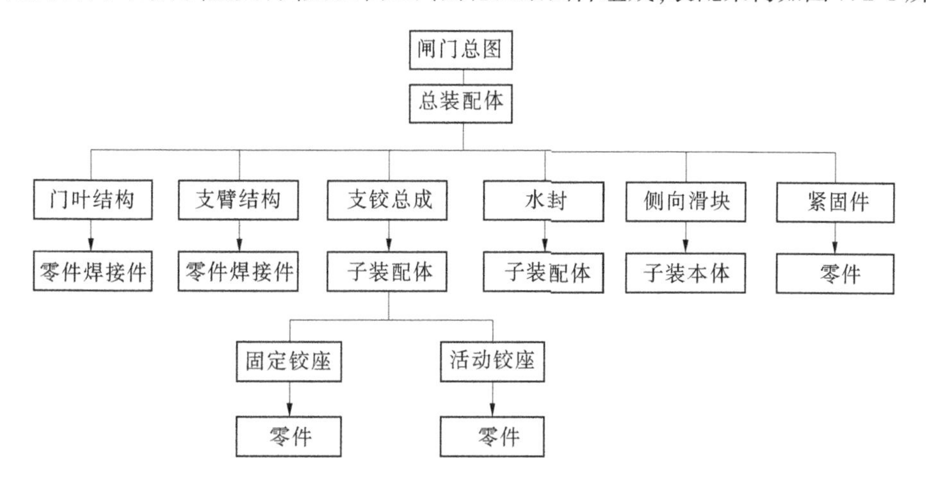

图7.2-1　弧形闸门装配架构

弧形工作门的建模层次及顺序是：先新建一个门叶总装配体，然后在该装配体中新建门叶结构零件焊接件，完成后，在总装配体中再新建一个子装配体，用于支铰建模，再在总装配体中新建支臂零件焊接件，最后在总装配体下建立新的子装配体，用于水封的建模。其余零部件根据自身的建模特点，分别在门叶总装配体中新建零部件。

2. 闸门总装配体的建立

为了方便建立闸门各部件之间的关系，闸门的主体结构（门叶结构、支臂结构、支铰总成和水封）采用自上而下的建模方式。首先新建一个装配体，命名为门叶总图，然后在方程式中将弧门的主要参数设置为全局变量，主要的全局变量如图 7. 2-2 所示。将主要的全局变量在右视基准面上形成总布局草图，以便通过转换实体引用来建立门叶结构和支臂结构的布局草图。

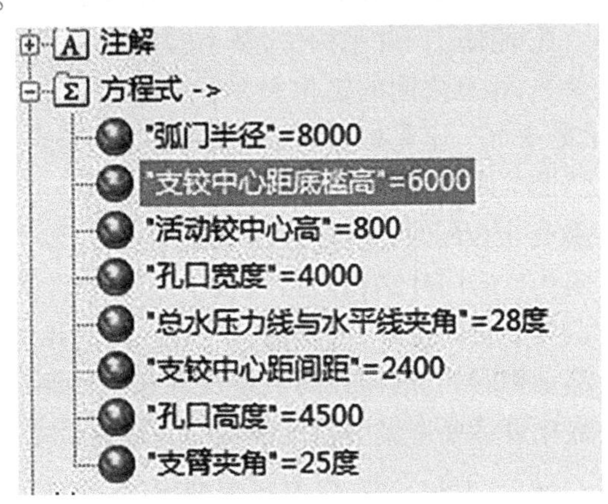

图 7. 2-2　闸门全局变量设置

3. 门叶结构的建模

在总装配体中插入一个新零件，命名为门叶结构，添加门叶结构模型的原点和总装配中的原点重合配合关系，勾选对齐轴，完全定义门叶结构，添加焊件特征激活焊件环境。在右视基准面新建草图，将装配体环境下的总布局草图中和门叶结构有关的实体通过转换实体引用生成门叶结构布局草图。由于草图可以在不同实体共享，所以在门叶结构布局草图上建立即将形成实体的所有草图信息，如面板、边梁轮廓、主梁截面、各次梁的位置关系等，可以先生成面板、边梁（镜像另一端边梁）、主梁前后翼缘，这里的不变参数有边梁和面板的对齐和主梁前翼缘两端延伸至边梁。由于是变截面，后翼缘的长度和面板的宽度有一定的比例关系。然后通过建立基准面和主梁草图，垂直主梁腹板方向拉伸出主梁腹板。次梁采用的是热轧槽钢，新建一个三维草图，建立次梁的路径线段，并和布局草图中的位置点相重合，两端和边梁对齐，生成次梁。在支臂中心线处建立平行于右视基准面的基准面，并建立有关垂直次梁、后翼缘、筋板的草图，生成各个区格之间的垂直次梁、后翼缘和筋板。然后通过移动、复制、镜像特征完成其他次梁、后翼缘和筋板的实体模型，最后添加吊耳板、水封档板等实体的建立，至此门叶结构建模完成。通过上述模型的建立可以发现，在建模过程中除了全局变量基本没有使用可变参数（除了吊耳等不影响结构的实体），都通过元素之间的几何关系（不变参数）来控制模型。

4. 直支臂的建模

初始步骤和门叶结构一样，即新建零件→添加原点关系→激活焊件环境，在支臂中心线处建立一个基准面平行于右视基准面,通过转换实体引用生成上下支臂中心线、顶端和尾部的连接板草图,绘制斜支撑、筋板接草图形成支臂的布局草图,先生成上支臂的实体,通过镜像对称生成下支臂的实体,完成支臂模型。

5. 支铰总成子装配体的建模

支铰总成是子装配体,所以要在总装配体中插入一个新的子装配体,并命名为支铰总图,添加关系完全定义支铰。然后进入支铰总图编辑环境,插入新零件,命名为活动铰,并添加原点重合关系完全定义活动铰,建模完成后在支铰总图编辑环境中再插入一个新零件,命名为固定铰,并添加原点重合关系完全定义固定铰,活动铰和固定铰等轴径可以添加几何关系,完成固定铰的模型的建立。

6. 水封零件的建模

水封是闸门当中模型较为复杂的部位,鉴于水封装置(不与紧固件集成)含有多种材料的实体,采用焊件环境建模较为快捷。建模步骤:总装配体中新建零件→添加原点关系→激活焊件环境→生成侧止水、止水垫板、止水压板→生成顶止水、止水垫板、止水压板→生成底止水、止水压板。建模过程中尽量使用转实实体引用,除止水本身的截面尺寸外,其他的定位尺寸要和门叶结构相关联,实现水封模型随着门叶结构模型变化而变化。

7. 三维及出图

通过自定义工程图模板对装配体及零件进行出图。SolidWorks 工程图模块中具有丰富的视图表达方式。投影视图、局部视图、半剖视图、剪裁视图等各种视图的表达完全能满足二维工程图的出图需求。自定义出公司标准的图纸格式,其中包括能自动添加内容的标题栏、自动生成工程量的明细表。只要掌握了软件自动标注的大致机制,在建模时将模型尺寸稍做调整,即可获得较为合理的标注,后续只要稍做修改和调整即可满足出图要求。图7.2-3、图7.2-4为三维效果图及装配体出图。

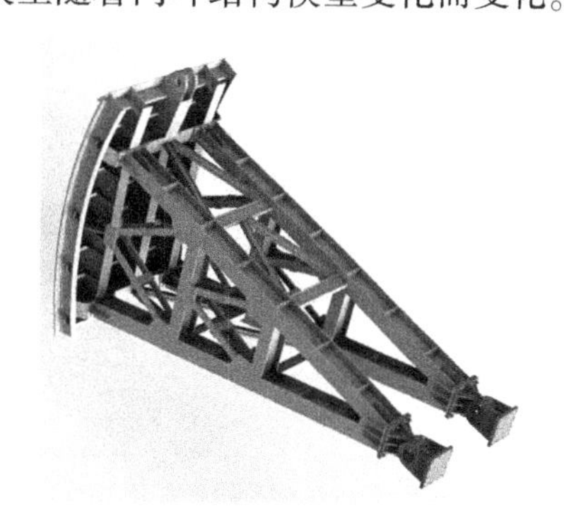

图7.2-3 三维效果图

通过几个参数化设计模型的建立,就可以非常清楚参数化中需建立哪些可变参数和不变参数,今后再遇到相同布置的直支臂弧形闸门时,只需修改全局变量和不影响整个建模完整的极个别的尺寸变量,即可完成新模型的建立,工程图也随之修改完毕,大大缩短工程图环节,提高工作效率。考虑到水工闸门的种类繁多、形式多样,将来还需要从建模类别化和建模规范化入手,生成金属结构模型库、金属结构建模规范和工程图出图规范,为金结专业适应当前行业数字化和信息化技术的发展打下基础。

7.2.2 变型设计

变型设计是机械设计行业中提升效率最有效的方式,本书通过分析水利工程钢闸门的结构,结合 SolidWorks 软件的特点对钢闸门进行变型设计,此方法可以大大提高闸门的建模和工程图出图效率,随着软件的不断升级,变型设计将会成为水利工程钢闸门设计的主流。

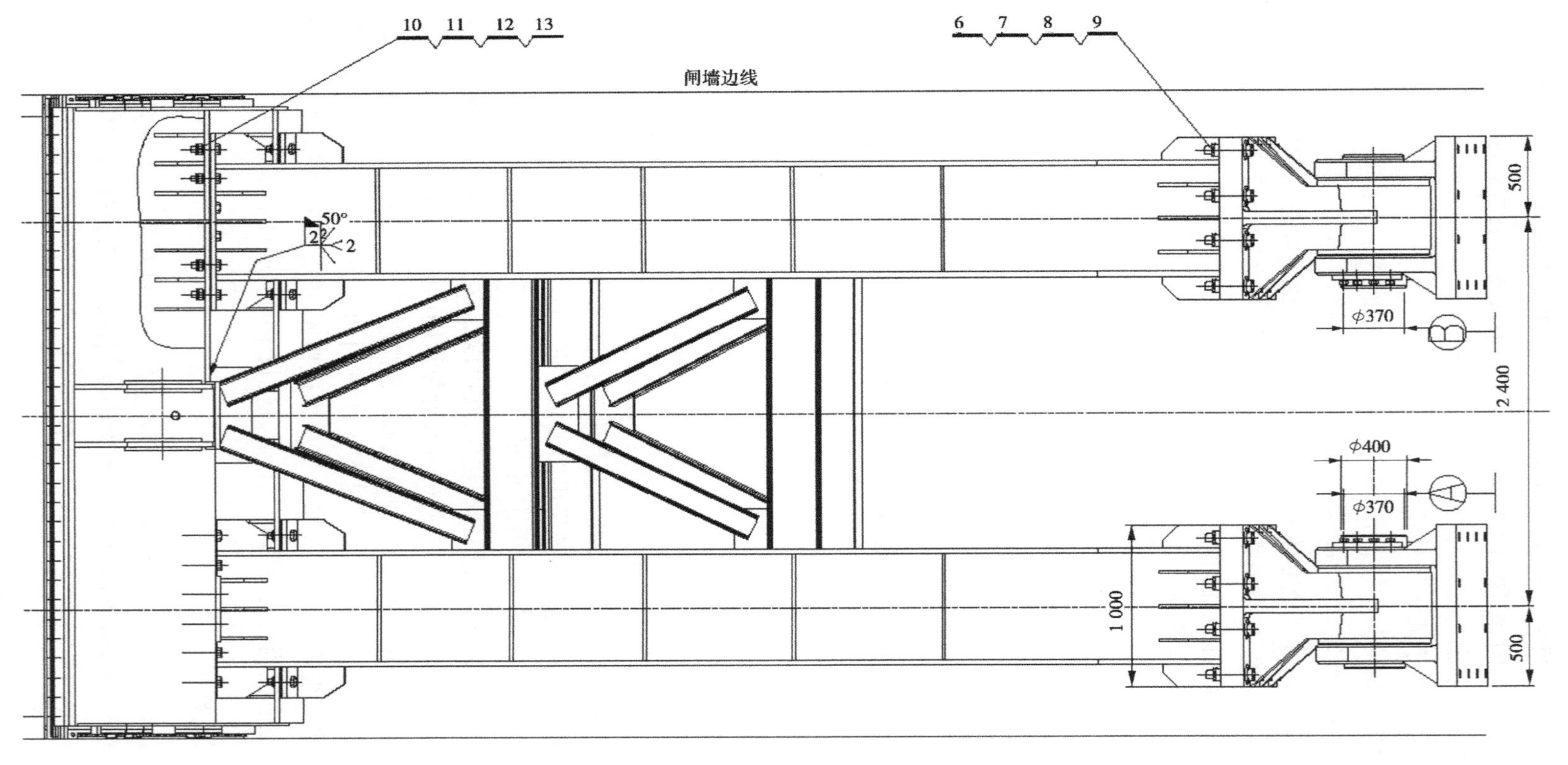

图 7.2-4　装配体出图

BIM技术已经在各行各业开展得如火如荼,在水利工程中金属结构专业已最早实现工程三维化,但总体上还仅处于三维建模阶段,整体效率与传统二维相比有所提升但不明显,如何更加高效地建立模型并快速生成二维工程图,首先想到的就是变型设计,变型设计是目前机械行业中应用最为广泛的设计方法,水工钢闸门几乎是定型产品,仅仅是几何尺寸上的一些变化,在钢闸门的设计过程中采用变型设计会极大地提高设计效率。

(1)变型设计概述。变型设计是关于设计方法和过程的一种分类定义,常常在典型产品的基础上,保持其基本工作原理和总体结构不变,通过改变或更换部分部件、结构或通过改变部分尺寸与性能参数,生成一个和原模型相似的新产品。这种修改一般不破坏原设计的基本原理和基本结构特征,是一种参数的修改或结构的局部调整或两者兼而有之,其目的是快速、高质量、低成本地生产新产品,以满足不断变化的市场要求。据统计,在实际的设计工作中大约70%属于变型设计。水工金属结构钢闸门基本上属于定型产品,闸门形式分类明确,同一类闸门容易控制结构尺寸和拓扑关系,进而实现变型设计,SolidWorks是一款基于参数化驱动建模的软件,通过修改典型闸门模型的主要控制参数,得到新的闸门模型。

(2)变型设计在水工钢闸门模型设计中的应用。平面闸门的主要参数有闸门高度和宽度、主梁高度、主梁数目、水平次梁数目、垂直次梁数目等,图7.2-5是修改前后闸门的模型。

(a)修改前

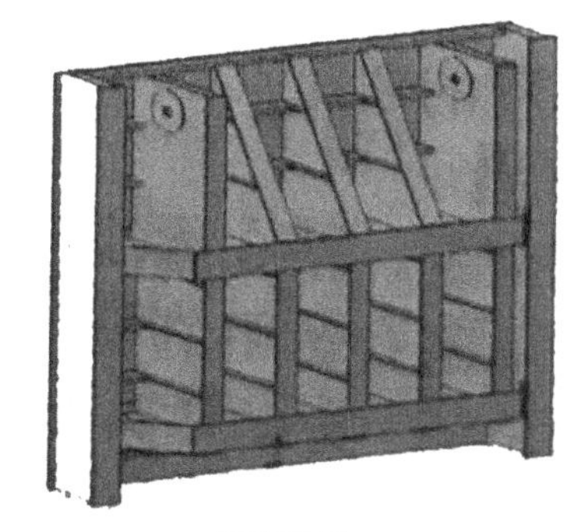

(b)修改后

图7.2-5　修改前后闸门的模型

弧形孤门不易实现变型设计,可以通过细化典型模型分类,类似结构闸门在典型模型基础上手工二次干预,可作为典型模型加入模型实例库,只要模型库足够丰富,再加上成熟的CBR技术,相似产品也能实现快速建模。图7.2-6是弧形闸门门叶变型设计修改前后闸门的模型,图7.2-7是底孔弧门整体结构的变型设计。

变型设计在水工钢闸门模型设计中容易实现,但目前大的瓶颈还是由模型生成二维工程图的效率,尽管三维软件能自动对其工程图进行更新,但是模型参数变动后,工程图会出现一些混乱,如视图位置偏移、注解项目排列混乱、分布不合理等,需要对更新后的工

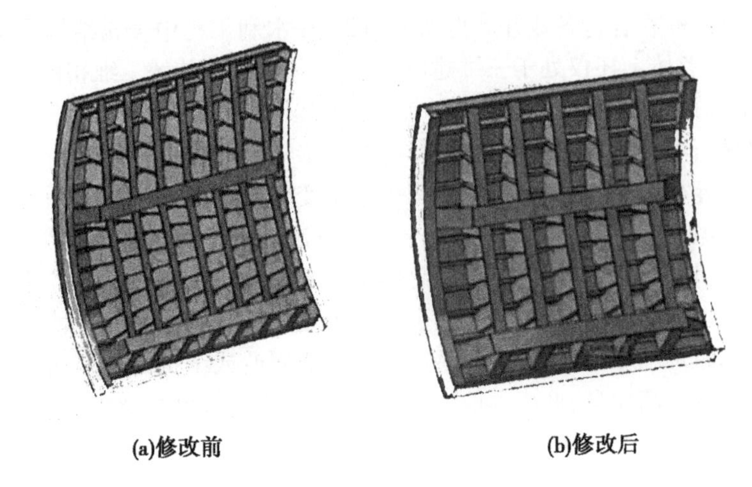

图 7.2-6　弧形闸门门叶变型设计修改前后闸门的模型

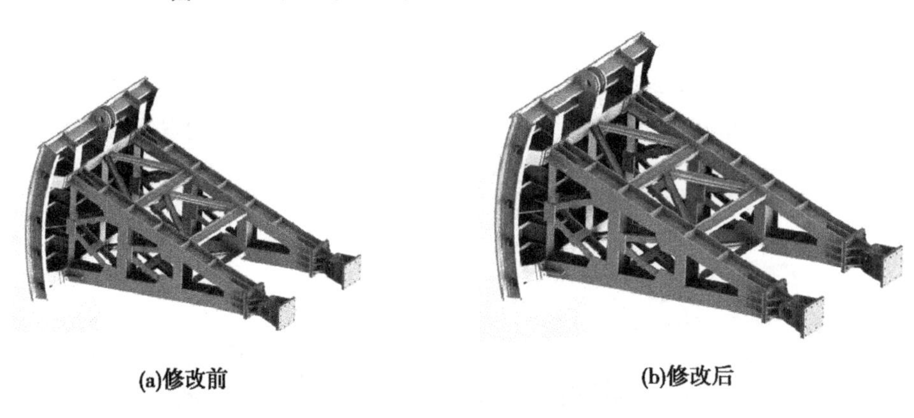

图 7.2-7　底孔弧门整体结构的变型设计

程图进行调整，如果在多次参数化驱动后都要进行尺寸的手工调整，将是一项非常繁重的任务，特别是对于比较复杂的装配图，有时不如重新进行尺寸的添加。因此，一个完整的变型设计还要考虑工程图对新模型的变型适应性。

由于模型生成的每个视图和注释在工程图里都有最初的区域，区域是按设定将图纸划分成区域块，随着模型大小的改变和比例的缩放，视图在图纸中的区域会按一定的规则改变，标准视图的定位点是标准视图当中模型的原点，投影视图、局部视图的定位点为视图包络框的几何中心。由软件自动生成的标注（模型项目）的位置默认是模型里的位置，改变比例后和图形同时缩放，但此标注的位置不和模型中的位置联动，后期添加的标注和已在工程图中生成的模型随图纸比例一起缩放。局部视图、剪裁视图的草图轮廓为了保持在母视图的位置，需要将草图和母视图的边界线定位。断开的剖视图为保证在母视图上的位置，需要将样条曲线草图和母视图的边界线定位。需要将样条曲线的关键点（最少 4 个，始末点重合后算 3 个点）和模型的边界线定位。剖面视图的位置为了适应变型设计，可以把剖面草图线的位置和模型边界线发生约束关系。为了减少对变型后的工程图的后续修改，最好将标准视图中的模型坐标原点布置在图纸上投影视图的包络框的几何中心的位置,图纸和图纸比例的选取最好考虑变型设计的变型范围,标准模型最好控制变型范围,不宜过大。当然,如果工程图超出范围,可以将新生成的模型和修改后的工程图作为新的标准模型和工程图,这样随着典型模型库的丰富,设计效率自然提高。

为满足变型设计的要求,首先需要建立闸门的典型模型库,除了准确的设计意图表达,还要最大程度地利用软件的功能实现模型的智能驱动,形成参数化驱动的标准模型,仅改动主要的几个参数,就可实现标准模型直接生成新模型和二维工程图,但目前软件的功能毕竟有限,变型设计中还需要进行手工二次干预,智能化程度不高。将来随着软件智能化程度的不断提高,变型设计势必成为钢闸门设计中的潮流。

7.2.3　构件库的建立

各种企业内部使用的标准装配体、零件、库特征、常用注释等都可以以库的形式共享,除软件自带的Toolbox标准件库外,还有网络上众多的二次开发的符合国家标准的零件库和设计工具,和过去二维标准化图库的思路一致,常用的标准件库都是为提高效率的重要手段和成果。图7.2-8是针对实际设计过程中常用的零件专门制作的零件库。

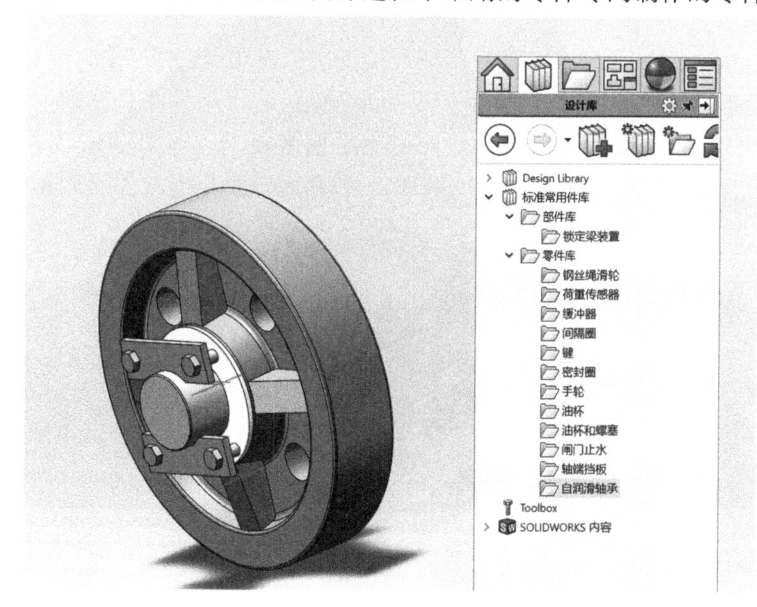

图7.2-8　零件库

7.2.4　碰撞检测

SolidWorks干涉碰撞检测功能,通过碰撞检查和模型校验,可以在创建模型阶段消除设备的错、漏和零件之间及设备和建筑物之间的碰撞与干涉,避免了由此造成的大量返工,有明显的经济效益。此功能也可以检查止水与埋件在空间上的连续性,这对具有复杂止水结构的设备(如人字门、弧门)的止水布置有重要的指导意义。如图7.2-9所示,粗实框代表止水和埋件的干涉部分(止水的压缩)。

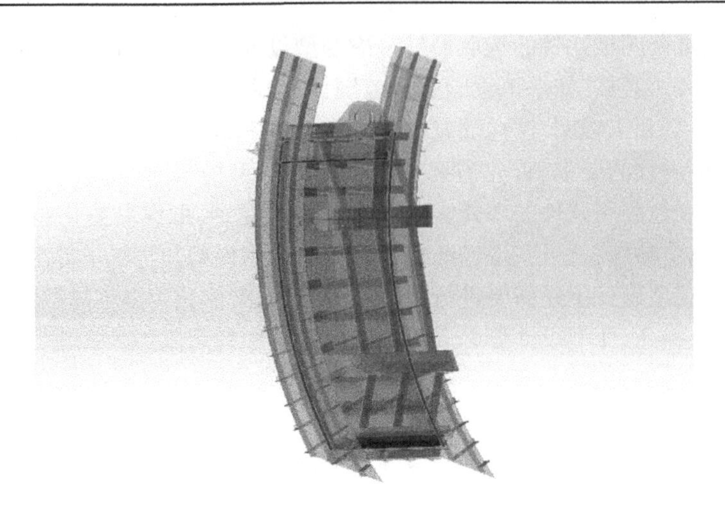

图 7.2-9 闸门密封检查

7.2.5 有限元分析

通过 Simulation 对简化后的闸门、门架等模型进行有限元分析，作为设计的重要参考依据。金结设备多数为焊件结构，力学模型简单，模型单元几乎都是规则体，网格划分容易，采用 SW 自带的 Simulation 分析模块即可满足精度要求。图 7.2-10 为门式启闭机门架的受力分析，比手工计算的数值小 5%～10%，和其他专业分析软件的计算结果相吻合。

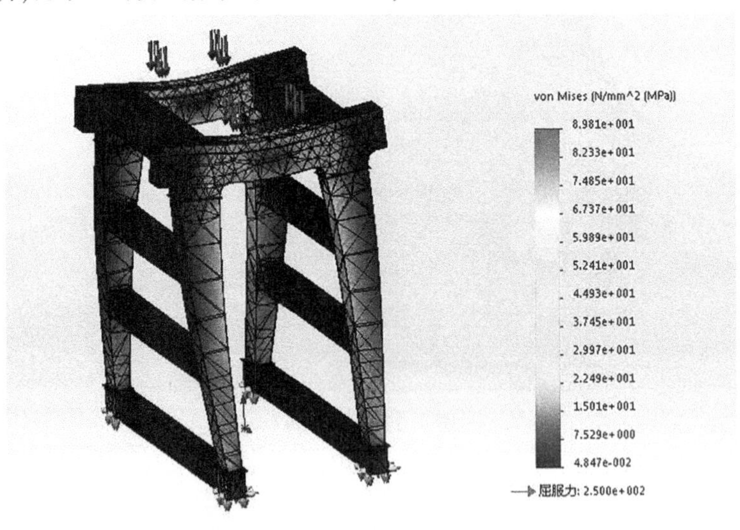

图 7.2-10 启闭机门架有限元应力分析云图

7.2.6 应用展望

准确直观的三维金结模型真实地反映了产品的特征和属性，能够让设计者和业主更好地理解产品功能。基于 BIM 技术的三维协同工作能够保证各专业信息同源，实现各专业及时进行信息交流和共享，确保各专业信息对称。可视化的校审工作通过碰撞检查和模型校验,很容易发现设计的错、漏、碰、缺。工程量的统计由软件自动完成,可以大幅减少校审工作量,大大提高校审效率。动态模拟设备制造安装施工过程,更好地指导制造和安装,对于大型空间焊接件如弧门斜支臂和桁架结构等在空间拼装的结构,用三维模型来指导制造和安装,有了模型数据的支持,能最大限度地避免设计交底不清楚造成的制造和安装误差。以上各点都有效提升了设计、制造、安装各阶段的效率,提高了施工质量,降低了工程成本。

目前还处于传统的二维手段和BIM技术手段相结合的阶段,各大设计院依然用先进的BIM迎合着传统设计手段,传统的交付方式逼迫BIM技术实现二维的出图功能。二维出图技术目前也是制约BIM技术推广的最大因素。然而基于模型定义的技术——MBD的出现打破了这一限制,在国外已经在航空、汽车等制造业率先实现,相关标准也已面世。水工金结设备常用闸门的种类并不多,结构形式简单,但外形尺寸基本是由水工建筑模型确定的,虽然在实物层面无法将水工金属设备做成像阀门一样的选型产品,但结合强大的参数化、智能化设计和MBD技术,有理由把金结设备做成在电子模型层面的选型产品,最终实现三维交付方式,让整个建造过程实现从电子模型到实物的无损转变。

BIM技术是继二维CAD技术后的二次变革,借助BIM技术,未来的规划、设计、施工、运维都会发生质的变化,BIM将贯穿全生命周期。传统的CAE、CAM等技术都将整合到BIM技术当中,BIM技术也将成为设计手段本身的一部分。BIM技术也将从单纯的设计阶段扩展到建筑全生命周期,BIM概念因此具备了更广泛的意义,从而为整个行业带来综合效率的大幅提升。当下我们处于一个技术迅猛发展的时代,随着BIM技术和电脑软硬件的发展,智能化程度越来越高,基于BIM技术的设计手段会让众多的设计人员从简单的重复劳动中解放出来,机器代替人正在成为趋势,乐观的是这将倒逼我们专注于事物的本质,让设计者专注于设计本身。BIM技术是一种技术手段和工具,虽然掌握BIM并不能代表设计水平的高低,但先进的BIM技术将是得力助手。

7.3　水工结构专业中的应用

7.3.1　模型创建

7.3.1.1　设置标高及轴网

在进行BIM设计时,原则上先标高后轴网,在视图中建议采用较少的标高及轴网定位,同时为了控制图面的简洁,应将不必要的轴网标高隐藏起来,并以轴网或标高锁定的方式尽可能对模型进行设置,以便于后期的模型改装。

针对结构特点,可设置不同的标高。标高是垂直高度,所有涉及的标高都需要按照设计图进行统计,在建模前汇总成标高系统,然后才能进行建模。设置标高主要用于后续放置相关的构件。

轴网主要由纵向轴线和横向轴线组成。以高桩码头设计为例,轴网主要以桩位布置为依据,为定位各个构件的水平位置而虚设。根据现有设计图建立码头轴网系统。平行于码头前沿的轴网按字母A、B、C、…命名,垂直于码头前沿的轴网按数字1、2、3、…命名,按桩位布置图建立项目轴网(见图 7.3-1)。

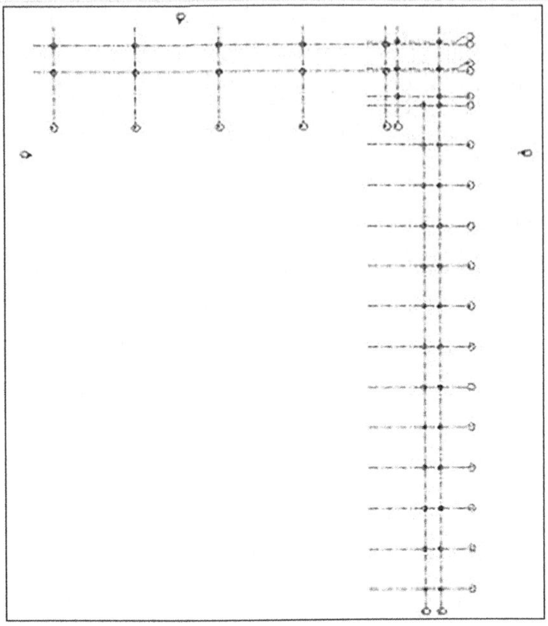

图 7.3-1　轴网示意图

7.3.1.2　建立族库

标高、轴网体系绘制完毕后,将进行实际构件的模型搭建。每一个族模型都必须严格按照设计尺寸建立,建模精度可达毫米级,而且为了最大限度地体现构件与其他构件的真实性、完整性和关联性,构件的各个细节都要根据实际情况制作而成。

高桩梁板主体结构构件主要有桩基、桩帽、梁、纵梁、面板、磨层、走道板、靠船构件、护轮护坎等。一种构件可作为一个族,建立族库有利于提高建模效率。如图 7.3-2 所示为纵梁与横梁三维示意图,纵梁中间需预留相应的孔洞,以便给排水专业放置排水设施;横梁需要局部加宽,以便给工艺专业放置相关机械设施。参数化的族库方便后期修改,达到精确建模的效果。

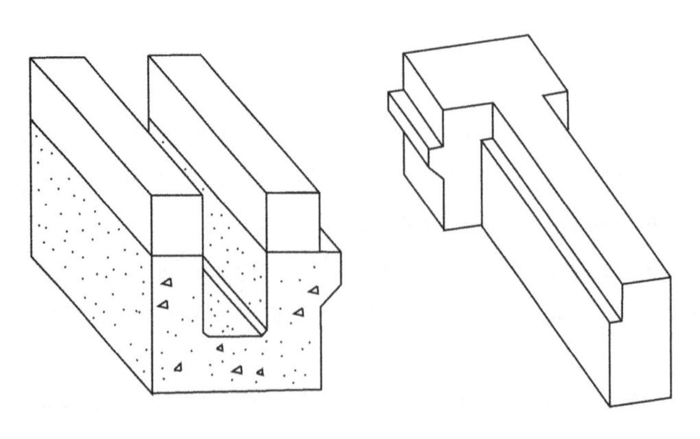

图 7.3-2　族示意图(纵梁、横梁)

7.3.1.3　模型总装

建立完各种族,形成项目的族库以后,根据相关设计图纸,可以进行模型总装。

按照设计位置拼装赋予信息的各构件模型,根据图纸中各构件的尺寸修改族的种类和相关尺寸,拼装到相应位置,也就是构成一个工程模型整体的雏形。在模型装配过程中,特别要注意包括连接、搭接、交叉、错缝等相邻构件之间的空间关系,直接影响到后续检验工作的平稳进行。图7.3-3为码头三维效果。

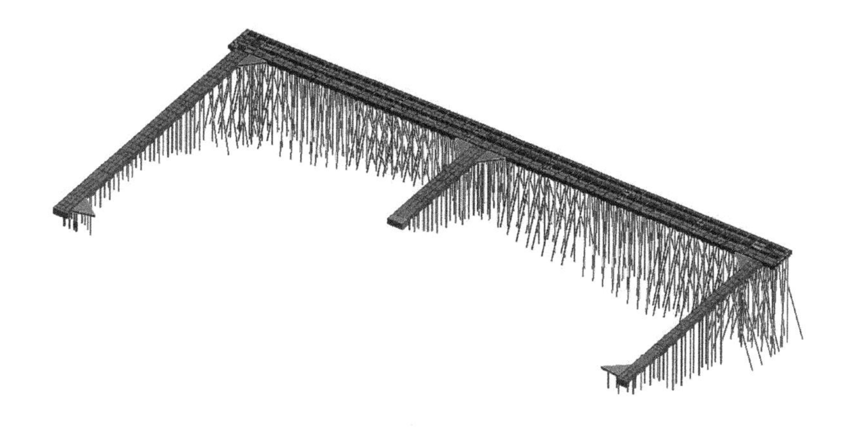

图7.3-3　码头三维效果

在红岩地下船闸设计中,基于Bentley平台的三维设计解决方案以工程全信息模型为载体,以ProjectWise+MicroStation为协同工作平台,并运用Geostation、AECOsimBuilding-Designer、Geopak、MicroStationCE、Substation等软件进行三维协同设计。船闸主要结构轴测图见图7.3-4、图7.3-5。

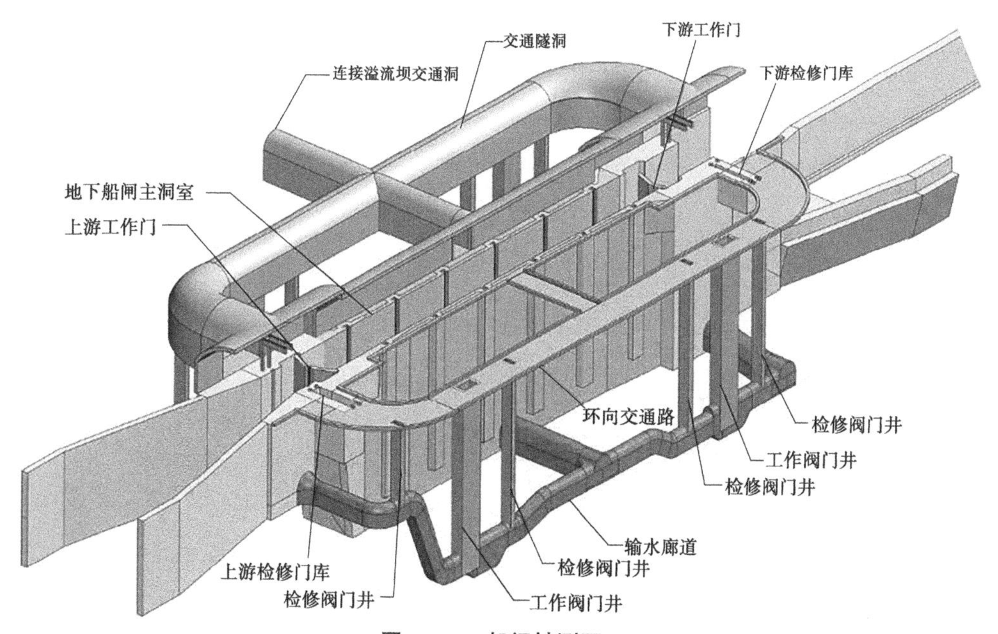

图7.3-4　船闸轴测图

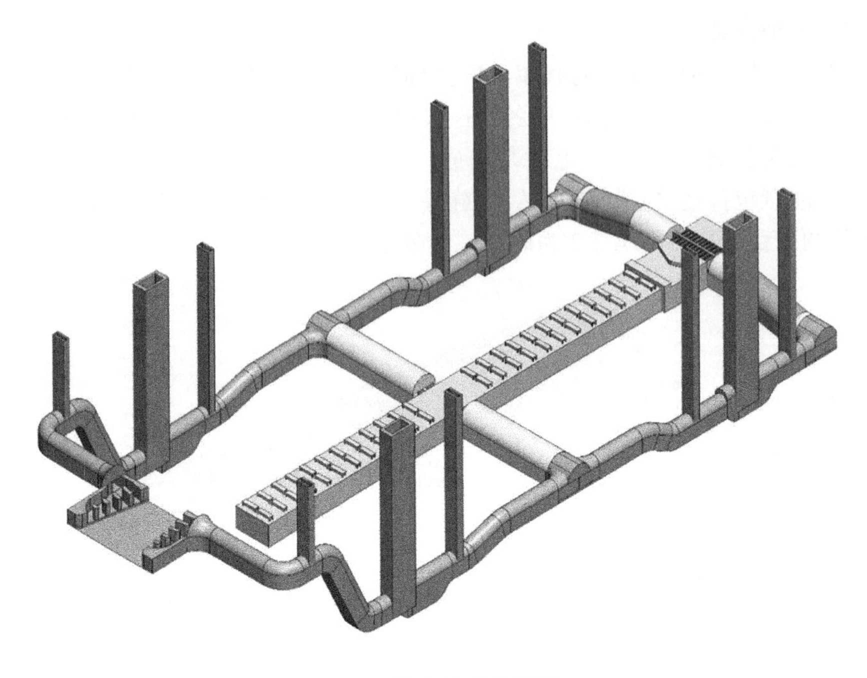

图 7.3-5　输水廊道轴测图

7.3.2　方案比选

水利水电工程中,利用 BIM 技术开展可行性研究阶段的工程建设场址,以及初步设计阶段的选定坝型的方案比选工作。以迈湾水利枢纽为例,初步设计阶段坝线坝型的比选过程中,借助于三维设计的优势,短时间内完成 9 个设计方案的比选(见图 7.3-6)。在方案汇报时更为简单直观,得到了业主和专家的一致好评,助力项目顺利通过评审。

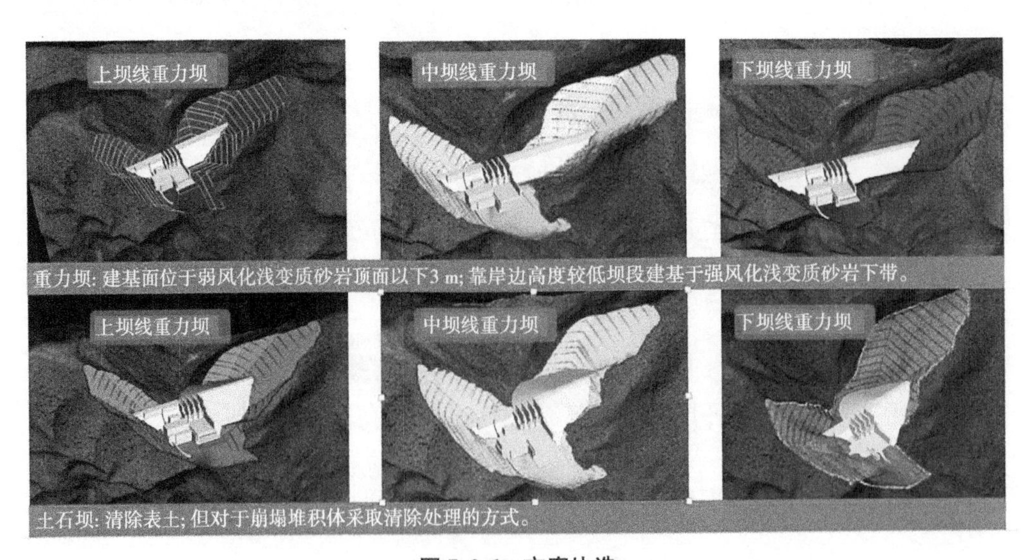

图 7.3-6　方案比选

7.3.3　族库化三维设计

BIM建模技术在码头工程结构设计中的应用还没有普及，相关族库和成果表达形式还没有统一的标准，设计单位还没有在行业内形成资源共享，主要依靠自身的技术积累。

族信息主要包括型号、组分编码等分组大小及标识资料。族被赋予相应的信息后，便成为单独个体。伴随这些信息的是相应的族在标志、统计、计算等整个工程生命周期中的重要作用。所以在设计阶段，信息所赋予的过程要做到准确、细致，要求每一项都要赋予族所包含的信息。此外，族库需参数化，以便后期修改，达到精确建模的效果。

通过建立的通用码头常用结构构件及附属设施构件模型库，可用于相关设计中作为建模基础族库，使建模精度和效率大大提高，是模块化建模的利器。

在新方案设计初期，可以直接调用结构相似的模型进行快速修改和展示，便于参与各方对设计意图进行直观了解，提高方案讨论效果。可以在同类项目中推广使用采用建立族库、设置参数、提高族库通用性的方法，使其他项目能够满足项目需求，提高工作效率，直接对其参数进行调用和修改。若构件标准化程度较高，可以通过对相关尺寸的修改，建立不同构件的标准化族库，增加不同尺寸的同类型构件，从而提高建模效率。

7.3.4　碰撞检测

BIM技术中的碰撞检测功能，具有可视性，比传统计算碰撞方法减少了错、漏、碰、缺等问题，提升了施工效率和质量，从而缩短了施工周期。

在高桩码头设计中，根据《码头结构设计规范》(JTS 167—2018)规定，由于高桩梁板结构中桩基数量多，桩基间距小，施工前须对桩基有无碰撞进行检测。规范规定，两根桩之间的最小净距需要用公式法计算，但公式法验算工作量大、比较烦琐，容易因人为计算而产生误差。同时并不能直观体现桩之间的实际位置，无法快速简单获取桩之间的净距值，存在可视性差。通过BIM技术进行碰撞检测(见图7.3-7)，在获得两个相邻桩基最小净距的同时，可以快速直观地检测桩基的情况。同时提前摸清设计图中的桩位冲突隐患，避免出现后期返工导致资源浪费的情况。

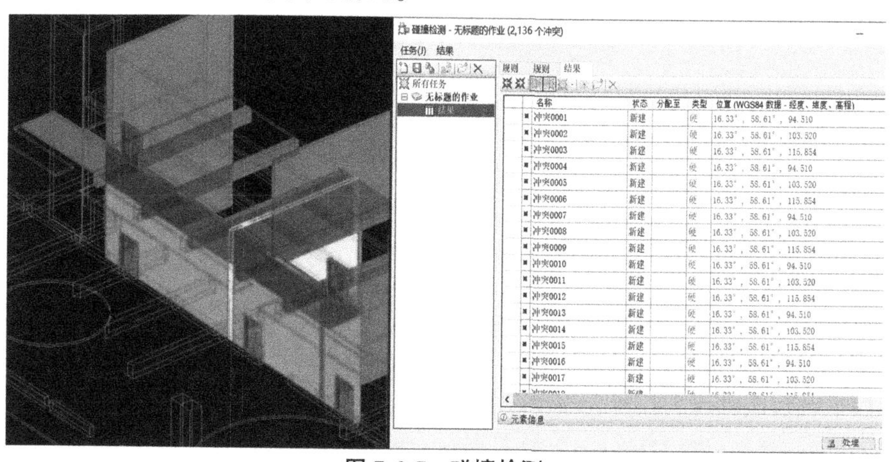

图7.3-7　碰撞检测

7.3.5　工程量统计

通过精确的三维模型,可以一键提取工程量(见图 7.3-8、图 7.3-9),得出相对准确的材料用量,极大地提升了设计效率和产品质量。

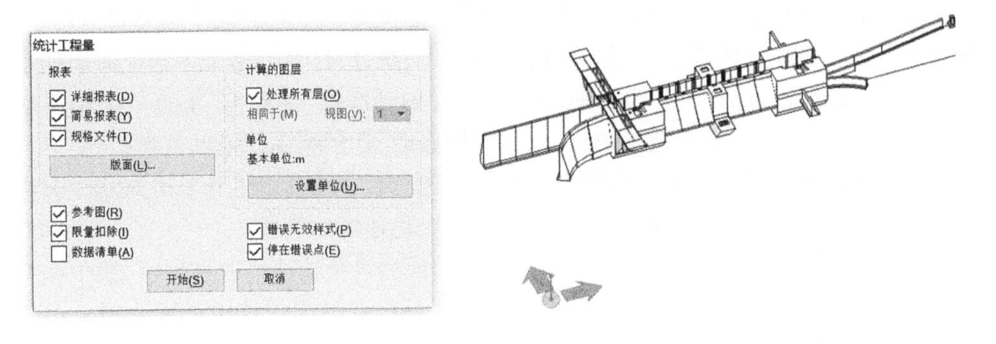

图 7.3-8　工程量统计 1

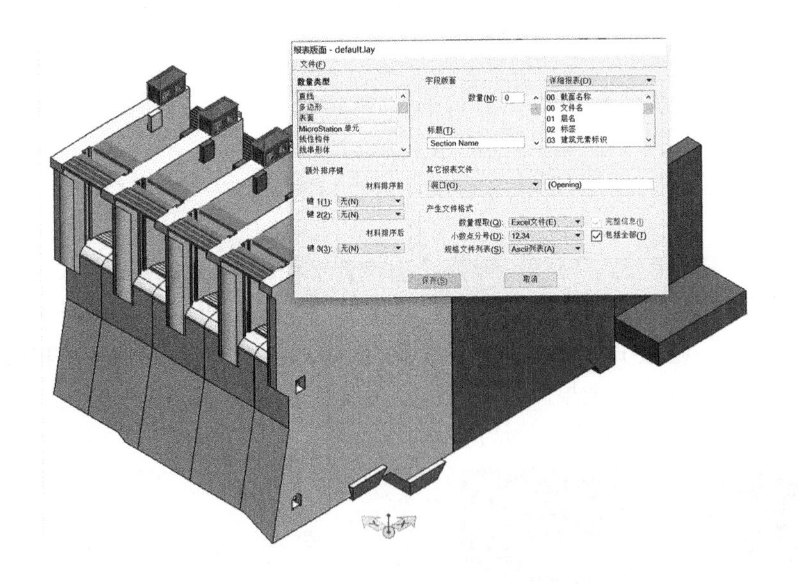

图 7.3-9　工程量统计 2

7.3.6　模型出图

水利水电工程多数设计周期短、设施设备种类多,出图任务重。设计团队通过构建三维模型,基于同一模型数据,进行动态剖切,自动生成平面、立面、剖面等二维断面图,再结合三维模型进行图纸成果校审,主体结构出图效率(见图 7.3-10、图 7.3-11)比传统二维出图效率提高 10%~25%的同时,还最大程度上避免图纸错误,保证设计成果质量。

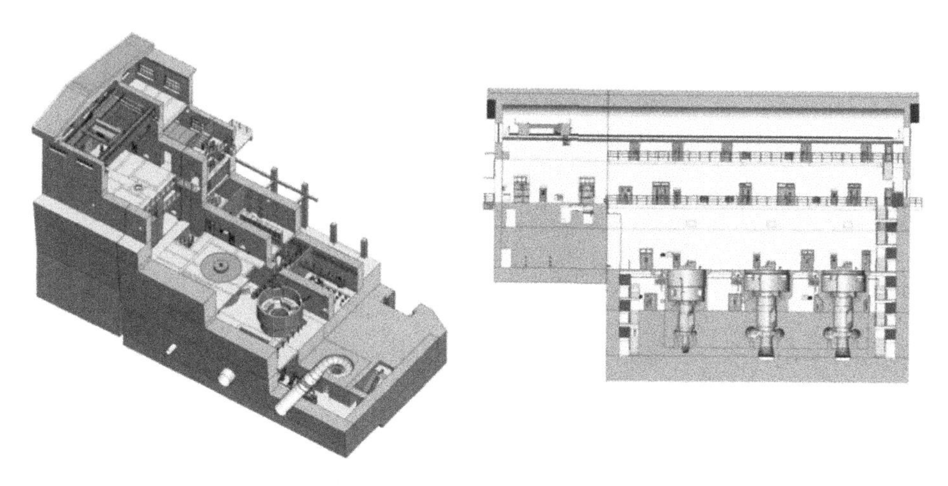

图7.3-10　模型出图1

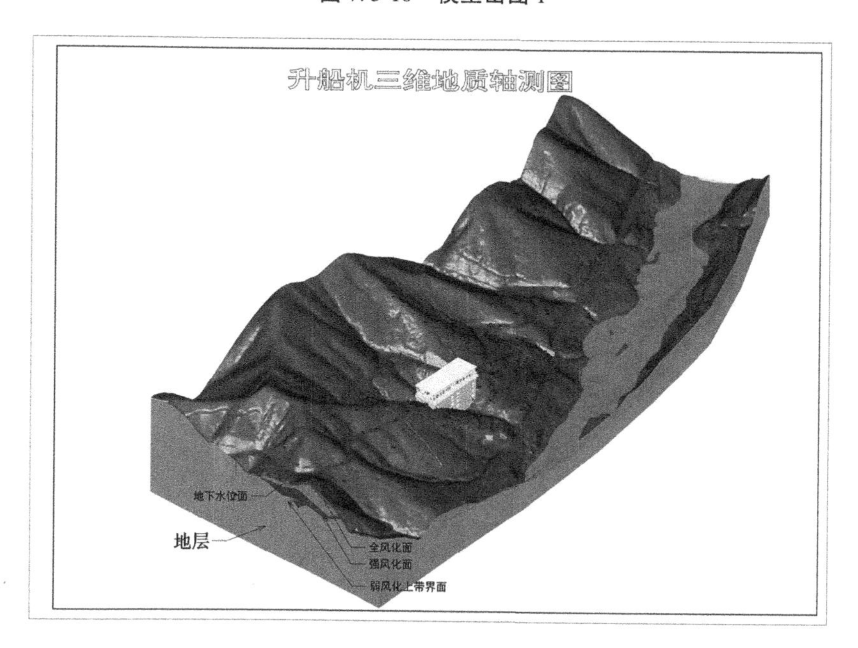

图7.3-11　模型出图2

针对水工混凝土结构钢筋图工作量大、设计烦琐等问题，在施工图设计阶段采用三维配筋 ReStation 软件进行配筋（见图7.3-12）。对于有共性的构件进行配筋定制开发，实现一键式的参数化建模和参数化配筋；对于没有共性的构件也可以实现模型更改，配筋、出图也联动更改。经比较，三维配筋软件在复杂结构配筋效率比传统出图效率可提高10%~40%，且算量直观精准。

7.3.7　仿真分析

仿真分析主要应用BIM模型导出多种格式，实现模型与仿真计算的有机结合，对结构的各项指标进行检验与评估。

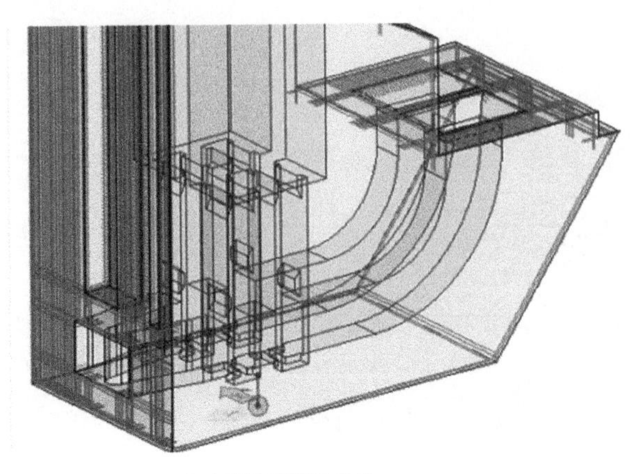

输水廊道顶面钢筋图:100

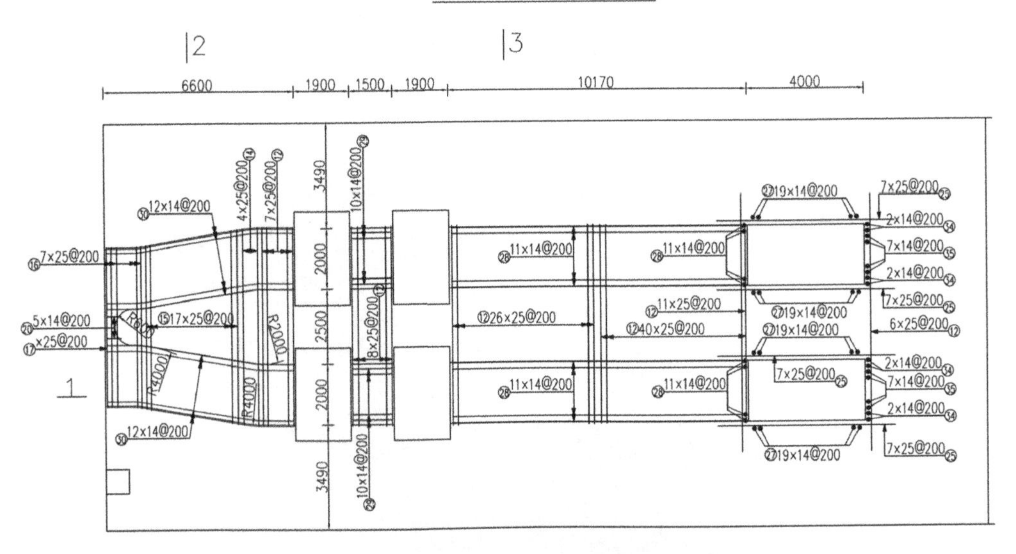

图 7.3-12　BIM 模型出钢筋图

围岩稳定分析方法一般有赤平极射投影法、工程类比法、理论计算法和反馈分析法。在红岩地下船闸围岩稳定分析中，采用理论计算法中的有限元分析方法，采用 MIDASGTSNX 对地下船闸分层开挖过程进行数值模拟，分析开挖过程中的围岩应力、位移、塑性区等特征。

计算模型取闸室典型剖面进行计算。考虑网格数量及计算效率，模型底边界取到洞室基深 160 m，船闸中心线两侧分别为 210 m。锚杆采用植入式桁架，岩基、混凝土采用二维平面单元，同时在岩基与混凝土结构之间、衬砌墙永久缝两侧设置界面单元。共划分 13 338 个单元、13 415 个节点，计算模型如下：模型两侧边界采用 X 向位移约束，底部采用固定约束。计算模型见图 7.3-13，计算参数见表 7.3-1。

地下船闸洞室群开挖主要分为 8 期，开挖顺序为自上而下。第一期，开挖主洞室顶拱至 278.2 m 高程，开挖顶拱上部排水洞；第二期，闸室开挖至 271.5 m，以及左右交通洞；第三期，闸室开挖至 264.0 m；第四期，闸室开挖至 256.5 m 及船闸两侧排水洞；第五期，闸室开挖至249.0 m;第六期,闸室开挖至241.5 m;第七期,闸室开挖至243.5 m,以及左右输水廊道;第八期,闸室开挖完毕。洞室开挖方案见图7.3-14。

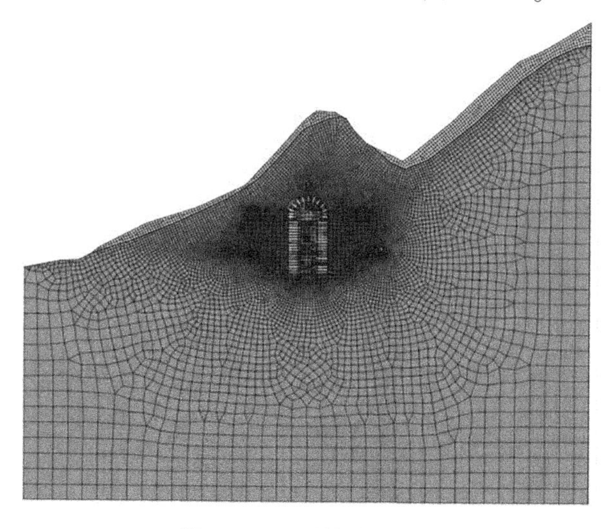

图7.3-13 计算模型网格

表7.3-1 岩体物理力学参数

岩土名称	容重/(kN/m^3)	弹性模量/GPa	泊松比	C/MPa	摩擦角/(°)	抗拉强度/MPa
强风化角砾岩	24.3	22	0.27	0.4	30	0.8
弱风化角砾岩	24.5	30	0.27	0.7	30	1.0

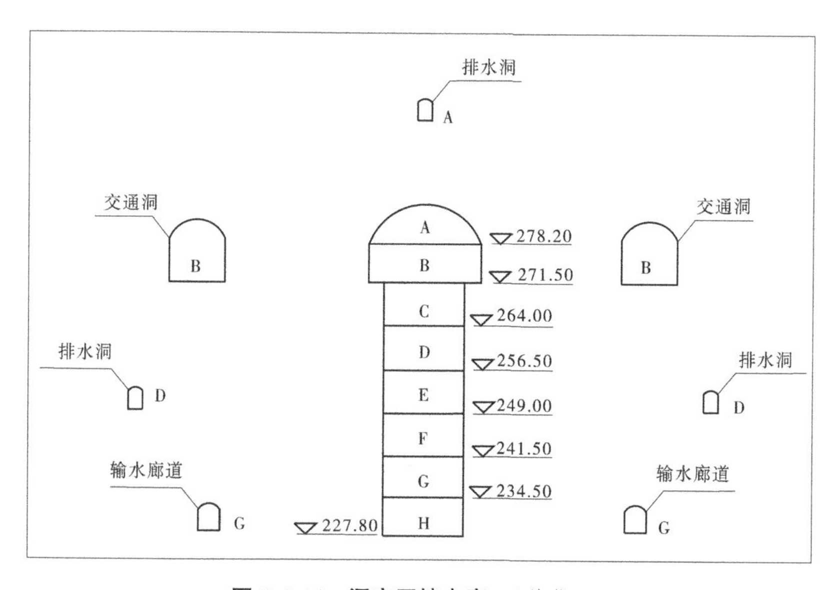

图7.3-14 洞室开挖方案 (单位:m)

通过计算,开挖完成后的应力应变结果见图 7. 3-15~图 7. 3-18,分期开挖洞周应力见表 7. 3-2。

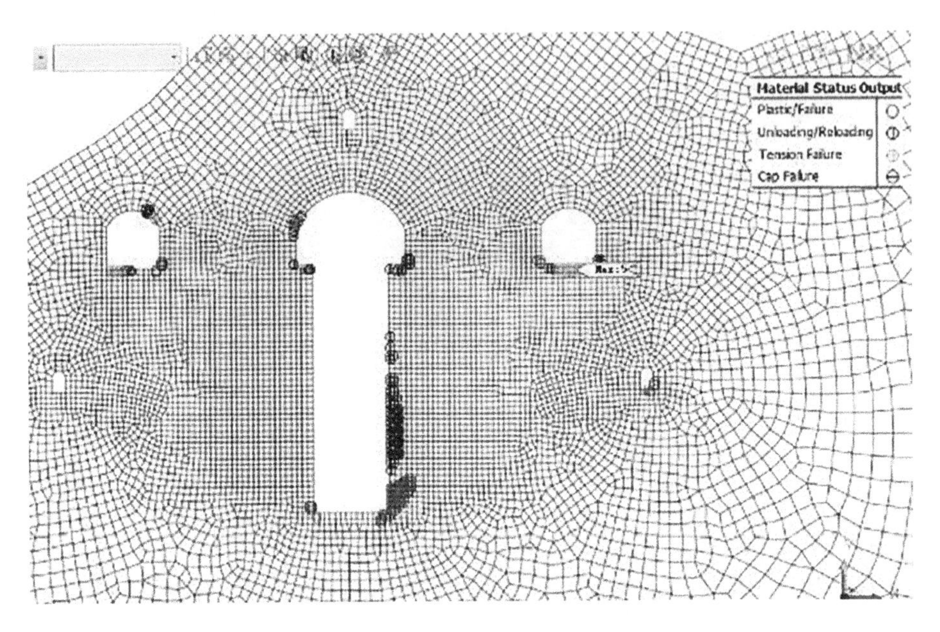

图 7. 3-15　开挖完成后塑性开裂区

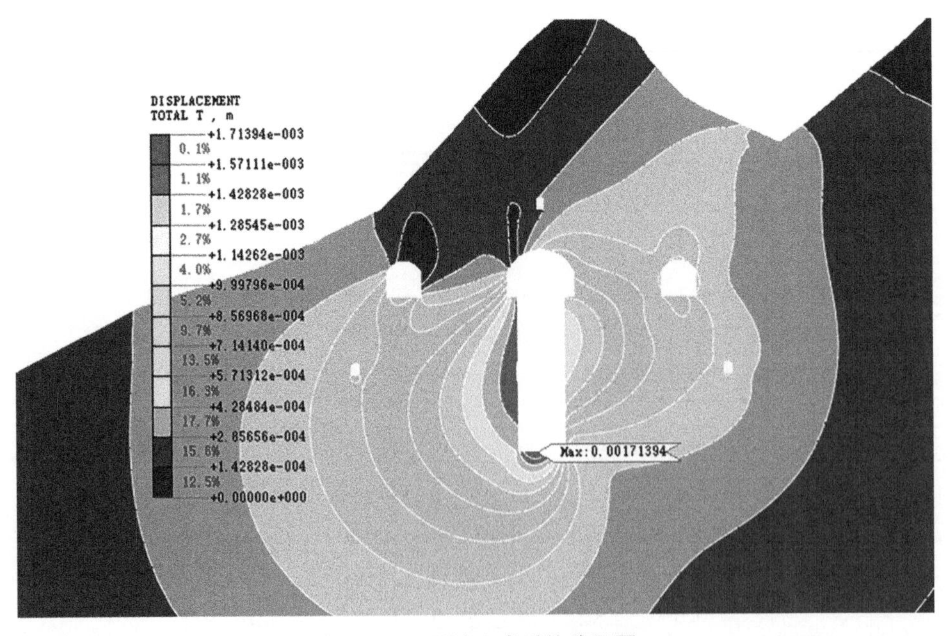

图 7. 3-16　开挖完成后位移云图

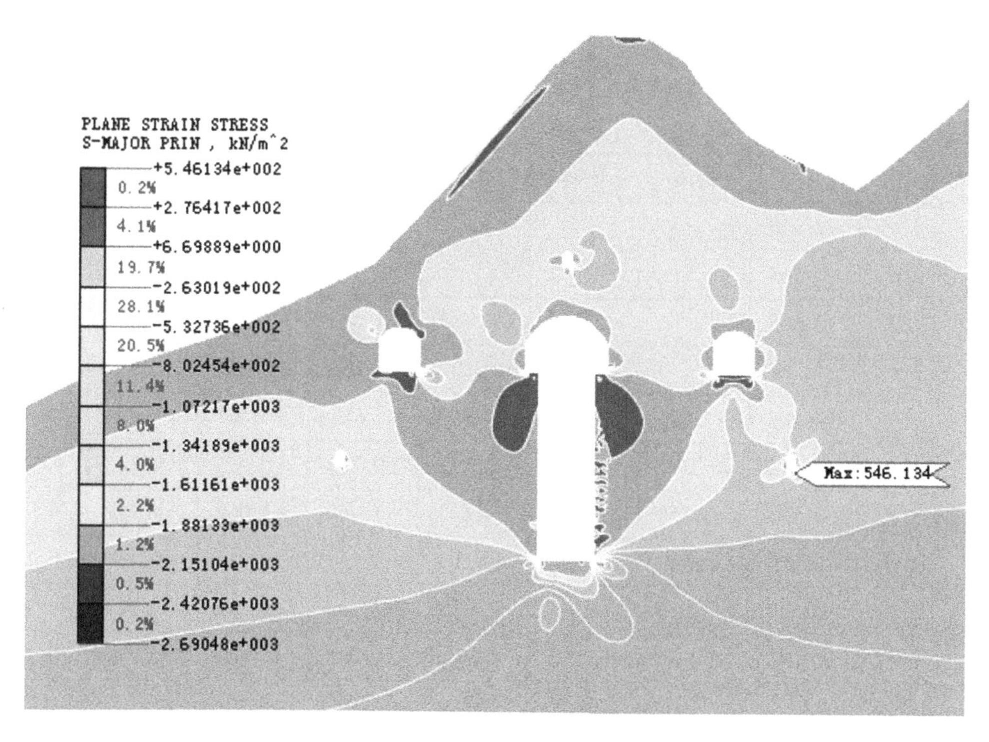

图7.3-17　开挖完成后塑性开裂区

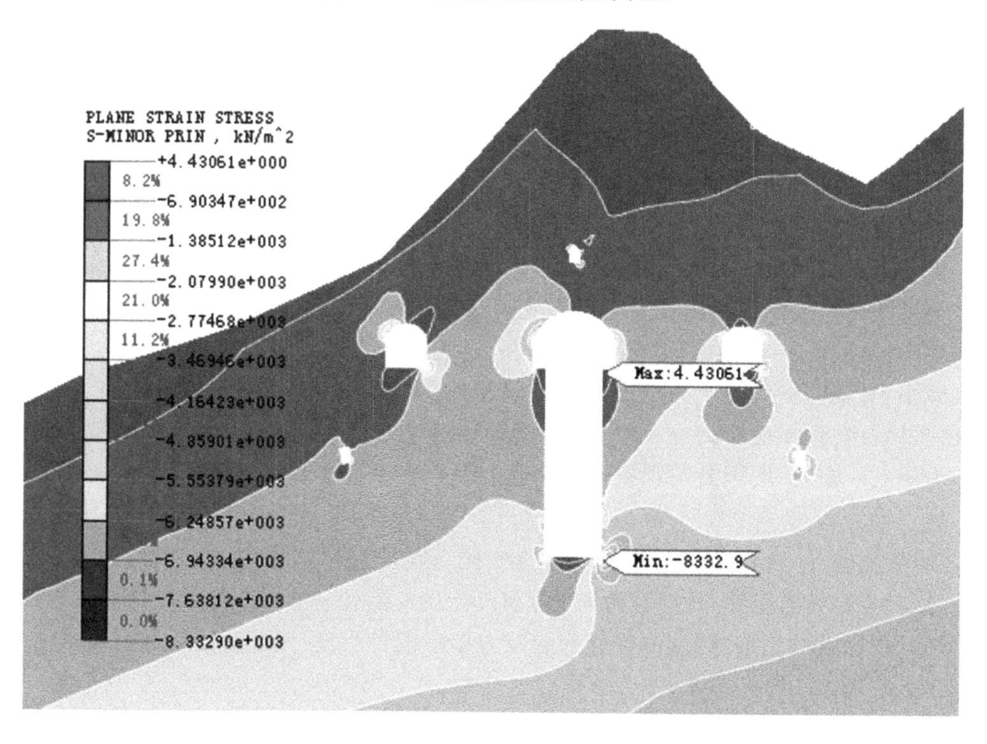

图7.3-18　开挖完成后第三主应力云图

表 7.3-2　分期开挖洞周应力　　单位:MPa

开挖分期		船闸洞室应力		交通洞室应力		第一层排水洞应力		第三层排水洞应力	
		顶拱	边墙	顶拱	边墙	顶拱	边墙	顶拱	边墙
一	σ_1	-2.950				-1.293	-0.940		
	σ_3	-0.263				-0.301	-0.145		
二	σ_1	-3.669		-3.446	-4.412	-1.463	-1.285		
	σ_3	-0.167		0.119	-0.022	-0.295	-0.132		
三	σ_1	-4.808	-4.035	-3.699	-4.591	-1.791	-0.622		
	σ_3	-0.013	0.103	0.219	-0.017	-0.236	-0.095		
五	σ_1	-4.985	-4.858	-4.056	-4.833	-1.968	-1.069	-4.705	-3.913
	σ_3	-0.029	0.109	0.264	-0.009	-0.263	-0.010	-0.433	-0.232
八	σ_1	-5.340	-8.332	-4.036	-5.163	-2.169	-2.090	-4.849	-4.506
	σ_3	-0.042	0.110	0.322	-0.005	-0.048	0.094	-0.239	-0.116

由图 7.3-15 可知,洞室塑性区主要集中在闸室底部两侧,以及顶拱左侧及交通洞。闸室底部塑性区基本在 1~4 m,闸室顶拱塑性区 1~2 m;受主洞开挖的影响,船闸两侧交通洞靠船闸侧也出现了 1~2 m 的塑性区。第三层排水洞由于受地应力的影响,也出现 1 m 的塑性区。总体看来开挖完毕,由于地质条件较好,洞塑性破坏区分布范围不大,主要由洞室开挖后卸荷影响所致,洞周破坏主要以塑性破坏为主,围岩基本是稳定的。

由图 7.3-16 可知,洞室开挖后位移较小,洞室周边相对收敛量为 0.02%,小于相关规范要求的 0.1%。应力均在可控范围内,可通过工程措施处理。

由图 7.3-17、图 7.3-18 可知,第一主应力基本为切向应力,第三主应力基本为径向应力。第一期开挖船闸顶拱的径向应力释放为-0.263 MPa,切向应力在两侧拱底出现局部应力集中,达到-2.950 MPa。随着开挖的深入,船闸顶拱切向应力有所增加,径向应力进一步减小;开挖完毕切向应力增加到-5.340 MPa,径向应力减小到 0.042 MPa。由此看出在开挖过程中,顶拱的应力在不断调整,调整幅度在 80%左右。说明开挖过程对顶拱围岩应力仍有一定扰动,因此对顶拱采用钢筋混凝土支护是必要的。

第三期开挖船闸 271.5 m 以下边墙,切向应力在-4.035 MPa,径向应力在 0.103 MPa;随开挖进行,边墙的应力分布也有所变化。开挖完毕边墙切向应力增加至-8.332 MPa,径向应力增加较少,开挖后为 0.110 MPa。由此看出,整个船闸洞室由于边墙较高,应力随开挖深度的增加,船闸洞室底部的应力集中也较明显,因此边墙采用混凝土衬砌支护也是必要的。

通过有限元方法模拟了洞室开挖过程,为洞室的衬砌设计提供了有力的支撑。综合工程经验类比和围岩稳定计算,初拟围岩支护参数方案见表 7.3-3。对洞室交叉口处顶拱需根据计算加强支护,并对断层和挤压破碎带进行局部加强支护。

表 7.3-3　船闸各部位支护设计

部位		支护设计
上、下游进水口及闸首	顶拱	采用 10 cm 挂网喷混凝土;Φ25L=4/6 m@ 4.0 m 砂浆锚杆;90 cm 钢筋混凝土衬砌;T=2 000 kN,L=20 m@ 5.0 m 预应力锚索
	边墙	采用 10 cm 挂网喷混凝土;Φ25L=6 m@ 2.0 m 砂浆锚杆;钢筋混凝土衬砌
闸室	顶拱	采用 10 cm 挂网喷混凝土;Φ25L=4/6 m@ 4.0 m 砂浆锚杆;90 cm 钢筋混凝土衬砌;中部有交通叉洞的部位采用 T=2 000 kN,L=20 m@ 5.0 m 预应力锚索
	边墙	采用 10 cm 挂网喷混凝土;Φ25L=6 m@ 2.0 m 砂浆锚杆;钢筋混凝土衬砌
交通洞	顶拱边墙	采用 10 cm 挂网喷混凝土;Φ25L=4/6 m@ 4.0 m 砂浆锚杆;90 cm 钢筋混凝土衬砌
排水洞	进出口段	采用 10 cm 挂网喷混凝土;Φ25L=4 m@ 2.0 m 砂浆锚杆;40 cm 钢筋混凝土衬砌
	洞身	采用 10 cm 挂网喷混凝土;Φ25L=4 m@ 2.0 m 砂浆锚杆;15 cm 钢筋混凝土衬砌

7.3.8　可视化专业中的应用

7.3.8.1　工程效果图/展板

根据设计方案优化工程外观、地形、景观等,将工程数据可视化,快速、直观地展现工程设计效果,以效果图、展板、手册等形式呈现(见图 7.3-19~图 7.3-21)。

图 7.3-19　水库效果

图 7.3-20　泵闸效果

图 7.3-21　工程介绍展板

7.3.8.2　视频制作与动画设计

根据脚本策划视频内容，提供分镜、配音、剪辑、特效包装、二维动画等视频制作服务(见图 7.3-22、图 7.3-23)。

根据脚本需求进行航拍视频制作(见图 7.3-24)；可拍摄全景视频，可通过虚拟现实(VR)眼镜查看。

优化工程模型与地形模型，展现工程三维可视化仿真效果。提供场景漫游、施工工艺、设备运行等各类动画设计服务(见图 7.3-25～图 7.3-28)。

图 7.3-22　视频特效包装

图 7.3-23　工程总体介绍动画

7.3.8.3　VR/AR

轻量化工程模型，搭建可视化场景，运用VR技术，输出可供VR设备使用的全景图片、全景视频、应用程序等(见图7.3-29、图7.3-30)。

将轻量化的工程模型输出为应用程序(见图7.3-31)，运用增强现实(AR)技术，通过移动设备将数字模型与现实场景结合。用于数字沙盘展示、AR巡检等。

7.3.8.4　**三维可视化平台**

搭建可视化模型与场景，设计展示平台的逻辑框架、用户界面、三维动画等(见图7.3-32、图7.3-33)，实现基础交互功能。用于展现工程总体布置、设备运行等，可接入VR设备进行沉浸式预览。

图 7. 3-24　无人机航拍视频

图 7. 3-25　工程场景漫游动画

图 7. 3-26　施工工艺动画

图7.3-27　设备运行模拟动画1

图7.3-28　设备运行模拟动画2

图 7.3-29　可接入 VR 设备的应用程序

图 7.3-30　VR 场景漫游

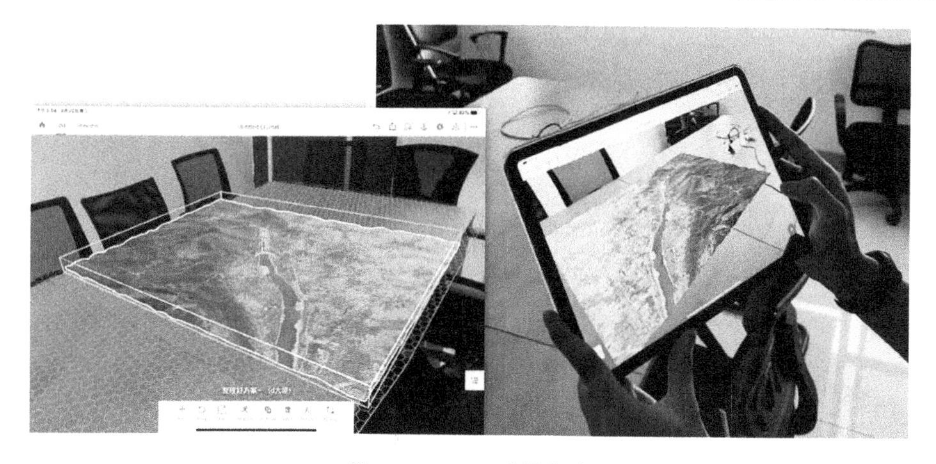

图7.3-31　AR应用程序

图7.3-32　水利枢纽“四预”平台

图7.3-33　水利枢纽可视化平台

7.3.8.5　实体沙盘模型

将数字模型转换成三维实体模型(见图 7.3-34、7.3-35)。展现工程总体布置、工程结构、设备结构等。

图 7.3-34　3D 打印模型

图 7.3-35　沙盘模型

第 8 章　贵州省普安县五嘎冲水库工程

8.1　项目概况

8.1.1　工程地理位置

工程所在地普安县位于贵州省西南部乌蒙山区,黔西南布依族苗族自治州北部,北纬 25°18′~26°10′、东经 104°51′~105°9′,南与兴仁市、兴义市相连,西接盘县,北与水城区和六枝特区接壤(见图 8.1-1)。县城距离省会贵阳 240 km,距州府所在地兴义 110 km,距云南昆明 280 km。

五嘎冲水库位于普安县西南雪浦乡与盘州市交界的马别河的隔界河段,马别河属珠江流域西江水系,是南盘江的一级支流。

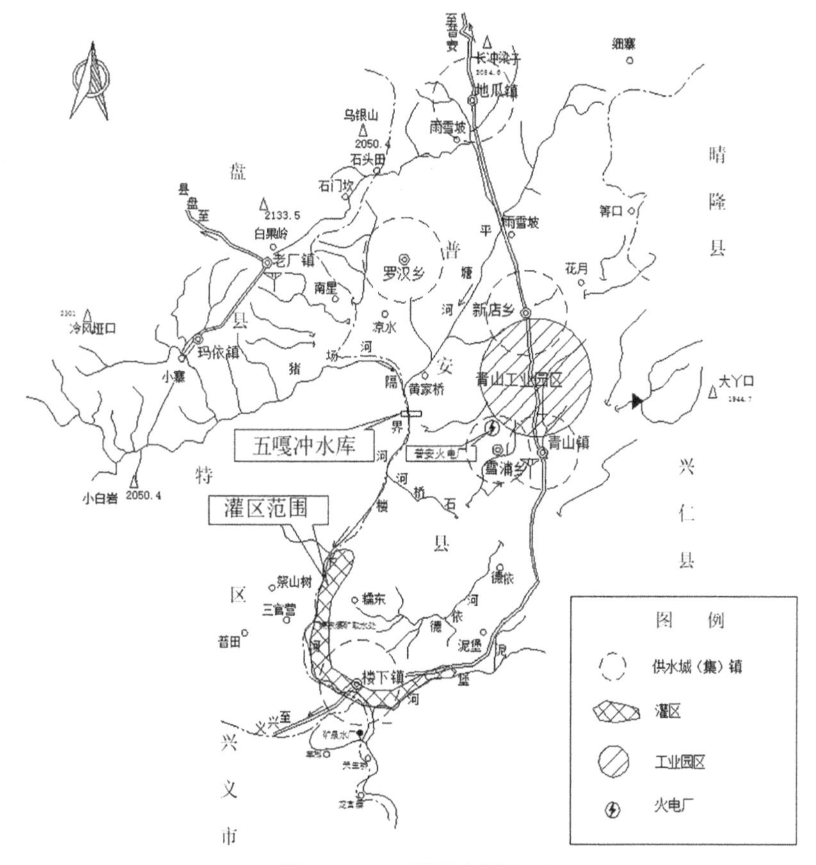

图 8.1-1　工程区交通位置

8.1.2　水文

8.1.2.1　径流

设计流域所在的马别河上设有马岭水文站,邻近的拖长江、乌都河上分别设有土城、草坪头水文站。

马岭水文站位于五嘎冲水库下游,其集水面积是五嘎冲水库坝址以上集水面积的3.7倍,与五嘎冲水库同属马别河流域,且气象特征、下垫面条件都很相似,都属于典型的峰丛深洼地貌,山地崎岖不平,岩溶地貌相当发育,溶洞、暗河、伏流广布。加上该站资料系列长、三性较好,因此选择该站作为本次设计的主要水文参证站,土城、草坪头水文站属于邻近流域,供地区综合分析用。

五嘎冲水库的径流以马岭水文站为参证站,按面积加降水修正的水文比拟法推求,上下坝线集水面积差异很小,其设计径流、洪水等成果取同一值。

马岭水文站控制集水面积为2 277 km^2,五嘎冲水库坝址以上集水面积为618 km^2、621 km^2,经计算坝址面积修正系数为0.271 4,降水修正系数均为1.046 6,面积加降水修正系数为0.284 1(五嘎冲水库坝址以上流域径流系数为0.472,马岭水文站以上流域径流系数为0.470,因此没有考虑径流修正系数)。采用水文比拟法并结合降水修正计算的坝址成果,变差系数 C_v、偏态系数 C_s 根据面积差异结合地区变化规律确定,坝址径流年内分配与马岭水文站一致。

8.1.2.2　洪水

五嘎冲水库坝址以上流域集水面积618 km^2,电站下游的马别河上设有马岭水文站,控制集水面积2 277 km^2,集水面积为五嘎冲水库坝址以上集水面积的3.7倍,且该站洪水资料系列较长,精度较高,二者暴雨量级相近,但下垫面条件有差异,因此五嘎冲水库坝址设计洪水可采用"雨洪法"和水文比拟法进行比较。

考虑本流域暴雨中心的分布特性,上游的洪水较下游的洪水要大,五嘎冲坝址下游)—马岭水文站区间伏流较多,削峰滞洪作用较大。由于五嘎冲水库坝址以上流域较草坪头水文站以上流域的岩溶洼地、伏流要发育一些,以马岭、草坪头水文站相关计算的洪水相对偏大一些。"雨洪法"的暴雨统计参数已经考虑流域并兼顾邻近流域的测站暴雨,产汇流参数也考虑流域的特性,同时从设计的安全角度考虑,设计洪水采用"雨洪法"成果。厂房离坝址不远,且区间没有较大的支流加入,厂房洪水与坝址一致。

选取马岭水文站峰高量大的1982年、1983年、1994年、1997年四场实测洪水,对调洪最不利的为1982年6月28日典型洪水过程线。

设计洪水过程线考虑以下三种情况:

(1)以1982年典型过程线按水文比拟法的成果进行峰量"同频率"放大。

(2)采用"雨洪法"计算的概化过程线。

(3)洪峰流量采用"雨洪法"成果,洪量采用水文比拟法计算成果,以1982年典型过程线进行同频率放大。

然后进行调洪计算,第(1)、(2)和(3)三种方法计算的洪水过程线 $P=0.1\%$(校核)洪水位分别为1 338.03 m、1 338.39 m、1 338.30 m;"雨洪法"计算的概化洪水过程线洪水调节计算的水位偏安全,因此设计洪水过程线采用"雨洪法"概化洪水过程线。

8.1.2.3　泥沙

马别河流域泥沙主要来源于暴雨对坡面的侵蚀,以及洪水对河床的冲刷。流域内土壤因侵蚀外移的泥沙向江河汇集,一部分在流域低洼和坡降平缓地区沉积下来,一部分汇入江河,由于流域内岩石风化程度较强,而且植被较差,水土流失较为严重。分析马别河上的马岭水文站及乌都河上的草坪头水文站多年泥沙观测资料,马别河的水土流失上游大于下游,根据以上资料,结合有关等值线图,五嘎冲水电站多年平均悬移质输沙模数取值比马岭水文站大25%,五嘎冲水电站坝址处多年平均悬移质输沙模数取839 t/km^2,推悬比按20%考虑,计算得坝址处多年平均悬移质含沙量为1.17 kg/m^3,悬移质输沙量为51.9万t,推移质输沙量为10.4万t,总输沙量为62.3万t。

8.1.3　地质

8.1.3.1　库区地质

库区河流在黄家桥附近分为两大支流,即平塘河、猪场河,平塘河为干流,猪场河为支流,河流平面形态上呈蛇形展布,平塘河流向总体为北东流向南西,局部地段呈南北向(隔界河段),河谷多为斜向谷,局部为横向谷。两岸地貌类型主要为溶蚀-侵蚀地貌。水库为峡谷型水库,当正常蓄水位为1 337 m时,库水面低于两岸坡宽谷地面100~300 m,水库回水平塘河至柿花树岔河一带,长约16 km,支流猪场河回水至小法赖一带,长约10 km,库区以中山(1 300~1 700 m)和深切河谷(1 200~1 400 m)地形为主,右岸支流猪场河与河道下游形成较大的河间地块,其中上、中坝址处右岸为一小的"舌"形河间地块;两岸山体雄厚,河谷深切,岸坡陡峭,左岸无低邻谷分布,右岸距离最近的低邻谷为相距15~20 km的黄泥河,两岸阶地不发育,仅零星分布第四系坡积物。

库区主要出露地层有三叠系飞仙关组第二段(T_1f^2)钙、泥质粉砂岩、石英砂岩与石灰岩及泥灰岩互层,厚度大于200 m,分布在水库外围;永宁镇组一段(T_1yn^1)岩性为薄至中厚层灰岩夹鲕状灰岩,厚约330 m,分布在水库中部,永宁镇组二段(T_1yn^2)岩性为薄至中厚层灰岩、白云质灰岩及泥质灰岩,厚160~215 m,分布在库腰;关岭组(T_2g)一段杂色灰岩、泥页岩与泥质白云岩、白云岩互层,厚118 m,分布在下坝址区;二段灰岩、泥灰岩、泥质白云岩夹少量白云质泥岩,厚约300 m,分布在上、中坝址区。第四系(Q):主要为冲洪积堆积、残坡积及崩滑塌堆积。冲洪积层(Q^{al+pl}):为砂砾石、粉土、淤泥质粉土及少量漂石,河床均有分布,厚度普遍较大,一般十几米至二十几米。崩塌堆积(Q^{col}):为碎块石及少量黏土,厚度大,一般十几米至二十几米,最厚达40余米。残坡积分布在河谷及两岸台地上,一般厚几米至十几米。

库区位于博上宽缓向斜西南扬起端,坝址区位于F_1、F_2两区域断层之间,主要地质构造有:①博上宽缓向斜;②雪甫—甘河断层(F_1);③黄家桥—黑社断层(F_2)。库区地质构造相对较简单。岩层倾向上游偏左岸,倾角10°~15°,黄家桥—黑社断层(F_2)北西盘岩层反倾,倾角11°~35°。

水库为峡谷型水库,库岸多为硬质岩组成的岩质边坡。库首为横向谷,上游以斜向谷为主。经调查:库区猪场河支流及坝址区均分布多处滑坡体或崩塌堆积体,对水库有不同程度的影响,详细情况见库区崩塌、滑坡等不良地质现象统计表;据初步调查,这些崩塌堆积体成分以碎块石为主,其间充填碎石土,均分布在河谷内,前沿即为河床,后缘多在正常蓄水位以下,目前均处于基本稳定状态,影响其稳定的自然因素主要是坡脚冲刷,其次降水等水力作用也对其稳定性有一定影响,水库蓄水后,其多在正常蓄水位以下,即使变形破坏也不会对库水造成大的冲击,对水库影响小,平塘河河段未发现大的不良地质现象。此外,未发现大的不良物理地质现象,库岸边坡总体稳定性较好。

库区发育的 F_2 断层,走向为 N40°~50°E,倾向 SE,为压性断层,NE 方向延伸向库内,SW 方向延伸向库外,查区域图,其 SW 方向无低邻谷分布,经调查,在雨哪戛—普腊一带断层沿线见多处泉水出露,泉水出露高程在 1 500~1 520 m,远高于正常蓄水位,库水沿 F_2 断层入渗深度有限,水库蓄水后,诱发构造地震的可能性小;但由于水库区岩溶较发育,水库右岸有雨哪戛—陇家桥地下岩溶管道,左岸发育有 Ks_1-Ks_2 地下岩溶管道系统,存在诱发岩溶塌陷-气爆型地震的可能性,由于水库两岸分水岭地下水位总体高于水库正常蓄水位,库水向两岸入渗深度有限,外围中、强震区距库坝区均相距甚远,因此认为水库蓄水后,诱发超过基本地震烈度震级地震的可能性小。

8.1.3.2　坝线工程地质

本阶段在推荐的上坝址选择了两条坝线进行了比选,上、下坝线相距约 130 m。各坝线基本地质条件和建坝工程条件比较见表 8.1-1。

表 8.1-1　上、下坝线地质综合比较

项目		上坝线	下坝线	结果
基本地质条件	地形地貌	河谷断面呈“U”形峡谷,谷底高程 1 269 m,河床宽约 40 m,正常蓄水位 1 337 m 高程谷口宽约 120 m,宽高比约 1.7。左岸坡为陡崖,右岸河面至 1 365 m 高程为陡崖,近直立,以上坡度变为 40°~50°	河谷断面呈不对称分布,谷底高程 1 269 m,河床宽约 55 m,正常蓄水位 1 337 m 高程谷口宽约 135 m,宽高比约 1.9。左岸坡为陡崖,右岸河面至 1 164 m 高程坡度陡,坡度为 40°~60°	上坝线优
	地层岩性	两岸及河床地层岩性均为(T_2g^2)灰白色薄厚至中厚层状灰岩、含泥质灰岩及白云质灰岩	两岸及河床地层岩性均为(T_2g^2)灰白色薄厚至中厚层状灰岩、含泥质灰岩及白云质灰岩	相当
	地质构造	坝线断裂构造不发育,节理裂隙较发育,主要有①N40°~45° W/SW ∠85°~88°;②N10°E/NW∠82°~85°	坝线断裂构造不发育,节理裂隙较发育,主要有①N40°~45° W/SW ∠85°~88°;②N10°E/NW∠82°~85°	相当
	水文地质条件	两坝肩强岩溶地层(T_2g^2),岩溶现象不十分发育,两岸仅偶见钙华溶积,岩溶发育弱,透水性小	两坝肩强岩溶地层(T_2g^2),岩溶现象不十分发育,两岸仅偶见钙华溶积,岩溶发育弱,透水性小	相当
	物理地质条件	右岸上游缓坡及河床一带分布有崩塌堆积体,厚 0~30 m,对导流洞进口及上游围堰施工有影响;两坝肩基岩裸露,强风化 5~10 m。两岸均分布有软弱夹层	距崩塌堆积体距离相对较远,夹层分布同上坝线	
	天然建筑材料	本次仅选用一个石料场,总体上运距较短,其质量、储量能满足设计和工程需要	运距上坝线比下坝线远 50~100 m	

续表 8.1-1

项目		上坝线	下坝线	结果
建坝主要工程地质条件	变形稳定	左岸未见控制坝肩压缩变形稳定的张性裂隙分布,左岸压缩变形问题不突出;右岸分布有较大的张性裂隙,在荷载作用下易产生变形,是坝肩压缩变形稳定的主要控制因素,其对坝肩压缩变形稳定有影响	与上坝线相同	相当
	坝基岩体抗滑稳定条件	坝址为斜纵向谷,岩层倾向左岸偏下游,倾角 7°~9°,无断层切割,河床平坦,坝线上、下游均无水下深槽存在,不存在地形临空面。分布地层为强度均一性相对较好的 T_2g^2 灰岩、含泥质灰岩及白云质灰岩,岩层倾向对坝肩抗滑稳定不利,左坝肩未发现控制坝体抗滑稳定的不利结构面组合,岩体较完整且抗力岩体雄厚,抗滑稳定问题不突出,右坝肩有控制坝体抗滑稳定的结构面且存在不利组合,抗滑稳定问题突出	基本与上坝线相同,但右岸下游抗力岩体相对较破碎,长度显得单薄	上坝线优
	防渗帷幕	两岸帷幕接正常蓄水位和地下水位交点,且深入一定范围,帷幕线走向大体按垂直于河床布置,帷幕面积 41 760 m^2	下坝线与上坝线相同,因下坝线帷幕线略长,防渗工作量较上坝线大,帷幕面积约 46 402 m^2	上坝线优
	边坡	两坝肩均为高陡岩质边坡,坝基(肩)开挖均存在人工高边坡问题,岩层缓倾对边坡稳定有利	两坝肩均为高陡岩质边坡,坝基(肩)开挖均存在人工高边坡问题,岩层缓倾对边坡稳定有利	相当
	抗冲刷问题	坝下游河床宽 28~50 m,覆盖层厚 20 余 m,下伏地层为 T_2g^{2-1} 及 T_2g^{1-2},建议岩体抗冲刷系数 T_2g^{2-1} 中厚层灰岩 $k=1.2\sim1.25$,T_2g^{1-2} 泥灰岩、钙质泥岩、泥质白云岩建议岩体抗冲刷系数 $k=1.5\sim1.55$	坝下游河床宽 28~50 m,覆盖层厚 20 余 m,下伏地层为 T_2g^{2-1} 及 T_2g^{1-2},建议岩体抗冲刷系数 T_2g^{2-1} 中厚层灰岩 $k=1.2\sim1.25$,T_2g^{1-2} 泥灰岩、钙质泥岩、泥质白云岩建议岩体抗冲刷系数 $k=1.5\sim1.55$	相当
	枢纽布置	拱坝及重力坝均采用坝顶溢流,引水隧洞及厂房布置在左岸,导流洞布置在右岸	引水隧洞及厂房布置在左岸,导流洞布置在右岸	相当
	施工条件	河谷狭窄施工场地布置困难,厂房及上坝公路均采用交通洞	河谷狭窄施工场地布置困难,厂房及上坝公路均采用交通洞,交通洞较上坝线略短。面板坝在下游架设交通桥	下坝线优

8.1.3.3 供水区地质条件

村镇供水区推荐方案包括位于库腰的新店泵站、上水管及高位水池，在高位水池后设 3 条输水管线分别延伸至新店乡、地瓜乡和罗汉乡，各输水管线末端设置调节水池，分别向各乡镇供水。泵站上水管走线及高位水池、泵站等建筑物基本避开不良地质因素，其工程地质条件较好；管线部分除泵站上水管和罗汉支管跨越主河道河谷部分较陡外，其余管道走线及调节水池等建筑物均布置于峰丛平坦地带和缓坡地形，地瓜支管主要沿现有公路铺设，因此工程地质条件较好。

8.1.3.4 灌区工程地质条件

该工程的灌区位于坝址下游至楼下镇一带，输水线路主要由干管、干渠、3 个提水泵站、高位水池及支管组成。干管和干渠设计引水流量 1.402 m^3/s，包括上游 9.977 km 的管道和 15.709 km 的渠道；支管包括糯东支管、堵革支管、下寨支管和泥堡支管，支管总长 12.905 km，引水流量为 0.474~0.008 m^3/s。

渠线走向及建筑物、泵站等基本避开不良地质因素，其工程地质条件较好；除个别地段渠道地形较陡且为软质岩分布区、边坡稳定性较差外，一般无危害性地质因素，具备成渠条件，渠道及渠系建筑区沿线分布有碳酸盐，岩石强度高，但岩溶发育，隧洞遇岩溶、洞穴的可能性较大，地基多属溶沟、溶槽型地基，设计应考虑地基的差异性对建筑物的影响。

8.1.4 工程任务及规模

五嘎冲水库开发任务为城乡生活和工业供水(见图 8.1-2)、灌溉、发电等。水库规模为中型，工程等别为Ⅲ等，水库挡水坝为 2 级。水库建成后可解决附近 6 个乡镇的城镇人口和部分农村人畜用水(其中城镇人口 7.96 万人、农村人口 2.75 万人、牲畜 4.46 万头)。2030 年城镇及农村人畜饮水供水 980 万 m^3($P=95\%$)，工业供水量 8 927 万 m^3/a；灌溉面积 2.046 1 万亩(1 亩=1/15 hm^2)，多年平均年灌溉毛用水量 741 万 m^3，$P=80\%$年灌溉毛用水量 809 万 m^3；坝后电站装机 15 MW，保证出力 0.65 MW，多年平均发电量 2 971 万 kW·h，年利用小时数 1 981 h。

工程主要建设内容包括碾压混凝土拱坝、坝顶溢洪道、泄洪冲沙底孔、提水泵站、引水发电系统，电站厂房及升压站、乡镇供水管道、灌溉输水管道及灌区建筑物等。工程估算总投资 87 300 万元，总工期为 36 个月。

8.1.5 工程布置与主要建筑物

8.1.5.1 工程等别及标准

根据《水利水电工程等级划分及洪水标准》(SL 252—2000)的规定，本枢纽工程规模属中型，工程等别为Ⅲ等。枢纽主要建筑物大坝(根据规范 SL 252—2000 表 2.2.3 混凝土坝高超过 100 m)按 2 级建筑物设计；溢洪道、泄洪放空洞按 3 级建筑物设计；电站装机小于 5 万 kW，相应的发电及灌溉取水口、发电引水系统及厂房按 4 级建筑物设计；围堰、导流洞等临时建筑物按 4 级建筑物设计；根据《泵站设计规范》(GB 50265—2010)规定，按装机规模，2 座较大泵站规模属于中型，建筑物级别为 3 级，2 座较小泵站分别属于小(1)型和小(2)型，建筑物级别为 4 级和 5 级。输水建筑物流量小于 5 m^3/s，属于 5 级建筑物。

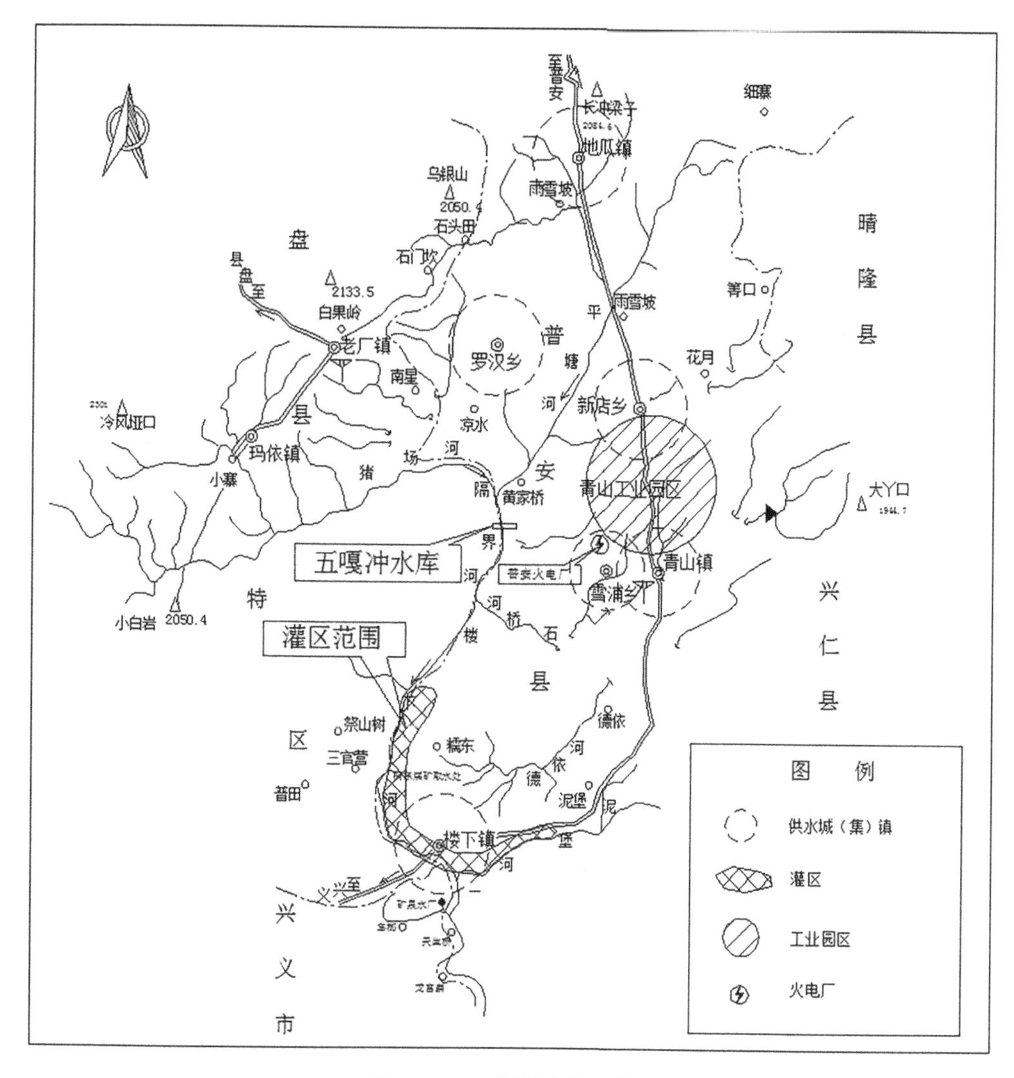

图 8.1-2　工程供水区示意图

8.1.5.2　坝线坝型比选

根据可行性研究阶段成果，五嘎冲水库推荐坝址为上坝址，坝址位于隔界河电站上游约 1.9 km 的舌状地形上游段。根据坝址地形地质条件初步判断，可选坝线河道长约 200 m，再往上游走，左岸山体更为陡峭，将使得左岸坝肩边坡开挖高度增加约 100 m，右岸坡脚为崩塌堆积体，山体上部为卸荷裂隙带，地质条件复杂；往下游走就进入了近 90°的河湾地形，左、右岸地形地质条件差异大，不便于布置挡水建筑物，再往下游即进入可行性研究阶段的中坝址区间。

根据坝址地形地质条件初步拟定比选坝型为拱坝、重力坝和面板堆石坝。对于拱坝，整个坝址大部分区段均可布置，综合考虑选择上、下坝线比较，上坝线布置于右岸 L3 裂缝所处陡岩下游，尽量避免右岸坝肩开挖触及 L3 所处陡岩，下坝线布置由右侧山体厚度确定；重力坝方案考虑到坝后厂房进场回车场地布置，选择布置在上坝线，左岸有一缓坡地带便于布置进厂回车场；面板堆石坝布置主要考虑两岸山坡的地形连续性和对称性，因此布置于下坝线拱坝轴线的下游,尽量靠近河湾,可减小下游堆石区的填筑量。虽然面板堆石坝轴线与下坝线拱坝轴线距离较远,为便于报告描述,统称为下坝线方案,重力坝与上坝线拱坝统称为上坝线方案。

1.各方面条件比选

1)水文条件

从水文水能方面看,两坝线相距很近,水库特征参数一样。

2)地形地质条件

上、下坝线距离很近,轴线在河床位置仅相距约60 m。基本地质条件方面由于两坝线工程地质条件没有根本性的差别,仅地形条件上坝线略优于下坝线;而建坝主要工程地质条件方面各种问题上、下坝线均存在,且下坝线右岸下游抗力岩体较单薄,防渗帷幕线上坝线较下坝线略短,建坝条件上坝线亦略优于下坝线。

3)工程布置

从工程布置分析,在满足主要任务的前提下,两个坝线拱坝方案的总布置格局基本一致,上坝线大坝距离电站厂房较近,泄洪对电站运行有一定的影响;下坝线厂房距离大坝较远,引水隧洞较长,不仅工程量大,而且水轮机运行工况较差;上坝线重力坝方案布置紧凑,电站引水线路短,水力学条件较好,泄洪对电站影响较小;下坝线堆石坝方案大坝布置条件较差,取水口布置条件差,引水隧洞内压力钢管部分较长,电站基础回填量大,导流隧洞长且断面大,开敞式岸边溢洪道布置困难,采用洞式溢洪道,溢洪道泄洪对电站无影响;灌溉取水管线布置形式相同,长度有一定的差异。各水工建筑物设计和布置在技术上是可行的,总体来说上坝线重力坝方案布置最优,受河谷狭窄影响,下坝线面板堆石坝布置条件最差。

4)施工条件比较

根据坝段所在位置的自然条件来看,2个坝线施工条件都不很理想。坝段两岸河谷内均为山高坡陡的地形,鲜有平地,施工道路只有从峡谷口(隔界河电站处)进入,而且由于石料场分布高程较高,主要的混凝土、砂石料系统只有布置在左岸下游通向隔界河电站的公路边,因此坝址越进入峡谷,则施工及永久公路就需要越长。

从施工导流条件看,均采用右岸隧洞导流,地质条件基本相同,因此隧洞的长短是主要决定因素,下坝线导流洞线略短于上坝线。2个坝线的围堰工程均需处理深覆盖层,但上坝线处河谷略窄,工程量略小。从开挖弃渣以及用料的数量看:2个坝线基本相当,下坝线略多。纵观2个坝线的施工条件:下坝线距主要施工临时设施稍近,交通条件略优。总之,2个坝线的施工条件大体相当。施工总工期均为36个月。

5)环境影响比较

从4个坝的开挖弃渣以及用料的数量看:上坝线拱坝总开挖量约58.3万m^3,上坝线重力坝总开挖量约66.2万m^3,下坝线拱坝总开挖量约67.3万m^3,下坝线面板堆石坝总开挖量约47.5万m^3;拱坝方案因混凝土浇筑量偏小,明挖石方作为坝体混凝土材料后,弃渣量仍然较大,约54万m^3;因此拱坝方案弃渣量最大,环境影响也相应最大。

从4个坝方案的新开采石料用量来看,考虑部分开挖料筑坝和作为混凝土骨料后,面板堆石坝方案石料开采量最大,需开采约71万m^3;重力坝次之,约35万m^3;2个拱坝方案需料场开采石方量最少,约18万m^3。

由前文可知，从弃渣量上看，拱坝方案最大，堆石坝方案最小；而从料场开采量上看，堆石坝方案最大，拱坝方案最小。因此，从环境影响上看各方案相当。

6）工程占地投资比较

工程占地方面堆石坝方案枢纽占地大、上料公路多、料场开采面大，因此占地费用最多；重力坝方案枢纽布置紧凑，但料场开采较多，因此与拱坝方案占地投资相当。

7）工程投资

从工程整个枢纽的投资来看，上坝线碾压混凝土拱坝方案投资最省，上坝线碾压混凝土重力坝方案投资最高。

各坝线代表坝型方案优缺点对比见表 8.1-2。

表 8.1-2　坝线坝型综合比较

对比项目	上坝线拱坝	上坝线重力坝	下坝线拱坝	下坝线堆石坝
地形地质	坝基地质条件较好，防渗工程量较小，较有利	坝基岩层缓倾下游，不利于重力坝稳定，防渗工程量较小，条件一般	右岸下游抗力岩体较单薄，帷幕灌浆线较上坝线长，最不利	坝型对地质条件要求低，但趾板开挖边坡高，帷幕较长，较有利
枢纽布置	枢纽建筑物布置条件一般	枢纽建筑物布置紧凑，条件最优	枢纽建筑物布置条件一般	枢纽建筑物布置条件稍好
施工条件	两岸陡峭，施工条件差，导流洞较长	两岸陡峭，施工条件差，导流洞较长	两岸陡峭，施工条件差，导流洞较短	两岸陡峭，不利于机械化施工，导流洞断面大，施工费用高
环境影响	弃渣量大，开采量较小，环境影响一般	弃渣量较小，开采量较大，环境影响一般	弃渣量最大，开采量较小，环境影响不利	弃渣量小，开采量最大，环境影响一般
移民占地	占地范围一般，施工影响一般	占地范围一般，施工影响一般	占地范围一般，施工影响一般	占地范围大，施工影响范围大
工程投资	最小	最大	较小	较大

上坝线与下坝线距离较近，地形地质条件基本相同，上坝线略好，枢纽布置方面重力坝最好，但投资太高；拱坝方案综合条件较好，投资最优。因此，本阶段最终确定以上坝线碾压混凝土拱坝为推荐坝线和坝型。

2. 上坝线碾压混凝土拱坝方案

上坝线拱坝枢纽方案由碾压混凝土拱坝、坝顶溢洪道、坝身底孔、电站引水系统、发电厂房和枢纽交通等部分组成。

大坝为碾压混凝土抛物线双曲拱坝,坝顶长 181.91 m,坝顶宽 6~6.6 m。坝顶高程 1 340 m,河床建基面开挖高程 1 232 m,最大坝高 108 m。

溢洪道采用坝身表孔溢流,共设 3 孔,每孔净宽 10 m,堰顶高程 1 331 m,采用跌流消能,鼻坎高程 1 321.66 m,坝下游设护坦,长 50 m,宽同河床,底板高程 1 249 m,边墙顶高程 1 276 m。泄洪冲沙底孔布置于坝身左岸,总长 41.84 m,进口底板高程 1 280 m,设置平板检修闸门 1 扇。孔身采用 4 m×5 m 矩形断面,出口尺寸 4 m×4.5 m,设弧形工作闸门 1 扇,末端采用水平挑流消能。

左岸引水发电系统由进水口、引水隧洞和电站厂房组成,同时灌溉取水钢管沿发电引水隧洞底部取水。进水口采用 3 层分层取水,底板高程取 1 295.20 m,入口设 2 道 5.2 m 宽通高拦污栅,分层取水隔水闸门尺寸 3.5 m×4 m(宽×高),后设置发电检修事故闸门和灌溉检修事故闸门。发电引水洞总长 236.14 m,采用圆形有压断面,上游段 145.89 m 为钢筋混凝土衬段,内径 3.5 m,下游 90.25 m 为埋管段,主管管径 3.2 m,主管末端分岔为 3 根支管至发电机组。厂房宽 20.67 m,长 48.77 m,布置两大一小 3 台发电机组,容量分别为 7 MW×2+1 MW,水轮机安装高程均为 1 265.00 m,发电机层高程分别为 1 272.2 m 和 1 270.4 m,安装间高程 1 279.5 m,升压站采用户内式。

上坝公路位于左岸,为坡面开挖明路,电站进厂公路为岸边明路+交通洞,交通洞净宽 6 m,长 165 m。

导流洞位于右岸,长 416.2 m,净宽 4 m,高 5 m。

8.1.5.3 新店泵站形式的选择

村镇供水工程新店泵站最大扬程 322.8 m,设计提水流量 0.196 m^3/s,水库校核洪水位 1 338.39 m,死水位 1 305.00 m,消落深度 33.39 m,泵站类型属于高扬程、小流量、大消落泵站。主要可选泵型为井用潜水泵、长轴深井泵和卧式多级离心泵。其中,潜水泵和长轴深井泵属于湿室型泵房,卧式多级离心泵属于干室型泵房。根据厂家调研,长轴深井泵最高扬程只能达到 240 m 左右,因此本阶段选择井用潜水泵泵站和卧式多级离心泵泵站进行方案比选。

1. 方案一(井用潜水泵)

泵站布置于水库左岸台地,为减小水平引水隧洞长度和泵站开挖,靠水库一侧沿 1 340 m 等高线布置。泵站由底部引水隧洞、取水井、主厂房、副厂房上水管和高位水池组成。考虑到潜水泵电机位于水下,故采用低压机组,根据水机专业选型,布置 6 台 K126.1-8+NU911 型井用潜水泵,考虑到作为生活供水水源的重要性,按 4 用 2 备设置,单机提水设计流量 0.049 m^3/s,功率 250 kW,泵站总功率 1 500 kW。

2. 方案二(多级离心泵)

离心泵泵站方案为湿式泵房,厂内安装 4 台卧式多级离心泵,每台设计提水流量 0.065 m^3/s,电机功率 335 kW,总功率 1 340 kW,考虑为地下泵站。泵站位置与潜水泵泵站布置位置相近,泵站整体布置方向与河道平行,距离天然河道水边线约 30 m,由引水隧洞、地下泵站、竖井、地面安装间、电缆通风井和上水管组成。

泵房采用地下式,由主厂房和副厂房组成,为减小开挖跨度,采用"一"字形布置,主厂房长34.4 m,副厂房长13.3 m,总长47.7 m。厂房断面为城门洞形,净宽10 m,主厂房净高11.88 m,底板高程1 303.69 m,副厂房净高7.88 m,底板高程1 307.69 m,采用C25钢筋混凝土衬砌,衬砌厚1.0 m。

主厂房布置4台卧式多级离心泵,型号为D280-65×5,机组中心间距5 m,机组安装高程和进水管中心高程均为1 304.50 m,低于水库死水位0.50 m。主厂房靠下游侧与竖井相连,上游侧与副厂房相接,左右两侧和上游侧设2 m宽巡视平台,平台高程1 307.69 m,同副厂房底板高程一致。上部为单梁桥式起重机,起吊重量6 t,跨度10 m。

副厂房位于主厂房上游侧,设中控室和配电室,配电室东北角设电缆通风井,将外部电源引入同时满足厂房通风,电缆井尺寸1.5 m×1.0 m,通风井尺寸1.0 m×1.0 m,连通地面1 356.00 m高程,顶部设防雨间。

3.泵站方案比较

(1)从地质条件看,两个方案布置位置基本一致,均有地下工程,方案二更多。地层为硬质岩,且为逆向坡,地质条件影响不大。

(2)从泵站结构布置条件看,方案一采用明挖布置,地形较缓,布置较简单。而方案二采用竖井和洞式开挖布置方案,竖井深度近40 m,且需另外布置通风井,布置条件较复杂。

(3)从施工条件看,方案一主要为地表施工,辅以部分地下施工。方案二主要为地下施工,辅以部分地表施工。方案一施工条件好。

(4)从运行管理看,从泵站建成后维护、运行角度分析,地下式泵站运输条件复杂,照明和通风要求也高,需设置厂内渗水抽排设施,地下厂房的工作条件也较地面厂房差,因此方案一优。

(5)从机组运行条件看,离心泵电机处在干燥环境,运行条件较好,离心泵工作效率较高,年运行费用也较省。

经过对两种方案的比较,方案二机械效率稍高,因而年运行电费较方案一节省5.25万元,但在泵站布置、施工难度、运行管理、工作环境、工程投资等各方面均较差,因此综合考虑选择方案一为推荐方案。

8.1.5.4　工程总布置

工程建设内容包括水库枢纽区、灌区和村镇供水区。

其中,水库枢纽区包括碾压混凝土拱坝、坝顶溢洪道、泄洪冲沙底孔、发电引水建筑物和电站厂房;灌区包括干渠、干渠3个提水泵站和4条支管;村镇供水区包括新店泵站和3个乡镇的供水管道及末端调节池。坝后电站位于大坝下游左岸,灌区位于水库下游楼下镇,村镇供水点主要有新店、罗汉及地瓜3个泵站和配套管网,取水点均位于库区。工程总布置示意如图8.1-3所示。

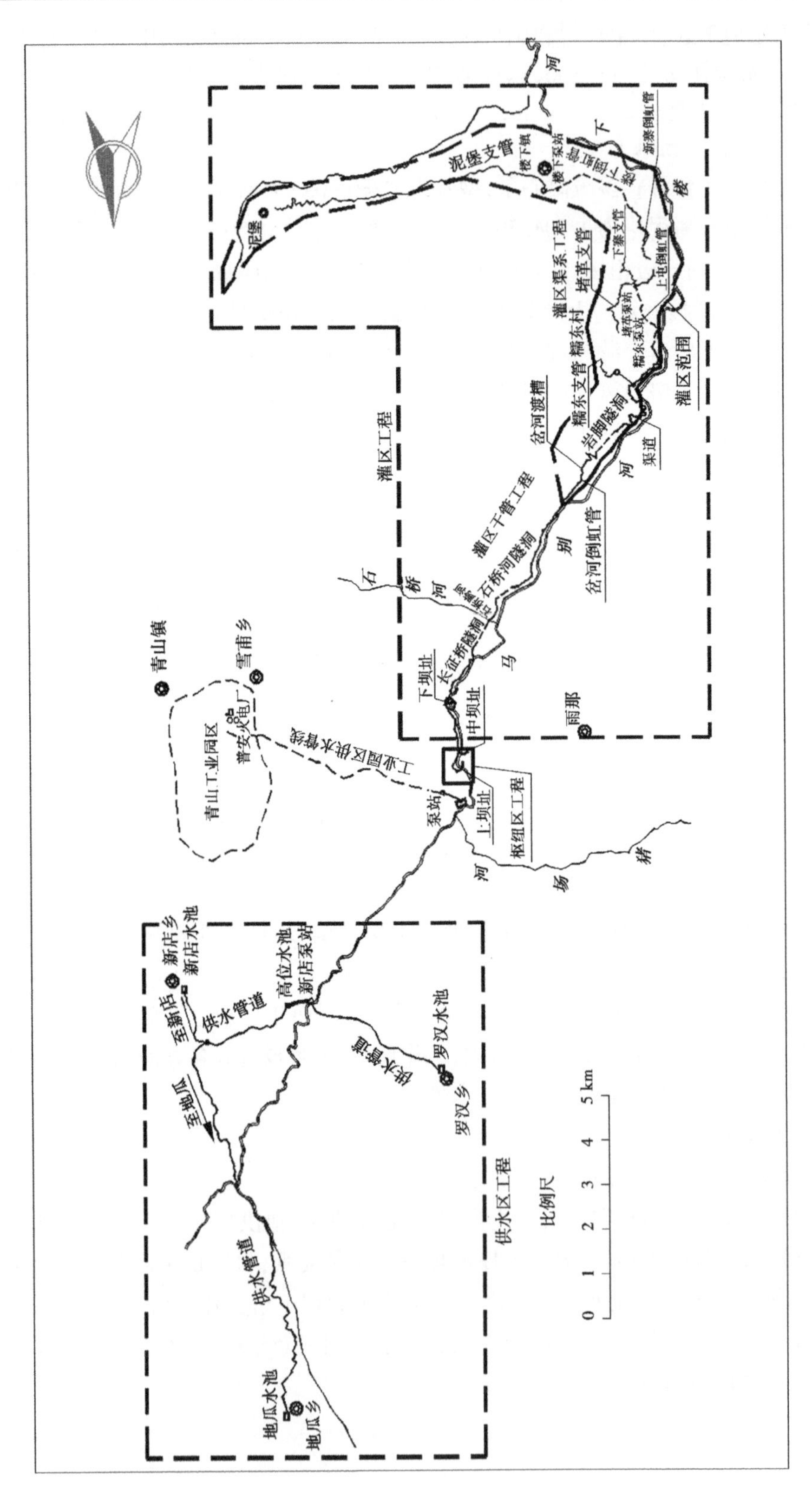

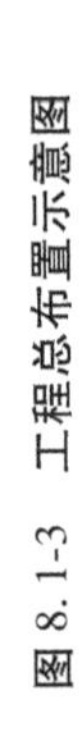
图 8.1-3　工程总布置示意图

8.1.5.5　主要建筑物设计

1. 枢纽建筑物设计

大坝为碾压混凝土抛物线双曲拱坝，坝顶长 181.91 m，坝顶宽 6~6.6 m。坝顶高程 1 340 m，河床建基面开挖高程 1 232 m，最大坝高 108 m。

溢洪道采用坝身表孔溢流，沿径向布置在拱冠梁两侧，共设 3 孔，每孔净宽 10 m，堰顶高程 1 331 m，溢流堰为 WES 实用堰，采用跌流消能，鼻坎高程 1 321.66 m。泄洪冲沙底孔布置于坝身左岸，总长 41.84 m，进口底板高程 1 280 m，设置平板检修闸门 1 扇。孔身采用 4 m×5 m 矩形断面，出口压坡，孔口尺寸 4 m×4.5 m，设弧形工作闸门 1 扇，末端采用挑流消能。

发电引水隧洞进口设岸坡塔式取水口，底板高程 1 295.20 m，入口设两道 5.2 m 宽通高拦污栅。采用分层取水，隔水闸门尺寸 3.5 m×4 m(宽×高)，后设置发电检修事故闸门和灌溉检修事故闸门。隧洞总长 236.14 m，采用圆形有压断面，上游段 145.89 m 为钢筋混凝土衬段，洞径 3.5 m，下游 90.25 m 为埋管段，主管管径 3.2 m，主管末端分岔为 3 根支管至发电机组。厂房宽 20.67 m，长 48.77 m，布置两大一小 3 台发电机组，容量分别为 7 MW×2+1 MW，水轮机安装高程均为 1 265.00 m，发电机层高程分别为 1 272.2 m 和 1 270.4 m，安装间高程 1 279.5 m，升压站采用户内式。

上坝公路位于左岸，为坡面开挖明路，电站进厂公路为岸边明路+交通洞，交通洞净宽 6 m，长 165 m。

2. 村镇供水建筑物设计

五嘎冲库区村镇供水对象主要是新店、罗汉和地瓜 3 个乡(镇)，年供水量共计 372 万 m^3/a。根据前面章节比选分析，本阶段村镇供水采用集中提水分散输水的形式。

新店泵站位于库区冷风口河段左岸台地，位于库区中部，同时也处在新店和罗汉乡政府中间。地面高程 1 340~1 360 m，地形地质条件较好。新店泵站设计流量 0.196 m^3/s，设计提水扬程 296.37 m，最大扬程 322.8 m。泵房内布置 6 台井用潜水泵(两用一备)，总装机功率 1 500(6×250)kW，单机额定流量 177 m^3/h，单泵设计流量 0.049 m^3/s。水泵采用单列布置，泵房根据水泵、阀门和所配的其他管件尺寸，并满足设备安装、检修及运行维护要求进行设计布置。泵房的下部结构采用钢筋混凝土结构，上部为框架结构。泵房底板高程为 1 340.00 m。泵房上部采用 C25 钢筋混凝土框架结构，泵房起吊设备采用电动单梁桥式起重机 1 台，起重机型号为 LD10 t。

高位水池位于左岸冷风口位置，水池水位 1 625 m，设计容积 150 m^3。由高位水池分出 3 根供水管，分别向新店、罗汉和地瓜供水。供水管总长 22.575 km，管径 0.3~0.4 m，采用钢管和 PE 管。3 条管道末端均设置调节池，容量 800~1 200 m^3。

干管布置：

(1)新店干管。干管桩号长 4 706 m，整体由西向东布置，途经冷风口、空山、坝田、麻窝寨、新店。其干管上又接出 3 根支管，覆盖烂木桥、麻窝寨、冷风口、小雨雪、大雨雪，受益 11 396 人、9 780 头牲畜。

(2)罗汉干管。由高位水池处接出,沿干管桩号长 5 305 m,整体由东向西布置,途经蟠龙湾、大坪地、罗汉。其干管上又接出 3 根支管,覆盖旧屋基、老虎坟、永德、新寨、小河、新房子、南星、喇谷,受益 9 321 人、6 245 头牲畜。

(3)地瓜干管。干管桩号长 12 564 m,整体由南向北布置,途经烂木桥、雨雪坡、吴家庄、陈家寨。其干管上又接出 1 根支管,覆盖格拱、老闭河、屯上,受益 10 385 人、8 679 头牲畜。

3. 灌区建筑物设计

五嘎冲水库灌区位于大坝下游 10 km 的楼下镇,灌溉面积 2. 046 1 万亩。大坝至灌面间无用水户且沿线地形起伏,故采用管道输水。干管长 9. 977 km,输水流量 1. 402 m^2/s,管径 1. 2 m。灌区采用渠道输水,干渠总长 15. 709 km,包含 1 座渡槽、1 座隧洞和 4 座倒虹管。干渠上设 3 个提水泵站,分别为糯东泵站、堵革泵站和楼下泵站,提水后采用 4 条支管供水,支管总长 12. 905 km,管径 0. 7~0. 1 m。

干管水平桩号总长 9. 977 km,干管顺河谷左岸布置,沿线无灌面,上游段受深切河谷地形限制,采用管道输水,经经济技术比选,管道直径 1. 2 m,采用球墨铸铁管和夹砂玻璃钢管埋管。

灌区渠系由渠道和渠系建筑物组成,渠系建筑物包括隧洞、渡槽、倒虹管,干渠总长 15. 709 km。

结合沿线高于干渠灌面分布,沿线分别布置糯东、堵革和楼下 3 个提水泵站。

8. 1. 5. 6　工程观测

安全监测包括仪器监测和人工巡视检查两大类。根据工程规模和具体工程结构特点、地质特征等,五嘎冲水库工程为Ⅲ等工程,大坝为 2 级建筑物,溢洪道、底孔等为 3 级建筑物。选取大坝、厂房后边坡等作为监测对象,遵照《混凝土坝安全监测技术规范》(DL/T 5178—2003)等规范的规定来设置监测项目。监测内容如下。

1. 巡视检查

巡视检查主要针对施工期、运行期各建筑物进行。分为日常巡视检查、年度巡视检查、特殊情况下的巡视检查等。

2. 大坝

大坝为 2 级建筑物,坝型为碾压混凝土拱坝,坝高 108 m,根据《混凝土坝安全监测技术规范》(DL/T 5178—2003)的要求,大坝监测项目大致可分为以下四类:

(1)变形监测。包括坝体位移、接缝变化、坝肩变形等。采用的监测手段为前方交会法、垂线法、精密水准法、埋设测缝计、基岩变位计、裂缝计、多点位移计等。

(2)渗流监测。包括坝体坝基渗压、帷幕防渗效果、渗流量监测。主要监测手段为埋设渗压计、水位孔、量水堰等。

(3)应力应变及温度监测。包括混凝土应力、应变、自身体积变形、混凝土温度及坝基温度监测。应力应变观测采用埋设单向应变计的方法进行,基岩温度观测采用在基岩内钻孔埋设温度计进行,坝体温度在不同高程混凝土内埋设温度计观测。

(4)环境量观测。主要是对库水温度的观测。

3. 近坝边坡

(1)变形监测。包括边坡深度位移、表面变形等。采用的监测手段为埋设多点位移计、电光测距法等。

(2)应力应变监测。包括锚索支护应力等。采用的监测手段为埋设锚索应力计等。

4. 抗剪平硐

抗剪平硐主要监测项目有围岩变形等。采用埋设多点位移计(三测点)的方法进行监测。

5. 厂房后边坡

根据厂房后边坡工程规模、地质特征等(参照设计有关内容),选定以下监测项目:

(1)变形监测。包括表面变形和深部位移观测。表面变形采用前方交会法观测,深部位移观测主要采用钻孔测斜仪与多点位移计观测。

(2)应力应变监测。主要观测边坡加固锚索的应力。

(3)渗流监测。采用设置地下水位观测孔进行监测。

8.1.6 水机、电气及金属结构

8.1.6.1 水机

1. 泵站

五嘎冲水库工程乡镇供水区和灌区共有 4 个泵站,分别是位于灌区的糯东、堵革和楼下泵站,乡镇供水区的新店泵站。

2. 坝后电站

坝后电站机组台数的选择原则主要考虑机组的运行维护管理、机电设备和厂房土建工程量等因素;本电站装机容量为 15 000 kW,保证出力为 1 205 kW。为了充分利用水资源,生态管上装设 1 台 1 000 kW 水轮发电机组,所以本阶段推荐采用装机方案为 2×7 000 kW+1 000 kW。大、小机组推荐机型分别为 HLA551-LJ-124、HLA351-LJ-100。

8.1.6.2 电气

五嘎冲水库工程的电气设计内容包括灌区 3 个泵站(糯东、堵革、楼下),供水区泵站新店泵站及五嘎冲水电站。

1. 泵站

新店泵站为新店、罗汉、地瓜 3 个乡(镇)供水,泵站直接从水库取水,装机容量为 6×250 kW,运行方式为四用二备,该泵站属于三级负荷;泵站位于新店乡和罗汉乡之间,距离 35 kV 青山变电站 11 km 左右,从 35 kV 青山变电站架设一回 10 kV 专线,以保证泵站的正常供电(导线型号 LGJ-70,11 km)。

楼下泵站为灌区泵站,从渠道取水为泥堡村镇提供灌溉用水。装机容量为 2×500 kW,不设备用,该泵站属于三级负荷;泵站位于楼下镇附近,距离 35 kV 楼下变电站 3 km 左右,从 35 kV 楼下变电站架设一回 10 kV 专线,以保证泵站的正常供电(导线型号 LGJ-70,3 km)。

堵革泵站、糯东泵站为灌区泵站。从渠道取水,分别为堵革、糯东村镇提供灌溉用水。

糯东泵站(电机容量 1×30 kW)、堵革泵站(电机容量 2×55 kW,不设备用)装机容量较小,这 2 个泵站的功能均为农村灌溉和供水,其负荷均按三级负荷考虑,其电源从附近的 10 kV 引接。

2. 坝后电站

本电站装机容量 2×7 000 kW+1 000 kW(其中 1 000 kW 的机组为放生态流量机组),年发电量 3 521 万 kW · h,有年调节性能。经和业主协商,根据普安山片区的电网接线,本电站出一回长约 5 km 的 35 kV 线路,接到石桥河变电站 35 kV 母线上,并入普安电网,最大输送容量 15 MW,此为现阶段本电站接入电力系统方式。考虑电网和负荷的发展,预留一回 35 kV 出线位置。

电气主接线方案为两大机组发电机(7 000 kW)出口电压侧采用单母线接线,经 1 台 20 000/35 主变压器升压到 35 kV,小机组(1 000 kW)出口电压侧采用发电机-变压器组接线,经 1 台 1 250/35 变压器升压到 35 kV。升高电压 35 kV 侧采用单母线接线,作为本电站的电气主接线推荐方案。

8.1.6.3 金属结构

根据工程总体布置的各项需要,本阶段推荐方案为上坝址拱坝方案。大坝枢纽部分水工金属结构设备主要设置在泄水系统和引水发电灌溉系统上。泄水系统水工金属结构设备主要设置在坝顶溢洪道、泄洪放空底孔两个部分上,导流洞采用混凝土叠梁闸门进行封堵;引水发电灌溉系统水工金属结构设备主要设置在发电灌溉分层取水口,大、小机组厂房尾水管出口两个部分上。本工程大坝枢纽部分共有闸门 12 扇,门槽埋件 12 孔;拦污栅 2 套,拦污栅槽埋件 2 孔;各类启闭设备共 12 套:其中平门卷扬式启闭机 6 套,台车式启闭机 2 套,露顶弧形闸门液压式启闭机 3 套,潜孔弧形闸门液压式启闭机 1 套;悬挂移动式清污机 1 套。

灌区部分水工金属结构设备主要设置在灌溉取水管、灌区干管、灌区干渠、灌区倒虹管、支管上,主要由各类阀门及伸缩节和渠道节制闸门等组成。

在灌溉取水管上设置有 1 套取水工作调流阀,在工作阀门下游设置 1 套伸缩节(工作阀门、伸缩节布置于发电厂房内);在灌区干管沿线设置有 4 套检修用偏心半球阀,每套检修用偏心半球阀下游均设置有 1 套管道伸缩节,共设置有 4 套管道伸缩节;在管道沿线位置较高处设置有 11 套气缸式自动补、排气阀,在每套自动补、排气阀前均设置有 1 套检修闸阀,共设置有 11 套检修闸阀;在管道沿线位置较低处设置有 9 套放空冲沙偏心半球阀,在每套放空冲沙偏心半球阀上游均设置有 1 套检修闸阀,共设置有 9 套检修闸阀。

在灌区干渠沿线设置有 4 套渠道节制闸门。

在岔河倒虹管上设置有 1 套放空冲沙偏心半球阀,在放空冲沙偏心半球阀上游设置有 1 套检修闸阀。

在上屯倒虹管上设置有 7 套放空冲沙偏心半球阀,在每套放空冲沙偏心半球阀上游均设置有 1 套检修闸阀,共设置有 7 套检修闸阀。在上屯倒虹管管道沿线位置较高处设置有 6 套气缸式自动补、排气阀,在每套自动补、排气阀前均设置有 1 套检修闸阀,共设置有 6 套检修闸阀;在上屯倒虹管管道沿线设置有 2 套取水闸阀,在每套取水闸阀前均设置有 1 套检修闸阀,共设置有 2 套检修闸阀。

灌区金属结构设备共有各类阀门 176 套,阀门配管道伸缩节 12 套,渠道铸铁闸门 4 套。

五嘎冲村镇供水区采用库内提水后向新店、地瓜和罗汉 3 个乡(镇)供水。工程内容包括位于库腰的新店泵站、上水管、高位水池,3 条输水管线分别延伸至新店、地瓜和罗汉,输水管线末端设置调节水池。金属结构设备共有各类阀门 78 套。

8.2　BIM 设计整体方案

8.2.1　BIM 应用目标

水库枢纽区场地狭窄,地形陡峭,地质条件复杂,设计过程中比较突出的工程问题有:

(1)两岸坝肩岩体卸荷裂隙发育,特别是拱坝右坝肩 L1 裂隙走向近垂直于拱坝拱端推力方向,其与拱端开挖面距离约为 30 m,裂隙产生的压缩变形对坝体受力不利,甚至可能导致拱坝右岸下游抗力体失稳。

(2)拱坝左岸上游由于卸荷裂隙发育,存在一定体量的崩塌体,其失稳可能威胁大坝基坑施工及导流洞过流。

(3)拱坝体型为抛物线形双曲薄拱坝,坝高 108 m,体型较为复杂,坝体结构布置设计及现场施工放样难度高。

三维协同设计利用三维地质、地形模型作为建模和开挖的基础,对于以上问题,解决方案的设计、表达和实施,比传统设计方法更加直观,也更为准确可靠。结合 BIM 技术,不仅要解决上述工程问题,获得本项目的模型、图纸、动画等成果,还需进一步提升,制定标准、研究参数化建模等,逐步实现标准化、参数化、高效率的协同设计。由此,本项目的预期成果主要有:

(1)总体三维模型,包括枢纽区建筑、设备等三维建模,以及三维开挖设计。

(2)二维剖切图,基于三维模型的工程量统计,以及三维效果图、漫游视频。

(3)统一建模、切图环境。

(4)实现参数化建模。

(5)三维协同设计标准化文件。

(6)电气、金结等专业三维设备和零件单元库。

8.2.2　组织架构及分工

兼顾按专业划分、按结构分解两种方式,将项目分解为地形建模、地质建模、厂房建模及配筋、坝体建模、电缆桥架敷设等十多个子项,结果如图 8.2-1 所示。根据分解结果,ProjectWise 管理员建立工程目录,分配项目角色,设置目录操作权限。以水工专业目录为例,如表 8.2-1 所示,对于其中的文件夹、文档,项目管理者有完全控制权限,水工、总装专业设计人员有创建、读、写等权限,而其他专业的项目参与者、项目观察者只可查看文件,实现资源共享,同时防止非本专业人员随意修改、移动文件,保证数据安全。总装模型如图 8.2-2 所示。

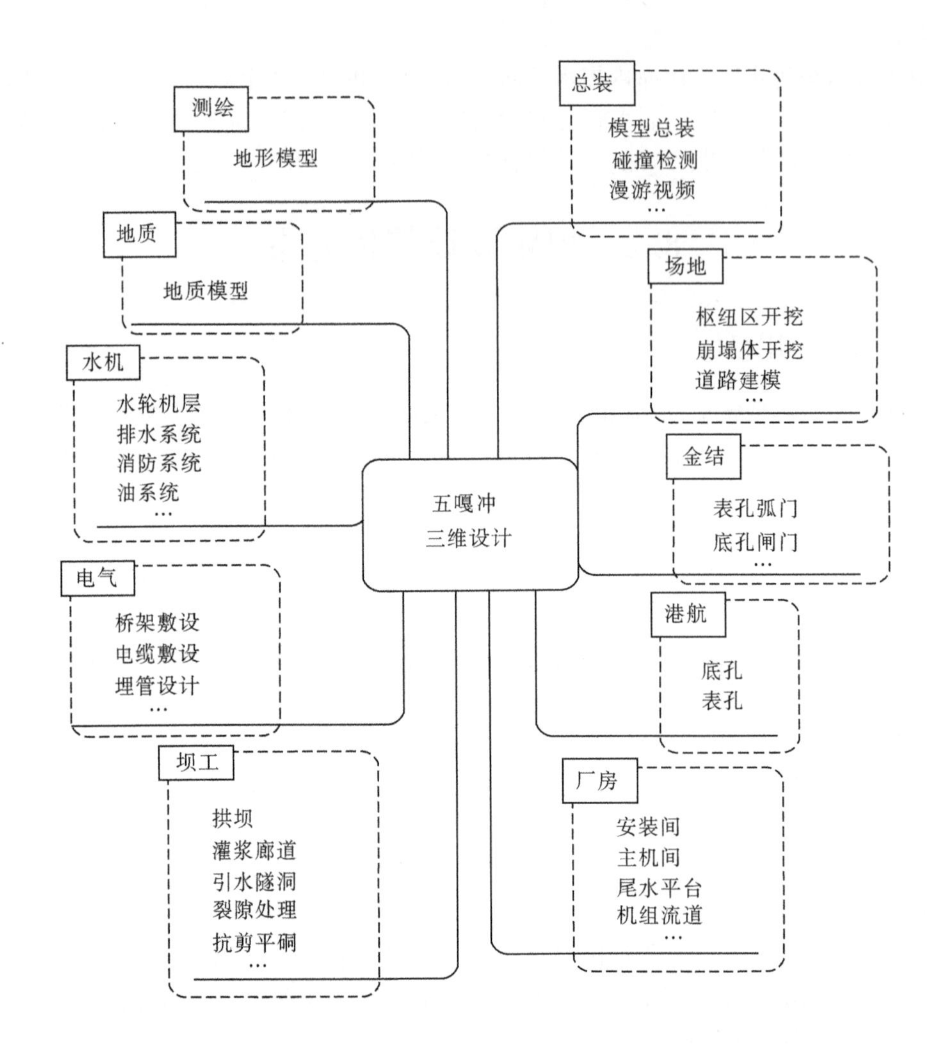

图 8.2-1　项目分解结果

表 8.2-1　水工专业数据操作权限配置

权限人员	文件夹权限					文件权限			
	完全控制	创建子文件夹	删除	读	写	完全控制	删除	读	写
总装专业		√	√	√	√		√	√	√
水工专业		√	√	√	√		√	√	√
项目参与者				√				√	
项目管理者	√	√	√	√	√	√	√	√	√
项目观察者			√					√	

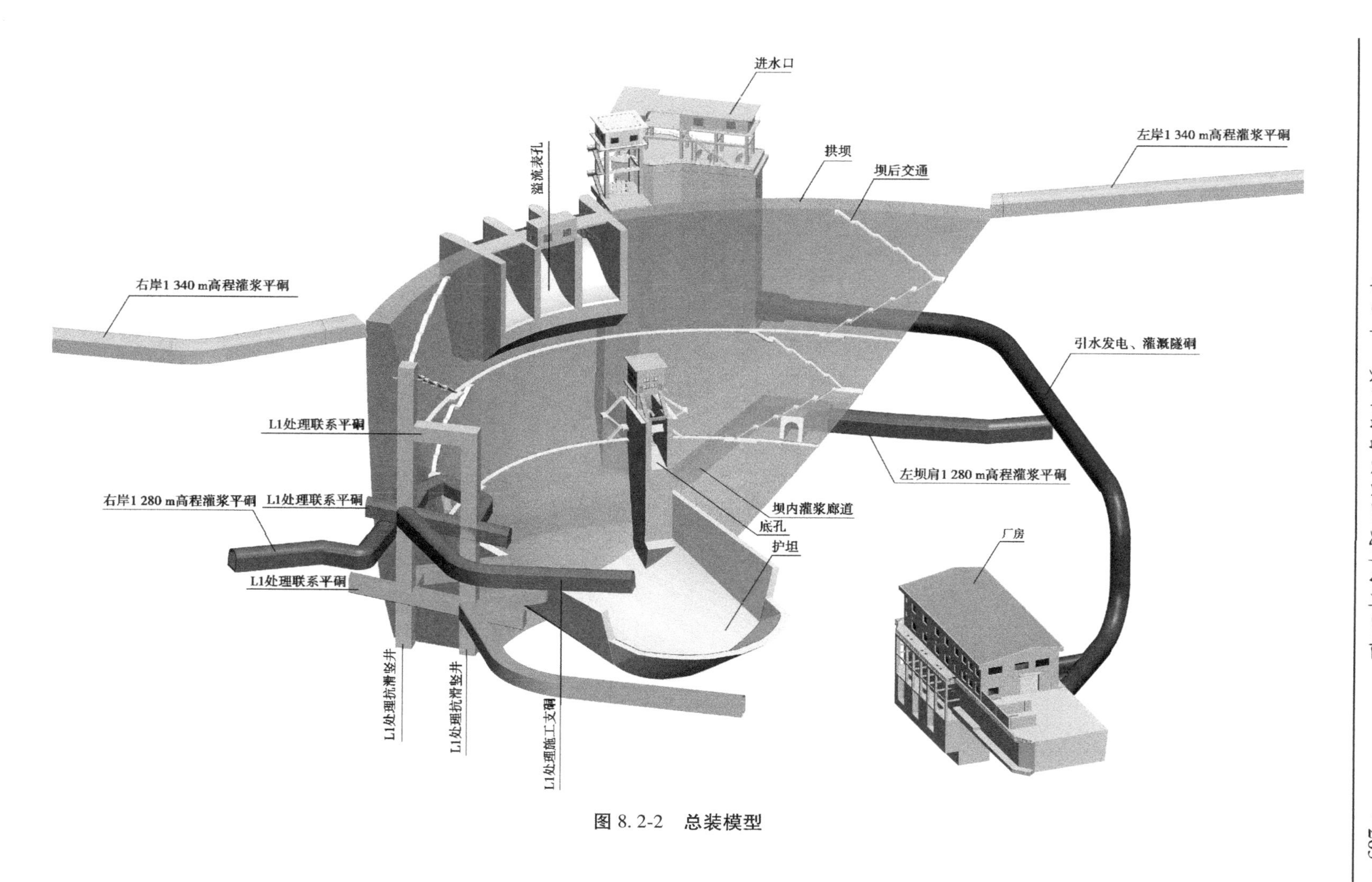
进水口
溢流表孔
拱坝
坝后交通
左岸1 340 m高程灌浆平硐
右岸1 340 m高程灌浆平硐
引水发电、灌溉隧硐
L1处理联系平硐
左坝肩1 280 m高程灌浆平硐
右岸1 280 m高程灌浆平硐
L1处理联系平硐
坝内灌浆廊道
底孔
厂房
护坦
L1处理联系平硐
L1处理抗滑竖井
L1处理抗滑竖井
L1处理施工支硐

图8.2-2 总装模型

8.3　BIM 技术常规应用

本项目专业配置齐全,包括测绘、地质、坝工、厂房、施工、机电、金结、水机、电气等专业,均采用 BIM 技术进行三维设计。如图 8.3-1 所示,设计过程主要包括协同设计平台搭建、三维建模、模型总装、碰撞检查、成果输出 5 个环节。

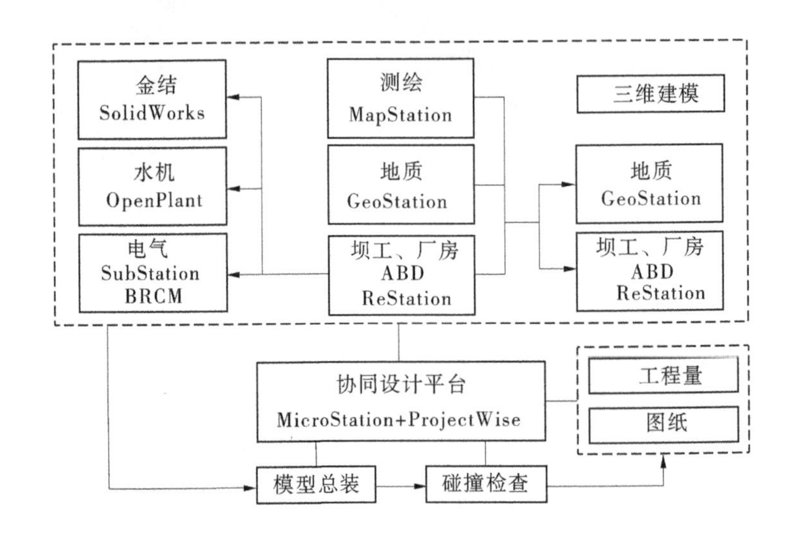

图 8.3-1　三维协同设计流程

8.3.1　平台搭建

8.3.1.1　统一环境

各专业采用统一的文件格式 .dgn,以便无损共享。为统一工作单位,规定各专业必须采用相应的种子文件,避免文件参考时模型比例不一致。金结元件库见图 8.3-2。

测绘、地质、道路和开挖模型必须在工程坐标中设计。由于离全局原点(0,0,0)越远,模型分辨率越低,规定其他专业在全局原点附近建模,保证模型精细度,避免出现锯齿。最终总装必须将所有模型移至工程坐标中,因此建模前根据主要建筑物、重要设备的控制点建立工程坐标轴网。

规定建模、出图深度须满足施工图设计阶段要求,图纸的字体、图标、图框等执行公司以往规定标准化出图。

8.3.1.2　平台组成

协同设计平台由 Bentley ProjectWise 和 MicroStation 组成,ProjectWise 采用 C/S(客户端/服务器)架构,主要用于工程信息管理,如资料收集、成品存放等,设计人员通过公司内网登录服务器进行三维设计;经授权的工地技术人员、业主、监理、施工等参与方,通过短信验证、SSLVPN 技术相结合的方式,连接公司内网后查看权限内的资料,既保障数据安全,也为工程的全生命周期数字化管理奠定基础。MicroStation 是统一的工程信息创建

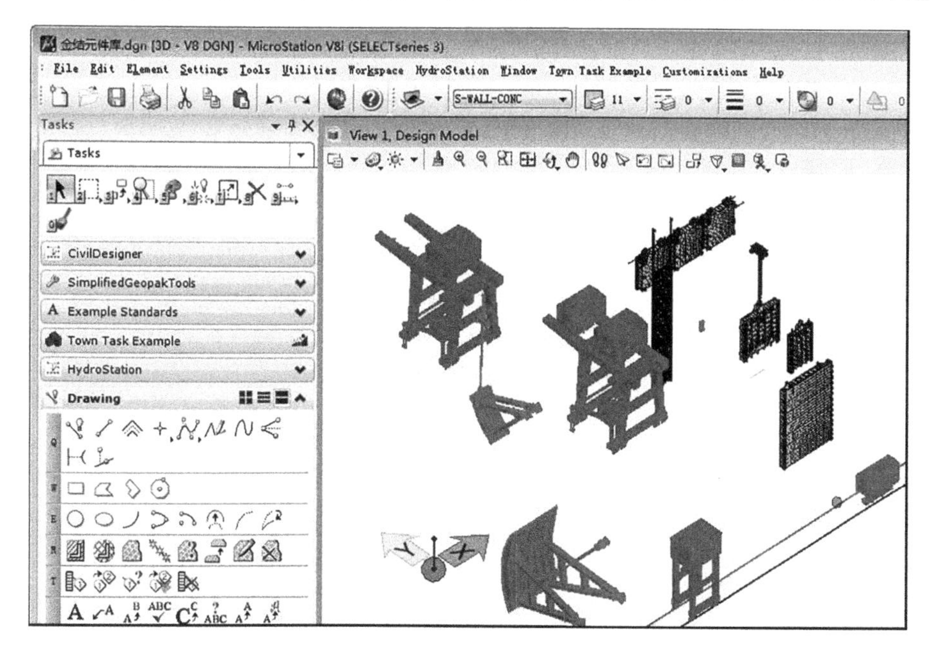

图 8.3-2　金结元件库

平台,可查看、编辑所有专业的设计成果,提供参考、连接、打开、导入导出等多种方式,实现不同专业、不同软件之间的数据共享(见图 8.3-3)。

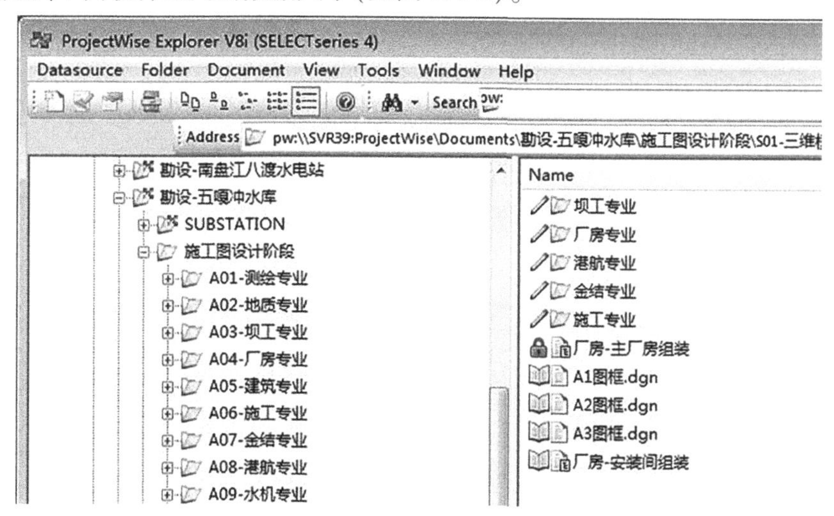

图 8.3-3　各专业协同共享

8.3.2　三维建模

各专业协同关系大致为:

(1)测绘成果是地质设计的基础。

(2)坝工专业基于地质、地形成果建模。

(3)厂房、坝工等专业根据建筑物布置和三维设计策划成果进行建模,遵循"由粗到细、分步建模"的原则，优先建立建筑结构框架和主要布置格局，尽早为后续专业搭建建模基础。

(4)金结、电气、水机等专业在建筑物框架基础上进行专业设备的建模，遵循"先设备、后管路"原则。

(5)道路、开挖专业综合地形、地质、坝工和厂房专业成果进行设计。

测绘专业使用 MapStation 的"地形模型"模块，如图 8.3-4 所示，利用等高线、高程点等要素创建地面模型，用卫星影像作为模型材质，获得逼真的三维地形模型。

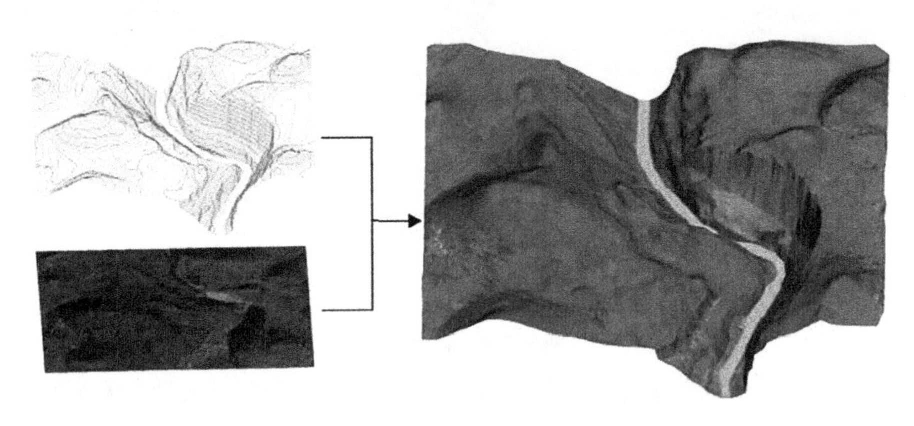

图 8.3-4　三维地形模型

地质专业在 GeoStation 中以三维地形为基面，输入实地勘探、试验数据，得到三维地质剖面后对其进行编辑，最后获得三维地质模型(见图 8.3-5)、二维工程地质图。

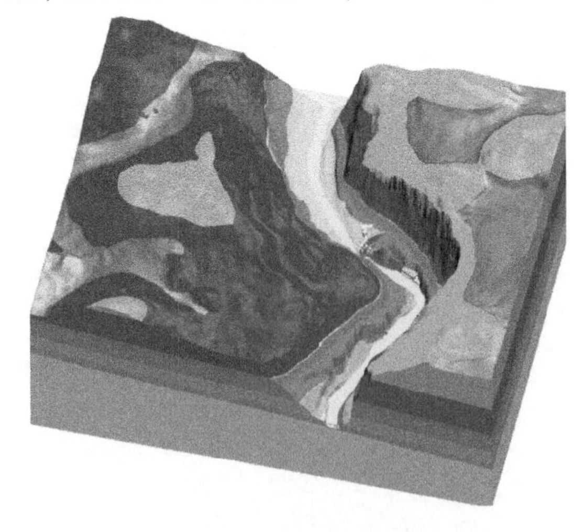

图 8.3-5　三维地质模型

坝工、厂房专业使用 AECOsim Building Designer(简称 ABD)的建筑、结构、设备等模块(见图 8.3-6、图 8.3-7)。ABD 的数据架构以 DataGroup(类型)、Part(样式)为基础，建模时选定构件类型和型号，即指定了构件的线型、图层、材质等，并可将混凝土结构的体积、重量、钢筋量等作为一个属性，输出工程量统计结果。

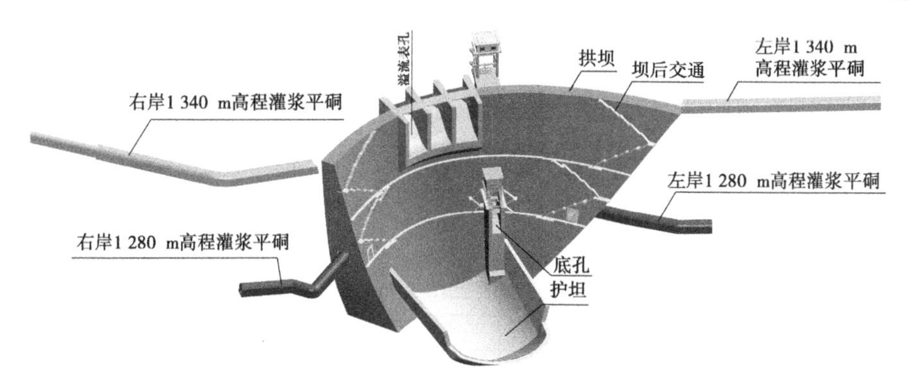

图 8.3-6　大坝三维模型

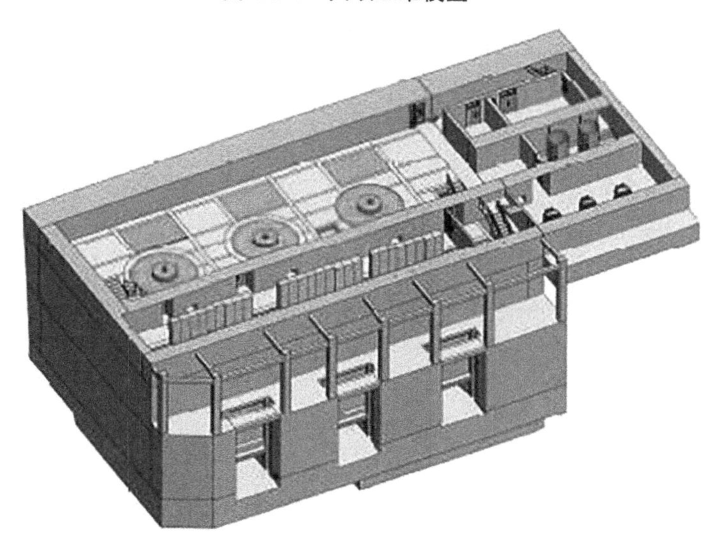

图 8.3-7　厂房三维模型

使用 ReStation 软件,将已有的三维结构作为配筋体,以结构表面为配筋单元进行三维配筋,模拟钢筋在现实中的布置,用有直径的多线段表示钢筋,每根钢筋由两端锚固段和中间主筋段 3 部分组成,将这 3 部分的钢筋参数(直径、形式、长度等)与设计参数匹配一致,也就完成了三维配筋(见图 8.3-8)。

金结专业在 SolidWorks 中建模后导出为中间文件格式(如 .x_t、.igs 等),再导入到 .dgn 文件中(见图 8.3-9)。水机、电气专业分别使用 OpenPlant 和 SubStation、BRCM 等软件建模。枢纽区的开挖设计使用 GEOPAKSite,基于坝工、厂房等专业模型,提取建筑结构底边线,结合地形模型、地质界面,设计开挖模型。道路建模使用 PowerCivil,建立枢纽区建筑物之间、枢纽区与外部的联络交通。

模型总装在 ProjectWise 平台上进行,含两级总装:①专业级总装,由各专业设计人员完成本专业所有构件的初次总装;②专业间总装,基于控制点和工程坐标轴网的对应关系实现。模型总装以“参考连接”的方式实现,参考文件与总装文件为从属关系,在总装文件中不可编辑参考文件,而只能控制其显示样式,既使总装文件轻量化,又保证了各专业模型的安全。图 8.3-10 为枢纽区建筑、设备及工程地质问题处理洞室的总装模型,

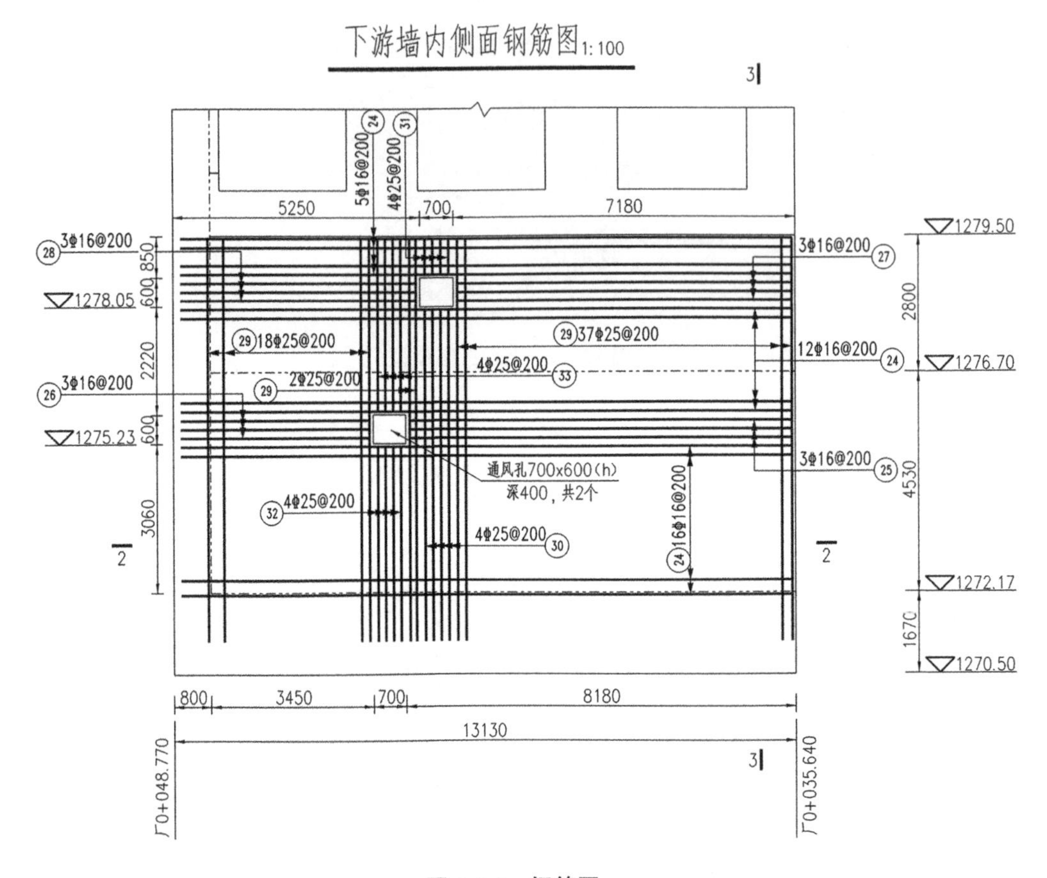

图 8. 3-8　钢筋图

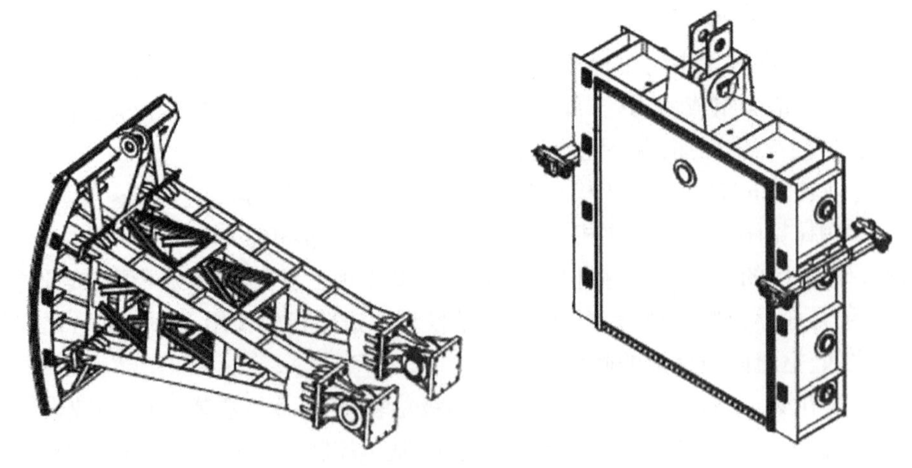

图 8. 3-9　金结模型

图 8. 3-11 为结构总装模型与开挖面的总装模型。

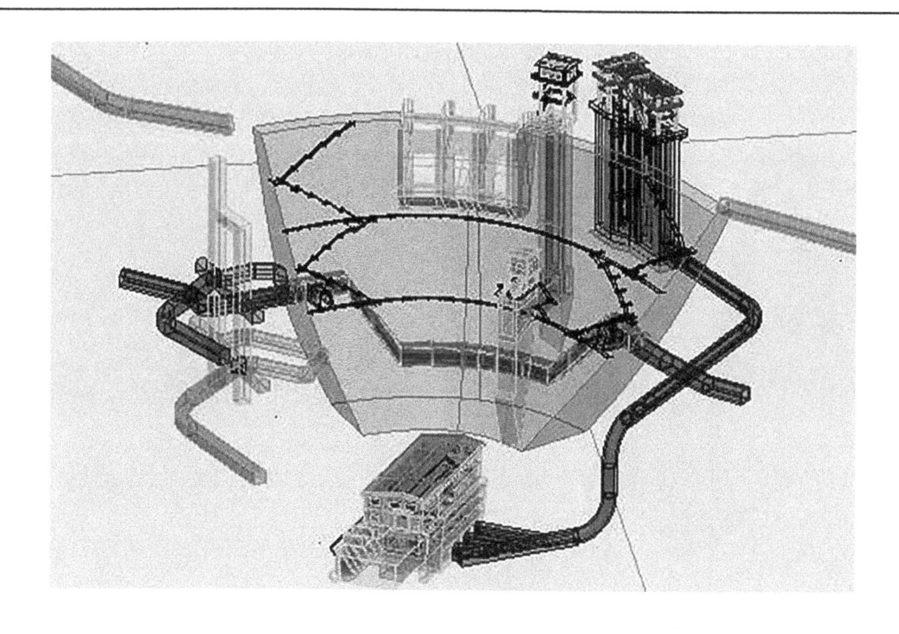

图8.3-10　总装模型1

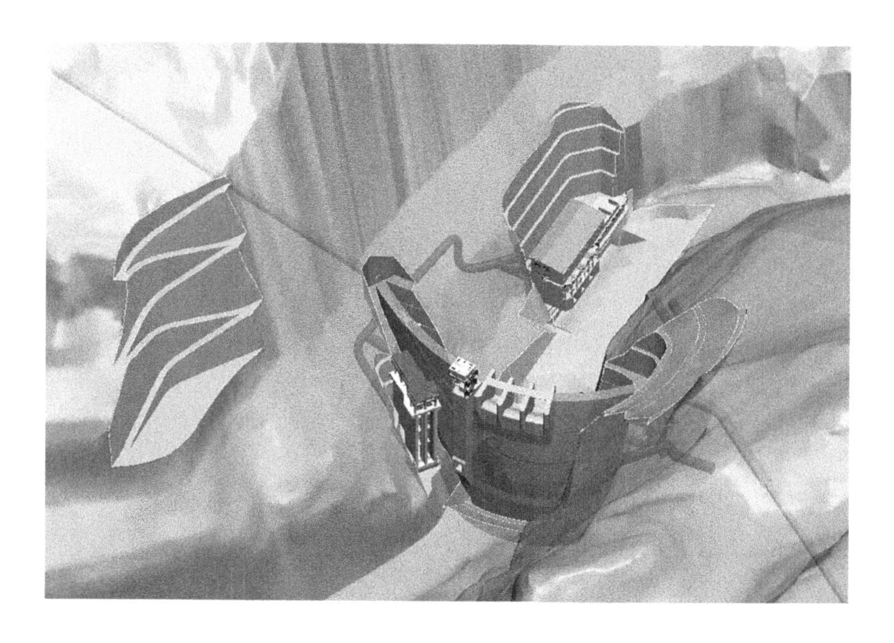

图8.3-11　总装模型2

8.3.3　开挖设计

本项目开挖设计采用GEOPAKSite软件,根据结构建基面边线结合地形、地质模型,快速构建三维开挖模型(见图8.3-12、图8.3-13)。

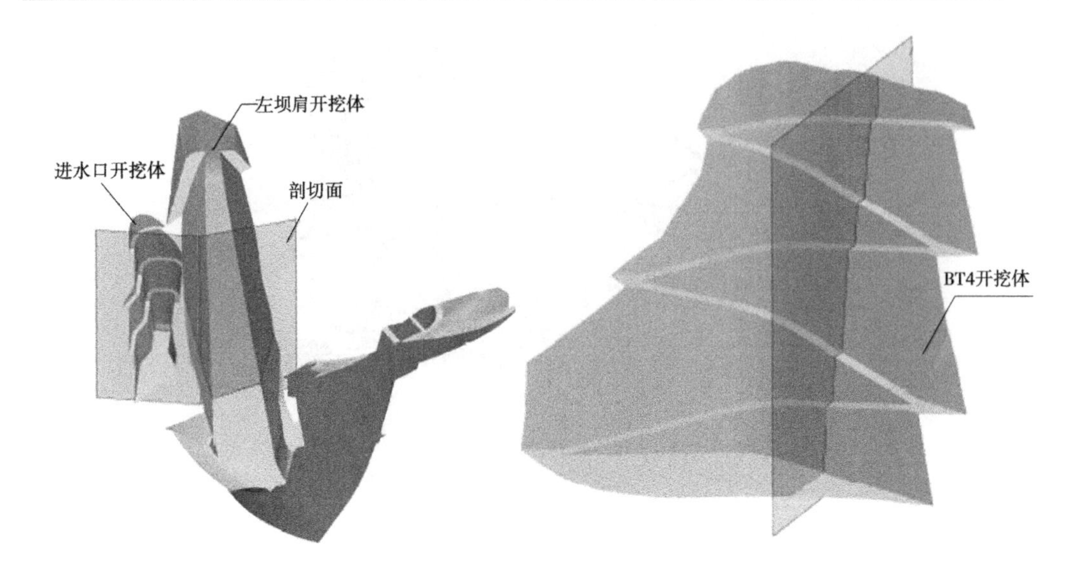

图 8.3-12　三维开挖模型

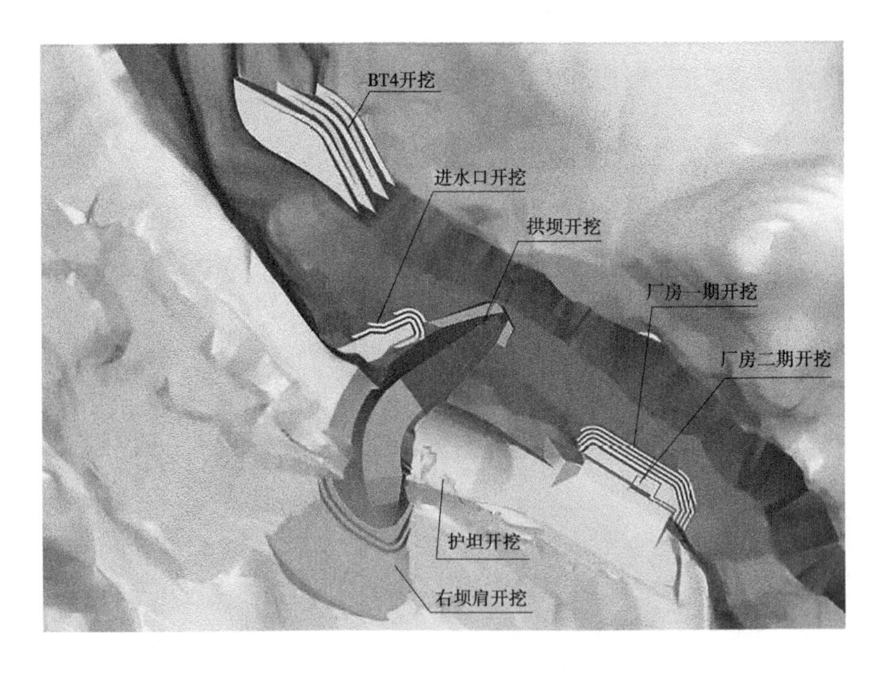

图 8.3-13　结合地形进行三维开挖

8.3.4　碰撞检查

使用 Navigator 进行碰撞检查(见图 8.3-14)及三维校审,快速排查设计异常点,对碰撞点进行批注和处理,显著减少了专业间、专业内的错、漏、碰、缺等问题,提高了设计质量和设计效率。

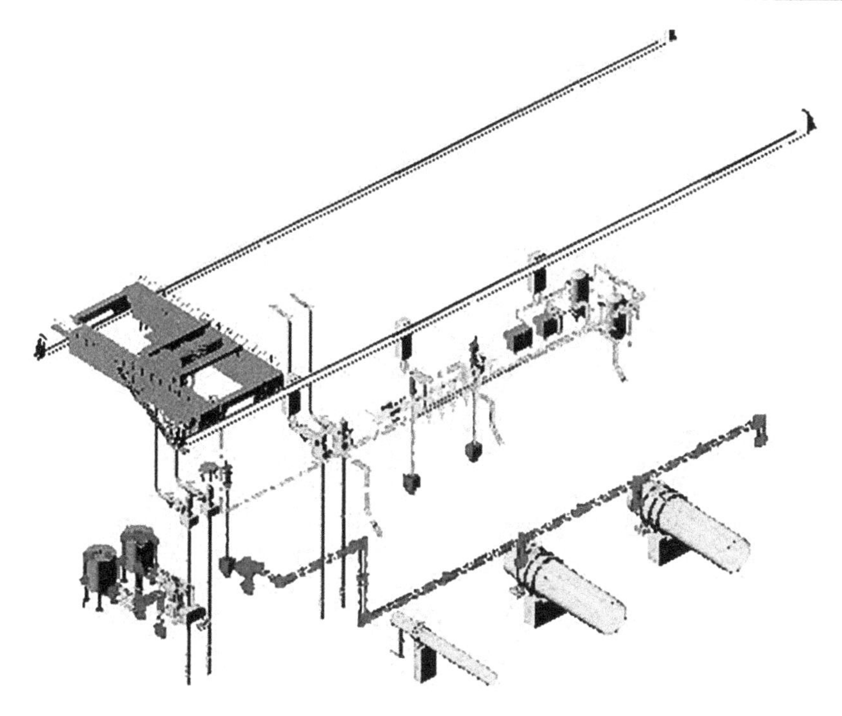

图 8. 3-14　碰撞检查

8. 3. 5　工程算量

在碰撞检查合格的三维模型基础上,统计钢筋量、开挖土方量、混凝土用量等工程量,提取二维图纸,查看枢纽区三维整体布置效果,使用 LumenRT 制作漫游视频。

各部位三维开挖设计后,可用 GEOPAK 计算土石方开挖量,与本工程初步设计概算中的工程量对比,结果见表 8. 3-1,两者结果十分接近,验证了模型和开挖方案的准确度。

表 8. 3-1　土石方开挖量计算结果对比

项目	GEOPAK/m^3	概算工程量/m^3	偏差/%
进水口	20 986	22 662	7. 7
坝基	319 952	328 817	2. 7
护坦	79 610	83 570	4. 9
厂房	104 364	97 841	6. 5

说明:表 8. 3-1 中偏差计算公式为 $\sigma=\frac{2|x_1-x_2|}{x_1+x_2}$,其中 σ 为偏差,x_1、x_2 分别为 GEOPAK 计算量和初步设计概算量。

应用样式的结构体,定义钢筋量、混凝土量等工程量输出类型,指定钢筋率、混凝土密度等参数,就可直接统计工程量,将结果导出为 Excel 表格。

8.3.6　二维出图

传统的二维出图难以实现联动修改,遇方案调整时可能要全部推倒重来。使用动态切图(Dynamic View,DV)方式从枢纽区三维模型中剖切二维图纸,将在三维模型中创建的保存视图(Saved Views)参考到二维图纸模型中,根据公司的制图标准导出二维图纸。当三维模型被修改后,二维图纸会同步修改、自动更新,这是动态切图的精髓。

本项目抽取的二维图纸均满足施工图设计要求。枢纽区三维模型由地质、地形、开挖面、水工建筑物和设备管线等模型组成,抽取的图纸可直接获得各专业要素,如图 8.3-15~图 8.3-17 的厂房剖切图,包含电气和水机等设备;图 8.3-18、图 8.3-19 的右坝肩开挖断面图包含地层界面、风化带、裂隙等地质要素,以及地形面、开挖面等。二维剖切图可作为施工图,不仅有标高、尺寸等标注,还可附钢筋量、土石方开挖量、混凝土用量等工程量,内容翔实、信息丰富精确,效果直观。

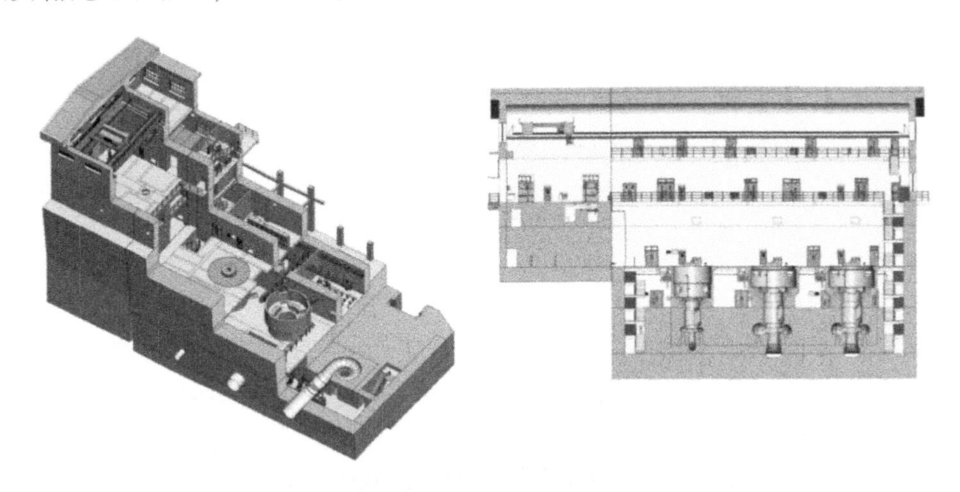

图 8.3-15　厂房剖切图

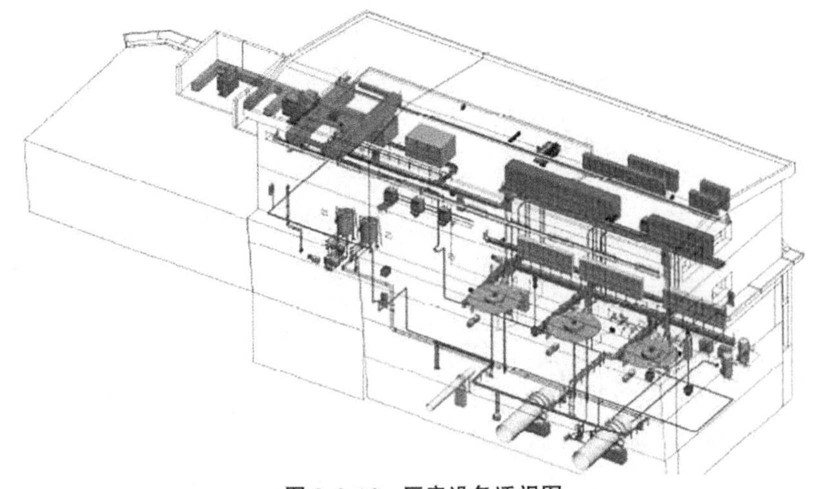

图 8.3-16　厂房设备透视图

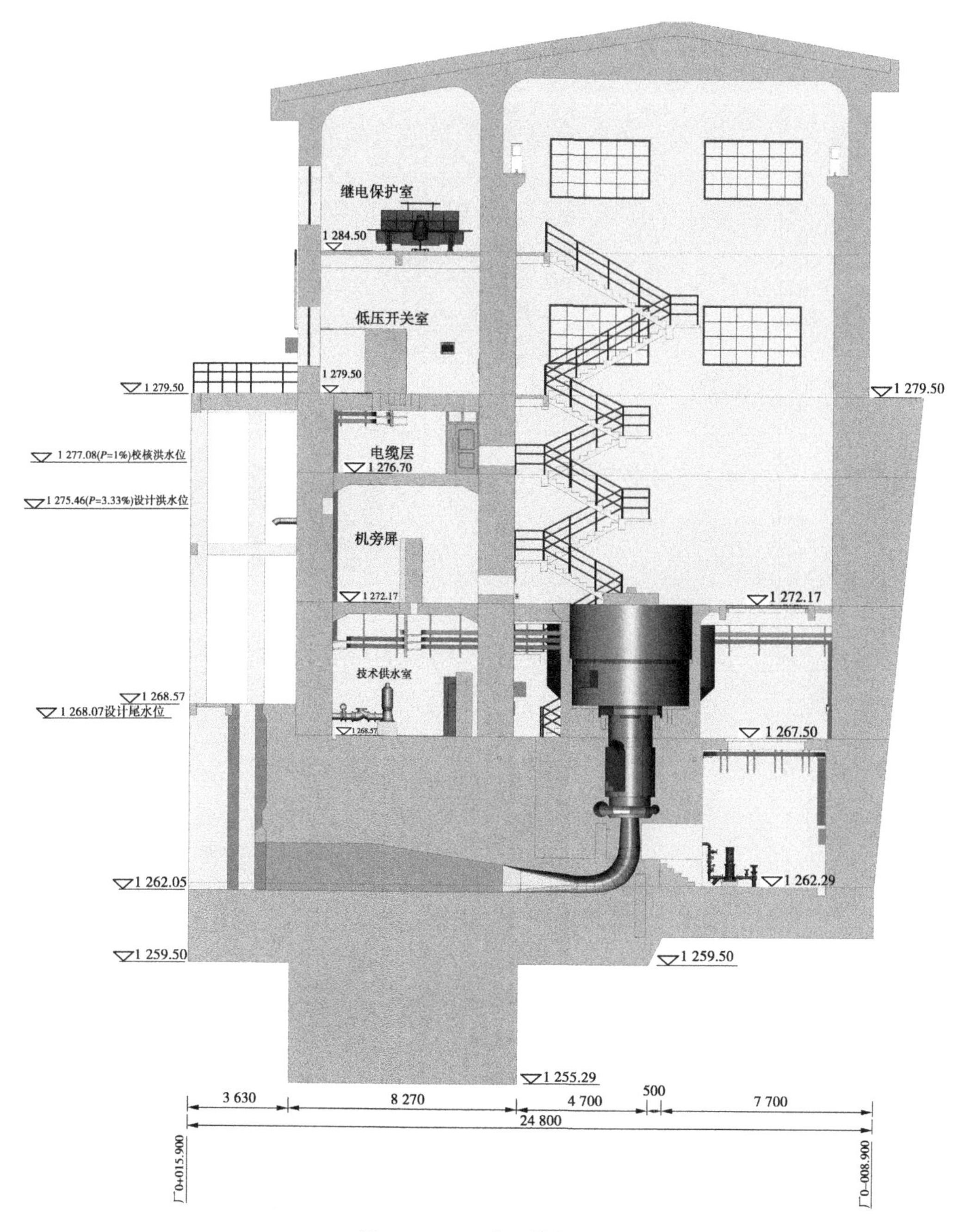

图8.3-17 厂房二维剖切图

8.3.7 可视化应用

三维效果图包括整体布置三维效果图、漫游动画两类成果,前者用于展示枢纽区整体布置情况,后者是将模型导入LumenRT软件,加入水流、植物等环境元素,补充汽车、风雨雷电等动态元素,更加生动地展现设计方案(见图8.3-20)。

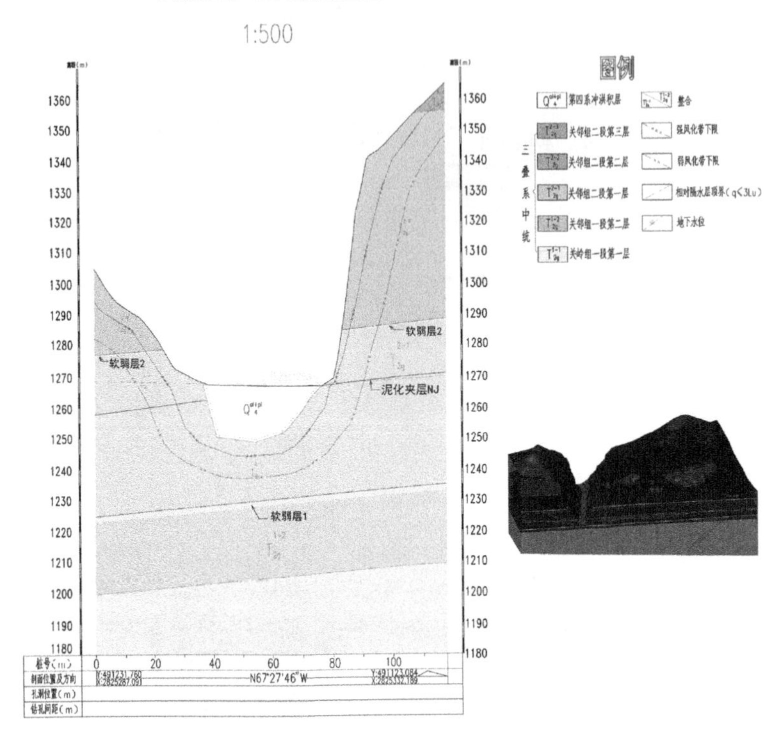

图 8.3-18　地质二维剖切图

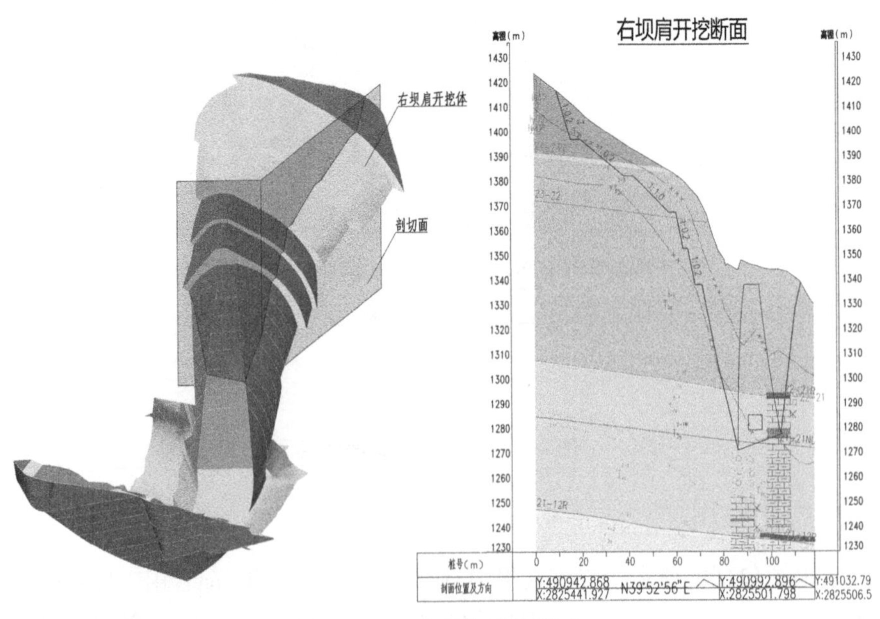

图 8.3-19　右坝肩开挖断面

图 8.3-20　三维效果展示

8.4　创造性成果

BIM 技术具备统一环境、协同设计,参考连接、轻量整合,碰撞检测、三维校审,计量出图、实景漫游等特点,在本项目中得以充分运用和体现。应用三维数字化协同设计,不仅取得了本项目的预期成果,还充分结合地形地质,突破了传统设计方式的难点,统一了协同设计环境,制定了三维协同设计标准,研究水工建筑物的参数化建模,并建立常用三维设备的元件库,为实现后续三维协同设计的标准化、参数化和高效率奠定基础。

8.4.1　助力解决工程地质问题

施工现场地形陡峭、地质条件复杂,拱坝两岸坝肩岩体卸荷裂隙发育,坝体左岸上游存在崩塌体,威胁施工安全和工程运行安全。本项目构建的三维地质模型包含结构面、构造面、地层界面、基岩面等要素,清晰直观地表达了枢纽区的复杂地质情况,数据架构与其他专业相同,可无损共享,为工程地质问题的处理提供了数据支撑。如图 8.4-1 所示,右坝肩 L1 裂隙施工支洞、坝体开挖面的设计,以地质模型为基础,综合坝体结构边线获得了解决方案。

拱坝左岸崩塌体处理方案,需完全挖除失稳的风化岩体,还应设计合理的“之”字形马道,保证卸荷处理的施工安全。使用 GEOPAKSite 软件,以三维地形为基面、地层界面为参考,设计了范围、深度适中的开挖面,以及坡度、走向合理的“之”字形马道(见图 7.1-11)。

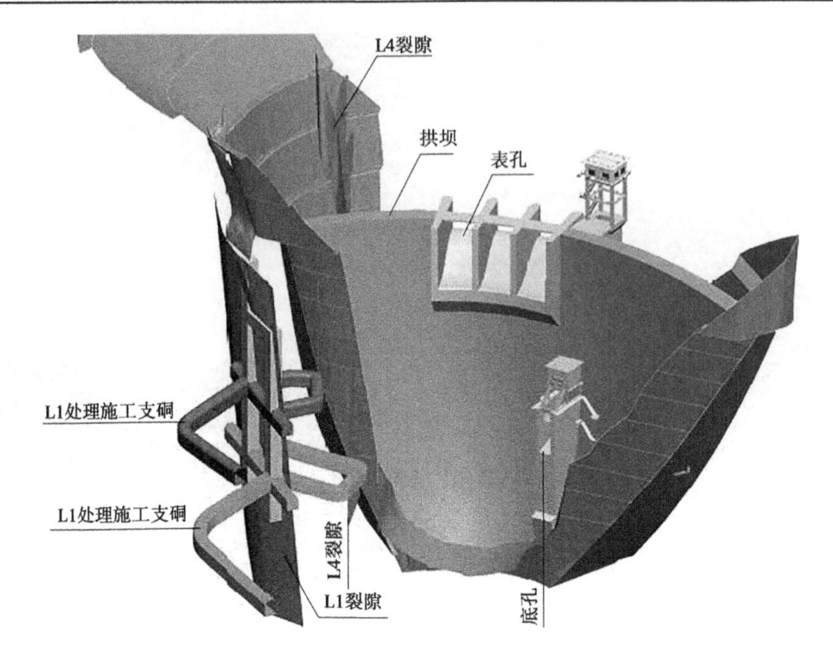

图 8.4-1　结合地质模型的裂隙处理方案

8.4.2　创建种子文件,统一设计环境

8.4.2.1　设置制图种子文件

根据各专业设计特点,创建了适用于建筑、结构、枢纽、水暖等专业的种子文件,以规范设计文件的工作单位、视图设置、标注及文字样式等(见图 8.4-2)。以工作单位、视图设置为例,表 8.4-1 列举了不同专业种子文件的设置信息。

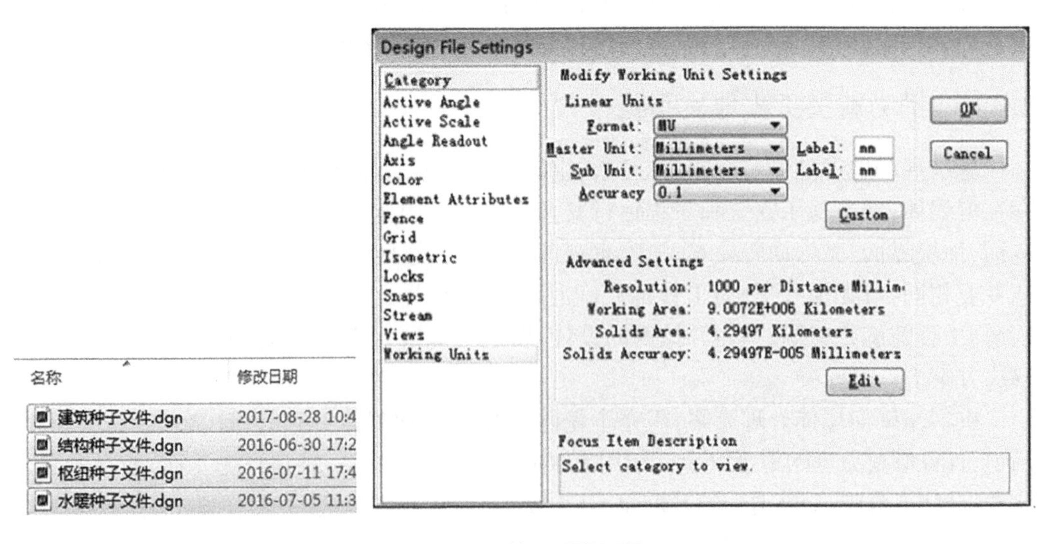

图 8.4-2　统一设计环境

表8.4-1　种子文件设置信息

专业	主单位	子单位	精度	视图数量
建筑	mm	mm	0.12	1
结构	mm	mm	0.10	4
枢纽	m	mm	0.12	1
水暖	mm	mm	0.12	4

8.4.2.2　设置切图种子文件

使用动态切图方式出图时,需要指定切图种子文件,即指定切图模板。软件自带的切图种子文件不符合公司出图要求,因此建立了公司标准的切图种子文件,避免切图时重复调整、设置参数,统一出图环境并提高工作效率。

8.4.2.3　三维协同设计企业标准

为实现三维协同设计标准化,基于本项目的应用经验,制定了3本企业标准(见图8.4-3)。

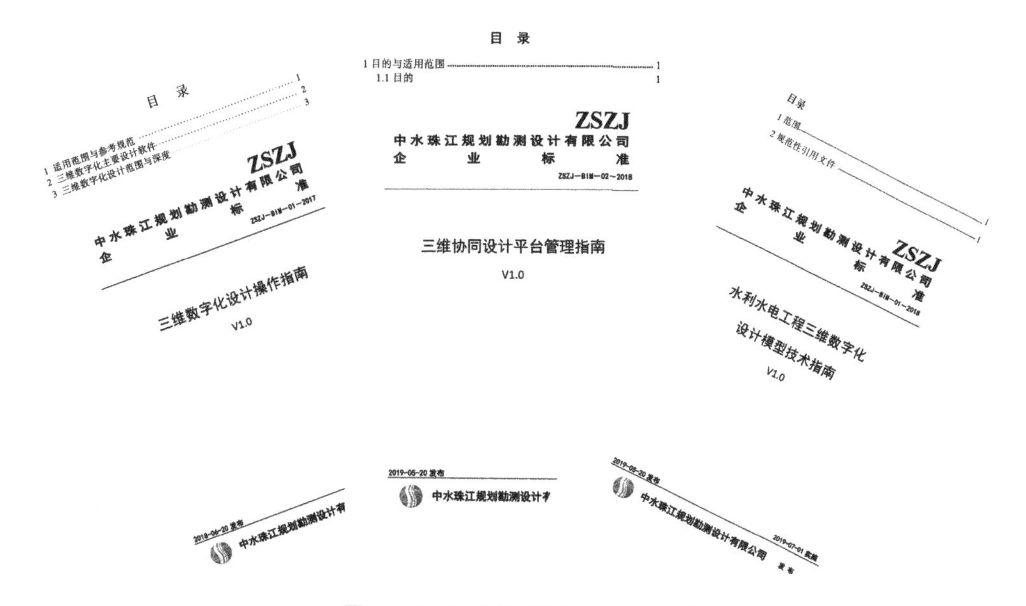

图8.4-3　三维数字化设计企业标准

(1)《三维协同设计平台管理指南(V1.0)》,用于规范三维协同设计平台的目录划分、文件命名、权限管理,统一模型固化、碰撞检查、图纸剖切等设计行为,明确各专业设计人员的职责。

(2)《三维数字化设计操作指南(V1.0)》,用于规范各专业协同设计流程,提高专业间协同设计生产效率,保证产品质量。

(3)《水利水电工程三维数字化设计模型技术指南(V1.0)》,规定了水利水电工程信息模型建设的技术要求,包括信息模型的分类原则、建模范围、深度等级要求、图元属性定义,以及三维设计特征信息和编码等方面的内容。

8.4.3　参数化建模

Bentley 提供了四种参数化建模方式：二次开发编程、MicroStation CONNECT Edition，Parametric Cell Studio 及 Generative Components。本项目的双曲拱坝难以手工建模，通过二次开发编程，可快速、准确地建立拱坝的参数化模型。此外，还研究了上述其他三种参数化建模方式，以实现常见水工建筑物的快速建模。

8.4.3.1　二次开发编程

MicroStationAddins 基于 . NET 框架，可以使用 C#、C++/CLI 或 VB. NET 语言来开发 Addins 应用程序。相比 MVBA (MicroStation visual basicfor application)，Addins 支持命令表，并可编译成 DLL；相比 MDL (MicroStation development language/library)，Addins 可用 WinForm 设计界面。如图 8.4-4、图 8.4-5 所示，通过文本文件导入模型参数，利用 Addins 分别实现了双曲拱坝、流道参数化建模。

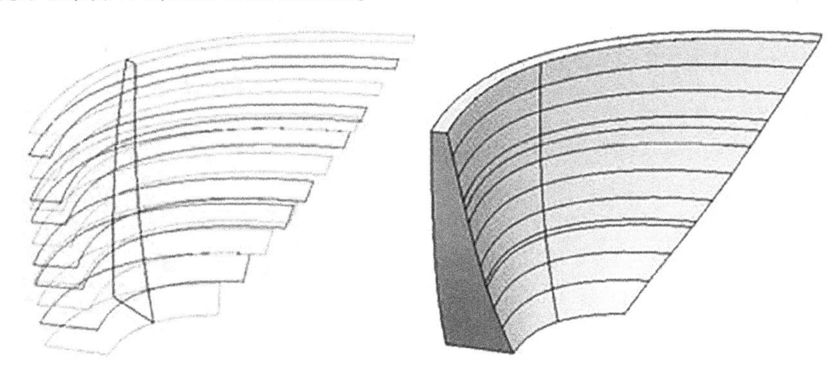

图 8.4-4　双曲拱坝参数化模型

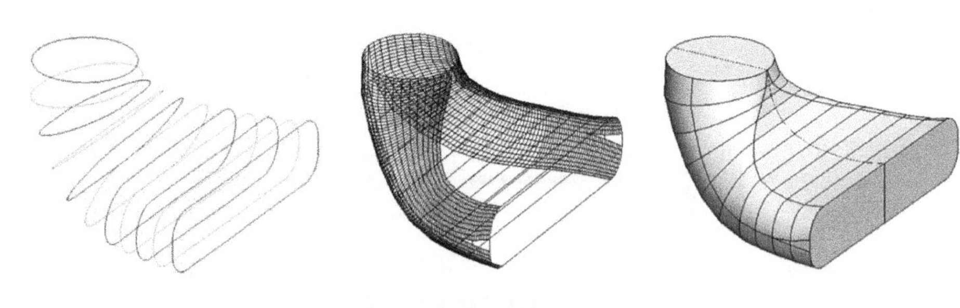

图 8.4-5　流道参数化模型

8.4.3.2　MicroStatio CONNECT Edition

MicroStation CONNECT Edition，简称 CE，CE 参数化建模是基于 MicroStation 的三维建模工具，其思路是先创建基本构件，后利用三维约束工具进行模型的拼装。拼装后的整体模型，各个构件之间有相对约束关系，当调整某个构件的尺寸参数时，与其有关系的其他构件的位置会同步调整。CE 的每个参数化构件都有一套参数列表，当整体模型相对简单、构件较少时，用 CE 做参数化建模较方便；模型较复杂、参数较多不便管理，且参数调整时整个模型的更新速度较慢。因此，CE 比较适合做单体模型或者定型产品。图 8.4-6、

图 8.4-7 分别是由 CE 参数化建成的坝肩、坝段及主要构件的可调整参数。图 8.4-8 是由参数化的坝肩、坝段等构件组成的重力坝。

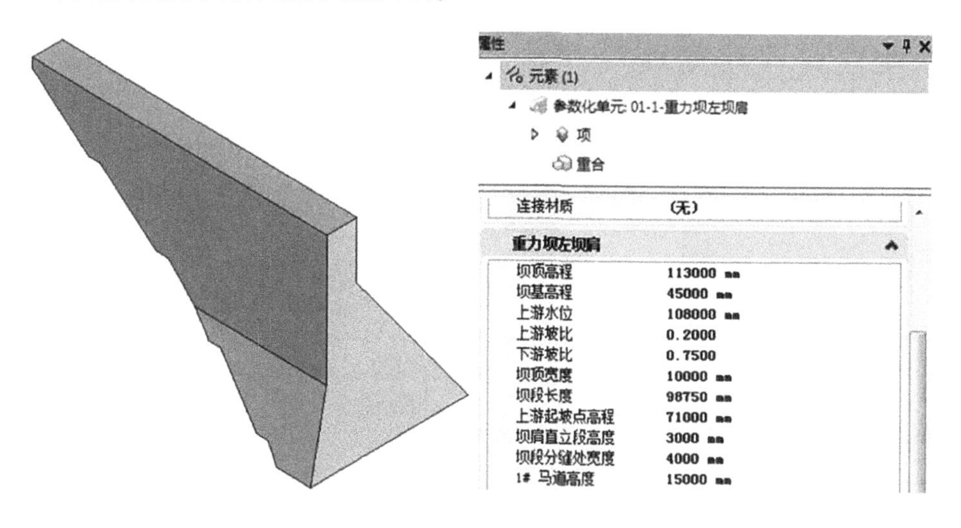

图 8.4-6　CE 参数化重力坝坝肩

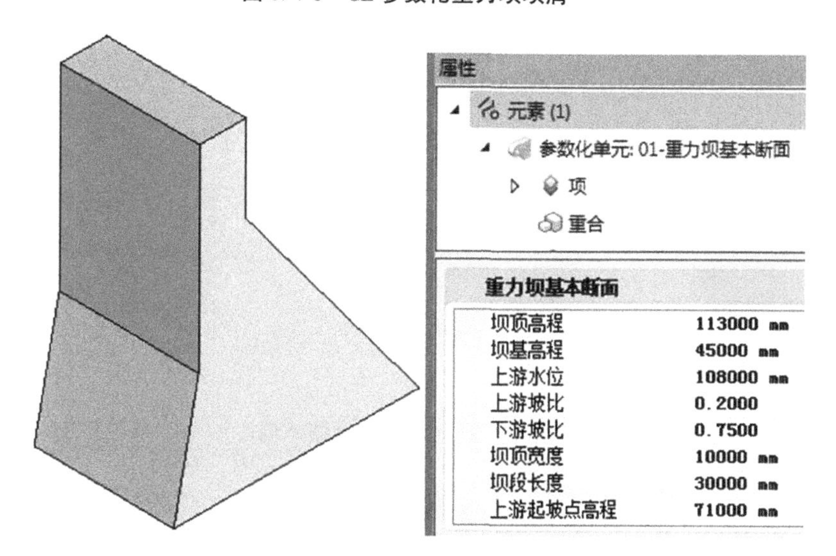

图 8.4-7　CE 参数化重力坝坝段

8.4.3.3　Parametric Cell Studio

Parametric Cell Studio，简称 PCS，是 ABD 提供的一种参数化建模方法，参数化模型在 ABD 中可以像门窗一样直接调用，且每个构件可单独应用 Part，便于提取工程量和二维图纸。PCS 参数化建模思路是先创建基本部件，再通过部件组装成基本构件，基本构件可以直接发布成 .PZA 文件供 ABD 调用、拼装，也可以在 PCS 中组装基本构件，然后发布成 .PAZ 文件供 ABD 调用。但是，PCS 规则性较强且建模方式单一。图 8.4-9、图 8.4-10 分别是 PCS 参数化进水间和泵房及主要构件的可调整参数。图 8.4-11 为 PCS 参数化构件组装的泵站。

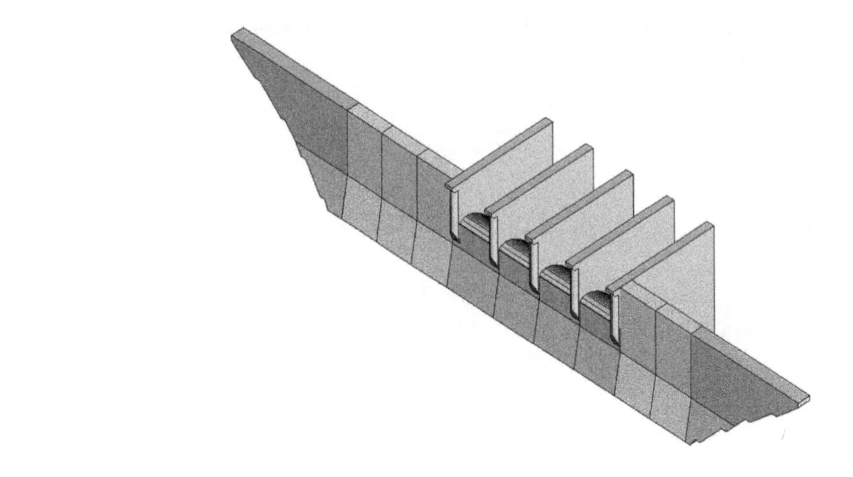

图 8.4-8　重力坝参数化组装

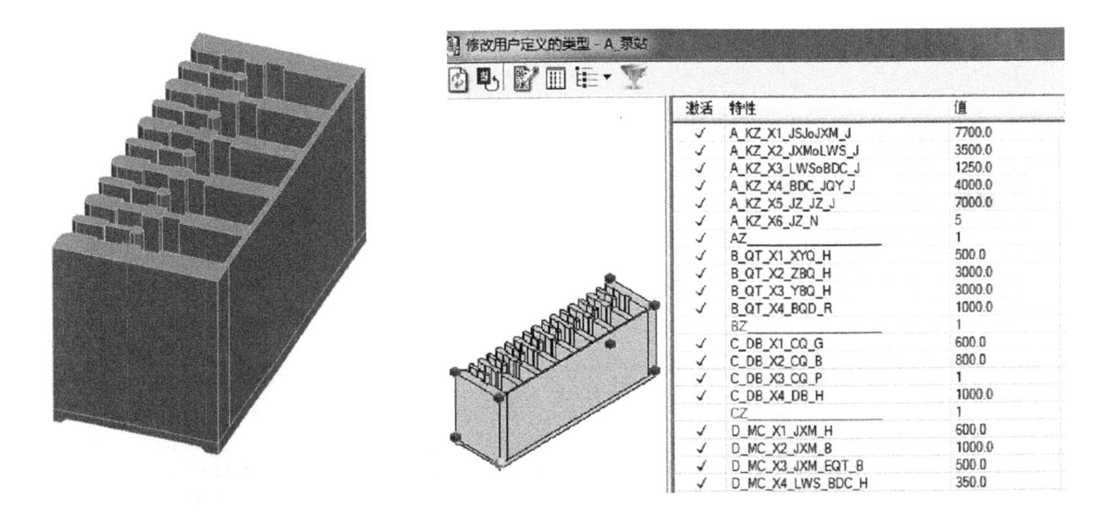

图 8.4-9　PCS 参数化进水间

8.4.3.4　Generative Components

Generative Components，简称 GC，是在交互式图形界面中创建参数化模型的一种方法，几何体的创建方式遵循“点—线—面—体”的一般原则，点、线、曲面等实体在 GC 中称为节点，节点类型大致分为四类：几何图形、ABD 类型、工具类型及自定义节点类型。参数化建模时，将所需节点类型拖动到图形界面，建立逻辑关系，指定相应参数，即可创建所需体型。在交互式界面中，GC 创建模型的方式一般分为两种：①按照模型的几何特征逐步创建，指定参数；②将模型分解为常用几何体型和不常用几何体型，将常用几何体型创建为自定义节点，类似工程可直接调用进行拼装，简化建模流程，提高建模效率。GC 的参数管理比 CE、PCS 方便，模型参数可以和 Excel 表格关联，调整 Excel 表格后刷新模型，即完成模型的参数化调整。图 8.4-12 为 GC 构建的参数化泵站及其参数表。

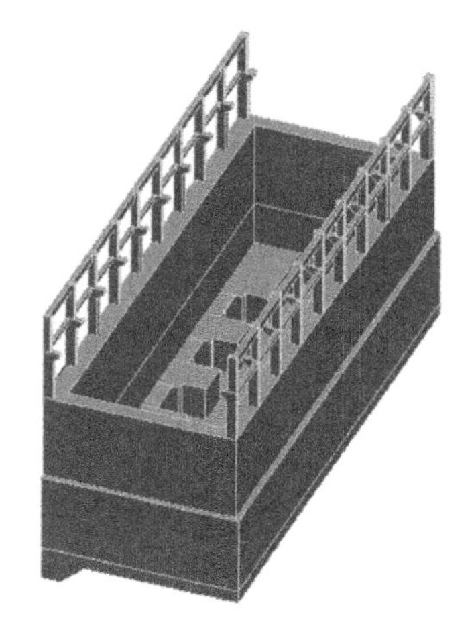

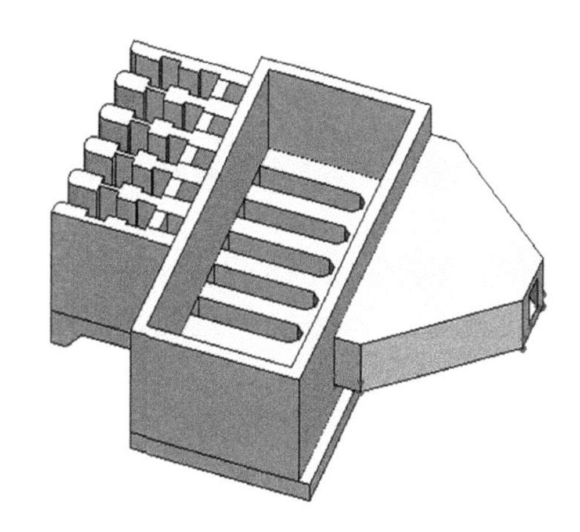

图 8.4-10　PCS 参数化泵房

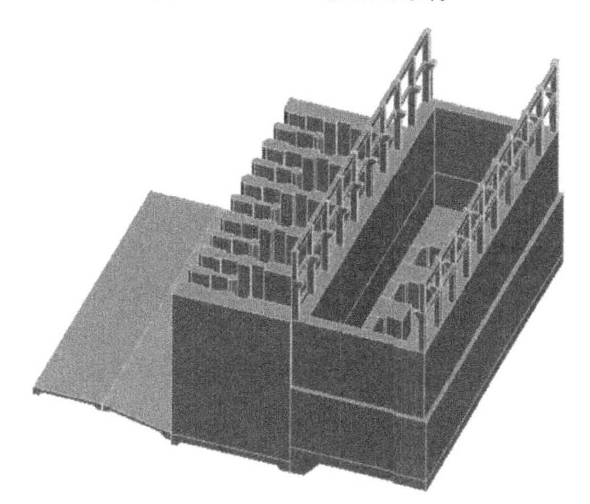

图 8.4-11　PCS 参数化泵站

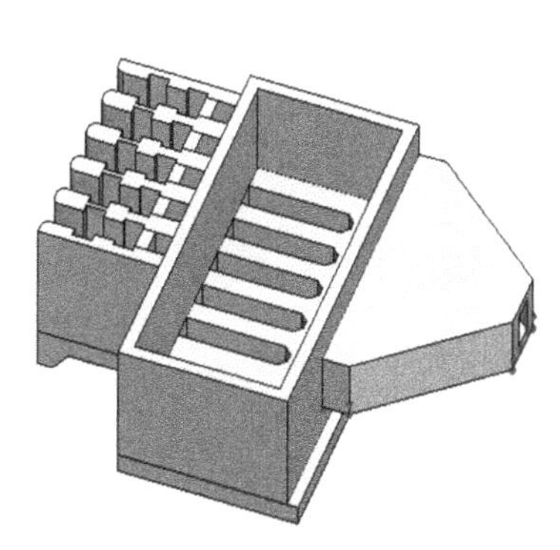

编号	部位	单位	数值	描述
A01	进口闸室平面控制尺寸	N	5	闸孔数
A02		mm	1500	闸孔净距
A03		mm	1000	边墩厚度
A04		mm	1300	中墩厚度
A05		mm	1700	闸墩墩头到清污栅槽中心线距离
A06		mm	1000	清污栅槽中心线到拦污栅槽中心线距离
A07		mm	2600	拦污栅槽中心线检修闸门中心线距离
A08		mm	2700	检修闸门中心线到泵房上游边墙距离
A09	进口闸室底板参数	mm	1000	底板厚
A10		mm	1000	底板齿墙宽
A11		mm	1000	底板齿墙高
A12		1	1	底板齿墙坡比

图 8.4-12　GC 参数化泵站及其参数表

8.4.4　建立三维元件库

为避免重复工作,提高设计效率,建立公司自有的三维元件库,用于积累常用的模型、设备,使用时直接调用或稍加调整即可。如图 8.4-13、图 8.4-14 所示,电气专业建立了公司设备型号数据库和专用符号库,元件一方面由软件自带模型修改而来,另一方面由设计人员绘制或厂家提供,不断扩充、完善公司的库族,现已能基本满足公司常用的电气设备布置需求。此外,金结、港航等专业也分别构建了元件库,积累了闸门、门机、拦污栅、船闸等模型。

图 8.4-13　公司三维电气设备模型库 1

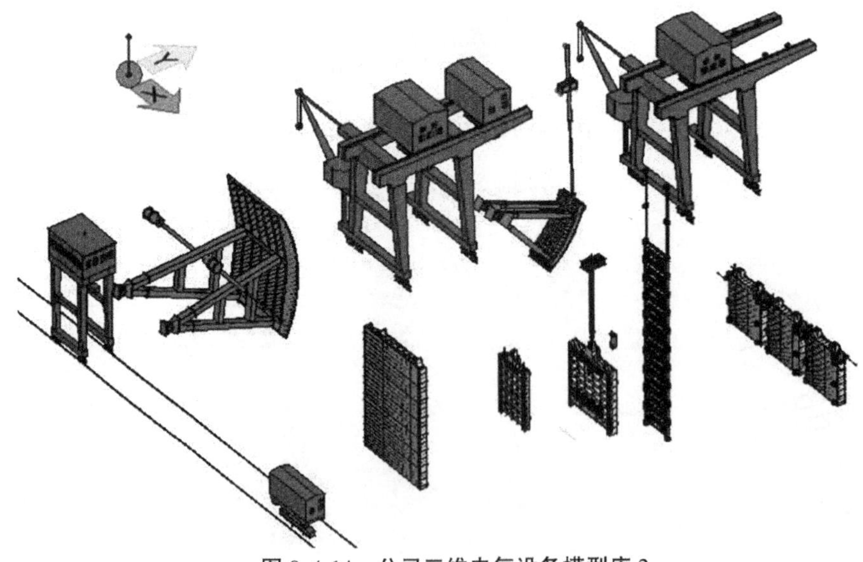

图 8.4-14　公司三维电气设备模型库 2

8.5 总　结

本项目作为三维协同设计 BIM 技术应用的导航项目,应用 BIM 技术建立了枢纽区三维信息模型,基于模型获得了二维图纸、工程量、漫游视频等项目成果,模型及图纸深度达到施工图设计要求,更解决了本项目的实际工程问题,统一了制图环境,制定了标准规范,研究了参数化建模,建立了三维模型元件库。

BIM 是工程设计大势所趋,在未来的工程设计中,可能成为相关行业的“敲门砖”。水利设计企业不仅要引入 BIM,更重要的是将其在企业内部全面铺开、全面推广;不仅要掌握 BIM 技术,更要制定标准规范,解决传统设计方式转变到三维协同设计的矛盾与冲突。

第 9 章　江西省界牌航电枢纽船闸改建工程

9.1　项目概况

9.1.1　工程地理位置

信江属鄱阳湖水系，干流发源于浙赣边境的怀玉山，自东向西流经江西省的玉山、上饶、铅山、弋阳、贵溪、鹰潭等市(县)，在余干县新渡万家(八字嘴)分东、西两支注入鄱阳湖。信江沟通了江西东北部地区，该地区矿产资源丰富，工业基础较好，工业门类比较齐全，经济社会发展呈现良好势头，对信江高等级航道的开发与利用提出了更高的要求。

"八五"期间，江西省实施了信江界牌航运枢纽工程，形成了库区 33.4 km 的Ⅲ级航道，改善了信江红卫坝—界牌航段航道条件及鹰潭港的发展环境，一定程度上促进了沿江地区经济的发展。但由于受淹没赔偿、资金投入等一些因素制约，界牌航运枢纽库区难以按设计水位蓄水，发电机组不能满负荷发电，船闸亦不能正常使用，作为江西省甚至全国最早投入建设的信江界牌航运枢纽不能发挥其建设效益，再加上界牌航电枢纽以下规划的虎山嘴和双港梯级尚未开工建设，信江乐安村以下湖区航道长期以来处于低标准的自然通航状态。因此，近 30 年来，作为高等级航道的信江航运开发基本处于停滞状态，不仅远落后于赣江航运的发展和建设，也与流域经济社会发展、鄱阳湖生态经济区建设的要求相去甚远。

"十三五"期间，国家加大内河水运基础设施的投入力度、加快水运特别是国家高等级航道的发展，按照《全国内河航道与港口布局规划》，信江在 2020 年达到规划的Ⅲ级航道标准。2009 年 12 月国务院批复了《鄱阳湖生态经济区规划》，这是中华人民共和国成立以来江西省第一个上升为国家战略的区域性发展规划，该规划提出要重点研究、适时推进鄱阳湖水利枢纽工程建设，该工程的规划建设，将完全改变信江高等级航道中下航段的发展与建设条件。

为适应"十三五"期间及今后一段时期内加快包括信江在内的国家高等级航道建设发展的新形势和新要求，进一步改善信江通航条件、适应信江水运快速增长和船舶大型化趋势、有效促进信江沿线地区经济发展，2018 年 5 月，江西省港航建设投资集团有限公司开展了界牌枢纽船闸改建工程项目工作。

9.1.2　水文

9.1.2.1　流域概况

信江流域位于江西省东北部，西滨鄱阳湖，北以怀玉山脉与饶河流域分界，南隔武夷山脉与福建接壤,东以丘陵与浙江省毗邻(见图 9.1-1)。信江发源于玉山县境浙赣边界怀玉山的玉京峰,上饶市以上称玉山水,丰溪河汇入后始称信江。干流自东向西蜿蜒而下,横贯江西省东北部,在余干县大溪渡附近分为东、西两支,分别于珠湖山、瑞洪注入鄱阳湖。信江全流域面积为 16 890 km^2,其中江西省内面积 15 871 km^2,约占全省国土面积的 9.5%,干流河道全长 328 km。

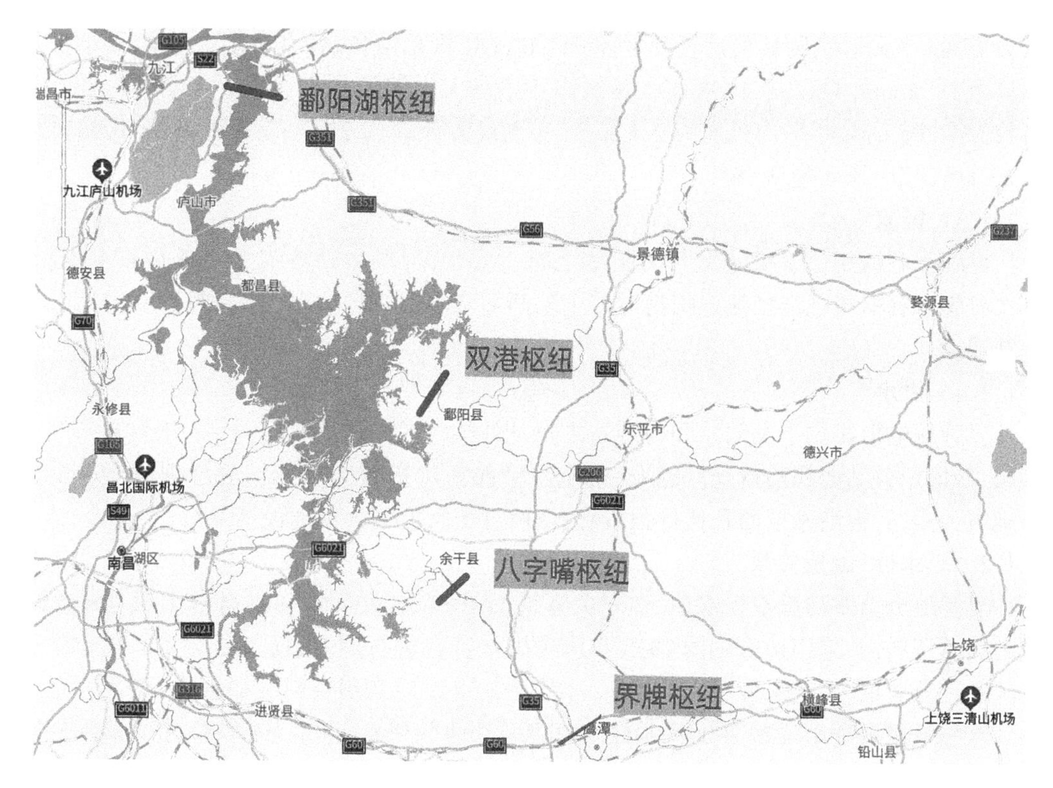

图 9.1-1　地理位置示意图

全流域形状为一不规则矩形,东西长约 190 km,南北宽约 90 km,流域形状系数为 0.147。流域地势东南高、西北低,南北两面环山。南部为沿闽赣边境延伸的武夷山脉,东北—西南走向,绵延 500 余千米,海拔多为 1 000~1 500 m,最高峰黄岗山海拔 2 158 m,是华东第一峰;北部怀玉山脉海拔 1 000 m 左右,主峰玉京峰海拔 1 816 m。上游沿岸一带以中低山为主,地形起伏较大;中游为信江盆地,地势由北、东、南三面边缘渐次向中间降低,并向西倾斜,其间有红色岩层组成的较低平山体,红层地貌发育;下游为鄱阳湖冲积平原。全流域山地占 40%,丘陵占 35%,平原只占 25%。

信江干流以上饶市和鹰潭市城区为界,分为上、中、下游三段,上游段河道长 115 km,落差 702 m,平均比降 6.10‰;中游段河长 144 km,落差 38 m,平均比降 0.263‰,一般河宽 200~300 m;下游段河道长 69 km,落差 10 m,平均比降 0.145‰,河宽 400~500 m。

9.1.2.2　气象

根据信江流域内主要测站资料统计，流域内各站多年平均降水量为 1 820.5 mm，单站年最大降水量 2833.9 mm（弋阳站，1954 年），单站年最小降水量 923.7 mm（广丰站，1971 年）；流域多年平均气温为 17.9 ℃，以 7—8 月最高，12 月或 1 月最低，实测极端最高气温达 43.3 ℃（玉山站，1953 年 8 月 10 日），极端最低气温为-15.1 ℃（余江站，1991 年 12 月 29 日）；流域多年平均相对湿度为 79.2%，最小相对湿度为 4%；流域多年平均蒸发量为 1 384.7 mm，实测最大月蒸发量为 363.6 mm（贵溪站，1961 年 7 月），实测最小月蒸发量为 18.2 mm（余江站，1998 年 1 月）；多年平均无霜期天数为 263 d，多年平均日照小时数为 1 706 h；多年平均风速为 2.1 m/s，实测最大风速为 22.7 m/s（弋阳站，1976 年 7 月 13 日），相应风向为 WSW。

9.1.2.3　径流

界牌水利枢纽位于梅港站与弋阳站之间，弋阳站资料与梅港水文站资料基本相应。本次界牌水利枢纽坝址径流根据梅港与弋阳两站资料，错开一天传播时间按面积比内插至坝址。

9.1.2.4　洪水

界牌航电枢纽位于弋阳站和梅港站之间，根据信江的梅港、弋阳、上饶、耙石 4 站的设计峰、量值用各站面积进行地区综合，确定洪峰面积比指数为 0.64。界牌坝址设计洪水分别由弋阳站、梅港站按面积比指数推求，取两者平均值作为坝址设计洪水。

9.1.2.5　水位-流量关系

界牌航电枢纽初设报告水位-流量关系根据 1982 年 6 月至 1985 年 3 月共 299 次坝址处实测资料，并采用调查到的 1955 年历史洪水资料进行调查，通过斯蒂文斯法和曼宁公式等计算验证，确定水位-流量关系。本次根据建库后实测资料验证水位-流量关系复核。水位采用坝址水位站 2000—2012 年实测坝下水位资料，流量通过弋阳水文站和梅港水文站推求坝址流量。经分析，现状与设计阶段水位-流量关系吻合，仅低水头部分略有下切，经分析复核后仍采用原初步设计报告坝址水位-流量关系。

9.1.2.6　泥沙

界牌坝址集水面积与梅港站控制集水面积相当，故界牌坝址处泥沙可根据梅港水文站实测资料按面积比推求。经分析计算，界牌坝址悬移质输沙率为 65.0 kg/s，悬移质多年平均输沙量为 157.8 万 t。参考邻近地区工程和《信江流域综合规划报告》，该河段泥沙推悬比取为 0.15，则界牌坝址推移质多年平均输沙量为 23.7 万 t。

泥沙总量为悬移质输沙量和推移质输沙量之和，故界牌坝址多年平均输沙总量为 181.5 万 t。

9.1.3　工程地质

9.1.3.1　区域地质概况

信江流经本区为一沙洲（界牌洲），其河谷平缓开阔，两岸形成狭长的冲积平原，河床宽数十米至数百米，漫滩遍布。信江冲积平原由河流一级阶地（局部有二级阶地）构成，河流一级阶地在左右岸断续分布,两岸分布不对称,左岸宽、右岸窄,阶地面高程17~26 m,阶面宽300~2 000 m。此外,工程区在信江两岸均有公路干道相通(右岸为G206国道,左岸为县道、乡道),水陆交通较为便利。

区内出露地层有石炭系、二叠系、三叠—侏罗系、侏罗系、第三系、第四系及燕山期岩浆岩岩体。

地下水类型主要为基岩裂隙性潜水和松散介质类孔隙性潜水,局部夹构造承压水。水化学类型一般为低矿化重碳酸钙型水。

工程区域位于扬子准地台(一级构造单元)、江南台隆(二级构造单元)、萍(乡)乐(平)台陷(三级构造单元)之上饶凹陷信江复向斜的西翼。

据《中国地震动参数区划图》(GB 18306—2015)判别,工程区地震动峰值加速度为0.05g,相应地震基本烈度为Ⅵ度,基本地震动加速度反应谱特征周期值为0.35 s。

根据《水电工程区域构造稳定性勘察技术规程》(NB/T 35098—2017),区域构造稳定性分级,工程区区域构造稳定性好。

9.1.3.2 库区地质条件

由于该枢纽修建时间较早,已稳定运行数年,水库区两岸堤防已达到相应的防洪要求,且库区基本地质条件较简单,库区工程地质问题不突出。

9.1.3.3 坝址工程地质

1. 地形地貌

坝区地处信江中上游冲积平原上,地貌单元主要属河流侵蚀堆积类型,右岸处见低缓残丘分布。信江东河近南北流向通过坝区,河道顺直,河谷断面呈宽缓、对称的U形谷,河床宽200~400 m(枯期为150~200 m),河床面高程一般为10~22 m。

2. 地层岩性

坝址区主要出露地层为第三系和第四系。新生界下第三系占据了测区及周围凹陷盆地大部分,分布范围较广,面积较大,为测区及周围主要地层,而湖滨一带及河谷平原则为大片第四系覆盖,分布广泛。

3. 地质构造

坝址附近所见断层多属压性断层,由于红色砂岩泥质含量稍高,略具柔性,加之断裂本身规模较小,强度不大,因而断层两侧裂隙很少,裂隙中无充填物。断层走向多为北北东—北东向,断层多为压性,且闭合状裂隙仅在断层带附近,对工程影响较小。坝区内未发现有新构造断裂的痕迹,地壳较为稳定。

4. 水文地质条件

根据水质简分析试验成果,坝址地表水对混凝土具重碳酸型中等腐蚀性,对钢筋混凝土结构中钢筋具弱腐蚀性,对钢具弱腐蚀性;地下水对混凝土一般具酸性型强腐蚀性,对钢筋混凝土结构中钢筋具弱腐蚀性,对钢具弱腐蚀性。

5. 电阻率测试

本阶段在厂房位置地层及河水中进行了电阻率测试,测试结果:厂房部位粉质黏土电阻率取300 Ω·m,弱风化砂岩电阻率取50 Ω·m,河水电阻率取82 Ω·m。

6. 岩体质量

由 RQD 统计资料可以看出,工程区按照风化区间来看,由于全风化砂岩呈土柱砂土结合状,可不做 RQD 统计;强风化砂岩岩芯基本呈碎块状,局部短柱状,岩石质量极差;弱风化砂岩岩芯大部分呈长柱状,岩石质量较好;微风化砂岩岩芯基本呈长柱状,RQD 均值可达 92.83,岩石质量好。

从建筑物部位来看,上游引航道和下游引航道基岩岩石质量较好,上游导航墙、上游靠船墩、下游导航墙、闸室和厂房部位基岩岩石质量较差,上闸首、下闸首和下游靠船墩岩石质量差。

9.1.3.4 枢纽建筑物工程地质

1. 通航建筑物

1) 上游引航道

根据地基岩层情况,建议上游引航道主、辅导航墙及靠船墩采用天然地基或桩基础,若采用天然地基,则建议基础底面位于弱风化砂岩或微风化砂岩之上,承载力和变形均可以满足建筑物要求;若采用桩基础,建议采用灌注桩方案,并以弱风化或微风化基岩作为桩端持力层。

2) 闸首及闸室

考虑到闸首及闸室对地基变形和刚度的要求,建议设计采用岩基方案,利用弱风化或微风化砂岩作为持力层,并用素混凝土回填至设计底板。若采用岩基方案,基坑开挖后形成高边坡,边坡岩性上部为素填土、回填砂砾石,下部为全-强风化基岩。在外江高水头作用下,边坡容易失稳,特别是透水性强的回填砂砾石。

建议在基坑开挖时,与厂房开挖同步,将表层的素填土和回填砂砾石清除,再加以放坡或支护,以防止产生渗透稳定、抗滑稳定等边坡稳定问题。

3) 下游引航道

根据地基岩性情况,建议下游引航道主、辅导航墙及靠船墩采用天然地基,基础可置于弱风化砂岩之中,并深入一定深度,弱风化砂岩强度和变形可满足设计要求。

建议在基坑开挖时,将表层的素填土层清除,再加以放坡或支护,并采取一定的防渗措施,以防止产生渗透稳定和抗滑稳定等边坡稳定问题。

2. 发电厂房

新建厂房建基面最低底板高程 5.93 m,均处于弱风化或微风化砂岩之中。弱风化或微风化砂岩岩体较完整,弱风化基岩 $f_k = 0.5 \sim 0.8$ MPa,地基承载力较高,可满足厂房基础要求。

厂房基础若采用弱风化岩作为基础持力层,将开挖至高程 5.93 m,将形成深 25.0~30.0 m 的深基坑,基坑岩性主要有素填土、回填砂、全-强风化层、弱风化砂岩等。素填土和回填砂填筑不均一,结构差,抗剪强度低,对边坡稳定影响大;回填砂砾石层属中等-强透水层,在高水头作用下,容易产生渗流而导致边坡失稳。

由于人工填土层对工程影响大,但分布范围有限,建议全部挖除。基坑周边做好防水降水措施,防止因渗流产生边坡失稳。

3. 围堰

围堰堰基可采用天然地基,主要坐落在第四系冲积层中细砂、砂卵砾石或弱风化砂岩等之上,地基承载力满足要求;堰基覆盖层为中等-强透水性,渗漏及渗透稳定问题较突出,须做防渗处理,建议防渗线起点部位与堤身相连,终点位置与横向围堰相连,防渗底板参考闸基防渗,建议以相对隔水层作为防渗依托,进入 $q \leqslant 5$ Lu 线以下 1~2 m 为宜;由于下游靠船墩和导航墙基坑位置离围堰较远,故抗滑稳定性问题不突出。

4. 鱼道

鱼道进口段设计底面高程为 15.00 m,由于进口段紧邻 厂房,设计采用与厂房一同开挖至弱风化基面,再回填素混凝土至设计底面高程的方案。弱风化砂岩的强度、承载力等均满足要求。与厂房共用基坑的,基坑边坡的稳定性评价可参见厂房基坑。

5. 管理房

管理区场地平缓、开阔,地层较稳定,表层为现船闸修建时回填而成,人工填土厚度一般为 4.2~6.9 m,局部可达 20.4 m,下伏基岩为弱风化砂岩,岩层稳定,场区附近无区域地质构造通过,场地稳定性好。

地层结构自上而下分别为素填土、回填砂、全-强风化砂岩、弱风化砂岩,地层结构稳定。无崩塌、泥石流等不良地质现象,场地适宜修建枢纽管理区。

管理区场地现状地面高约 31.0 m,管理区用房多为 1~2 层,但办公大楼为 5 层,现状场地上部的人工填土承载力、压缩性不能满足管理区用房要求。其中,办公大楼、管理楼、泵站和变电所部位人工填土厚度一般为 4.2~5.7 m,建议清除,采用天然地基,选择下伏弱风化砂岩作为基础持力层,可满足办公大楼承载力和变形要求,或者采用灌注桩处理,桩端置于弱风化砂岩之上,也可满足设计要求;鱼池等建筑物部位人工填土厚度较大,可达 20.4 m,但考虑鱼池等建筑物对地基承载力要求不高,可选择填土作为天然地基,但应采用筏板基础,验算建筑物整体变形和沉降。

9.1.3.5 天然建筑材料

根据设计要求,本工程天然建筑材料设计需求量为:块石填筑料 12.1 万 m^3,混凝土骨料 25 万 m^3,土坝填筑土料 0.99 万 m^3。

本阶段对天然建筑材料进行调查,调查发现工程区及附近石料、土料等天然建筑材料较缺乏,可利用的土料和石料场距离本项目均较远,交通运输成本较高。另外,本区砂砾料储量丰富,但均存在征地和禁采的问题,考虑到本项目土料、石料需求量均不大,可考虑外购土料和石料。此外,本项目离鹰潭市区较近,附近商品混凝土较多,也可选择使用。

9.1.4 工程任务及规模

界牌航电枢纽为信江航运工程的第一个梯级,是以航运为主,兼有发电、灌溉等功能的水利枢纽。界牌枢纽船闸改建工程包括改建Ⅲ级船闸 1 座、增设电站 1 座、增设鱼道 1 座。

9.1.4.1 水库及库区航

道界牌枢纽设计正常蓄水位 26 m,相应库容 9 700 万 m^3,水库面积 18.45 km^2,可渠化界牌—贵溪流口段航道,使其达到Ⅲ级航道的通航水深。由于界牌枢纽库区防护工程、移民搬迁工程未完成,界牌枢纽目前蓄水位为 24. 0 m,可回水至红卫坝枢纽。本工程仅对现有船闸进行改建,不改变原枢纽的特征水位,因此不会影响现有库区航道。

9. 1. 4. 2 **通航建筑物规模**

本工程上、下游航道为Ⅲ级航道,要求通过千吨级船舶,根据《船闸总体设计规范》(JTJ 305—2001),船闸级别为Ⅲ级。确定新建界牌船闸有效尺度采用 180 m×23 m×4. 5 m(长×宽×门槛水深),其通过能力能够满足设计水平年的运量预测结果。

9. 1. 4. 3 **综合利用要求**

《信江流域综合规划报告》指出,信江干流开发任务为:干流贵溪以下以航运开发为主,中上游的开发任务包括防洪、发电、灌溉、航运等。

本工程上、下游航道为Ⅲ级航道,要求通过千吨级船舶,根据《船闸总体设计规范》(JTJ 305—2001),船闸级别为Ⅲ级。因界牌枢纽设计正常蓄水位 26 m,实际运行为 24 m,下游正在建设的八字嘴梯级规划正常蓄水位为 19 m,实际设计为 18 m,使得界牌现有船闸上、下游门槛水深均不能达到Ⅲ级船闸标准,需进行改造,改建的界牌船闸有效尺度采用 180 m×23 m×4. 5 m(长×宽×门槛水深),其通过能力能够满足设计水平年的运量预测结果。

根据环保部门的要求,在靠近电站河侧建设 1 座鱼道,以电站下泄水流起到诱鱼措施,解决鱼类上溯问题。

为满足生态、诱鱼及河段通航要求,拟结合船闸改造工程,在界牌枢纽右岸靠近船闸河侧新设 1 座生态电站下泄生态流量,满足下游生态及航道通航用水要求,同时作为补偿,解决原有电站在小流量运行工况下效率低的问题。

9. 1. 4. 4 **航运发展要求**

根据《全国内河航道与港口布局规划》(国家发展改革委和交通运输部,2007 年)、《江西省内河航运发展规划》(江西省交通厅 2006 年 4 月),规划信江干流贵溪以下航段为Ⅲ级航道,因此本工程建设的标准为Ⅲ级航道标准。

9. 1. 4. 5 **水利动能**

界牌枢纽由于库区淹没问题,现状运行正常蓄水位为 24. 0 m,比原设计的 26. 0 m 降低了 2. 0 m,导致现状枢纽电站无法按照设计工况运行,效率低下,电站机组经过技术改造后单机最小出力条件下下泄流量达到约 80 m^3/s,不能满足河段生态流量下泄要求。本次界牌船闸改造工程中环保部门提出必须建设鱼道等环保设施,需要提出相应下泄诱鱼流量的措施。现状界牌枢纽被界牌洲分为左、右两支,船闸及主航道在右支,电站在左支,电站发电下泄流量要绕过界牌洲才能进入主航道,致使右支的船闸及航道通航流量不足,同时下游拟建的八字嘴枢纽正常蓄水位为 18. 0 m,低于原规划方案 19. 0 m,为满足本河段整体达到三级航道标准,使上下游梯级水位完全衔接,根据界牌下游局部航道条件,需要界牌枢纽通过一定的技术手段在右支航道侧下泄一定的航运流量。为满足生态、诱鱼及河段通航要求,拟结合船闸改造总体布置在界牌枢纽右岸靠近船闸侧新设 1 座小电站下泄生态流量,满足下游生态及航道通航用水要求是必要的,同时作为补偿,解决原有电站在小流量运行工况下效率低的问题。

电站机组选型时,单机满发流量满足生态流量要求,即单机下泄 44.3 m^3/s 时能保证机组处于高效区运行,安装台数不少于 2 台(1 台备用),结合上下游相应水位、电站水头变化情况,电站装机规模为 2×2 000 W(2 台机组)。界牌电站现状多年平均发电量为 5 040 万 kW · h,新设右岸电站后,考虑下游水位抬高的影响,左岸电站多年平均发电量为 2 914 万 kW · h,右岸新设电站多年平均发电量为 2 288 万 kW · h,比原有电量新增 163 万 kW · h。

9.1.5　工程布置与建筑物

9.1.5.1　工程等别

界牌航电枢纽原设计为Ⅲ等工程,船闸闸首闸室按 2 级建筑物设计,泄水闸、溢流坝、平板坝、电站、土坝按 3 级建筑物设计。改建界牌船闸为Ⅲ级船闸,主要建筑物按照 2 级设计,次要建筑物按照 3 级设计,临时建筑物按照 4 级设计。新建电站、鱼道、挡水建筑物等主要建筑物按照 3 级建筑物设计,次要建筑物按照 4 级设计。

9.1.5.2　设计标准

枢纽永久性挡水和泄水建筑物按 50 年一遇洪水设计、300 年一遇洪水校核;厂房和船闸作为挡水建筑物的一部分,其设计和校核洪水标准与挡水建筑物相同。

9.1.5.3　枢纽总体布置

船闸在原有船闸上通过改建而成,其中心线较原船闸轴线向河侧偏移 22.7 m,新建船闸考虑通航 1 000 t 级船舶,上闸首与原船闸上闸首齐平,为枢纽挡水建筑物的组成部分。船闸船舶进、出闸方式采用曲线进闸、直线出闸的过闸方式。船闸由上、下闸首及闸室,上、下游引航道,上、下游远调站及锚地等组成。船闸有效尺度为 180 m×23 m×4.5 m(有效长度×有效宽度×门槛水深)。导航调顺段长 162 m,为 $y=x/6$ 的直线。停泊段长 240 m,靠船墩布置在河侧,兼作分水墙的一部分。船闸直线段总长为 1 365 m。上、下游引航道底宽为 55 m,满足设计船型停泊及进出闸的使用要求。上游引航道可直接与库区主航道衔接,下游引航道可通过弯曲半径为 800 m 的圆弧与主航道顺接。坝顶交通桥从上闸首上游跨过,连接坝顶与右岸交通。

另外,结合船闸改造总体布置在界牌枢纽右岸靠近船闸河侧新设 1 座生态电站下泄生态流量,满足下游生态及航道通航用水要求,同时作为补偿,解决原有电站在小流量运行工况下效率低的问题。新增电站布置于信江右岸沙洲之上,左侧与土坝连接坝段相连,右侧紧接船闸。厂房前缘总长 43.22 m(桩号 0-000.02~0-043.24),其中主机间长 27.70 m,安装间长 15.50 m,安装间布置于主机间左侧,安装场高程 37.50 m。主机间共布置 2 台单机容量 2 MW 的贯流式水轮机发电机组,总装机容量 4 MW。副厂房由主机间下游副厂房和安装间下游副厂房组成。根据枢纽布置特点,电站厂房采用水平进厂方式。由坝顶公路接进厂公路可直接进入安装间,厂区地面高程 32.3 m,厂区设置足够通道,以沟通电站厂房及厂区各个部位。

在靠近电站河侧建设 1 座鱼道，以电站下泄水流起到诱鱼措施，解决鱼类上溯问题。鱼道布置于右岸新建电站河侧，采用隔板式，进口位于电站尾水下方，以电站发电尾水、人工制造滴水声音起到诱鱼、集鱼作用，通过几个弯折线路布置鱼道。设 1 个鱼道进口，高程为 16.5 m，设 1 个鱼道出口，出口高程为 22.5 m。鱼道宽 3 m，池室长度为 4 m。鱼道范围全程设置铁丝网，形成封闭区域，并在附近设置安全警示标牌，一是鱼道内水流流速较大，不慎入水十分危险；二是禁止附近居民捕捞鱼类，保护鱼类的顺利上溯。鱼道进、出口各设置 1 道检修门，在穿越枢纽挡水建筑物处设置防洪闸门；鱼道线路基本绕开电站厂区，对电站建成后的运行影响较小。

在原枢纽管理区征地红线内新建船闸管理区。建筑单体包括办公楼、泵站、门卫、围墙等单体。同时布置渔业增殖站，设置管理楼、育苗间及鱼池等。

9.1.5.4 挡、泄水建筑物工程

1. 厂房与泄水闸之间连接坝段

厂房与泄水闸之间连接坝段前缘总长 34.76 m，鱼道从中间穿过，将其分为两段，分别长 14 m 和 20.76 m。如果采用土坝，则长度太短，不好碾压且上、下游占地较宽，因此选择重力坝形式。坝基落在弱风化岩基上，坝顶高程 37.266～39.270 m，坡度 5.31%，坝顶宽度 10 m，坝顶直接作为交通公路。

2. 船闸右岸连接坝段

船闸右岸连接坝段原为黏土心墙分区坝，船闸基础开挖后，须将原连接坝段恢复。坝体采用黏土心墙作防渗体，心墙与砂砾开挖料之间设 1 m 厚反滤层。坝顶高程为 34.0 m，土坝坝顶长 62 m。考虑交通要求，土坝坝顶宽取 9.0 m，行车道宽取 7.0 m，上、下游坡比均为 1∶2。上、下游护坡采用 40 cm 厚浆砌石护坡，并设 20 cm 厚混合反滤层。坝上、下游侧均设浆砌石护脚，底宽 1.0 m，顶宽 3 m，深 1.0 m，边坡 1∶1。

9.1.5.5 通航建筑物工程

改建的界牌船闸有效尺度采用 180 m×23 m×4.5 m（长×宽×门槛水深）。输水系统采用短廊道集中输水系统形式，上闸首段廊道进水口采用顶面进水方式，顶面进水孔尺寸为中间稍大、两侧略小的布置，廊道尺度为（2～5.5）m×3.4 m（宽×高）。两侧短廊道进入闸室后以连接廊道相连，在连接廊道两侧设侧向出水口，出水口外下游侧设两道明沟消能，上游侧设一道消能明沟，同时利用帷墙正面出水，闸室出水段长度为 20m。下闸首采用侧面进水，进水口尺寸为（2～5.5）m×3.4 m（宽×高），廊道出口宽度增大为 6.0m，并在出口廊道内设隔流墩，出水口外设消力槛消能。

上闸首采用人字工作闸门，整体坞式结构，平面尺寸 44.4 m×29.5 m（垂直流向×顺水流向），墙高 27.7 m，边墩顶高程 34.0 m，底高程 6.3 m，门槛高程 18.8 m。输水系统上闸首进水口采用顶支孔进水的方式，考虑到水流要求均匀分布，进口避免产生漩涡，因此顶面进水孔尺寸为中间稍大、两侧略小的布置。两侧短廊道进入闸室后以连接廊道相连，在连接廊道两侧设侧向出水口，出水口外下游侧设两道明沟消能，上游侧设一道消能明沟，同时利用帷墙正面出水，闸室出水段长度为 20 m。

下闸首采用人字工作闸门，整体坞式结构，平面尺寸为 43.4 m×32.2 m（垂直流向×顺

水流向),墙高23.6 m,边墩顶高程32.0 m,底高程8.4 m,门槛高程13.0 m。输水系统采用侧面进水,并在出口廊道内设隔流墩,出水口外设消力槛消能。

闸墙长度为180 m,闸室净宽23 m。上闸首侧第一结构段采用坞式结构,长度为20 m,上游侧底宽44.4 m,下游侧底宽30.2 m;其余结构段采用整体坞式结构,底宽30.2 m;底板厚3.5 m,边墙底部厚3.5 m,底板顶高程13.0 m,结构段长度均为16.0 m。

上游主导航墙采用重力式结构,顶高程31.5 m,底板底高程17.6 m,挡墙顶宽2.0 m,底板宽4.4 m,底板厚1.5 m。

上游辅导航墙采用梯形重力式结构,顶高程31.5 m,底板底高程17.6 m,挡墙顶宽2.0 m,底板宽10.0 m,底板厚1.5 m。

下游主导航墙在岩面较低处,采用重力式结构方案,顶高程31.3 m,底板底高程11.8 m,挡墙顶宽2.0 m,底板宽10.0 m,底板厚1.5 m;部分区域岩面较高,采用上部重力式+下部衬砌式结构,上部重力式结构采用梯形断面,顶高程31.3 m,底高程21.0 m,顶宽2.0 m,底宽6.0 m;下部衬砌式结构顶高程21.0 m,底高程11.8 m,前趾埋入引航道底高程下1.5 m。前趾宽2.0 m。

下游辅导航墙采用上部重力式+下部衬砌式结构,上部重力式结构采用梯形断面,顶高程31.3 m,底高程21.0 m,顶宽2.0 m,底宽8.0 m;下部衬砌式结构顶高程21.0 m,底高程11.8 m,前趾埋入引航道底高程下1.5 m。前趾宽2.0 m。

上、下游靠船墩和分水墙采用重力墩式结构,相邻墩台间距20 m,上游靠船墩墩顶顶宽4 m×3 m(长×宽),墩底承台7.5 m×6 m×2 m(长×宽×高),下游靠船墩墩顶顶宽4 m×3 m(长×宽),墩底承台9.5 m×6 m×2 m(长×宽×高)。为满足引航道内水流条件要求,墩与墩之间用1.0 m宽钢筋混凝土挂板(顶部兼作人行桥)相连。

护坡采用混凝土护坡,引航道护坦采用钢筋混凝土护坦。

9.1.5.6 电站厂房与开关站

发电厂房布置于枢纽右岸沙洲上,为河床式厂房,右侧紧接新建船闸,左侧与重力坝连接坝段相接。厂房前缘总长43.22 m(桩号0-000.02~0-043.24),其中主机间长27.70 m,安装间长15.50 m,安装间布置于主机间左侧,安装场高程37.50 m。主机间共布置2台单机容量2 MW的贯流式水轮机发电机组,总装机容量4 MW。副厂房由主机间下游副厂房和安装间下游副厂房组成。

厂房进水渠与原河床平顺连接,进水渠渠底高程21.0 m,比河床及水闸堰顶高程高约5.0 m,故进口不设置拦沙坎。进水渠末端以1:3的坡度与流道进口相接。进水渠护坦采用混凝土护砌。进水渠左侧边坡坡比1:2.5,采用C20混凝土护坡。

在沙洲下游开挖尾水渠,从流道出口以1:5反坡接至渠底15.0 m高程,直线长度约105 m,末端以半径200 m的圆弧将水流平顺导入主河道。尾水渠护坦采用混凝土护砌。

厂房所处位置空间布局紧凑,需综合考虑船闸、鱼道、桥梁道路及连接坝段等建筑物的协调布置,为满足厂外交通和厂内交通的平顺衔接,厂区地面高程设计为37.50 m,进厂交通通过新建道路可水平进厂,厂区内设置回车平台。

9.1.5.7 其他建筑物

1. 鱼道

采用工程鱼道方案。鱼道主进口布置在厂房下游侧,并设置补水系统以滴水声诱鱼,鱼道沿右岸滩地从下游往上游走,垂直坝轴线穿过大坝。鱼道出口布置在坝轴线上游约 120 m 处,出口设置一单孔水流控制闸门,闸室净宽 3.0 m,高 4 m,底板顶高程 22.5 m,采用重力式 C25 混凝土坞式结构。鱼道槽身断面底宽 3 m,两侧边墙高 3.3 m。鱼道隔板采用横隔板竖缝式。鱼道挡洪闸为带竖井的暗涵结构,闸室净宽 3 m,高 3.3 m,底板厚 1.5 m,采用重力式 C20 混凝土整体式结构,墙顶宽 6 m。闸底板顶高程 21.74 m,顺水流方向长 11.4 m。

2. 桥梁工程

界牌航电枢纽位于江西省鹰潭市余江区中童镇徐杨村与贵溪市鸿塘镇交界处的信江干流,改建船闸后,需对原界牌枢纽公路桥进行改建,改建方案为拆除水闸门库附近三跨的旧桥,新建桥梁连接旧桥和土坝,新建桥梁跨径组合为(3×14.5+18)m+重力坝段+(36+30+36)m,其中 14.5 m 跨为普通混凝土简支 T 形梁桥,其余为预应力混凝土简支 T 形梁桥。0#、1#墩利用原桥墩,4#、5#墩利用重力坝预设槽口的方式,跨船闸段采用 L 形盖梁柱式墩,连接土坝采用重力式桥台。

3. 渔类增殖放流站

鱼类增殖放流站包括亲鱼池、保种池、循环温流水产孵化池、苗种池、育苗车间、生产生活用房,以及供能设施、饲料加工设备道路等辅助设施。鱼苗孵化采用成熟的环道式孵化技术。建设期为 2 年。鱼类增殖放流站由建设单位负责运行管理,环保部门和渔业部门给予监督指导。

1)育苗车间

建设一个先进的家鱼工厂化育苗车间,具体情况和要求为:以家鱼为繁育对象,进行人工孵化、早期鱼苗培育。车间面积为 530.88 m^2(33.6 m×15.8 m)。车间内布置环道孵化系统一组,苗种培育系统一组。另设源水系统(如需要)、增氧系统、加温系统、水质自动检测系统各一套。

育苗车间占地面积 530.88 m^2,建筑面积 530.88 m^2,为单层车间,内设实验室、育苗间、仓库及卫生间,平面布局简洁,功能完善。

立面设计既要有自身鲜明的个性,又要与周围环境、建筑相协调,力求与周围环境取得平衡,在立面处理上既运用其他建筑物设计元素,又突出建筑自身的个性特征,同时运用色彩的搭配使整个建筑物的立面造型力求庄严、简洁、挺拔且线条流畅。

通过利用建筑物本身的体型,部分结构外露,主色调利用白色,并配以灰色等原色,使建筑物大面积的白色外墙中有了精彩的变化,吸引了人们的视线,外墙通过凹凸的变化、各种材料的运用,突出育苗车间与基地内其他建筑的协调性。

2)管理楼

本项目设计全面贯彻国家的有关政策和法令,严格执行各项有关设计规范和规程,尽量满足建设单位的要求,结合国情和实际条件,因地制宜,精心设计,严把质量关,力求使本项目功能明确、环境舒适、美感大方、协调和谐、经济合理,设计中尽量采用新技术、新材料、新设备、新工艺,节电、节水、节能。结构为混合结构,建筑防火类别二类,耐火等级二级,屋面防水等级二级。

3)鱼池及泵房的建设

增殖站建设鱼池约 2 000 m^2,设净化池、亲鱼池和育苗池,其中净化池约 500 m^2,亲鱼池及育苗池约 1 500 m^2。育鱼苗池、孵化池水深为 1.0~1.5 m。鱼种池一般要求水深 1.5~2.0 m。

目前,界牌枢纽涉及的鱼类主要有鲤、鲫、草鱼、青鱼、鳊、鲢、鳡等,其中产卵需流水刺激的鱼类受工程影响较大,包括草鱼、青鱼、鲢鱼、鳙鱼等。故建议增殖放流对象以鲢、鳙、草、青“四大家鱼”为主,同时适当投放底栖动物,改善水质,增加底栖鱼类饵料。此后根据监测情况做适当调整。

9.1.6　机电与金属结构

9.1.6.1　水力机械

根据电站的水头范围及装机规模,采用灯泡机具有运行维护费用少、流道顺直、机组效率较高、单位流量及单位转速高等优点,因此本工程采用灯泡式贯流机组。经过技术及经济比较,新建电站采用 2 台灯泡式贯流机组,单机容量为 2.0 MW,转轮直径 3.1 m,额定水头 4.0 m,额定转速 150.0 r/min。

本枢纽工程交通运输条件较好,机组运输拟以公路运输为主,重大件辅以铁路、水路运输。

电站选用双梁单小车桥式起重机 1 台,跨度为 9.5 m,起重量为 50/10 t。

电站主厂房布置 2 台灯泡式贯流机组,从右至左排列为 1#、2#机组。厂房结构为单层结构,即仅设置发电运行层。发电运行层下方,每台机组的左、右两侧分别设置电缆廊道和管道廊道各 1 条(均为宽 1.5 m、高 2.0 m),分别布置电缆及油、气、水等管道。管道廊道上面的发电运行层相应位置布置调速器、油压装置。

副厂房按其所在位置可分为尾水副厂房和安装场副厂房。与主厂房下游侧邻接的尾水副厂房共 4 层,底层为水机副厂房,布置空压机室、机组检修水泵室、机组技术供水和消防供水泵室、厂房渗漏排水泵室,以及气、水管道等。高位水箱则布置在左端副厂房屋顶,以供消防初期的灭火水量和平时的厂房生活用水。

安装场上游侧的副厂房为二层,分别为机修车间、厂房通风系统的送风机室和透平油库。

机组轴承循环油系统的高位油箱布置在主厂房下游侧副厂房;机组轴承循环油系统的回油箱(液压泵站)、调速系统的漏油箱、流道检修排水阀、水力量测系统的仪表仪器则布置在水轮机竖井内。

9.1.6.2　电气

1.船闸电气

船闸电气包括改建船闸和渔业增殖站的供配电系统、照明、防雷、接地工程设计。

主要用电负荷包括船闸启闭机、控制系统、消防系统、室外照明、渔类增殖放流站管理楼、育苗间、渔业设备，以及各建筑物的照明、插座、空调、热水器等，其中船闸启闭机、消防系统、控制系统、船闸室外照明等负荷为一级负荷，其余为三级负荷。

船闸和渔业增殖站不建变电所，电源依托电厂厂用变电所和管理区变电所。低压出线接线方式主要采用放射式。

电气设备均选择节能型。0.4 kV 侧选用抽屉式低压配电柜，进线配置框架开关，出线配置塑壳开关；启闭机房内的动力柜选用固定式低压配电柜；启闭机泵站电机采用软启动方式，软启动器安装在现场低压配电柜内。

室外主要采用路灯照明，考虑检修及节能，路灯采用中间折弯式钢质喷塑灯杆，配置大功率 LED 灯具。

船闸控制系统包括船闸控制系统、信息管理系统和工业电视监视系统。其中，船闸自动控制系统内容包括船闸自动控制系统、船闸照明控制、船闸火灾报警系统、消防炮的控制。

2. 电站电气

为了满足下游航运及生态基流的要求，充分利用水能资源，改造原有船闸建筑物，在右支泄水闸与船闸之间的小洲上新建一座河床式电站。

界牌新电站装机 2 台，单机容量 2 MW，电站总装机容量为 4 MW。根据《界牌枢纽船闸改建工程工程可行性研究报告》及发改委的批复，结合电站建成后界牌新、旧电站机组的运行工况，考虑在界牌新电站设两段 6.3 kV 母线，每段母线各与一台发电机相接，每段母线通过一回 6.3 kV 高压电缆分别接入界牌旧电站的 6.3 kV Ⅰ段、Ⅱ段母线，通过界牌旧电站的变压器由 6.3 kV 升至 110 kV 后，按原线路将电能送出。

电站按照“无人值班（少人值守）”原则进行设计，采用计算机监控方式，对电站各主要机电设备的运行状态进行全面监视及控制，并具有系统调度要求参与电网控制的相关功能。计算机监控系统主干网采用分层分布开放式结构的以太网，主干网络采用星型以太网结构，通信规约采用标准的 TCP/IP，设置中央控制级和现地控制级，电站设置中央控制室，并设置现地手动操作作为调试和检修所必需的控制设备。

电站主要电气设备（发电机、厂用变压器、外来电源线路、馈线等）的继电保护全部采用微机型继电保护装置实现其保护功能，且每套保护均配置完整的主保护及后备保护，反映被保护设备的各种故障及异常状态，并能动作与跳闸或给出信号。发电机微机保护屏置于机旁，厂用变压器、外来电源线路、馈线微机型保护装置装于高压开关柜上。

9.1.6.3 金属结构

1. 船闸金属结构及启闭机械

船闸自上游至下游依次布置有上闸首检修闸门、上闸首工作闸门、下闸首工作闸门、下闸首检修闸门。闸首充泄水廊道内布置工作阀门，闸室内设有浮式系船柱，相应设置操作控制各种闸阀门的启闭机械。整个船闸设置各类闸门 10 扇、浮式系船柱 22 个、液压启闭机 8 套。

工作闸门采用人字闸门，检修闸门采用露顶式平面叠梁门，工作阀门采用潜孔式平面阀门。

工作闸门启闭机采用液压直推式液压启闭机，工作阀门启闭机采用立式液压直推式启闭机。检修闸门不设置固定启闭机，船闸大修时临时租用汽车吊。

2. 鱼道金属结构及启闭机械

鱼道防洪门采用潜孔平板定轮工作门。进、出口检修门采用露顶式平面滑动门。检修闸门配置手拉葫芦进行静水启闭。防洪门配置手电两用螺杆式启闭机。

3. 电站金属结构及启闭机械

发电厂房增设于枢纽右侧，位于鱼道与新建船闸之间，每台机组均设有独立的进水口和尾水道。发电厂房系统金属结构设备根据机组特点布置设计，厂房顺水流方向依次设置进口拦污栅及其启闭和清污设备、进口检修闸门及其启闭设备、尾水事故检修闸门及其启闭设备。发电厂房系统金属结构设备共设置拦污栅 2 扇、栅槽埋件 2 套、闸门 3 扇、门槽埋件 4 套、双向门机 1 台(套)、固定卷扬机 2 台(套)，金属结构设备工程量约 497 t。门叶主要材料 Q235B，防腐采用喷砂除锈喷锌加涂料的复合保护系统。

厂房进口设置一道垂直活动拦污栅，2 孔设 2 扇，孔口尺寸 6.3 m×11.0 m，拦污栅按 4.0 m 水位差设计。拦污栅操作条件为静水整栅启闭，分节出槽，操作水位差 $\Delta H \leqslant 1$ m，由进水口 1 台 2×400 kN 双向门机配自动抓梁提栅，拦污栅清污由门机配清污耙斗和清污抓斗进行。厂房进口检修闸门选用平面滑动钢闸门，孔口尺寸 6.3 m×8.1 m，设计水头为 15.07 m。检修闸门静水启闭，闸门与厂房进口拦污栅共用 1 台 2×400 kN 双向门机配液压自动抓梁操作。尾水出口设事故闸门，采用双向支承的平面滑动定轮钢闸门，2 孔设 2 扇，孔口尺寸 6.45 m×5.36 m，挡水水头 10.48 m。正常检修时机组先关闭导叶，闸门静水闭门，事故工况可动水闭门，检修后为静水启门，利用门顶充水阀充水平压，启门水头≤1 m，闸门整扇启闭，由 2×250 kN 固定卷扬式启闭机操作。

9.1.6.4　采暖通风

根据本工程所处地理位置及气象参数，电站处于采暖过渡区内，故不考虑集中采暖方案。考虑到本电站夏季气候炎热，且厂房为河床式，厂房上、下游设计洪水位均比较高，主厂房为挡水建筑物的一部分，厂内通风环境均较差，难以自然通风。为改善厂内通风条件，对地面以下各部位拟采用机械送风为主、机械排风与局部空调相结合的方式。

厂房采用送风机集中送风的通风方式，送风机为离心风机，风机室布置在安装场上游侧副厂房内，发电运行层上游侧设置送风道及送风口，各副厂房设置排风机，室外新风由百叶进风口进入送风机室，经离心风机送入送风道，分配至主厂房，再由各副厂房的轴流排风机将室内热风排出厂外。

厂房通风系统兼顾正常通风和事故排烟。当电站发生火灾时，通过控制系统，对全厂通风系统进行工况切换，电站送、排风系统风机全部停机，以防风助火势；待火灾解除时，全厂送、排风系统风机全部投入运行，迅速将火灾烟气排出到室外。

厂房中对室内空气温度、湿度有较高要求的场所，如中控室、继电保护屏室、机旁控制屏室等特殊房间，依据其不同的要求，分别设置小型单元式恒温恒湿空调系统，或风冷式 VRV 空调系统。

考虑到春季空气湿度大,非空调房间的墙壁、设备及管路外表面会有结露现象,因此全厂设置 4 台移动式除湿机,以便于非空调房间除湿。

9.2　BIM 设计整体方案

界牌枢纽船闸改建工程包括改建Ⅲ级船闸一座、增设电站一座、鱼道一座(见图 9.2-1)。原址改建船闸规模为Ⅲ级船闸,船闸有效尺度为 180 m×23 m×4.5 m(有效长度×有效宽度×门槛水深)。导航调顺段长 162 m,停泊段长 240 m,靠船墩布置在河侧,兼作分水墙的一部分。船闸直线段总长为 1 365 m。上、下游引航道底宽为 55 m,满足设计船型停泊及进、出闸的使用要求。增设电站一座,装机容量 4 MW(2 台机组);新增鱼道一条,鱼道总长 570 m,宽 3 m,池室长度为 4 m;对原电站、泄水闸金属结构、启闭机械及大坝安全监测改造等。

工程估算总投资 88 772 万元,总工期为 30 个月。

图 9.2-1　界牌枢纽船闸改建工程鸟瞰图

9.2.1　BIM 应用目标

9.2.1.1　提升设计质量

BIM 技术在本项目的应用主要在初步设计及施工图设计阶段,涵盖测绘专业、地质专业、港航专业、厂房专业、施工专业、电气专业、金结专业、水机专业、建筑专业和景观专业等多个专业,力求以 BIM 技术解决传统二维设计难以实现的设计质量问题。

9.2.1.2　提高设计效率

在 Bentley 平台上建立三维元件库、进行软件二次开发、制定种子文件等,来提高建模效率;借助 BIM 模型快速生成不同位置、任意数量的详图及各类报表,将原本需要大量人工参与的简单重复工作交由电脑完成,让工程人员有更多的时间专注于方案的研究,而不是耗费大量精力去关注图纸的描绘,帮助提高施工深化设计精度、工作效率和施工方案科技含量。

9.2.1.3 进入生产实际应用

将BIM模型进行深化设计,将BIM的二维设计成果形成二维深化施工图,指导现场施工。

9.2.1.4 建立BIM设计标准

根据BIM设计特点及水利工程勘察设计工作要求,探索设计流程及方式的变化,规范勘察设计内容和出图成果,编制BIM设计标准。

9.2.1.5 促进沟通协调

从多维度和信息化角度开展相关工作,使工程人员更容易领会施工方案设计意图,直观地了解各种因素的相互联系和制约关系,迅速把握关键项目控制点,分析资源配置合理性。通过本项目的应用促进水利行业信息表达和管理、建造精度、施工效率,以及项目多方协调方面的提升。

9.2.2 组织架构及分工

本工程BIM组织架构分为3个层级:BIM项目管理人员、BIM专业管理人员和BIM工程设计人员。

9.2.2.1 BIM项目管理人员

BIM项目管理人员,主要职责是制订BIM实施计划,建立并管理项目BIM团队,协调团队成员之间的工作,对BIM项目进行目标控制,审核项目的BIM交付,协助制定项目中的各类BIM应用相关标准等。

9.2.2.2 BIM专业管理人员

BIM专业管理人员包括测绘BIM专业负责人、地质BIM专业负责人、港航BIM专业负责人、厂房BIM专业负责人、施工BIM专业负责人、电气BIM专业负责人、金结BIM专业负责人、水机BIM专业负责人、建筑BIM专业负责人和景观BIM专业负责人,其主要职责为配合BIM项目经理协调本专业BIM相关工作。

9.2.2.3 BIM工程设计人员

BIM工程设计人员包括测绘专业、地质专业、港航专业、厂房专业、施工专业、电气专业、金结专业、水机专业、建筑专业和景观专业等相关部门和专业的工程设计人员,其工作内容包括三维建模、场地分析、仿真分析、碰撞检查、三维配筋、工程算量、模型出图等。

9.2.3 保障措施

9.2.3.1 标准保障

为实现后续三维协同设计标准化,基于本项目的应用经验,进一步提升制定了三本企业标准(见图9.2-2):

(1)《三维协同设计平台管理指南(V1.0)》,用于规范三维协同设计平台的目录划分、文件命名、权限管理,统一模型固化、碰撞检查、图纸剖切等设计行为,明确各专业设计人员的职责。

(2)《三维数字化设计操作指南(V1.0)》,用于规范各专业协同设计流程,提高专业间协同设计生产效率,保证产品质量。

(3)《水利水电工程三维数字化设计模型技术指南(V1.0)》,规定了水利水电工程信息模型建设的技术要求,包括信息模型的分类原则、建模范围、深度等级要求、图元属性定义,以及三维设计特征信息和编码等方面的内容。

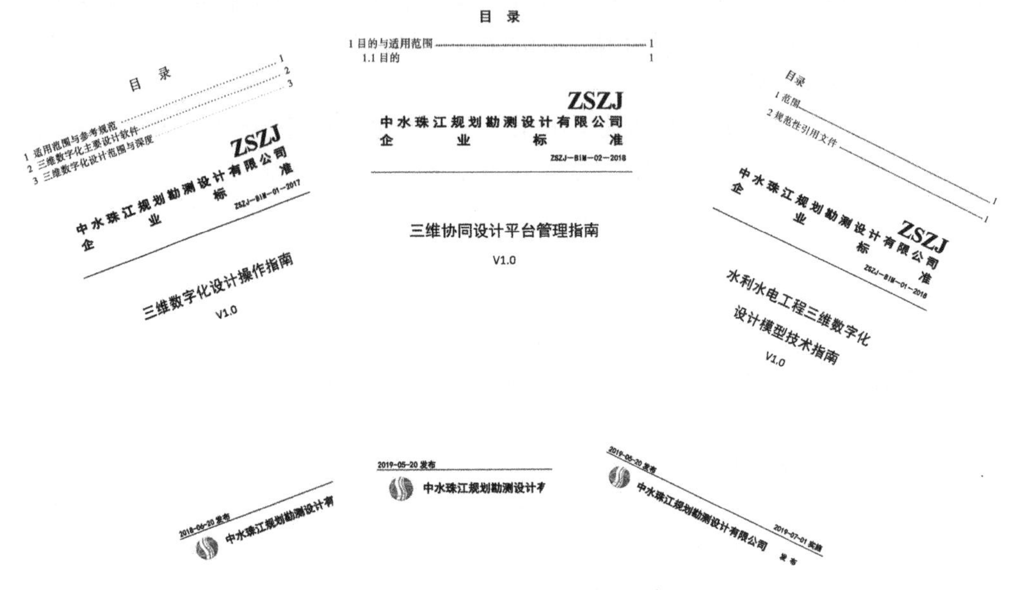

图 9.2-2　三维数字化设计企业标准

9.2.3.2　技术培训

为推动 BIM 技术在本工程中的应用,在项目前期,以工程数字技术研究院三维协同设计中心 BIM 工程师为主,对 BIM 项目全体成员进行了 BIM 技术基础培训(见图 9.2-3)、各专业深化培训等多次集中培训,使 BIM 项目全体成员均具备独立建模、应用等技术能力。

针对业主方、施工方、监理方的工作任务和工作职责,制订培训计划,并对相关内容及时答疑,以便各方人员掌握模型浏览及简单操作。培训采用面授与实际操作相结合的方式。

9.2.4　软、硬件配置

9.2.4.1　软件配置

本工程以 Bentley 系列三维设计软件为主平台,辅以金结专业软件进行三维协同设计,三维设计软件配置见表 9.2-1。

图9.2-3 项目全体成员进行BIM技术培训

表9.2-1 三维设计软件配置

专业	常用软件
测绘专业	MapStation、ContextCapture
地质专业	GeoStation
坝工专业	AECOsim Building Designer/Open Buildings Designer、Open Roads Designer、Prpsdc BIM 三维开挖辅助设计软件、Prpsdc BIM 三维枢纽辅助设计软件、ReStation
厂房结构专业	AECOsim Building Designer/Open Buildings Designer、Prpsdc BIM 三维开挖辅助设计软件、Prpsdc BIM 三维枢纽辅助设计软件、ReStation
施工专业	AECOsim Building Designer/Open Buildings Designer、Prpsdc BIM 三维开挖辅助设计软件、Prpsdc BIM 三维枢纽辅助设计软件、ReStation
建筑专业	AECOsim Building Designer/Open Buildings Designer
电气专业	Open Plant、Electrical Designer
水机专业	Open Plant Modeler、AECOsim Building Designer/Open Buildings Designer
暖通专业	AECOsim Building Designer/Open Buildings Designer
给排水专业	AECOsim Building Designer/Open Buildings Designer
金结专业	SolidWorks、AECOsim Building Designer/Open Buildings Designer
总装/可视化专业	AECOsim Buiding Designer/Open Buidings Designer、LuenRT

9.2.4.2 硬件配置

BIM 技术基于三维的工作方式,对硬件的计算能力和图形处理能力提出了较高的要求,项目组基于惠普服务器平台,为项目组成员配备了较高的硬件设施:采用 64 位 CPU 和 64 位操作系统,以发挥系统内存的最大性能;采用 32 G 的内存,能充分发挥 64 位操作系统优势,在很大程度上提升运行速度;采用 NvidiaGeForceGTX970 显卡,逼真显示三维效果,图面切换流畅,见表 9.2-2。

表 9.2-2 硬件设施

描述项	配置
操作系统	Windows10 专业版 64 位
CPU	AMDRyzen73700X8-CoreProcessor3.59 GHz
内存	32 G
显卡	NvidiaGeForceGTX970
硬盘	

9.3 BIM 技术常规应用

9.3.1 平台搭建

9.3.1.1 平台组成

协同设计平台由 Bentley ProjectWise 和 MicroStation 组成,ProjectWise 采用 C/S(客户端/服务器)架构,主要用于工程信息管理,如资料收集、成品存放等,设计人员通过公司内网登录服务器进行三维设计;经授权的工地技术人员、业主、监理、施工等参与方,通过短信验证、SSLVPN 技术相结合的方式,连接公司内网后查看权限内的资料,既保障数据安全,也为工程的全生命周期数字化管理奠定基础。MicroStation 是统一的工程信息创建平台,可查看、编辑所有专业的设计成果,提供参考、连接、打开、导入、导出等多种方式,实现不同专业、不同软件之间的数据共享。

9.3.1.2 项目分解

兼顾按专业划分、按结构分解两种方式,将项目分解为地形建模、地质建模、厂房建模及配筋、船闸建模、电缆桥架敷设等十多个子项,结果如图 9.3-1 所示。根据分解结果,ProjectWise 管理员建立工程目录,分配项目角色,设置目录操作权限。以水工专业目录为例,如表 9.3-1 所示,对于其中的文件夹、文档,项目管理者有完全控制权限,水工、总装专业设计人员有创建、读、写等权限,而其他专业的项目参与者、项目观察者只可查看文件,实现资源共享,同时防止非本专业人员随意修改、移动文件,保证数据安全。

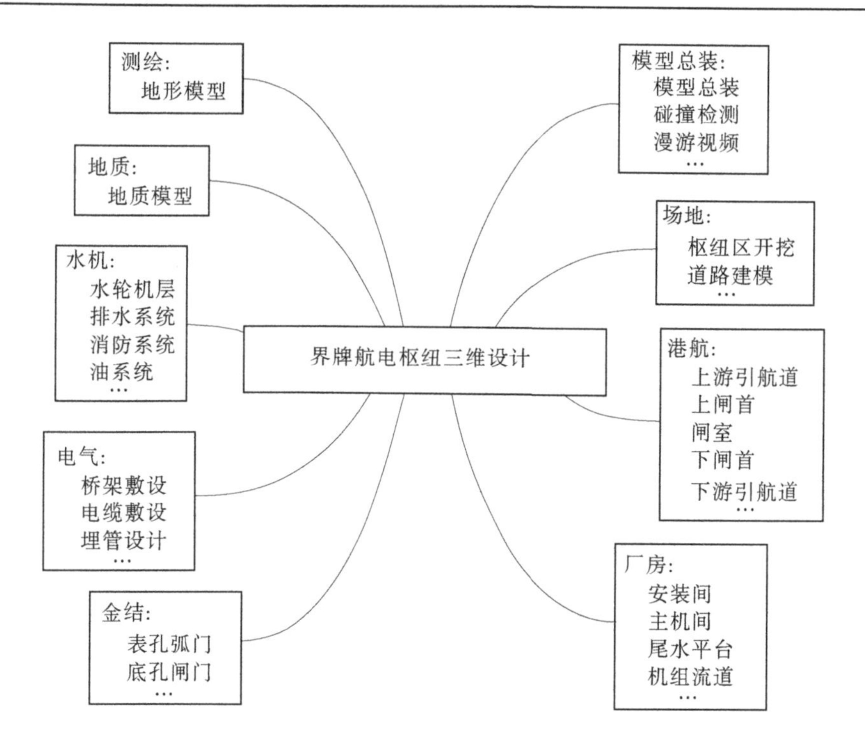

图 9.3-1 项目分解结果

表 9-3-1 水工专业数据操作权限配置

权限人员	文件夹权限					文件权限			
	完全控制	创建子文件夹	删除	读	写	完全控制	删除	读	写
总装专业		√	√	√	√		√	√	√
水工专业		√	√	√	√		√	√	√
项目参与者				√				√	
项目管理者	√	√	√	√	√	√	√	√	√
项目观察者			√					√	

9.3.1.3 统一环境

各专业采用统一的文件格式 . dgn,以便无损共享。为统一工作单位,规定各专业必须采用相应的种子文件,避免文件参考时模型比例不一致。

测绘、地质、道路和开挖模型必须在工程坐标中设计。由于离全局原点(0,0,0)越远,模型分辨率越低,规定其他专业在全局原点附近建模,保证模型精细度,避免出现锯齿。最终总装必须将所有模型移至工程坐标中,因此建模前根据主要建筑物、重要设备的控制点建立工程坐标轴网。

规定建模、出图深度须满足施工图设计阶段要求,图纸的字体、图标、图框等执行公司以往规定标准化出图。

9.3.2 模型创建

各专业协同关系大致为:①测绘成果是地质设计的基础;②港航专业基于地质、地形成果建模;③厂房、坝工等专业根据建筑物布置和三维设计策划成果进行建模,遵循“由粗到细、分步建模”的原则,优先建立建筑结构框架和主要布置格局,尽早为后续专业搭建建模基础;④金结、电气、水机等专业在建筑物框架基础上进行专业设备的建模,遵循“先设备、后管路”原则;⑤道路、开挖专业综合地形、地质、港航和厂房专业成果进行设计。

测绘专业使用 MapStation 的“地形模型”模块,如图 9.3-2 所示,利用等高线、高程点等要素创建地面模型,用卫星影像作为模型材质,获得逼真的三维地形模型。

图 9.3-2 三维地形建模

地质专业在 GeoStation 中以三维地形为基面,输入实地勘探、试验数据,得到三维地质剖面后对其进行编辑,最后获得三维地质模型(见图 9.3-3)、二维工程地质图。

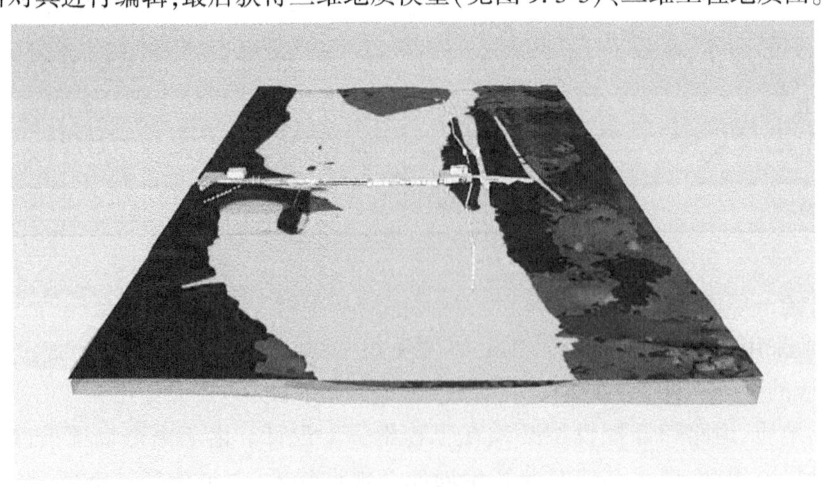

图 9.3-3 三维地质模型

港航、厂房专业使用 AECOsim Building Designer(简称 ABD)的建筑、结构、设备等模块,船闸三维模型见图 9.3-4。ABD 的数据架构以 DataGroup(类型)、Part(样式)为基础,建模时选定构件类型和型号,即指定了构件的线型、图层、材质等,并可将混凝土结构的

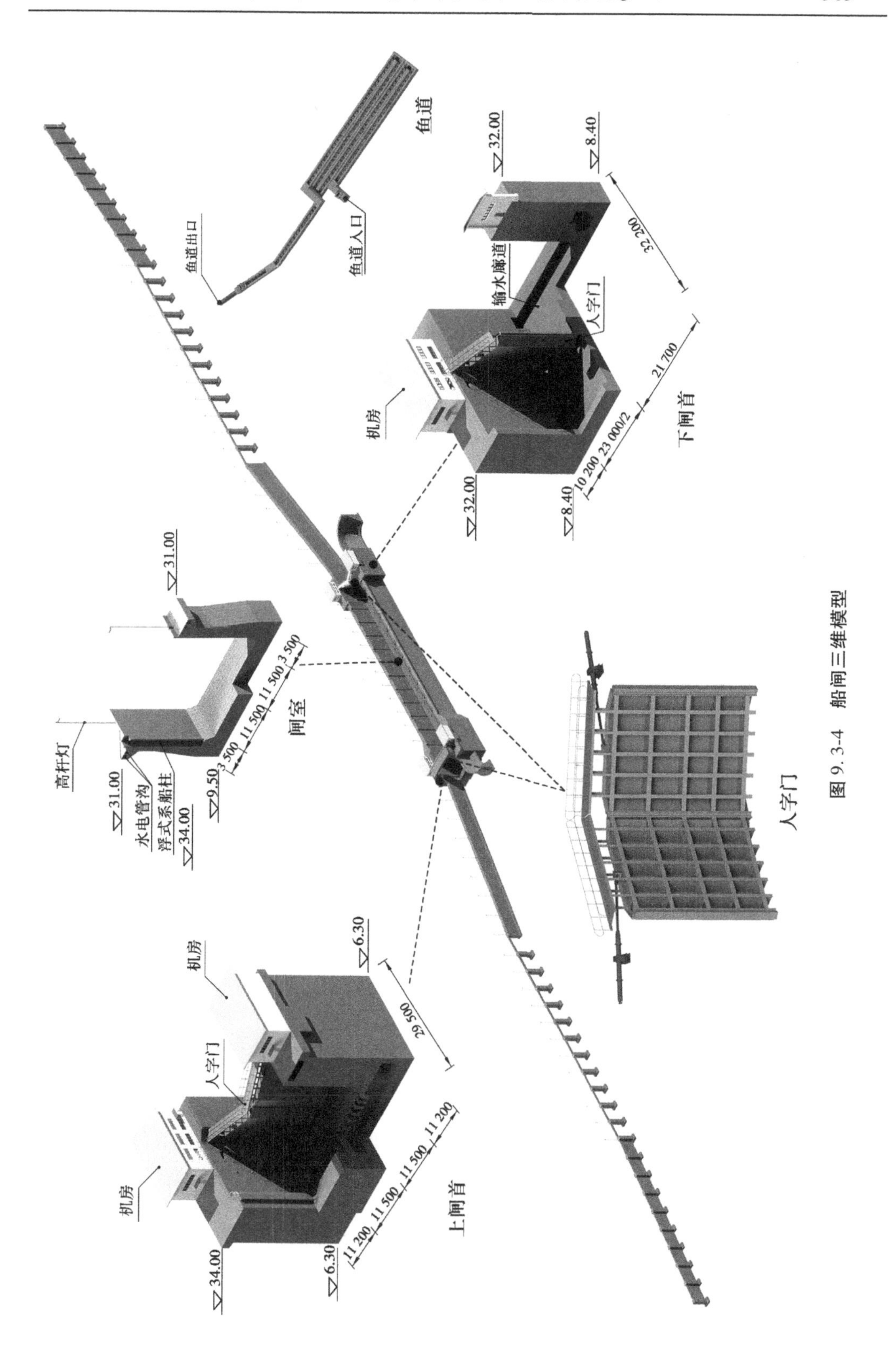
鱼道
鱼道出口
鱼道入口
▽32.00
▽8.40
32 200
输水廊道
人字门
21 700
机房
下闸首
10 200
23 000/2
▽32.00
▽8.40
▽31.00
3 500
11 500
11 500
3 500
闸室
高杆灯
▽31.00
水电管沟
浮式系船柱
▽34.00
▽9.50
人字门
机房
▽6.30
29 500
人字门
11 200
11 500
11 500
11 200
机房
上闸首
▽34.00
▽6.30

图 9.3-4　船闸三维模型

体积、重量、钢筋量等作为一个属性，输出工程量统计结果。

使用 ReStation 软件，将已有的三维结构作为配筋体，以结构表面为配筋单元进行三维配筋，模拟钢筋在现实中的布置，用有直径的多线段表示钢筋，每根钢筋由两端锚固段和中间主筋段 3 部分组成，将这 3 部分的钢筋参数(直径、形式、长度等)与设计参数匹配一致，也就完成了三维配筋。

金结专业在 SolidWorks 中建模后导出为中间文件格式(如 .x_t、.igs 等)，再导入到 .dgn 文件中。水机、电气专业分别使用 OpenPlant 和 SubStation、BRCM 等软件建模。枢纽区的开挖设计使用 GEOPAKSite，基于坝工、厂房等专业模型，提取建筑结构底边线，结合地形模型、地质界面，设计开挖模型。道路建模使用 PowerCivil，建立枢纽区建筑物之间、枢纽区与外部的交通联络。

模型总装在 ProjectWise 平台上进行，含两级总装：①专业级总装，由各专业设计人员完成本专业所有构件的初次总装；②专业间总装，基于控制点和工程坐标轴网的对应关系实现。模型总装以"参考连接"的方式实现，参考文件与总装文件为从属关系，在总装文件中不可编辑参考文件，而只能控制其显示样式，既使总装文件轻量化，又保证了各专业模型的安全。图 9.3-5 为船闸、厂房及设备的总装模型。

图 9.3-5 船闸、厂房及设备的总装模型

9.3.3 场地分析

(1)工程布置。测绘专业使用 MapStation 的"地形模型"模块，利用等高线、高程点等要素创建地面模型，用卫星影像作为模型材质，获得逼真的三维地形模型；利用三维地形模型，进行场地分析，合理布置船闸、电站厂房、鱼道、管理区等。

(2)开挖设计。本项目开挖设计采用自主研发的三维开挖辅助设计软件(PrpsdcBIM)，根据结构建基面边线快速构建三维开挖模型；提取开挖及分区土石方开挖量；统计开挖面分区常规支护工程量；绘制包含地形地质线、地下水位线、开挖线、结构线等的开挖横断面图；标注空间开挖面坡度及高程、开挖断面图坡度、高程信息，可有效提高工作效率 50%。

9.3.4 仿真分析

Bentley 软件可以与 ANSYS、ABAQUS、MIDAS 等大型有限元软件实现无缝对接。采用 Bentley 软件进行三维设计模型建模，然后一键导入 ANSYS 软件中进行有限元网格划分和计算分析；根据应力计算结果，配置各部位钢筋，再将三维模型导入水工三维配筋软件进行配筋，三维布筋完成后转化为二维图纸。通过三维设计的方式，实现一次性建模，由一套模型数据完成设计、分析和配筋的所有工作，极大简化了设计流程，体现了高效集约的设计思路。

在本工程船闸结构设计过程中，港航专业将 BIM 模型导入 MIDAS 中，利用软件的 FEA 和 NX 模块进行有限元模拟计算，极大地提高了设计质量和效率。数值计算的成果简单归纳整理后用于三维配筋设计，实现了水利工程中三维模型设计、三维数值分析、三维配筋设计环节的高度集成和有机结合，在确保设计质量的基础上，显著提高了生产效率。

9.3.5 可视化应用

9.3.5.1 虚拟仿真漫游

(1)模型的导入。将总装好的模型导入 LumenRT 软件中，进行场景渲染。用卫星影像作为三维地形模型材质；对船闸、鱼道，以及电站厂房的门、窗、玻璃等赋予相应的材质，在材质编辑器中可以调整材质的颜色、纹理组织、透明度、反射率等参数，以达到理想效果。

(2)材质贴图。通过 LumenRT 提供的景观库，添加人物、动物、交通工具、花草树木等景观，调整天气效果、光线控制等参数，增加了场景的真实感(见图 9.3-6~图 9.3-8)。

图 9.3-6　整体三维效果展示

(3)三维漫游动画制作及图片渲染。在 LumenRT 软件动画制作模式下，通过移动相机来改变场景，拍摄关键帧图片，软件将这些关键帧图片自动平滑生成动画，可以通过调整关键帧图片角度、动画速度等，添加或更新图片，以达到理想效果，输出影片时可以设置选项，以适应不同的播放需求(见图 9.3-9、图 9.3-10)。从主菜单中选择相机，调出相机属性框，可以选择图片输出的尺寸，也可以自定义图片尺寸，点击保存图片，可快速渲染出一张高清晰的图片。

图 9.3-7　船闸三维效果展示

图 9.3-8　鱼道三维效果展示

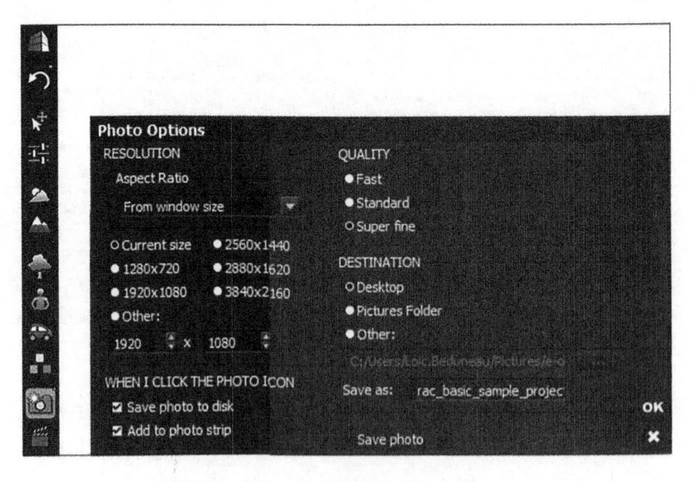

图 9.3-9　保存图片设置

9.3.5.2　可视化校审

利用 BIM 技术，可以模拟工程完建情况，实现三维漫游和全方位审查，提高设计方案的合理性和准确性。对于一些复杂对象之间的空间关系，传统二维图纸难以表达清楚，造

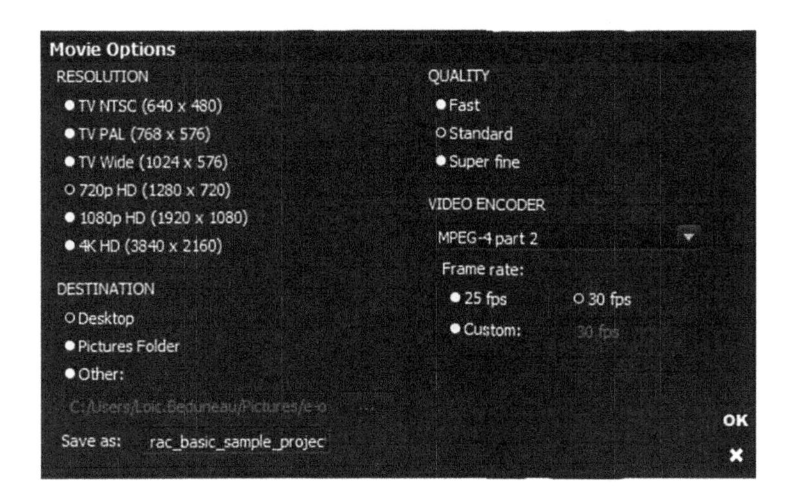

图 9.3-10　导出视频设置

成图纸表达错误;利用 BIM 技术,能够更为直观、全面地对设计模型进行审查,及时发现不易察觉的设计问题,减少事先规划不周全而造成的损失。

9.3.5.3　可视化设计交底

本工程项目组多次利用 BIM 技术进行设计交底(见图 9.3-11),相对于传统二维图纸而言,BIM 可视化交底更为直观明了。运用 BIM 的可视化特点,将施工工艺具体的文字性要求,通过三维动画方式进行模拟,让施工单位人员更为快速掌握操作要点。除施工工艺模拟动画外,项目组在设计交底时还通过展示复杂结构的三维模型,帮助施工单位理解设计方案,大大提高了沟通效率。

图 9.3-11　项目组利用三维模型进行设计交底

9.3.6　碰撞检查

电站厂房内各种管线纵横交错,设计专业包涵种类繁多,利用 BIM 软件的碰撞检查功能,能够使水机与结构、电气与结构等不同专业间的碰撞得到快速解决,避免将设计错误传递到施工阶段,减少不必要的设计变更,提高了设计效率及质量。

本项目在 ABD 中启用碰撞检测功能,弹出碰撞检查界面框,在界面框中选择检查对象(选择 a 组对象和 b 组对象)(见图 9.3-12),点击“处理”,得到检测结果(见图 9.3-13)。各专业间通过协同平台共享碰撞结果,然后协商制订出解决冲突的策略方案,大大提高了设计效率。

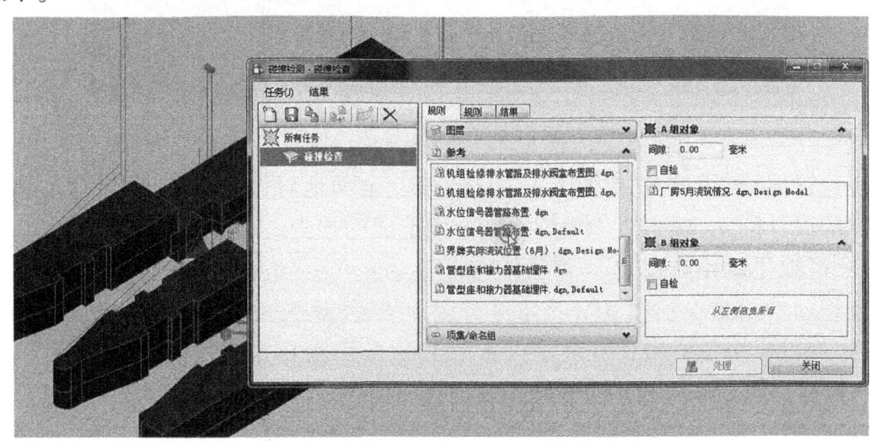

图 9.3-12　设置检查对象

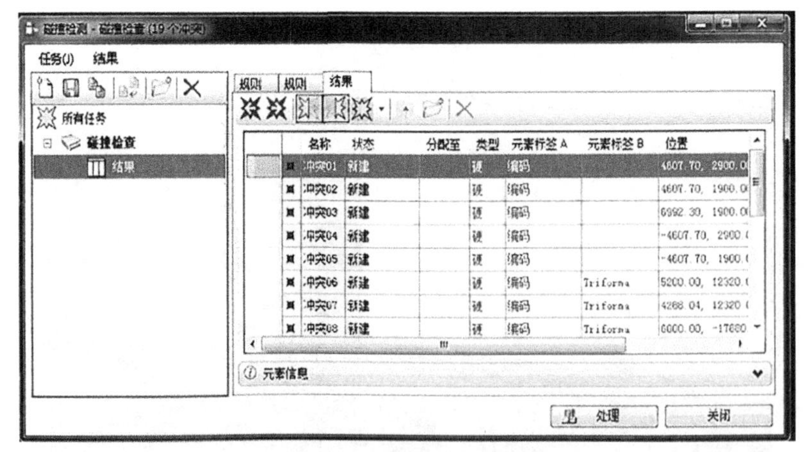

图 9.3-13　碰撞检查结果

9.3.7　三维配筋

对于水工设计来说,施工图阶段工作细、任务重,尤其钢筋制图是一项十分费时费力的工作,几乎占设计总时间的 60%以上。因此,如何在三维模型、结构分析基础上,快速配筋及出图成为目前急需解决的问题。

本项目对于复杂结构采用 ReStation 进行三维配筋设计,通过创建三维配筋体,抽取二维钢筋图并自动标注、生成钢筋表(见图9.3-14、图9.3-15),满足施工详图阶段钢筋图的供图。当模型结构发生修改时,不影响原来已布设的钢筋,只需修改因结构变动而需改变的钢筋,减轻了设计、校对、审图人员的劳动强度,缩短了设计周期,效率明显提高。

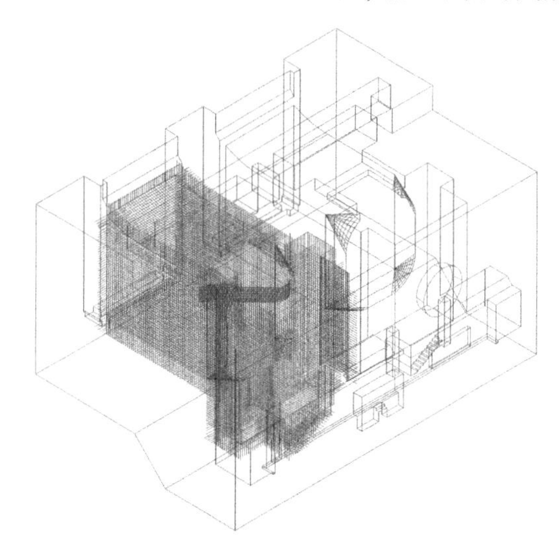

图9.3-14　进行三维配筋

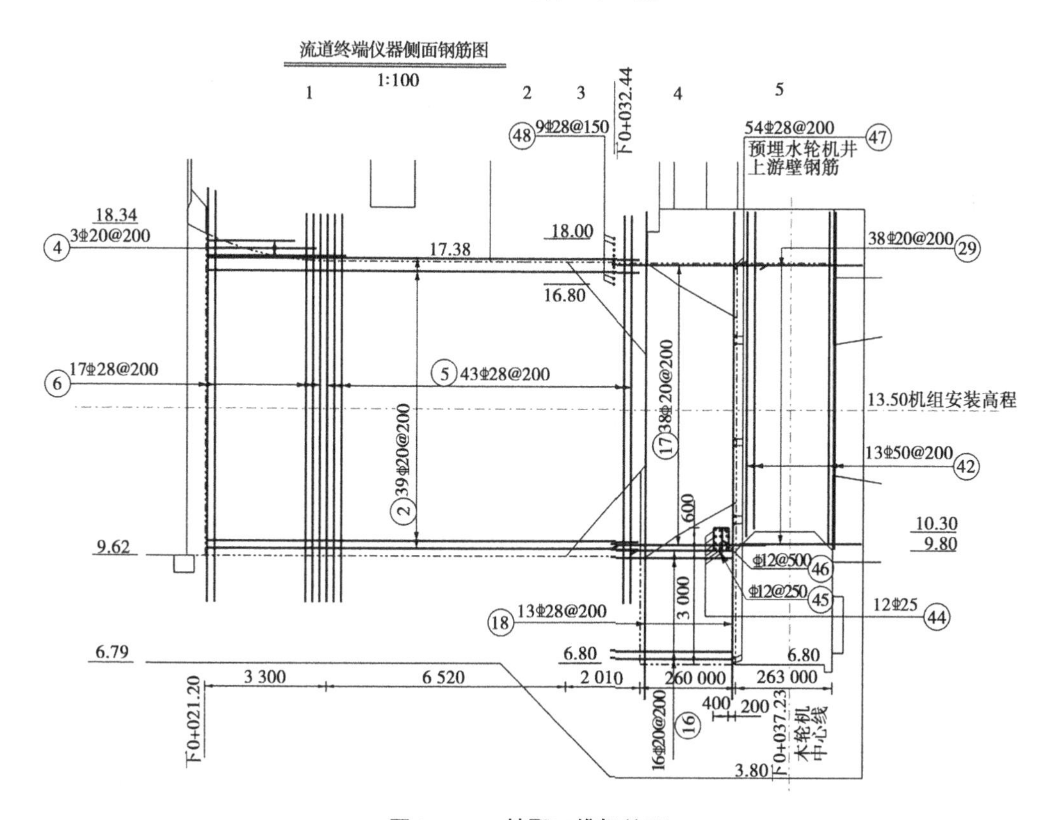

图9.3-15　抽取二维钢筋图

9.3.8 工程算量

工程算量对工程设计十分重要,一方面直接关系到工程投资,另一方面也决定了方案的设计走向。借助三维设计软件,可以精确统计各专业模型的工作量,以辅助进行技术指标测算。在模型修改过程中,发挥联动修改作用,实现精确快速统计,可以直接从模型中提取土石方、混凝土、钢筋、金属结构、机电设备、管线等工程量信息,形成工程量清单。

(1)土石方工程量统计。各部位三维开挖设计后,可用 GEOPAK 计算土石方开挖量,与本工程初步设计概算中的工程量对比,结果见表 9.3-2,两者结果十分接近,验证了模型和开挖方案的准确度。

表 9.3-2 土石方开挖量计算结果对比

项目	GEOPAK/m³	概算工程量/m³	偏差/%
进水口	20 986	22 662	7.7
坝基	319 952	328 817	2.7
护坦	79 610	83 570	4.9
厂房	104 364	97 841	6.5

说明:表 9.3-2 中偏差计算公式为 $\sigma = \frac{2|x_1 - x_2|}{x_1 + x_2}$,其中 σ 为偏差,x_1、x_2 分别为 GEOPAK 计算工程量和初步设计概算工程量。

(2)应用样式的结构体,定义钢筋量、混凝土量等工程量输出类型,指定钢筋率、混凝土密度等参数,就可直接统计工程量,将结果导出为 Excel 表格。

9.3.9 模型出图

设计模型出图前应进行模型校审固化,确保模型和设计一致。模型应达到以下标准:构件布置满足专业设计要求;模型专业内部和专业之间没有冲突碰撞;模型本身完善,达到各设计阶段的精细度;使用正确对象创建,无多余、重复构件;满足可视化展示与分析。

三维模型版本固化后,各专业基于固化的三维模型操作进行抽图,抽图简要过程见图 9.3-16。

传统的二维出图难以实现联动修改,遇方案调整时可能要全部推倒重来。使用动态切图(DynamicView,DV)方式从枢纽区三维模型中剖切二维图纸,将在三维模型中创建的保存视图(SavedViews)参考到二维图纸模型中,根据公司的制图标准导出二维图纸。当三维模型被修改后,二维图纸会同步修改、自动更新,这是动态切图的精髓。

图 9.3-17、图 9.3-18 的厂房剖切图,包含电气和水机等设备。二维剖切图可作为施工图,不仅有标高、尺寸等标注,还可附钢筋量、土石方开挖量、混凝土用量等工程量,内容翔实、信息丰富精确,效果直观。

对于一些复杂对象之间的空间关系,传统二维图纸难以表达清楚,可以通过配以三维轴测图,二三维混合、结构图叠加效果图等多种方式,帮助现场施工人员理解设计意图,为

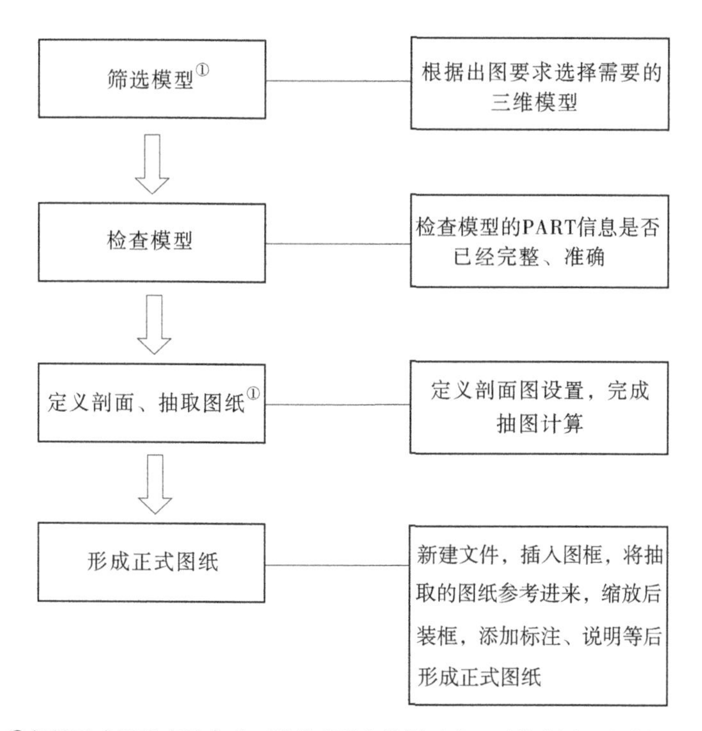

注：①如果正式图纸直接参考三维模型保存视图而成，则抽取图纸即为视图保存的过程。完成正式图纸后，根据产品等级，按照公司有关规定，进入相关的校审流程。

图 9.3-16　抽图简要过程

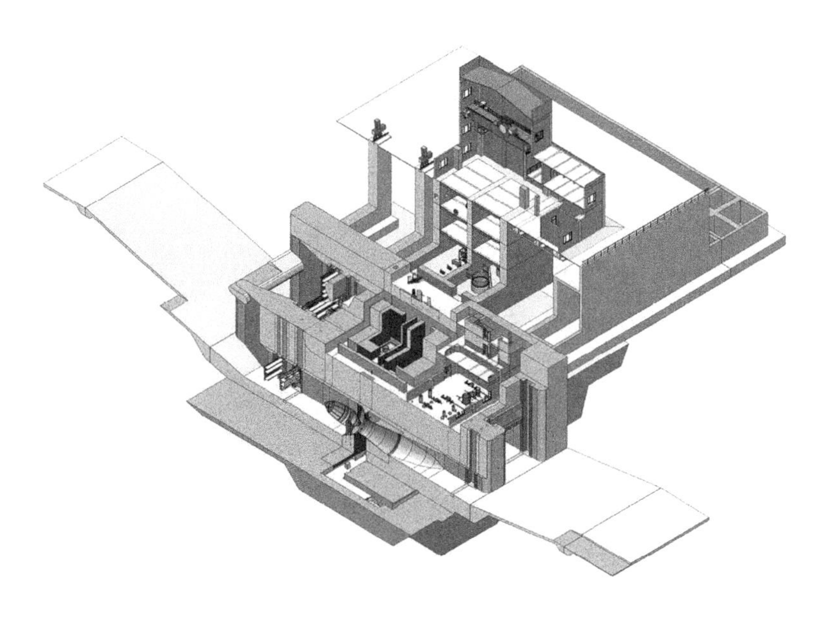

图 9.3-17　厂房阶梯剖切图

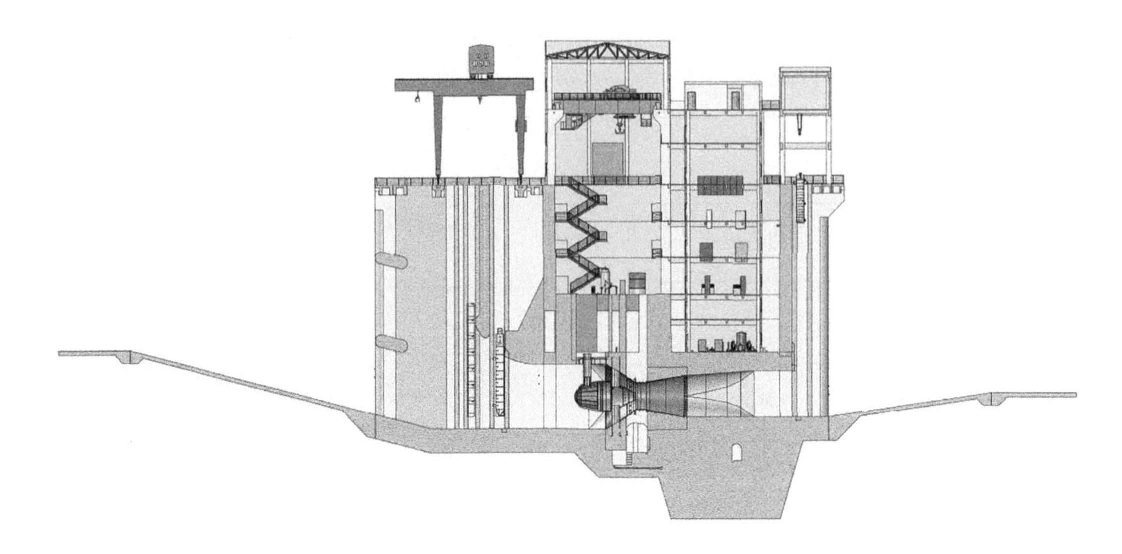

图 9.3-18 厂房剖切图

后续施工的开展提供方便。

9.3.10 施工组织设计

9.3.10.1 施工区布置

BIM 技术能够将施工场内的平面元素立体化、直观化，帮助施工人员更直观地进行各阶段场地的布置策划(见图 9.3-19)，综合考虑各阶段的场地转换及布置，并结合绿色施工理念优化场地，避免重复布置。

图 9.3-19 数字化施工场地布置

与依靠 CAD 平面图进行道路、场地布置相比较，应用 BIM 技术能够充分发挥 BIM 三维模型在可视化方面的能力，准确得到道路相关位置、设备进场排放位置、施工车辆停放位置等信息，从而更便于实现对施工设备的准确布置。

与传统施工场地布置相比,采用BIM技术进行施工场区布置,操作简单方便,不需要现场人工、机械等的配合且不需要消耗任何材料进行试验,其施工成本低、效率高。

9.3.10.2　施工工艺模拟

施工工艺模拟是对具体施工步骤的可视化表达,借助BIM技术以三维立体动画的形式展示施工工艺,让施工方更直观地了解施工顺序及其中的关键点,从而使交底更具有针对性、易懂性,为提升施工品质保驾护航。

本工程在NavisWorks软件中对全年围堰高喷防渗墙(旋喷)施工工艺、船闸首仓混凝土浇筑工艺进行模拟。

1. 全年围堰高喷防渗墙(旋喷)施工工艺模拟

界牌枢纽船闸改建工程上下游围堰及江心岛纵向围堰基础防渗拟采用高压旋喷防渗墙(见图9.3-20),高压旋喷拟采用双管法,桩间距拟定为0.75 m。防渗墙上端按低于围堰堰顶高程0.5 m控制,下端嵌入岩层不小于1 m,施工时围堰高喷平台高出河道正常水位约2 m,施工轴线长度约670 m(不含右岸)。

图9.3-20　全年围堰高喷防渗墙(旋喷)施工工艺模拟

放样:根据设计的施工图和坐标网点测量放出施工轴线,在施工轴线上确认孔位,编上桩号、孔号、序号,依据基准点测量各孔口地面高程。

钻孔:钻机主钻杆对准孔位,用水平尺测量机体水平、立轴垂直,钻机要平稳牢固。钻机口径应大于喷射管外径20~40 mm,钻孔孔位误差不超过±5 cm,孔的偏斜率小于1%,以保证喷射时正常返浆、冒浆。选用地质钻机和跟管钻机造孔,地质钻机采用膨润土或泥浆固壁,跟管钻机采用110 mm PVC套管固壁工艺成孔。Ⅰ序孔取样确定孔深,嵌入岩层1 m后判断,再实际测量孔深,确保入岩深度,Ⅱ序孔以相邻Ⅰ序孔孔深确定孔深,钻孔孔底偏差不超过孔深的1%。终孔后,应及时对孔口进行保护,防止污物流入孔内,并立即组织高压喷射灌浆施工。

高喷台车就位、检查:高喷台车移至高喷孔位后,对台车提升装置、制动、管道、电路、旋转装置等进行检查,管道应畅通无阻,连接情况正常,气、浆喷嘴符合要求,确保各接头处密封良好。

下放喷射管：喷射管下孔前，喷管应对准钻孔中心，进行地面气、浆试喷，确保喷射压力和流量等各项指标正常后，方可下喷射管。为防止气、浆堵塞，可用胶布对喷头进行包裹；下管过程中，应适当控制下管速度，如遇阻力，采取转动、边送浆边下管的措施，直至喷射管下至实际孔深。

搅拌制浆：水泥浆液的拌制采用质量比的方式进行配制，严格按设计水灰比控制，结块或受潮水泥严禁使用，浆液拌制好后，必须经至少二道过滤，并对浆液比重进行检测合格后，方可进入供浆泵储浆桶。制浆量应根据钻孔深度、提升速度、注浆时间、实际耗浆量拌制，防止浆液浪费。浆液从制备到送入孔内时间不得超过 4 h，降温控制在 5～40 ℃。

高压喷射灌浆：喷管下至孔底后，打开旋转装置，按由低至高的顺序依次送入符合要求的气、浆，在孔底静喷至孔口返浆并达到设计返浆密度后，按设计的施工技术参数，自下而上边喷射、边旋转、边提升，直到设计高程，停止送浆、气，提出喷射管。喷射灌浆过程中，现场记录人员应经常检查高喷的流量、气量、压力、提升速度、旋转速度、浆液比重等各项技术参数，发现问题，立即处理并做好施工记录。施工过程中，根据地层及孔口返浆情况，适当调整提升速度、浆液比重、压力等技术参数，以保证成桩的均匀性和连续性。当正常喷射至桩顶以下 1.0 m 时，应适当放慢提升速度，并在桩顶静喷 20～30 s。

静压回灌：每一孔的高压喷射注浆完成后，孔内的水泥浆很快会产生析水沉淀，应及时向孔内充填灌浆，直到饱满，孔口浆面不再下沉。防止孔口出现“凹穴”“空洞”现象。

管路清洗：每一孔的高喷注浆完成后，应及时清洗灌浆泵和输浆管路，防止清洗不及时、不彻底时浆液在输浆管路中沉淀结块，堵塞输浆管路和喷嘴，影响下一孔的施工。

2. 船闸首仓混凝土浇筑工艺模拟

船闸首仓混凝土浇筑工艺模拟如图 9.3-21 所示。

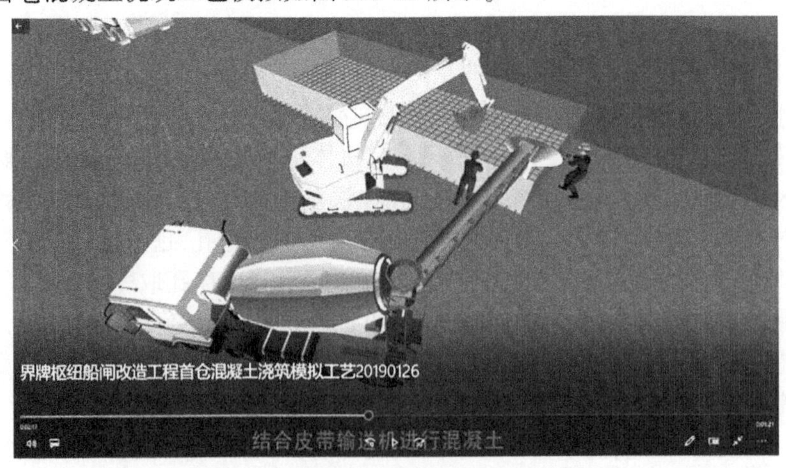

图 9.3-21　船闸首仓混凝土浇筑工艺模拟

清基：船闸基础开挖到设计标高后进行清基，撬挖活动石块，清除石渣和污物，压力水或压力风冲洗干净，排干积水。

(1)模板、钢筋施工。利用塔机将模板吊装到仓位,人工辅助模板就位,调正找直,并采用钢筋内拉内撑固定。钢筋加工厂内加工成型后,用平板车运到施工现场,按其类别与型号摆放整齐,根据施工图和测量点线进行搭架、分距、摆放。钢筋主要采用焊接和机械连接,焊接施工时要求焊工持证上岗,并按有关规范要求施焊。

(2)止水安装与埋件设置。首先按图纸要求尺寸凿出止水基座,将止水预先埋入基座内。止水基座混凝土抗压强度达到10 MPa后,方可浇筑上部混凝土。止水铜片衔接采用搭接,搭接长度不小于20 cm,采用铜焊条进行双面焊。设计图纸要求埋设的板、条、管、线等,均应按其要求的材料和设计位置经测量放样后进行埋设。埋设时间应在仓内模板和钢筋已施工完毕后进行。浇筑时专人值班保护,埋件周围大粒径骨料用人工清除,并用小型振捣器振捣密实。

(3)混凝土浇筑。清理浇筑仓位,将施工时留在仓内的所有材料和弃料清出仓外,并把钢筋上黏着的泥沙和污物、仓面上的活动石块、淤泥、沉积的砂子等杂物清理干净,搭好进人梯和必要的施工平台,并用清水将模板和施工缝面润湿。仓外施工道路和倒车场地用推土机平整,塔机、自卸汽车、卧罐和其他设备到位待命。开仓前通过自检和初检,并按照规定填写好仓位验收表和开工申请表,再申请监理工程师组织验收,签认合格后立即开仓浇筑。先浇筑垫层并进行整体钢筋绑扎,垫层浇筑完成后先安装两侧闸墙下底板模板,皮带输送机及混凝土搅拌车到位、挖掘机到位,结合皮带输送机进行混凝土浇筑,主要采用振捣器配合挖掘机平仓;混凝土采用分层连续推移的方式浇筑,分层厚度0.3 m,在下层混凝土初凝前或能重塑前浇筑完成上层混凝土浇筑;塔吊工作半径为50 m;底板竖向分2层浇筑,厚度分别为1.5 m、2 m,上层借助塔吊和吊罐进行浇筑,两侧闸墙下底板混凝土浇筑完成。

(4)拆模。在混凝土浇筑完成后,应在达到有关规范规定的强度后才能拆模,冬季在不影响下一道工序施工时,可延迟拆模时间;避免在夜间或气温骤降期间拆模;低温季节施工期承重结构不拆模;严禁因抢进度而提前拆模,从而影响混凝土质量。

(5)混凝土养护。混凝土浇筑完毕12~18 h开始进行洒水养护,但在干燥、炎热气候情况下采取提前养护,使混凝土表面保持湿润状态,防止产生收缩裂缝。在干燥、炎热气候条件,延长养护时间至28 d以上。大体积混凝土的水平施工缝养护到浇筑上层混凝土为止。冬季采用挂麻袋或覆盖草帘进行保温养护。

9.3.10.3 施工进度模拟

施工总进度是整个项目在时间上的布置,为业主的资金筹措、施工单位的材料准备及设计单位的供图计划提供重要依据。需综合考虑防洪度汛、物资供应、特殊季节施工等各个因素,以Excel文件为媒介,可将P6平台与NavisWorks进行联动;在P6平台上进行施工进度编排及后续调整时,可直接联动到NavisWorks的Timeliner控件,进行施工进度4D/5D使用模拟的生成与即时调整,并将构成工程实体的建筑物与对应的人、材料、机械等进行联动,可以协助进行资源消耗量分析,为资源配置计划提供依据。

本工程结合施工资源供应情况及施工机械和人员可以达到的施工强度,并兼顾天气、环境等因素对船闸、电站厂房等主要建筑物的施工进行精细化4D模拟,作为施工总进度模拟的细化(见图9.3-22)。

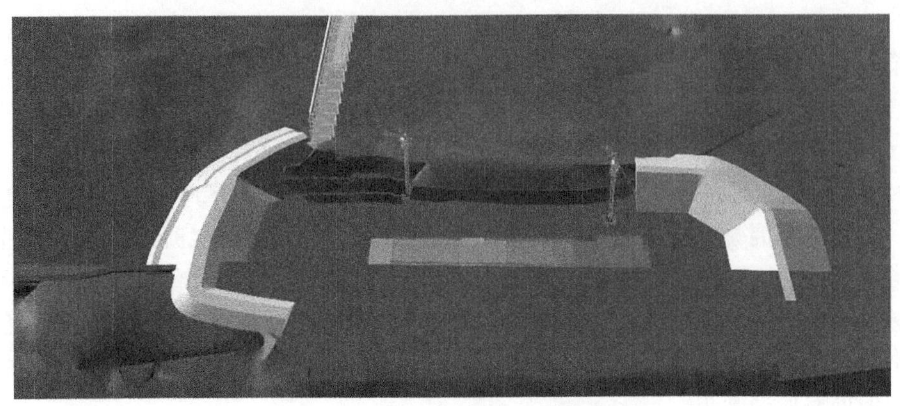

图 9.3-22　船闸精细化 4D 使用模拟

9.4　BIM 技术重点应用

9.4.1　参数化建模

Bentley 提供了四种参数化建模方式：二次开发编程、MicroStation CONNECT Edition、Parametric Cell Studio 及 Generative Components。主要研究了上述除二次开发编程外的其他三种参数化建模方式，以实现常见水工建筑物的快速建模。

9.4.1.1　**MicroStation CONNECT Edition**

MicroStation CONNECT Edition 简称 CE，CE 参数化建模是基于 MicroStation 的三维建模工具，其思路是先创建基本构件，后利用三维约束工具进行模型的拼装。拼装后的整体模型各个构件之间有相对约束关系，当调整某个构件的尺寸参数时，与其有关系的其他构件的位置会同步调整。CE 的每个参数化构件都有一套参数列表，当整体模型相对简单、构件较少时，用 CE 做参数化建模较方便；当模型较复杂、参数较多不便管理，且参数调整时整个模型的更新速度较慢。因此，CE 比较适合做单体模型或者定型产品。图 9.4-1 为由 CE 创建的闸墩。

底板、闸墩参数

编号	部位		单位	数值	参数描述	节点对应变量名
1	控制参数		n	6	闸孔数量	Sluice_N
2			mm	3000.00	闸孔净距	SluiceNetDistance
3			mm	50000.00	底板顶面面高程	DonwElevation
4			mm	60000.00	闸墩顶面高程	TopElevation
5	闸墩底板		mm	13000.00	底板长	Length1
6			mm	32000.00	底板宽	Width1
7			mm	1500.00	底板厚	Thickness1
8			bool	FALSE	有无上游侧齿墙	ToothWall_U1
12			bool	FALSE	有无下游侧齿墙	ToothWall_D1
16		左边墩	mm	2000.00	左边墩厚度	ThicknessZ1
17			bool	TRUE	闸墩右边开槽（应用于边墩情况）	GateGroove_R1
18			bool	FALSE	闸墩左边开槽（应用于边墩情况）	GateGroove_L1
19			bool	FALSE	闸墩上游侧倒角	UpStreamFillet1
20			bool	FALSE	闸墩上游侧左边倒角（应用于边墩情况）	UpStreamFillet_R1
21			bool	TRUE	闸墩上游侧右边倒角（应用于边墩情况）	UpStreamFillet_L1
22			bool	FALSE	闸墩下游侧倒角	DonwStreamFillet1
23			bool	FALSE	闸墩下游侧左边倒角（应用于边墩情况）	DonwStreamFillet_R1
24			bool	FALSE	闸墩下游侧右边倒角（应用于边墩情况）	DonwStreamFillet_L1
25			mm	2000.00	右边墩厚度	ThicknessY1

图 9.4-1　CE 创建的闸墩

9.4.1.2　Parametric Cell Studio

Parametric CellStudio简称PCS,是ABD提供的一种参数化建模方法,参数化模型在ABD中可以像门窗一样直接调用,且每个构件可单独应用Part,便于提取工程量和二维图纸。PCS参数化建模思路是先创建基本部件,再通过部件组装成基本构件,基本构件可以直接发布成.paz文件供ABD调用、拼装,也可以在PCS中组装基本构件,然后发布成.paz文件供ABD调用。但是,PCS规则性较强且建模方式单一。

9.4.1.3　Generative Components

Generative Components简称GC,是在交互式图形界面中创建参数化模型的一种方法,几何体的创建方式遵循"点—线—面—体"的一般原则,点、线、曲面等实体在GC中称为节点,节点类型大致分四类:几何图形、ABD类型、工具类型及自定义节点类型。参数化建模时,将所需节点类型拖动到图形界面,建立逻辑关系,指定相应参数,即可创建所需体型。在交互式界面中,GC创建模型的方式一般分为两种:①按照模型的几何特征逐步创建,指定参数;②将模型分解为常用几何体型和不常用几何体型,将常用几何体型创建为自定义节点,类似工程可直接调用进行拼装,简化建模流程,提高建模效率。GC的参数管理比CE、PCS方便,模型参数可以和Excel表格关联,调整Excel表格后刷新模型,即完成模型的参数化调整。图9.4-2为GC构建的灯泡贯流机流道及其参数。

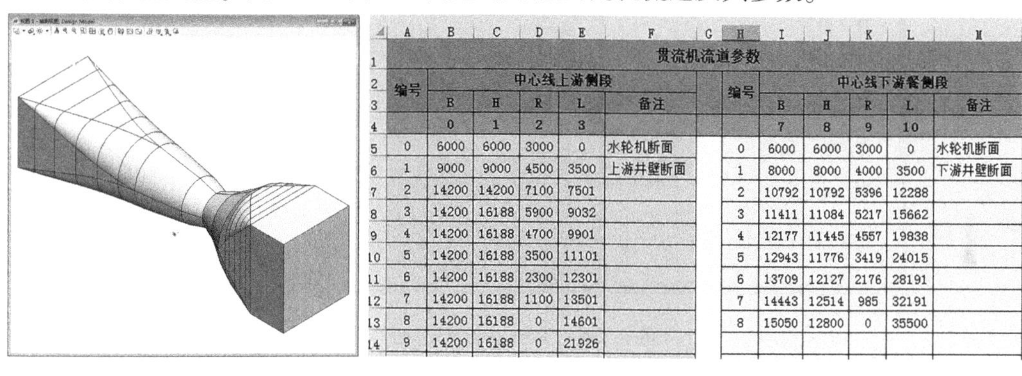

贯流机流道参数

编号	中心线上游侧段						编号	中心线下游餐侧段				
	B	H	R	L	备注			B	H	R	L	备注
	0	1	2	3				7	8	9	10	
0	6000	6000	3000	0	水轮机断面		0	6000	6000	3000	0	水轮机断面
1	9000	9000	4500	3500	上游井壁断面		1	8000	8000	4000	3500	下游井壁断面
2	14200	14200	7100	7501			2	10792	10792	5396	12288	
3	14200	16188	5900	9032			3	11411	11084	5217	15662	
4	14200	16188	4700	9901			4	12177	11445	4557	19838	
5	14200	16188	3500	11101			5	12943	11776	3419	24015	
6	14200	16188	2300	12301			6	13709	12127	2176	28191	
7	14200	16188	1100	13501			7	14443	12514	985	32191	
8	14200	16188	0	14601			8	15050	12800	0	35500	
9	14200	16188	0	21926								

图9.4-2　GC构建的灯泡贯流机流道及其参数

9.4.2　二次开发编程

MicroStationAddins基于.net框架,可以使用C#、C++/CLI或VB.NET语言来开发Addins应用程序。相比MVBA(MicroStation visual basic for application),Addins支持命令表,并可编译成DLL;相比MDL(MicroStation development language/library),Addins可用WinForm设计界面。使用Addins编程工具设计了马道偏移工具和三维坡度标注工具。

马道偏移工具,开挖方式上可实现向上开挖、向下填筑两种形式,放坡方式上可实现给定放坡高差、给定目标高程或平行移动三种功能。此工具的最大特点是可实现始末点高程不等的空间建基面边线按照给定坡比放坡至特定高程的放坡,如图9.4-3所示。

三维坡度标注工具,可实现三维开挖面上的坡度空间标注和坡度平面标注(见图9.4-4)。空间标注一般用于三维轴侧图的标注,平面标注一般用于开挖平面图的标注。本工具的特点是:选取两条共面的边线,可自动在给定的标注点生成坡度标注文字和符号,坡度文字和符号可根据出图比例自动调整大小,大大提高了开挖图面标注的效率。

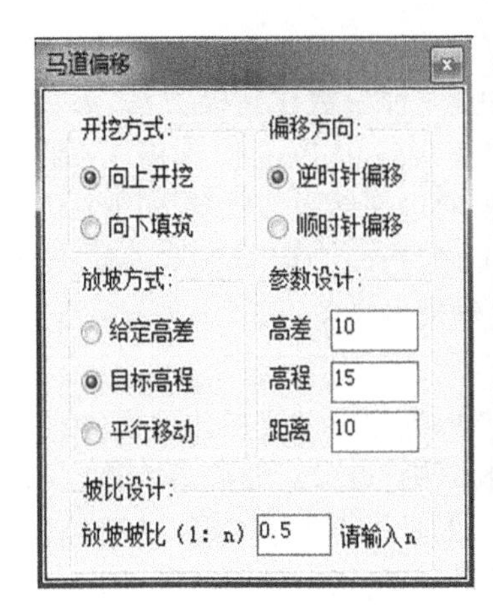

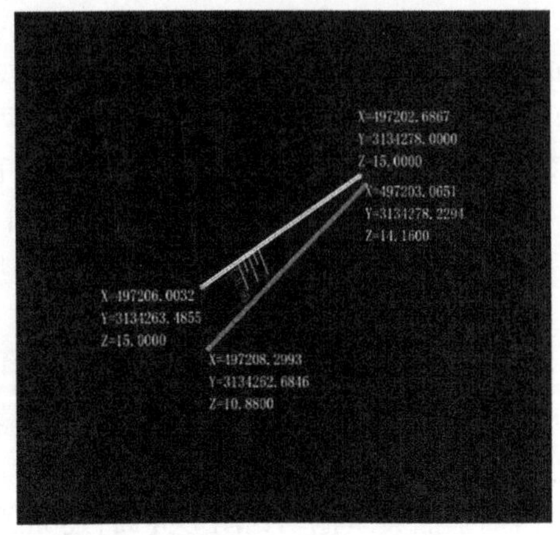

图 9.4-3　马道偏移工具

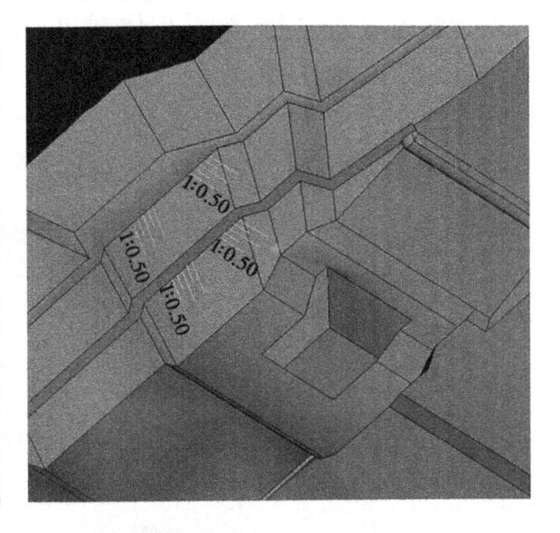

图 9.4-4　三维坡度标注工具

9.4.3　建立三维元件库

为避免重复工作，提高设计效率，建立公司自有的三维元件库，用于积累常用的模型、设备，使用时直接调用或稍加调整即可。如图 9.4-5 所示，电气专业建立了公司设备型号数据库和专用符号库，元件一方面由软件自带模型修改而来，另一方面由设计人员绘制或厂家提供，不断扩充、完善公司的库族，现已能基本满足公司常用的电气设备布置需求。此外，金结、港航等专业也分别构建了元件库，积累了闸门、门机、拦污栅、船闸等模型。

9.4.4　模型编码

为了保证系统中所保存的水利工程建设相关文档的快速查询、分类管理、快速整理与存档，需按照一定的规则对工程建设文档进行编码管理。通过水利工程建设管理云平台中的文档管理模块，可以对文档快速地按编码分类整理与归档，实现水利工程建设管理文档的电子化管理。编码体系按单位工程、分部、单元、属性、位置等属性设置编码的字段与位数进行编码，如图 9.4-6 所示。

图 9.4-5　公司三维电气设备模型库

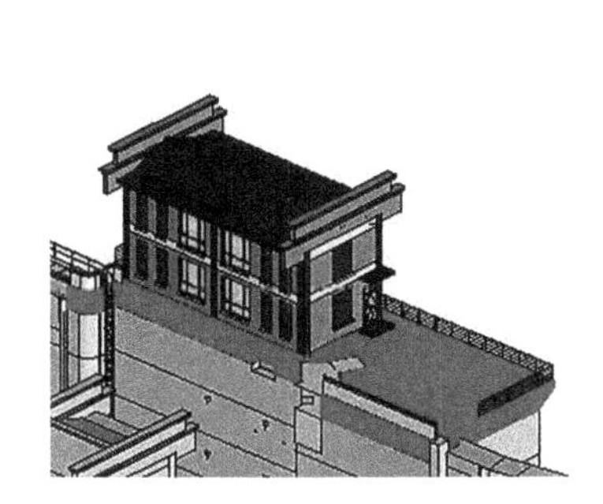

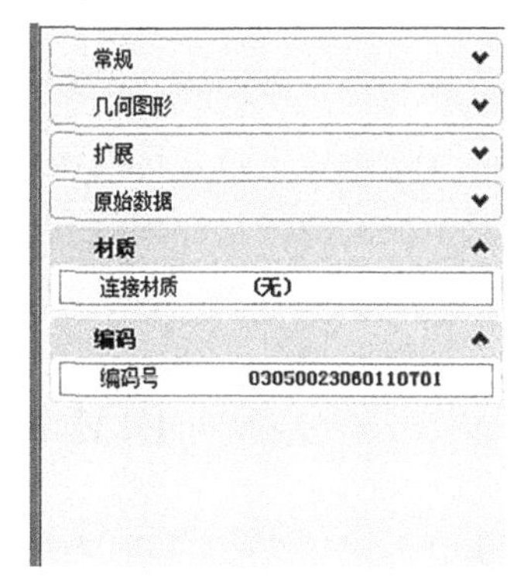

图 9.4-6　模型编码示意图

9.4.5　机电深化设计

项目厂房各个楼层各类机房众多,包括厂房供水泵房、排水泵房、空压机室、机组检修水泵室、送风机室等十余个不同类型的机房,且包含了各类智能化设备,整体水电线密集,空间有限,为确保能协调好各个专业的施工,提高空间利用率,借助 BIM 技术进行管线深化设计(见图 9.4-7、图 9.4-8)。

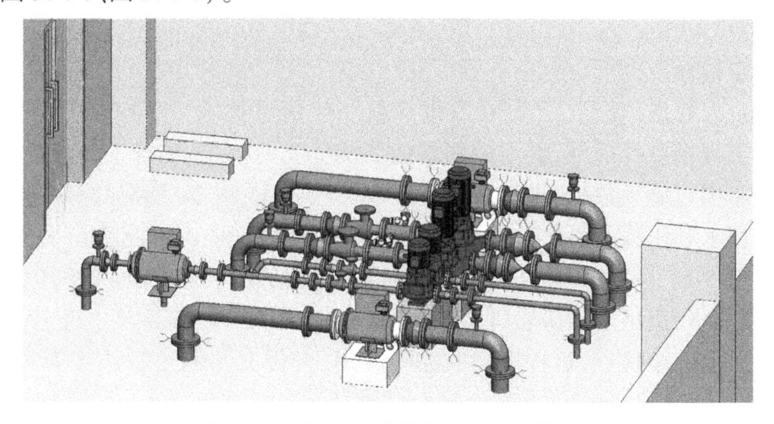

图 9.4-7　厂房消防供水泵房设备模型

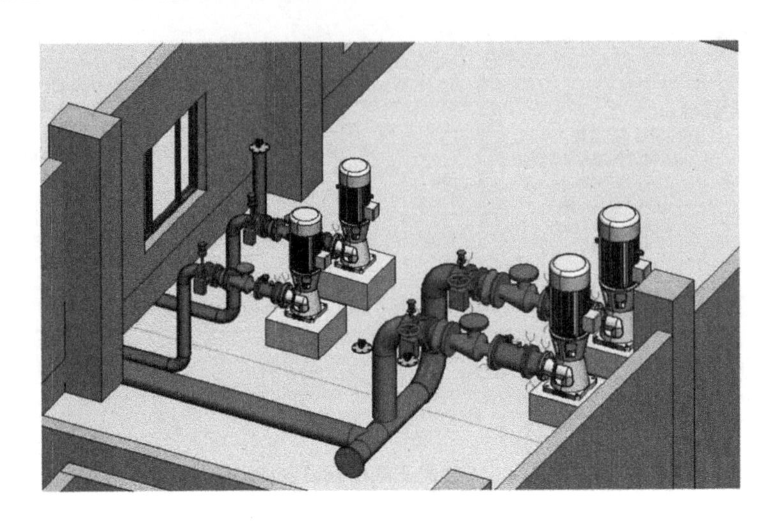

图 9.4-8 厂房检修(渗漏)排水系统设备模型

将水机、电气模型导入总装模型中，进行各专业间碰撞检查，对碰撞点进行批注和处理，管线优化后生成的图纸指导现场安装施工，缩短了现场安装工期，减少了材料浪费，提升了电站的美观度。

9.5 BIM 施工监管平台应用

9.5.1 总体思路与目标

9.5.1.1 总体思路

为落实新时代治水思路和水利高质量发展的新形势和新要求，进一步推进水利工程项目标准化、规范化、信息化、精细化管理，优化资源配置，促进实现项目建设全方位动态化监管，更好地解决水利工程施工过程中各单位协作难度大、信息采集困难、数据共享与一致性差、施工管理效率低等风险和问题，建设基于 BIM 的水利工程施工监管平台，提升信息传递效率、降低数据利用损失，提升工程建设质量、安全水平，为工程运营维护和资产管理打好基础。

9.5.1.2 总体目标

利用 BIM、大数据、“3S”、三维可视化等新一代信息技术，以分项工程为精细化管理对象，接入施工现场监控视频、上下游雨水情监测等实时信息，整合工程参建各方的多源、多维度、多时态项目施工数据，进行项目进度、质量、安全、成本、档案的可视化、集成化、协同化管理，实现水利工程及其影响区域三维地理模型和工程 BIM 模型在平台中融合及流畅漫游(见图 9.5-1)；实现以 BIM 构件为基础的设计信息与施工信息集约化管理与协同；实现远程数据共享，满足多层级管理人员对 BIM 应用的需求；实现工艺工法交底、隐蔽工程数据采集、质量安全检查、远程视频监控等应用，为提升水利工程施工管理的能力和水平提供有效的技术手段。

图9.5-1　施工监管平台

9.5.2　平台关键技术

9.5.2.1　基于Cesium的多维空间数据融合可视化技术

Cesium是一款基于WebGL技术的三维虚拟地球与地图的开源JavaScript库，可加载海量的二维矢量数据和三维模型。平台将水利工程及其影响区域的遥感、DEM、倾斜摄影、水利空间矢量、BIM模型等多源空间数据存储在PostgreSQL数据库中，由于PostgreSQL本身提供的空间数据类型和功能不能满足空间数据需求，因此需安装PostGIS扩展模块为PostgreSQL提供空间数据的增、删、改、查和存储能力。存储的多维空间数据通过GeoServer发布成标准的OGC服务，供Cesium引擎加载渲染。对于多维空间数据可视化渲染，平台采用分级分块分类处理方式，其中对于栅格数据进行瓦片分割并构建网格，采用四叉树算法加载渲染；对于矢量数据，通过转换为.Json格式后贴合地形表加载渲染；对于BIM模型数据，先将Bentley制作的.dgn格式模型转换为obj文件，利用Cesium提供的obj2gltf库将obj转换成glTF，对glTF增加FileHead信息生成b3dm瓦片数据格式，利用多叉树算法对b3dm瓦片数据进行加载调用。通过对多维空间数据融合处理，实现宏观上形象地展示水利工程及其影响区域的三维场景、江河湖泊及水利工程分布，微观上展示水利工程厂房、机电设备、金属结构等三维信息。

9.5.2.2　基于BIM构件的信息检索技术

在BIM模型加载和渲染前，需对BIM构件进行分类编码及命名工作，平台BIM构件分类编码分为5部分，用17位阿拉伯数字表示。前7位编码是按照水利工程的划分规则设置，分别为单位工程（2位数字）、分部工程（2位数字）和单元工程（3位数字）；中间3位编码根据工程属性及类别设置；后7位编码是根据位置信息的流水编码。表9.5-1中，在航电枢纽工程中的船闸工程中，以闸室第二结构段左侧底板为例，对BIM构件编码及命名进行示例。

表 9.5-1　BIM 构件分类编码

单位工程(AA)	分部工程(BB)	单元工程(CCC)	工程属性(D)	类别(DD)	位置代码(FFFFFFF)
01 连接坝段 02 厂房 03 船闸 04 鱼道 05 围堰 06……	01 基坑开挖 02 地基与基础 03 上闸首 04 闸室 05 下闸首 06……	001 底板 002 闸墙 003 输水廊道 004 消能设施 005 变形缝及止水 006……	1 地基与基础工程 2 土石方工程 3 混凝土工程 4 金属结构制作与机电安装 5 导流与度汛工程 6……	01 砂石骨料生产系统 02 混凝土生产系统 03 模板、钢筋及预埋件 04 混凝土浇筑 05……	0210101 ……

注:03、04、001、304、0210101 为闸室第二结构段左侧底板 9.5~11 高程。

完成构件分类编码和命名后,平台进行数据库设计,为水利工程 BIM 设计建设了构件、BIM 模型信息、构件关系表等数据表,构件表中存储水利工程分项工程建筑物的三维模型;BIM 模型信息表中存储每个建筑物模型的各类信息,如尺寸、特征参数、进度信息、质量信息、安全信息和扩展信息等;构件关系表中存储构件模型与模型信息的关联关系。通过上述方式将模型和信息解耦,能够在加载模型和检索构件时更加流畅,也使得 BIM 构件信息检索成为可能。平台根据构件表生成 BIM 模型构件树,用户可通过选择模型树节点进行模型定位,平台自动跳转至所选模型,并在模型外表形成模型轮廓盒,从而高亮提示所选模型,用户也可通过对模型构件进行点选操作,查询当前所选构件的属性信息。

9.5.3　平台主要特点

9.5.3.1　一站式的工程信息管理

平台接入施工现场监控视频、上下游雨水情监测等实时信息,预设水利工程施工涉及的标准规范、设计图纸等资料,并为施工管理过程中产生的数据资源提供分级管理及增删改查接口,实现信息与 BIM 模型挂接和三维场景下的可视化展示(见图 9.5-2、图 9.5-3)。

9.5.3.2　精细化的工程进度管理

基于 BIM 技术,平台实现计划进度信息、实际进度信息与 BIM 模型关联;实现精细到构件级别的工程进度管理,并利用横道图、BIM 构件分类渲染等形式,实现计划进度与实际进度的对比,为用户直观展示工程进度。

9.5.3.3　科学的质量和安全管理

通过对从设计、施工等各个阶段的质量和安全风险源的录入(见图 9.5-4),实现风险源与 BIM 构件绑定,及时查询各风险源的位置、描述与施工时的注意事项,从而实现更为科学的质量安全管理。

9.5.3.4　直观的工程投资管理

平台实现了工程量信息管理、投资事前事后管理(见图 9.5-5)、投资进度展示与分析、设计工程量与施工工程量对比等内容。更直观地体现出建筑工程项目的三维空间模型、时间、成本的五维建设信息,从而为工程造价管理全过程动态管理提供了有利条件,使

图 9.5-2　GIS+BIM 综合展示

图 9.5-3　BIM 室内浏览

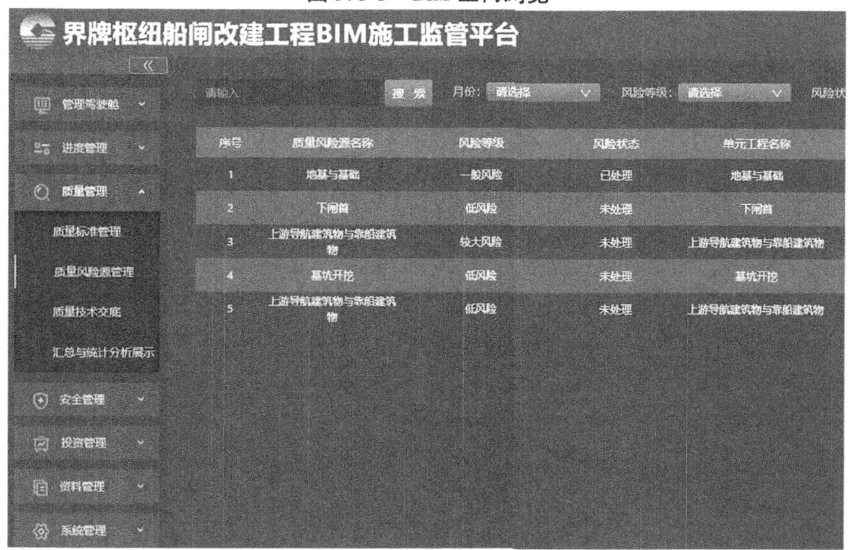

图 9.5-4　质量风险源管理

项目按照施工图设计思路进行人力资源、机械设备、物料的有效配置，从而降低工程投资。

界牌枢纽船闸改建工程BIM施工监管平台

管理驾驶舱　进度管理　质量管理　安全管理　投资管理　工程量管理　投资管理　原材料统计　投资监管　资料管理　系统管理

月份：选择月份　支付类型：选择类型

序号	投资月份	本月计划支付金额	支付类型
1	2013-03	54545	管理支付
2	2019-05	123456	工程支付
3	2019-04	311111	管理支付
4	2019-04	4111	管理支付
5	2019-04	42354	管理支付
6	2010-03	123	工程支付
7	2019-02	55555	工程支付
8	2019-11	432234	管理支付
9	2019-04	32435235	工程支付
10	2019-04	4	管理支付

图 9.5-5　投资事前事后管理

9.5.3.5　完善的档案资料管理

平台建立了与质量、安全相关的工程知识库，通过全本查看、关键字搜索、强条提醒等多种方式，满足了参建各方在施工过程中对规范的使用需求（见图 9.5-6）。对照档案管理规定，在平台上实现了相关功能，可实现各类工程资料的便捷管理与移交。

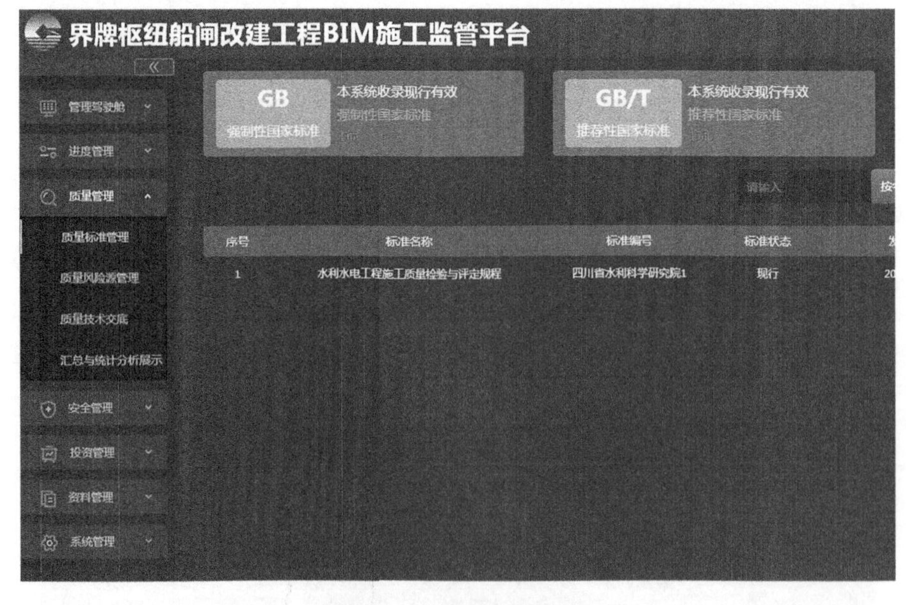

图 9.5-6　档案资料管理

9.5.3.6　先进的数据分析技术

以大数据技术为手段,通过对各种工程数据的钻取分析,挖掘出工程建设过程中的各种潜在信息,更好地为工程建设服务(见图 9.5-7)。

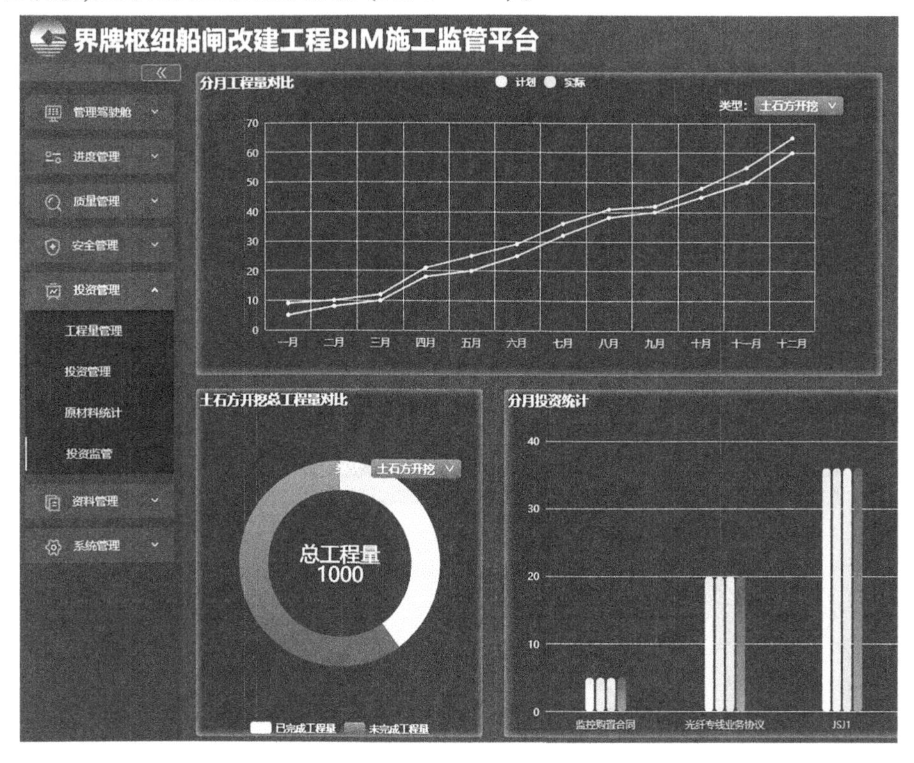

图 9.5-7　投资分析

9.5.4　平台设计

9.5.4.1　总体设计

平台开发前后端采用 React+SpringBoot 的微服务架构,通过基于 React 的前端组件式开发能够提升开发效率、提高功能组件的复用率,并且页面具有响应速度快、跨浏览器兼容性好的特点;微服务架构是将单体服务程序拆分为一组小型服务,每个小型服务运行在独立进程中,采用 Rest/Json 等更加轻量级通信机制,具有独立部署、动态扩展、快速迭代等优势,可使开发者短时间内构建高可部署性、高可扩展性的应用,本书利用 SpringBoot 实现。平台采用 Cesium 三维图形引擎,调用计算机 GPU 资源进行三维场景渲染,实现 BIM 模型轻量化及 GIS+BIM 场景可视化展示。平台总体架构分为基础设施层、数据资源层、服务层、应用层、政策法规与标准规范体系、安全保障与运维保障体系(见图 9.5-8)。

(1)基础设施层。采用云计算技术构建,为上层提供敏捷、可靠、安全、弹性的 IT 基础设施服务。通过对现有水利信息化关键基础设施进行升级改造和安全加固,提升数据存储和云计算能力,通过对计算资源和存储资源的逻辑整合,提升资源的使用率,为平台提供统一的管理、计算、存储、网络、安全、灾备等服务。

(2)数据资源层。主要将施工过程中的结构化数据与非结构化数据进行入库、存储、

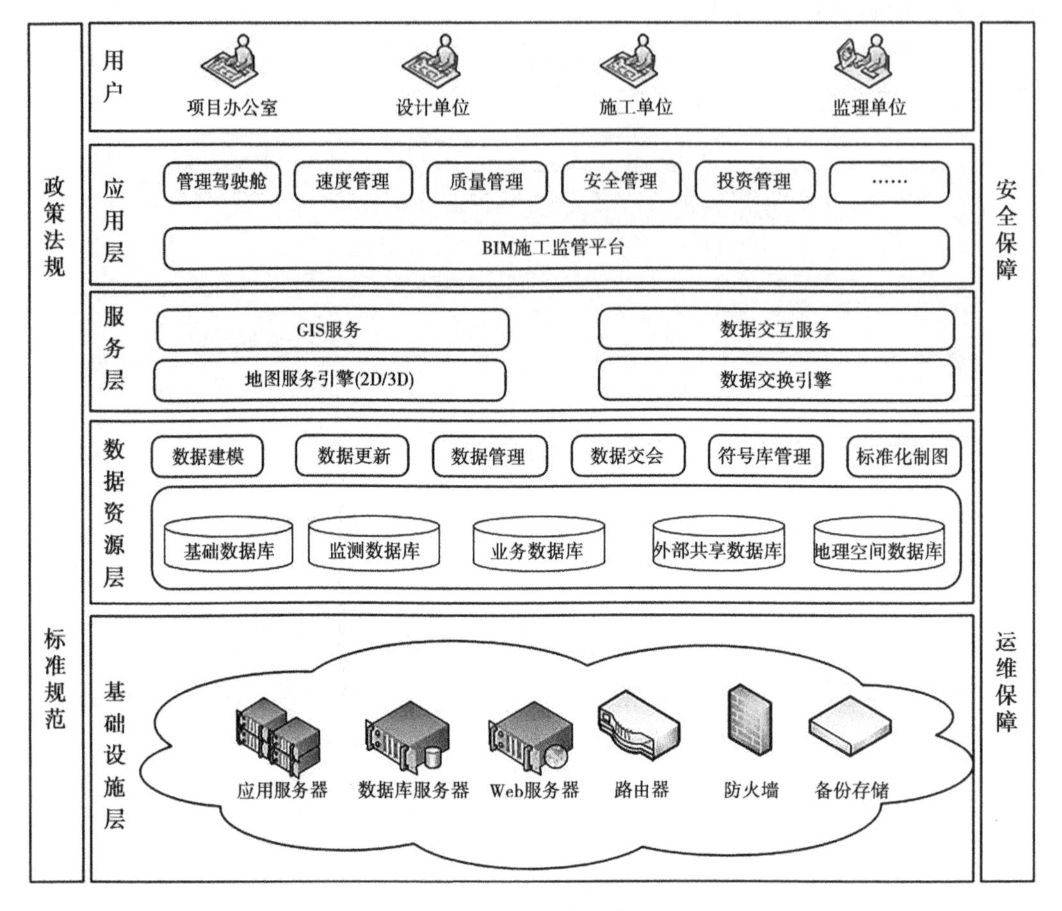

图 9.5-8　平台设计

发布等。其中,数据库包括了地理空间库、BIM 模型库、生产数据库、工程知识库等。

(3)服务层。基于数据资源层搭建,综合各种信息资源形成数据资源服务和资源服务目录,为应用层提供数据支撑。

(4)应用层。包括 BIM 施工监管平台门户及所有功能,并提供多终端访问。

(5)政策法规与标准规范体系。为确保本平台建设顺利进行和运行期间能正常工作,参照或新建一套规范体系,涉及运行环境搭建、数据汇集接入、平台开发、运行管理等各方面内容,为平台顺利运行提供技术保障。

(6)安全保障与运维保障体系。结合水利工程施工特点,建设安全和运维保障体系,全面提升网络安全态势感知和应急处置能力,满足网络安全等级保护 2.0 标准基本要求,为施工数据保驾护航。

9.5.4.2　数据库设计

平台涉及水利工程施工全过程,信息量较大,包括工程基本信息、项目基本信息、BIM 模型信息、进度信息、质量信息、安全信息、监测实时信息等。通过对平台功能点数据存储需求分析与抽象,利用 PowerDesigner 软件画出平台 ER 图。图 9.5-9 中,BIM 构件与月报基础信息、月安全问题、月质量问题等实体之间存在一对多关系(1:N)。

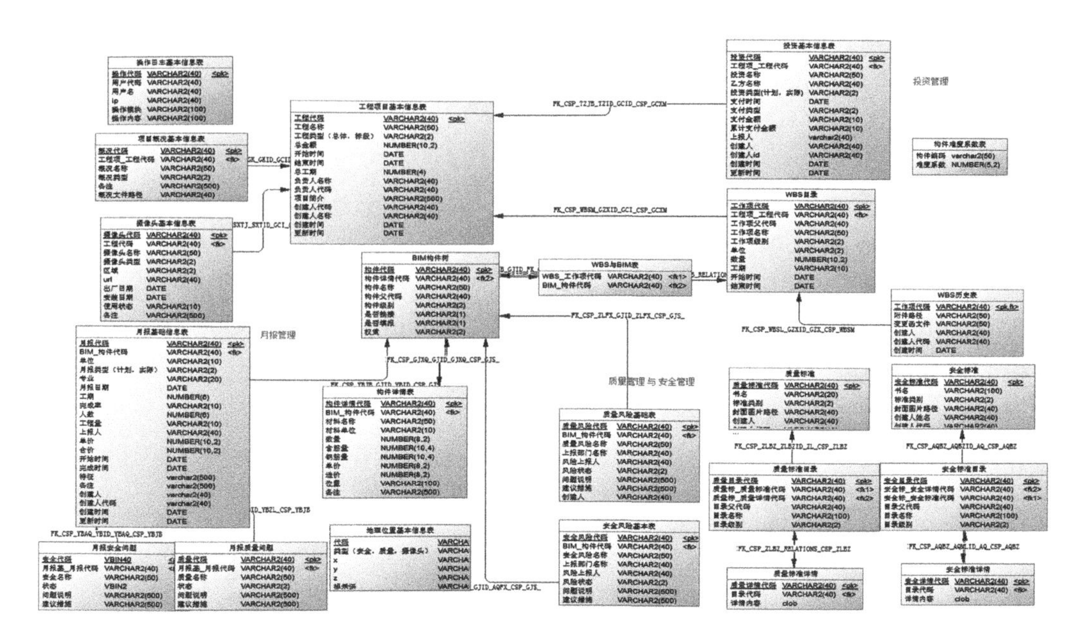

图 9.5-9　实体关系(ER 图)

9.5.5　平台功能实现

平台主要包括施工监管信息管理驾驶舱、施工进度管理、工程投资管理、施工质量管理、施工安全管理、知识中心等六大核心模块。

(1)施工监管信息管理驾驶舱。获取地质、DEM、遥感、BIM 模型、交通、居民地、施工设施、弃渣场、钻孔等地图图层数据,结合 GIS+BIM 技术,直观展示施工区域状况(见图 9.5-10,通过倾斜摄影测量数据直观展示施工区域情况),以及施工总体布置情况;同时

图 9.5-10　施工区域显示

通过项目概况、项目相关图片、视频等项目信息的展示，宏观上了解项目的基本状况；借助地图上的测量距离、测量面积、放大、缩小、点选、图层控制等功能，用户可以方便查看自己关注的信息；从工程资料管理中抽取项目文件并进行汇总，建立项目文件树，能够便捷查看项目文件。

(2)施工进度管理。通过对进度计划的导入、编辑，以及实际进度的上报、跟踪，对进度进行全方位管理。结合 BIM 技术，平台实现精细到构件级别的工程进度管理，并利用横道图(见图 9.5-11)、BIM 构件分类渲染等形式，实现实际进度与计划进度的对比(见图 9.5-12，图中绿色表示进度提前，黄色表示进度正常，红色表示进度滞后)，为用户直观展示工程进度，使业主更容易把控工程进度，分析各工序安排是否合理，协助管理者对不妥之处及时调整，为施工提供指导；实现施工进度仿真模拟，以 BIM 模型为展示基础，整合计划进度和实际进度信息，采用分类颜色渲染方式，动态仿真模拟施工过程(见图 9.5-13，按照实际进度动态模拟施工过程，并用红、黄、绿不同颜色表示施工进度状态)。

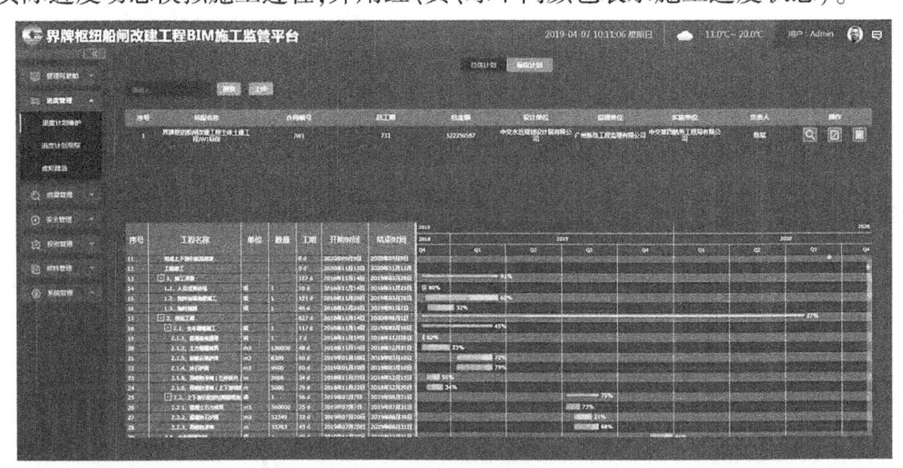

图 9.5-11　施工进度管理

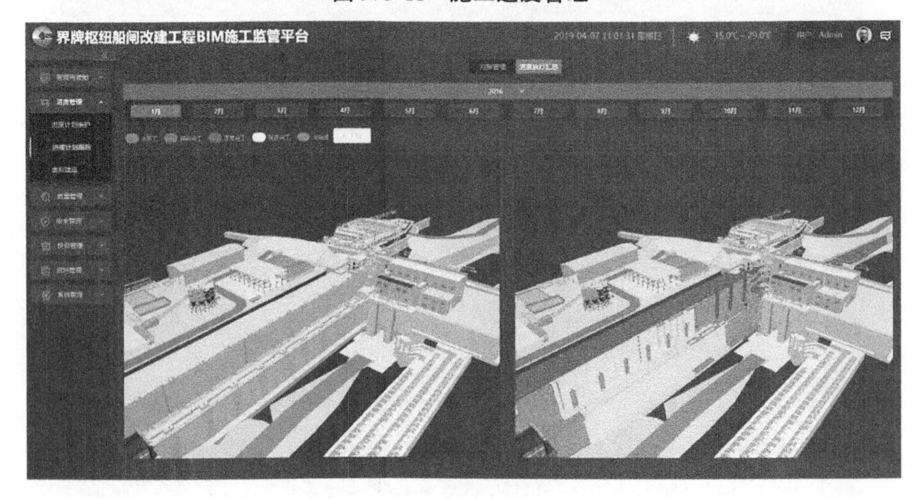

图 9.5-12　施工实际进度与计划进度对比

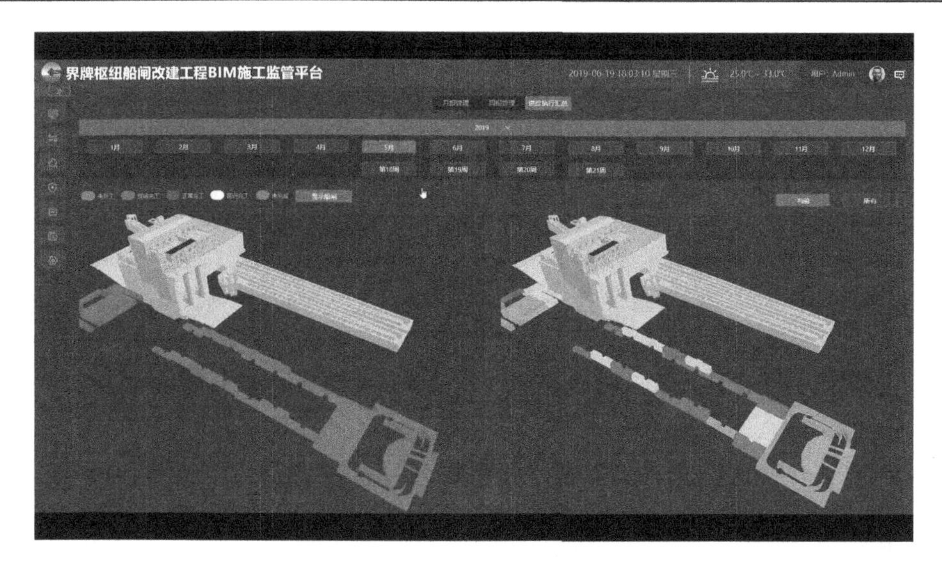

图9.5-13　基于BIM的施工进度仿真模拟

(3)工程投资管理。平台实现工程量信息管理、投资事前事中事后管理、投资进度展示、设计工程量与施工工程量对比等内容,更直观地体现出建筑工程项目的三维空间模型、时间、成本的五维建设信息,从而为工程造价全过程动态管理提供了有利条件,使项目按照施工图设计的思路进行人力资源有效配置、时间的合理安排、机械设备的有效使用、材料的有效管理。

(4)施工质量管理。实现质量控制标准管理、质量风险源管理、质量隐患管理,以及汇总与统计分析等功能。平台实现不同阶段、不同专业质量风险源辨识,由各参建方输入可能存在的风险源,用不同色标分类显示;根据质量管理相关技术标准和规范,实现质量隐患处理方案查询与输出;实现各专业、各类型风险源、质量隐患等数据汇总与统计分析,全面掌握风险源、质量隐患分布状态,辅助施工质量管理决策应用。

(5)施工安全管理。实现安全标准管理、安全风险源管理、安全风险分级管控和隐患排查治理以及汇总与统计分析等功能。平台整合安全管理相关技术标准和规范,实现技术标准和规范的查询与下载;实时监控重点施工部位及危险性较大工程,进行安全风险源识别,用不同色标分类显示。对需要进行安全整改的项目进行清单管理(整改内容、闭合时间、标准化要求比对等),协助落实隐患排查和整改闭合工作。对安全防护措施、安全标识等按照标准化的要求进行比对,反映未达标情况;对安全风险源内容、类型、排查时间等数据以图表形式汇总与统计。

(6)知识中心。平台通过录入工程相关的各类质量、安全标准和规范,建立强大的工程知识库,实现项目知识的共享与检索;同时通过建立工程资料目录树,对各类工程资料进行标准化的管理,使用户能够便捷、高效地使用工程资料,进而为电子档案移交打下坚实的基础。

9.6　BIM 应用总结

(1)BIM 技术具备统一环境、协同设计、参考连接、轻量整合、碰撞检测、三维校审、计量出图、实景漫游等特点,在本项目中得以充分运用和体现。应用三维数字化协同设计,不仅取得了本项目的预期成果,还统一了协同设计环境,制定了三维协同设计标准,研究水工建筑物的参数化建模,并建立常用三维设备的元件库,为实现后续三维协同设计的标准化、参数化和高效率奠定基础。

(2)通过将 BIM 模型进行编码管理,实现对系统中所保存的水利工程建设相关文档进行快速查询、分类管理、快速整理与存档。

(3)三维设计技术在水利水电工程设计中应用日益广泛,三维开挖设计是整个设计工作的重要组成部分,对 Bentley MicroStation 平台进行相应功能的二次开发,完善了基础平台设计工具功能体系,提高设计质量及设计效率。多个生产项目的实际应用表明,研究成果软件在三维开挖设计中提高设计产品质量、提升设计效率方面效果明显,得到了设计人员及项目业主的认可,对推动三维正向设计的"落地"具有积极意义。

(4)BIM 技术广泛应用于水利工程施工过程,使得原本需要通过纸质文件作为传递媒介的信息,通过 BIM 模型准确、高效、丰富地流转在建造过程的每个环节和各参建单位中。基于 BIM 的水利工程施工监管平台研发和投入使用,降低了 BIM 模型使用要求,各参建单位使用浏览器即可轻松查看 BIM 模型及信息,并在线仿真模拟施工场地布置方案和施工进度方案,有利于提高工程的施工效率。但该系统在设计和使用过程中也存在一定的不足:①平台过度依赖施工 BIM 模型的深化设计,保持与实际施工工序同步,需要频繁更新 BIM 模型,导致平台维护工作量大;②工程量统计和计价过于精细,使得系统使用率不高。综上,在今后对平台升级维护中还需进一步优化 BIM 模型更新和工程量统计方式。

9.7　未来努力方向

(1)现阶段利用 BIM 技术解决了设计、施工、现场监管的一体化管理。接下来,需要继续开展 BIM 模型系统性应用、技术与管理结合应用,以及项目全生命周期应用的相应工作。充分利用 BIM 技术的优势,助力每一个工程项目更成功。

(2)以 BIM 技术为核心,结合云计算、大数据信息进行洪水风险分析、工程结构安全分析等;结合物联网、智能化等先进技术进行智能化的工程调度运行,安全监测信息的自动收集、自动分析;以信息化驱动"智慧水利"创新战略的实施。

第 10 章　海南省南渡江迈湾水利枢纽工程

10.1　项目概况

10.1.1　工程地理位置

迈湾水利枢纽工程位于南渡江干流中游河段，是南渡江第二个梯级。坝址位于澄迈与屯昌两县交界处宝岭附近，上游距已建的松涛水库约 55 km，下游距河口约 142 km。

10.1.2　水文

10.1.2.1　流域概况

1. 自然地理

南渡江流域位于东经 109°12′~110°35′、北纬 18°56′~20°05′，流域面积 7 033 km^2，占海南岛总面积的 20.6%。流域范围涉及海口、定安、澄迈、屯昌、临高、儋州、文昌、琼中和白沙等市(县)。

南渡江流域地势西南高、东北低，上游是中低山地区，山脊陡峻，高程在 500 m 以上，最高点为鹦哥岭，高程达 1 811 m，上游河谷狭窄，坡降大，急滩多；中游为低山丘陵，南高北低，一般山顶高程为 200~500 m，最高点黎母岭高程 1 411 m，中游河段山间沟谷发育，河道两岸地形陡峻，河道迂回弯曲；下游为丘陵台地及滨海平原三角洲，南高北低，河道宽阔，坡降平缓，沙洲、小丘、浅滩较多，两岸是平坦的台地，大部分为农田。

2. 河流水系

南渡江是海南岛第一大河流，发源于海南省白沙县南峰山，干流向东北流经白沙、儋州、临高、琼中、屯昌、澄迈、定安、海口、文昌等 9 市(县)。南渡江干流长 334 km，河道平均坡降 0.72‰，总落差 703 m，流域形态呈狭长形，平均宽度 21 km。

南渡江松涛水库坝址以上为上游(河段长 137 km)，松涛水库坝址至九龙滩电站坝址为中游(河段长 83 km)，九龙滩电站坝址以下为下游(河段长 114 km)，其中龙塘电站坝址以下为河口段(河段长 26 km)。流域集水面积 100 km^2 以上的一级支流有 15 条。

海口市主要河流有 17 条，其中南渡江水系 7 条，分别为鸭程溪、铁炉溪、三十六曲溪、昌旺溪、南面溪、响水溪和美舍河；独流入海的有 9 条，分别为演州河、罗雅河、演丰东河、演丰西河、芙蓉河、龙昆沟、五源河、秀英沟和荣山河；另有白石溪流经文昌市境内出海。

3. 主要水利工程

南渡江干流已建的主要工程有松涛水库、谷石滩电站、九龙滩电站、金江电站、龙塘电站，除松涛水库为大型工程外，其他梯级均为径流式小电站。

松涛—龙塘站区间 5 345 km^2 的集水面积内无大型水库，现有中型水库 11 宗，控制集水面积 364 km^2，占区间面积的 6.8%，兴利库容 2.17 亿 m^3，设计灌溉面积 28.68 万亩，实际灌溉面积 17.67 万亩。

10.1.2.2　气象与水文基本资料

1. 气象

南渡江流域地处热带北部边缘，气候温和，降水充沛，台风频繁，干、湿季差别显著。多年平均气温 23.5 ℃，极端最高气温 41.6 ℃，极端最低气温-3.1 ℃；多年平均日照时数 2 100 h；多年平均相对湿度 85%。流域内主导风向为东北季风，上游年平均风速为 1.5 m/s，是全岛风速最小的地区；中下游受冬季东北风及台风影响，常年风速较大，多年平均风速为 3~4 m/s。流域多年平均降水量 1 900 mm，降水主要集中在 5—11 月的汛期，占全年降水量的 85%。多年平均水面蒸发量 1 450 mm。

2. 水文基本资料

可行性研究阶段，水文基本资料径流、洪水系列在项目建议书阶段 2010 年系列基础上均延长至 2013 年，本阶段将径流、洪水资料系列延长至 2018 年，对径流和洪水成果进行了复核。复核结果表明，由于延长年份非特丰、特枯年，对径流成果和设计洪水成果基本无影响，故本阶段径流、设计洪水成果均维持可行性研究阶段推荐成果不变。

可行性研究阶段在坝址河段设立了专用水文站，施测有 19 个月的坝址河段 3 组水尺水位和高、中、低水 74 个流量，实测最大流量 2 930 m^3/s，对坝址水位-流量关系曲线进行了复核修正。

选取南渡江干流的亲足口（松涛）、加烈、金江、定安、龙塘、迈湾专用站等水文（位）站作为水文计算的设计依据站。各站资料已经审查、整编、刊印，资料精度较高，可直接采用。

10.1.2.3　径流

迈湾水库坝址位于松涛水库下游，区间集水面积 970 km^2，由于松涛水库拦蓄大坝以上径流，基本无水量下泄，迈湾坝址来水量即松涛—迈湾区间径流量。

可行性研究阶段经对比分析论证，在项目建议书阶段松涛—龙塘区间 1955—2009 年水文年天然径流系列基础上延长至 2013 年，其系列均值分别为 173 m^3/s、178 m^3/s，相差仅 2.9%。说明延长前的径流系列仍具有较好的代表性，故径流系列及成果仍维持项目建议书阶段系列及成果不变，径流采用系列年限为 1955—2009 年共 55 年。

本阶段径流系列由可行性研究阶段 1955—2013 年系列延长至 2018 年，延长的 2014—2018 年 5 年水文年资料，松涛—龙塘区间天然径流平均值是 171 m^3/s，最大值是 2018 年的 217 m^3/s，最小值是 2015 年的 88.2 m^3/s，5 年松涛—龙塘区间天然径流平均值 171 m^3/s 比 1955—2009 年天然系列平均值 173 m^3/s 小 1.2%，比 1955—2013 年天然系列平均值 178 m^3/s 小 3.9%，延长后的 1955—2018 年系列松涛—龙塘区间天然径流平均值为 177 m^3/s，与 1955—2013 年系列均值 178 m^3/s 相差 1 m^3/s。

由以上分析成果及径流系列代表性分析结论可知，本阶段径流系列仍维持可行性研究阶段采用系列不变，仍采用 1955—2009 年共 55 年径流系列。

1. 实测径流

由龙塘站 1955—2009 年流量以旬为单位减去相应亲足口站（或松涛大坝溢洪道）流

量,求得松涛—龙塘站区间1955—2009年共55年流量系列。

松涛—迈湾区间径流系列依据龙塘站径流系列,按面积和降水量修正推算。松涛—迈湾、松涛—龙塘站区间多年平均流量分别为33.6 m^3/s、167 m^3/s,相应多年平均径流量分别为10.59亿 m^3、52.56亿 m^3。

2. 天然径流

根据松涛—龙塘站区间实测径流、松涛—龙塘站区间历年各行业耗水量、松涛灌溉回归水量、跨流域引出水量,还原计算松涛—龙塘站区间天然径流,松涛—迈湾区间天然径流以松涛—龙塘站区间天然径流,按面积和降水量修正推算。松涛—龙塘站区间多年平均天然流量为173 m^3/s,相应径流量54.62亿 m^3;松涛—迈湾区间多年平均天然流量为34.9 m^3/s,相应径流量11.0亿 m^3。

3. 径流特性

南渡江中下游河段径流由降水形成,径流的时空变化与降水的时空变化基本一致。径流年内分配不均匀,洪枯流量间相差较大。经统计分析,松涛—龙塘站区间多年平均天然流量为173 m^3/s,汛期(6—11月)水量占全年水量的76.5%,枯期(12月至翌年5月)水量占全年水量的23.5%。

径流年际变化不稳定,变幅较大,丰枯水年组交替出现,持续时间较短。由于松涛水库基本无放水,龙塘断面实测资料即为松涛—龙塘站区间成果,根据实测系列统计,龙塘断面最大年流量为276 m^3/s(2000年6月至2001年5月),最小年流量为64.5 m^3/s(1959年6月至1960年5月),丰枯比值为4.3倍。

10.1.2.4　洪水

可行性研究阶段各站洪水系列采用至2013年,本阶段将洪水系列延长至2018年,延长的5年洪水量级并非特别大,2014—2018年龙塘站实测最大洪水是2016年8月洪水,洪峰流量3 890 m^3/s,上游松涛水库大坝未泄洪,主要为松涛—龙塘区间洪水,而松涛—龙塘区间天然洪峰流量均值为3 510 m^3/s。2014—2018年松涛入库最大洪水是2014年洪水,洪峰流量10 600 m^3/s,松涛入库洪峰流量均值为4 080 m^3/s。从分析的各断面(区间)设计洪水成果及频率曲线图看,相同频率设计值相差在3%以内,本阶段设计洪水成果仍维持可行性研究阶段成果不变。

1. 暴雨洪水特性

南渡江的洪水由暴雨所形成。较大和特大洪水又多为热带气旋(特别是台风)系统所产生,个别年份在北方冷空气配合下也会产生较大洪水,或二者兼有。暴雨常发生在4—11月,一次降雨过程3 d左右,最长可达13 d,其中暴雨历时1~3 d,最长5 d。

流域的洪水有来势迅猛、峰高、过程尖瘦等特点。洪水过程线有单峰型,也有复峰型,单峰和复峰出现的频次相当。大洪水和特大洪水多在9月或10月出现。洪水的年际变化也不稳定,丰、枯水变幅较大。

2. 设计洪水过程线

各断面设计洪水主要包括坝址断面和防洪控制断面洪水,坝址断面设计洪水地区组成采用同频率组合法,下游防洪断面设计洪水地区组成比较复杂,采用典型年组合法。

1）典型洪水过程线

迈湾水库坝址典型洪水过程线选取 1957 年、1958 年 2 场实测大洪水，各断面洪水过程线采用洪水演进法计算。

防洪控制断面典型洪水过程线，根据南渡江流域洪水地区组成特点，选取峰高量大、对工程不利的洪水作为典型洪水。共选取 7 场典型洪水，包括上游洪水为主型（1963 年、1976 年）、中下游洪水为主型（1996 年、2000 年、2010 年）和全流域洪水型（1957 年、1958 年），通过洪水演进法推求各断面洪水过程。

2）设计洪水过程线

迈湾水库坝址设计洪水过程根据典型洪水过程及其洪峰、时段洪量和测站（断面）、区间设计峰量值，按同频率分段控制缩放典型洪水过程线，得出各站（断面）、区间设计洪水过程线。

防洪控制断面设计洪水过程线（龙塘、定安和金江断面），以各防洪控制断面设计洪峰、最大 24 h、最大 3 d 洪量与典型年洪水过程的洪峰、最大 24 h、最大 3 d 洪量的倍比，放大同一典型年上游各断面和区间的相应洪水过程，并通过水量平衡进行修正。

3. 设计洪水地区组成

迈湾水库坝址断面设计洪水地区组成，采用同频组合法进行分析，即松涛—迈湾区间洪水与迈湾坝址洪水同频率，松涛水库以上洪水相应；松涛水库洪水与迈湾坝址洪水同频率，松涛—迈湾区间洪水相应。分析过程中，松涛水库设计或相应洪水均转换为松涛入库洪水。

防洪控制断面设计洪水地区组成，以龙塘断面为控制的设计洪水地区组成，采用龙塘站的 $P=1\%$ 设计洪水放大上游各断面及区间设计洪水过程线。以定安和金江为控制断面的设计洪水地区组成，采用定安站和金江站的 $P=2\%$ 设计洪水放大上游各断面及区间设计洪水过程线。从水量平衡的角度考虑，保证各分区洪水过程线组合演算到控制断面，与控制断面基本吻合，若差别较大，针对各区间洪水过程线修正。

4. 受工程影响后设计洪水

1）迈湾水库坝址设计洪水

迈湾水库坝址以上建有松涛水库，虽未设置防洪库容，但水库库容较大，对上游型洪水滞洪作用明显。迈湾水库坝址受松涛水库影响后设计洪水采用同频组合法分析，分别采用区间同频、坝址相应和坝址同频、区间相应两种组合。因松涛水库库容较大，对上游产汇流条件影响较大，根据松涛水库坝址与入库洪水的关系，将松涛水库设计（相应）洪水转换为入库洪水进行调洪计算。经分析，1957 年型区间同频、坝址相应入库的地区组合求得的迈湾水库坝址设计洪水对工程更为不利，主要由于松涛水库具有较大调蓄能力，而松涛大坝至迈湾水库坝址的区间洪水难以控制，故采用松涛—迈湾区间设计洪水与坝址设计洪水同频率，松涛水库以上入库洪水相应的洪水组合方案，作为受松涛水库调节后的迈湾水库坝址设计洪水。

2）防洪控制断面设计洪水

根据典型年法计算的断面及区间设计洪水，按照松涛水库和迈湾水库的调度方式，分别采用松涛水库单库调节和松涛、迈湾水库两库调节后，计算防洪控制断面（龙塘、定安、金江)设计洪水。

5. 分期洪水

迈湾水库坝址无实测水文资料,下游加烈站和龙塘站具有实测资料,可根据下游站按面积比指数法分析迈湾水库坝址分期洪水。

可行性研究阶段分期洪水系列采用加烈站 1970—2013 年实测系列,本阶段延长 2014—2018 年,延长的 5 年仅 2016 年 8 月洪水较大,龙塘站洪峰流量 3 890 m^3/s,上游松涛水库大坝未泄洪,相当于区间松涛—龙塘区间洪水,与区间洪水均值 3 510 m^3/s 相近。枯期内未发生较大洪水,故分期洪水成果仍维持可行性研究阶段成果不变。

10.1.2.5　泥沙

流域植被良好,水土流失轻微,河流悬移质含量较小。龙塘坝址多年平均悬移质年输沙量直接采用松涛水库建成后(1970—2009 年)的龙塘站实测成果,为 25.8 万 t,多年平均含沙量为 0.044 kg/m^3。迈湾水库坝址多年平均悬移质年输沙量依据松涛水库建库后龙塘站成果按年径流量比推算,得迈湾水库坝址多年平均悬移质年输沙量为 5.2 万 t。

由于无实测资料,推移质按悬移质输沙量的 20%计算,算得迈湾水库坝址多年平均年推移质输沙量 1.04 万 t,迈湾水库坝址多年平均年总输沙量 6.24 万 t。

10.1.2.6　水位-流量关系

可行性研究阶段在坝址河段设立了专用水文站,施测有 19 个月 3 组水尺水位和高、中、低水 74 个流量,实测最大流量 2 930 m^3/s,对项目建议书阶段拟定的坝址水位-流量关系曲线进行了复核和修正。

本阶段没有增加新的资料,坝址水位-流量关系成果仍维持可行性研究阶段成果不变。

10.1.2.7　蒸发

工程点较近的蒸发观测站为澄迈气象站,直线距离水库坝址约 37 km,该站属国家基本气象站,收集有 1960—2015 年的水面蒸发观测资料和降水资料,蒸发观测采用 E20(Φ20)小型蒸发器。本设计根据中国气象科学研究院任芝花等编著的《小型蒸发器对 E601 蒸发器的折算系数》成果,将 E20 蒸发成果转为 E601 蒸发成果,再根据《水利水电工程水文计算规范》(SL 278—2002)中海南省水面蒸发折算系数,计算大水面水面蒸发。计算得澄迈站实测多年平均蒸发量 1 752.5 mm,折算后的多年平均水面蒸发量为 1 191.0 mm。

以澄迈站 1960—2015 年多年平均降水量 1 836.6 mm 减去松涛—迈湾区间同系列多年平均径流深 1 180.6 mm,得到水库多年平均陆面蒸发量 656.0 mm,按澄迈站多年平均实测蒸发月分配比例分配至各月,得到水库多年平均逐月陆面蒸发量,各月水面蒸发减去陆面蒸发即为水库逐月蒸发增损量,多年平均蒸发增损深度 534.9 mm。

10.1.2.8　水文自动测报系统

为确保工程施工期安全渡汛和建成后兴利、灌溉、防洪等优化调度,充分发挥工程综合效益,需设立水文自动测报系统。

根据工程上、下游现有遥测站网布置情况,为确保迈湾水利枢纽工程在施工和运行期防洪安全,满足水库实时调度的需要,编制迈湾水利枢纽水情(水位)预报方案。预报方案采用经验性降水径流预报和新安江模型预报两套方案，以便实时预报时相互补充、相互检验。根据流域特性参数及洪水传播时间，初估该方案的预见期约为 5 h。

综合考虑枢纽任务和流域上下游情况，本系统的构成为 1:14，即 1 个中心站（迈湾水库中心站）、14 个遥测站。14 个遥测站中，包括 9 个遥测雨量站、1 个遥测水位雨量站、4 个遥测水文水位站。

松涛水库以上布置 3 个遥测站点，其中南丰雨量站、南丰水文站可从已建南渡江流域水情站点自动测报系统读取，松涛水库坝下水文站经技术改造为自动遥测站点后，可获得数据；松涛—迈湾区间布设 11 个遥测站点，其中大丰、南坤 2 个雨量站为已建站点，通过已建自动测报系统读取，蓝洋、红门、新进、中坤、新安、柄田 6 个雨量站，迈湾坝上 1 个水位雨量站、迈湾坝下 1 个水文站共计 8 个站点为新建遥测站点，松涛水库坝下水文站 1 个为改造站点，下游防洪判定站点龙塘站，直接从已建自动测报系统中读取。

系统的通信采用 GSM/GPRS 短信通信方式，松涛坝下水文站、松涛水库南丰水文站、迈湾坝下水文站、龙塘水文站增加备用卫星通信通道，遥测工作体制采用自报工作方式。

10.1.3 工程地质

10.1.3.1 区域地质概况

南渡江是海南岛最长的河流，发源于昌江、白沙两县交界的坝王岭（黄牛岭附近），东北流经白沙、儋州、琼中、屯昌、澄迈、海口等市（县），主流在海口市入海。全长 314 km，流域面积 7 176 km^2，是海南第一大河流。南渡江中游流域属侵蚀剥蚀地貌单元，地形总体趋势是南高北低，地貌从南向北为低中山—低山—丘陵逐级迭低，山顶高程 200~400 m。中上游具有幼年期水系特征，蜿蜒曲折，小溪冲沟发育，地表侵蚀切割强烈，局部陡壁发育，河床险滩较多。

迈湾水利枢纽位于南渡江的中游河段，主要为丘陵、剥蚀波状平原等地貌单元。地势总体呈两山夹一江的态势，南渡江在工程区内总体呈东西向分布，沿河南北两侧多丘陵，丘陵外侧多分布剥蚀平原。南渡江在中流地段基本以下切为主。

区内出露地层有：古生界志留系、石炭系，中生界侏罗系、白垩系，新生界第四系地层以及侵入花岗岩。本工程场地在区域地质构造上隶属华南沿海华力西褶皱系（Ⅲ）。北以王五—文教东西向大断裂为界，即琼北断陷盆地之南；南以尖峰—吊罗深大断裂为界，具体位于琼中隆起的北缘。受王五—文教与尖峰—吊罗深大断裂的挤压作用，区域内地质构造发育，工程区主要的变形构造是褶皱构造和断裂构造，区内所有的地层都发生了不同程度的褶曲，尤其是变质地层形成了大型复式向斜，斜贯整个测区。受多期构造运动影响，区内地层褶皱，岩体错断，层间错动强烈。断裂构造以水平剪切错动为基本特征，多表现为压扭和张扭性，工程区主要发育近南北向、北北东向、北东向、北西向及近东西向 5 组断裂构造，有王帝殿—南棍园复式向斜和松涛向斜；牛坡园—秃岭断裂、南蛇岭断裂带、昆仑农场—黄岭农场断裂、海漫—亲足口断裂、冰岭断裂、坡尾—亚岭断裂带、石弄花断层。

根据《中国地震动参数区划图》（GB 18306—2015）。本工程区坝址及库区地震动峰值加速度为 0.10g，相应地震基本烈度为Ⅶ度，工程区大于 7 级地震 1 次，6~6.9 级地震 2 次，区域性重磁异常不明显，区域地震构造背景较为复杂，近场区主要断裂均为前第四纪断裂,主要断裂的活动时期在晚更新世之前,地震活动水平较低。综上所述,本区属构造稳定性较差的地区。

10.1.3.2 水库区工程地质评价

1.水库渗漏

库区河段两岸为低山丘陵地貌,库区河段下坝址上游1.10 km处左岸及库区右岸黄岭农场8队附近,有7个低矮垭口,位于正常蓄水位附近,垭口山体较为单薄,存在水库渗漏问题,需修建副坝予以解决。其余库段附近无更低的邻谷与之相通,库盆主要由浅变质砂岩、炭质粉砂岩、花岗岩等非可溶性岩类组成,水库不存在永久渗漏问题。

2.库岸稳定

除上坝址上游150 m处存在一不稳地体外,其余地段未发现不良地质现象,岸坡自然边坡基本稳定,据地形地质条件分析,水库蓄水后,不致产生大规模的边坡失稳现象,局部地段可能发生覆盖层或因节理裂隙发育的基岩边坡形成的小规模的塌岸现象,对工程影响甚微。

3.库区浸没

库区无具有工业开采价值的矿产,库区黄岭农场存在少量房屋及耕地的浸没问题,浸没面积约10 000 m^2,影响民房2栋。

4.固体径流和淤积

区内属海洋性气候,受热带气旋和低压影响,降雨集中,河水洪水期暴涨暴落,雨水对沿河两岸冲沟冲刷造成局部地带产生水土流失现象,但对水库影响不大,水库淤积问题不突出。

5.水库诱发地震

迈湾水利枢纽属于大(2)型水库,从水库规模、库区地震地质条件、构造应力环境及区域地震活动性等条件上分析和概率预测结果看,基本不具备发生水库诱发地震的可能性。但由于水库蓄水后,水体荷载和渗流等多种因素也会引起库区自身构造应力的调整,不能排除发生浅源小震及微震的可能,但其最大震级预计不大于M4.2(里氏ML4.7级),影响到坝区的最高地震烈度不会超过库区地震基本烈度(Ⅶ度)。

10.1.3.3 枢纽区工程地质条件

1.坝线比选

本阶段在下坝址布设了3条坝线,上、中、下坝线依次相距约50 m,中坝线为折线方案,左岸1#~5#坝段位置向上游折25°。

3条坝线地形地貌、地层岩性及地质构造基本相同,但下坝线离下游2条冲沟距离较近,特别是左岸冲沟。右岸山脊上、中、下坝线依次降低,坝基开挖形成边坡上坝线最高,中坝线次之,下坝线最低。弱风化顶板埋上、中、下坝线基本相同,但上坝线左岸近河床处有一风化深槽,低于河床14.8 m;中坝线右岸断层位置风化较深,低于河床10.0 m。从地质角度来讲,上、中、下坝线工程地质条件基本相同。由于两岸岩体风化较深,修建重力坝两坝肩开挖工程量大,两岸坝肩均形成开挖高边坡,处理难度大、投资高,3条坝线各有优缺点。由于下坝线右岸山脊高程较中坝线低,坝肩开挖工程量相对较低,形成的人工边坡较少,边坡处理难度较小,下坝线左岸邻近冲沟位置,左岸岩体风化比上、中坝线深,下坝线坝肩开挖量也大。从地质角度来讲,3 条坝线均具备建坝条件,修建重力坝上、中坝线较适合,因此经水工、施工等综合比较后确定推荐中坝线为本阶段选定坝线,坝型采用碾压混凝土重力坝。

2. 枢纽区工程地质条件

中坝线河谷为基本对称“V”形纵向谷,属侵蚀剥蚀低山—丘陵区,左岸山顶高程 274. 60 m,坡角 30°~40°;右岸山顶高程 175. 60 m,坡角 30°~40°,正常蓄水位时宽高比为 5. 2,坝线长为 298. 38 m。

坝址区出露地层主要有石炭系上统石岭群下亚群(C_2sh^a)和第四系松散堆积物(Q)。根据坝址岩性将坝址岩层分为三段。

中坝线位于王帝殿—南棍园向斜的北西翼,受顺河向断层的影响,坝址岩层产状略有变化,与向斜总体产状并不一致。左岸断裂构造较发育,受断层影响,岩层产状变化较大,岩层揉皱发育,局部产状会有反转,总体岩层产状为 300°/NE∠45°,左岸为逆向坡,右岸为顺向坡。

根据钻孔资料,中坝线地下水位左岸埋深为 4. 10~67. 0 m,相应高程 51. 95~168. 60 m;右岸埋深为 8. 60~51. 20 m,相应高程 52. 80~124. 48 m。

以透水率 $q \leqslant 3$ Lu 作为相对隔水层标准,相对隔水层顶板左岸埋深为 16. 50~50. 60 m,河床埋深为 2. 40~8. 92 m,右岸埋深为 26. 70~55. 10 m。左、右岸防渗建议与两岸地下水位相接,左岸距地下水位线水平防渗长度为 84. 30 m,右岸距地下水位线水平防渗长度为 72. 90 m,河床以 $q \leqslant 3$ Lu 为依托,距 3 Lu 线垂直防渗深度约为 8. 92 m。

中坝线两岸风化均较深,左岸风化深度大于右岸,左岸强风化层厚度 2. 30~69. 90 m,顶板高程 54. 22~160. 03 m,其中强风化层上部岩体厚 2. 30~53. 00 m,顶板高程 54. 22~160. 03 m;强风化层下部岩体厚 17. 50~24. 0 m,顶板高程 93. 84~117. 13 m。河床部位强风化层厚 2. 0 m,仅 ZK57 有揭露该层,其余钻孔揭露均为弱风化岩体,右岸强风化层厚度 16. 0~49. 40 m,顶板高程 53. 60~166. 08 m,其中强风化层上部岩体厚 7. 20~34. 40 m,顶板高程 53. 60~166. 08 m;强风化层下部岩体厚 4. 10~15. 00 m,顶板高程 44. 80~131. 68 m。坝线右岸岸边 f1 断层处风化较深,最深处低于河床约为 10. 0 m。

中坝线左岸弱风化层上部层厚 1. 40~24. 20 m,顶板高程 51. 926~159. 00 m,高程较高部位钻孔未钻穿该层;弱风化层下部层厚 13. 30~46. 30 m,顶板高程 44. 76~65. 52 m。河床弱风化层上部层厚 4. 7~13. 30 m,顶板高程 48. 0~50. 49 m;弱风化下部层厚 55. 20~78. 0 m,顶板高程 34. 7~41. 87 m。中坝线右岸弱风化层上部层厚 4. 0~30. 0 m,顶板高程 41. 6~116. 68 m,高程较高部位钻孔未钻穿该层;弱风化层下部层厚 7. 0~40. 20 m,顶板高程 37. 6~74. 66 m。

根据地表地质测绘和勘探成果资料,枢纽区未发现滑坡和泥石流等不良地质现象。坝址选择范围内未见大规模卸荷裂隙产生的危岩存在,坝址左、右岸各有崩塌堆积体分布。

3. 枢纽区工程地质评价

左岸挡水坝段最大坝高 68. 0 m,设计建基面高程 45. 0~99. 0 m,弱风化岩体上部岩体总体属 $B_{Ⅲ2}$~$A_{Ⅲ2}$ 类岩体,强风化上部岩体属 $A_{Ⅴ}$ 类坝基岩体,强风化下部岩体属 $A_{Ⅳ}$ 类坝基岩体，强风化建基岩体质量尚未完全达到规范要求，须做固结灌浆处理。对 f2、f4、f17 断层破碎带以及坝基开挖过程中新揭露的断层采用开挖回填混凝土塞处理。弱风化岩体基本可以满足其强度和变形要求。坝 0+000—坝 0+015 段采用强风化下部作为坝基持力层，强风化下部与弱风化带交界部位坝基可能存在不均匀沉降变形问题，建议设计进行变形、稳定验算。为进一步提高基础的完整性，结合断层处理，建议对坝基进行全面固结灌浆处理。坝基强风化岩体存在坝基及绕坝渗漏问题，须做防渗处理，帷幕底板建议接相对隔水层或稳定地下水位，并向下部及山体一侧延伸 3.0～5.0 m。崩塌堆积体均匀性差，结构较松散，局部存在大滚石，坝基范围内全部清除该层。7#及 8#坝段岩体上部(高程 20.0 m 以上)缓倾角裂隙稍发育，建议设计对 7#及 8#坝段进行坝基抗滑稳定验算。其余坝段缓倾角裂隙弱发育，坝基抗滑稳定问题不突出。建议施工期间加强施工地质工作，对局部发现的缓倾角裂隙发育坝段及时进行处理。

溢流坝段最大坝高约 73.0 m，建基面主要位于弱风化岩体上部。弱风化上部浅变质砂岩属 $A_{Ⅲ2}$ 类坝基岩体，弱风化下部浅变质砂岩属 $A_{Ⅲ1}$ 类坝基岩体，弱风化上部浅变质砂岩岩体完整性差，局部节理裂隙稍发育，为进一步提高基础的完整性，结合断层处理，建议对坝基进行全面固结灌浆处理。溢流坝段 9#及 10#坝段岩体上部(高程 20.0 m 以上)缓倾角裂隙稍发育，建议设计对 9#及 10#坝段进行坝基抗滑稳定验算。其余坝段缓倾角裂隙弱发育，坝基抗滑稳定问题不突出。建议施工期间加强施工地质工作，对局部缓倾角裂隙发育坝段及时进行处理。坝基上部岩体存在坝基渗漏问题，建议对坝基进行防渗处理，帷幕底界接相对隔水层，并适当向下延伸 3.0～5.0 m。基坑开挖形成 3～4 m 高的临时边坡；可能形成楔形体滑动或平面滑动，考虑到坡高有限，故建议加强观测、视情况做喷锚支护处理。坝址河床基岩相对较完整，基岩抗冲刷能力较强，但其上部裂隙较发育，会降低岩体的抗冲刷能力。为减小下游冲坑深度，减轻对两岸岸坡的淘刷，应尽量利用现有河槽宽度。为使泄洪水流平顺，适当对下游河槽及两岸边坡进行开挖平整。

发电进水口及右岸灌区渠首坝段最大坝高约 75.0 m，设计建基面高程 38.00～63.00 m，建基面主要位于弱风化岩体下部，局部位于弱风化上部。弱风化上部浅变质砂岩属 $A_{Ⅲ2}$ 类坝基岩体，弱风化下部浅变质砂岩属 $A_{Ⅲ1}$ 类坝基岩体，弱风化上部炭质粉砂岩属 $B_{Ⅲ2}$ 类坝基岩体。弱风化上部岩体完整性差-较完整，弱风化下部岩体完整性较好，坝基岩体基本可以满足建基要求。14#、15#坝段位于 f1 断层部位，断层带岩体破碎，不宜直接作为坝基持力层，建议对 f1 断层破碎带采用开挖回填混凝土塞处理。坝基右岸岩层受 f1 断层影响，岩层产状变化较大，岩层面和裂隙面可能构成结构面不利组合，会出现楔形体滑动或平面滑动，边坡稳定问题会受一定影响，建议采取支护处理措施，如喷锚支护。坝基下游厂房开挖形成临空面，坝基上部岩体较破碎，建议基础加强固结灌浆处理，岩体上部虽有缓倾角裂隙发育，但裂隙延伸长度多在 2 m 以内，石英脉充填，胶结较好，坝后厂房开挖面已嵌入基岩内一定深度，相当于做了齿槽开挖处理，坝基抗滑稳定问题不突出。坝基上部岩体裂隙稍发育，存在坝基渗漏问题，建议对坝基进行防渗处理。

右岸挡水坝段弱风化上部浅变质砂岩属 $A_{Ⅲ2}$ 类坝基岩体，炭质粉砂岩属 $B_{Ⅲ2}$ 类坝基岩体，弱风化下部浅变质砂岩属 $A_{Ⅲ1}$ 类坝基岩体，炭质粉砂岩属 $B_{Ⅲ2}$ 类坝基岩体。坝 0+458.50—坝 0+483.50 段建基面位于弱风化上部，裂隙稍发育，建议基础加强固结灌浆处理,弱风化上部岩体可以满足其强度和变形要求。坝 0+483.50—坝 0+500.00 段建基面位于强风化岩体下部,属 $A_{Ⅳ}$ 类坝基岩体,强风化建基岩体质量尚未完全达到规范要求,须做固结灌浆处理,强风化下部与弱风化带交界部位坝基可能存在不均匀沉降变形问题,建议设计进行变形、稳定验算。对 f3、f14、f15 断层破碎带以及坝基开挖过程中新揭露的断层采用开挖回填混凝土塞处理。右岸挡水坝段坝基岩体缓倾角不发育,坝基抗滑稳定问题不突出。建议施工期间加强施工地质工作,对局部发现缓倾角裂隙发育坝段及时进行处理。坝基强风化岩体存在坝基及绕坝渗漏问题,须做防渗处理。

导流洞进口洞脸为残坡积碎石土、强风化岩体,靠近河床侧开挖会涉及崩坍堆积层,边坡岩体质量较差-差,强风化带以上坡体汛期极易产生滑塌,开挖存在开挖边坡稳定问题,建议严格控制坡比,加强永久护坡及坡体排水处理。桩号 0+000—0+067 段洞身为强风化岩体,岩体完整性较差,属Ⅳ类岩体,局部为Ⅴ类岩体,成洞条件较差,建议全断面衬砌。洞身 0+067—0+107 段为弱风化岩体,洞身位于弱风化岩体上部,岩体节理裂隙较发育,岩体较破碎,完整性差,属Ⅳ类岩体,成洞条件较差,建议全断面衬砌。

洞身段桩号 0+107.00—0+581.00、0+640.0—0+802.0 段洞身为弱风化岩体,属Ⅲ类岩体,成洞条件较好,在断层破碎带、节理密集带地段应注意洞壁围岩的稳定性,强风化岩体与弱风化岩体接触面节理裂隙较发育,属Ⅳ类围岩,成洞条件较差,建议做好防护。桩号 0+581.00—0+640.0 洞身段横穿冲沟,洞身段岩体主要为弱风化岩体,洞顶弱风化岩层厚约为 7.0 m,洞身岩体节理裂隙较发育,岩体较破碎,属Ⅲ~Ⅳ类岩体,成洞条件稍差,建议全断面衬砌。

导流洞桩号 0-000—0-118.00 段为进水渠段,0-118.00—0-051.00 段地基为河流冲击砂砾石层上,0-051.00—0-010.00 段地基为强风化浅变质砂岩,抗冲刷能力差,建议做好防护。洞脸为残坡积碎石土、强风化岩体,靠近河床侧开挖会涉及崩塌堆积层,边坡岩体质量较差-差,强风化带以上坡体汛期极易产生滑塌,开挖存在开挖边坡稳定问题,建议严格控制坡比,加强永久护坡及坡体排水处理。

桩号 0+000—0+100 段为进口段,桩号 0+000—0+067 段洞身为强风化岩体,属Ⅳ类岩体,局部为Ⅴ类岩体,成洞条件较差,建议全断面衬砌。洞身 0+067—0+100 段为弱风化岩体,洞身位于弱风化岩体上部,属Ⅳ类岩体,成洞条件较差,建议全断面衬砌。洞身 0+100.00—0+107.00、0+805.00—0+830.00 段为弱风化岩体,弱风化上部岩体节理裂隙较发育,属Ⅳ类岩体,成洞条件较差,建议全断面衬砌。桩号 0+107.00—0+581.00、0+640.0—0+805.0 段洞身为弱风化岩体,属Ⅲ类岩体,成洞条件较好,在断层破碎带、节理密集带地段应注意洞壁围岩的稳定性,强风化与弱风化接触面节理裂隙较发育,属Ⅳ~Ⅴ类围岩,成洞条件较差,建议做好防护。桩号 0+581.00—0+640.0 洞身段横穿冲沟,洞身段岩体主要为弱风化岩体,属Ⅳ类岩体,成洞条件较差,隧洞开挖期间可能存在涌水问题,建议全断面衬砌。桩号 0+830—0+843.00 段洞身位于弱风化岩体上部,岩体节理裂隙较发育,属Ⅳ类岩体,成洞条件较差,建议全断面衬砌。洞身 0+843.00—0+860.00 段为残坡积碎石土,属Ⅴ类岩体,建议全断面衬砌。出口洞脸为边坡为残坡积碎石土,边坡岩体质量差,汛期极易产生滑塌,存在开挖边坡稳定问题,建议严格控制坡比,加强永久护坡及坡体排水处理。桩号 0+860.00—0+912.00 段为出口明渠段,地基为河流冲击砂砾石层上,呈松散状,抗冲刷能力差,建议做好防护。

施工围堰区砂卵石层厚度一般为 1.50~3.50 m,砂卵石层透水性强,防渗不能满足要求,建议全部挖除砂砾卵石层,以下伏弱风化基岩作为围堰地基,弱风化岩体上部卸荷裂隙发育,多呈张开状,岩体属中等-强透水层,垂直深度 6.92~8.92 m,因此需对上部弱风化岩体进行帷幕灌浆处理。

厂房建基面高程 41.5m,处于弱风化岩体上部,局部位于弱风化岩体下部,可以满足其强度和变形要求。厂房建基岩体属 $A_{Ⅲ2}$~$A_{Ⅲ1}$ 类坝基岩体,岩层倾向左岸,建基面下裂隙不发育,无结构面不利组合,且开挖面已嵌入基岩内一定深度(10 m),相当于做了齿槽开挖处理,坝基抗滑稳定问题不突出。主机间部分基础位于 f1 断层部位,断层带岩体破碎,不宜直接作为厂房基础持力层,建议对 f1 断层破碎带采用开挖回填混凝土塞处理。主机间基础有 f1 断层横穿上下游,由于主机间开挖面较深,沿断层带可能存在厂房坝基渗漏问题或基坑涌水问题,建议结合大坝基础防护处理措施,须做防渗、抗渗处理。根据设计建基面高程,厂房段开挖将形成坡高最高近 73 m 的开挖边坡,其中在主机间边缘主要是坡高最高达 23.5 m 的临时边坡,其岩体结构以强风化岩为主;靠山一侧为顺向坡,强风化深度大,边坡岩体质量较差-差,强风化带以上坡体汛期极易产生滑塌,后缘护坡处理难度较大,建议严格控制坡比,采取阶梯式削坡,阶高宜控制在 8 m 以内,需加强永久护坡及坡体排水处理。弱风化岩下部裂隙不发育,结构面主要是岩层面,岩体连续性良好,即使是顺向坡也无结构面不利组合,边坡稳定问题不大,但弱风化岩上部裂隙较发育,裂隙与岩层面可能构成不利于顺向边坡的组合,易于产生楔形体滑动,故左岸顺向坡段、弱风化岩体上部存在开挖边坡稳定问题,厂房机组处严格控制变形,因此建议加强对厂房位置边坡进行抗滑桩或锚喷等支护处理,保证厂房位置安全。考虑到厂房发电尾水冲刷能力较强,会对覆盖层和基岩表面产生一定程度的岩体冲刷问题,须做一定的抗冲处理。同时考虑到开挖边坡较高,建议做好施工期及运行期的监测工作。

10.1.3.4 坝肩边坡

左岸岸坡顶高程 275 m,地形坡度为 16°~45°,坡面大部分被残坡积碎石土覆盖,层厚 2.0~5.5 m,高程 54.0~135.0 m 分布一崩塌堆积体。边坡下部建筑物主要为大坝,其中大坝为 2 级建筑物。

右岸岸坡顶高程 250 m,地形坡度为 20°~45°,坡面大部分被残坡积碎石土覆盖,层厚 0.90~11.30 m。边坡下部建筑物主要为鱼道、大坝及电站厂房,其中大坝为 2 级建筑物,鱼道及电站厂房为 3 级建筑物。

根据《水利水电工程边坡设计规范》(SL 386—2007)规定,边坡的级别应根据相关水工建筑物的级别及边坡与水工建筑物的相互间关系,并对边坡破坏后的影响进行论证后确定。右岸上游坝肩高边坡、右岸厂房边坡、左岸上游坝肩边坡失稳后,将严重危害大坝安全,因此以上边坡定为 2 级,其余边坡为 3 级。

裂隙的组合导致局部边坡可能发生楔形体滑塌,因此除了按建议坡比开挖,应做好排水及地下水降水措施,施工中加强施工地质预报工作及变形监测,发现缓倾坡外裂隙的不利组合或软弱夹层时,开挖面及时封闭并采用锚杆支护。在弱风化浅表层岩层较破碎,裂隙发育,开挖面可能形成崩滑块体。因此,在中风化层上部的破碎部位开挖时应加强监测,必要时应加强支护。边坡强风化层深厚,局部存在全风化夹层,建议开挖期间严格控制开挖坡比,并加强地质巡视及边坡安全监测,开挖后及时封闭,避免被雨水浸泡;边坡地下水位较高,边坡开挖后,应及时采取降水、排水措施,工程区降水量大且集中,建议永久边坡周边应做好截、排水措施,防止坡面受雨水入侵及冲刷。

10.1.3.5 左岸灌区渠首输水隧洞

桩号 ZQ0-016.409—ZQ0+000 为引渠段,建基面主要位于残坡积碎石土及全风化土层上,两者抗冲刷能力差,建议做好防护,承载力基本满足设计要求。桩号 ZQ0+000—ZQ0+023.15 为进口段,进口段为明挖段,建基面位于强风化浅变质砂岩上,两者抗冲刷能力较差,建议做好防护,承载力基本满足设计要求。桩号 ZQ0+023.15—ZQ0+078.15 段洞身为弱风化岩体,弱风化岩土上部节理裂隙较发育,属Ⅳ类岩体,成洞条件较差,建议全断面衬砌。桩号 ZQ0+078.15—ZQ0+501.35 段洞身为弱风化岩体,属Ⅲ类岩体,成洞条件较好,局部在断层破碎带、节理密集带地段属Ⅳ~Ⅴ类围岩,成洞条件差,可能存在隧洞突泥、涌水等工程地质问题,应注意洞壁围岩的稳定性,并加强支护。桩号 ZQ0+501.35—ZQ0+551.45 段洞身为弱风化岩体,隧洞埋深较浅,弱风化岩土上部节理裂隙较发育,岩体完整性较差,属Ⅳ类岩体,局部为Ⅴ类岩体,建议全断面衬砌。桩号 ZQ0+501.35—ZQ0+568.15 洞身为强风化岩体,属Ⅳ~Ⅴ类围岩,成洞条件差,建议做好防护。桩号 ZQ0+568.15—ZQ0+588.15 为出水渠段,建基面主要位于全风化土层及强风化层上,两者抗冲刷能力差,建议做好防护,承载力基本满足设计要求。

10.1.3.6 副坝

1#~6#副坝位于库区右岸牛坡园至黄岭农场八队附近,7#副坝位于库区左岸,坝址上游约 1.10 km。副坝均采用均质土坝,建议挖除第四系覆盖层,采用全强风化层作为坝基持力层,并做好防渗。

10.1.3.7 鱼类增殖站及管理楼

鱼类增殖站平整场地的建筑场地类别属于Ⅱ类。现有场地较平缓,按设计标高平整场地开挖深度不大,鱼类增殖站地基基本上坐落在粉质黏土层,土体在强度、变形、承载力方面基本能满足地基的要求。

管理楼场地属于地质构造较不发育区,区域稳定性较好。场地地貌简单,地形较陡,场地内高差约为 15 m,岩土种类较复杂,全强风化层较厚,可以作为管理楼地基的持力层,该层在承载力、抗剪强度、变形性能方面基本满足建设低层民宅的要求。根据《建筑抗震设计规范》(GB 50011—2010),建筑场地类别整体属于Ⅱ类。建筑场地属抗震不利地段。场地平整后缘边坡为顺向坡,可能存在开挖边坡稳定问题,特别是弱风化顶板界面位置易产生塌滑,建议设计适当放缓坡比,并进行相应的支护措施。现状条件下不具备发生滑坡、泥石流、地面塌陷、地面沉降等地质灾害的条件,地质灾害危险性小。工程建设引发或加剧地质灾害的可能性较大,遭受地质灾害的可能性较大,危害性较大。场地属较稳定区,场地对外交通条件较差,给排水状况较差。综合评价建设用地适宜性属较差。

10.1.3.8 天然建筑材料

土料主要分布在坝址右岸山顶及黄岭农场八队附近,储量及质量满足设计要求;砂砾料缺乏,建议采用人工骨料;石料位于新村南侧 500 m,储量较丰富,质量及储量满足要求，但无用层较厚，运距较远，$Ⅲ_2$ 石料场以 ZKB3、ZKB11、ZKB13 为分界开采，在 $Ⅲ_{2A}$ 区进行开采。

10.1.4 工程任务和规模

迈湾水利枢纽工程是海南省南渡江干流中下游河段的一座控制水利枢纽工程，是国家172项节水供水重大水利工程，也是海南省水利"十二五"重点水源工程。工程任务以供水和防洪为主，兼顾灌溉和发电。工程规模为大(2)型，工程建设总工期56个月，总投资为73.64亿元。迈湾水利枢纽的开发任务为以供水和防洪为主，兼顾灌溉和发电等综合利用。

10.1.4.1 工程任务

1.供水、灌溉

迈湾水利枢纽位于海南省最大的河流南渡江上，是海南省北部规划的大型水资源配置工程，在海南省琼北地区的供水安全保障地位和作用均非常重要，是保障南渡江下游海口市及澄迈县、定安县、屯昌县、临高县供水和生态用水安全的控制性水源工程。

迈湾水利枢纽作为琼北地区水资源配置的关键性工程，与松涛水库、红岭水库、天角潭水库等联合运用可有效解决琼北地区的水资源问题，其供水灌溉范围主要涉及海口市、澄迈县、定安县、屯昌县、临高县5县(市)28个乡镇(含农场)，国土面积2 565 km^2，耕园地120.33万亩，供水人口497.54万人。按地理位置可分为海口市和新增灌区，按供水方式可划分为直供、补水和置换。

供水对象主要为海口市主城区和工业园区、羊山地区及永庄水厂供水，定安县城区的城乡生活供水，新增灌区的13个乡镇及农场、澄迈城区生活及工业供水；灌溉对象主要为海口市现有及新增灌溉面积、松涛灌区灌溉面积，新增灌区现有未保灌及新增灌溉面积。

迈湾水利枢纽供水灌溉总体布局按位置可分为海口市、定安县城区及新建灌区(含澄迈县城区)。海口市可细分为两大片：一片为海口市南渡江两岸从干流引提水灌溉范围，采用补水方式；另一片为原松涛水库自流供水灌溉范围，考虑迈湾水利枢纽新建后置换松涛水库供水。定安县城区采用补水方式；新建灌区采用直供方式，片内布局采用灌区规划研究成果。

1)海口市

补水区域主要位于海口市南渡江两岸，属南渡江引水工程及龙塘坝引水工程供水灌溉的范围，主要包括主城区及羊山中部地区。该区总体布局拟通过迈湾水利枢纽调节后，通过河道向下游补水，然后通过现有的南渡江引水工程、龙塘引水工程，分别从东山、龙塘断面提水供水、灌溉。

置换区域主要位于羊山地区两侧，海口市原松涛白莲东干渠、黄竹分干渠供水灌溉范围。该片总体布局拟通过灌区西干渠提水至跃进水库上游，从天然河道自流至跃进水库，再进入松涛东干渠后，置换原松涛向海口市的供水。

2)定安县城区

定安县城区主要由塔岭水厂供水，取水口位于南渡江干流上。由于缺乏调节水库，在枯水年和枯水期易出现取水水量及水深不足的现象。该片总体布局拟通过迈湾水利枢纽调节后，通过河道向下游补水，改善下游河道枯期来水来提升其供水保证率。

3）新建灌区（含澄迈县城区）

新建灌区（含澄迈县城区）主要位于迈湾水利枢纽下游南渡江两侧，考虑到南渡江河床宽，跨度大，且西侧灌区总体灌面高程高，需要提水灌溉，结合枢纽布置，由东、西2个灌溉系统组成，从枢纽左、右两侧灌区进水口引水进行下游灌溉。灌溉形式采用“长藤结瓜”式灌溉，在非灌溉季节，利用渠道引水灌瓜（中小水库或山塘），补充其蓄水的不足，把迈湾水库的水引入下游中小水库、池塘存蓄起来，供灌水高峰期使用，弥补引入水量的不足；在灌溉季节，尤其是用水紧张时，渠道水、瓜水同时灌田、供水，提高了灌溉、供水保证率。系统既充分利用了各种水源、发挥了“瓜”的调蓄作用，也提高了渠道单位引水流量的灌溉、供水能力，达到扩大灌溉面积和提高抗旱能力的目的。

2. 防洪

南渡江渡江干流防洪保护范围为海口市、定安县、澄迈县城区及下游沿河乡镇。南渡江干流防洪保护主要对象为海口市、定安县、澄迈县城区。

《海南省南渡江流域防洪规划报告》《南渡江流域综合规划（修编）》等规划报告提出南渡江流域防洪工程布局采用堤库结合的方式，规划迈湾水库为南渡江控制性的防洪工程。迈湾水库承担防洪任务与下游堤防联合运用，可使南渡江流域形成完善的以泄为主、上蓄下泄、堤库结合的防洪体系，

海口市作为海南省会，是全省的政治、经济、文化中心；澄迈县、定安县区人口密集、乡镇企业发达，根据《防洪标准》（GB 50201—2014）、《南渡江流域综合规划（修编）》（2012年）、《南渡江流域防洪规划报告》（2000年），并结合各市（县）城市发展规划，确定海口市城市防洪标准为100年一遇，定安县和澄迈县城区防洪标准为50年一遇。

3. 发电

迈湾水利枢纽的建设可结合发电，为电网提供40 MW电力、1.00亿kW · h电量的清洁能源。

4. 改善水生态环境

迈湾水利枢纽建成后2040年龙塘断面95%典型年枯期来水由49.1 m^3/s增加到52.6 m^3/s。通过迈湾水利枢纽的调节可增加南渡江下游龙塘水文站断面枯期水量，保障该断面河道最小生态流量22.5 m^3/s，为海口市河流水系构建“水清、岸美、花红、柳绿”创造条件。

10.1.4.2 工程规模

本工程主要枢纽建筑物由挡水坝段、溢流坝段、进水口坝段、发电厂房及副坝等组成（见图10.1-1）。最大坝高为75 m，总库容6.05亿m^3，根据《防洪标准》（GB 50201—2014）和《水利水电工程等级划分及洪水标准》（SL 252—2017）的规定，以水库总库容确定本工程等别属Ⅱ等，工程规模为大(2)型。枢纽主要建筑物洪水设计标准为：混凝土坝及泄洪放空建筑物、进水口（引水发电进水口、右岸灌区渠首进水口）按500年一遇洪水设计、2 000年一遇洪水校核；左岸灌区渠首进水口按500年一遇洪水设计、2 000年一遇洪水校核；副坝按500年一遇洪水设计、5 000年一遇洪水校核；发电厂房按50年一遇洪水设计、200年一遇洪水校核设计；下游消能防冲建筑物按50年一遇洪水设计。

图10.1-1　工程鸟瞰图

10.1.5　工程布置及建筑物

迈湾水利枢纽工程于2020年4月13日正式开工建设,2020年5月9日进行迈湾水利枢纽工程大坝左右岸边坡一期开挖支护、排水隧洞、边坡安全监测等主体工程第一批施工图设计交底工作。2022年11月30日,迈湾水利枢纽工程大江成功截流。

工程计划于2024年11月底完工,建成后将为海口、屯昌等周边市县供水灌溉提供可靠水源,提高防洪除涝水平,改善区域水生态环境;可保障海口和江东新区供水安全,将海口城区防洪标准由50年一遇提高到100年一遇;将新增或改善灌溉面积53.98万亩,为南渡江流域农业发展提供水源保障,并改善下游水生态环境。

10.1.5.1　工程等别和标准

1.工程等别

迈湾水利枢纽工程是海南省南渡江干流中下游河段的一座控制水利枢纽工程,迈湾水利枢纽的开发任务为以供水和防洪为主,兼顾灌溉和发电等综合利用。枢纽建筑物由主坝、副坝和左岸灌区渠首组成;其中主坝为碾压混凝土重力坝。主坝由左岸重力坝挡水坝段、溢流坝段、进水口坝段(包括引水发电进水口、右岸灌区取水口)、右岸重力坝挡水坝段、坝后式发电厂房及过鱼设施等组成;副坝包括$1^{\#}$~$7^{\#}$副坝。左岸灌区渠首位于大坝上游左岸700 m处,为引水隧洞形式。

本工程采用分期建设方案,即工程主体工程近期一次建成,$2^{\#}$、$5^{\#}$、$7^{\#}$三座副坝后续建设。

本工程近期正常蓄水位为101 m,终期正常蓄水位为108 m。重力坝坝顶高程113.0 m,最大坝高为75 m,总库容6.05亿m^3(终期),发电厂房装机为40 MW,依据《水利水电工程等级划分及洪水标准》(SL 252—2017),本工程等别为Ⅱ等,工程规模为大(2)型。

2.建筑物级别

按照《水利水电工程等级划分及洪水标准》(SL 252—2017)相关规定,工程等别为Ⅱ

等工程,碾压混凝土坝最大坝高 75 m,确定水库工程的拦河坝(包括重力式挡水坝段、表孔溢流坝段、右岸灌区取水口坝段、发电厂房进水口坝段等)级别为 2 级;副坝为土石坝,最大坝高 26.5 m,建筑物级别同主坝,为 2 级建筑物。

根据装机规模,电站为小(1)型电站,考虑电站发电引水承担着供水任务,供水对象主要为海口市主城区和工业园区、羊山地区以及永庄水厂供水,定安县城区的城乡生活供水,新增灌区的 13 个乡镇及农场、澄迈城区生活及工业供水,因此确定发电厂房为 3 级建筑物;考虑电站发电最低水位为 83 m,水库死水位 72 m 至发电最低水位 83 m 之间供水由生态旁通管承担,生态旁通管建筑物等级为 3 级。

过鱼设施采用升鱼机。升鱼机布置在坝后发电厂房右侧,由诱鱼系统、集鱼系统、升鱼系统、运鱼系统四大部分组成,主要由鱼道、集鱼槽、赶鱼栅、集鱼箱、门机、运鱼车、提升电梯等金属结构支持运作,考虑失事后造成损失不大,确定为 3 级建筑物。

左岸灌区渠首设计引用流量为 25.78 m^3/s,设计灌溉面积为 31.29 万亩,主要建筑物为岸塔式进水口、隧洞洞身。根据《水利水电工程等级划分及洪水标准》(SL 252—2017)及《水利水电工程进水口设计规范》(SL 285—2020),左岸灌区渠首进水塔及隧洞确定为 3 级建筑物。

其他次要建筑物(包括下游消能防冲建筑物、管理用房等)为 3 级建筑物。临时建筑物为 4 级建筑物。

迈湾左右岸坝肩边坡为 100~200 m 级的高边坡,根据《水利水电工程边坡设计规范》(SL 386—2007)规定,由于挡水坝坝肩边坡对枢纽建筑物危害严重,因此挡水坝两岸坝肩边坡为 2 级建筑物。其余边坡(厂房尾水边坡、消力池边坡、永久道路开挖边坡)失稳对枢纽建筑物影响较重,为 3 级建筑物。

工程枢纽区左岸存在一崩塌堆积体,堆积体位于坝轴线上,堆积体成分主要为滚石、碎石土等。左岸堆积体坝基开挖部分被挖除,水库蓄水及运行过程中,水库水位变幅较大,崩塌堆积体稳定性较差,在正常蓄水位 108.0 m 降至死水位 72.0 m,以及暴雨等工况下,边坡上部发生破坏的可能性较大,一旦发生破坏,可能引起坡体牵引式滑坡,对枢纽建筑物危害严重,因此左岸上游崩塌堆积体边坡为 2 级建筑物,由于此边坡为水下边坡,采用混凝土面板的支护方式,并在其上游设堆载平台。根据《公路工程技术标准》(JTGB 01—2014),从黄岭农场到主、副坝的上坝道路及进电站厂区道路均参照四级道路标准,上 7#副坝道路路面宽 4 m,其余路面宽均为 6 m。

3. 洪水设计标准

迈湾水利枢纽防洪保护范围为海口市、定安县、澄迈县城区及下游沿河乡镇。两岸台地地势较低,有大片农田及数百个自然村,该地区是海南省经济最发达的地区,特别是海口市为全省政治、经济、文化、交通中心,是海南省防洪工程建设的重点区域。由于南渡江流域中下游存在缺少控制性的防洪枢纽工程、堤防工程质量差、防洪能力弱等问题,迈湾水利枢纽的安全直接关系到下游海口、定安、澄迈等沿河乡镇的民生。按《防洪标准》(GB 50201—2014)和《水利水电工程等级划分及洪水标准》(SL 252—2017)规定选取建筑物洪水设计标准,考虑迈湾工程保护对象的重要性,且水库库容为 6.05 亿 m^3,处于同类别中等偏上,因此各主要建筑物洪水标准均按相应建筑物级别的洪水标准上限取值。

1)水库及主坝

迈湾水利枢纽拦河坝主坝(包括碾压混凝土重力坝坝段、表孔溢流坝段、右岸灌区取水口坝段、发电厂房进水口坝段等)为 2 级建筑物,防洪标准为:设计洪水标准为 500 年一遇洪水,洪峰流量 11 100 m^3/s;校核洪水标准为 2 000 年一遇洪水,洪峰流量 12 700 m^3/s。

2)副坝

副坝坝型为土石坝,建筑物级别为 2 级,防洪标准取上限:设计洪水标准为 500 年一遇洪水,洪峰流量 11 100 m^3/s;校核洪水标准为 5 000 年一遇洪水,洪峰流量 13 600 m^3/s。

3)坝后式发电厂房

发电厂房为 3 级建筑物,防洪标准为:设计洪水标准为 50 年一遇洪水,相应洪峰流量为 8 600 m^3/s;校核洪水标准为 200 年一遇洪水,相应洪峰流量为 10 100 m^3/s。

4)左岸灌区渠首

左岸灌区渠首包括 1 个独立式进水塔及隧洞洞身,为 3 级建筑物,其距离主坝较近(0.7 km),防洪标准取上限设计洪水标准为 30 年一遇洪水,相应洪峰流量为 8 000 m^3/s;校核洪水标准为 100 年一遇洪水,相应洪峰流量为 9 380 m^3/s。

5)升鱼机

考虑过鱼设施作用时间段为鱼类上游洄游季节,而南渡江主要保护的稀有鱼种为日本鳗鲡、花鳗鲡、七丝鲚等长距离洄游鱼类和黄尾鲴、草鱼、赤眼鳟、鲢、鳙、鲮、三角鲂等半洄游性鱼类,其洄游时间通常为 4—8 月,由于集鱼设施布置在厂房尾水,过鱼设施洪水标准与厂房相同,按照 50 年一遇洪水设计,相应洪峰流量为 8 600 m^3/s。

10.1.5.2　工程总布置

本工程开发任务是以供水和防洪为主,兼顾灌溉和发电的综合利用大(2)型水利枢纽工程,是保障下游海口市及定安、澄迈县供水、防洪和生态用水安全的控制性水源工程。

本工程正常蓄水位为 108 m(终期)/101 m(近期),正常库容 4.96 亿 m^3(终期)/2.82 亿 m^3(近期),拦河坝主坝一次建成,最大坝高为 75 m,总库容 6.05 亿 m^3(后续)/5.22 亿 m^3(近期),发电厂房装机为 40 MW,以水库总库容确定本工程等别属Ⅱ等,工程规模为大(2)型。

推荐方案为下坝址中坝线重力坝折线方案,枢纽布置方案为左岸重力式挡水坝段+溢流坝+发电进水口+右岸灌区进水口+右岸重力式挡水坝段。

本工程枢纽建筑物包括 1 座主坝、7 座副坝和左岸灌区渠首。其中,主坝为重力坝,自左到右依次为左岸挡水坝段、溢流坝段、引水发电进水口坝段、右岸灌区取水口坝段、右岸挡水坝段。左岸灌区渠首布置在大坝上游 700 m 处左岸。

本工程采用“主坝近期一次建成,副坝后续实施”的分期建设方案。

主坝坝顶总长 476 m,主坝坝轴线在坝 0+184.00 处以 25°角向上游折弯,坝 0+000.00—坝 0+184.00 坝顶宽为 8 m,坝 0+184.00—坝 0+476.00 坝顶宽为 16 m,前端牛腿悬挑 5.5 m 作为坝顶路面,重力坝段坝顶路面高程为 113.0 m,河床建基面最低高程为 38.0 m,最大坝高为 75 m。主坝共分 20 个坝段,自左至右依次编号为 1#~20#,其中左岸 1#~8#坝段为重力式挡水坝段,最大坝高 68 m,9#~13#溢流坝坝段长 76 m,孔中分缝;

14#~15#坝段为发电进水口坝段,2 个坝段长度均为 20 m;16#坝段为右岸灌区取水口坝段,长为 17 m;右岸 17#~20#挡水坝段长 110 m。

泄洪方式采用 4 孔 13 m×21 m(宽×高)(本尺寸为正常蓄水位以下闸孔尺寸,工作闸门挡防洪高水位,工作闸门尺寸为 4 孔 13 m×24.5 m)的溢流表孔泄洪,堰顶高程为 87 m,采用戽流消能。

副坝由 7 座副坝组成,其中 1#~6#副坝位于宝岭坝址上游右岸 5.5 km 处的黄岭农场牛坡园附近,7#副坝位于宝岭坝址上游左岸 700 m 处。1#~2#、5#~7#副坝为均质土坝,3#、4#副坝为心墙土坝,坝顶宽度均为 9 m,坝顶路面高程为 113.9 m。最大坝高为 26.50 m,坝顶轴线总长为 548 m。根据工程分期实施方案,2#、5#、7#副坝可在后续工程进行建设,其余副坝与主坝近期建设,采取一次建成,结合工程需求分期蓄水。

引水发电进水口采用坝式进水口,叠梁门分层取水,进水口底坎高程皆为 65.0 m。压力钢管采用一管一机和一管两机组合供水方案,2 个进水口,分别对应大机组和 2 台小机组。

电站厂房布置在右岸,为坝后式厂房,总装机容量 40 MW,由主机间、安装间及副厂房等组成。

生态旁通管布置在发电厂房内,在主引水钢管的下平段设置一卜形岔管,岔管后接生态旁通管,管径 2.2 m,管中心高程 54.50 m,旁通管经一段水平段后依次接检修阀和出口消能阀,尾水出口底高程为 52.75 m。

右岸灌区取水口引水系统由坝式进水口和压力钢管组成,一管引水方式。渠首进水口采用叠梁门分层取水,布置在 16#坝段。压力钢管延伸至坝下游和电站厂房下游。进水口底板高程选定为 65.0 m,钢管管径 2.5 m。

左岸灌区渠首位于大坝上游左岸 700 m 处,为引水隧洞形式,包括进水塔、引水隧洞和洞出口,其中进口底板高程为 65.0 m,隧洞长 550 m,洞径 3.1 m。

过鱼设施采用升鱼机。过鱼设施包括集鱼系统、运鱼系统、放鱼系统及集控系统。集鱼系统布置在发电厂房尾水渠右侧岸边,利用厂房发电尾水的流场将鱼类诱至集鱼池中,通过集鱼斗将鱼类从尾水渠 52.00 m 高程提升至进厂道路 78.50 m 高程,AGV 运输车沿着厂区道路将鱼运输至 18#重力挡水坝段竖井鱼梯内,鱼梯将鱼类垂直提升至坝顶 113.00 m 高程,AGV 运输车再沿着坝顶路和 113.00 m 高程马道将鱼运输至鱼类投放点进行放养。

工程管理区和鱼类增殖站平台均布置在大坝上游 200 m 库区右岸一个冲沟支流上游养猪场附近,距离坝址入口 1.1 km 处的上坝道路右侧。

主坝上坝道路位于下游右岸,坝顶设回车平台和配电房与值班室,上坝道路全长 8.76 km,路基宽 6.5 m,路面宽 6 m。进电站厂区道路由上坝道路分支向沿冲沟顺接右岸厂区。上 7#副坝道路由左岸坝顶处,经左岸山体下游绕行后通向上游 700 m 处副坝,有效地避开了左岸上游靠河床处陡峭边坡。

10.1.5.3 挡水建筑物

1. 挡水坝总体布置

拦河坝采用碾压混凝土重力坝,分为 20 个坝段,自左到右依次为左岸重力式挡水坝段、河床溢流坝段、引水发电进水口坝段、右岸灌区取水口坝段、右岸重力式挡水坝段。重力坝坝顶高程 113.00 m。坝顶总长 476 m，主坝坝轴线在桩号坝 0+184.00 处以 25°角向上游折弯，桩号坝 0+000.00—坝 0+184.00 坝顶宽为 8 m，坝 0+184.00—坝 0+476.00 坝顶宽为 15.5 m，前端牛腿悬挑 5.5 m 作为坝顶路面，最低建基面高程为 38 m，最大坝高为 75 m，挡水坝坝底最大宽度为 56.25 m。左岸重力式挡水坝段分为 $1^{\#}$ ~ $8^{\#}$共 8 个坝段，其中 $7^{\#}$、$8^{\#}$坝段分别设置溢流坝检修门门库，每个坝段均设置短缝；$9^{\#}$ ~ $13^{\#}$溢流坝段共 4 个溢流表孔，孔中分缝，孔口尺寸为 13 m×21 m，溢流坝段前缘总长 76 m；$14^{\#}$ ~ $15^{\#}$为引水发电进水口坝段，前缘长度 40 m，等分为 2 个坝段；升鱼机电梯与上坝顶交通电梯联合布置在 $18^{\#}$坝段；右岸灌区取水口坝段长 17 m，布置在 $16^{\#}$坝段，配电房布置在此坝段右侧；右岸重力式挡水坝段长 110 m，为 $17^{\#}$ ~ $20^{\#}$共 4 个坝段。

$1^{\#}$ ~ $8^{\#}$、$17^{\#}$ ~ $20^{\#}$挡水坝段下游坝坡 70.0 m 高程以上为铅直面，以下为 1∶0.75 斜坡面。$9^{\#}$ ~ $13^{\#}$溢流坝段下游坝坡 70.00 m 高程以上为铅直面，以下为 1∶0.75 斜坡面。大坝分 19 条横缝，横缝上游设两道铜片止水。为灌浆、排水、交通、观测需要，大坝于 46.5 ~ 84.0 m 高程布置基础灌浆排水廊道，断面尺寸为 3.0 m×3.5 m（宽×高）；大坝于 79.5 m 高程布置一条交通观测排水廊道，断面尺寸为 2.0 m×2.5 m（宽×高），两岸布置斜向基础廊道。$18^{\#}$挡水坝段布置交通电梯及运鱼电梯。左岸 $7^{\#}$ ~ $8^{\#}$挡水坝段为左岸门库段，用于存放溢流坝上游检修闸门；右岸 $14^{\#}$ ~ $15^{\#}$挡水坝段为左岸门库段，用于存放右灌区渠首进水口及坝后厂房进水口上游检修闸门；检修闸门可通过坝顶门机运至门库内。

为保证上游坝顶公路铅直美观，从桩号坝 0+184.00—坝 0+476.00 范围内挡水坝段、溢流坝上游面、厂房坝段上游面悬挑 5.5 m 牛腿，作为坝顶公路，主坝在 0+184.00 处转角后不再设置牛腿，坝顶公路转弯顺接。厂房进水口坝段与右岸灌区取水口坝段共用一套门机，溢流坝单独使用一套门机。

2. 重力坝段结构布置

1）坝体结构

重力坝段坝顶高程为 113 m，主坝坝轴线在桩号坝 0+184.00 处以 25°角向上游折弯，桩号坝 0+000.00—坝 0+184.00 坝顶宽为 8 m，桩号坝 0+184.00—坝 0+476.00 坝顶宽为 15.5 m，前端牛腿悬挑 5.5 m 作为坝顶路面。

除溢流坝段外，沿坝轴线共设 15 个重力式挡水坝段，其中左岸 $1^{\#}$ ~ $8^{\#}$挡水坝段总长 233 m，其中 $1^{\#}$ ~ $6^{\#}$坝段与 $7^{\#}$ ~ $8^{\#}$坝段夹角 25°，坝轴线于 $6^{\#}$与 $7^{\#}$坝段间向上游转折；$14^{\#}$、$15^{\#}$坝段为厂房进水口坝段，长 40 m；$16^{\#}$坝段为右岸灌溉渠首坝段，长 17 m；右岸 $17^{\#}$ ~ $20^{\#}$坝段总长 110 m。除了左岸 $1^{\#}$坝段、右岸 $20^{\#}$坝段部分建基于强风化岩下部浅变质砂岩，其余挡水重力坝段均建基在弱风化浅变质砂岩。弱风化岩基最高挡水坝段建基面高程为 38.0 m，最大坝高 75.0 m。左岸 $1^{\#}$坝段建基于强风化下部基岩，最大坝高 23 m，右岸 $20^{\#}$坝段建基于强风化下部基岩，最大坝高 29 m。

重力式挡水坝段均采用传统重力坝，其上游面上部铅直、下部为折坡，折坡点高程 70.00 m，坡比 1∶0.2；下游坝面折坡点高程 100 m，坡比 1∶0.75。

2）坝内廊道及交通设计

坝内廊道根据不同的用途，布置有基础灌浆排水廊道、观测排水廊道，分两层布置。

基础灌浆排水廊道设于坝内上游侧，基础灌浆排水廊道的断面为 3.0 m×3.5 m 城门洞形。除基础灌浆排水廊道外,在溢流坝下游 38.0 m 高程另布有纵向灌浆排水廊道,两排纵向灌浆排水廊道间通过横向交通排水廊道连接,形成纵横的排水网,其断面均为 3.0 m×3.5 m 城门洞形。

观测排水廊道设在坝上游侧 79.5 m 高程,高于下游校核洪水位 79.15 m,断面为 2 m×2.5 m 城门洞形,两端与基础灌浆排水廊道相通。

为保证上游坝顶公路笔直美观,从桩号坝 0+184.00—坝 0+476.00 范围内挡水坝段、溢流坝上游面、厂房坝段上游面悬挑 5.5 m 牛腿,作为坝顶公路,主坝在 0+184.00 处转角后不再设置牛腿,坝顶公路转弯顺接。

电梯井及运鱼电梯均设于右岸 18#挡水坝段上,井道截面尺寸为 12 m×6.4 m,与各层廊道及坝顶相连接。

3)坝体分缝及止、排水设计

(1)坝体横缝。

结合枢纽布置、结构、施工浇筑条件及混凝土温度控制等因素,岩基重力坝坝段横缝间距一般为 20~30 m。其中,左岸弱风化坝段 1#~8#坝段分缝间距分别为 27 m、27 m、30 m、30 m、30 m、30 m、30 m、29 m;9#~13#坝段为溢流坝段,孔中分缝,坝段长分别为 11 m、18 m、18 m、18 m、11 m。进水口坝段 14#、15#坝段分缝间距为 20 m,此段需要加强温控,右岸灌区取水口坝段 16#坝段分缝间距为 17 m,右岸挡水坝段 17#~20#坝段分缝长度分别为 30 m、30 m、25 m、25 m,中间设置短缝,坝体不设纵缝。

(2)坝体止水。

所有坝段横缝均设止水。

坝上游面设两道止水铜片,分别距离上游面 0.5 m 和 1 m。挡水坝段下游侧 80.00 m 高程(高于下游校核洪水位 79.15 m 以上 0.85 m)以下的部位设置一道止水铜片。表孔溢流坝面横缝内设两道止水铜片,穿过主坝横缝的廊道周边设一道止水铜片。

(3)消力池止水、排水。

消力池边墙缝内近池侧设一道止水铜片,底板缝内近表面侧设两道止水铜片,其中第一道止水铜片距底板顶面 30 cm,铜片与铜片之间设一排水管。

(4)坝体排水。

在坝体上游面基础灌浆排水廊道及 79.5 m 高程的观测排水廊道组成的立面上设置排水孔,在坝体内形成一道排水幕。排水孔孔径 15 cm,孔距 3 m。

4)坝体混凝土分区设计

混凝土分区布置:根据坝体部位的不同及其对混凝土强度、抗渗、耐久、抗冲刷、低热等性能的要求,坝体混凝土分成下列几区:

Ⅰ区:主坝内部三级配碾压混凝土(R180150)。

Ⅱ区:主坝上游面二级配防渗层碾压混凝土,下游面局部碾压混凝土(R180200)。

Ⅲ区:坝基垫层防渗常态混凝土、溢流坝孔周边常态混凝土、闸墩内部、溢流面过渡层常态混凝土、消力池底板非表面常态混凝土(常态 C25)。

Ⅳ区:溢流坝堰面常态混凝土,消力池底板及边墙、宽尾墩、闸墩过水表面抗 HF 冲耐磨常态混凝土(常态 C40)。

廊道、止水片、电梯井等周边,坝体上下游面为变态混凝土(EVR),变态混凝土是在碾压混凝土拌和物铺料过程中撒铺水泥粉煤灰浆,用插入振捣器振捣而成的。

10.1.5.4　泄水建筑物

泄水建筑物为溢流表孔,包括 9#~13# 坝段,坝段长分别为 11 m、18 m、18 m、18 m、11 m。

溢流表孔共设 4 个,孔口尺寸为 13 m×21 m(本尺寸为正常蓄水位以下闸孔尺寸,工作闸门尺寸为 13 m×24.5 m,闸门按挡防洪高水位 110.51 m 设计,下同),堰顶高程 87.0 m,每孔设有弧形工作闸门,采用液压机操作,上游设平板检修门,检修门机轨道中心线为下 0+000.58 和下 0+007.08,下游设置电缆沟。表孔闸墩采用宽尾墩形式,闸墩全长 53 m,墩头采用半圆形,半径为 2 m,闸墩宽尾段长 15.15 m,孔口收缩比 0.5,孔口缩窄后出口宽度 6.5 m,墩尾厚 13 m。两侧边墩以下设导墙,根据水面线成果,导墙墙顶高程由 97.0 m 变为 80.0 m。

溢流堰面曲线采用重力坝设计规范的开敞式溢流孔的堰面 WES 曲线,公式中的参数取值:定型设计水头 $H_d=18.5$ m、$k=2$、$n=1.85$,堰面曲线方程为 $y=0.0432x^{1.85}$。下接 1:0.666 直线段和半径为 28 m 的反弧段,接戽流消力池。溢流坝采用孔中分缝,边闸墩厚 4.5 m,中闸墩厚 5 m,闸墩上游悬设 3 m,在高程 82 m 处挑出溢流坝上游面,墩顶顶部再悬挑 3 m 布置坝顶公路桥梁。溢流坝坝体上游面铅直,下部为 1:0.2 折坡,折坡点高程 70.0 m。

戽流消力池底板高程 40 m,消力池水平段长 20 m,消力池底板厚 5 m,其后设斜坡消力坎,陡坎高度 8 m,戽流消力池总长 55 m。为加强消力池底板抗浮能力,底板下设锚筋桩Φ 25@2 m,入岩 12 m。

消力池左边墙承担着挡水作用,为衡重式,顶宽 4.5 m,顶高程 80 m,承重平台高程为 50.0 m,墙面折坡坡度为 1:0.3。消力池右边墙高程为 80 m,顶宽 4.5 m,承重平台高程为 52 m,与厂方尾水护坦高程齐平。

溢流坝 46.5 m、38.0 m 高程处设纵向基础灌浆排水廊道,中间设横向交通排水廊道连接,消力池边墙底部和尾坎亦设置灌浆排水廊道,与溢流坝段 38 m 高程灌浆排水廊道形成封闭帷幕排水系统,从而降低消力池底板扬压力。坝基集水井设置在 46.5 m 高程的横向交通排水廊道上,消力池集水井设在溢流坝下游坝址处 38.0 m 高程的灌浆排水廊道上,集水井尺寸均为 10 m×5 m×4 m(长×宽×高)。横向交通排水廊道末端设置防洪门,将大坝排水系统与消力池排水系统分隔,防止消力池排水系统失效时下游水倒灌至坝基灌浆排水廊道。

10.1.5.5　引水发电建筑物

坝后式引水发电系统布置在河床右岸,位于 14# 和 15# 重力坝段下游侧,紧挨着 13# 溢流坝段,根据引水形式比选推荐采用一管一机+一管两机组合引水形式。引水发电系统由坝式进水口、坝内压力钢管及发电厂房组成。为满足下游河段生态流量的刚性需求,经分析后采用生态旁通管进行放流,生态旁通管布置在发电厂房内。

引水发电系统共布置两个进水口,1# 进水口和 2# 进水口分别布置在右岸 14# 和 15# 重力坝段上,两坝段长度均为 20.0 m,坝顶高程 113.00 m。大机组独立使用 1# 进水口,采用单机单管引水方式;两台小机组及生态旁通管共用 2# 进水口,采用一管两机引水方式。大机组额定引用流量 79.10 m^3/s,小机组额定引用流量 17.20 m^3/s,生态泄放流量 6—8 月 25.9 m^3/s、9—10 月 20.5 m^3/s、其他月份 10.3 m^3/s。

发电厂房为坝后式厂房,位于 14#、15# 发电进水口坝段,16# 灌溉进水口坝段及 17# 重力挡水坝段下游侧。厂房主要由主机间、安装间、副厂房、尾水平台及尾水渠等建筑物组成。电站厂房前缘总长 73.04 m,其中主机间段和安装间段分别长 49.0 m 和 24.0 m,安装间位于主机间右侧。厂房内安装一大两小 3 台混流式机组,电站总装机 40 MW,其中大机组单机容量 28.0 MW,小机组单机容量 6.0 MW。副厂房布置在主机间及安装间上游侧。变电站采用室内 GIS 形式,位于安装间上游副厂房内,主变压器布置在安装间上游厂区内。

厂房大机组尾水管出口底高程为 44.12 m,小机组尾水出口底高程 48.95 m,两者均以 1∶3.0 的反坡连接至 52.0 m 高程尾水渠,尾水渠顺河势布置,以缓坡与原河床衔接。

进厂公路布置于右岸,平均坡度 8.0%,由右岸进厂公路至厂区平台,厂区平台地面高程为 78.5 m。汽车可经由进厂公路直接驶入安装间,水平进厂。

主厂房基础坐落于弱风化浅变质砂岩上,基础承载力较高。

10.1.5.6 渠首建筑物

1. 灌区总体布置

迈湾灌区位于迈湾水利枢纽下游南渡江两侧,考虑到南渡江河床宽,跨度大,且总体灌面高程较高,需要提水灌溉,结合枢纽布置,由东、西 2 个灌溉系统组成,分别从迈湾枢纽右、左岸取水口取水,采用泵站提水形式向下游灌区输水灌溉。灌溉形式采用“长藤结瓜”式灌溉,在非灌溉季节,利用渠道引水灌瓜(中小水库或山塘),补充其蓄水的不足,把迈湾水库的水引入下游中小水库、池塘存蓄起来,供灌水高峰期使用,弥补引入水量的不足;在灌溉季节,尤其是用水紧张时,渠道水、瓜水同时灌田、供水,提高了灌溉、供水保证率。系统既充分利用了各种水源、发挥了“瓜”的调蓄作用,也提高了渠道单位引水流量的灌溉、供水能力,达到扩大灌溉面积和提高抗旱能力的目的。

2. 左岸灌区渠首

1)进口段

灌区渠首采用岸塔式进水口,用叠梁门分层取水。进水口终期校核洪水位为 110.51 m($P_{校核}=1\%$),设计洪水位为 109.91 m($P_{设计}=3.3\%$),正常蓄水位为 108 m,死水位为 72 m。进水塔底板高程为 65.0 m,塔顶高程为 111.0 m,其塔身尺寸为 23.15 m×7.1 m×46 m(顺水流向长度×垂直水流向宽度×高度)。

2)压力隧洞段

左岸灌区渠首引水隧洞按有压隧洞进行设计,采用圆形断面,洞径为 3.1 m,混凝土衬砌厚度 0.4 m。此方案隧洞纵向长为 550 m,隧洞坡比为 0.1%,进口底高程为 65 m,出口底高程为 64.45 m,隧洞出口位于左岸山体另一侧冲沟处。目前考虑把水库水位无消减水头引至泵站,因此左岸灌区渠首洞出口不考虑消能措施,隧洞出口钢管直接接入灌区泵站。

3. 右岸灌区进水口

左岸灌区渠首对应迈湾灌区东灌区，东灌区位于迈湾坝址右岸下游，考虑到重力坝坝身开孔的灵活性，右岸灌区取水口布置于重力坝右岸坝身，出水口布置在右岸下游尾水边坡末端，引用流量为 13.53 m^3/s，灌区面积为 24.26 万亩，进水口及坝后钢管级别同主坝，为 2 级建筑物。

右岸灌区引水设计流量为 13.53 m^3/s，右岸灌区渠首进水口布置在 9# 坝段。

渠首引水系统由坝式进水口和压力钢管组成，一管引水方式。

本工程水库死水位 72 m，坝前淤沙高程 56.06 m，平库最高淤沙高程 66.02 m。压力钢管直径 2.5 m，根据淹没深度计算，进水口最小淹没深度为 3.402 m，因此进水口底板高程选定为 65 m，满足在死水位下发电的最小淹没深度要求，同时高于坝前淤积高程。

为保证死水位时进水口的淹没深度，进口底板高程较低，在高水位运行时，进水口取出的为水库深部水体，水温较低，使下游河道内水体温度和含氧量变化较大，对下游水生生物有不利影响。为此，本工程电站取水口采用分层取水方案，目前国内分层取水多采用龙抬头式不同高程双层（或多层）取水方案和叠梁门多层取水方案。

本工程进水口为坝式进水口，龙抬头式不同高程双层（或多层）取水方案将大大增加进水口顺水流长度，导致进水口坝段整体加大，且多闸门控制操作复杂，运行、调度不便，系统运行的灵活性较差，根据类似工程经验，电量损失也较大，且结构复杂，实际工程中较少采用。优点是下泄孔口为常规形式，不存在门顶过水工况。叠梁门多层取水方案对于进水口坝段整体布置影响较小，结构形式简单，控制方便。根据糯扎渡、光照等水电站叠梁门分层取水方案的经验来看，可保证下泄水温常为上层水，对下游环境影响最小，而且进水口坝段工程量增加较小，缺点是高水位运行时水头损失略大。综合考虑，本工程推荐叠梁门多层取水方案。

进水口采用叠梁门多层取水方式，与引水发电进水口其中一孔共同布置于重力坝 10# 坝段，前缘总长 25 m。

进水口拦污栅孔口尺寸均为 2.5 m×47.5 m（宽×高）。拦污栅两侧边墩厚 3 m，底板高程 65.0 m。

拦污栅段后接叠梁门段，叠梁门最大挡水高程为 105.5 m，叠梁闸门按每台机 1 孔布置，孔口尺寸为 2.5 m×40 m（宽×高），每扇分成 8 节，每节高度为 5 m。

叠梁门后为进口段，其底板高程 65.5 m，其顶板曲线采用四分之一椭圆曲线，椭圆公式分别为 $\frac{x^2}{4.65^2}+\frac{y^2}{1.55^2}=1$。进口段顺水流向依次布置一道检修闸门和一道事故工作门，检修闸门孔口尺寸为 2.5 m×4.65 m（宽×高），事故工作门孔口尺寸为 2.5 m×2.5 m。每孔检修闸门后设一个 0.8 m×2 m（宽×高）的通气兼进人孔。

渐变段连接进口段及压力钢管段，渐变段顺水流方向长度 5 m，由 2.5 m×4.05 m（宽×高）矩形断面渐变至直径为 2.5 m 圆形断面。压力钢管在重力坝下游坝面为埋管的形式，埋于重力坝内，以 1.5 m 厚的 C25 混凝土包裹。右岸渠首进水口水平延伸至电站厂区安装间底部及下游出口，后设置于下游尾水 65 m 高程马道，该马道加宽至 5 m，钢管引送至右岸下游尾水边坡出口后，目前考虑把水库水位无消减水头引至泵站，因此右岸灌区取水口钢管出口不考虑消能措施,隧洞出口钢管直接接入灌区泵站。右岸灌区渠首的压力钢管长度为 250 m。

10.1.5.7　过鱼建筑物

根据工程总体布置,升鱼系统布置在发电厂房右侧。整个升鱼系统由集鱼系统、运鱼系统、放鱼系统及集控系统 4 个部分组成,如图 10.1-2 所示。前 3 个系统前后依次衔接,通过集控系统协调控制为一个全自动升鱼系统,可无人值守循环完成下游鱼类的过坝过程,助推枢纽水域的生态自然发展。

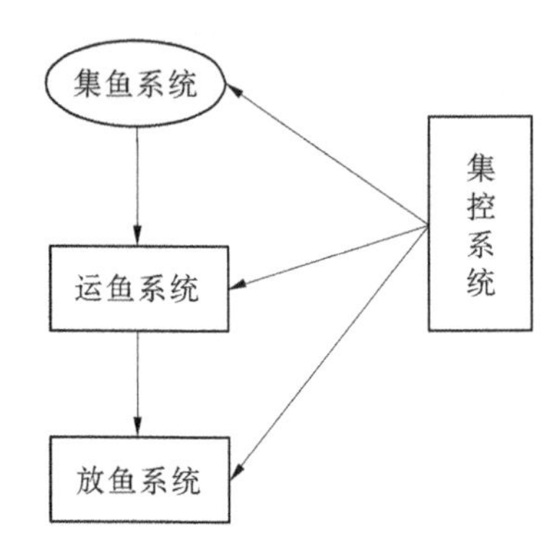

图 10.1-2　升鱼系统流程

集鱼系统布置在发电厂房尾水渠右侧岸边,利用厂房发电尾水的流场将鱼类诱至集鱼池中,通过集鱼斗将鱼类从尾水渠 52.0 m 高程提升至进厂道路 78.50 m 高程,运鱼设施 AGV 运输车沿着厂区道路将鱼运输至重力挡水坝段竖井电梯内,电梯将鱼类提升至坝顶 113.00 m 高程,AGV 运输车再沿着坝顶路和 113.0 m 高程马道将鱼运输至鱼类投放点。放鱼设施由卸鱼滑槽及其配套设备组成,AGV 运输车行驶至投放点时自动完成对位操作,鱼类通过鱼滑槽投放至库区内。

10.1.5.8　边坡工程

根据《水利水电工程边坡设计规范》(SL 386—2007)规定,边坡的级别应根据相关水工建筑物的级别及边坡与水工建筑物相互间的关系,并对边坡破坏后的影响进行论证后确定。右岸上游坝肩高边坡、右岸厂房边坡、左岸上游坝肩边坡失稳后,将严重危害大坝安全,因此以上边坡定为 2 级。

1. 右岸Ⅰ~Ⅲ区边坡

右岸Ⅰ区边坡为右岸坝肩上游 143 m 以下区域。区内 2# 堆积体位于坝址上游 50 m,堆积体长 89.0 m,宽 66.0 m,面积约为 0.48 万 m^2,堆积体最厚约为 37.0 m,平均厚度约为 20.0 m,体积约为 9.6 万 m^3,堆积体成分主要为滚石、碎石土等。堆积体主要分布在高程 70.0~135.0 m,现状坡度为 20°~30°,分布在半坡上。该区边坡高程 76~110 m 为库水位变化区间,应保证施工期和库水位骤降情况下的边坡稳定。山体岩层为顺向坡,岩层产状 310°~340°/NE∠44°~62°,为防止边坡切角,根据地质建议,坡比不宜陡于 1:1或增加相应处理措施。

右岸Ⅱ区边坡为右岸坝肩上游 143 m 以上区域。区内存在一断层 F3,该断层产状

285°~302°/SW∠54°~80°,倾向山体内侧。区内边坡高程范围143~230 m,为永久边坡,山体岩层为顺向坡,岩层产状310°~340°/NE∠44°~62°,为防止边坡切角,根据地质建议,坡比不宜陡于1∶1或增加相应处理措施。

右岸Ⅲ区边坡为右岸大坝下游厂房及尾水渠边坡区域。该区边坡高程范围65~158 m。山体岩层为顺向坡,岩层产状310°~340°/NE∠44°~62°,为防止边坡切角,根据地质建议,坡比不宜陡于1∶1或增加相应处理措施。区内78.5 m以下为厂房建筑物范围,99 m马道布出线塔,113 m高程马道为上坝公路。构筑物密集,应控制边坡变形,防止边坡产生较大变形影响道路及厂房等建筑物正常运行使用。

2. 左岸Ⅰ~Ⅳ区边坡

左岸Ⅰ区边坡位于左岸坝肩上游崩积体范围内。堆积体长357.0 m,宽181.0 m,面积约为3.2万m^2,堆积体厚3.0~31.90 m,平均厚度约为10.0 m,体积约为32.0万m^3,堆积体成分主要为滚石、碎石土等。大坝建基面挖除全部堆积体,上游区域仍有部分残留,该区边坡高程范围45~80 m,基本位于死水位76 m以下,受库水位变化影响较小。应放缓边坡,保证堆积体施工期和蓄水后运行期的长期稳定。

左岸Ⅱ、Ⅲ区边坡分别位于左岸坝肩高程90~158 m范围和158 m以上范围,该区山体残坡积层和全强风化层深厚,强风化层上下带差异不明显。强风化层内含有部分全风化夹层,海南地处热带,降水量大且集中,边坡开挖后全风化土遇水软化,可能形成危险滑动面。应打设锚索进行支护,设计强排水系统减少坡面入渗并降低地下水位线。

左岸Ⅳ区边坡位于左岸坝肩下游90 m以下边坡,该处边坡大部分位于厂房设计洪水位以下,应进行护岸设计,防止边坡冲刷。

10.1.5.9　交通建筑物

1. 设计标准

迈湾水利枢纽交通工程包括上主坝道路、进电站厂区道路、1#~7#副坝上坝道路、进工程管理楼和鱼类增殖站道路。

本工程为新建及局部改扩建上坝道路工程。根据本项目的特点,设计标准按四级公路等级设计。公路路基防洪标准按25年一遇设计洪水回水线高程及路基安全高度确定,小桥及涵洞的设计标准按25年一遇设计,大、中桥洪水标准按50年一遇标准设计。

土路面的等外公路,黄岭农场至1#~7#副坝、1#~7#副坝至下主坝址左岸新村均为单向乡村道路,需要扩建成为双车道混凝土路面,扩建道路长1.9 km,均为四级道路标准,扩建后路面宽6.5 km。

2. 线路设计

1)上主坝道路

上主坝道路全长8.76 km,道路起点接于黄岭农场西侧的Y133乡道,沿原有机耕道路向北走向,途经藤寨乡,在AK3+400处开始与副坝址平行走向至牛坡园,然后沿原有乡村道路向西北走向至AK7+100,最终向北走向,接下坝址管理区。上副坝道路有两段,B1段道路全长93 m,道路起点接于AK3+310,终点接于7#副坝;B2段道路全长80 m,道路起点接于AK5+325,终点接于1#副坝。上坝道路设计参照四级道路标准,路基防洪标准按25年一遇设计洪水回水线高程及路基安全高度确定,小桥及涵洞的设计标准按25年一遇设计,大、中桥洪水标准按 50 年一遇标准设计。路基宽 6.5 m,路面宽 6 m,路面结构采用混凝土路面。

2) 1#~7#上副坝道路

上副坝道路有两段:B1 段道路全长 93 m,道路起点接于 AK3+310,终点接于 7#副坝;B2 段道路全长 80 m,道路起点接于 AK5+325,终点接于 1#副坝。上坝道路设计参照四级道路标准,路基宽 6.5 m,路面宽 6 m,路面结构采用混凝土路面。

3) 进电站厂区道路

进电站厂区道路由工程管理平台拐向下游冲沟,顺接右岸厂区。进厂道路长约 0.8 km。

4) 进工程管理楼和鱼类增殖站道路

进工程管理楼和鱼类增殖站道路由上主坝道路分支,道路长约 1 km。

10.1.6　机电及金属结构

10.1.6.1　水力机械

1. 机型选择

本枢纽水库具有多年调节功能,电站的单机容量不大,且水流泥沙含量较小,水头变幅大。电站大部分时间运行在高水头区(电站 40 m 水头以上约占 93%)。本电站总装机容量 40 MW,电站水头(毛水头)为 22.09~54.35 m,加权平均水头 41.89 m(47.72 m 终期),水头变幅较大,根据本电站水头范围和装机规模,结合本电站的具体情况,选定混流式水轮机。

2. 转轮型号选择

根据本电站的运行水头范围推荐选用混流式水轮机,电站是利用下游需要的下泄水量及水库弃水发电,本枢纽工程的主要任务为供水和灌溉,同时利用下游所需的生态下泄水量及水库弃水进行发电,所以水轮机机组应能稳定运行全年下游生态及供水所需的下泄水量工况,主要为:6—8 月 25.9 m^3/s,9—10 月 20.5 m^3/s,其余月份 10.3 m^3/s;部分极端情况可通过旁通管进行下泄。

本电站总装机容量 40 MW,电站水头变幅较大,根据现有模型转轮资料,以及结合电站特点和参数、电站运行方式、水头变幅、能量与空化性能等综合因素,本阶段以 HLD267 作为代表机型来进行正常蓄水位方案比较、装机容量方案比较和台数比较等工作,并参照其他转轮的性能,确定本阶段水轮机的主要参数及机组流道主要控制尺寸,提出本电站水轮机应具有的能量指标及空化指标。

3. 机组台数

本阶段根据生态环境部的"环境影响报告书的批复"中对迈湾水库下泄生态流量有明确的要求:运行期 6—8 月、9—10 月和 11 月至次年 5 月分别下泄不小于 25.9 m^3/s、20.6 m^3/s 和 10.3 m^3/s 的生态流量。与可行性研究阶段电站生态流量为 4.89 m^3/s 有较大的调整,本阶段根据生态下泄量、下游需水量等要求对机组的配置进行重新复核。

经优化比较后选定电站装机 3 台,采用"1 台大机+2 台小机"配置方案,针对下泄生态流量和生活供水需求配置对应满足要求的小机组;大机组的单机容量为 28.0 MW,小机组的容量为 6.0 MW。

4. 机组调节保证

本电站为坝后式电站，1 台大机和 2 台小机，共 3 台水轮机，大机配有独立的引水管，引水管管径为 4.8 m，等效长度约为 60 m，压力波波速为 800 m/s。发电机的 GD2 暂定为 2 500 t · m^2。2 台小机共用一条主管，主管管径为 3.5 m，等效长度约 40 m；支管管径为 2.2 m，有效长度约为 20 m；发电机的 GD2 暂定为 100 t · m^2。根据本电站特征，分别对大机和小机进行调节保证计算。对于各自拟定的运行工况进行调节保证计算，大机和小机机组调节保证参数都满足控制标准，并有一定安全裕度。

5. 水轮机附属设备

1) 主阀

本电站为坝后式电站，电站装机“1 大 2 小”，大机组为单机单管，通过在机组进水口设快速闸门，当发生机组事故或者需要紧急停机时快速闸门可动水关闭，不设置进水蝶阀。

小机组为一洞二机的引水形式，为了保证机组安全运行，满足机组检修需要，在每台机前应设置进水阀，用于手动或自动切断水流。电站每台小机组设置一台液压操作蝴蝶阀，油压装置额定油压采用 6.3 MPa。蝴蝶阀公称直径 2 200 mm，额定工作压力 0.50 MPa，最大工作压力 0.85 MPa，采用卧式布置，硬密封结构。

2) 调速器

每台机组配一台与油压装置组合的调速器，调速器初选可编程微机调速器，该调速器能实现对机组的自动和手动启动、停机或紧急停机；能实现机组的负荷自动分配，当自动部分失灵时，能手动运行。

水轮机大机组配套一台型号为 WT-100-6.3 的调速器，调速器油压装置为 HYZ-1.6-6.3；油压装置额定油压采用 6.3 MPa。

水轮机小机组配套一台型号为 YWT-5000-6.3 的调速器，油压装置额定油压采用 6.3 MPa。

6. 起重设备

根据电站内最大起重件及厂房跨度选择起重设备，电站内最大起重件为大机组的转子，选择 200 t/50 t，L_k = 16.5 m 电动双梁桥式起重机一台。

GIS 室根据电气专业检修和维护的要求，需要设置一台 10 t 的电动单梁悬挂式起重机，L_k = 7.0 m。

7. 水力机械辅助系统

电站根据运行维护的需求分别设置了技术供水系统、排水系统、油系统、压缩空气系统、监视测量系统，并依据本电站的装机规模、水轮机转轮直径及台数等条件设置了机修设备。

8. 旁通阀设备

本枢纽工程的开发任务以供水、灌溉、防洪为主，兼顾发电；根据枢纽的开发任务和布置要求，在电站厂房内设置旁通设备，旁通设备分为向下游生态补水旁通设备和灌溉供水设备。

根据电站水头及下泄生态流量要求进行设计，同时要求过阀流速不超过 15 m/s，选用公称压力 1.0 MPa、阀内径 2.2 m 的固定锥形阀；流量调节阀的最大过流能力约为 30 m^3/s，即电站机组不能发电时，安装一台 DN2 200 的流量调节阀（固定锥形阀）时，能满足下泄生态流量要求。在阀前通上游侧设有 DN2 200 的检修蝶阀。检修蝶阀采用电动操作，选用公称压力 1.0 MPa。为生态流量监控要求及根据要求对固定锥形阀进行调流控制，在旁通管的检修蝶阀后设置一套测流装置。

根据灌区的灌溉补水要求和枢纽布置条件，在厂房内安装间下层设置一条公称直径为 2 500 mm 的灌溉供水管，下接至下游灌渠，在灌溉旁通管上设 DN2 500 检修蝶阀，公称压力为 1.0 MPa，电动控制，其后设有伸缩节及排气阀等。

9. 鱼道补水设备

鱼道的诱鱼/集鱼系统位于厂房尾水下游约 95 m 处，紧靠右岸边坡，使用补水设备分别对集鱼槽及补水渠进行补水。根据模型分析和鱼道诱鱼/集鱼系统特征断面计算，系统的补水量约为 5.45 m^3/s，扬程约为 3 m。根据泵型比较选择潜水轴流泵。

根据鱼道的补水要求设置 4 台潜水轴流泵（900QZ-160D，Q = 2.75 m^3/s，h = 2.28 m，N = 132 kW），工作方式为 2 用 2 备，备用泵平时放置在仓库内，泵的进水口淹没不小于 1.5 m。

10. 水力机械设备的布置

电站厂房由主厂房（包括主机间、安装场）和副厂房组成，主厂房长 58.0 m，净宽 16.5 m，自右向左分别为安装场段、小机机组段、大机机组段和小机机组段。

10.1.6.2　电气

1. 电站与电力系统的连接方式

电站装机 3 台（2 小 1 大，2 台小机是生态流量机组），总容量 40 MW（6 MW×2+28 MW×1），近期、终期多年平均发电量分别为 11 326 万 kW·h、9 986 万 kW·h，相应年利用小时数 2 832 h、2 496 h。迈湾电站拟 110 kV 一回出线与系统连接，接入 110 kV 屯昌变电站与海南电网连接，输送距离约 20 km，线型为 LGJ-150。电站在系统中主要起调峰作用。

2. 电气主接线

通过技术经济比较，发电机与主变压器的组合推荐采用以下接线：电站采用一机（1 台大机）一变+两机（2 台小机）一变扩大单元接线。2 台小机组（6 MW×2）接在 10.5 kV 发电机 Ⅰ 段母线上，经 1 台 16 MVA 的变压器由 10.5 kV 升压到 121 kV；1 台大机组（28 MW）接在 10.5 kV 发电机 Ⅱ 段母线上，经 1 台 40 MVA 的变压器由 10.5 kV 升压到 121 kV。

3. 主要电气设备选择

根据本枢纽的布置情况，电站的主要电气设备的选择原则为：在满足额定工况并经短路电流估算校验合格的基础上，选用技术先进、性能可靠、操作简单、维护方便、安全且能耗低的产品。

开关站采用 110 kV GIS 设备，高低压电气开关设备选用成套开关柜。

4. 控制、保护与通信

电站按照"无人值班（少人值守）"原则进行设计，采用计算机监控方式，对电站各主要机电设备的运行状态进行全面监视及控制。

电站主要电气设备(发电机、主变压器、厂用变压器等)的继电保护全部采用微机型继电保护装置实现其保护功能,且每套保护均配置完整的主保护及后备保护,反映被保护设备的各种故障及异常状态,并能动作于跳闸或给出信号。110 kV 线路保护和母线保护均采用微机型,配置按电站接入系统提供的保护配置方案进行设计。

电站以 110 kV 电压等级接入电网,根据接入系统审定稿电站调度自动化主要由海南中调、海南备调和琼海地调共同调度。水情系统接收南渡江流域海口调度中心的调度。

10.1.6.3　金属结构

海南省南渡江迈湾水利枢纽工程金属结构设施,根据枢纽总体布置分为溢流坝、坝后引水发电系统、右岸灌溉渠首进水口、左岸灌溉渠首进水口、升鱼设施和导流隧洞六部分,设有闸门、拦污栅及相应的启闭、清污、提升和运输设备。经方案比较,枢纽总体布置推荐中坝线重力坝方案。水库正常蓄水位 108.0 m(近期 101.0 m),电站装机容量 40 MW,金属结构设备按终期水位条件设置,金属结构总工程量约 6 896 t,闸门、拦污栅结构件主要材料为 Q355B,压力钢管主要材料为 Q345R。

根据水工建筑物的布置,溢流坝共设 4 孔弧形工作闸门,每扇闸门采用 1 台液压启闭机操作;在工作闸门上游设有事故闸门门槽,4 孔共用 1 扇事故闸门,由 1 台单向门机配自动抓梁操作。在主坝横向交通廊道处设 1 道防洪闸门,由临时设备水平开关操作。

发电厂房为坝后式,装机 3 台(1 大 2 小)。大机组引水道单管单机布置,2 台小机组与生态旁通管共用一个进水口和引水管道,分别设有独立的尾水管道,取水方式采用隔水叠梁闸门分层取水。引水发电系统顺水流向依次设有进水口拦污栅、隔水叠梁闸门、快速闸门、大机组进水口压力钢管、小机组进水口压力钢管主管,小机组支管、生态旁通管,以及大、小机组尾水检修闸门、生态尾水检修闸门及相应的启闭设备。

右灌溉渠首进水口位于电站进水口坝段的右侧,顺水流向依次设有进口拦污栅、隔水叠梁闸门、进口事故闸门和引水钢管及相应的启闭设备。左岸灌溉渠首进水口位于大坝上游左侧库区,顺水流向依次设有进口拦污栅、隔水叠梁闸门、事故闸门引水钢管及相应的启闭设备。

升鱼系统布置在发电厂房右侧。整个升鱼系统由集鱼系统、运鱼系统、放鱼系统及集控系统 4 个部分组成。各个系统前后依次衔接,通过集控系统协调控制为一个全自动升鱼系统,可无人值守循环完成下游鱼类的过坝过程,助推枢纽水域的生态自然发展。

右岸布置 1 条导流隧洞,进口设 1 扇封堵闸门及其启闭设备。

10.1.6.4　采暖通风与空气调节

本枢纽位于热带、亚热带海洋性季风气候区,受季风影响大,四季分界不很明显,气温高,热量丰富,日照充足,降水集中,干湿季明显,雨量丰沛,气候炎热,电站厂房为岸边式地面厂房,背靠山体。

电站的安装场均位于主厂房右端,根据电站厂房的结构设计和机电设备布置情况,主厂房宜采用机械送风、机械排风,满足厂内通风要求,并可较方便地进行气流组织。

电站选用 2 台柜式离心泵机,新风经厂房上游进风口进入送风机室,由送风机加压,通过送风道、送风管送至厂房上游侧各副厂房,再经门窗、吊物孔及楼梯等供给主厂房水轮机层、蜗壳层、安装场下副厂房等,再由排风机将余热余湿排出厂外。

油库、油处理室利用防爆风机单独排风。油库和油处理室设置独立的排风道,并保持室内负压。

GIS 室通风采用高进低出的通风方式,新风从 GIS 左游侧的主厂房取得,新风进风口设置在房间下游侧较高的位置,上游墙底部设置轴流风机排风至室外。

各层送风口设置防烟防火调节阀,排风口均设置防火风口。除 GIS 室内,其余排风道和排风机兼作事故后排烟用,在 GIS 室上游墙上部设置排烟风机。

中控室、计算机室等是人员比较集中的场所,为改善工作条件,需设置空调器进行空气调节。空调器拟采用"VRV"变频方式。为保持一定新风量,各装设一台排气扇换气。

10.1.6.5　**工程管理自动化**

本工程建立基于 BIM 的项目管理信息系统,工程信息模型服务于项目的全生命周期。覆盖工程项目施工、设计全过程,不同阶段可划分为初设模型、招标模型、施工详图设计模型等。各阶段模型应利用前一阶段的模型数据,通过增加、修改或细化模型元素等方式进行。各阶段模型应用主要包含模型创建、场地分析、仿真分析、方案比选、可视化应用、碰撞检测、模型出图、工程算量、施工模拟等,且各设计阶段均有一定的技术应用点。

在电站管理中心建设一体化管理信息平台,实现视频、安全监测,机电设备状态监测,水情、水质、生态流量集中监视监测;实现综合监控监测、工程安全分析评估、状态诊断分析、事故应急处理预案与决策支持、运维管理、综合信息服务、办公自动化等各类应用。通过建立统一的数据中心,为各系统提供共享数据、整合业务的基础,各系统数据可实现互通,平台收集的数据更有价值,并可用于综合展示与智能分析。

10.2　BIM 设计整体方案

10.2.1　BIM 平台及协同设计流程

迈湾水利枢纽工程主要运用 Bentley 系列软件,以全专业协同为目的,开展本次 BIM 设计工作。

为实现后续三维协同设计标准化,项目组对照三本企业标准(见图 10.2-1),明确了 BIM 文件命名、三维建模、模型出图等一系列规则与标准,并针对各专业设计特点配置了专门的工作环境,以规范设计文件的工作单位、图层、文字样式、构建属性等,有效地提高了项目成果的质量及工作效率。

利用 Bentley ProjectWise 搭建协同设计平台,建立多层级文件架构,对设计文件进行存储管理,解决了项目跨地区、多参与方、多设计人员的实时配合与数据共享问题。基于协同设计平台,首先分专业分别建立各专业三维模型,在此基础上进行模型总装,进行模型碰撞检查,对修改好的模型进行模型固化,抽取各专业二维图纸,提取工程量,在 LumenRT 中进行模型渲染、漫游及动画的制作(见图 10.2-2)。

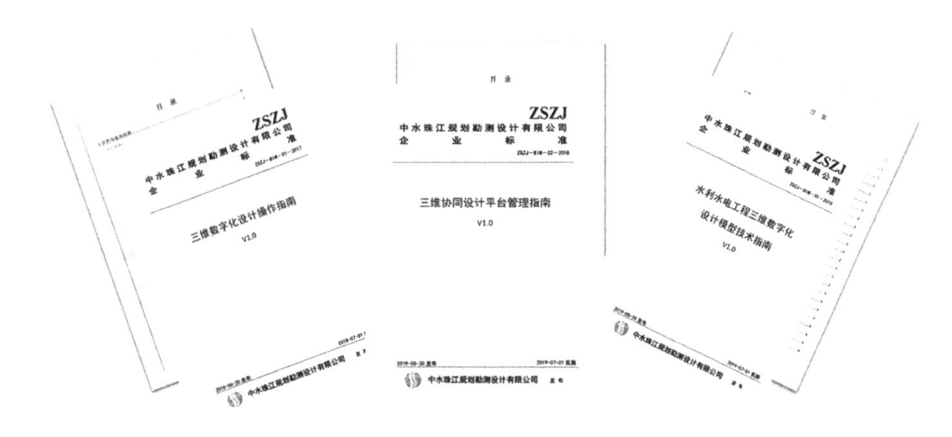

图 10.2-1　三维协同设计标准化

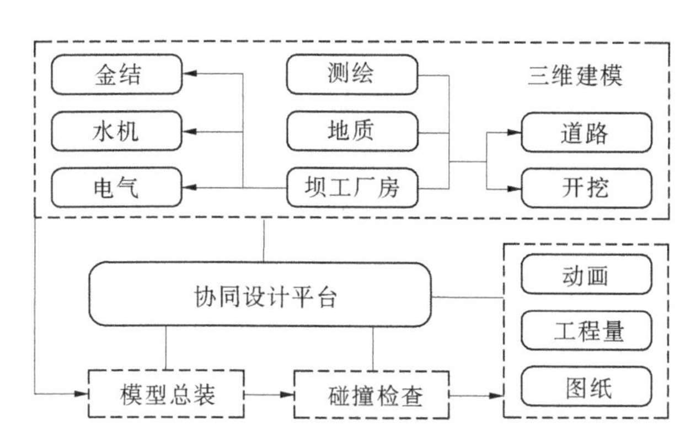

图 10.2-2　三维协同设计流程

10.2.2　BIM 设计软硬件设施

本项目主要采用 Bentley MicroStation 平台系列软件：AECOsimBuilding Designer V8i、Open Plant Modeler V8i、MicroStation CONNECT Edition、Open Buildings Designer CONNECT Edition、ReStation、GeoStation 等，结合公司研发的“PrpsdcBIM 三维枢纽辅助设计软件”“PrpsdcBIM 三维开挖辅助设计软件”等，开展 BIM 正向设计工作。用 Navigator 系统提供的碰撞检查功能快速找到碰撞点，大大提升了设计效率。为固化模型，在 LumenRT 中进行模型渲染、漫游及动画的制作，提供更加丰富的产品展示形式。

BIM 技术基于三维的工作方式，对硬件的计算能力和图形处理能力提出了较高的要求，项目组基于惠普服务器平台，为项目组成员配备了较高的硬件设施：采用 64 位 CPU 和 64 位操作系统，以发挥系统内存的最大性能；采用 32 G 的内存，能充分发挥 64 位操作系统的优势，在很大程度上提升运行速度；采用 NvidiaGeForceGTX970 显卡，逼真显示三维效果，图面切换流畅。

10.2.3　三维设计标准与要求

项目 BIM 设计需满足的三维设计标准与要求如下：

(1)《水利水电工程信息模型设计应用标准》(T\CWHIDA 0005—2019)。

(2)《水利水电工程信息模型设计交付标准》(T\CWHIDA 0006—2019)。

(3)《海南迈湾水利枢纽工程三维设计技术要求》。

(4)《水电工程三维地质建模技术规程》(NB/T 35099—2017)。

其中,水工建筑物设计模型需满足《水利水电工程信息模型设计应用标准》(T\CWHIDA 0005—2019)、《水利水电工程信息模型设计交付标准》(T\CWHIDA 0006—2019)及《海南迈湾水利枢纽工程三维设计技术要求》的要求;三维地质模型应参照《水利水电工程信息模型设计交付标准》(T\CWHIDA 0006—2019)、《水电工程三维地质建模技术规程》(NB/T 35099—2017)进行设计。

10.2.4 项目人员及组织

项目主要设计师包括测绘、地质、港航、厂房、施工、机电、金结、水机、电气等专业工程师,以及软件工程师。

部门派员参加各个协会组织的 BIM 技术培训,同时也定期邀请软件开发方来公司进行软件新功能的培训宣贯,以确保部门人员 BIM 技术水平不断提升,保障工程项目的顺利进行。

10.3 BIM 应用及效果

迈湾水利枢纽工程地处海南省澄迈与屯昌两县交界处,属热带季风海洋性气候,降水多,且第四系松散堆积物较厚,风化埋藏深,开挖形成的高边坡、防渗处理是工程施工中的重难点。利用三维设计模型,能直观展示各个方案的优缺点,对方案比选、优化设计方案起到了至关重要的作用。

10.3.1 阶段应用重点内容

10.3.1.1 可行性研究阶段坝址方案比选

水利水电工程中,可行性研究阶段的主要任务为选定工程建设场址(坝址、闸址、厂址、站址和线路)等。

在本工程中,运用 BIM 技术进行三维协同设计、坝址的方案比选设计,直观清晰地展示项目成果,显著缩短了设计周期,有效提高了设计效率。

10.3.1.2 初步设计阶段坝址坝线方案比选

水利水电工程中,初步设计阶段的主要任务为选定坝型,确定工程总体布置、主要建筑物的轴线、线路、结构形式和布置、控制尺寸、高程和数量。

本工程初步设计阶段坝线坝型的比选过程中,借助三维设计的优势,短时间内完成 9 个设计方案的比选(见图 10.3-1~图 10.3-3)。在方案汇报时更为简单直观,得到了业主和专家的一致好评,助力项目顺利通过评审。

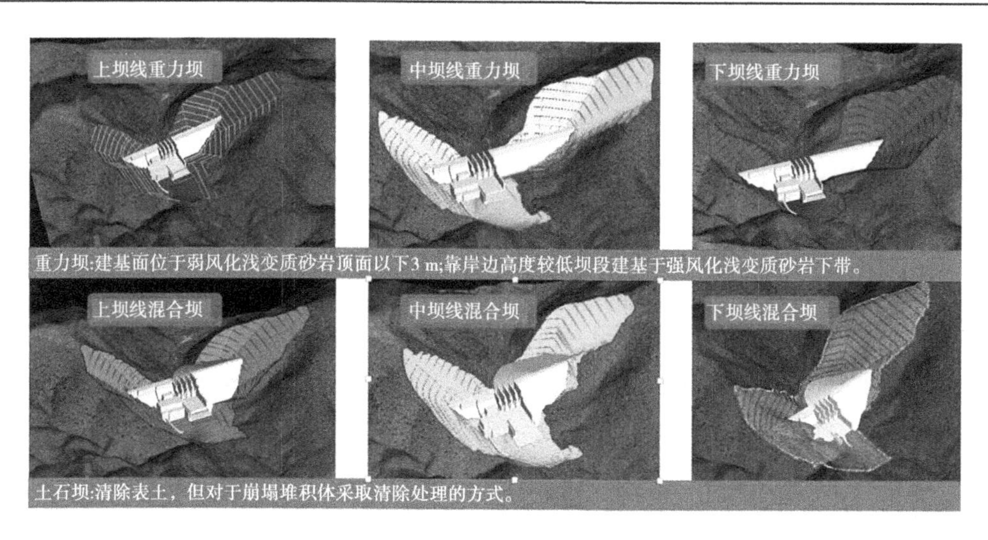

图 10.3-1　方案比选

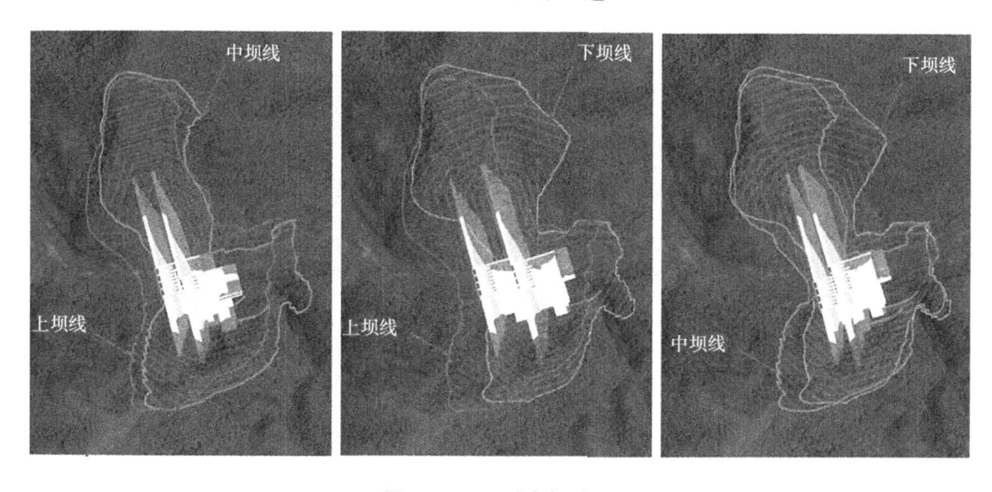

图 10.3-2　重力坝比选

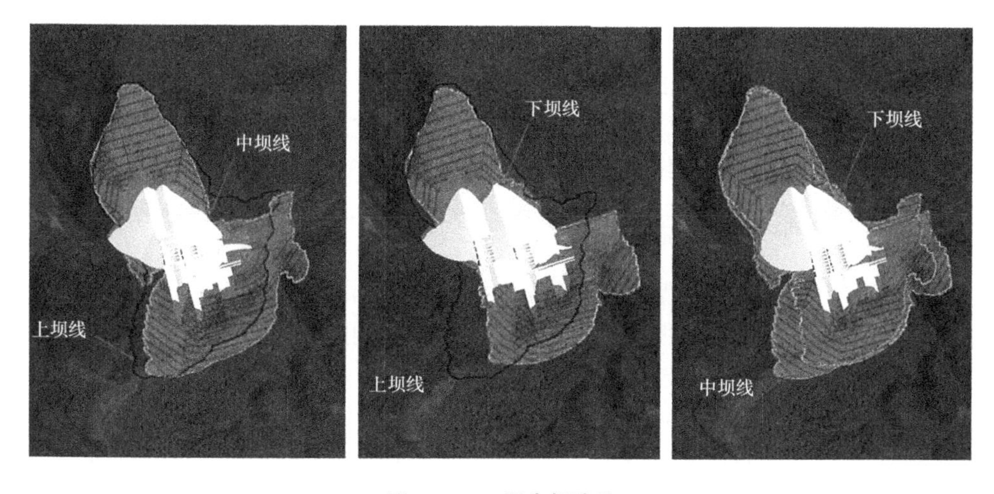

图 10.3-3　混合坝比选

10.3.1.3　施工图设计阶段应用

迈湾水利枢纽工程存在“河床部位左、右岸风化深槽，左岸崩塌堆积体，坝顶以上厚覆盖层”的问题，在施工过程中开挖导致的高边坡、开挖工程量大、防渗处理是工作中的重难点，使用 BIM 技术能直观快速设计现场施工方案，配合现场实际施工情况优化设计方案。

本工程中，基于 BIM 初步设计阶段模型，开展了工程总体布局的优化和相关建筑物的精细化设计等工作；运用“PrpsdcBIM 三维开挖辅助设计软件”，在设计过程中快速进行多方案比选优化，有效解决了左右岸高边坡开挖布置（见图 10.3-4、图 10.3-5）及工程量精确提取问题；在出图过程中，平、剖面图及相关开挖、支护工程量均由三维模型提取得到，图面表达准确度及工程量精度均优于二维设计，底图绘制工作相比传统方法效率提高 70%以上，成图标注效率比传统方法提高 50%以上。

BIM 设计模型完成后交付业主，模型已在海南省重大水利工程智能建造系统进行施工建设管理，有效提高了工程建设管理水平，成效明显。

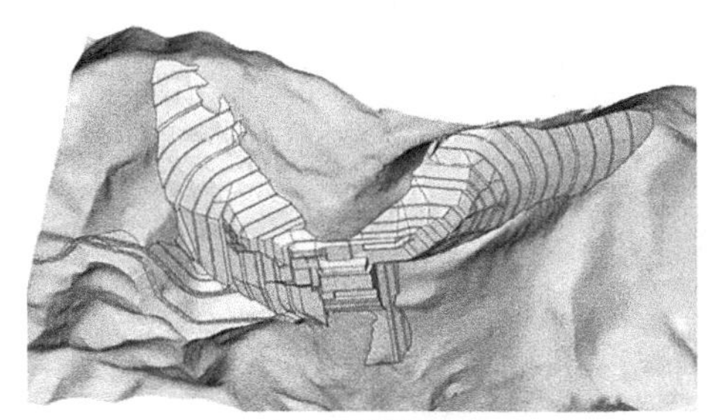

(a)边坡开挖模型

(b)现场航拍实景图

图 10.3-4　三维开挖设计模型

10.3.2　具体应用目标

10.3.2.1　模型创建

测绘专业利用自主研发的软件 PrpsdcBIM，基于等高线、高程点等要素创建地面模型，用卫星影像作为模型材质，获得实际的三维地形模型；地质专业在 GeoStation 中以三维地形为基面，导入钻孔数据，进行三维地质建模（见图 10.3-6）；坝工、厂房专业（见图 10.3-7）使用“PrpsdcBIM 三维枢纽辅助设计软件”和“OpenBuildingsDesigner 软件”建模，使用同一坐标系，明确工程控制点；水机（见图 10.3-8）、电气专业分别使用 OpenPlant Modeler 软件建模，基于元件库，调用模型，调整模型参数，快速建模。厂房部位金结模型如图 10.3-9 所示。

基于协同设计标准和流程，建立各专业三维模型后，进行模型总装。模型总装在 ProjectWise 平台上进行，含两级总装：专业级总装（见图 10.3-10），由各专业设计人员完成本专业所有构件的初次总装；专业间总装，基于控制点和工程坐标轴网的对应关系实现。模型总装以“参考连接”的方式实现，参考文件与总装文件为从属关系，在总装文件中不可编辑参考文件，而只能控制其显示样式，既使总装文件轻量化，又保证了各专业模型的安全（见图 10.3-11）。

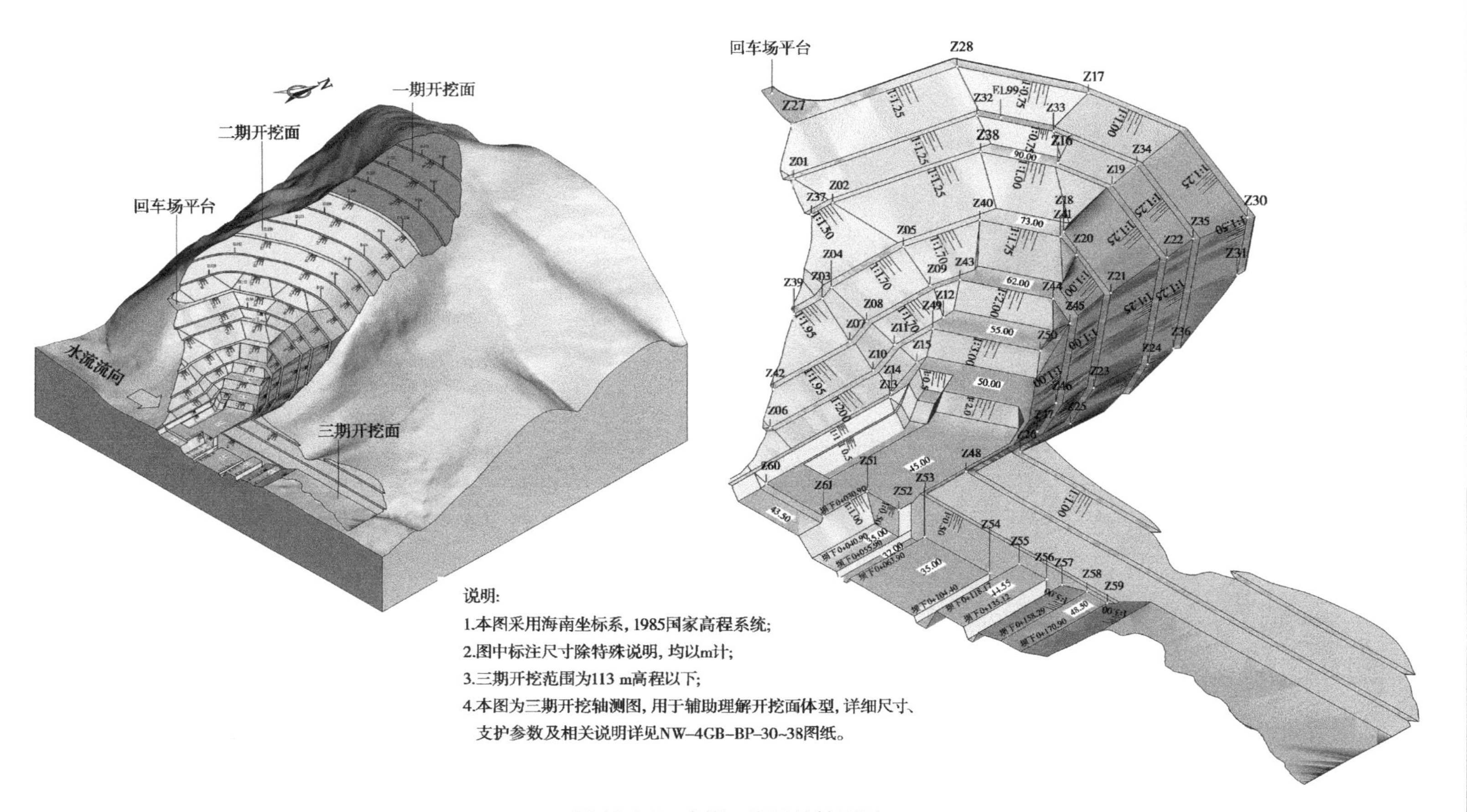

说明:

1.本图采用海南坐标系，1985国家高程系统;

2.图中标注尺寸除特殊说明，均以m计;

3.三期开挖范围为113 m高程以下;

4.本图为三期开挖轴测图，用于辅助理解开挖面体型，详细尺寸、支护参数及相关说明详见NW–4GB–BP–30~38图纸。

图 10.3-5　左岸三期开挖轴测图

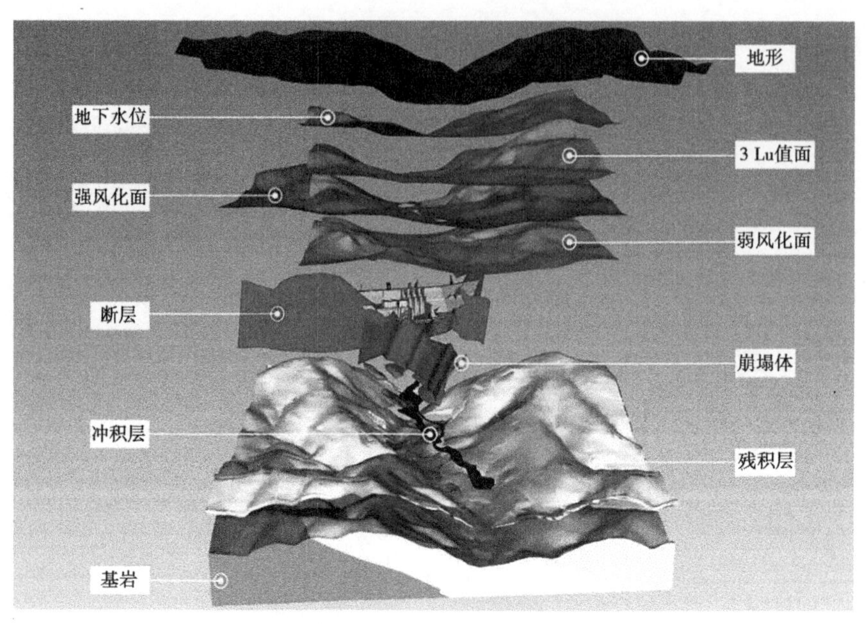

图 10.3-6　地质模型

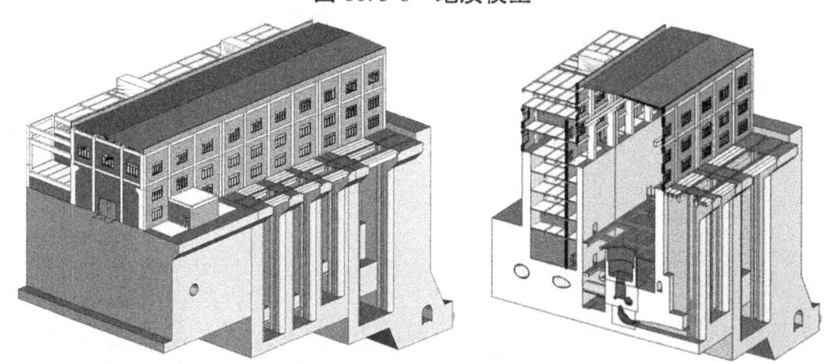

图 10.3-7　厂房模型创建

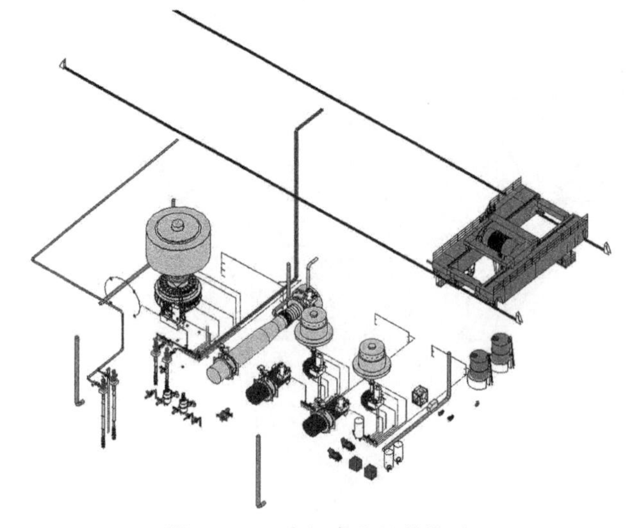

图 10.3-8　水机专业总装模型

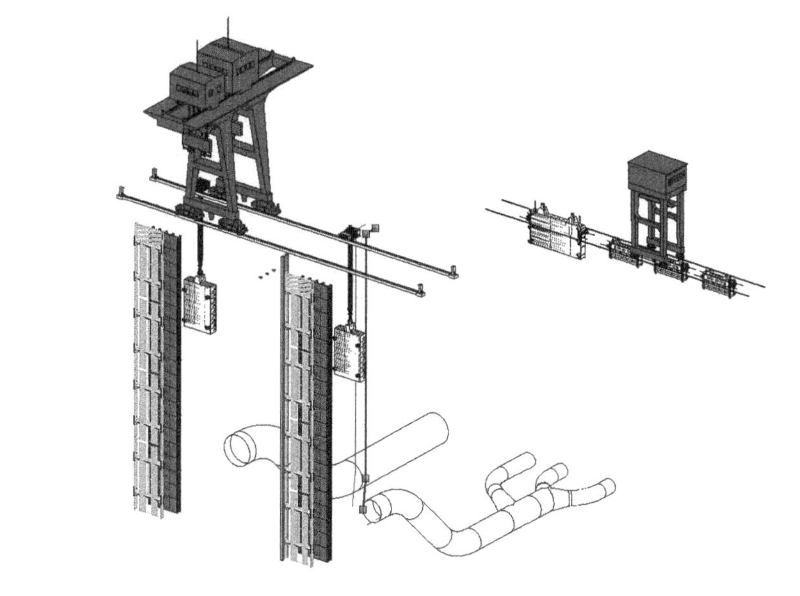

图 10.3-9　厂房部位金结模型

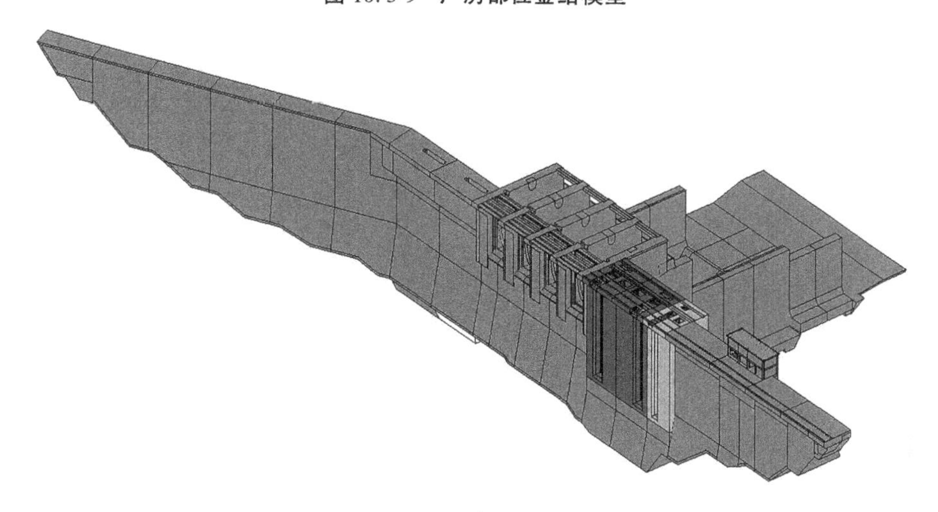

图 10.3-10　主坝总装模型

10.3.2.2　**碰撞检查**

项目设计阶段，在水机、电气、金结、厂房各专业完成模型创建布置后，均需对专业模型和总装模型进行模型完整性、合理性碰撞检测（见图 10.3-12、图 10.3-13），碰撞检测结果可用于指导各专业合理设计，根据碰撞提醒，对模型进行优化调整，有效避免各管路、设备等发生碰撞等不合理布置，大大提高了设计成果交底的正确性。

10.3.2.3　**工程算量**

工程算量是在三维设计工程中对基本模型按材料进行分区、给分区模型附加材料属性，通过 Bentley 软件自带工程量统计工具进行相应工程量统计计算（见图 10.3-14～图 10.3-17）。通过精确的三维模型，可以一键提取工程量，得出相对准确的材料用量，极大地提升了设计效率和产品质量。

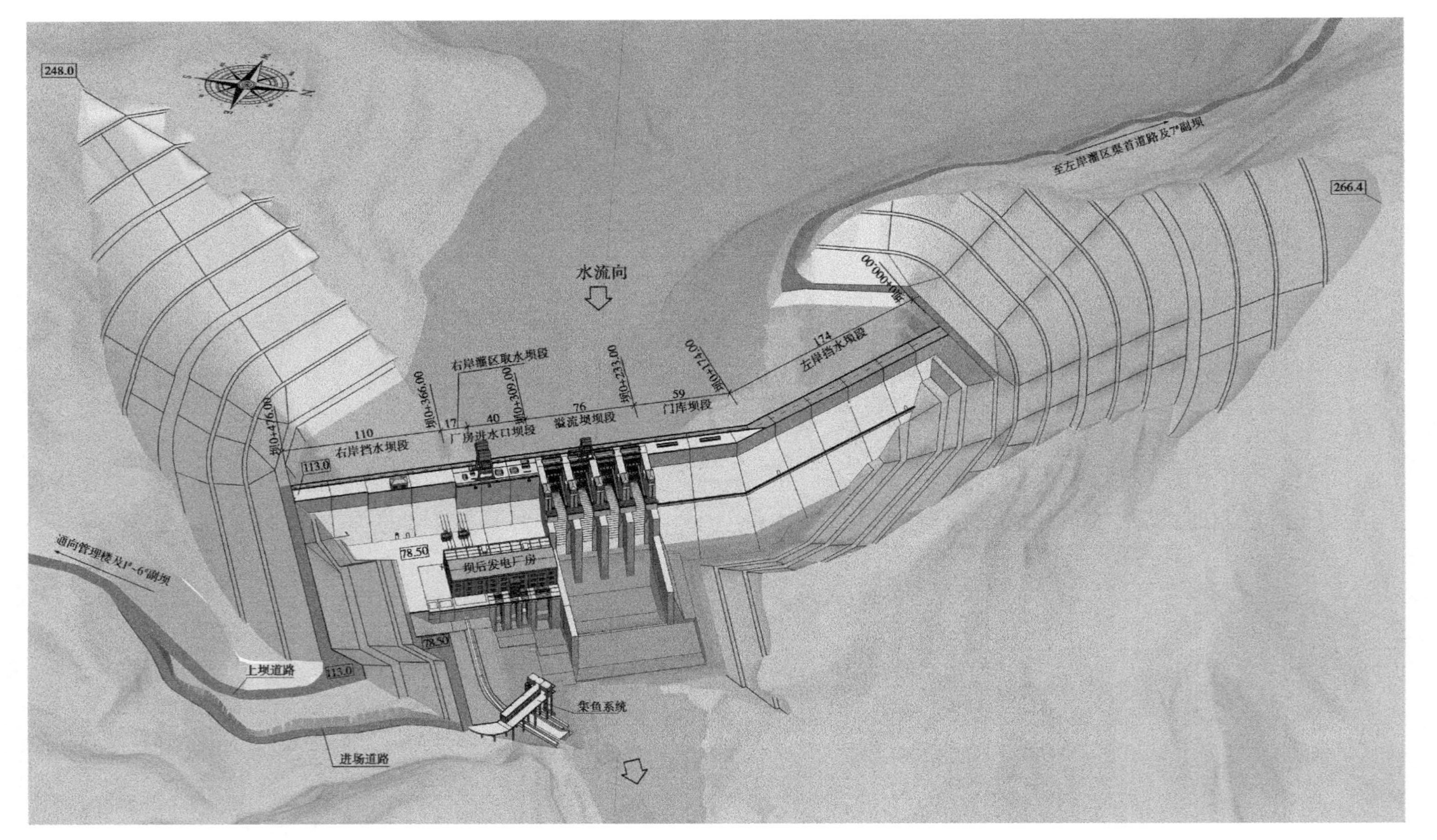
248.0
266.4
至左岸灌区渠首道路及7#副坝
水流向
右岸灌区取水坝段
坝0+000.00
174
左岸挡水坝段
坝0+174.00
59
门库坝段
坝0+233.00
76
溢流坝段
坝0+309.00
40
厂房进水口坝段
17
坝0+366.00
110
右岸挡水坝段
坝0+476.00
113.0
78.50
坝后发电厂房
通向管理楼及1#~6#副坝
上坝道路
集鱼系统
进场道路

图 10.3-11　模型总装

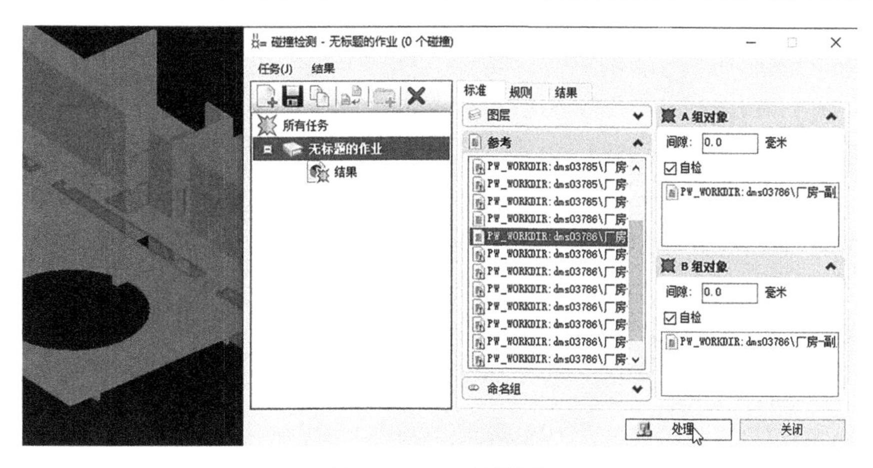

图 10.3-12　碰撞检查

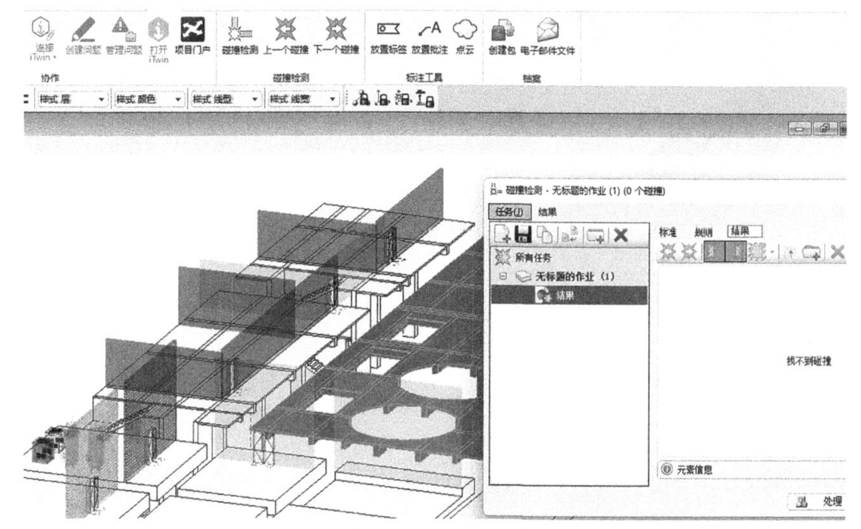

图 10.3-13　电缆桥架与厂房结构碰撞检测

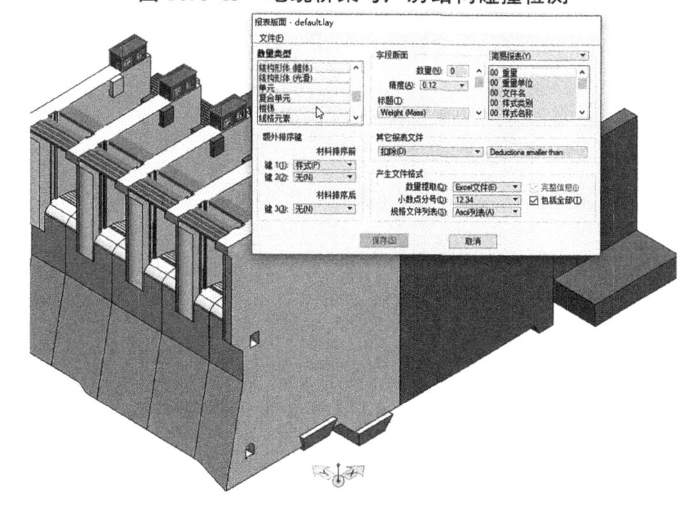

图 10.3-14　溢流坝段工程量统计

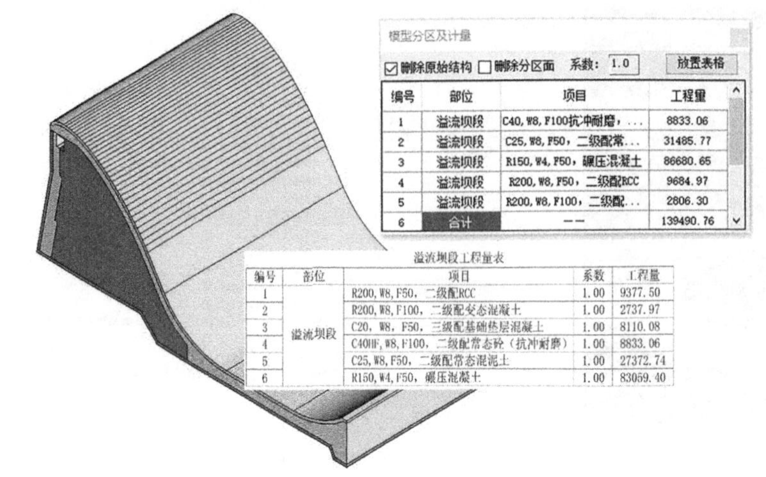

溢流坝段工程量表

编号	部位	项目	系数	工程量
1	溢流坝段	R200, W8, F50, 二级配RCC	1.00	9377.50
2		R200, W8, F100, 二级配变态混凝土	1.00	2737.97
3		C20, W8, F50, 三级配基础垫层混凝土	1.00	8110.08
4		C40HF, W8, F100, 二级配常态砼（抗冲耐磨）	1.00	8833.06
5		C25, W8, F50, 二级配常态混泥土	1.00	27372.74
6		R150, W4, F50, 碾压混凝土	1.00	83059.40

图 10.3-15　溢流坝段工程算量

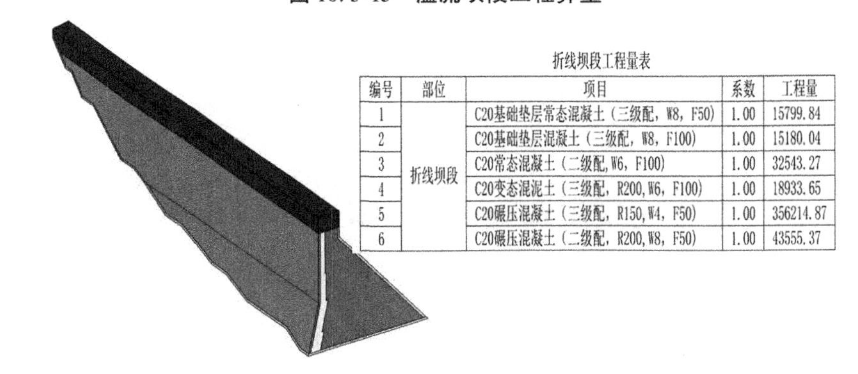

折线坝段工程量表

编号	部位	项目	系数	工程量
1	折线坝段	C20基础垫层常态混凝土（三级配，W8，F50）	1.00	15799.84
2		C20基础垫层混凝土（三级配，W8，F100）	1.00	15180.04
3		C20常态混凝土（二级配，W6，F100）	1.00	32543.27
4		C20变态混凝土（三级配，R200，W6，F100）	1.00	18933.65
5		C20碾压混凝土（三级配，R150，W4，F50）	1.00	356214.87
6		C20碾压混凝土（二级配，R200，W8，F50）	1.00	43555.37

图 10.3-16　折线坝段工程算量

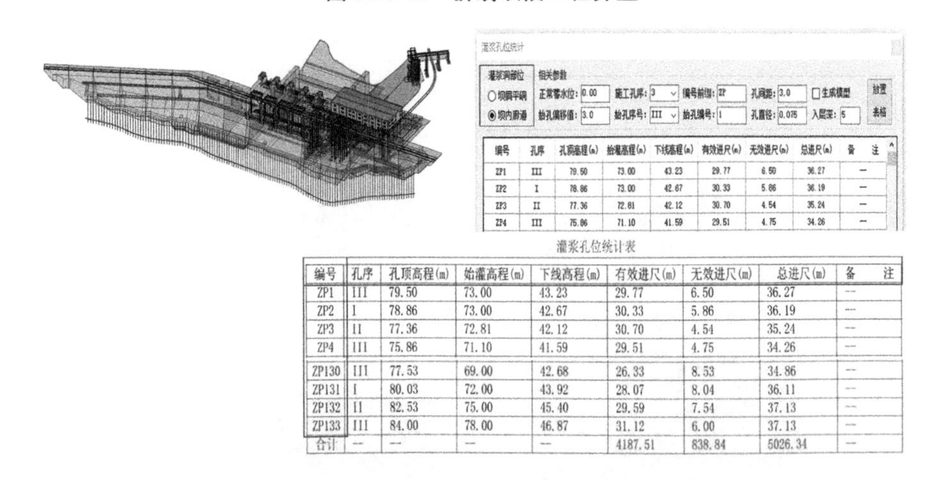

灌浆孔位统计表

编号	孔序	孔顶高程(m)	始灌高程(m)	下线高程(m)	有效进尺(m)	无效进尺(m)	总进尺(m)	备　注
ZP1	III	79.50	73.00	43.23	29.77	6.50	36.27	—
ZP2	I	78.86	73.00	42.67	30.33	5.86	36.19	—
ZP3	II	77.36	72.81	42.12	30.70	4.54	35.24	—
ZP4	III	75.86	71.10	41.59	29.51	4.75	34.26	—
ZP130	III	77.53	69.00	42.68	26.33	8.53	34.86	—
ZP131	I	80.03	72.00	43.92	28.07	8.04	36.11	—
ZP132	II	82.53	75.00	45.40	29.59	7.54	37.13	—
ZP133	III	84.00	78.00	46.87	31.12	6.00	37.13	—
合计	—	—	—	—	4187.51	838.84	5026.34	—

图 10.3-17　坝内廊道帷幕灌浆工程算量

10.3.2.4　三维出图

为提升图纸表达效果，除传统设计成果要求外，所有建筑物平、剖、立面图均直接由设计模型生成，所有建筑物结构图中均包含轴测图、重点难点部位的详图（见图 10.3-18～图 10.3-24）。

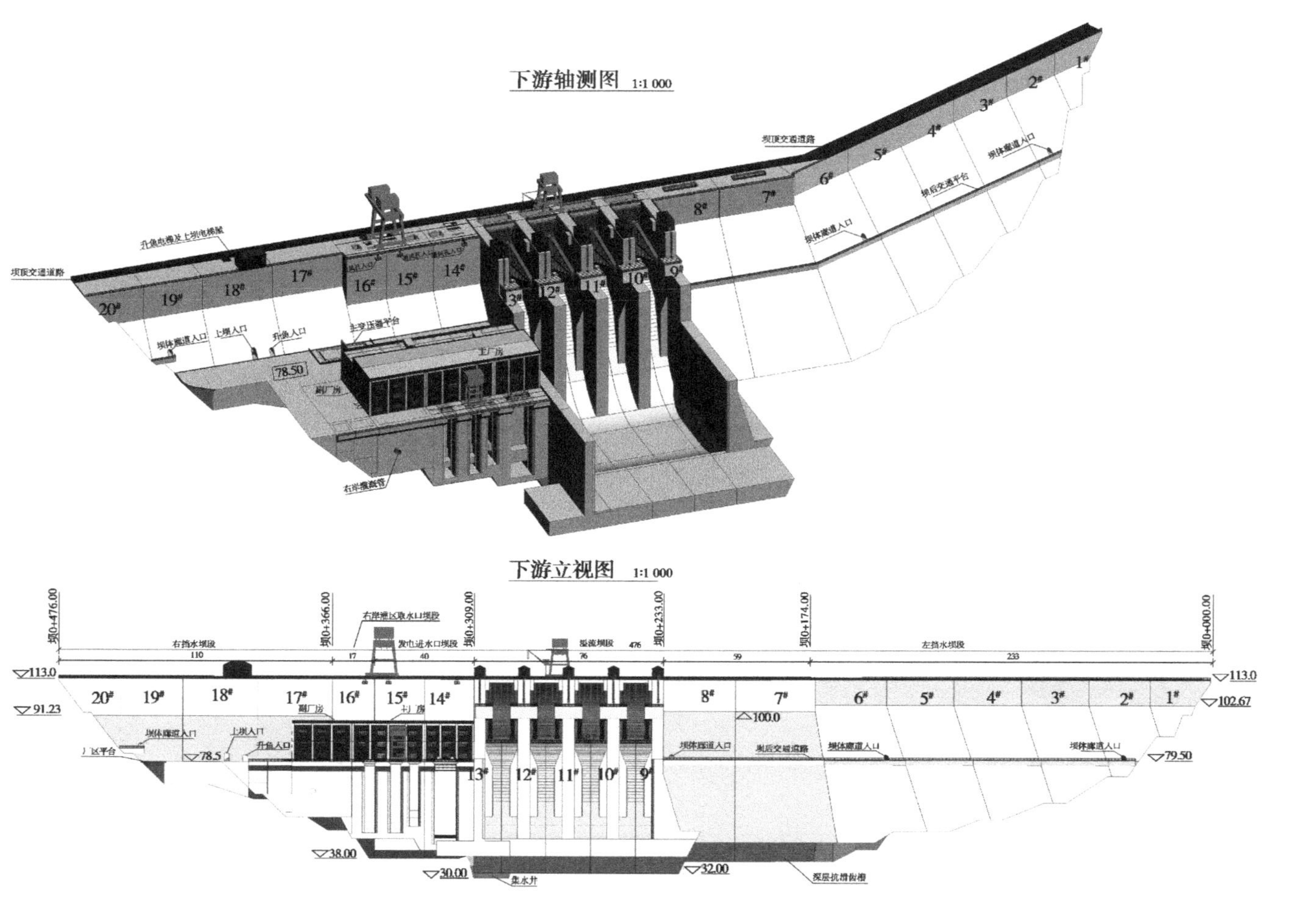

图 10.3-18　主坝布置图

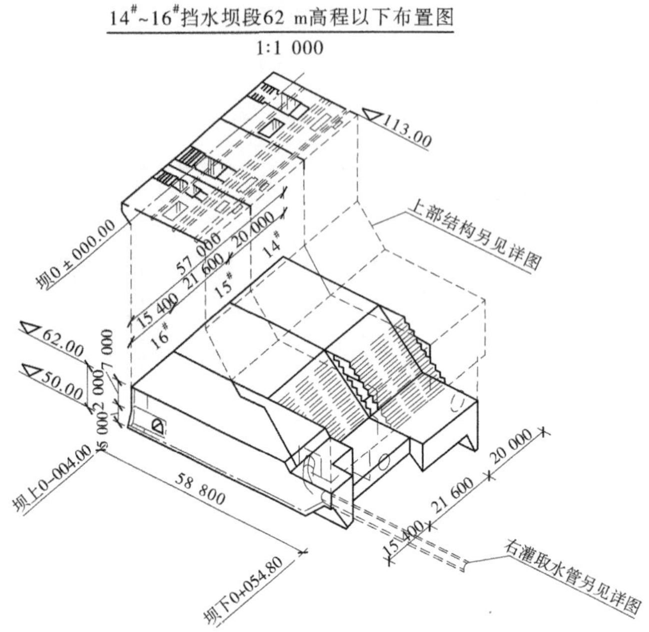

14#~16#挡水坝段62 m高程以下布置图
1:1 000
▽113.00
上部结构另见详图
坝0±000.00
57 000
15 400
21 600
20 000
16#
15#
14#
▽62.00
▽50.00
7 000
2 000
6 000
坝上0-004.00
58 800
坝下0+054.80
20 000
21 600
15 400
右灌取水管另见详图

图 10.3-19　挡水坝段结构出图 1

14#坝段62 m高程以下结构轴测图
1:500
坝0+309.00 3
坝0+317.00 2
坝0+329.00 1
坝上0-003.00
坝0+309.00
坝0+329.00
20 000
26 300
55 300
坝下0+023.30
12 900
16 600
坝下0+052.80
▽62.00
▽55.00
7 000
17 000
▽38.00
1:1
3
2
1
坝上0-006.40
20 000
7 000
59 200
27 600
4 600
2.80
坝下0+013.60
坝下0+020.60
4 100
3 600
20 000
▽41.40
▽49.10
7 700
6 400
14 100
▽35.00

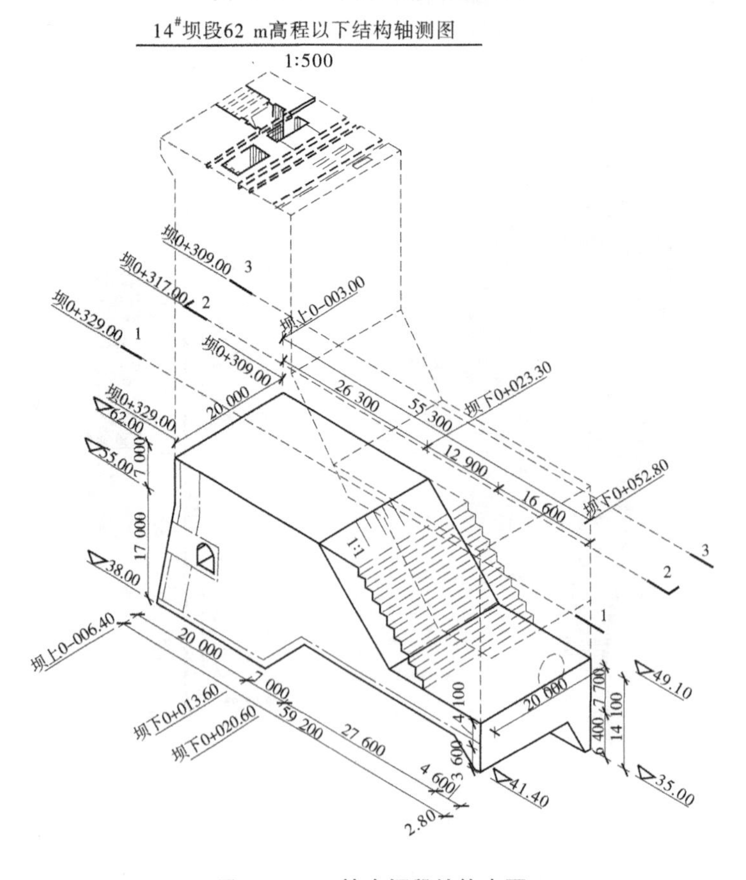

图 10.3-20　挡水坝段结构出图 2

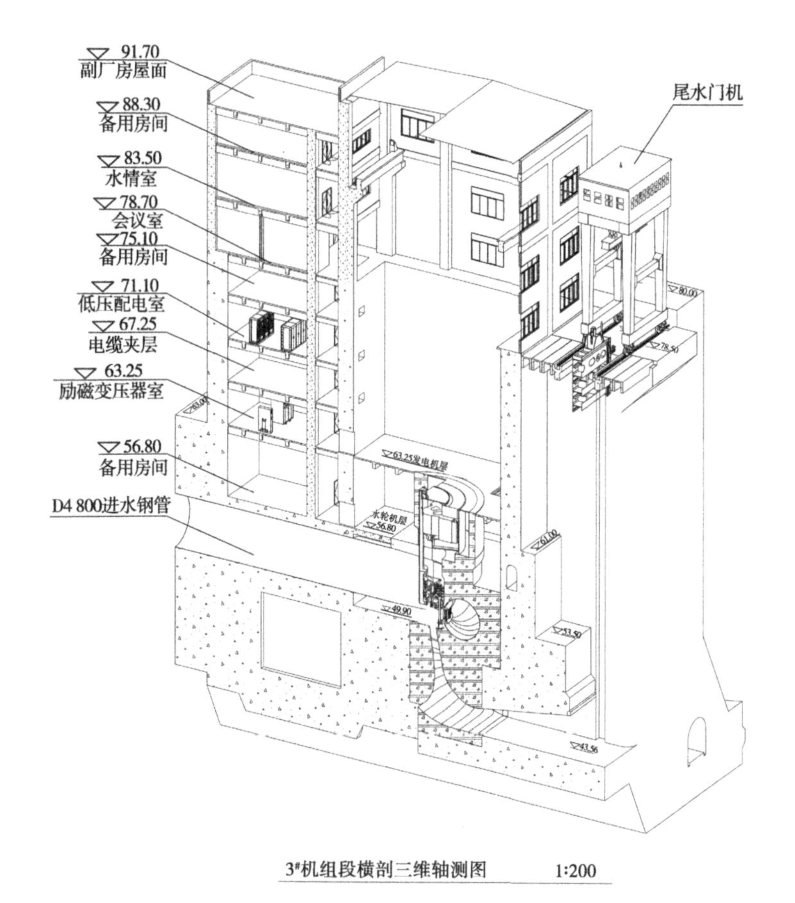

图 10.3-21　厂房结构出图

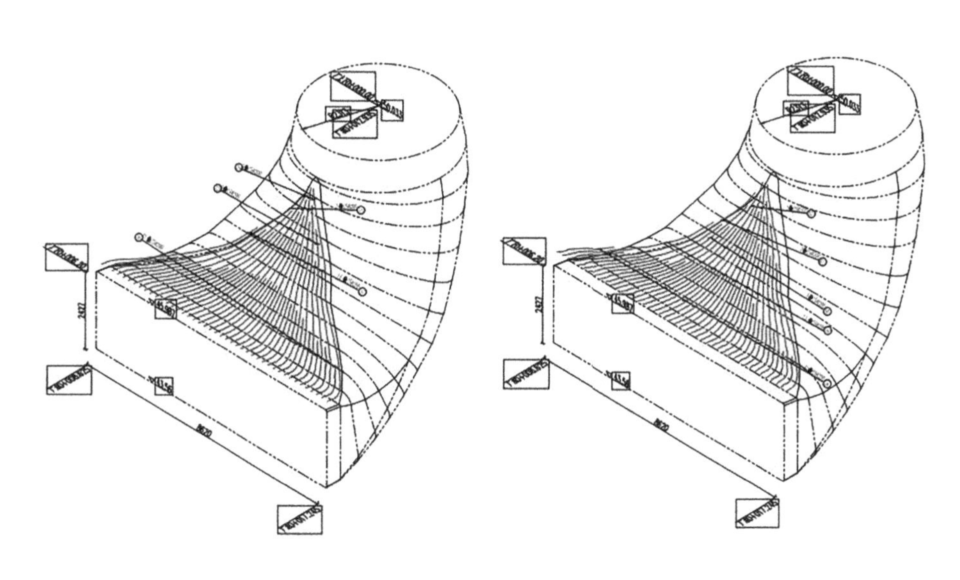

图 10.3-22　尾水管三维钢筋图

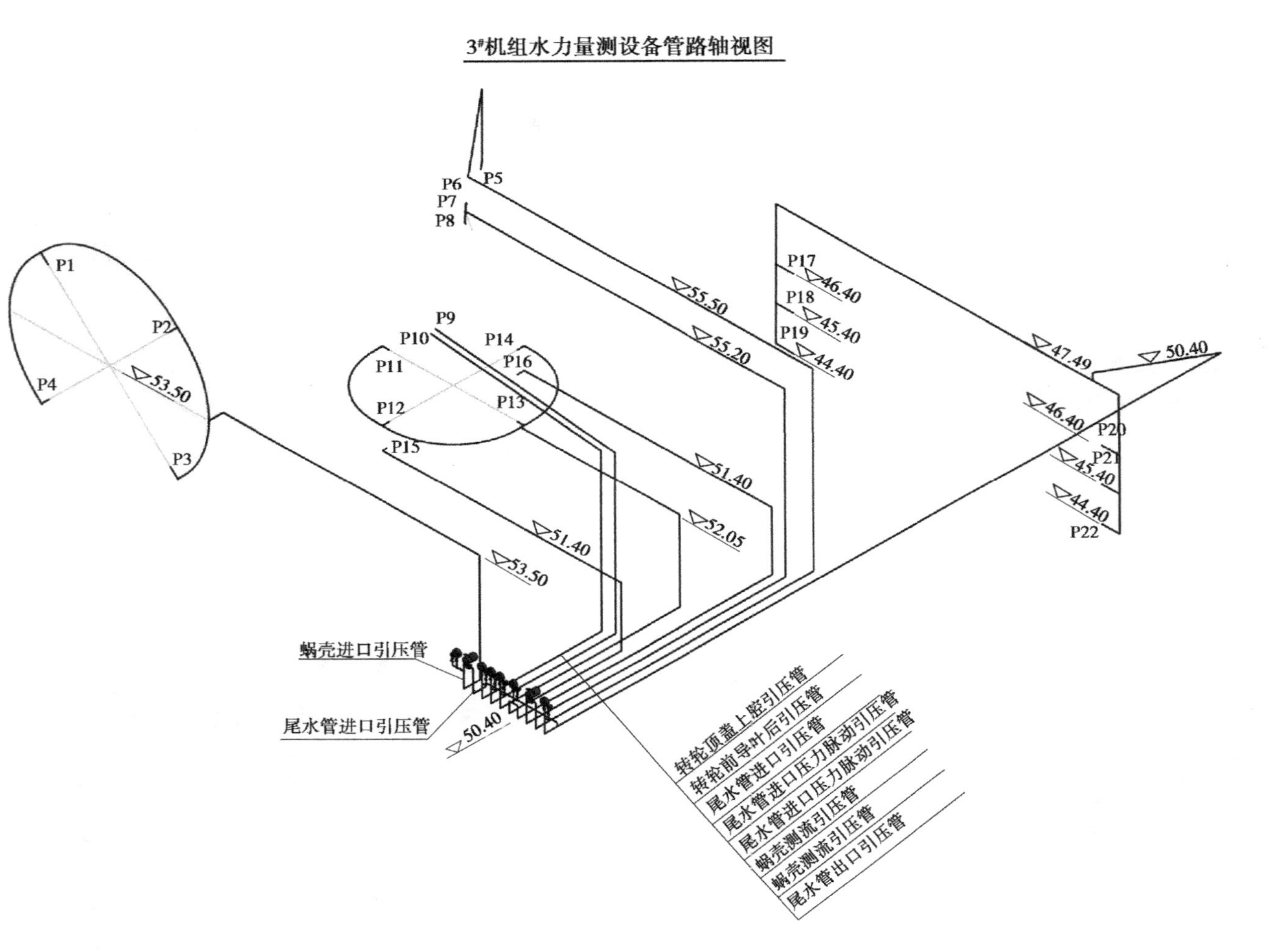

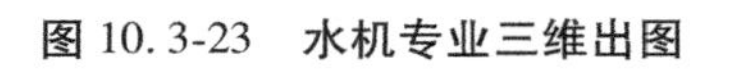
图 10.3-23 水机专业三维出图

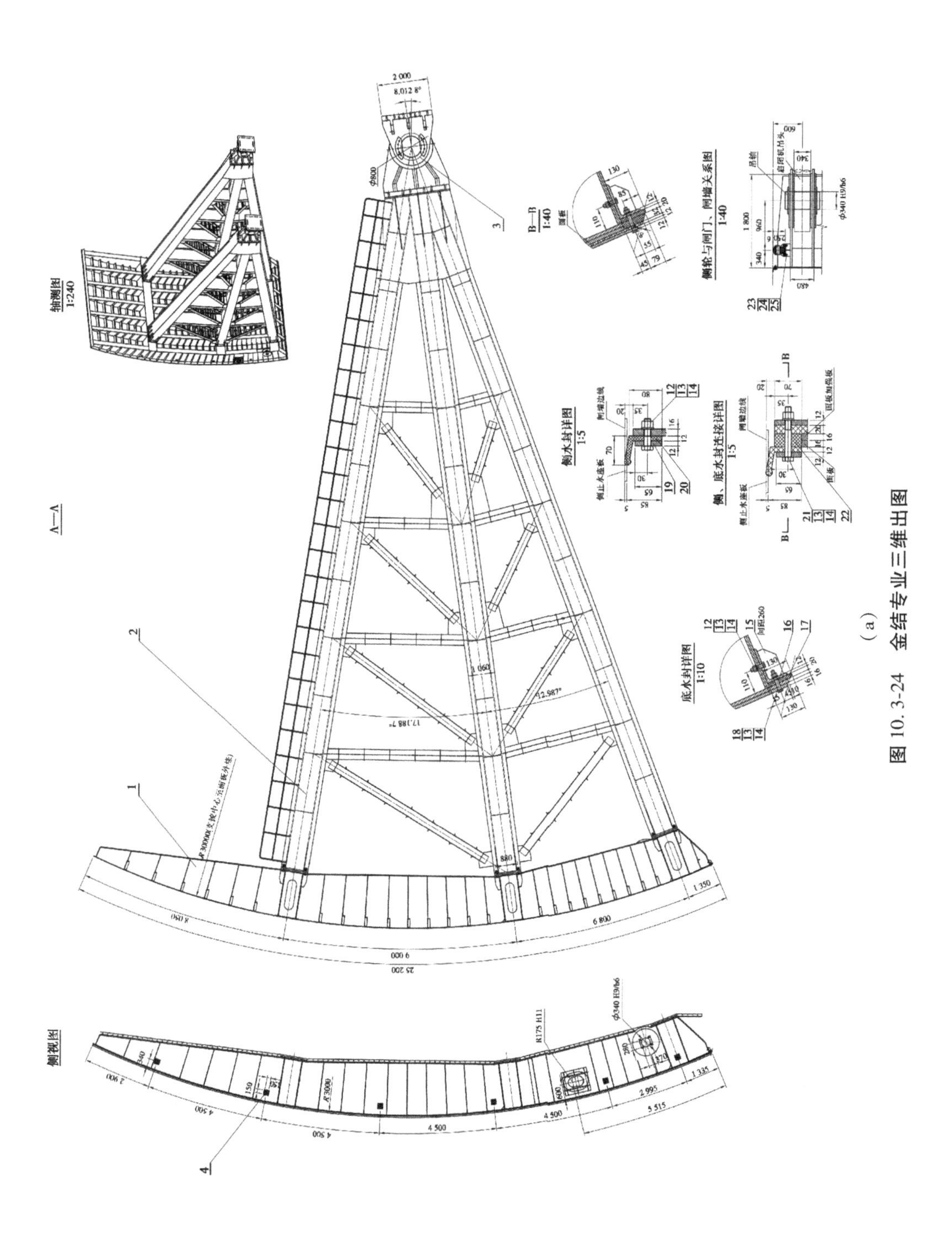

（a）

图 10.3-24　金结专业三维出图

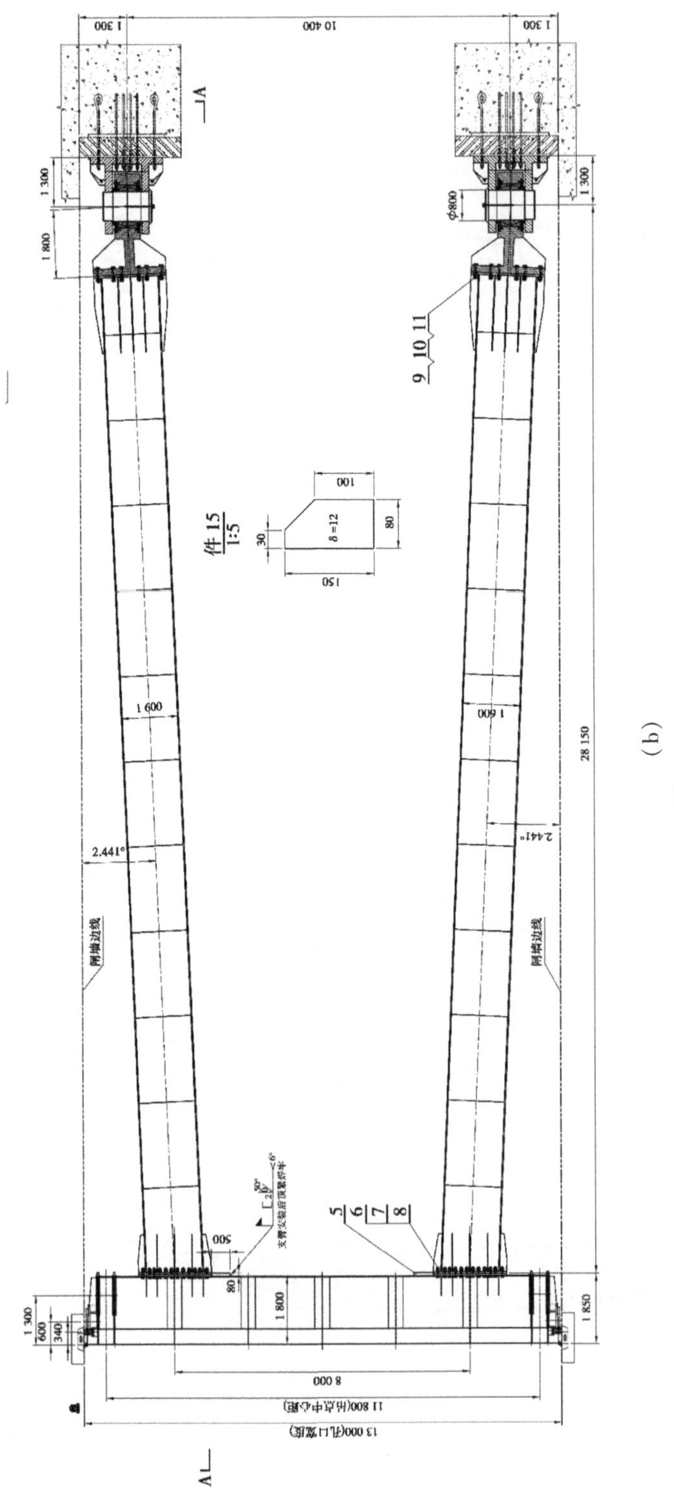
10 400
1 300
1 800
φ800
9 10 11
件15
1:5
δ=12
100
150
80
30
1 600
2.441°
28 150
闸墩边线
5 6 7 8
500
1 850
8 000
11 800(吊点中心距)
13 000(孔口宽度)
A

(b)

续图 10.3-24

10.3.2.5　可视化效果

可视化效果包括整体布置图三维效果图、漫游动画两类成果，前者用于展示枢纽区整体布置情况，后者是将模型导入相关软件，加入水流、植物等环境元素，补充汽车、船舶、人物、鱼类等动态元素，更加生动地展示设计方案（见图10.3-25、图10.3-26）。

图10.3-25　大坝漫游

图10.3-26　厂房内部漫游

10.3.2.6　BIM+CAE

利用设计的BIM模型将模型导出为中间格式，导入CAE软件，进行闸墩及锚定块应力分析，坝段温度、徐变应力、最大水平拉应力分析等（见图10.3-27），并根据结果优化结构尺寸与形式。

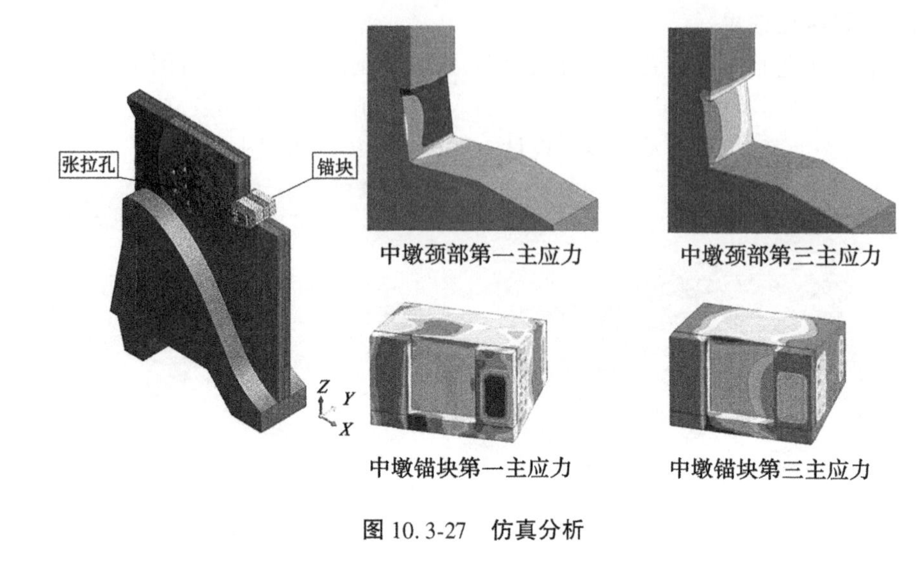

图 10.3-27　仿真分析

10.4　BIM 技术重点应用

10.4.1　研发“PrpsdcBIM 三维开挖辅助设计软件”

以迈湾项目为依托，研发了“PrpsdcBIM 三维开挖辅助设计软件”。软件根据水利工程三维开挖正向设计的实际需求，以提高开挖图三维正向设计质量、效率及三维开挖模型交付能力为目标，采用对基础平台软件 Bentley MicroStation 进行二次开发的方式，形成了一组满足三维开挖模型创建、工程按需计量、出图及图纸标注的工具集（见图 10.4-1、图 10.4-2）。

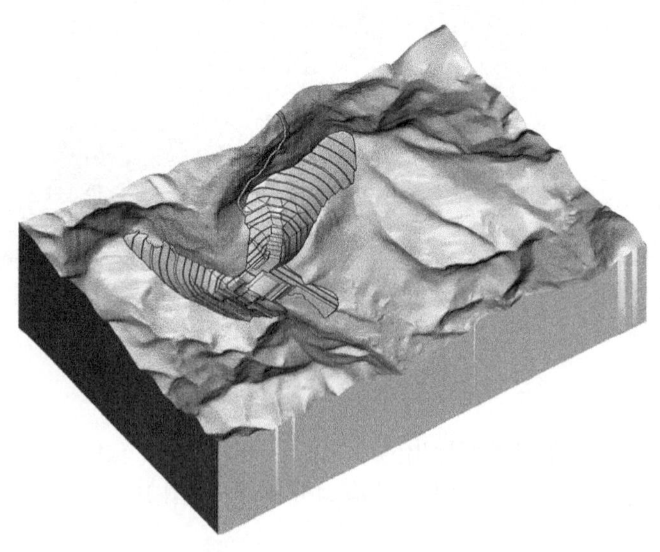

图 10.4-1　三维开挖模型

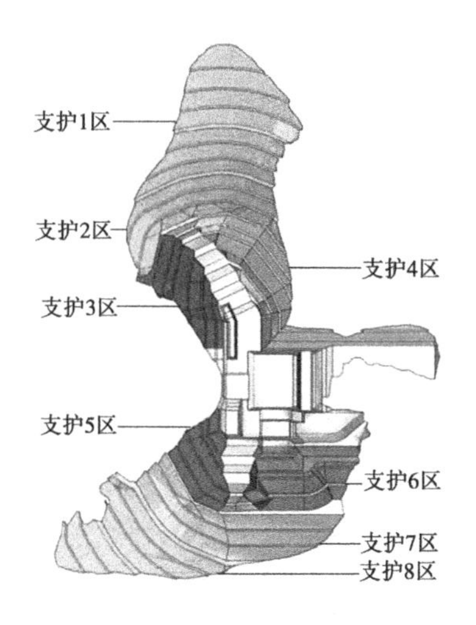

支护参数表

编号	支护分区	支护面积	锚杆规格	锚杆长度	挂网参数	喷砼参数	排水孔参数
1	1 区	40998.93	25@4.5*4.5	6/12	8@200*200	C15@200	75@2*2/6
2	2 区	24466.76	25@3*3	6/9	8@200*200	C15@200	75@2*2/6
3	3 区	14138.37	25@3*3	4.5/9	8@200*200	C15@100	75@2*2/3
4	4 区	30017.30	25@3*3	4.5/9	8@200*200	C15@100	75@2*2/3
5	5 区	12388.29	25@3*3	4.5/9	8@200*200	C15@100	75@2*2/3
6	6 区	19920.37	25@3*3	4.5/9	8@200*200	C15@100	75@2*2/3
7	7 区	30171.20	25@3*3	6/12	8@200*200	C15@200	75@2*2/6
8	8 区	26569.21	25@4.5*4.5	6/12	8@200*200	C15@200	75@2*2/6

分区支护工程量表

分区	项目	单位	系数	工程量
8 区	Φ25锚杆，L=12m	根	1.05	689
	Φ25锚杆，L=6m	根	1.05	689
	Φ8挂网钢筋	t	1.05	110.20
	C15喷混凝土	m3	1.05	5579.53
	Φ75排水孔,L=6m	根	1.05	6974
7 区	Φ25锚杆，L=12m	根	1.05	1760
	Φ25锚杆，L=6m	根	1.05	1760
	Φ8挂网钢筋	t	1.05	125.14
	C15喷混凝土	m3	1.05	6335.95
	Φ75排水孔,L=6m	根	1.05	7920
6 区	Φ25锚杆，L=9m	根	1.05	1162
	Φ25锚杆，L=4.5m	根	1.05	1162
	Φ8挂网钢筋	t	1.05	82.62
	C15喷混凝土	m3	1.05	2091.64
	Φ75排水孔,L=3m	根	1.05	5229

总工程量表

编号	项目	单位	系数	工程量
1	Φ25锚杆，L=12m	根	1.05	3512
2	Φ25锚杆，L=6m	根	1.05	4939
3	Φ25锚杆，L=9m	根	1.05	5888
4	Φ25锚杆，L=4.5m	根	1.05	4461
5	Φ8挂网钢筋	t	1.05	824
6	C15喷混凝土	m3	1.05	33692.04
7	Φ75排水孔,L=6m	根	1.05	32079
8	Φ75排水孔,L=3m	根	1.05	20072

图 10.4-2　三维开挖及计量

10.4.1.1　软件功能

基于现状需求及现有软件存在的问题,本软件主要针对基于 BIM 的三维开挖关键技术研究,分为以下 7 类内容:通用类、放坡类、辅助类、剖面类、统计类、标注类、土石坝。各部分软件功能及主要作用如下:

(1)通用类模块。主要完成线性元素高程设置、元素的隐藏及显示、图框调用及基本属性提取等功能。

(2)放坡类模块。主要完成各类建基面(除土石坝外)条件下的开挖放坡线的生成,如平面基线放坡、空间基线放坡、鱼道开挖放坡、溢洪道开挖放坡、面板坝趾板开挖放坡等。

(3)辅助类模块。主要完成 Mesh 类型元素的生成、修改及 Mesh 之间的交线提取功能,如通过等高线生成三维地形模型、三维地形模型的修正轻量化及重构、三维地质模型的分割剪切、开挖图开口线提取等。

(4)剖面类模块。主要完成剖面图的绘制,其中剖面线支持直线和折线两种类型,如基于三维开挖模型、批量快速剖切开挖剖面图、创建开挖施工图底图。

(5)统计类模块。主要完成相关工程量的统计及工程量表的生成,如不同应用场景下开挖、支护工程量提取。

(6)标注类模块。主要完成开挖剖面图的标注工作,如开挖平剖面图高程、坡比、桩号、特征水位、控制点坐标等标注。

(7)土石坝模块。主要完成土石坝清基开挖相关工作。

10.4.1.2　成果应用

软件提供了集模型创建、算量、出图标注于一体的水利工程三维开挖设计解决方案,实现了真正意义上的 BIM 正向设计,系统性解决了现有三维开挖设计软件存在的问题,提高了开挖图三维设计的质量及效率。经在迈湾及其他工程中的应用检验,有效提高工作效率 70%以上,目前已在本公司其他类似项目得到应用。

软件已获得软件著作权,并列入《2022 年度水利先进实用技术重点推广指导目录》

(见图 10.4-3)。

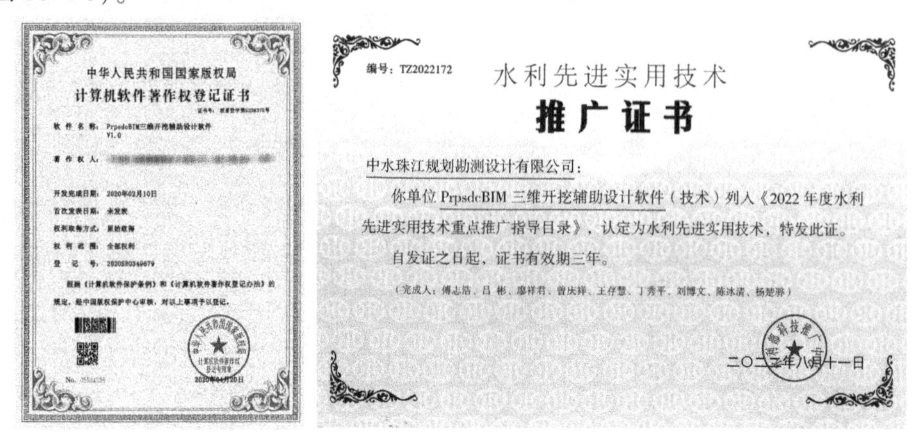

中华人民共和国国家版权局

计算机软件著作权登记证书

软件名称：PrpsdcBIM三维开挖辅助设计软件 V1.0

著作权人：

开发完成日期：2020年02月10日

首次发表日期：未发表

权利取得方式：原始取得

权利范围：全部权利

登记号：2020SR0349679

根据《计算机软件保护条例》和《计算机软件著作权登记办法》的规定，经中国版权保护中心审核，对以上事项予以登记。

2020年04月20日

编号：TZ2022172

水利先进实用技术

推广证书

中水珠江规划勘测设计有限公司：

你单位 PrpsdcBIM 三维开挖辅助设计软件（技术）列入《2022 年度水利先进实用技术重点推广指导目录》，认定为水利先进实用技术，特发此证。

自发证之日起，证书有效期三年。

（完成人：傅志浩、吕彬、廖祥君、曾庆祥、王行慧、丁秀平、刘博文、陈冰清、杨楚骅）

二〇二二年八月十一日

图 10.4-3　软件著作权及水利先进实用技术推广证书

10.4.2　研发“PrpsdcBIM 三维枢纽辅助设计软件”

以迈湾项目为依托,研发了“PrpsdcBIM 三维枢纽辅助设计软件”。软件根据水利工程三维正向设计的实际需求,采用对基础平台软件 Bentley MicroStation 进行二次开发的方式,形成了一组满足三维枢纽设计模型、出图及图纸标注的工具集。

10.4.2.1　软件功能

“PrpsdcBIM 三维枢纽辅助设计软件”分为 5 个模块(见图 10.4-4):复杂体型快速建模、重力坝分区及算量、土石坝分区及算量、帷幕灌浆、剖面图及标注,共计工具 20 个。

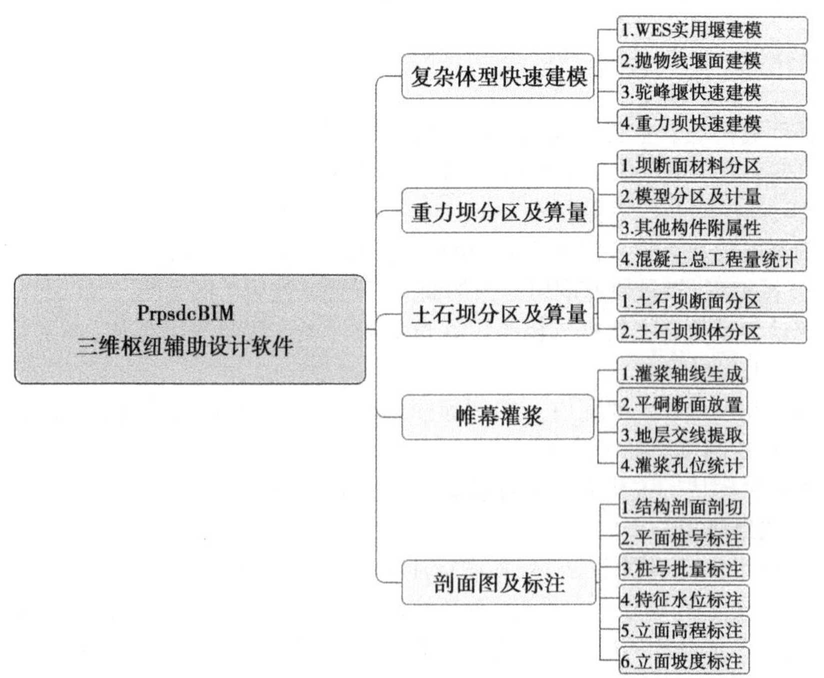

图 10.4-4　软件组成结构

10.4.2.2　成果应用

通过软件多种工具的组合使用可快速进行枢纽复杂形体建筑物建模，快速进行土石坝、重力坝分区建模及工程量统计，快速批量生成结构剖面图，快速标注图面相关信息。优化设计方案、提高设计产品质量及设计出图效率。软件应用见图 10.4-5。

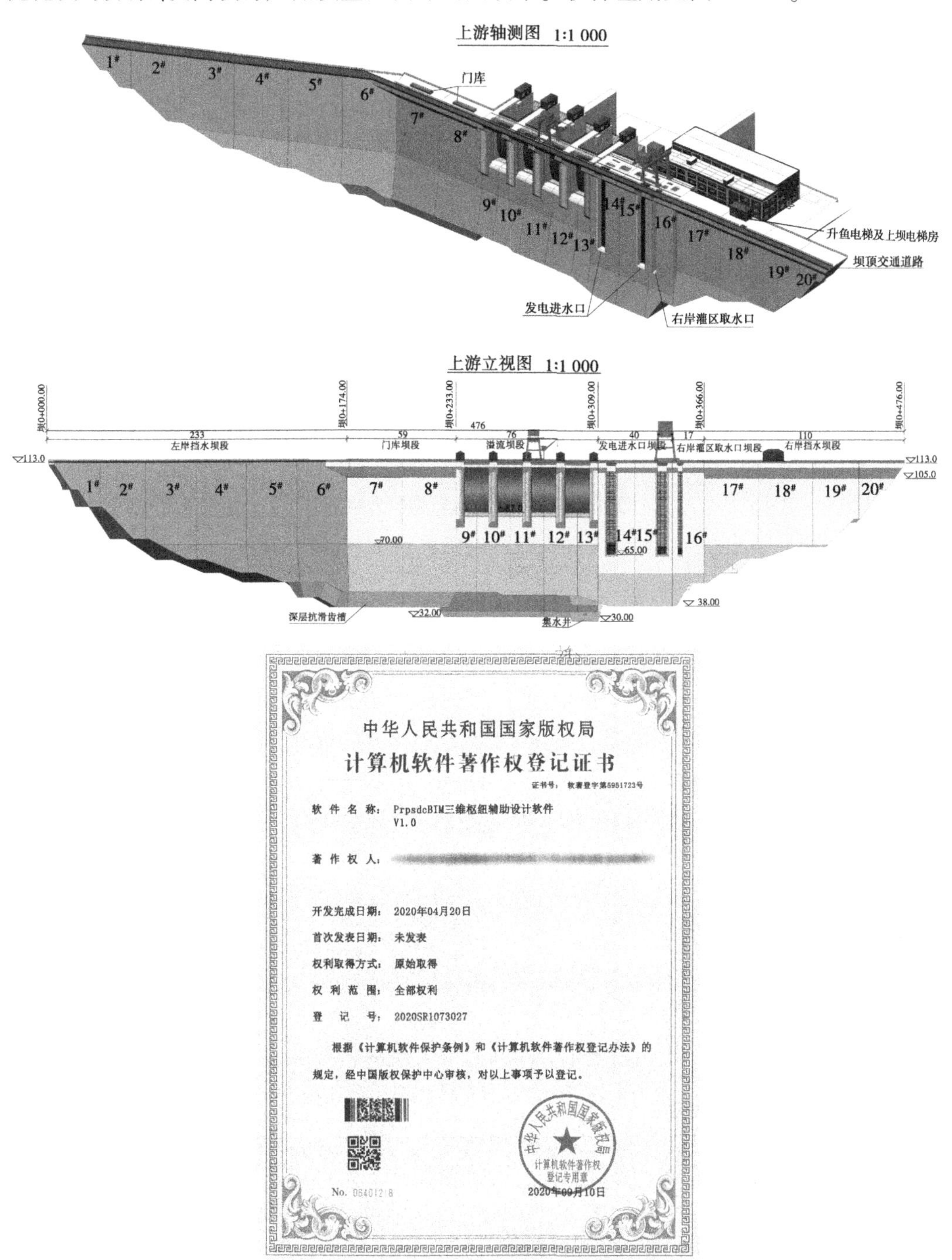

中华人民共和国国家版权局

计算机软件著作权登记证书

证书号：软著登字第5951723号

软件名称：PrpsdcBIM三维枢纽辅助设计软件 V1.0

著作权人：

开发完成日期：2020年04月20日

首次发表日期：未发表

权利取得方式：原始取得

权利范围：全部权利

登记号：2020SR1073027

根据《计算机软件保护条例》和《计算机软件著作权登记办法》的规定，经中国版权保护中心审核，对以上事项予以登记。

中华人民共和国国家版权局 计算机软件著作权 登记专用章

No. 06401218　　2020年09月10日

图 10.4-5　PrpsdcBIM 三维枢纽辅助设计软件

软件已获得软件著作权。

10.4.3　建立三维元件库

为避免重复工作,提高设计效率,建立公司自有的三维元件库,用于积累常用的模型、设备,使用时直接调用或稍加调整即可。电气专业建立了公司设备型号数据库和专用符号库(见图 10.4-6),元件一方面由软件自带模型修改而来,另一方面由设计人员绘制或厂家提供,不断扩充、完善公司的库族,现已能基本满足公司常用的电气设备布置需求。此外,金结、港航等专业也分别构建了元件库,积累了闸门、门机、拦污栅、船闸等模型。

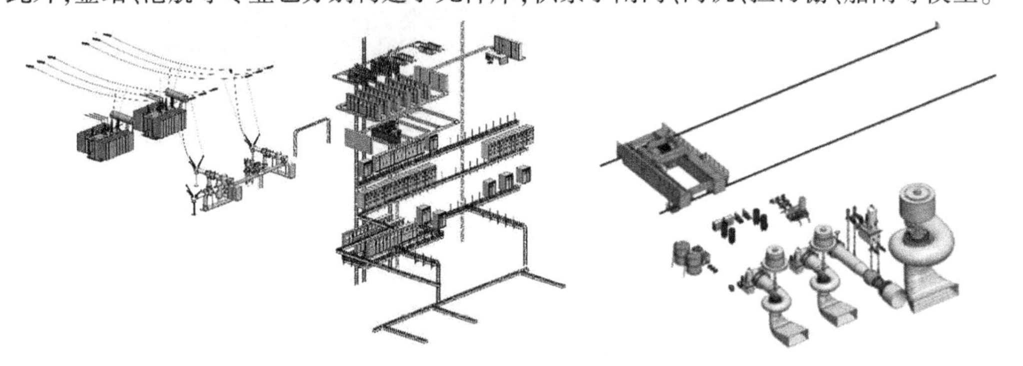

图 10.4-6　电气、水机模型元件库

10.4.4　可视化平台

迈湾水利枢纽工程初步设计展示平台(见图 10.4-7),是以先进实用、安全可靠为建设原则,通过融合 BIM、GIS、无人机航测等多种先进技术,汇集交通路网、行政区划、水文、地质、遥感、BIM 模型等多源、多维度、多尺度工程相关数据,采用 BIM+GIS 的形象化手段,从地理概况、水文、地质、施工总布置、工程总布置、移民安置等六个维度全面展示了海南省南渡江迈湾水利枢纽工程初步设计成果的平台,实现从宏观到微观、从室内到室外、从地上到地下多尺度、多维度全空间一体化展现工程预期建设情况,从而全面提升迈湾水利枢纽工程建设品质。

10.4.4.1　平台设计

1. 总体设计

平台总体架构分为基础设施层、数据资源层、服务层、应用层、政策法规与标准规范体系、安全保障与运维保障体系。

(1)基础设施层。采用云计算技术构建,为上层提供敏捷、可靠、安全、弹性的 IT 基础设施服务。通过对现有水利信息化关键基础设施进行升级改造和安全加固,提升数据存储和云计算能力,通过对计算资源和存储资源的逻辑整合,提升资源的使用率,为平台提供统一的管理、计算、存储、网络、安全、灾备等服务。

(2)数据资源层。主要将施工过程中的结构化数据与非结构化数据进行入库、存储、发布等。其中,数据库包括了地理空间库、BIM 模型库、生产数据库、工程知识库等。

(3)服务层。基于数据资源层搭建,综合各种信息资源形成数据资源服务和资源服

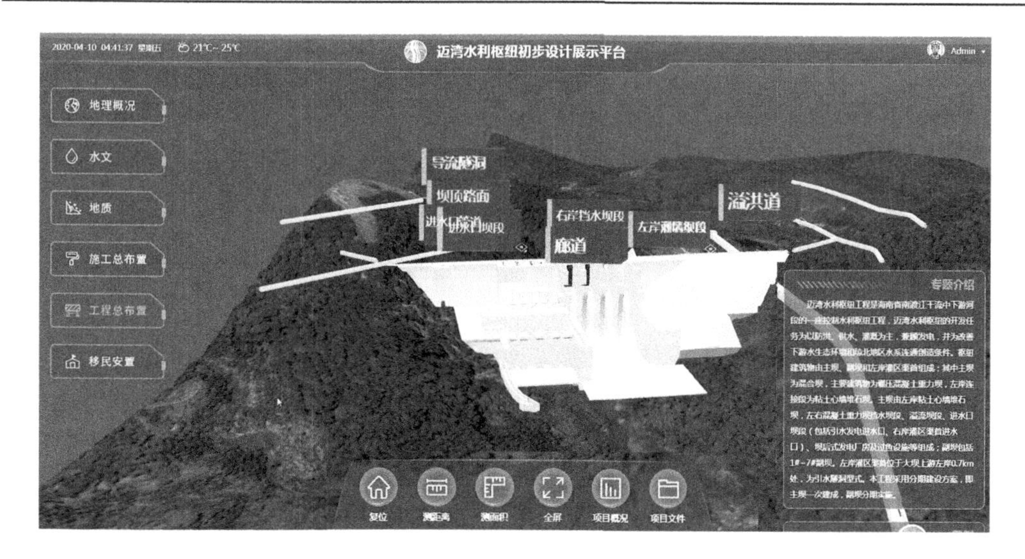

图 10.4-7　可视化平台

务目录,为应用层提供数据支撑。

(4)应用层。包括 BIM 施工监管平台门户及所有功能,并提供多终端访问。

(5)政策法规与标准规范体系。为确保本平台建设顺利进行和运行期间能正常工作,参照或新建一套规范体系,涉及运行环境搭建、数据汇集接入、平台开发、运行管理等各方面内容,为平台顺利运行提供技术保障。

(6)安全保障与运维保障体系。结合水利工程施工特点,建设安全和运维保障体系,全面提升网络安全态势感知和应急处置能力,满足网络安全等级保护 2.0 标准基本要求,为施工数据保驾护航。

2. 数据库设计

平台涉及水利工程施工全过程,信息量较大,包括工程基本信息、项目基本信息、BIM 模型信息、进度信息、质量信息、安全信息、监测实时信息等。通过对平台功能点数据存储需求分析与抽象,利用 PowerDesigner 软件画出平台 ER 图。BIM 构件与月报基础信息、月安全问题、月质量问题等实体之间存在一对多关系。

10.4.4.2　平台功能实现

平台主要包括地理概况、水文、地质、施工总布置、工程总布置、移民安置等六大核心模块。

1. 信息管理驾驶舱

获取地质、DEM、遥感、BIM 模型、交通、居民地、施工设施、弃渣场、钻孔等地图图层数据,结合 GIS+BIM 技术,直观展示施工区域状况及施工总体布置情况;同时通过项目概况、项目相关图片、视频等项目信息的展示,宏观上了解项目的基本状况;借助地图上的测量距离、测量面积、放大、缩小、点选、图层控制等功能,用户可以方便查看自己关注的信息;从工程资料管理中抽取项目文件并进行汇总,建立项目文件树,能够便捷查看项目文件。

2. 工程投资管理

平台实现工程量信息管理、投资事前事中事后管理、投资进度展示、设计工程量与施工工程量对比等内容,更直观地体现出建筑工程项目的三维空间模型、时间、成本的五维建设信息,从而为工程造价全过程动态管理提供有利条件,使项目按照施工图设计的思路进行人力资源的有效配置、时间的合理安排、机械设备的有效使用、材料的有效管理。

3. 施工质量管理

实现质量控制标准管理、质量风险源管理、质量隐患管理,以及汇总与统计分析等功能。平台实现不同阶段、不同专业的质量风险源辨识,由各参建方输入可能存在的风险源,用不同色标分类显示;根据质量管理相关技术标准和规范,实现质量隐患处理方案查询与输入;实现各专业、各类型风险源、质量隐患等数据汇总与统计分析,全面掌握风险源、质量隐患分布状态,辅助施工质量管理决策应用。

4. 施工安全管理

实现安全标准管理、安全风险源管理、安全风险分级管控和隐患排查治理,以及汇总与统计分析等功能。平台整合安全管理相关技术标准和规范,实现技术标准和规范的查询与下载;实时监控重点施工部位及危险性较大工程,进行安全风险源识别,用不同色标分类显示。对需要进行安全整改的项目进行清单管理(整改内容、闭合时间、标准化要求比对等),协助落实隐患排查和整改闭合工作。对安全防护措施、安全标识等按照标准化的要求进行比对,反映未达标情况;对安全风险源内容、类型、排查时间等数据以图表形式汇总与统计。

5. 知识中心

平台通过录入工程相关的各类质量、安全标准和规范,建立强大的工程知识库,实现项目知识的共享与检索;同时通过建立工程资料目录树,对各类工程资料进行标准化的管理,使用户能够便捷、高效地使用工程资料,进而为电子档案移交打下坚实的基础。

10.4.4.3　平台特点

(1)一站式的工程信息管理。用户在平台中方便实现工程建设全生命周期的各类信息的上传、修改、删除、查询,能够采用 BIM+GIS 的形象化手段将各类信息展现给用户。

(2)精细化的工程进度管理。结合 BIM 技术,平台实现计划进度信息、实际进度信息与 WBS、BIM 模型关联;实现精细到构件级别的工程进度管理,并利用横道图、BIM 构件分类渲染等形式,实现计划进度与实际进度的对比,为用户直观展示工程进度,使业主更容易把控工程进度,为施工提供协助指导。

(3)科学的质量和安全管理。通过对设计、施工等各个阶段的质量和安全风险源的录入,实现风险源与 BIM 构件绑定,及时查询各风险源的位置、描述与施工时的注意事项,从而实现更科学的施工和管理。

(4)直观的工程投资管理。平台实现了工程量信息管理、投资事前事后管理、投资进度展示与分析、设计工程量与施工工程量对比等内容;更直观地体现出建筑工程项目的三维空间模型、时间、成本的五维建设信息,从而为工程造价管理全过程动态管理提供了有利条件,使项目按照施工图设计的思路进行人力资源的有效配置以及合理安排时间、机械设备的有效使用、材料消耗量的有效管理。

(5)标准化的资料管理。平台通过录入与工程相关的各类质量、安全标准和规范,建立强大的工程知识库,实现项目知识的共享与检索;同时通过标准化的档案管理,实现各类工程资料的便捷管理与移交。

(6)先进的数据分析技术。以大数据技术为手段,通过对各种工程数据的钻取分析,挖掘出工程建设过程中的各种潜在信息,更好地为工程建设服务。

10.5　后续规划

通过 BIM 技术在迈湾项目各阶段的应用,后续将不断提升 BIM 应用质量,丰富、充实 BIM 应用成果。

(1)在迈湾水利枢纽项目中,三维协同设计直观便利,可以有效避免信息关联互动不足的问题,极大地提升工作质量和效率。

(2)根据企业的使用习惯和特点自主研发软件,让设计工作可以更高效、精准地开展。

(3)可视化平台丰富了项目展示手段,促进了设计、业主各方的高效沟通。

(4)在设计过程中,根据项目施工图设计进度,继续基于三维模型进行正向设计工作,最大限度减少工程设计中"错漏碰缺"等问题发生。

(5)后续将积极做好数字化应用相关工作的开展,依托项目打造数字化特色应用,做好技术总结,及时开展阶段性应用总结,提升 BIM 应用成果与服务质量。

(6)根据项目需求,将继续基于 BIM 技术开展特色应用的研发,发表相关技术论文、申报软件著作权等。

第 11 章　广西百色水利枢纽通航设施工程

11.1　项目概况

11.1.1　工程地理位置

百色水利枢纽位于郁江干流右江上游,距百色市 22 km,工程开发任务是以防洪为主,兼有发电、灌溉、航运、供水等综合利用功能。百色水利枢纽正常蓄水位 228 m,死水位 203 m,调节库容 26.2 亿 m^3,库容系数为 0.316,属不完全多年调节水库;电站装机容量 540 MW,最大出力 580 MW;防洪库容 16.4 亿 m^3,汛期限制水位为 214 m;日平均最小下泄流量 100 m^3/s。工程于 2001 年 10 月 11 日正式开工建设,除通航建筑物外,其他部分已于 2006 年建成投入运行,2016 年完成竣工验收。

广西百色水利枢纽通航设施工程位于右江上游,是国务院《关于新时代支持革命老区振兴发展的意见》中明确支持的重大基础设施项目,是《全国内河航道与港口布局规划》《珠江流域综合规划(2012—2030 年)》等规划的重点建设项目,是打通通向云贵的南线右江航道关键性工程。

工程布置于百色水利枢纽主坝左岸的那禄沟,上接百色水库,下游于东笋电站坝下 600 m 处接入右江,距百色市区约 12 km(见图 11.1-1)。百色通航设施工程规模为 2×500 t

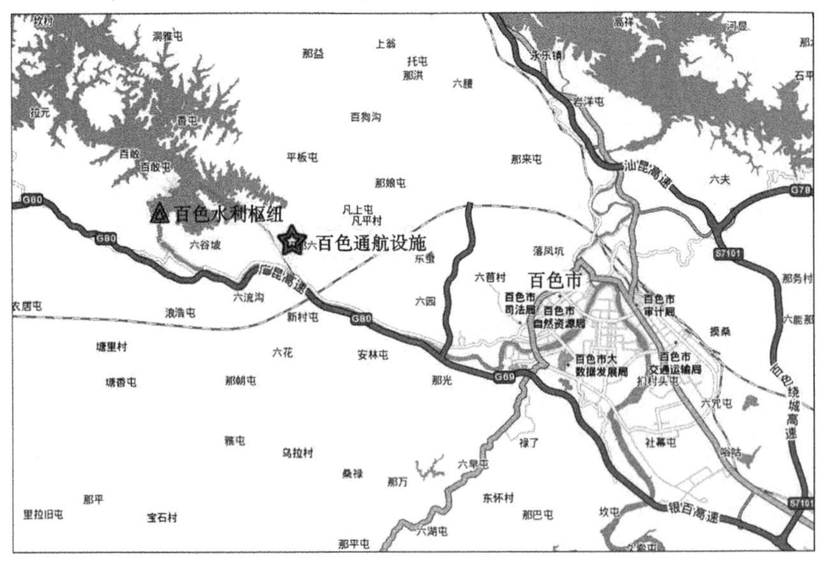

图 11.1-1　工程地理位置示意图

级船队兼顾 1 000 t 级单船，主要建筑物包括船闸及两侧挡水坝、垂直升船机、通航渡槽、中间渠道挡水土坝、中间渠道和边坡工程。临时建筑物为船闸上游导航墙施工围堰及升船机下游引航道施工围堰。

11.1.2　工程地质

11.1.2.1　区域地质

(1)工程区域属低山丘陵地貌单元区，地形上沟岭相间。

(2)测区及周边主要出露三叠系下统(T_1)、三叠系中统百蓬组(T_2b)和第四系覆盖层(Q_4)。

(3)测区主要位于北西向构造——(右江系)构造体系中，这个构造体系主要由三叠系砂岩类、泥岩类组成的复式褶皱和中、新生代断陷盆地及压性、压扭性断裂组成。

(4)区内地下水主要有孔隙水、裂隙孔隙水、基岩裂隙水三类地下水，含水(透水)岩组主要为碎屑岩类孔隙裂隙含水(透水)岩组、碎屑岩裂隙含水(透水)岩组，地下水补给、径流和排泄主要通过基岩裂隙水进行。

11.1.2.2　航道区工地地质

(1)通航设施场地位于那禄沟—岩捞山梁及其南东方向的山坡上，地貌属于低山丘陵地貌单元区，地形上沟岭相间，航道线路从百色水利枢纽近坝库区左岸起，基本沿那禄沟下行，横穿过岩捞山梁，进入东骨屯村汇入右江干流止，总体呈北西—南东向的狭长带状展布，全长约 4 245 m。

(2)航道区及周边主要出露地层为三叠系下统(T_1)、三叠系中统百蓬组(T_2b)碎屑岩、第四系残坡积层(Q_4^{edl})和第四系全新统松散冲洪积层(Q_4^{apl})，其中三叠系中统百蓬组(T_2b)碎屑岩根据沉积韵律划分为四段，本区出露第一段(T_2b^1)和第二段(T_2b^2)，岩性主要为类复理式建造的碎屑岩及黏土岩，岩石普遍遭受轻度浅变质作用，主要为浅变质细砂岩、粉砂岩和泥质粉砂岩、粉砂质泥岩、泥岩等。

(3)通航设施区处于银屯背斜的北东翼，该背斜轴向北西，向南东倾伏。升船机地段接近其倾伏转折部位。北东翼地层总体产状 290°~340°/NE∠40°~70°，局部发育有层间褶曲，尤其是沟谷地带。

(4)航道区为一套风化强烈的中厚-厚层状粉砂岩、细砂岩夹薄层状泥质粉砂岩、粉砂质泥岩，局部偶夹薄层状泥岩，强-中风化上带风化厚度较大，揭露厚度一般为 20.0~50.0 m，局部可达 60.0~70.0 m，属较软-软岩，岩体完整性较差，吸水率高，遇水易软化而崩解。下部中风化下带-微风化岩埋深一般较大，属中硬岩，局部为坚硬岩，岩体完整性较好，钙质胶结为主。

(5)通航建筑物附近地下水位埋深一般为 20.0~50.0 m，局部为 6.0~10.0 m，且地下水位高程随着地形变化而变化，勘察期间对孔内初见水位和终孔水位进行了观测，地下水位随着钻孔的加深而不断下降至终孔水位。

根据水质简分析试验成果，工区地表水对混凝土具弱腐蚀性，对钢筋混凝土结构中钢筋具弱腐蚀性，对钢具弱腐蚀性；地下水对混凝土无腐蚀性，对钢筋混凝土结构中钢筋具弱腐蚀性，对钢具弱腐蚀性。

(6)钻孔水文试验结果表明,第四系残积层、全风化带岩体属于中等-弱透水层;强风化带岩体属于中等-弱透水层。中风化上带基岩透水率一般为 1.0~5.0 Lu,均为弱透水,局部中风化顶部或裂隙发育部位,可达 5.0~10.0 Lu。中风化下带和微风化基岩透水率一般小于或等于 1 Lu,压水试验曲线类型绝大多数属 A 型,其次为 C 型或 B 型,表明地下水渗流状态以层流型为主。

(7)区内未见大型滑坡、泥石流等不良地质现象发育。多以侵蚀、风化作用为主,受人类活动及自然因素影响,主要表现为小型崩塌、滑坡等,尤其是副坝进场道路人工开挖边坡,在雨季多表现为小规模滑塌。

11.1.2.3　通航建筑物工程地质

1. 船闸

1)主、辅导航墙

主、辅导航墙基础位于中风化层上部岩体上,建基岩体主要为中硬岩,局部夹有较软岩,基岩强度较高,受断裂构造及层间挤压破碎带影响,岩体完整性较差,建议对建基岩体进行固结灌浆处理,以增加建基岩体的完整性。

2)上游锚地

上游基础下土层为残坡积黏性土和全风化土,厚度为 8.0~10.0 m,下部为强风化泥质粉砂岩,厚度较大(大于 10 m),残坡积土可作为锚地基础持力层,但设计需进行变形及稳定验算。

3)挡水重力坝及上闸首

混凝土挡水坝顶高程为 240.0 m,闸基、坝基建基岩体为 T_2b^1 的中薄层或呈互层状粉-细砂岩夹泥质粉砂岩、粉砂质泥岩。完整性系数 K_v=0.51~0.76,属较破碎-较完整,根据《水利水电工程地质勘察规范》(GB 50487—2008),坝基岩体总体属 BⅣ2 类岩体。岩体强度(承载力)能满足要求,闸坝区断裂构造影响,岩体完整性较差,节理裂隙较发育,建议对坝基岩体进行固结灌浆处理,特别是靠近右岸 F3、F4、F5、F6 断层部位岩体完整性差,不宜直接作为坝基持力层,建议采用开挖回填混凝土塞处理。

4)闸室及下闸首

设计建基面高程 191.0 m,闸基、坝基建基岩体为 T_2b^1 的中薄层或呈互层状粉-细砂岩夹泥质粉砂岩、粉砂质泥岩。完整性系数 K_v=0.51~0.76,属较破碎-较完整,根据《水利水电工程地质勘察规范》(GB 50487—2008),坝基岩体总体属 BⅣ2 类岩体。岩体承载强度及变形均可满足上部荷载要求,闸址区受断裂构造影响,岩体完整性较差,节理裂隙较发育,建议对坝基岩体进行固结灌浆处理,特别是靠近 F2(304)、f26(322)、f25(308)断层部位岩体完整性差,不宜直接作为闸基持力层,建议采用开挖回填混凝土塞处理。

5)下游引航道

主导航墙墙基位于中风化上部岩体上,建基岩体总体为中硬岩,岩体强度及变形均可满足设计要求,可作为主导航墙墙基基础持力层。

辅导航墙墙基位于中风化上部岩体上,建基岩体为中硬岩,岩体强度及变形均可满足设计要求,可作为辅导航墙墙基基础持力层。

靠船墩基础位于中风化上部岩体上,建基岩体为中硬岩,岩体强度及变形均可满足设计要求,可作为靠船墩基础持力层。

2. 中间渠道及挡水土坝

1)中间渠道

中间渠道沿那禄沟布置,起点为船闸下游引航道末端,终点为升船机上游引航道末端,总长 2 130 m,由 2 段直线段和 1 个圆弧段组成。上游直线段长 130 m,下游直线段长 1 024 m,两端直线段之间采用半径为 2 500 m 的圆弧连接,圆弧段长 976 m。中间渠道按双线限制性航道设计,设计水深为 4.2 m,渠底高程为 198.8 m。

中间渠道方案一与方案二在地形地貌、地层岩性、地质构造、岩体风化特征及水文地质条件方面基本相当,两方案主要在岩捞山段开挖方量方面存在差异,方案二主要沿沟谷布置,开挖量稍小,开挖形成的边坡也略低,因此从地质角度来讲,方案二略优。

中间渠道建基面主要为全风化-强风化粉细砂岩、泥质粉砂岩,那禄沟部位局部为冲积黏性土,航道沿线普遍开挖厚度 3~30 m,工程地质条件可以满足渠道建设要求。

2)挡水土坝

本阶段推荐坝型为均质土坝,最大坝高 27.0 m,河床及两岸建基面清除表层覆盖层,建基面置于全风化粉砂岩之上,两岸上部坝肩部位局部置于残积土下部,承载力可以满足设计要求。两岸土坝坝段坝高较小,承载力要求低,基本不存在抗滑稳定问题;河床坝段坝基岩性较单一,因此总体抗滑稳定问题不突出。

3. 升船机

(1)主导航墙兼挡水墙设计建基面位于中风化上部岩体上,建基岩体强度及变形均可满足主导航墙、混凝土重力式挡水墙设计要求。挡水墙体多位于地下水位之下,不存在渠水渗漏问题,考虑到渠水流仍具有一定的水头和渗透压力,故仍建议做常规的帷幕灌浆处理。

(2)辅导航墙设计建基面位于中风化上部岩体上,较完整,建基岩体强度及变形均可满足设计要求。导航墙开挖后将形成高 15~65 m 的边坡,上部为覆盖层及全风化土质边坡,须严格控制好开挖坡比;开挖后建议及时进行喷混凝土封闭处理或草坡护坡处理,防止施工过程中雨水对边坡的浸泡及冲刷,同时永久边坡周边应做好截、排水措施。

(3)靠船墩墩基位于中风化带岩体上,岩体强度及完整性均较好,可满足靠船墩混凝土墩体地基的强度与变形要求。开挖后将形成高约 60 m 的靠船墩边坡,顶部基本为土质边坡,边坡稳定问题易于控制;往下为岩质边坡,岩层产状构成顺向坡,可能的边坡变形破坏类型为滑动和溃屈,须严格控制开挖坡比及做好支护措施。

(4)通航渡槽。鉴于渡槽段上部荷载较大,其下开挖边坡级别较高(属 2 级边坡),不允许产生任何变形,钻孔(冲孔)灌注桩嵌入中风化下部岩体一定深度(不低于 10 m)方可满足上部荷载要求,同时建议对桩基做整体抗滑稳定验算。

渡槽边坡岩体基本由中风化岩带构成,两侧的顺、逆向坡顶、底分别有少量的强风化岩和微风化岩,横向坡高约 50 m,两侧边坡最高约 80 m,可能的边坡变形破坏模式为滑动、倾倒、溃屈,鉴于与下游相邻的上闸首高约 45 m 的开挖边坡衔接,因此边坡稳定问题异常突出,须严格控制开挖坡比及加强工程措施处理。

(5)上闸首设计建基面高程 98.0~140 m,建基岩体为中风化下带(为主)-微风化细砂岩夹粉砂岩，属中硬岩，声波波速较高，岩体完整性系数为 0. 62～0. 84，岩体较完整，岩体质量属 $B_{Ⅲ1}$ 类。

(6)船厢室段设计建基面 95. 0 m，建基岩体为微风化细砂岩夹粉砂岩，为中硬岩，声波波速较高，岩体完整性系数为 0. 62～0. 84，岩体较完整，岩体质量属 $B_{Ⅲ1}$ 类。

闸室顶板以下为中风化-微风化细砂岩夹粉砂岩，且基本位于地下水位以下，部分岩体在相对隔水层顶板以上，尤其是深部的上游段左侧靠近破碎带漏水强烈处，汛期可能渗涌水，存在一定程度的渗涌问题，须做截渗灌浆处理并及时抽排积水。

现状地下水位分布高程较高，与设计建基面之间的水头差普遍超过 50 m。下游河水位约 110 m。下闸首嵌入山体内基底水压力较大，超过 500 kPa。下闸首整体受到的浮力大，建议设计进行抗浮稳定验算，必要时地基施加抗浮锚杆。

由于闸室底板开挖较深，将在下游壁形成坡高约 15 m、左侧壁坡高 150 m、右侧壁坡高 40～60 m 的开挖边坡，除顶部坡高 10 m 左右为土质边坡外，其余大部均为岩质边坡：其中下游壁构成近横向坡、左侧壁构成近逆向坡、右侧壁构成近顺向坡；可能的边坡变形破坏模式为滑动、倾倒、溃屈，鉴于该边坡坡高较大，边坡稳定问题异常突出，须严格控制开挖坡比及加强工程措施处理，并对船厢室段周边的坡顶、沟口进行地表水引排。

(7)下闸首设计建基面高程 95. 5～108 m，呈向下游抬升的阶梯状，建基岩体主要为微风化细砂岩夹粉砂岩，近上游局部位于弱风化下部岩体上，两者均为中硬岩，声波波速较高，岩体完整性系数为 0. 62～0. 84，岩体较完整，岩体质量属 $B_{Ⅲ1}$ 类。

(8)辅助船闸。

闸室设计建基面高程 108 m，建基岩体主要为微风化细砂岩夹粉砂岩，下游下闸首处局部为弱风化下部岩体，为中硬岩，声波波速较高，岩体完整性系数为 0. 62～0. 84，岩体较完整，岩体质量属 $B_{Ⅲ1}$ 类。

辅助船闸下闸首设计建基面 99. 0 m，建基岩体为微风化细砂岩夹粉砂岩，为中硬岩，声波波速较高，岩体完整性系数为 0. 62～0. 84，岩体较完整，岩体质量属 $B_{Ⅲ1}$ 类。闸首顶板附近为中风化-强风化细砂岩夹粉砂岩，为弱-中等透水岩体，靠外侧位于地下水位以下，存在一定程度的渗漏问题，须做防渗处理。

(9)下游引航道。

主导航墙设计建基面位于中风化下部岩体上，承载力为 1. 5 MPa，变形模量为 1～1. 5 GPa，建基岩体为中硬岩，岩体强度及变形均可满足设计承载力和抗滑稳定要求，可作为主导航墙墙基基础持力层。

辅导航墙设计建基面位于中风化上部岩体上，承载力为 1. 5 MPa，变形模量为 1～1. 5 GPa，建基岩体为中硬岩，岩体强度及变形均可满足设计要求，可作为辅导航墙墙基基础持力层。

靠船墩底板附近岩性以中风化岩为主，上游段局部出露微风化岩，靠船墩基础则全部置于中风化岩上，坚硬完整，满足设计建基的强度与抗滑稳定要求，为良好的基础持力层。

隔流堤建基面高程 107. 0 m，部分置于岩基上，部分置于土基上，均能满足设计的承载强度和抗滑稳定要求，但土基存在抗冲稳定问题，建议喷混凝土防护防止被冲刷。航道底板位于地下水位之上，岩层产状构成顺向坡，开挖边坡最高近 15 m 可能的边坡变形破坏模式为滑动、溃屈，须严格控制开挖坡比及做好支护措施。

(10)下游锚地底板位于地下水位之上，锚地基础下土层为冲洪积黏性土，厚度为8.0~10.0 m，河床为黏性土及冲积细砂层，厚度较小(<2 m)，不宜作为锚地堤基础持力层，建议清除，强风化岩可以作为锚地基础持力层。

11.1.2.4　边坡工程地质

(1)根据地质测绘和钻探资料分析，工程区内岩质边坡的坡体结构主要包含层状、碎裂和散体状3大类6个亚类，工程区内层状坡体结构按照岩层产状和边坡坡向不同形成层状顺向、层状逆向、层状横向和层状斜向四类边坡结构，本工程主要以层状顺向和层状逆向为主，层状横向和层状斜向占少数。

(2)边坡岩体质量分类

船闸区(桩号：上0-277.5~下0+449)：边坡岩体以强风化带和中风化上带为主，其中强风化带边坡岩体质量分类为Ⅴ类，中风化上带岩体质量分类为Ⅳ类。

中间渠道区那禄沟段(桩号：下0+449~下1+728)：边坡岩体以强风化带和中风化上带为主，其中强风化带边坡岩体质量分类为Ⅳ~Ⅴ类，中风化上带岩体质量分类为Ⅳ类。

中间渠道区岩捞山段(桩号：下1+728~下2+482)：边坡岩体以强风化带、中风化上带、中风化下带和微风化带为主，其中强风化带边坡岩体质量分类为Ⅳ~Ⅴ类；中风化上带岩体质量级别为Ⅲ~Ⅳ类；中风化下带岩体质量分类为Ⅲ~Ⅳ类，局部低矮边坡岩体质量分类为Ⅱ类；微风化带岩体质量级别为Ⅱ~Ⅲ类。

升船机区(桩号：下2+482~下3+958)：边坡岩体以强风化带、中风化上带、中风化下带和微风化带为主，其中强风化带边坡岩体质量分类为Ⅳ~Ⅴ类；中风化上带岩体质量分类为Ⅳ类为主，局部为Ⅲ类；中风化下带岩体质量分类为Ⅲ类，局部逆向低矮边坡岩体质量级别为Ⅰ类；微风化带岩体质量分类为Ⅱ~Ⅲ类。

(3)根据“固脚强腰、分层支护”边坡支护思路和原则，采用边坡岩体分类体系中CSMR值的大小对边坡岩体类别进行了进一步细化，根据亚类分别提出了不同的支护方案，并设计适宜的边坡支护工程措施来加固边坡。边坡支护具体措施建议如下：

①Ⅰ类岩质边坡：一般不需要支护，可达到自稳。

②Ⅱa类岩质边坡：点状锚固(有时不需要)，或开挖大脚沟；设挡石栅。

③Ⅱb类岩质边坡：采用网点锚固或系统锚固(锚索或锚杆)。

④Ⅲa类岩质边坡：设脚沟和网点锚固(锚索或锚杆)，系统喷射混凝土锚固。

⑤Ⅲb类岩质边坡：采用系统加预应力长锚索(锚杆)，全面挂网喷射混凝土，设坡脚挡墙式混凝土齿墙，且加脚沟。

⑥Ⅳa类岩质边坡：系统加强挂网喷射混凝土；预应力长锚索(锚杆)或坡脚及坡腰设抗滑桩+锚索，或重新设计开挖；做好深部排水及表层截排水。

⑦Ⅳb类岩质边坡：系统加强挂网喷射混凝土；坡脚及坡腰设抗滑桩+锚索，或重新设计开挖；做好深部排水及表层截排水。

⑧Ⅴa类岩质边坡：系统加强喷射混凝土；采用抗滑桩或预应力锚杆挡墙，或重新设计开挖，做好坡体截排水。

(4)本工程边坡开挖建议坡比依据边坡岩体质量分类及评价成果，并综合考虑边坡的级别、坡高、岩坡结构、地质构造、结构面组合情况(尤其是在顺向坡应考虑避免顺向结构面在开挖边坡面上切出)等因素综合提出,其中船闸区—中间渠道那禄沟段(上 0-277.5—下 1+728)借鉴船闸上游引航道施工阶段开挖边坡坡比经验值,中间渠道岩捞山段—升船机区(下 1+728—下 3+958)参照副坝三级公路较为稳定的边坡坡比值,考虑本工程建筑物级别和边坡规模及等级,以及对边坡的边坡岩体分类,结合工程经验综合提出工程区内边坡开挖坡比建议值。

(5)边坡监测是指为掌握边坡岩体移动状况,发现边坡破坏预兆,对边坡位移的速度、方向等进行的监测。由于监测系统对边坡设计、施工和运行都起着相当重要的作用,重要工程的监测系统应当通过综合各种有关资料和信息进行精心设计。边坡监测设计见设计报告。

11.1.2.5　天然建材

(1)工程区附近就近自采方案和开挖料利用均不能满足工程设计需要,且自采还存在征地、审批和购置设备等问题,因本工程石料需求量相对较小,根据现场的地形地貌、地质条件,以及开采难度、开采条件和开采成本,结合周边水利工程的石材用料经验,经综合比较,采用外购现有开采的石料场更加经济合理。鉴于此,经走访调查,本阶段主要调查确定了田阳区那坡镇附近的外购石料场,该石料场储量、质量、产能均可满足本工程建筑物设计需要。

(2)本阶段拟利用开挖料作为土坝填筑料,选用中间渠道挡水土坝上游中间渠道拐弯段(桩号下 1+728—下 1+968)两侧山头(梁)的覆盖层和下伏全风化土作为其土料、风化料场,均属Ⅱ类场地,储量和质量均可满足土坝填筑要求。

11.1.3　工程规模和建筑物等级

11.1.3.1　工程规模

本项目通航建筑物规模为 2×500 t 级船队兼顾 1 000 t 级单船。船闸有效尺度为 120 m×12 m×4.7 m(有效长度×有效宽度×门槛水深);升船机承船厢有效尺度为 120 m×12 m×3.9 m(有效长度×有效宽度×有效水深)。主要建筑物包括船闸及两侧挡水坝、垂直升船机、通航渡槽、中间渠道、中间渠道挡水土坝和边坡工程等。

11.1.3.2　建筑物等级

右江百色水利枢纽为Ⅰ等工程。本工程的省水船闸闸首、闸室及两侧挡水坝为水库挡水建筑物之一,其级别应与枢纽其他挡水建筑物级别一致,定为 1 级建筑物。

依据《水利水电工程等级划分及洪水标准》(SL 252—2017)、《内河通航标准》(GB 50139—2014)和《升船机设计规范》(GB 5177—2016),通航建筑物规模为 2×500 t 级船队兼顾 1 000 t 级单船,相应升船机级别为Ⅳ级。根据《升船机设计规范》(GB 5177—2016)和《船闸水工建筑物设计规范》(JTJ 307—2001)有关规定,升船机上下闸首、承重塔柱、辅助船闸闸首与闸室建筑物等级均为 3 级。另当升船机承重结构级别在 2 级及以下,且采用实践经验较少的新型结构或升船机提升高度超过 80 m 时,其级别宜提高一级,但不应超过枢纽挡水建筑物的级别。本工程升船机提升高度超过 80.0 m,故升船机船厢室段承重塔柱级别提高一级,确定为 2 级。

船闸和升船机的导航和靠船建筑物级别确定为 4 级。

依据《防洪标准》(GB 50201—2014)和《水利水电工程等级划分及洪水标准》(SL 252—2017),按中间渠道的库容确定中间渠道挡水土坝及溢洪道的建筑物级别为 4 级。

根据《水利水电工程边坡设计规范》(SL 386—2007)表 3.2.2 规定,考虑到机室段所处的开挖边坡高度较高,边坡失稳的冲击力会使机室的提升塔柱完全破坏,因此升船机机室段上游侧和左右侧边坡的级别确定为 2 级;船闸上闸首挡水坝两侧近岸边坡级别为 2 级,中间渠道和引航道两侧边坡级别确定为 3 级。

根据《水利水电工程施工导流设计规范》(SL 62—2013)表 3.1.1 规定,船闸闸首、闸室及两侧挡水坝为 1 级建筑物,其相应导流建筑物施工围堰建筑物级别应为 3 级,施工围堰在上闸首及两侧挡水坝施工期兼顾百色水库挡水建筑物;升船机下游引航道建筑物级别为 4 级,其相应导流建筑物升船机下游引航道施工围堰建筑物级别应为 5 级。

11.1.4　通航设施总体布置

11.1.4.1　枢纽总体布置

百色水利枢纽正常蓄水位 228 m,死水位 203 m,调节库容 26.2 亿 m^3,库容系数为 0.316,属不完全多年调节水库;电站装机容量 540 MW,最大出力 580 MW;防洪库容 16.4 亿 m^3,汛期限制水位为 214 m;日平均最小下泄量 100 m^3/s。项目主要建筑物包括大坝、发电厂房、泄水闸、银屯副坝、香屯副坝及通航建筑物等,工程于 2001 年 10 月 11 日正式开工建设,除通航建筑物外,其他部分已于 2006 年建成投入运行,2016 年完成竣工验收。枢纽布置见图 11.1-2。

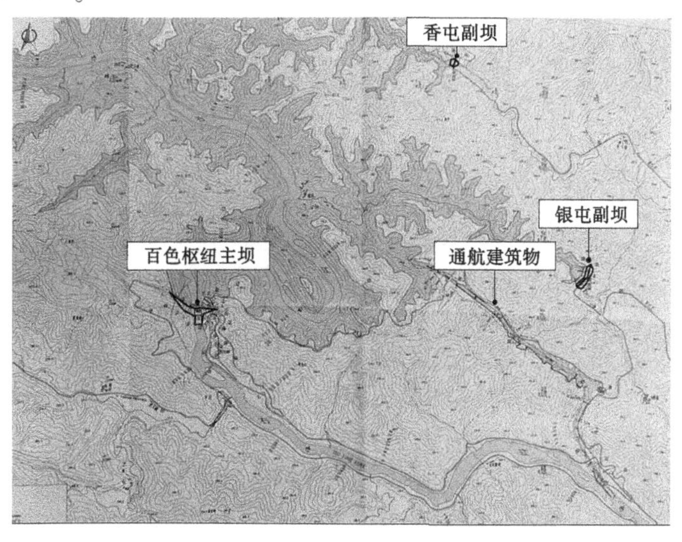

图 11.1-2　百色水利枢纽总布置

船闸由上游引航道、上闸首、闸室与两侧省水池、下闸首和下游引航道组成(见图 11.1-3);垂直升船机由上游引航道、上闸首、船厢室段、下闸首、辅助船闸和下游引航道组成。线路全长约 4 388 m。

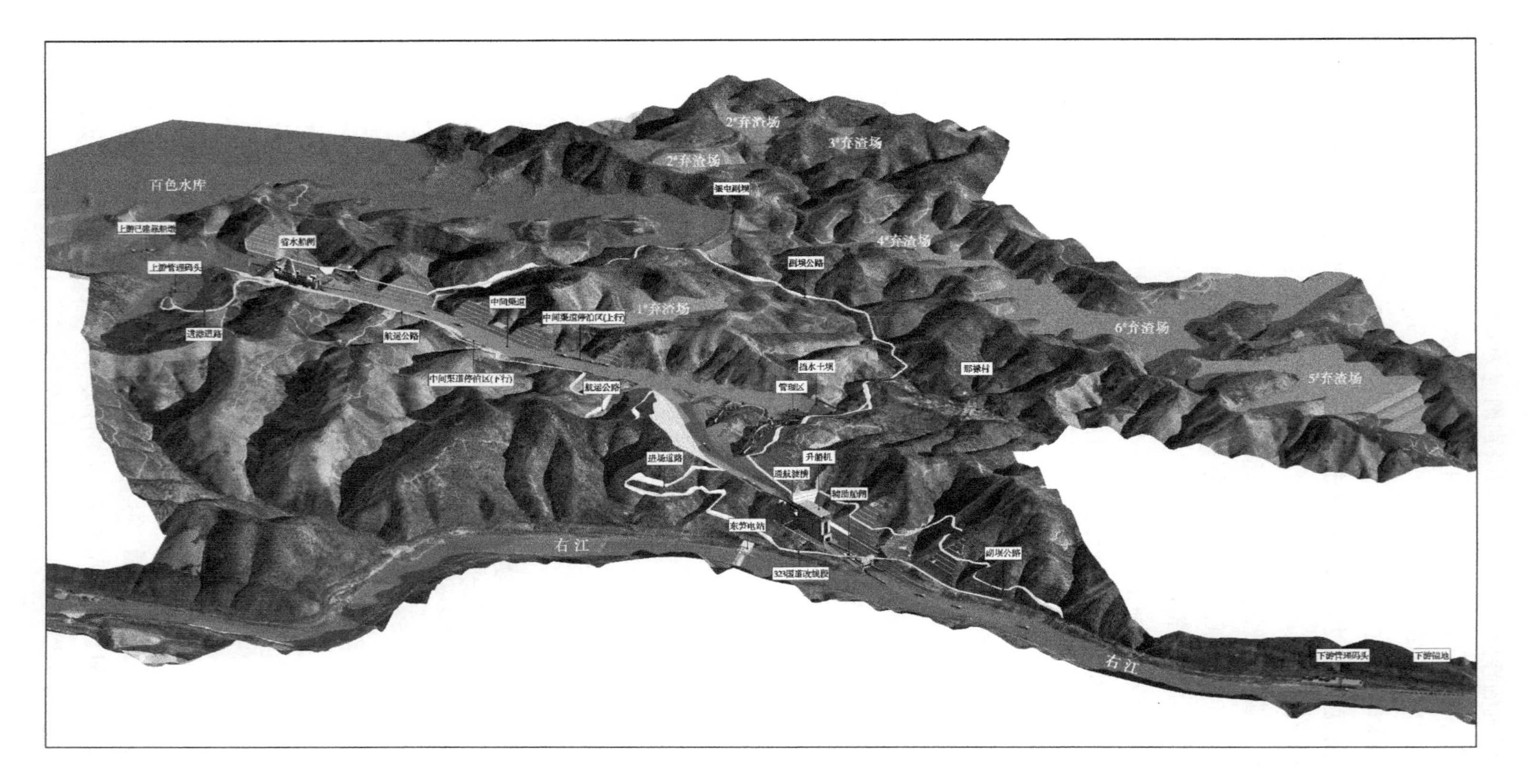

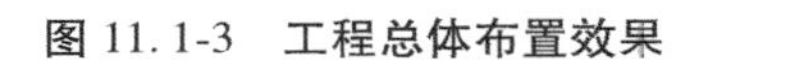
图 11.1-3　工程总体布置效果

项目设计通航规模为 2×500 t 级船队兼顾 1 000 t 级单船，工程建成后，将成为世界上首座同时建有省水船闸及升船机的通航枢纽，拥有世界上提升重量最大的全平衡钢丝绳卷扬式升船机。工程规模大、线路长、建筑物类型多、建设条件复杂，且设计周期短，要求高，是一项综合难度很大的系统工程。

项目建设实施将巩固和提升区域少数民族地区脱贫致富成果，落实构建“双循环”新发展格局，促进珠江—西江经济带建设，加快建设西部陆海新通道，完善右江—珠江绿色水运通道，对云贵主动服务和融入“一带一路”建设，加快建设面向南亚东南亚辐射中心，助推经济社会高质量发展具有重要意义。

11.1.4.2　**通航线路选择**

在 1993 年进行的百色水利枢纽工程可行性研究设计中，对通航建筑物的线路选择进行了那禄线和坝址线方案比较，选择那禄线为推荐方案。百色水利枢纽已于 2006 年建成并投入运行。

通航建筑物选线于那禄沟，与枢纽主体建筑物分开布置，故百色水利枢纽主坝处未为通航建筑物的续建预留位置，在主坝处布置通航建筑物已不具备可行性，且主坝下游建设的东笋电站未配套通航设施，更加剧了在主坝处布置通航建筑物的难度。工程可行性研究报告中通航线路推荐那禄线方案，并获批复，本次设计仍采用工程可行性研究报告批复的那禄线方案(见图 11.1-4)。

图 11.1-4　**通航线路选择示意图**

11.1.4.3　**坝线选择**

本工程位于百色库区的一期工程，设计时针对坝线位置进行了方案比选，最终选择图 11.1-5 所示位置，并完成了上游引航道部分工程的建设。本次设计沿用已建一期工程的坝线位置。

图 11.1-5 一期工程坝线位置示意图

11.1.4.4 通航设施总体布置

船闸和升船机是通航建筑物的两种主要形式。单级船闸适应的通航水头通常不超过 40 m,但采用多级船闸时则不受水头的限制。升船机则多用来解决高坝通航问题。

本工程最大通航水头 113.6 m,属高坝通航,多级船闸、升船机两种形式以及船闸与升船机的组合均可实现过坝功能。对于本工程的通航建筑物形式,工程可行性研究阶段考虑船闸+升船机组合、两级升船机、单级升船机及多级船闸 4 个方案。

船闸+升船机组合方案投资最少、最经济、技术风险最低,金结设备较少,后期维护费用较低;两级升船机方案投资大、金结设备多,不利于后期维护;单级升船机方案具有建筑物少、布置集中、金结设备少、后期管理简单的优点,但库区航道的岸坡稳定、主体段开挖高边坡安全问题及建于高边坡上的挡水坝、渡槽、上闸首的安全稳定问题较突出,金结设备技术难度大,投资也较高;1 级+连续 3 级船闸方案输水系统及省水池布置复杂、施工难度大,工程投资最高,且工程挖方量大、弃渣难度大,有可能导致投资进一步增加。综合考虑,工程可行性研究阶段推荐采用船闸+升船机组合方案。

本阶段总体布置采用工程可行性研究报告推荐的船闸+升船机组合方案(见图 11.1-6)。

船闸+升船机组合方案具体为"一级省水船闸+中间渠道+一级钢丝绳卷扬全平衡垂直升船机+辅助船闸"的布置方案。船闸主要用于克服上游水位变幅,升船机主要用于克服通航水头,辅助船闸主要用于克服下游水位变率。该方案很好地适应了百色水利枢纽复杂环境条件和高水头、大变幅、快变率的复杂运行条件。

省水船闸最大通航水头 25 m,可适应上游 25 m 的水位变幅。船闸的设置可有效改善升船机上闸首的运行条件,降低升船机上闸首结构、设备技术难度,简化上闸首设备运行操作程序。船闸采用省水形式,在省水节能的同时还可减轻闸室泄水对中间渠道内船舶航行、停泊条件的影响,降低中间渠道的水位波动幅度。升船机采用钢丝绳卷扬全平衡垂直提升式,最大提升高度 88.8 m,上游与水位基本恒定的中间渠道对接,下游与水位变幅 5.64 m、无水位变率的辅助船闸对接。辅助船闸在适应下游水位变幅的同时,可适应

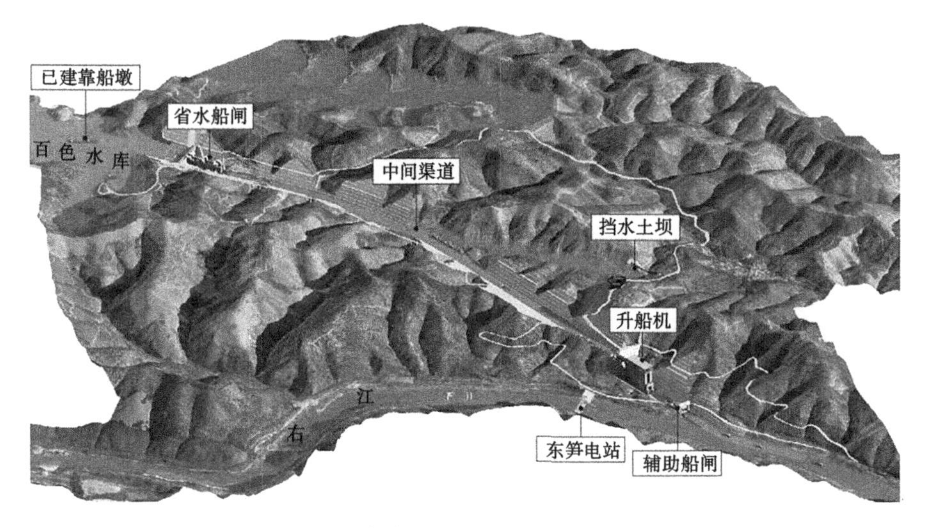

图 11.1-6　船闸+升船机组合方案总体布置

较快的水位变率,工作门的工作水头仅为升船机对接期间的下游水位变幅,采用提门平压的方式对闸室充泄水,省去了常规船闸复杂的闸室充泄水系统。三种不同形式的通航建筑物相组合,充分发挥了各自的技术优势。

11.1.4.5　预留二线通航设施

根据货运量预测及通过能力计算结果,本项目的通过能力可满足 2035 年过坝货运量需要,但无法满足 2050 年的过坝货运量需求,故为满足远期运量发展和船型变化,考虑预留二线通航设施。

受坝址区地形条件限制,预留二线通航设施仍考虑采用那禄线方案,与一线相邻布置。建筑物形式仍考虑采用船闸+升船机布置方案,船闸与升船机建筑物均布置于一线的右侧,共用中间渠道。其详细布置见图 11.1-7。

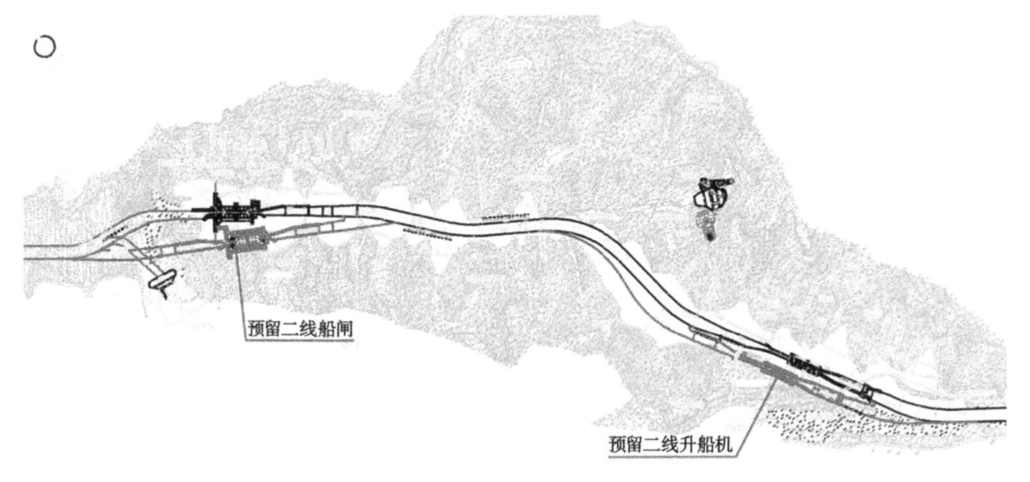

图 11.1-7　预留二线通航设施平面布置图

11.1.5　通航建筑物

11.1.5.1　平面布置

工程可行性研究阶段平面布置推荐方案中间渠道线型顺直、通航安全性较高,但工程开挖量较大、弃渣压力大、高边坡范围广、工程投资高。本阶段考虑对其进行设计优化。

由于省水船闸需与已建上游引航道衔接,位置调整余地不大。下游升船机也受限于地形条件,左侧为 370 m 高山体,右侧为东笋电站,还需在升船机与东笋电站之间预留二线升船机布置空间,升船机位置也无调整空间。故本次设计主要针对中间渠道的线路布置提出优化方案进行比选。

1. 平面布置方案一

本方案以工程可行性研究报告推荐方案为基础,平面布置上做了以下三点调整:

(1)由于升船机上闸首已配备有挡洪检修门,故通航渡槽挡洪检修闸作用仅为洪水时挡洪保护通航渡槽及检修时用于排干渡槽内水体。鉴于中间渠道校核洪水位与最高通航水位仅相差 0.09 m,通航渡槽本身承担挡洪基本不会增加结构工程量。渡槽本身结构简单、检修需求很少,结合类似工程中通航渡槽设计经验,其检修可与中间渠道检修同时进行。故考虑通航渡槽挡洪检修闸作用不大,本次设计予以取消。

(2)通航渡槽根据边坡稳定需要,长度由 50 m 加长至 90 m。

(3)辅助船闸闸首提升横拉门优化为提升门,取消闸首右侧门库,利于二线升船机布置。

其平面布置方案如下:

通航线路布置于百色水利枢纽左岸的那禄沟,由船闸、中间渠道、挡水土坝、通航渡槽、垂直升船机组成,线路全长约 4 306 m。

工程平面布置见图 11.1-8。

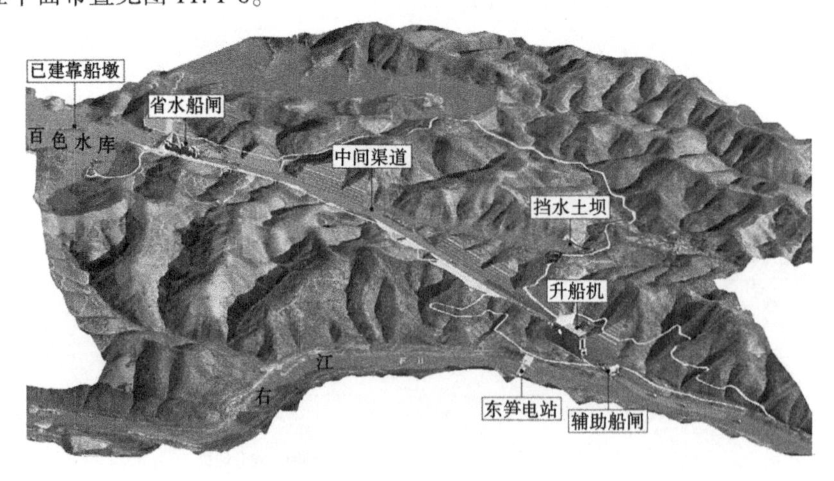

图 11.1-8　平面布置方案一

船闸布置于银屯沟与那禄沟的分水岭处,上游为百色水库,下游接中间渠道,设计最大通航水头 25.0 m。中间渠道沿那禄沟布置,长约 2 130 m,在那禄左沟设挡水土坝。通航渡槽布置于升船机上游引航道和上闸首之间,长 100 m。升船机布置于七星滩尾左岸的山坡上,设计最大提升高度 88.8 m,下游引航道出口距百色主坝约 7 km。

船闸上闸首和其两侧的挡水坝组成挡水前沿,考虑坝顶交通需要,靠上游侧悬挑 3.0 m 长的牛腿做交通道路,坝顶高程取与上闸首前沿顶高程相同,为 240.0 m。挡水前沿宽 185.0 m,其中上闸首前沿宽 50.0 m,左岸挡水坝段长 63 m,右岸挡水坝段长 72 m。坝顶宽度为 16.25 m。

1)船闸布置

船闸形式为单级省水型船闸,由上游引航道、上闸首、闸室、省水池、下闸首和下游引航道组成(见图 11.1-9),其中上游引航道桩号 0-119.0 m 已建成。

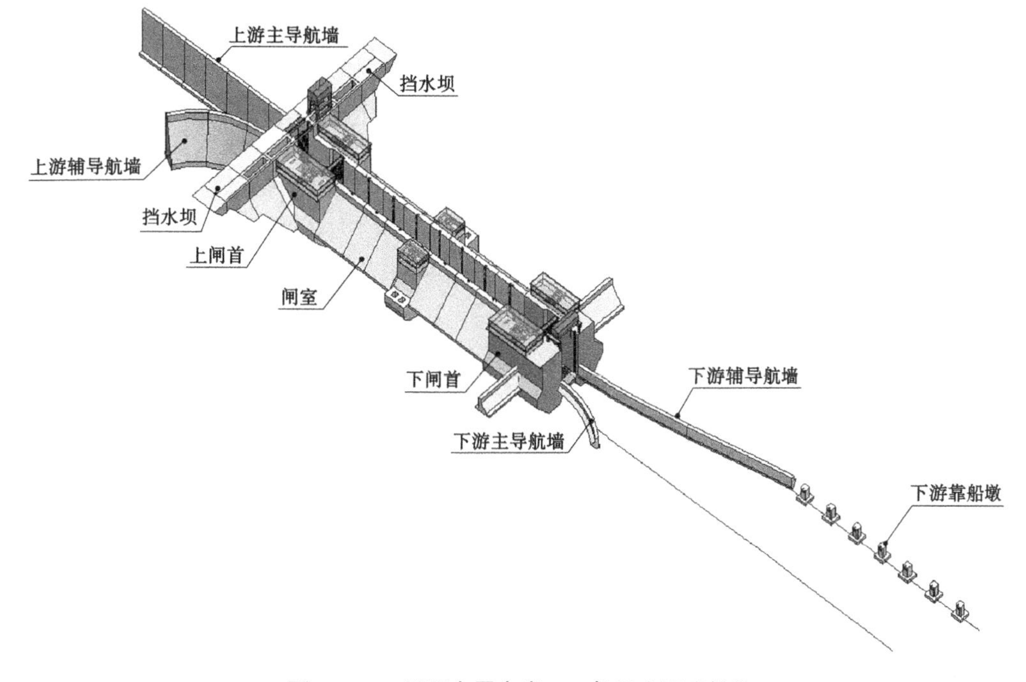

图 11.1-9　平面布置方案——船闸主要建筑物

上、下游引航道采用反对称布置,上游引航道向右岸拓宽,下游引航道向左岸拓宽。

上游引航道布置在百色水利枢纽库区,总长约 570 m,引航道设计底宽 39.5 m。引航道底高程为 198.6 m。从引航道终点至起点(上闸首前沿)依次布置停泊段、调顺段和导航段,根据地形,调顺段和停泊段之间以弯段相接,引航道底宽由 39.5 m 渐变至 63.5 m。停泊段长 115 m,共布置 7 个靠船墩,最上游两墩距为 15 m,其余墩距 20 m。靠船墩两侧分别布置上行引航道和下行引航道,宽度分别为 30 m 和 29.5 m。调顺段长 166.5 m,引航道底宽为 39.5 m。导航段长 111 m,左侧布置长 111 m 的主导航墙,右侧布置弧形辅导航墙,引航道底宽由 39.5 m 渐变至 12 m。主、辅导航墙和靠船墩顶高程按上游最高通航水位 228.0 m 加超高定为 231.0 m。

上闸首建基于弱风化砂岩,平面外轮廓尺寸为 47.0 m×50.0 m(长×宽),孔口净宽 12.0 m。两侧边墩顶高程分为两级布置,上游侧 10.75 m 长顶高程为满足公路桥下净空需要取 240.0 m,下游侧 36.25 m 长部分顶高程为 231.0 m;右侧边墩门龛段顶宽 13.5 m,其他部分边墩顶宽 17.0 m;左侧边墩工作门槽段顶宽 11.4 m,其他部分边墩顶宽 12.9

m;上闸首上游侧设有 5.5 m 长悬臂牛腿用于布置坝顶公路桥。上闸首采用一字工作闸门,底槛高程 197.0 m,上游挡洪检修门槽位于工作闸门上游、桩号下 0+6.5 处,门型为露顶式平面叠梁门,采用门机启闭,平时闸门存放于上闸首两侧挡水坝段的门库里。

闸室结构长 106 m,利用上下闸首的 14 m 长部分停船,闸室有效长度为 120 m,孔口净宽 12.0 m,沿水流方向共分为 7 个结构段。闸室墙顶高程 231 m,顶宽 3 m。底板内布置有 1 条纵向输水廊道,廊道截面尺寸为 5.5 m×3.0 m(宽×高)。闸室两侧墙后设有省水池,左侧为高位省水池,右侧为低位省水池。闸室第 4 结构段两侧闸墙墙身各设有 2 条省水池灌泄水廊道,与闸室底板输水主廊道连通。

下闸首建基于弱风化砂岩,平面外轮廓尺寸为 47.0 m×50.0 m(长×宽),孔口净宽 12.0 m。设两道顺水流方向结构缝,将上闸首两侧边墩与底板分开;两侧边墩顶面高程 231.0 m,底高程 189.3 m;右侧边墩门龛段顶宽 13.5 m,其他部分边墩顶宽 17.0 m;左侧边墩工作门槽段顶宽 11.4 m,其他部分边墩顶宽 12.9 m;上游部分底板底高程为 198.7 m,门槛顶高程为 197.0 m,下游部分底板布置有旁侧泄水廊道,底板底高程为 193.3 m。下闸首采用一字工作闸门,底槛高程 197.0 m,下游检修门为露顶式平面叠梁门,采用闸顶 1 台 2×400 kN-35 m 固定卷扬机操作,闸门平时通过机械自动锁定装置锁定在孔口上方。

下游引航道布置于下闸首下游,直线段总长 251 m,底高程为 198.6 m,引航道底宽由 12 m 渐变至 40.0 m。从上游到下游依次布置导航调顺段和停泊段。导航调顺段长 140 m,主导航墙为半径 600 m 的圆弧接 1∶5斜率的直线布置,总长约 133 m,引航道向左侧拓宽 21 m。辅导航墙按半径 60 m 的圆弧形布置,总长约 43.2 m,引航道向右侧拓宽 7 m。停泊段长 111.0 m,布置 7 个靠船墩,墩距 18.5 m。主、辅导航墙和靠船墩顶高程按中间渠道最高通航水位 203.2 m 加超高定为 206.2 m。

2)中间渠道布置

中间渠道沿那禄沟布置,起点为船闸下游引航道末端,终点为升船机上游引航道末端,总长 2 130 m,由 2 段直线段和 1 个圆弧段组成。上游直线段长 130 m,下游直线段长 1 002 m,两端直线段之间采用半径为 2 500 m 的圆弧连接,圆弧段长 976 m。中间渠道按双线限制性航道设计,设计水深为 4.2 m,渠底高程为 203.0 m-4.2 m=198.8 m,直线段航道底宽按《内河通航标准》(GB 56139—2014)表 3.0.3 的相近船型定为 45 m,转弯段根据弯曲半径进行计算,渠道底宽拓宽至 47.5 m。中间渠道最小断面系数为 6.34,满足规范不小于 6 的要求。

为维持中间渠道的水位,在那禄左沟低洼处设中间渠道挡水土坝。挡水土坝坝顶高程为 205.0 m,坝顶宽度 8.5 m,坝顶长度 114.6 m,最大坝高 30.0 m。

挡水土坝左坝肩设 1 孔净宽为 5 m 的溢洪道,用以排泄中间渠道集雨面积的雨水,同时兼顾中间渠道放空作用。溢洪道最大下泄流量 70 m^3/s,下泄水流沿那禄沟左沟流入右江。

3)通航渡槽布置

通航渡槽布置于挡洪检修闸与升船机上闸首之间,长 90 m,通航口门净宽 12.0 m,两侧布置 D300H-2000L 型橡胶护弦,最小通航水深与闸首门槛水深相同,为 4.7 m,底板顶高程198.3 m,边墙顶高程为206.2 m,两侧边墙顶各设宽2.65 m的人行道。

4)升船机布置

升船机由上游引航道、上闸首、机室、下闸首、辅助船闸和下游引航道组成(见图11.1-10)。

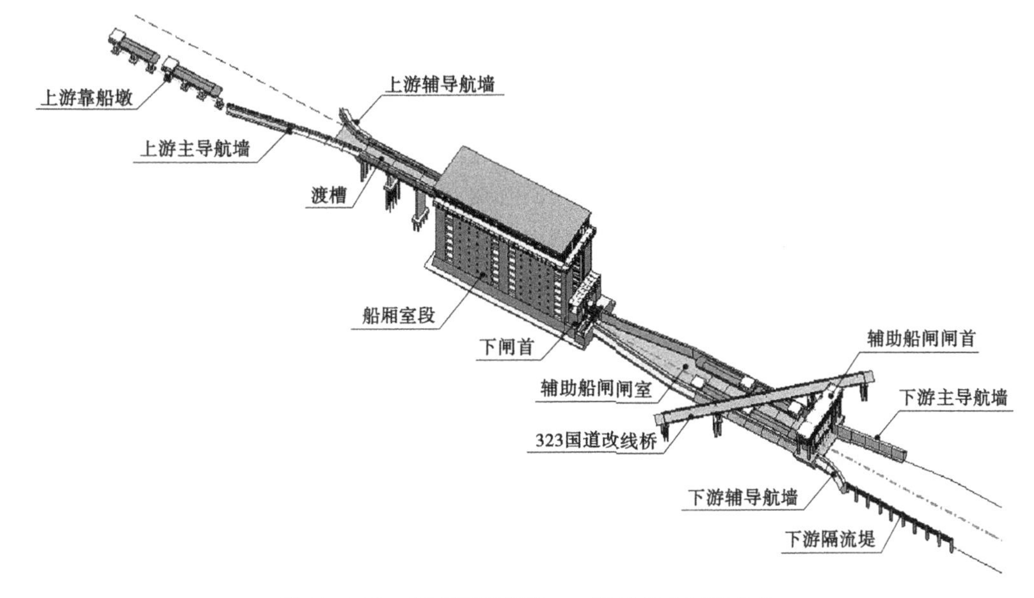

图11.1-10　平面布置方案——升船机主要建筑物

上游引航道布置在中间渠道末端与通航渡槽之间,直线段总长251 m,底高程为198.6 m,引航道底宽由12.0 m渐变至40.0 m。从上游到下游依次布置停泊段和导航调顺段。停泊段长111.0 m,布置7个靠船墩,墩距18.5 m。导航调顺段长140 m,主导航墙为半径600 m的圆弧接1∶5斜率的直线布置,总长约133 m,引航道向右侧拓宽21 m。辅导航墙按半径60 m的圆弧形布置,总长约43.2 m,引航道向左侧拓宽7 m。主、辅导航墙和靠船墩顶高程按中间渠道最高通航水位203.2 m加超高定为206.2 m。

上闸首采用整体式"U"形结构,结构总长6.5 m,总宽19.6 m。闸首上游侧接通航渡槽,下游端设有工作门和事故检修门,工作门和事故检修门由设在主机房的固定卷扬式启闭机操作。

船厢室段结构总高147.5 m,总长138.6 m(含上闸首6.5 m),总宽44.0 m,主要由底板、承重塔柱和上部机房三部分组成。底板采用平板筏型基础,塔柱采用钢筋混凝土"筒-墙-梁"组合式承重结构,塔柱结构对称布置在船厢室两侧,每侧由"筒体-筒体-墙-筒体-墙"组成,筒体与筒体之间、墙与筒体之间通过沿高程分布的纵向联系梁实现纵向连接,为塔柱的开敞式区间;两侧塔柱在顶部通过顶部梁系实现横向连接。塔柱内设平衡重竖井,主机房内布置卷扬提升机构、平衡滑轮组、安全制动系统、机械同步轴系统等机械设备和供主机安装、检修之用的双向桥机。

下闸首结构总长23.3 m,总宽48.0 m。下闸首设有带卧倒小门的下沉式平板工作门、叠梁检修门和船厢室的渗漏排水设施。

由于升船机下游引航道水位变率较大,为保证承船厢与下游对接运行的安全,在升船机下闸首下游设置辅助船闸。为了避免增加辅助船闸后过机时间加长,影响升船机通过能力,辅助船闸尺度按上、下行船舶可在闸室内错船设计。如此,辅助船闸的启闭闸门、充泄水及船舶进出均可与升船机运行同时进行,不会增加船舶过机时间,保证了通过效率。辅助船闸闸室内系泊区有效长度为 120 m,系泊区与升船机下闸首间设 101.2 m 长导航调顺段,系泊区与辅助船闸闸首间设 6.8 m 长镇静段,闸室总长 228.0 m。为满足上、下行船舶并列停靠并留有一倍船宽的安全距离,闸室系泊区宽度按 3 倍船宽设计,取 34.0 m,门槛水深为 4.7 m。辅助船闸有效尺度为 120 m×34 m×4.7 m(长×宽×门槛水深)。辅助船闸闸室渐变段长 90 m,孔口宽度由 12.0 m 渐变至 34.0 m。直线段长 138 m,孔口宽 34.0 m。闸室墙为衬砌式结构,顶高程 123.04 m,顶宽 2.5 m,闸室底板顶面高程 109.7 m。

辅助船闸闸首为分离式结构,长 20.0 m,孔口净宽 34.0 m。边墩顶高程为 123.04 m,门槛顶高程为 109.7 m。工作闸门需挡双向水头,采用提升门。

受到升船机主体以及辅助船闸的布置限制,下游引航道已处于右江河道边缘,没有足够的直线段长度用于布置下游停泊段,且根据升船机的运行方式,下游锚地的候闸船舶可直接航行至辅助船闸内停靠,故下游引航道内不设停泊段。

下游引航道布置于辅助船闸闸首下游,引航道直线段长 179.2 m,其后以半径 600 m 的圆弧段与下游主航道衔接,圆弧角度为 23.89°。引航道底宽由辅助船闸闸首孔口 34 m 宽渐变至口门区的 60 m 宽,底高程为 110.0 m。左侧主导航墙长 68 m,以 1∶8斜率呈直线布置,右侧圆弧形辅导航墙长 42.0 m,半径为 60 m。下游主、辅导航墙顶高程按下游最高通航水位 120.04 m 加超高定为 123.04 m。辅导航墙下游接墩板式隔流堤,长约 117.7 m,顶高程 121.04 m。隔流堤墩身为直径 2.5 m 灌注桩,间距 13.0 m,桩上部预留插槽,两个墩间插有预制插板,插板下透空过流。底部设有抛石护底。

5)泄水管线

本工程通航建筑物形式采用船闸+升船机组合方案,船闸下游连接长距离中间渠道和升船机,船闸泄水将会在两端封闭的狭长中间渠道中产生涌浪、反射、叠加和震荡,形成极其复杂的通航水流条件。为解决中间渠道水面波动问题,确保升船机安全高效运行,《中间渠道通航条件物理模型及船舶航行试验》分别针对平面布置方案一做了以下改善水流条件措施的试验:

(1)升船机上游引航道 110 m 宽溢流堰。

(2)升船机上游引航道 210 m 宽溢流堰。

(3)那禄沟左支汊中部 100 m 宽溢流堰。

(4)那禄沟左支汊中部 100 m 宽溢流堰+升船机上游引航道 110 m 宽溢流堰。

(5)那禄沟左支汊中部 100 m 宽溢流堰+升船机上游引航道 210 m 宽溢流堰。

(6)那禄沟左支汊入口处 300 m 宽溢流堰+升船机上游引航道 110 m 宽溢流堰。

根据试验成果,以上试验均未能消除船闸泄水引起的水位波动,使之达到升船机运行所需的水位变幅不超过±10 cm 的要求。

为了进一步降低水位波动值,通过优化船闸工作阀门开启速度,将船闸泄水峰值流量由 80.5 m^3/s 降低至 50.85 m^3/s 后,在平面布置方案二中考虑于升船机上游引航道设置 210 m 宽溢流堰。试验结果显示,升船机上闸首处水位波动值为-5~20 cm,仍未能达到升船机运行所需的水位变幅不超过±10 cm 的要求,故考虑将船闸泄水通过排水管线直接引排至下游右江,泄水不进入中间渠道,彻底解决中间渠道水流条件问题。

为达到船闸泄水外排的目的,省水船闸下闸首泄水廊道采用旁侧输水,泄水进入下游主导航墙后侧的调节水池,水池底部设排水竖井,后接排水箱涵,沿中间渠道底直至升船机上游引航道停泊段处右转,再沿山坡排至东笋电站上游库区(见图 11.1-11)。

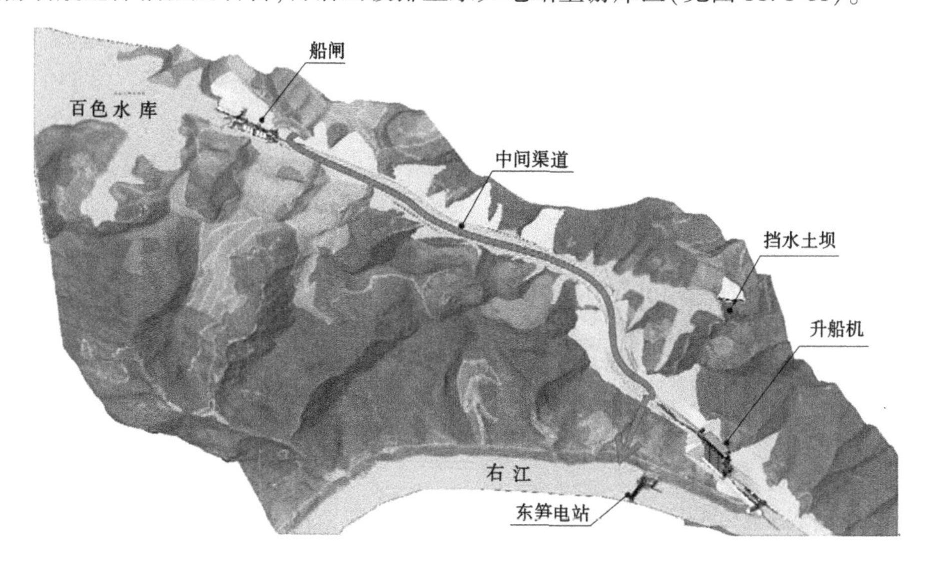

图 11.1-11　中间渠道泄水管线布置示意图

2. 平面布置方案二

为了减少边坡开挖与支护工程量、提升边坡安全、降低工程投资,相对于方案一将中间渠道沿那禄沟走向布置,采用 4 个弯道连接,弯道间设 4 倍船长以上的直线段以保证船舶航行安全,除中间渠道外的船闸、升船机等其他布置均与方案一相同。本方案线路全长约 4 388 m。

工程平面布置见图 11.1-12。

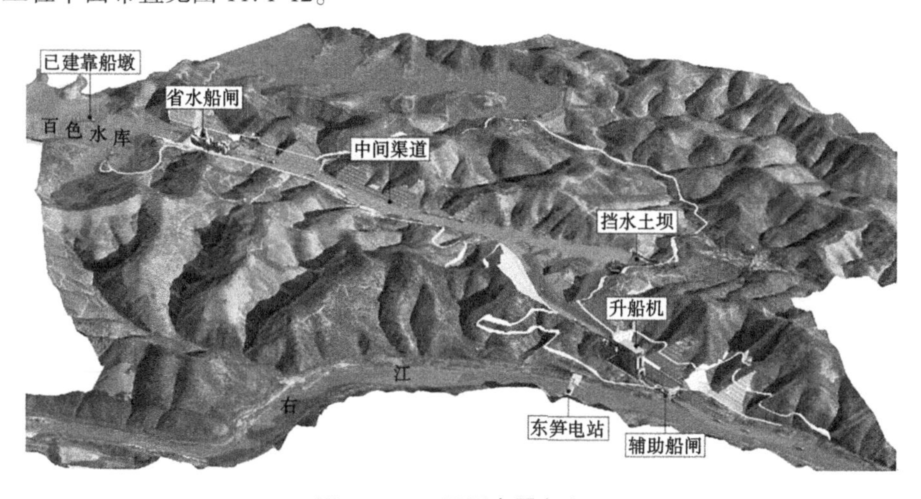

图 11.1-12　平面布置方案二

船闸布置与方案一相同,位于银屯沟与那禄沟的分水岭处,上游为百色水库,下游接中间渠道,设计最大通航水头 25.0 m。

中间渠道沿那禄沟布置,起点为船闸下游引航道末端,终点位于升船机上游引航道末端,全长 2 186.3 m,由 5 段直线段和 4 个圆弧转弯段组成,各弯段间以直线段相接。中间渠道按双线限制性航道设计,设计水深为 4.2 m,渠底高程为 203.0 m−4.2 m=198.8 m,直线段航道底宽按《内河通航标准》(GB 56139—2014)表 3.0.3 的相近船型定为 45 m,转弯段宽度根据弯曲半径进行计算。中间渠道最小断面系数为 6.34,满足规范不小于 6 的要求。

升船机及辅助船闸布置与方案一相同,下游引航道与下游主航道交角为 23.89°。

3. 方案比选

两个平面布置方案通航线路均沿那禄沟布置,均能满足使用要求,主要差别在于中间渠道的线路布置(见图 11.1-13)。

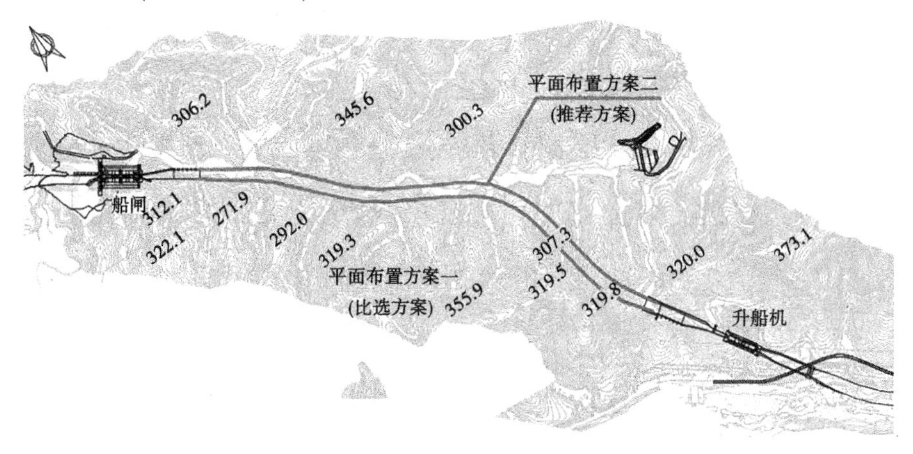

图 11.1-13　平面布置方案线路对比　(单位:m)

两个平面布置方案的主要技术经济对比见表 11.1-1。

表 11.1-1　平面布置方案综合比较

项目	平面布置方案一	平面布置方案二
通航条件	中间渠道线型顺直、弯道少,船舶操控较容易	中间渠道沿天然沟谷布置,转弯半径满足规范要求,航速较方案一略低
高边坡	开挖形成的顺向坡边坡规模较大,支护工程量大,边坡安全性较方案二低	开挖形成的顺向坡边坡规模较小,支护工程量小,边坡安全性较高
工程挖方量	2 095 万 m^3	1 876 万 m^3
工程占地	永久 3 041.94 亩,临时 3 221.45 亩	永久 2 927.74 亩,临时 3 221.45 亩
征地移民投资	9.51 亿元	9.36 亿元
工程总投资	52.16 亿元	51.29 亿元

两个方案在建筑物结构、工程地质、金属结构、施工条件、运行管理及对百色电站的影响方面均相同，根据中间渠道船模航行试验，两个方案均能满足船舶安全航行的需要。平面布置方案一中间渠道线型顺直、弯道少，船舶操控较容易，建议航速不大于 2.0 m/s；平面布置方案二的中间渠道沿天然沟谷布置，转弯半径满足规范要求，单船可安全航行与错船，建议航速不大于 1.7 m/s，船队宜避免在转弯段内错船。方案二中间渠道沿那禄沟走向布置，有效利用了天然地形，工程开挖量较小，有利于减少弃渣场占地，同时工程永久占地也较小，对环境友好；开挖形成的顺向坡边坡规模较小，边坡安全性较高；方案二较方案一工程开挖量减少了约 219 万 m^3，工程总投资减少约 0.87 亿元。综合考虑，推荐平面布置方案二。

11.1.5.2　输水系统

为减少水库耗水、节约水资源，船闸采用带 2 级省水池的省水型船闸。枢纽正常蓄水位 228.0 m，中间渠道设计最低通航水位 203.0 m，船闸设计最大水头 25.0 m，船闸设计有效尺度为 120 m×12 m×4.7 m(长×宽×门槛水深)。输水系统形式采用闸底长廊道侧支孔明沟消能输水系统，省水池布置于闸室两侧墙后，左侧为高位省水池，右侧为低位省水池。闸首输水阀门尺寸为(2.0~3.0) m×3.0 m(宽×高)，闸室与省水池之间的输水阀门处廊道控制断面尺寸与闸首输水阀门处的廊道断面尺寸相同。闸底主廊道断面尺寸为 5.2 m×3.0 m(宽×高)，为了减小闸室底板厚度，采用侧支孔出水明沟消能方式，闸底廊道出水段每侧设 22 个出水孔，孔口尺寸为 0.40 m×0.90 m(宽×高)，总面积为 15.84 m^2。上闸首廊道进水口采用闸墙垂直多支孔布置，进水口尺寸为 2×3×3.0 m×3.0 m(廊道数量×每侧孔口数量×宽×高)。下闸首泄水廊道采用旁侧泄水，向左侧泄入下游主导航墙后的集水池中。

11.1.5.3　水工建筑物

1. 省水船闸

1) 上闸首

上闸首建基于弱风化砂岩，采用分离式结构，平面外轮廓尺寸为 47.0 m×50.0 m(长×宽)，孔口净宽 12.0 m。两侧边墩顶高程分为两级布置，上游侧 10.75 m 长顶高程为满足公路桥下净空需要取 240.0 m，下游侧 36.25 m 长部分顶高程为 231.0 m；右侧边墩门龛段顶宽 13.5 m，其他部分边墩顶宽 17.0 m；左侧边墩工作门槽段顶宽 11.4 m，其他部分边墩顶宽 12.9 m；上闸首上游侧设有 5.5 m 长悬臂牛腿，用于布置坝顶公路桥。

上闸首采用一字工作闸门(见图 11.1-14)，底槛高程 197.0 m，上游挡洪检修门槽位于工作闸门上游、桩号下 0+6.5 处，门型为露顶式平面叠梁门，采用门机启闭，平时闸门存放于上闸首两侧挡水坝段的门库里。在上闸首两边墩内布置有输水廊道工作阀门井与检修阀门井，边墩顶部的阀门井上方布置有液压启闭机房，机房顶部设电动葫芦，用于阀门及启闭设备的检修。

2) 闸室

闸室采用分离式结构，长 106 m，利用上下闸首的 14 m 长部分停船，闸室有效长度为 120 m，孔口净宽 12.0 m，沿水流方向共分为 7 个结构段。闸室墙顶高程 231 m，顶宽 3 m。底板内布置有 1 条纵向输水廊道，廊道截面尺寸为 5.5 m×3.0 m(宽×高)。

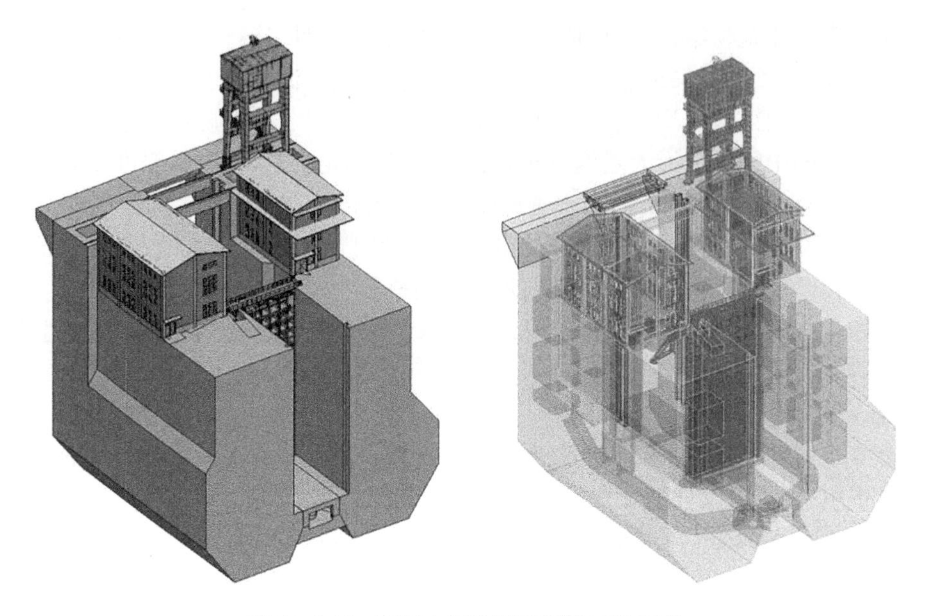

图 11.1-14　船闸上闸首轴测视图与透视图

闸室两侧墙后设有省水池，左侧为高位省水池，右侧为低位省水池（见图 11.1-15、图 11.1-16）。闸室第 4 结构段两侧闸墙墙身各设有 2 条省水池灌泄水廊道，与闸室底板输水主廊道连通。每条省水池灌泄水廊道设有 1 个工作阀门井与 1 个检修阀门井，其上设启闭机房。由于省水池灌泄水廊道工作阀门的工作水头不大，故工作阀门与检修阀门均采用平面钢闸门。

闸墙两侧布置有浮式系船柱和嵌入式爬梯。

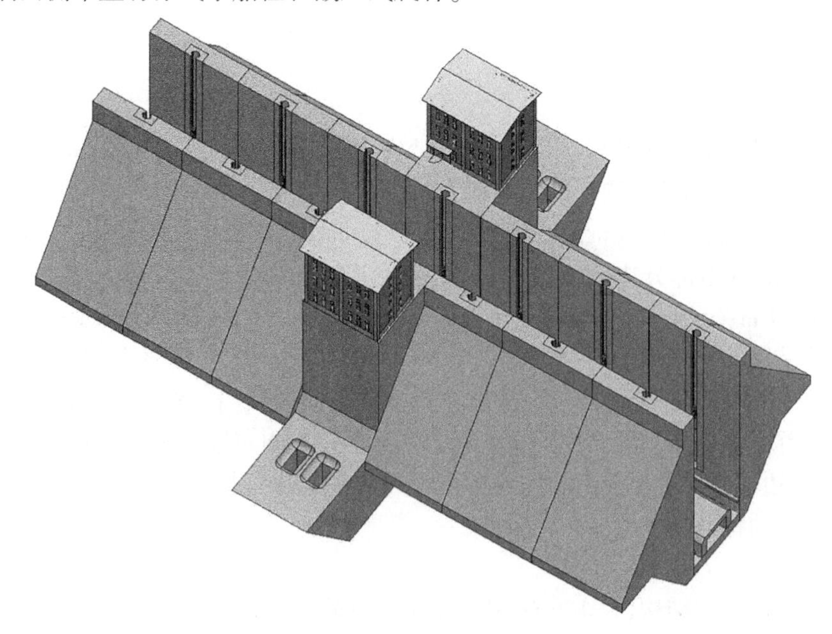

图 11.1-15　省水船闸闸室轴测视图

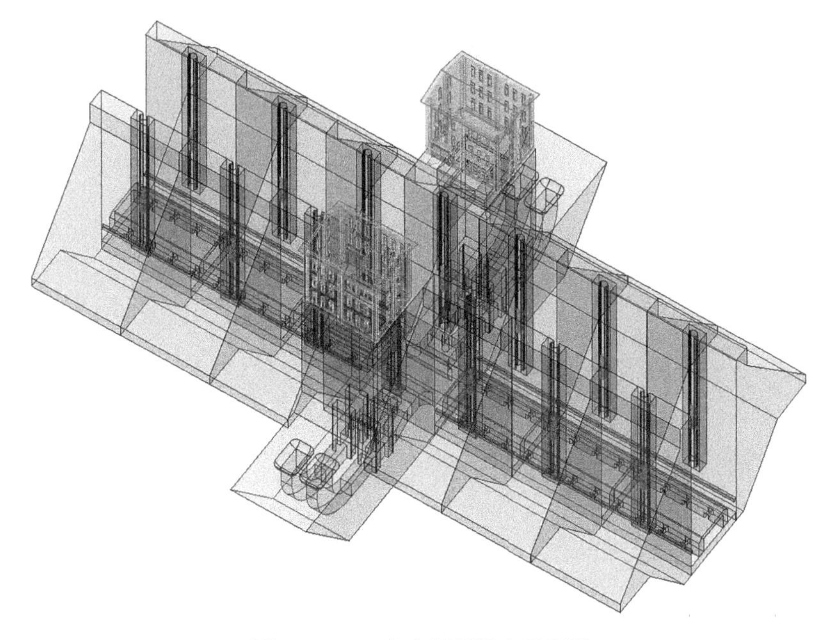

图 11.1-16　省水船闸闸室透视图

3)下闸首

下闸首建基于弱风化砂岩,采用分离式结构,平面外轮廓尺寸为 47.0 m×50.0 m(长×宽),孔口净宽 12.0 m。设 2 道顺水流方向结构缝,将上闸首两侧边墩与底板分开;两侧边墩顶面高程 231.0 m,底高程 189.3 m;右侧边墩门龛段顶宽 13.5 m,其他部分边墩顶宽 17.0 m;左侧边墩工作门槽段顶宽 11.4 m,其他部分边墩顶宽 12.9 m;上游部分底板底高程为 198.7 m,门槛顶高程为 197.0 m,两侧泄水廊道采用旁侧泄水,均向左侧转弯,廊道出口位于下闸首左侧的溢流池,出口设有消能格栅(见图 11.1-17、图 11.1-18)。

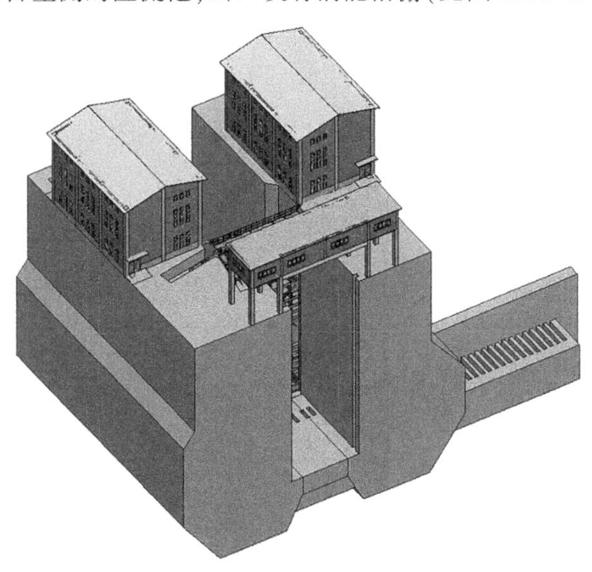

图 11.1-17　省水船闸下闸首轴测视图

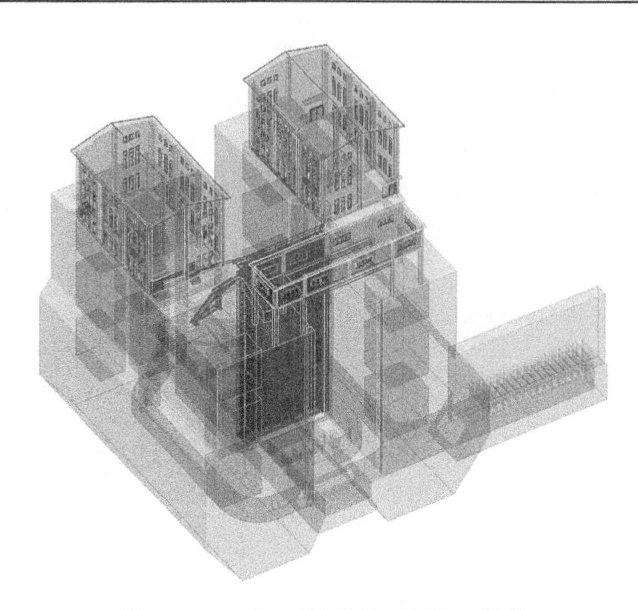

图 11.1-18　省水船闸下闸首轴测透视图

下闸首采用一字工作闸门，底槛高程 197.0 m，下游检修门为露顶式平面叠梁门，采用闸顶 1 台 2×400 kN-35 m 固定卷扬机操作，闸门平时通过机械自动锁定装置锁定在孔口上方。在下闸首两边墩内布置有输水廊道工作阀门井与检修阀门井，边墩顶部的阀门井上方布置有液压启闭机房，机房顶部设电动葫芦，用于阀门及启闭设备的检修。

4）上、下游引航道建筑物

上游引航道主要建筑物有主、辅导航墙和靠船墩（见图 11.1-19），其中靠船墩已于 2006 年 9 月建成。

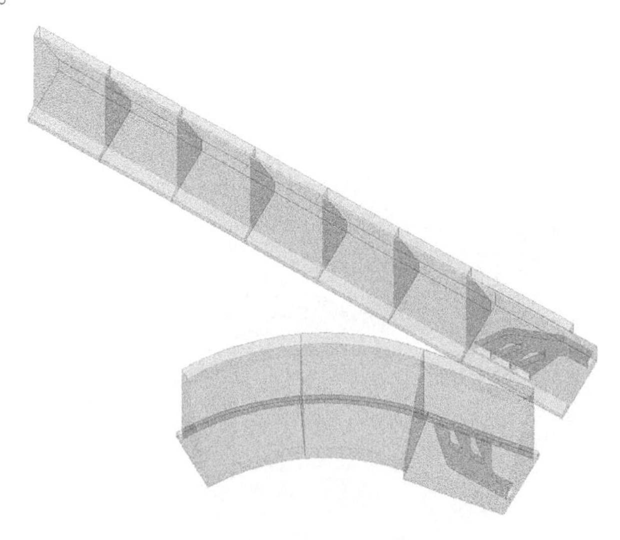

图 11.1-19　省水船闸上游主、辅导航墙透视图

上游主导航墙长度为 111.0 m（含进水口段），进水口段长度为 21.0 m，导航墙段展开长度为 90.0 m。导航墙段共分成 7 个结构段，除第 1 结构段分段长度为 21.0 m 外，其

他结构段长度均为 15.0 m。

上游辅导航墙投影长度为 57.99 m(含进水口段),展开长度为 66.3 m(含进水口段),进水口段展开长度为 21.3 m,导航墙段展开长度为 45.0 m,导航墙段共分成 4 个结构段,除第 1 结构段分段长度为 21.3 m 外,其他结构段长度均为 15.0 m。

下游引航道主要建筑物有主、辅导航墙和靠船墩(见图 11.1-20)。下游主导航墙后方布置船闸泄水口和集水池,泄水口和集水池之间布置溢流堰,集水池底高程为 198.6 m,溢流堰顶高程为 203.0 m,集水池与泄水箱涵相接,经泄水箱涵排泄船闸运行水体。

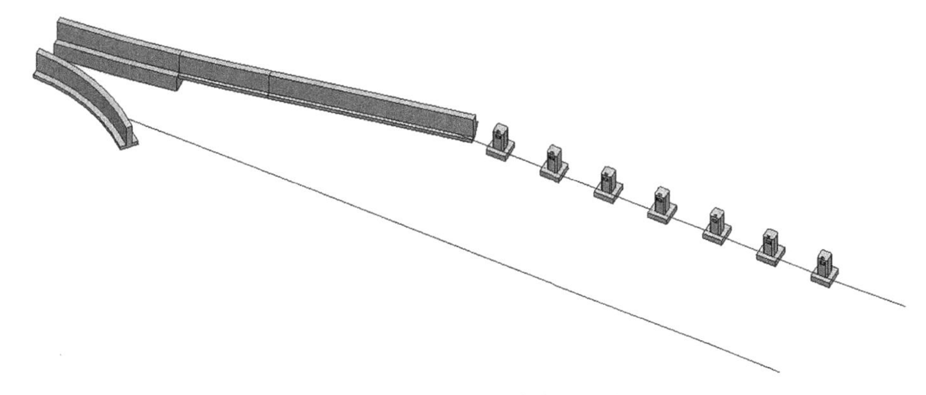

图 11.1-20　船闸下游引航道建筑物轴测视图

下游主导航墙结合泄水箱涵布置,长 132.8 m,墙顶高程为 206.2 m,墙底高程为 192.4 m,顶宽 3.0 m,底宽 9.65 m,建基于弱风化岩。

下游辅导航墙长 43.2 m,墙顶高程为 206.2 m,墙底高程为 197.6 m,顶宽 2.0 m,底宽 6.0 m,建基于弱风化岩。辅导航墙还需结构输水系统进行布置。

下游靠船墩共 7 个,墩距 18.5 m。墩顶高程 206.2 m,墩底高程 196.8 m,建基于强风化岩。墩顶平面尺寸为 3.5 m×3.5 m,基础平面尺寸为 7.5 m×7.5 m,通航侧设有 150 kN 系船柱。

2. 中间渠道

中间渠道为梯形开挖断面(见图 11.1-21~图 11.1-23),两岸在高程 203.7 m 处布置宽 5.0 m 的交通道路,兼作消防通道。路面以上每 10 m 高设一级宽 3.0 m 的马道。

为了减少船行波对岸坡的影响,渠道底至 203.7 m 高程边坡采用现浇厚 300 mm 混凝土板护面,高程 203.7 m 以上,岩质开挖边坡采用挂钢筋网喷混凝土支护,并设排水孔降低地下水位,排水孔间距为 3 m,孔深 4 m。由于边坡较高,考虑到工程所在地区为亚热带地区,雨水冲刷强度大,全风化层开挖边坡采用混凝土格构、草皮护坡。

3. 升船机

1)上游引航道

上游引航道主要建筑物有主、辅导航墙和靠船墩(见图 11.1-24)。

上游主导航墙为重力式和衬砌式混凝土结构。主导航墙长 132.9 m,墙顶高程为 206.2 m,墙底高程为 197.3 m,顶宽 2.0 m,底宽 6.49/2.8 m,其中重力式主导航墙建基于强风化岩,衬砌式主导航墙建基于弱风化岩。

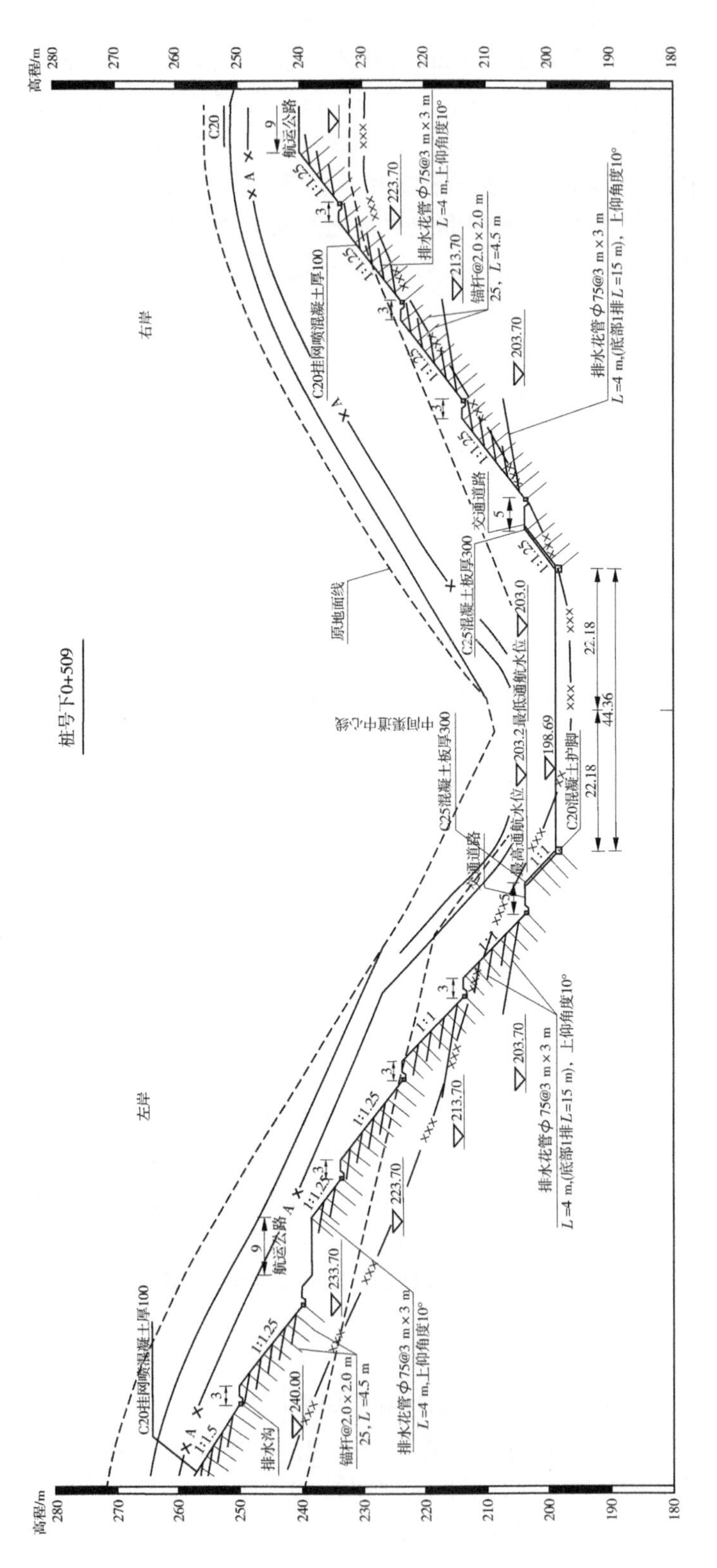

图 11.1-21　中间渠道典型断面图 1

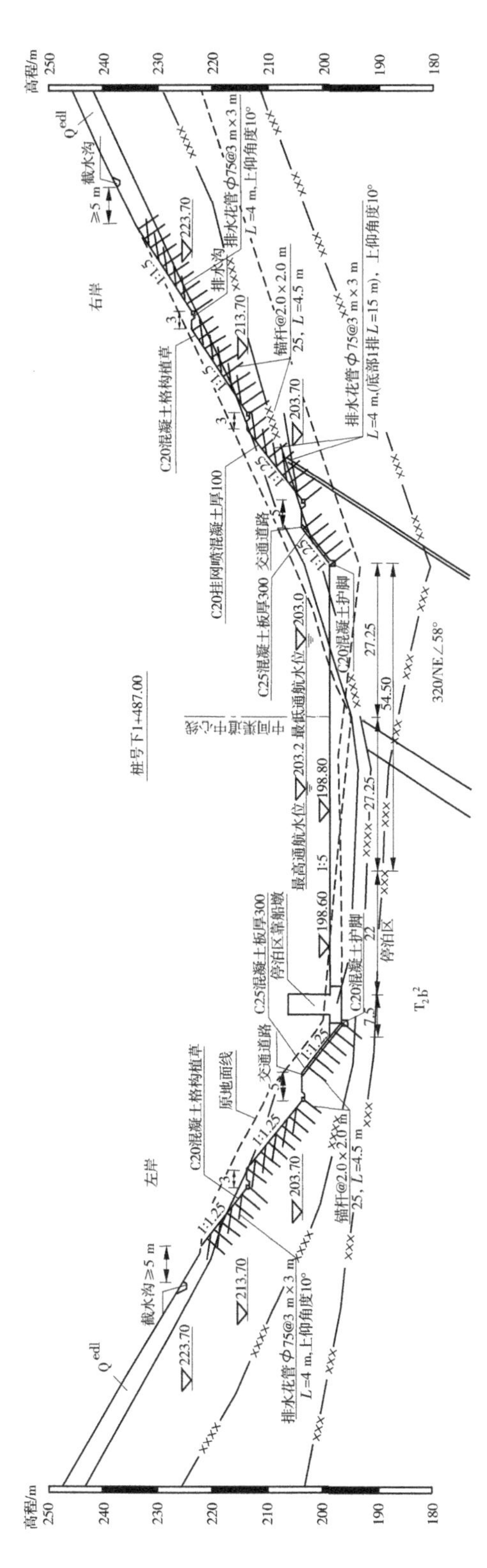

图 11.1-22　中间渠道典型断面图 2

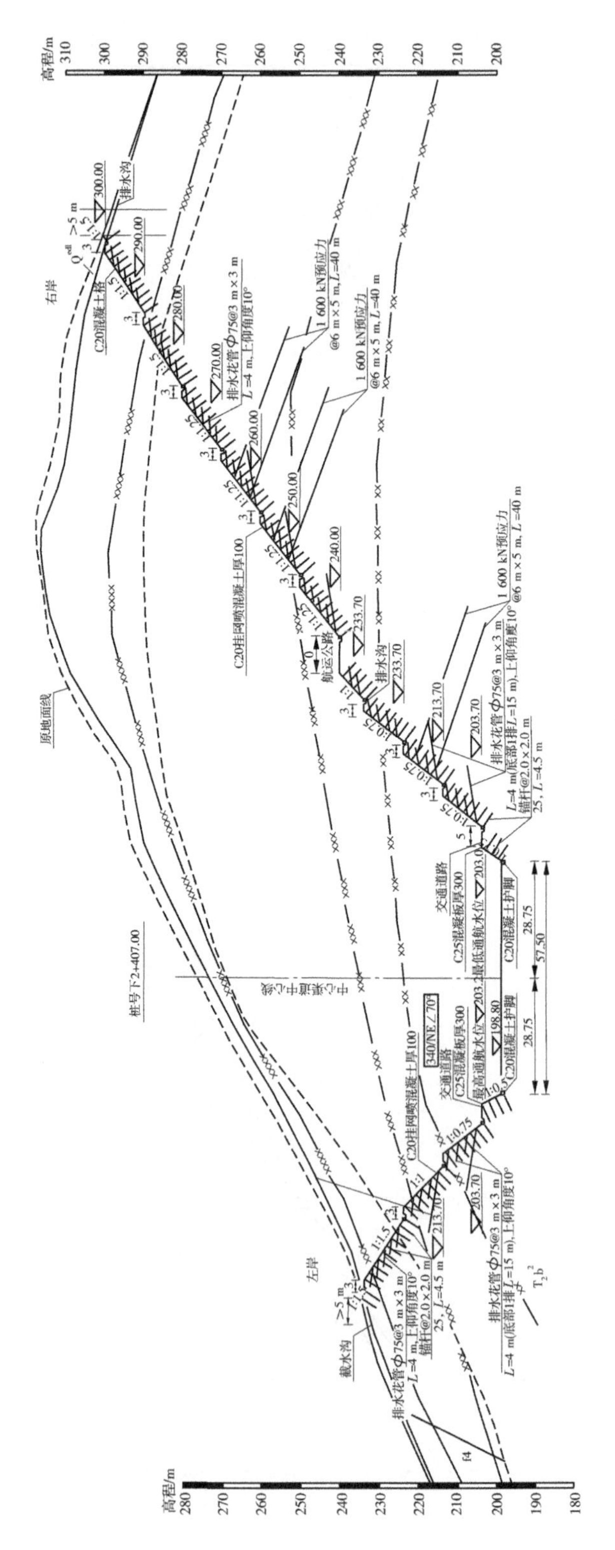

图 11.1-23　中间渠道典型断面图 3

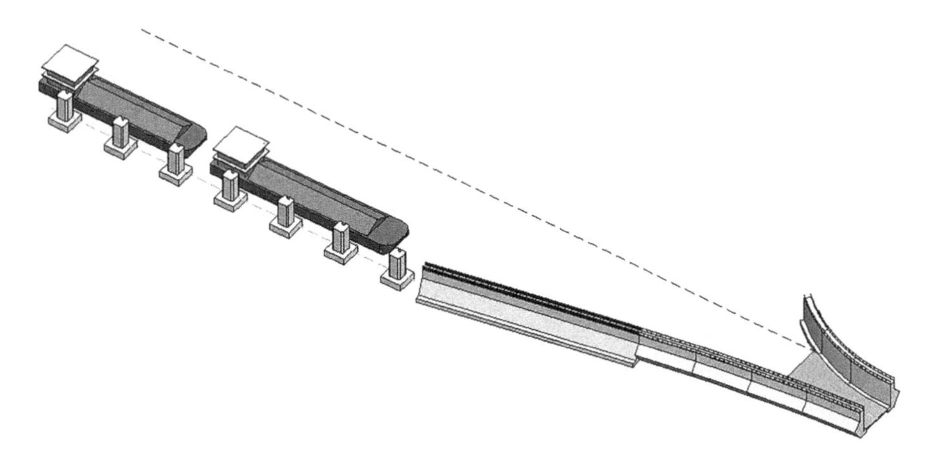

图 11.1-24　升船机上游引航道轴测视图

上游辅导航墙为衬砌式混凝土结构,长 43.2 m,墙顶高程为 206.2 m,墙底高程为 197.3 m,顶宽 2.0 m,底宽 2.8 m,建基于弱风化岩。

上游靠船墩共 7 个,墩距 18.5 m。墩顶高程 206.2 m,墩底高程 196.6 m,建基于强风化岩。墩顶平面尺寸为 3.5 m×3.5 m,基础平面尺寸为 6.5 m×6.5 m,通航侧设有 150 kN 系船柱。

2)通航渡槽

通航渡槽是连接升船机上游引航道和上闸首的建筑物(见图 11.1-25),长 90.0 m,水域宽 12.7 m,最大设计水深 4.9 m。分为三跨,每跨均为 30.0 m,采用 T 型梁简支体系,中间设 2 个板式墩,两边分别支撑于渡槽桥台和升船机上闸首的牛腿上,支座处各设 9 个均可双向活动的支座。

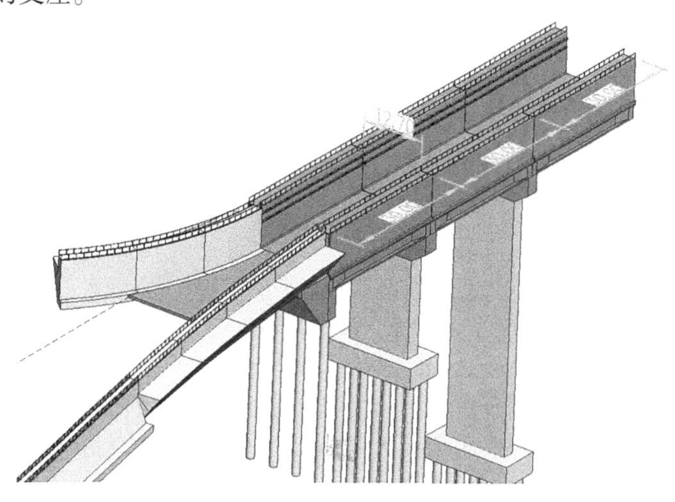

图 11.1-25　通航渡槽轴测视图

渡槽上部承重结构为中心距 2.15 m、高度 3.0 m 的简支预应力 T 型梁,T 型梁通过横隔板连成一整体结构。T 型梁腹板厚度跨中为 30 cm,在梁端加厚至 70 cm;梁翼缘宽度为 1.60 m,端部厚 25 cm,根部厚 32 cm。在梁两端和中部共设有 7 道宽 22 cm 的横隔板。

T 型梁顶部两侧为 55 cm 厚的挡水板，挡水板顶设 2.65 m 宽的人行道，挡水板每隔 10 m 设一条结构缝，缝内设一道紫铜止水片。为了防渗需要，在 T 型梁顶部与挡水板内侧浇注 10 cm 厚的钢纤维混凝土防渗层，两跨间设有“U”形橡胶止水片。为充分吸收和分散船舶撞击力能量，在挡水墙迎水面设置 DH250-L2000 橡胶护舷。

渡槽下部结构由桥台、桥墩及其基础组成，建基于开挖边坡平台上。桥墩采用板式墩，基础为承台桩基础。墩帽为实体现浇混凝土结构，长 18.8 m，宽 3.0 m，两侧各设长 3.0 m 的悬臂。墩身长 12.8 m，宽 3.0 m，高分别为 24 m 及 54 m。基础承台平面尺寸为 18.0 m×8.0 m，高 5.0 m，厚 4 m。布置 8 根直径为 1.5 m 的钻孔灌注桩，灌注桩要求进入基岩弱风化层不小于 3.0 m。渡槽 0# 台采用桩柱式台，台身长 19 m，高 5 m，桥台顶宽 8.0 m，桩基直径 2.0 m。

3）上闸首

上闸首布置于船厢室段塔柱上游端高空，固结于两侧筒体间，采用整体式“U”形结构（见图 11.1-26），结构总长 6.5 m，总宽 19.6 m，其中通航槽有效宽度 12.0 m，两侧边墩厚度 3.8 m，底板采用 6.5 m×10.1 m（宽×高）箱梁结构。上闸首上游侧通过悬挑牛腿与中间渠道末端的通航渡槽相连接。上闸首底槛高程 198.30 m，两侧闸墙顶高程 206.20 m，闸墙垂直流向与两侧筒体固结。箱梁长 19.6 m，与两侧筒体固结，上、下游侧各布置一道连续牛腿，上游侧牛腿支承渡槽，下游侧连续牛腿支承上闸首工作闸门，两者之间为检修闸门。

图 11.1-26　上闸首结构示意图（右侧为透视图）

上闸首沿顺流向依次布置有事故闸门、工作闸门及其相应的启闭设备。上闸首事故检修闸门和上闸首工作闸门均采用平面滚动闸门，分别由 2×250 kN 固定卷扬机启闭，相应闸门启闭机布置于顶部主机房内高程 224.00 m 平台。闸门门槽闸顶以上设钢制导向槽架，便于闸门启闭入槽。闸墩顶部上游与通航渡槽顶部走道板衔接，左右侧经筒体高程 207 m 电梯可至塔柱各高程。两侧边墩内设有水位计凹槽、工作门和辅助门之间水体的充、泄装置。

4）船厢室段

船厢室段结构总高 147.5 m，总长 138.6 m（含上闸首 6.5 m），总宽 44.0 m，主要由底板、承重塔柱和上部机房三部分组成。塔柱底部由筏板基础连为整体，顶部通过梁板结构连接，并构成上部主机房的基础，使整个船厢室结构形成一巨型框架结构体系。

底板采用平板筏型基础，考虑船厢运行至最低位时，船厢底部高程约为 104.2 m，预留 2.2 m 检修高度后，底板顶面高程确定为 102.0 m，厚度 6.5 m，建基面高程为 95.50 m。为形成船厢室无水条件，筏基上游侧及左右两侧挡土墙顶高程按挡 50 年一遇洪水位 122.41 m 考虑，结合两侧外部通道要求，确定为 124.00 m。结合开挖坡面，墙后高程 110.50~123.40 m 采用石渣混合料回填，高程 110.50 m 以下混凝土墙贴坡浇筑。挡土墙墙顶厚 2.0 m，高程 110.50 m 处墙底厚 4.0 m。

塔柱采用钢筋混凝土“筒-墙-梁”组合式承重结构，即筒墙承受垂直荷载、纵横梁系调节水平刚度的“筒-墙-梁”组合式承重结构，塔柱结构对称布置在船厢室两侧，每侧由“筒体-筒体-墙-筒体-墙”组成，筒体与筒体之间、墙与筒体之间通过沿高程分布的纵向联系梁实现纵向连接，为塔柱的开敞式区间；两侧塔柱在顶部通过顶部梁系实现横向连接。

上游端筒体长 10.65 m，宽 12.2 m，设电梯井和楼梯井。中部和下游侧筒体长 40.0 m，宽 12.2 m，均内设 2 个转矩平衡重竖井（19.5 m×12.2 m），共 8 个。上游筒体与中部筒体之间、中部筒体与剪力墙之间、下游侧筒体与剪力墙之间均内设 1 个重力平衡重竖井（11.1 m×12.2 m），共 8 个。两侧筒体之间为宽 19.6 m 的船厢室，供船厢升降用。

墙体厚度在高程 124.00 m 以上一般为 1.0 m，高程 124.00 m 以下为 1.3 m。平衡重竖井沿高度方向每隔 11.0 m 左右设一层厚 80 cm 的隔板。为满足通风要求，每个转矩平衡重竖井内高程 124.00 m 以上的纵墙于隔板平台处设置一个 1.2 m×1.8 m 通风孔。

塔柱内设 8 组重力平衡重，每组重量约 770 t，以及 8 组转矩平衡重，每个吊点区各布置 2 组，每组重量约 492 t，总重 10 030 t，其中重力平衡重总重 6 100 t，转矩平衡重总重 3 930 t。

船厢室内布置承船厢（见图 11.1-27），船厢由 168 根钢丝绳悬吊，其重量由平衡重全部平衡，通过主提升机驱动，沿设在塔柱上的 4 组导轨升降运行。在提升绳及重力平衡绳与船厢连接侧共设置 168 套机械锁紧式液压均衡装置，用于调平船厢和均衡船厢侧每组钢丝绳的张力。船厢外形尺寸为 134.0 m×17.2 m×11.0 m/8.5 m（长×宽×厢头段高/标准段高）。船厢结构、设备和标准水深的水体总重量约 10 030 t，其中结构和设备重约 3 300 t。

根据上游最高通航水位 203.20 m 和通航净空 10 m，考虑船厢上冲程 1.0 m，塔柱顶部横梁高度暂定为 2.5 m，顶部机房底高程至少应满足 203.20+10+1+2.5=216.70（m），因此确定顶部机房底高程为 217.00 m。两侧塔柱在高程 217.00 m 通过梁板连成一整体结构，构成上部主机房的基础，机房平面尺寸 137.9 m×44.0 m，地面高程 217.00 m。机房左右侧悬挑结构布置变电所、主电室等功能性房间，下游悬挑结构布置升船机中央控制室及管线廊道。

主机房内布置主提升机设备和安装、检修桥机。主提升机由 8 套提升卷筒组、8 套平衡卷筒组、1 套机械同步轴系统、2 套安全制动系统、4 套干油润滑系统、1 套检修平台、1

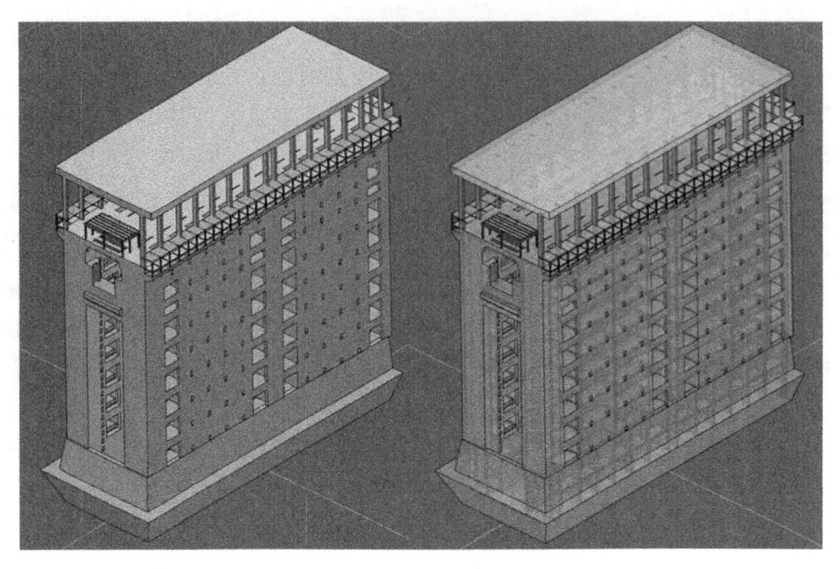

图 11.1-27 船厢室段结构示意图(右侧为透视图)

套主机埋件及相应的电力拖动、控制、检测等设备组成。主机房内设有 1 台 3 000 kN/2×200 kN 双向检修桥机,用于主提升机设备、平衡重系统及电气设备的安装和检修。

上闸首闸门启闭机布置于主机房上游端高程 224.00 m 平台,通过机房底板上 2 个 14 m×1.6 m 吊物孔启闭上闸首工作门和检修门。

5)下闸首

下闸首采用整体式“U”形结构(见图 11.1-28),结构总长 23.3 m,总宽 48.0 m,左侧边墩厚 16.0 m,右侧边墩厚 20.0 m,航槽宽 12.0 m。下闸首建基面高程为 95.5~103.0 m,闸槛高程 109.6 m,边墩顶高程 123.40 m。下闸首设有带卧倒小门的平板工作门、叠梁检修门,工作门由闸顶上部启闭机房内的 2×5 000 kN 固定卷扬机启闭,检修门由闸顶排架上的 2×250 kN 双向桥式启闭机操作。左侧边墩设有水位计和集水井,右侧边墩设有检修门库。

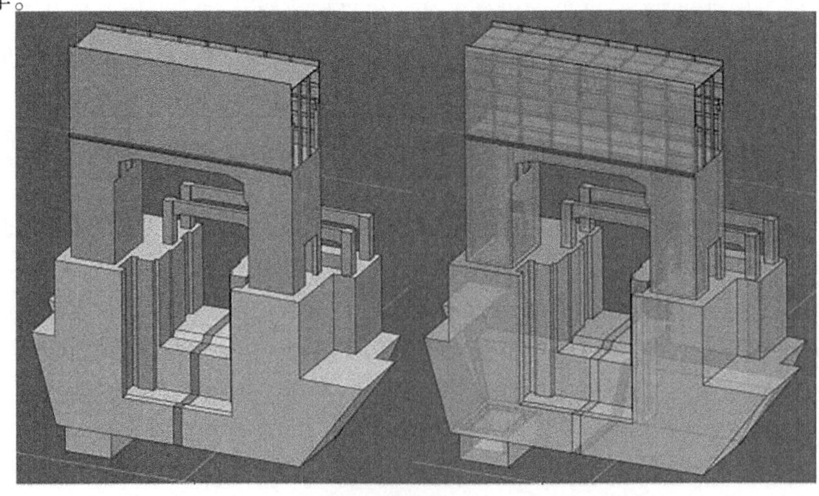

图 11.1-28 下闸首结构示意图(右侧为透视图)

6)辅助船闸闸室

辅助船闸闸室采用分离式结构(见图11.1-29),总长228 m。渐变段长90 m,孔口宽度由12.0 m渐变至34.0 m。直线段长138 m,孔口宽34.0 m。

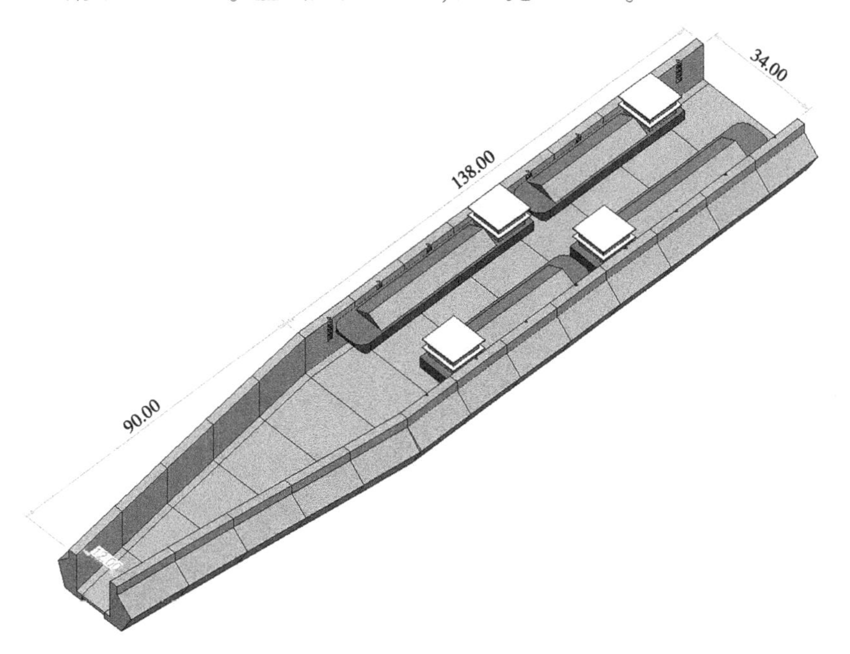

图11.1-29　升船机辅助船闸闸室轴测视图　(单位:m)

沿水流方向共分为13个结构段,自上游到下游依次为:16 m结构段5段、18.20 m结构段1段、18 m结构段6段、21.80 m结构段1段。

闸室墙为衬砌式结构,顶高程123.04 m,顶宽2.5 m,墙底高程107.9 m,底宽5.0 m。闸室底板顶面高程109.7 m,底板厚0.5 m。由于通航水头差较小且水位变化不大,闸室墙通航侧及墙顶设置固定式系船柱。

7)辅助船闸闸首

辅助船闸闸首为分离式结构(见图11.1-30),长20.0 m,孔口净宽34.0 m。边墩顶高程为123.04 m,门槛顶高程为109.7 m,建基面高程105.70 m,建基于弱风化岩。左侧边墩顶宽12 m,右侧边墩顶宽14 m。左侧边墩底宽6.798 m,右侧边墩底宽5.330 m。底板宽30.0 m,厚1.0 m,底板顶面高程109.7 m。工作闸门需挡双向水头,采用垂直提升闸门,左、右边墩分别设置启闭机房,通过2台2×4 000 kN台车进行启闭操作。

8)下游引航道

下游主、辅导航墙均采用衬砌式结构,建基于弱风化岩石。下游主导航墙总长68.0 m,呈直线布置(见图11.1-31)。下游辅导航墙长42.0 m,呈圆弧形布置。主、辅导航墙断面形式相似,墙顶高程为123.04 m,顶宽2.5 m,底高程为108.2 m,底宽6.0 m。

隔流堤为墩板式结构(见图11.1-32),长约116 m,顶高程121.04 m。隔流堤墩身为直径2.5 m灌注桩,间距13.0 m,桩上部预留插槽,两个墩间插有预制插板,单块插板尺寸为11.68 m×0.6 m×1.388 m(长×宽×高),插板下透空过流。底部设有抛石护底。

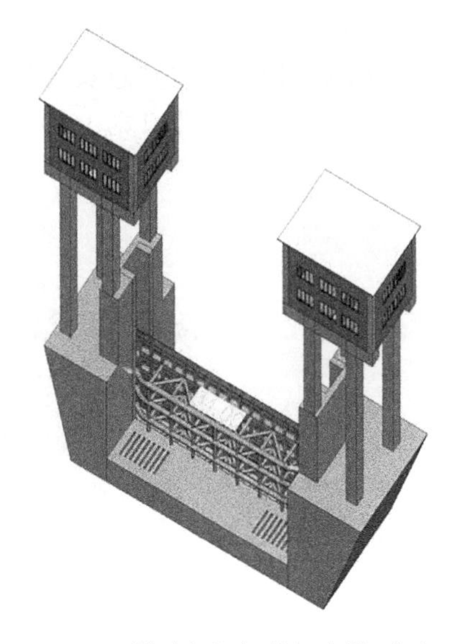

图 11.1-30　辅助船闸闸首示意图(方案二)

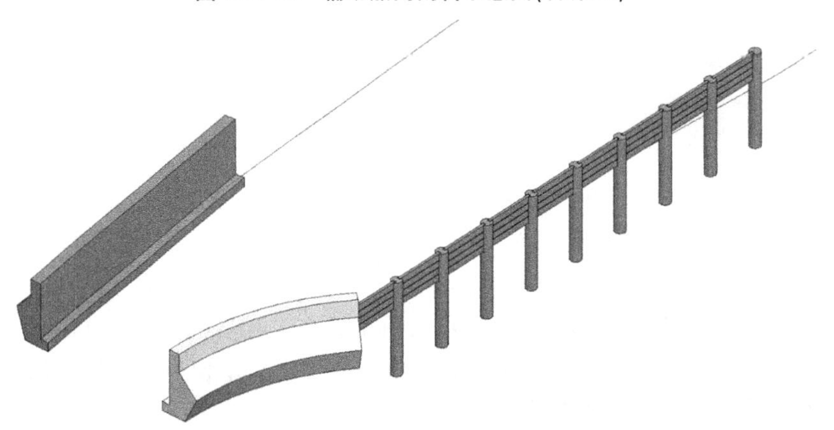

图 11.1-31　升船机下游引航道轴测视图

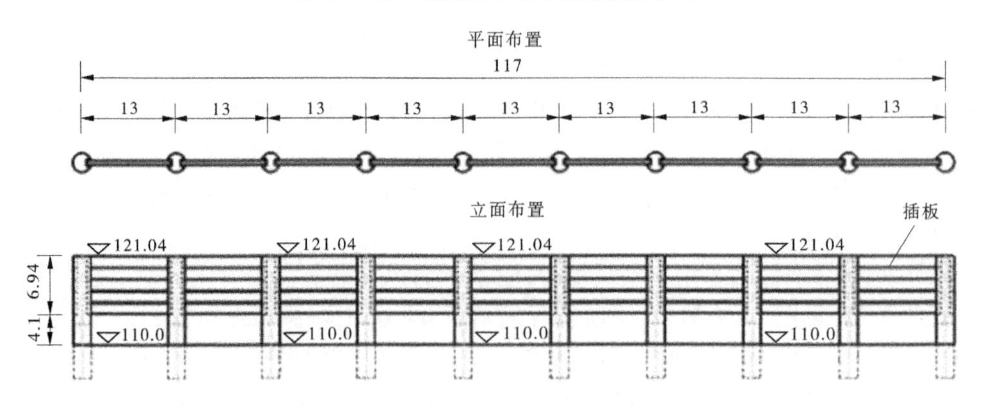

图 11.1-32　隔流堤示意图　(单位:m)

4. 挡、泄水建筑物

1) 船闸上闸首两侧挡水坝

挡水重力坝段分布在船闸的两侧(见图 11.1-33、图 11.1-34),分别布置了 4 个坝块,左侧坝段前沿长度分别为 15 m、15 m、15 m、18 m,右侧坝段前沿长度均为 18 m。坝顶高程 240.0 m,最大坝高 42.17 m,坝顶宽度为 16.25 m。坝体断面上游侧为铅直面,坝顶处向上游悬挑 5.5 m 宽的牛腿作为交通道路,坝后坡 1:0.75,起坡点高程为 226.0 m。与船闸相邻的左右侧 2 个坝段均设置挡洪检修门门库,门库尺寸 15 m×3.2 m×10 m(长×宽×深)。挡水坝段最低建基高程为 197.83 m,建基面主要为弱风化-微风化的泥质粉砂岩和粉砂质泥岩。

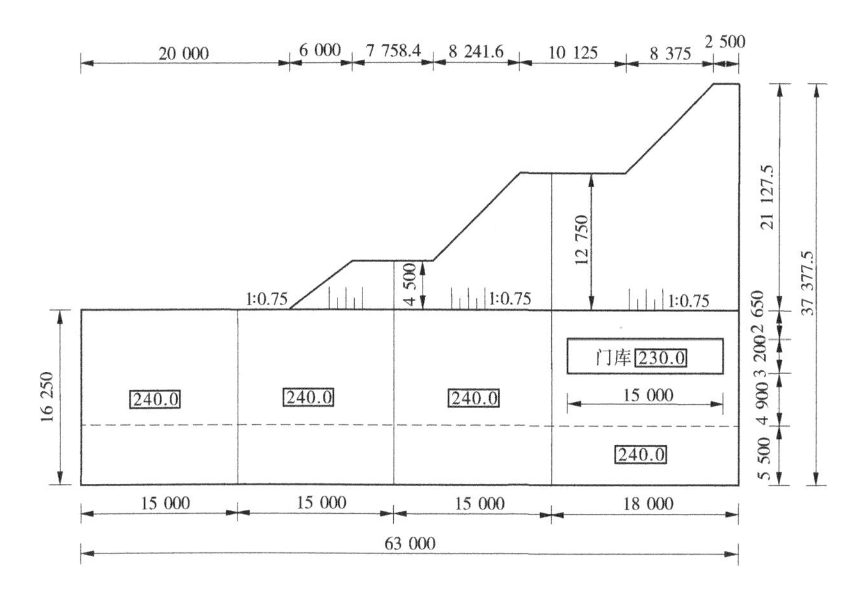

图 11.1-33　船闸上闸首左岸挡水重力坝平面图

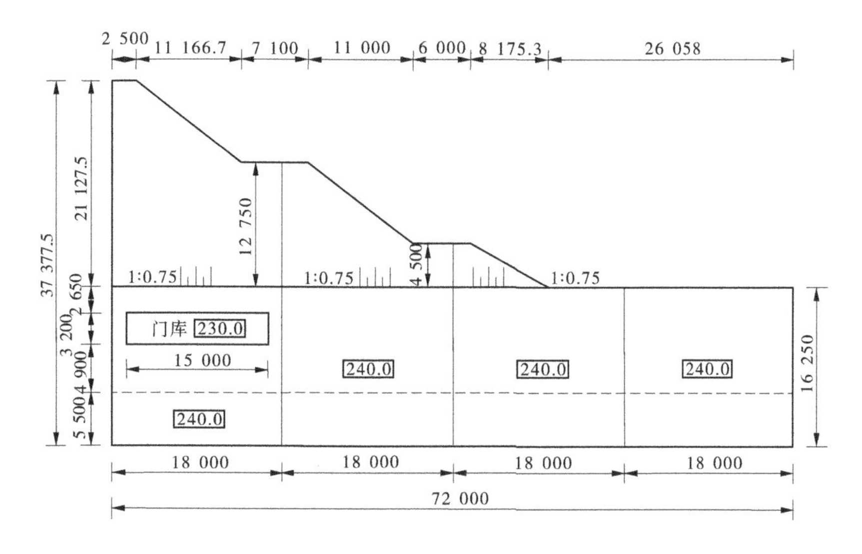

图 11.1-34　船闸上闸首右岸挡水重力坝平面图

2) 中间渠道挡水土坝

中间渠道挡水土坝位于那禄村西南位置的冲沟处，坝轴线长度为 114.6 m，左岸与溢洪道控制段相接，右岸设置回车平台与进场道路相接(见图 11.1-35、图 11.1-36)。

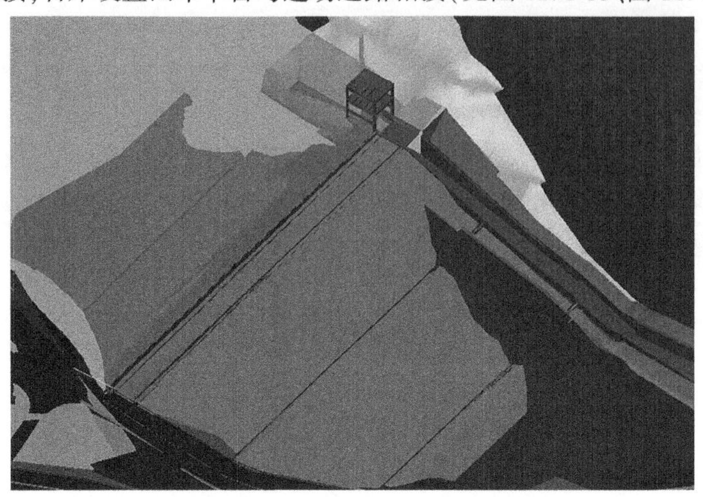

图 11.1-35 挡水土坝平面布置示意图

坝顶高程为 205.0 m，最大坝高 30.0 m，坝顶宽度 8.5 m。坝顶铺设沥青混凝土路面，上游侧设置 1.2 m 高的混凝土护栏及电缆沟，下游侧设排水沟。

上、下游坝坡均在 195.0 m 高程处设 2 m 宽的马道，上游侧自上而下坡比分别为 1∶2.75 和 1∶3.0，下游侧自上而下坡比分别为 1∶2.5 和 1∶2.75。坝体上游坡 195.0 m 高程马道以上采用现浇混凝土护坡，厚 0.2 m，护坡沿坝轴线方向每隔 10 m 分伸缩缝，缝宽 20 mm，缝内填充闭孔泡沫板，护坡底部铺设碎石和中粗砂垫层，厚度均为 0.15 m，马道处设置纵向混凝土齿墙。下游坡排水棱体顶部以上采用草皮护坡，马道及棱体顶内侧设浆砌石纵向排水沟，坝体与两岸岸坡连接处设置岸坡排水沟，坝面上设竖向排水沟，各排水沟互为连通，利于排水。为运行管理方便，在下游坝坡坝 0+050.00、坝 0+075.00 及坝 0+100.00 处设置 3 条人行踏步。

坝内排水采用竖式+褥垫式排水，排水体均采用厚 1.5 m 的级配碎石，两侧外包一层厚 0.5 m 的反滤中粗砂。褥垫排水底高程为 177.7~185.0 m，往上游伸入坝体中部 49.5 m。竖向排水体顶高程为 197.0 m，起点位于坝轴线下游 2 m，以 1∶1坡度与水平褥垫排水相接。下游坝趾处设堆石排水棱体，棱体顶高程为 185.0 m，顶宽 3.0 m，上游面坡度为 1∶1，下游侧坡度为 1∶1.5，在棱体上游侧及棱体底层设两层反滤，分别为 0.75 m 厚的级配碎石和 0.5 m 厚的中粗砂，与坝内水平褥垫排水相接。

3) 中间渠道溢洪道

中间渠道的集水面积约为 2.72 km^2，按 2%暴雨频率设计，最大洪水流量为 70 m^3/s；按 0.33%暴雨频率校核时，最大洪水流量 90 m^3/s。为确保证通航安全，及时排泄中间渠道洪水，并放空中间渠道以利于检修，在中间渠道挡水土坝左坝肩设置岸边溢洪，净宽 5 m，单孔布置，溢洪道底板顶高程与中间渠道底一致，为 198.8 m，溢洪道位于中间渠道挡水土坝的左坝肩，其轴线与坝轴线垂直。顺水流向依次布置进水渠、控制段、泄槽段、消力池等结构(见图 11.1-37、图 11.1-38)。

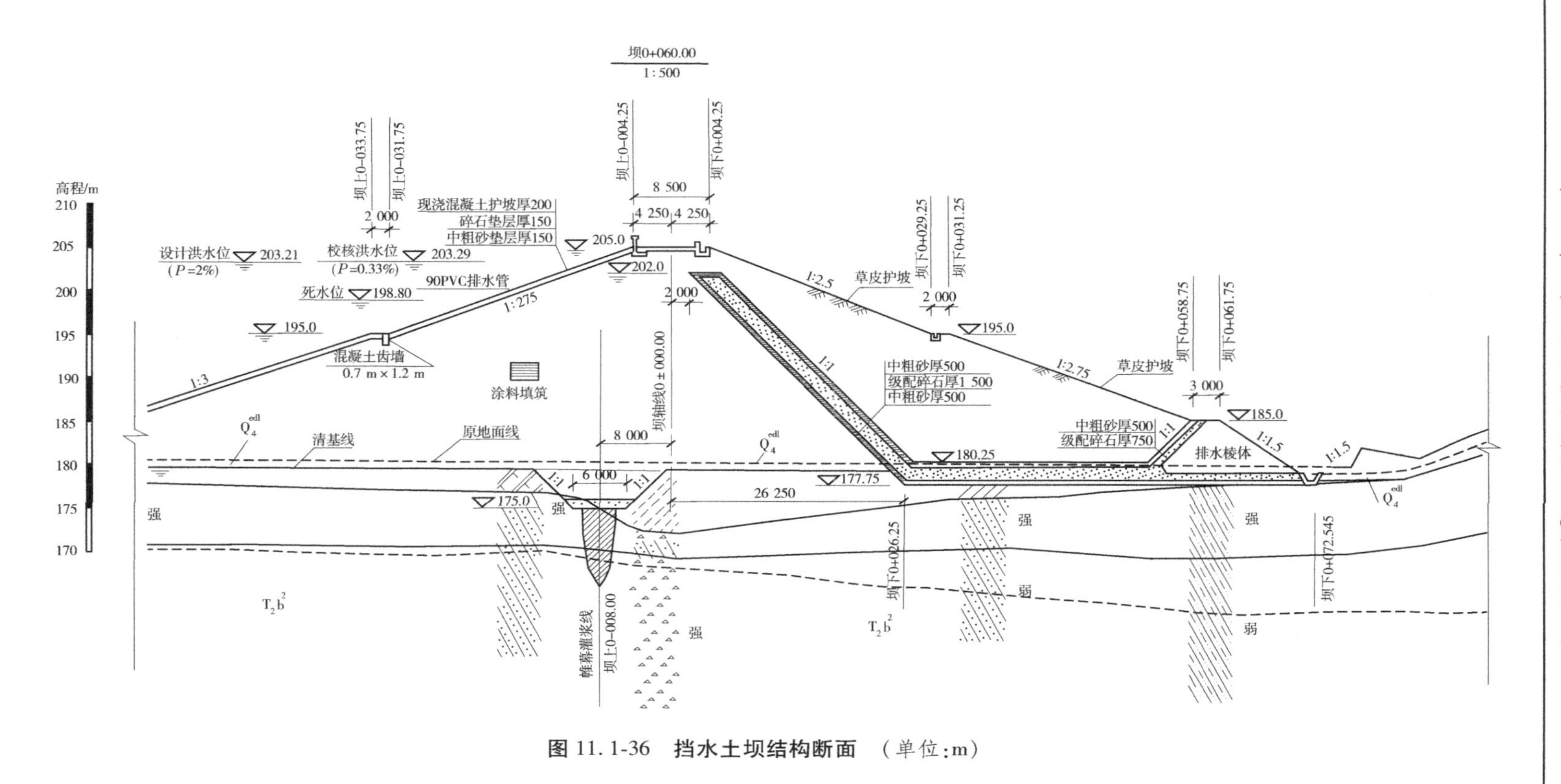

图 11.1-36　挡水土坝结构断面　（单位：m）

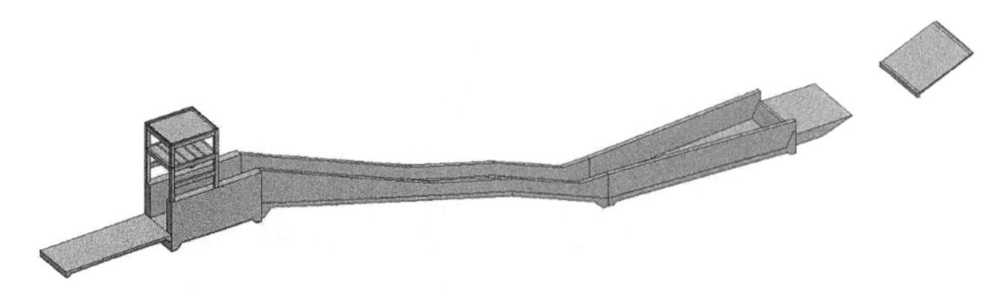

图 11.1-37　溢洪道平面布置示意图

进水渠底板顶高程为 198.8 m,顺水流向长 21.2 m,前段进水宽度约为 15 m,末端宽度为 8 m,底板厚 0.5 m。渠道左侧与岸坡连接,右侧设导墙,呈喇叭形,墙顶宽度 0.8 m,导墙顶高程 202.6 m。左侧边坡开挖坡度采用 1∶1.2 及 1∶1.5,204 m 高程以下坡面采用 0.15 m 厚混凝土面板进行防护,其他坡面采用喷锚挂网支护,锚杆采用 ϕ 22 锚杆,L=6.0 m,间排距 3.0 m,梅花形布置,喷混凝土厚 0.1 m,坡面设置 ϕ 90 的 PVC 排水管,间排距 2.0 m。边坡坡顶设置 0.5 m×0.5 m(宽×高)的预制混凝土截水沟。

控制段采用平底宽顶堰,泄洪规模按宣泄 300 年一遇洪水时,闸前水位壅高不超过 0.3 m 控制。控制段顺水流方向长 17.9 m,依次布置上游检修门和工作门各一道,均为平板钢闸门,其中心间距 3.3 m。宽顶堰净宽 5 m,堰顶高程 198.8 m,与中间渠道底高程齐平,堰底高程为 196.8 m,上、下游均设置 0.5 m 深的混凝土齿墙。控制段两侧边墙为直立式闸墩,顶宽 1.5 m,顶高程 205.0 m,与土坝坝顶高程齐平。检修门和工作门均由固定卷扬机启闭,闸顶上游侧布置启闭机房,共 2 层,启闭机位于高程 211.5 m 层,机房屋面梁底高程为 215.0 m。控制段下游侧设实心板混凝土交通桥,桥面宽 8.5 m,与土坝坝顶宽度相同,桥面采用 80 mm 厚沥青混凝土进行铺装。控制段左岸采用块石混凝土与岸坡连接,右侧设置混凝土齿墙与土坝防渗体连接。底板设置帷幕灌浆,与土坝帷幕相接,排数为 1 排,间距为 1.5 m。

泄水槽采用整体式矩形槽断面,净宽 5 m,水平总长 68.8 m。泄水槽分两段,底坡依次为 1∶3.5 和 1∶2.5,泄槽底板厚 1.0 m,两侧边墙顶宽 0.8 m,高 2.2~5.7 m。底板和边墙纵向分缝间距为 10 m,纵向分 7 块,缝内设止水。泄槽底部设置 ϕ 22 锚杆,L=4.5 m,间排距 3.0 m,梅花形布置,并设置排水盲沟。边墙两侧采用砂砾料回填至边墙顶高程。

泄槽末端接扩散式综合消力池,消力池总长 35 m,前端宽度为 5 m,末端宽度为 10 m,池底高程 177.0 m,底板厚 1.0 m,边墙厚 0.8 m,墙顶高程 181.5 m。消力池末端设置 2.7 m 高的消力坎,消力坎下游布置深抛石防冲槽,防冲槽底长 5 m,槽顶高程 179.0 m。

为防止消力池尾水对河岸的冲刷破坏,对消力池对岸上、下游各 15 m 范围内的岸坡采用 0.2 m 厚的混凝土面板进行贴坡防护,面板下部铺设 0.1 m 厚的碎石垫层,坡脚设置混凝土镇脚。

5. 泄水箱涵

为解决船闸泄水引起的中间渠道水位波动问题,考虑将船闸泄水通过泄水管线直接引排至下游右江,船闸泄水不进入中间渠道。

泄水管采用箱涵式结构(见图 11.1-39),总长 2 808 m。

省水船闸运行期间,每间隔 40~50 min,将一闸室约 22 000 m^3 水泄入船闸下游引航道左侧的调节池中。调节池底部设置竖井,竖井连接箱涵,通过箱涵泄水。箱涵穿过省水船闸下游引航道主导航墙进入中间渠道底部。

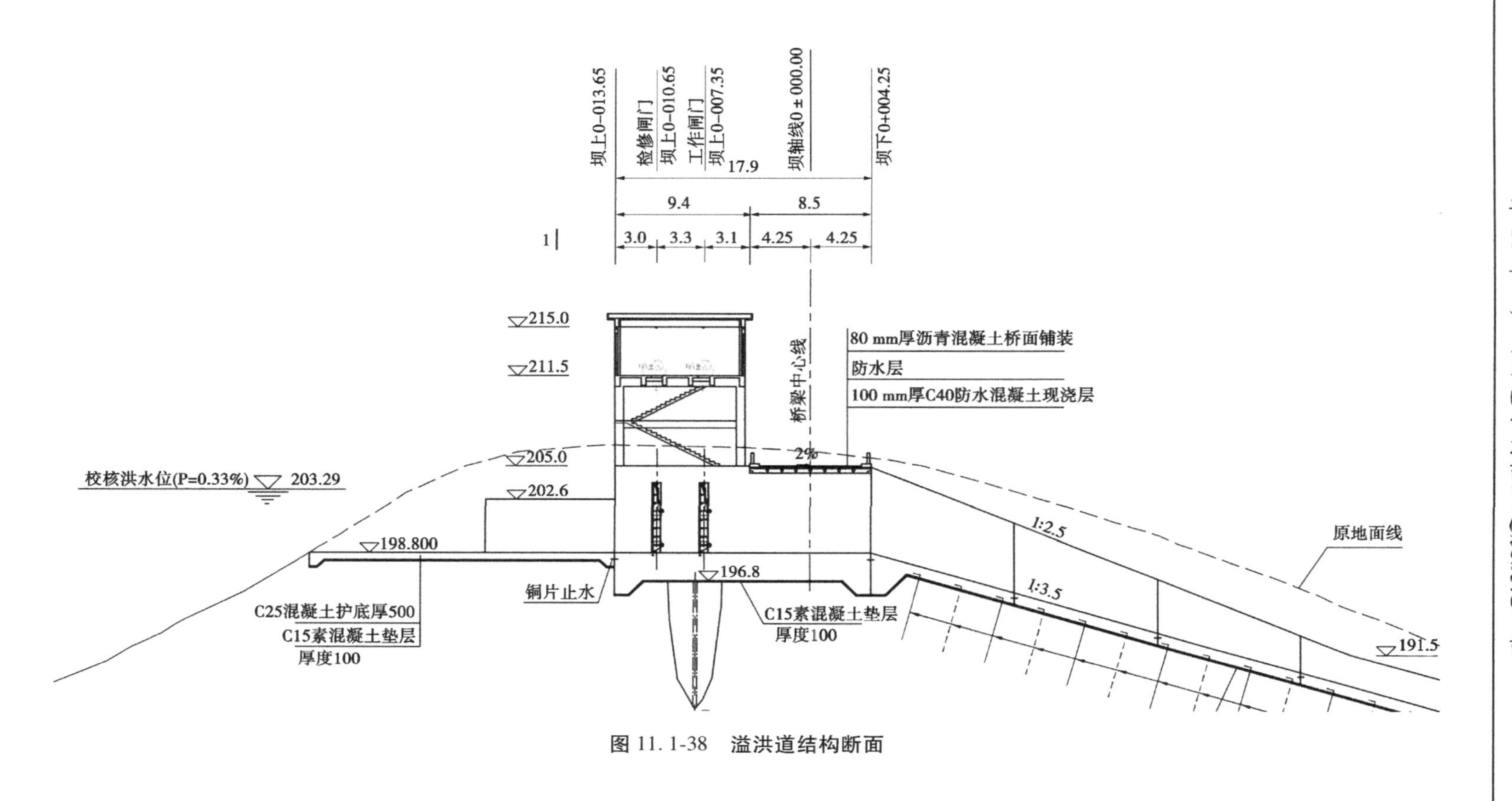

图 11.1-38　溢洪道结构断面

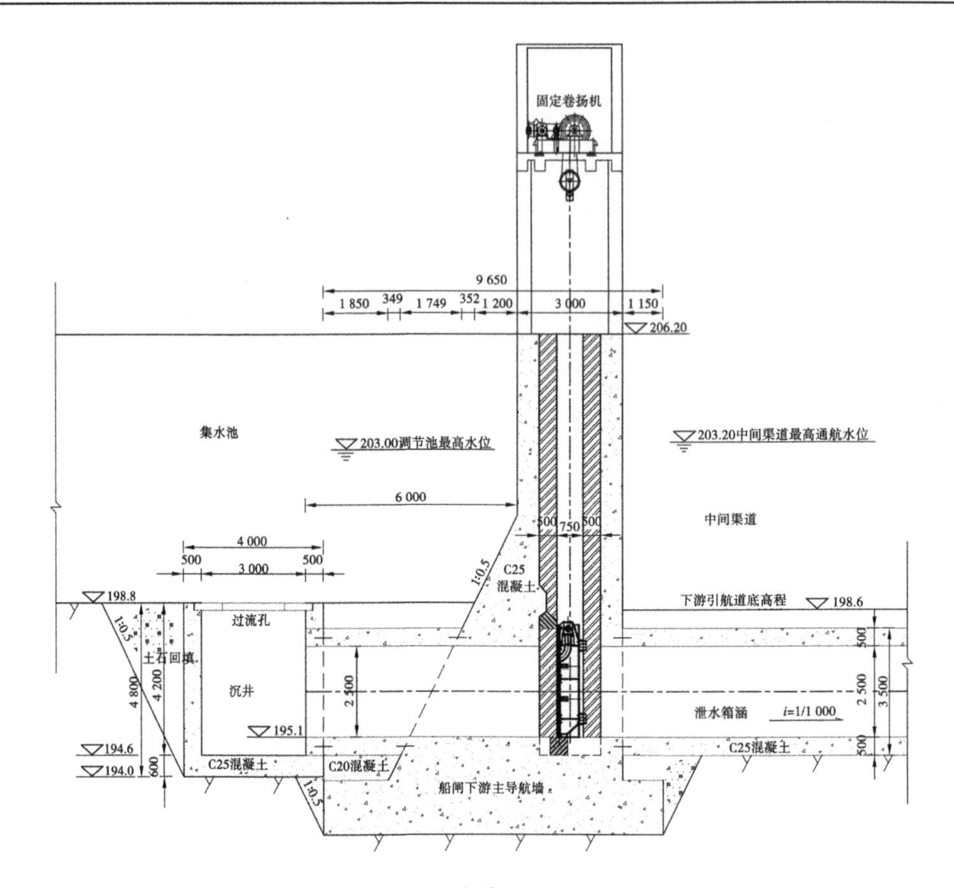

图 11.1-39　泄水箱涵进口纵剖面图

在省水船闸下游主导航墙位置设置 2 扇检修闸门，上设启闭装置，供泄水箱涵检修使用。

箱涵前段沿中间渠道轴线布置，埋设于中间渠道底部，长度约 2 556 m，坡降 $i=1/1\ 000$。箱涵设置 2 孔，单孔孔口尺寸为 3.0 m×2.5 m。箱涵横剖面图如图 11.1-40 所示。

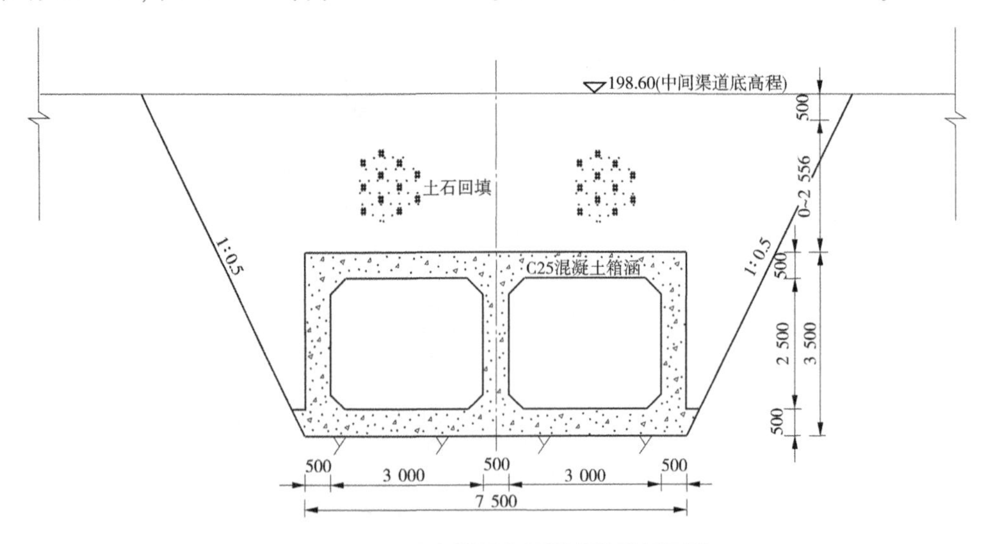

图 11.1-40　泄水箱涵中间渠道段横剖面图

泄水箱涵中间渠道段沿中间渠道轴线延伸至升船机上游引航道处，穿过升船机上游引航道靠船墩底部，后穿过升船机上游引航道右侧边坡山体开挖埋设。为防止引航道内水泄出，在靠近引航道的箱涵开挖施工缺口位置设置一段 30 m 长的挡水重力坝进行封堵，挡水坝底部设置一排 10 m 长的帷幕灌浆。挡水坝前设置检修井，方便箱涵检修。出水口挡水坝纵断面图如图 11.1-41 所示。

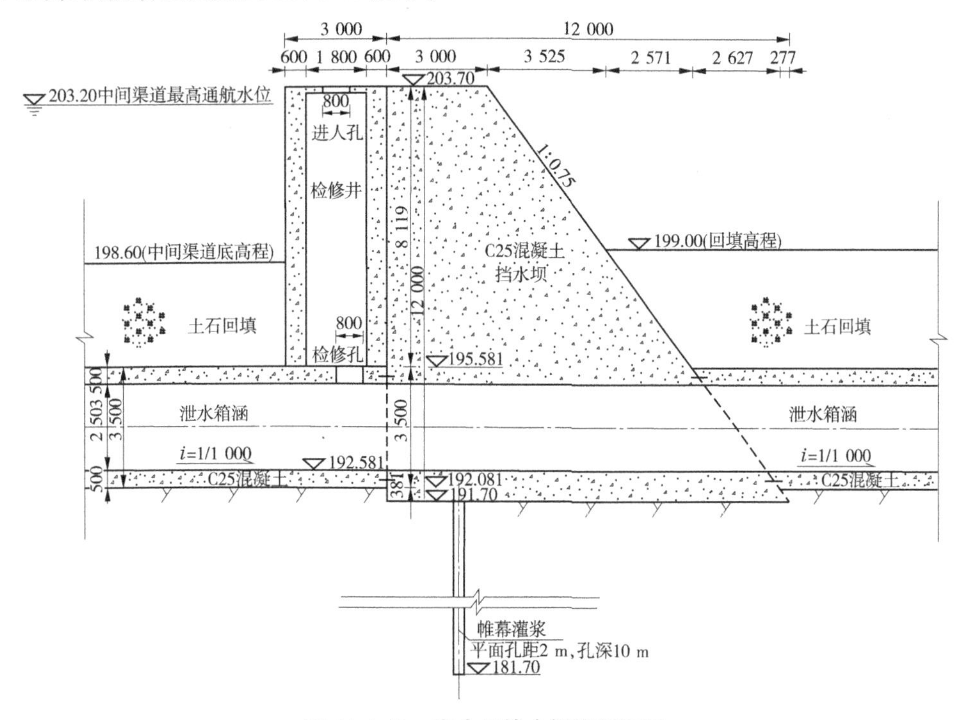

图 11.1-41　**出水口挡水坝纵断面图**

箱涵通过渐变段连接斜坡段，斜坡段沿现有边坡地形埋设。渐变段长度 10 m，斜坡段长度约 227 m。斜坡段设置 2 孔，孔口尺寸为 2.0 m×1.5 m。泄水箱涵斜坡段横剖面图如图 11.1-42 所示。

斜坡段出口设置挑流鼻坎，将泄水挑入东笋电站上游库区。挑流鼻坎纵断面图如图 11.1-43 所示。

6. 边坡工程

根据边坡的实际情况，综合分析地质条件、岩体及结构面的力学性质等因素，采用“放缓开挖边坡、坡面防护、岩体锚固和加强排水”等措施进行加固处理，保证开挖永久边坡在施工期和运行期的稳定。同时，为了监测边坡安全运行、验证设计和试验数据，为科学研究提供资料，对各边坡进行安全监测。

1）削坡减载

拟定开挖边坡为：边坡为顺向坡时，微风化岩坡比采用 1:0.5，弱风化岩下部坡比采用 1:0.75，弱风化岩上部坡比采用 1:1，强风化岩坡比采用 1:1～1:1.5，覆盖层-全风化岩坡比采用 1:1.5～1:1.75；边坡为逆向坡时，微风化岩坡比采用 1:0.35～1:0.5，弱风化岩下部坡比采用 1:0.5，弱风化岩上部坡比采用 1:0.75，强风化岩坡比采用 1:1～1:1.5，覆

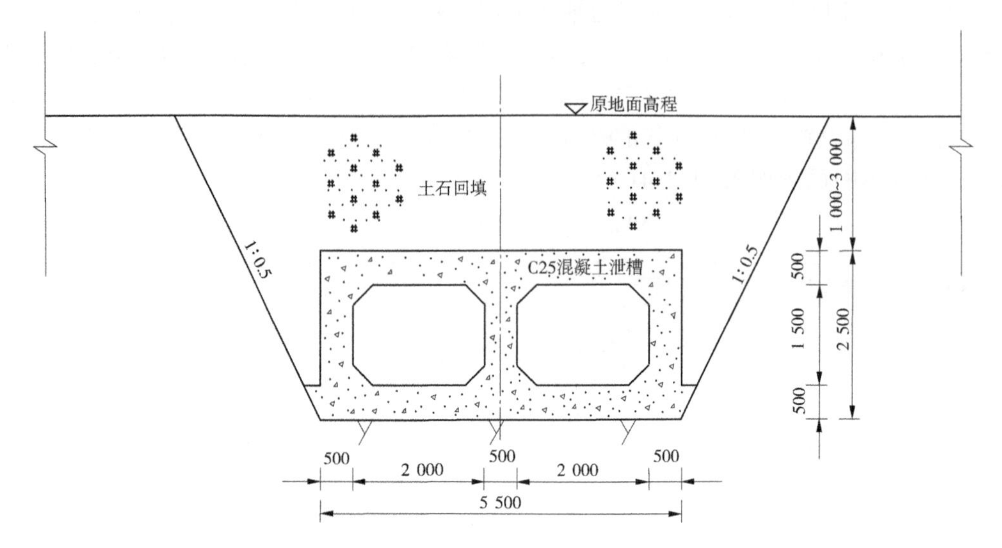

图 11.1-42　泄水箱涵斜坡段横剖面图

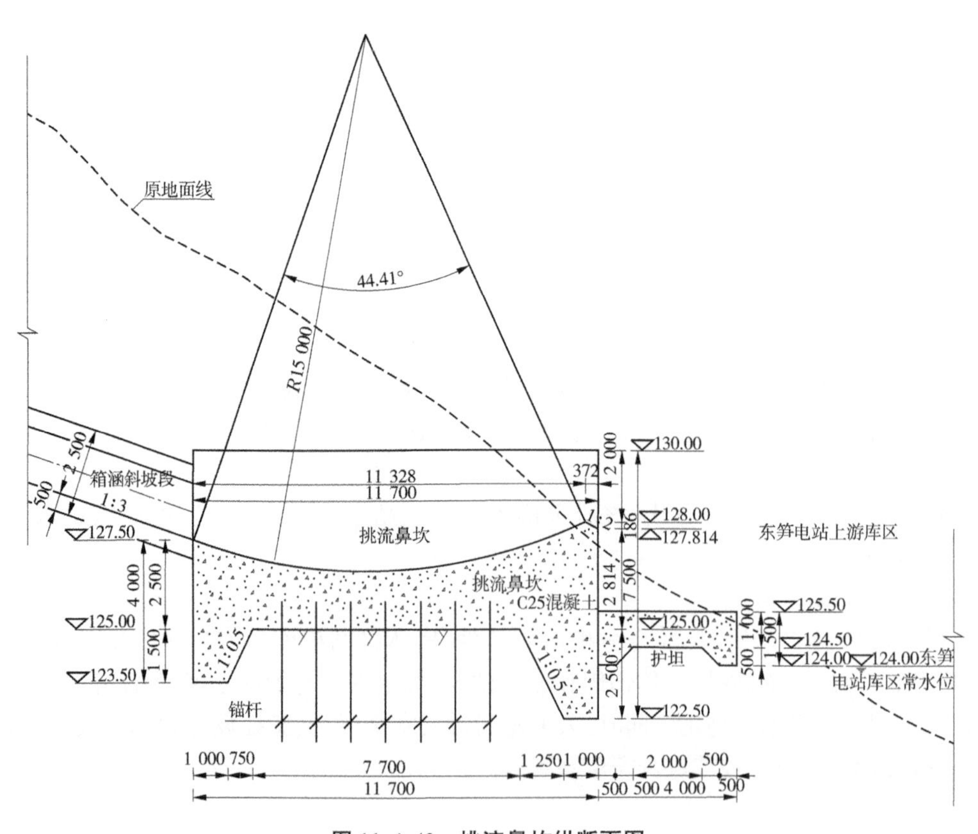

图 11.1-43　挑流鼻坎纵断面图

盖层-全风化岩坡比采用 1∶1.5~1∶1.75。每隔 10 m 高度设一道 3 m 宽的马道，边坡结合航运公路在强风化层及弱风化上带等合适位置设置 9 m 宽的宽马道。

2) 坡面防护

全风化及残积土层开挖边坡采用混凝土格构加固边坡,格构梁纵横间距各 2.0 m,截面尺寸为 400 mm×400 mm,格构间设草皮护坡,坡面上按 2 m×2 m 间距设置排水管。强、弱、微风化层开挖边坡(锚索格构加固除外)采用挂钢筋网喷厚 100 mm 的 C20 混凝土进行支护。锚杆直径 25 mm,长为 4.5 m,间距 2 m;钢筋网为ф 8@ 250 mm。

3) 岩体锚固

根据边坡稳定性计算结果,省水船闸连接坝、下闸首右侧边坡、中间渠道两侧高边坡、通航渡槽边、辅助船闸左侧边坡安全储备较小,且由于边坡岩体属于较软弱的泥质粉砂岩,边坡开挖后可能产生较大变形,不利于通航建筑物的布置和运行,因此建议采用混凝土面板及锚索的加固措施,严格限制边坡的开挖变形。具体加固范围为:省水船闸连接坝、下闸首右侧边坡(桩号下 0+000—下 0+050 及桩号下 0+150—下 0+200,高程 189~209 m)、中间渠道高边坡、通航渡槽边坡(高程 95.5~198.6 m)、辅助船闸左侧边坡(高程 151~181 m)。

在边坡强风化层上设置 C25 现浇钢筋混凝土面板与锚索(杆)复合结构。锚索(杆)设在混凝土面板上,板厚 0.3 m,锚索间距 6 m×5 m。

4) 抗滑桩

根据边坡稳定性计算结果,升船机下闸首—辅助船闸闸室段左侧边坡仅设置锚索,边坡稳定安全系数不满足规范要求。在边坡弱风化带上设置锚索,并在坡脚处(高程 161.34 m)设置抗滑桩支档,抗滑桩采用 C30 灌注桩形式,桩径 2.0 m,桩距 4.0 m,单桩长 30 m,桩顶设 2.0 m×1.0 m 冠梁,每根抗滑桩顶端施加 1 根 1 600 kN 预应力锚索,长约 60 m。

5) 加强排水

边坡上每级马道内侧设横向排水沟,坡面每隔 20~30 m 设竖向排水沟,边坡开口线外围设置周边截、排水沟;坡内防水采取深浅排水孔相结合的布置方式,坡脚马道上缘(常水位以上)、弱风化上带(含水层)等位置宜布设长排水孔,坡面设置直径为 100 mm 的排水孔,孔深 4.0 m,间排距 2.0 m×2.0 m,梅花形布置,其中长排水孔孔深为 15.0 m。

11.1.5.4　金属结构及机械设备

广西百色水利枢纽通航设施工程采用船闸和升船机结合的组合方案,通航建筑物从上游至下游依次布置有上游引航道、省水船闸上闸首、省水船闸闸室段、省水船闸下闸首、省水船闸下游引航道、中间渠道、升船机上游引航道、渡槽、升船机上闸首、升船机机室、升船机下闸首、下游辅助船闸及下游引航道等,金属结构设备主要布置在省水船闸、中间渠道、升船机、下游辅助船闸和库区管理码头 5 个部分。第一级通航建筑物采用省水船闸,最大通航水头 25.0 m;第二级通航建筑物采用全平衡钢丝绳卷扬式垂直升船机,最大通航水头 88.8 m。金属结构设备总工程量 31 778 t,其中省水船闸金属结构设备工程量 3 579 t,中间渠道金属结构设备工程量 42 t,升船机金属结构设备工程量 26 696 t,辅助船闸金属结构设备工程量 1 060 t,库区管理码头金属结构设备工程量 401 t。闸门、承船厢结构防腐采用喷砂除锈喷锌热涂复合保护系统,钢管采用内壁涂漆、外壁涂水泥砂浆的防腐方式,启闭设备采用涂漆防腐。

11.2　BIM 设计整体方案

11.2.1　BIM 平台及协同设计流程

广西百色水利枢纽通航设施工程主要运用 Bentley 系列软件，以全专业协同为目的，开展本次 BIM 设计工作。

为实现后续三维协同设计标准化，项目组对照三本企业标准(见图 11.2-1)，明确了 BIM 文件命名、三维建模、模型出图等一系列规则与标准，并针对各专业设计特点配置了专门的工作环境，以规范设计文件的工作单位、图层、文字样式、构建属性等，有效地提高了项目成果的质量及工作效率。

图 11.2-1　三维协同设计标准化

利用 Bentley ProjectWise 搭建协同设计平台，建立多层级文件架构，对设计文件进行存储管理，解决了项目跨地区、多参与方、多设计人员的实时配合与数据共享问题。基于协同设计平台，首先分专业分别建立各专业三维模型，在此基础上进行模型总装、模型碰撞检查，修改好模型后进行模型固化，抽取各专业二维图纸，提取工程量，在 LumenRT 中进行模型渲染、漫游及动画的制作(见图 11.2-2)。

11.2.2　BIM 标准和规范

参照水利水电 BIM 设计联盟组织编制的《水利水电工程信息模型设计应用标准》(T/CWHIDA 0005—2019)、《水利水电工程信息模型存储标准》(T/CWHIDA 0009—2020)、《水利水电工程设计信息模型交付标准》(T/CWHIDA 0006—2019)、《水利水电工程信息模型分类和编码标准》(T/CWHIDA 0007—2020)四个标准，针对广西百色水利枢纽通航设施工程项目的特点，以规范设计文件的工作单位、图层、文字样式、构件属性等，明确 BIM 文件命名、三维建模、模型出图等一系列规则与标准，部门编制了《三维协同设计平台管理指南》《水利水电工程三维数字化设计模型技术指南》《三维数字化设计操作指南》，有效地提高了项目成果的质量及工作效率。

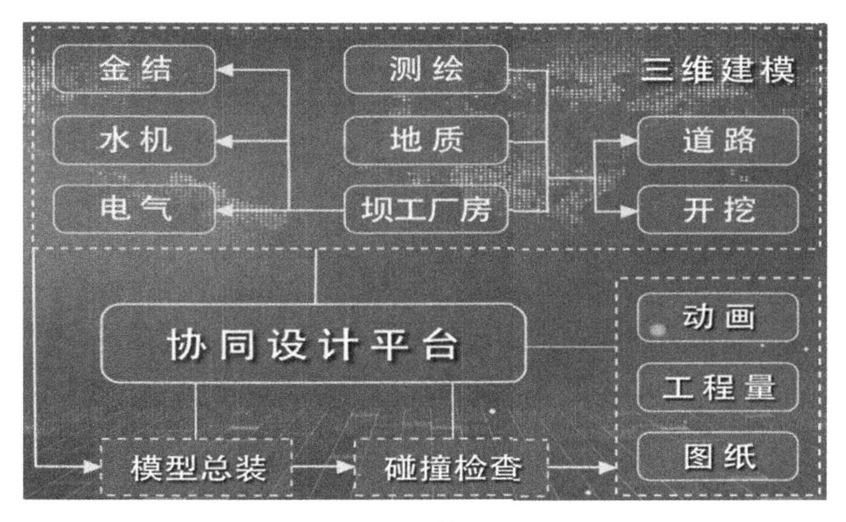

图 11.2-2　三维协同设计流程

11.2.3　软硬件设施

广西百色水利枢纽通航设施工程主要运用 Bentley ProjectWise 搭建协同设计平台，各专业使用 Bentley 系列软件和公司研发的“PrpsdcBIM 三维枢纽辅助设计软件”“PrpsdcBIM 三维开挖辅助设计软件”等软件（见图 11.2-3），开展 BIM 正向设计工作。用 Navigator 系统提供的碰撞检查功能帮助快速找到碰撞点，大大提升了设计效率。对固化模型，在 LumenRT 中进行模型渲染、漫游及动画的制作，提供更加丰富的产品展示形式。

软件	版本要求	功能
Project Wise	无要求	文档管理、项目协同
Bentley View	V8i	设校审
GeoStation	CE版	三维地质建模
AECOsim Building Designer/ OpenBuildingsDesigner PrpsdcBIM	CE版	结构建模
PrpsdcBIM三维开挖设计软件	V1.0	三维开挖设计
Openplant	CE版	机电建模
SolidWorks	CE版	金结建模
Microstation	CE版	模型总装
LumenRT	无要求	模型渲染
Blender	无要求	周边场景建模
AE、PR等	无要求	视频剪辑

图 11.2-3　软件设施

BIM 技术基于三维的工作方式，对硬件的计算能力和图形处理能力提出了较高的要求，项目组基于惠普服务器平台，为项目组成员配备了较高的硬件设施：采用 64 位 CPU 和 64 位操作系统，以发挥系统内存的最大性能；采用 32 G 的内存，能充分发挥 64 位操作系统优势,在很大程度上提升运行速度;采用 NvidiaGeForceGTX970 显卡,逼真显示三维效果,图面切换流畅。

11.2.4 项目人员及组织

项目设计师主要包括测绘、地质、港航、厂房、施工、机电、金结、水机、电气等专业工程师,以及软件工程师。

11.3 BIM 应用及效果

11.3.1 阶段应用重点内容

11.3.1.1 可行性研究阶段方案比选

在可行性研究阶段运用 BIM 技术进行了方案比选设计,直观清晰地展示项目成果,显著缩短了设计周期,有效提高了设计效率。

11.3.1.2 初步设计阶段通航建筑物方案比选

在初步设计阶段通航建筑物的比选过程中,开展 2 个设计方案的对比论证(见图 11.3-1~图 11.3-3),建模精细度为 LOD200。直观形象地展示其异同点,提升设计效率和产品质量,得到了业主和专家的一致好评,助力项目顺利通过评审。

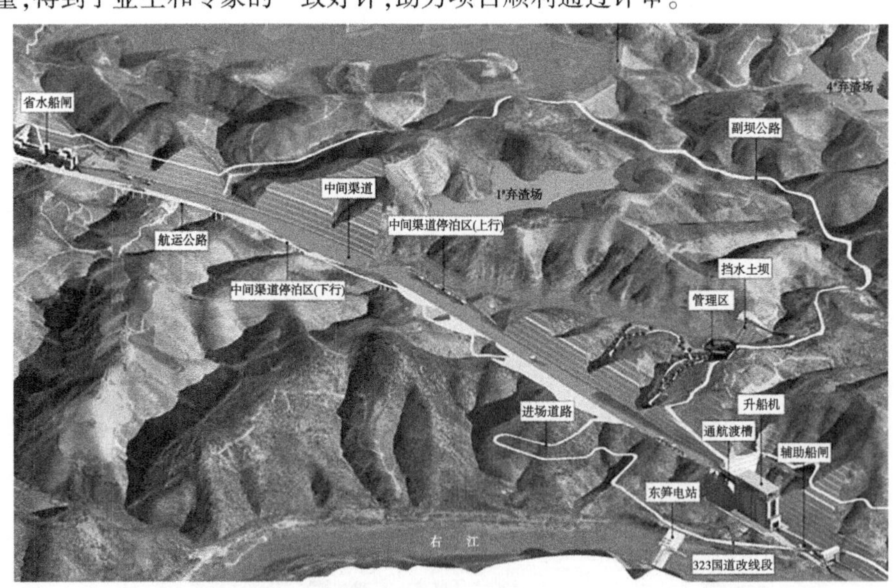

图 11.3-1 方案一

11.3.1.3 施工图设计阶段应用

在施工图设计阶段,公司运用开挖软件进行升船机、中间航道、省水船闸开挖设计,建模精细度为 LOD300。对比同等规模船闸,比传统开挖设计的工作效率提高 50%以上,满足了设计成果提交时间紧的要求;三维开挖设计成果质量高(见图 11.3-4、图 11.3-5),便于对设计方案的理解,有利于施工图审查工作,助力项目顺利通过施工图审查。

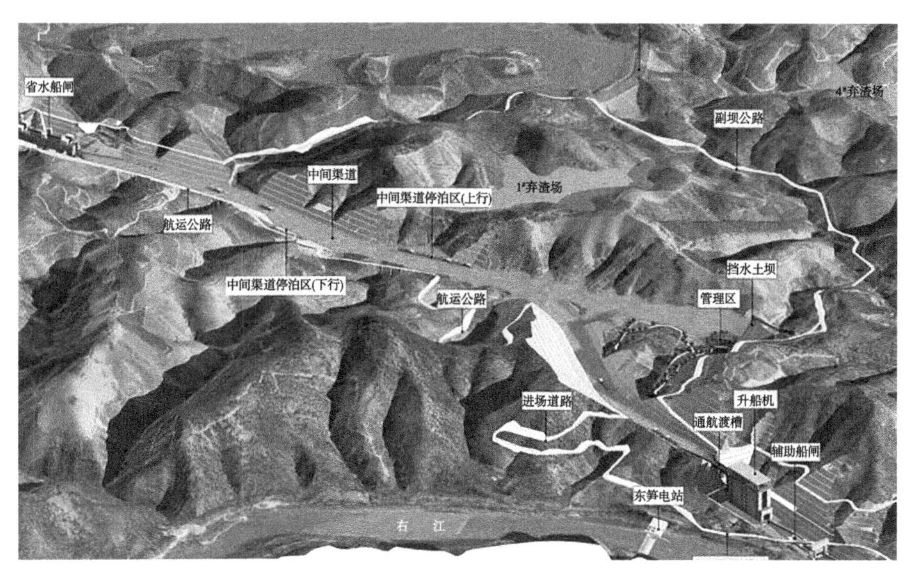

图 11.3-2　方案二

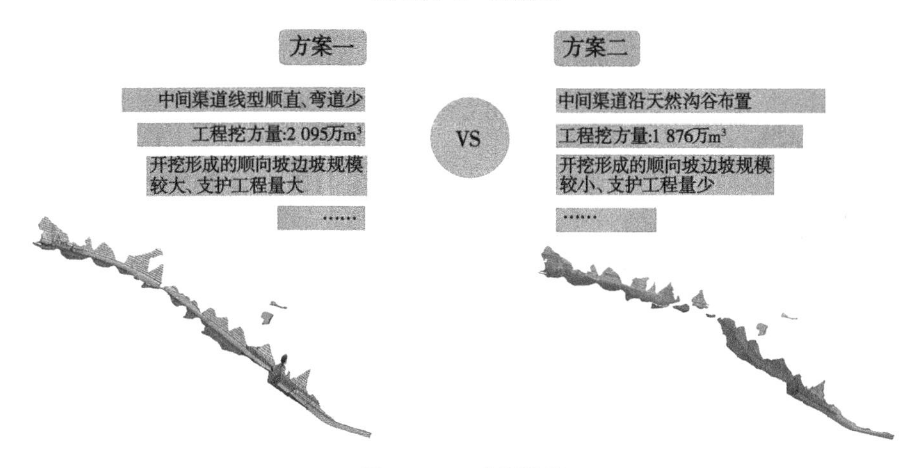

图 11.3-3　方案比选

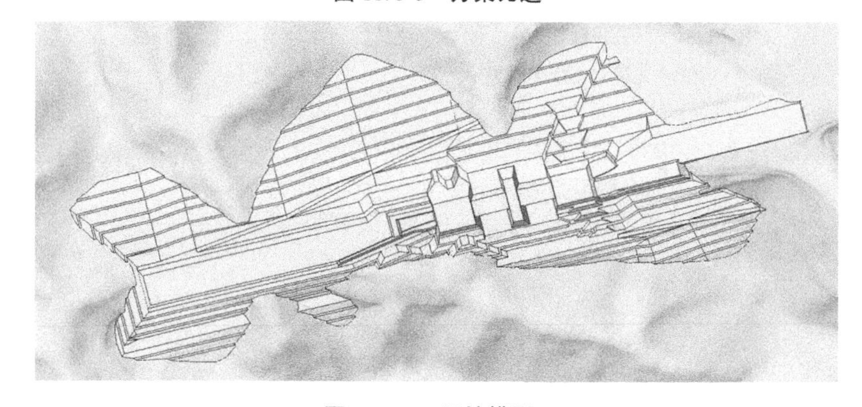

图 11.3-4　开挖模型 1

图 11.3-5　开挖模型 2

11.3.2　具体应用目标

11.3.2.1　三维建模

测绘专业利用自主研发的软件 PrpsdcBIM，利用等高线、高程点等要素创建地面模型，用卫星影像作为模型材质，获得实际的三维地形模型；地质专业在 GeoStation 中，以三维地形为基面，导入钻孔数据，进行三维地质建模；坝工、厂房专业使用 OpenBuildings Designer 软件建模，使用同一坐标系，明确工程控制点；水机、电气专业分别使用 OpenPlant modeler 软件建模，基于元件库，调用模型，调整模型参数，快速建模。

基于协同设计标准和流程，建立各专业三维模型后，进行模型总装（见图 11.3-6～图 11.3-13）。

图 11.3-6　数字地形

图 11.3-7　地质模型

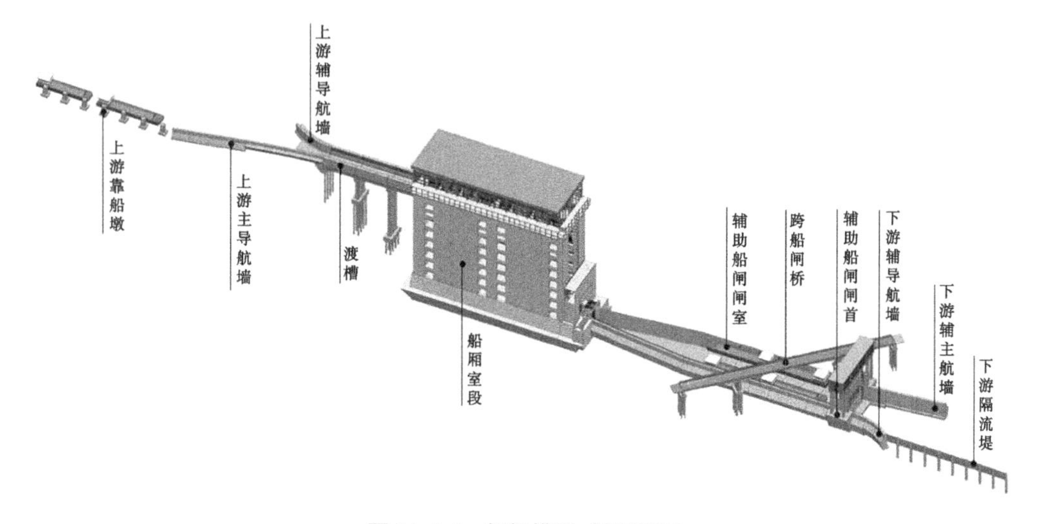

图11.3-8　船闸模型、船厢箱室

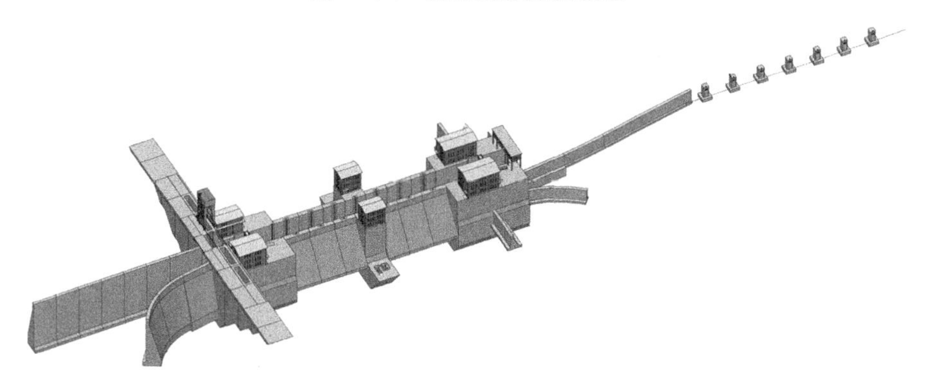

图11.3-9　省水船闸模型

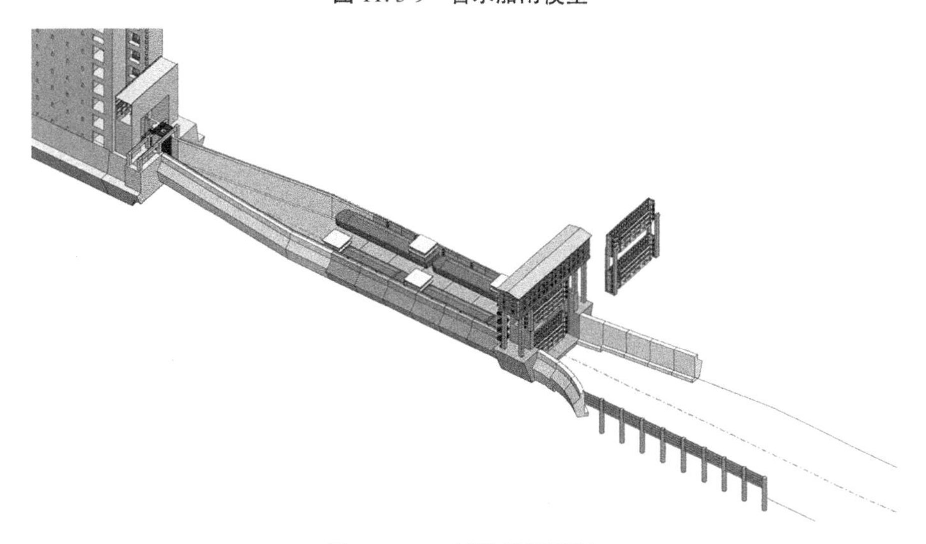

图11.3-10　辅助船闸模型

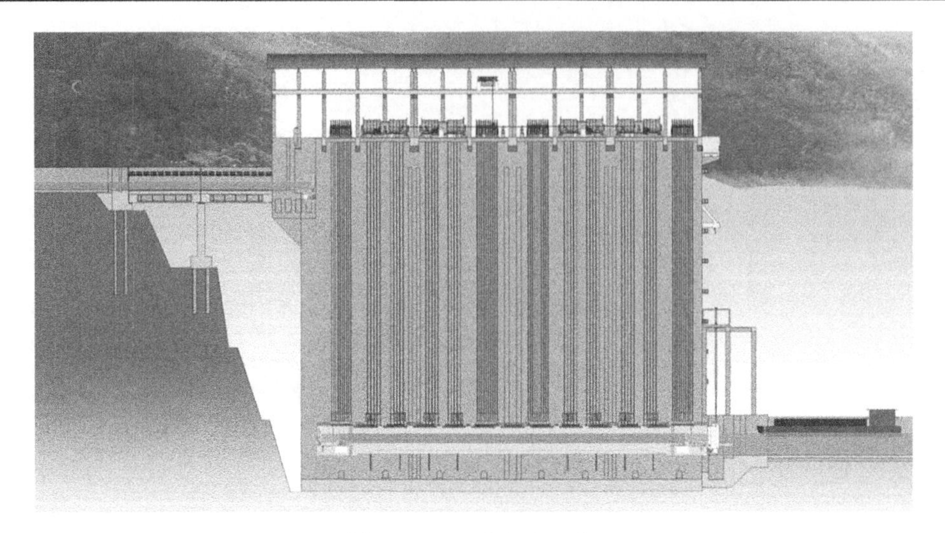

图 11.3-11　升船机系统

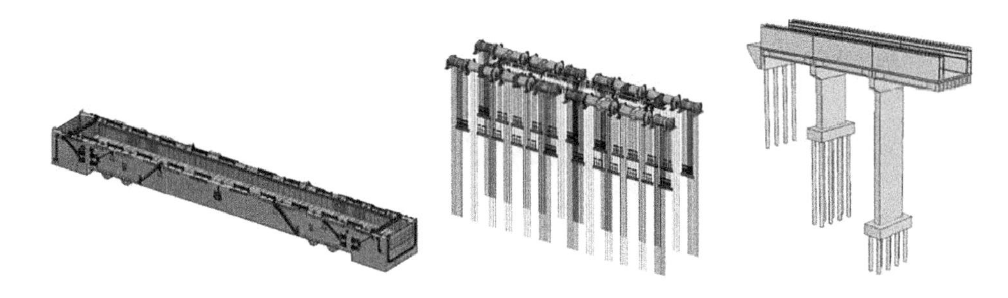

图 11.3-12　承船厢、主提升机、通航渡槽模型

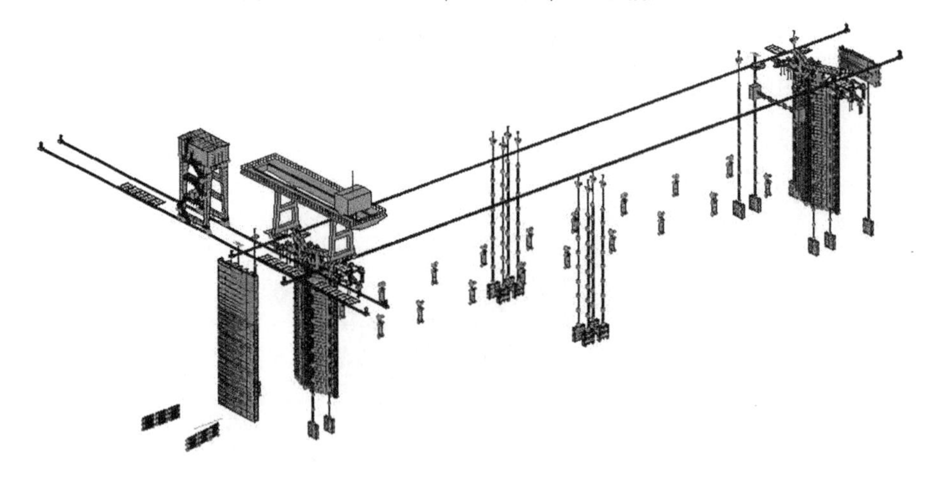

图 11.3-13　金结模型

11.3.2.2　工程量统计

通过精确的三维模型,可以一键提取工程量(见图 11.3-14～图 11.3-16),得出相对准确的材料用量,极大地提升了设计效率和产品质量。

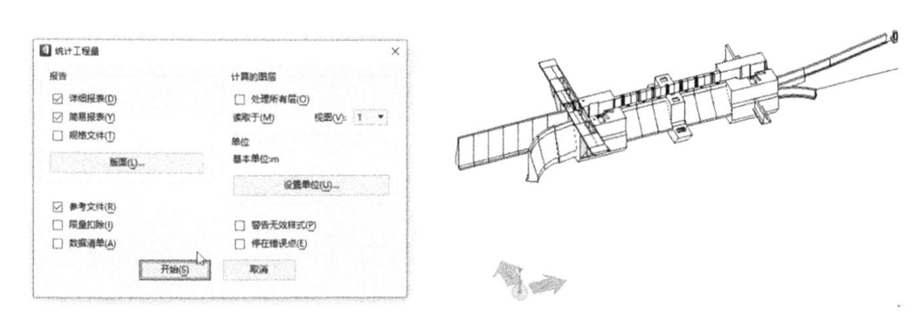

图 11.3-14　工程量统计 1

K31　混凝土墙250mm

F	G	H	I	J	K	L	M	N	O	P
S-WALL-CONC		709055	Structural - Concrete	Insitu Concrete Wall 250mm	混凝土墙250mm	Concrete	1	Concrete	3072	m3
S-WALL-CONC		709080	Structural - Concrete	Insitu Concrete Wall 250mm	混凝土墙250mm	Concrete	1	Concrete	3072	m3
S-WALL-CONC		709105	Structural - Concrete	Insitu Concrete Wall 250mm	混凝土墙250mm	Concrete	1	Concrete	3072	m3
S-WALL-CONC		709130	Structural - Concrete	Insitu Concrete Wall 250mm	混凝土墙250mm	Concrete	1	Concrete	3072	m3
S-WALL-CONC		709155	Structural - Concrete	Insitu Concrete Wall 250mm	混凝土墙250mm	Concrete	1	Concrete	3072	m3
S-WALL-CONC		709180	Structural - Concrete	Insitu Concrete Wall 250mm	混凝土墙250mm	Concrete	1	Concrete	3072	m3
S-WALL-CONC		709263	Structural - Concrete	Insitu Concrete Wall 250mm	混凝土墙250mm	Concrete	1	Concrete	4670.08	m3
S-WALL-CONC		725697	Structural - Concrete	Insitu Concrete Wall 250mm	混凝土墙250mm	Concrete	1	Concrete	995.531	m3
S-WALL-CONC		730352	Structural - Concrete	Insitu Concrete Wall 250mm	混凝土墙250mm	Concrete	1	Concrete	31312.286	m3
S-WALL-CONC		749483	Structural - Concrete	Insitu Concrete Wall 250mm	混凝土墙250mm	Concrete	1	Concrete	25.02	m3
S-WALL-CONC		749490	Structural - Concrete	Insitu Concrete Wall 250mm	混凝土墙250mm	Concrete	1	Concrete	25.02	m3
S-WALL-CONC		749497	Structural - Concrete	Insitu Concrete Wall 250mm	混凝土墙250mm	Concrete	1	Concrete	25.02	m3
S-WALL-CONC		749504	Structural - Concrete	Insitu Concrete Wall 250mm	混凝土墙250mm	Concrete	1	Concrete	25.02	m3
S-WALL-CONC		751662	Structural - Concrete	Insitu Concrete Wall 250mm	混凝土墙250mm	Concrete	1	Concrete	1186.515	m3
S-WALL-CONC		751676	Structural - Concrete	Insitu Concrete Wall 250mm	混凝土墙250mm	Concrete	1	Concrete	434.16	m3
S-WALL-CONC		751696	Structural - Concrete	Insitu Concrete Wall 250mm	混凝土墙250mm	Concrete	1	Concrete	304	m3
S-WALL-CONC		751710	Structural - Concrete	Insitu Concrete Wall 250mm	混凝土墙250mm	Concrete	1	Concrete	303.6	m3
S-WALL-CONC		751717	Structural - Concrete	Insitu Concrete Wall 250mm	混凝土墙250mm	Concrete	1	Concrete	30236.581	m3
S-WALL-CONC		761162	Structural - Concrete	Insitu Concrete Wall 250mm	混凝土墙250mm	Concrete	1	Concrete	1317.133	m3
S-WALL-CONC		761510	Structural - Concrete	Insitu Concrete Wall 250mm	混凝土墙250mm	Concrete	1	Concrete	3022.263	m3
S-WALL-CONC		762729	Structural - Concrete	Insitu Concrete Wall 250mm	混凝土墙250mm	Concrete	1	Concrete	251.729	m3
S-WALL-CONC		763172	Structural - Concrete	Insitu Concrete Wall 250mm	混凝土墙250mm	Concrete	1	Concrete	27825.14	m3
									155829.558	m3

图 11.3-15　工程量统计 2

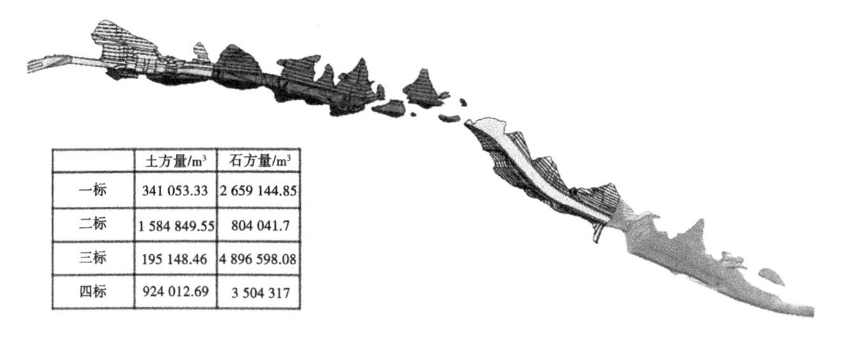

	土方量/m³	石方量/m³
一标	341 053.33	2 659 144.85
二标	1 584 849.55	804 041.7
三标	195 148.46	4 896 598.08
四标	924 012.69	3 504 317

图 11.3-16　工程量统计 3

11.3.2.3　碰撞检查

对专业模型和总装模型进行模型完整性、合理性及碰撞检查(见图 11.3-17)。根据碰撞提醒,对模型进行优化调整,大大提高了设计成果交底的正确性。

11.3.2.4　模型出图

本工程设计周期短、设施设备种类多,出图任务重。设计团队通过构建三维模型,基于同一模型数据,进行动态剖切,自动生成平面、立面、剖面等二维断面图(见图 11.3-18~

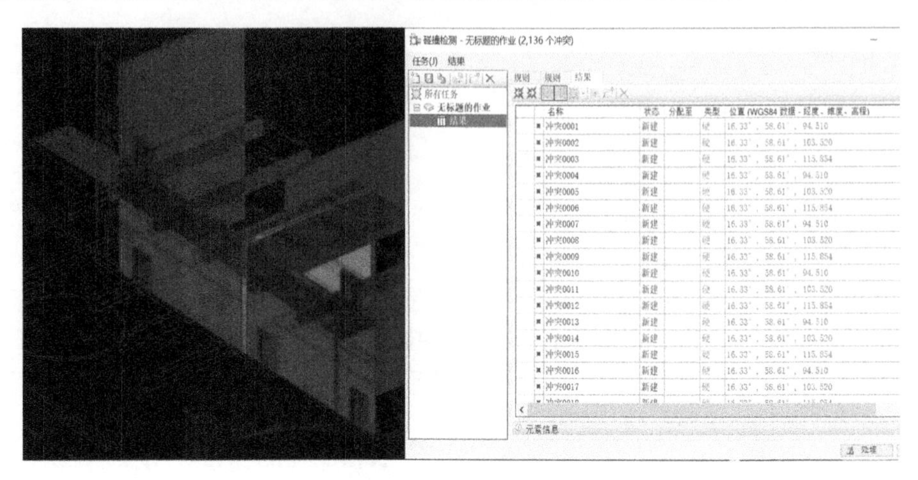

图 11.3-17　碰撞检查

图 11.3-22)，再结合三维模型进行图纸成果校审，主体结构出图效率比传统二维出图提高 10%~25%的同时，还能最大程度地避免图纸错误，保证设计成果质量。

针对水工混凝土结构钢筋图工作量大、设计烦琐等问题，在施工图设计阶段采用三维配筋 ReStation 软件进行配筋(见图 11.3-23)。对于有共性的构件进行配筋定制开发，实现一键式的参数化建模和参数化配筋；对于没有共性的构件也可以实现模型更改，配筋、出图也联动更改。经比较，三维配筋软件在复杂结构配筋效率比传统出图可提高 10%~40%，且直观算量精准。

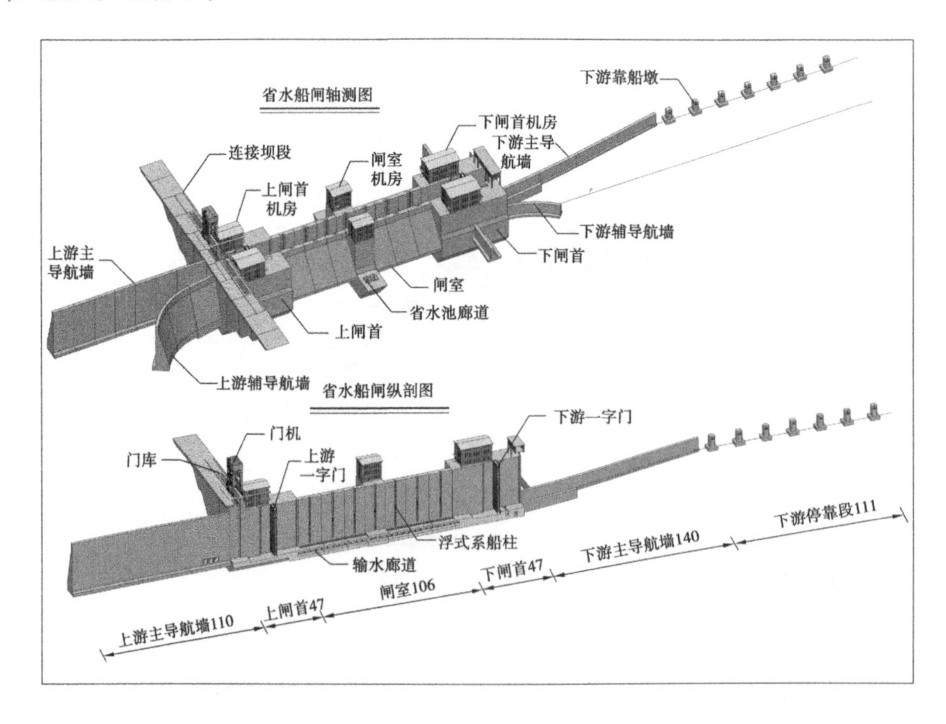

图 11.3-18　模型出图 1

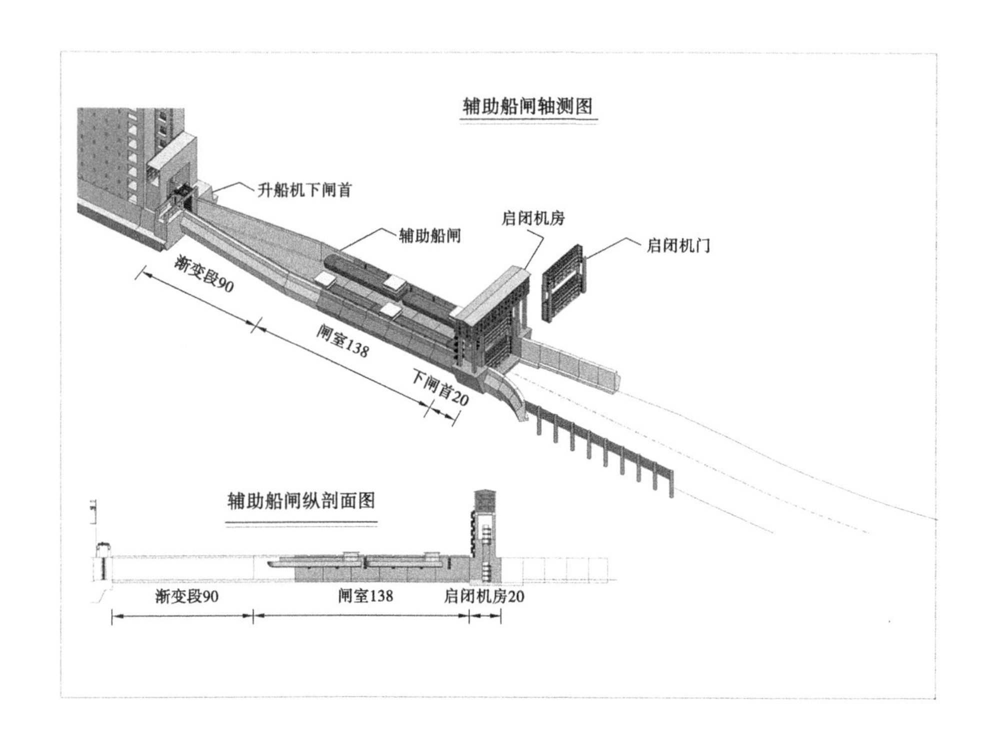

图 11.3-19　模型出图 2

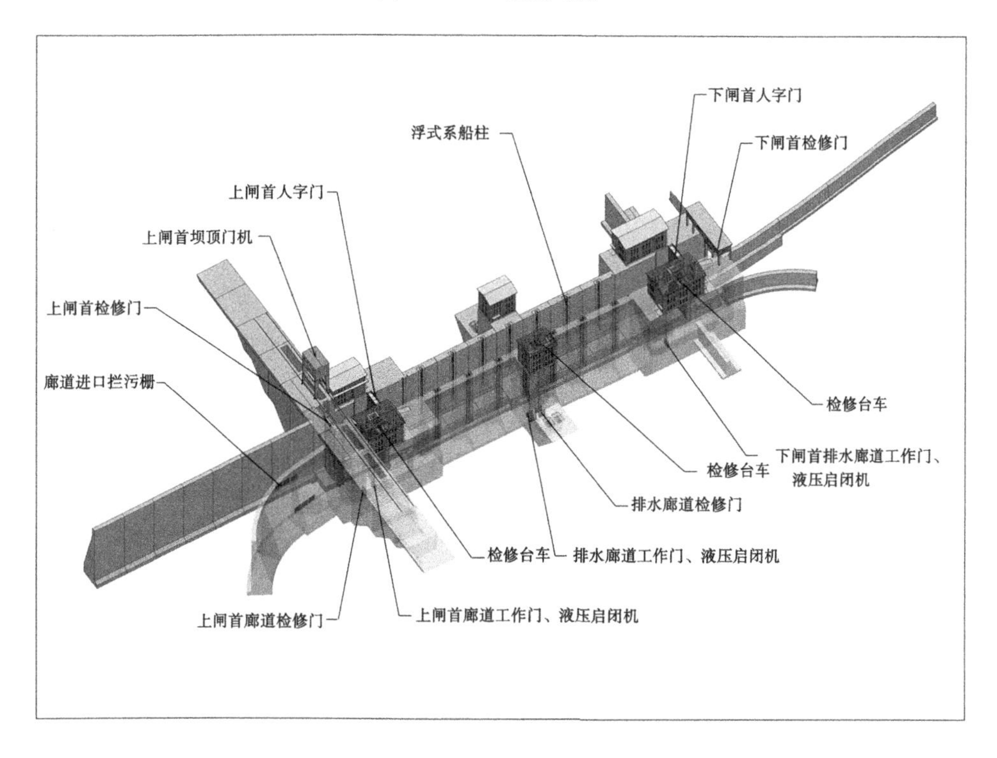

图 11.3-20　模型出图 3

图 11.3-21　模型出图 4

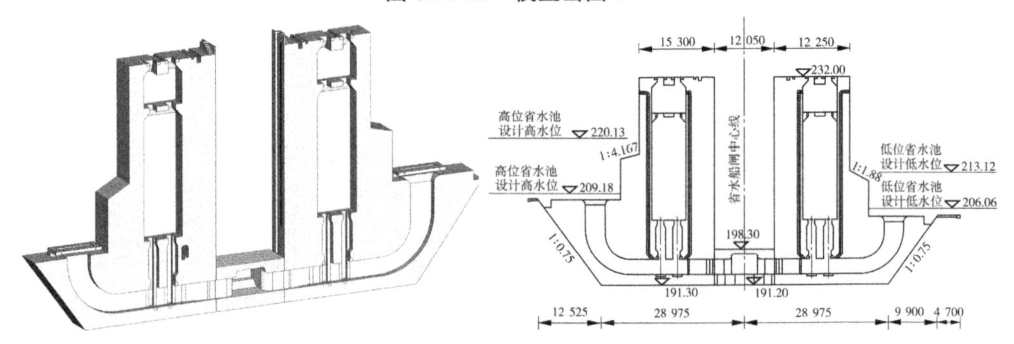

图 11.3-22　BIM 模型出结构图

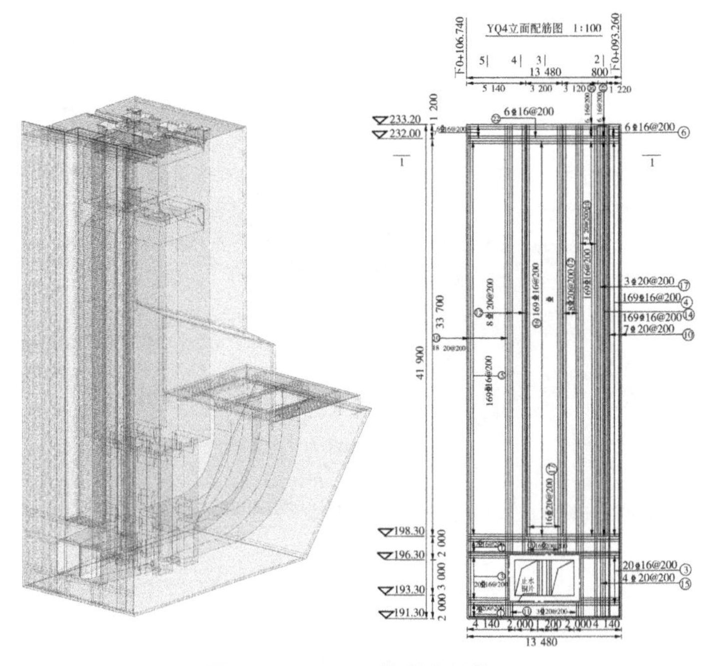

图 11.3-23　BIM 模型出钢筋图

11.4 BIM 技术重点应用

11.4.1 自主研发“PrpsdcBIM 三维模型信息辅助软件”

11.4.1.1 软件功能

工程模型可分为几何模型和信息模型两种形式。在工程设计、施工、运行维护阶段的全生命周期内,以几何模型为载体的信息模型是实现工程智能建造、智能运维及打造数字化工程的基础。不包含任何信息的模型称为裸模型,仅能满足工程展示的需求。以信息模型创建为出发点,以 Bentley MicroStation CONNECT Edition Update11 平台为基础,开发了 PrpsdcBIM 三维模型信息辅助软件,共分为 5 个模块(见图 11.4-1):通用工具、格式转换、属性附加、属性修改、KKS 编码,共计工具 18 个。

图 11.4-1 软件组成结构

(1)通用工具:主要实现元素快速隐藏与显示功能,包含“元素隐藏”1 个工具。

(2)格式转换:主要解决模型轻量化及模型数据格式转换问题,经格式转换后的模型可供工程施工监管、运行维护平台调用,包含“模型转 Dae 格式”“尺寸元素转 Mesh”2 个工具。

(3)属性附加:主要解决信息模型创建问题,根据不同应用需求在几何模型上附加属性信息,包含“线型工程模型编码”“模型基本属性附加”“模型属性信息附加”“模型编码信息附加”4 个工具,区别是针对不同类型的项目及不同应用的需求。

(4)属性修改:主要解决模型上附加信息的导出、导入、更新修改及删除问题,包含“模型编码信息导出”“模型编码信息导入”“模型编码信息删除”及“模型编码信息检查”“模型编码信息分割”及“批量修改元素颜色”6 个工具。

(5)KKS 编码:主要解决数字和字母联合编码的应用,包含“KKS 编码附加”“KKS 编码合成”“KKS 编码导出”“KKS 模型筛选”及“KKS 批量编码”5 个工具。

本项目中应用的软件主要功能如下。

1. 属性附加

1)模型基本属性附加

给模型添加“元素类型”“元素”“编码”及“LOD”(建模精度)四种基本属性,主要用于定位元素及元素基本属性描述需求(见图 11.4-2)。

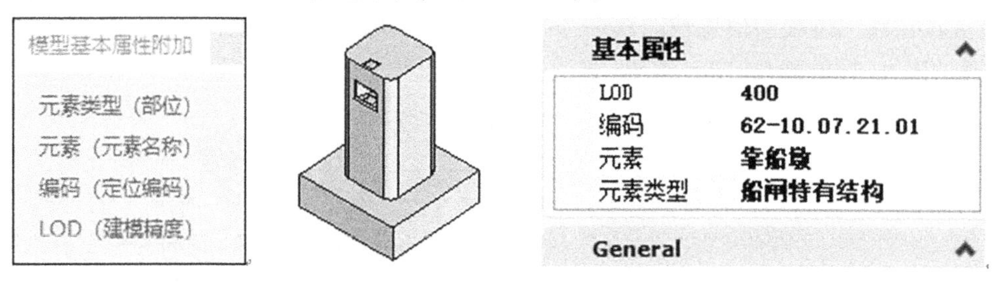

图 11.4-2　模型基本属性附加工具界面及示例

2)模型编码信息附加

根据相关规范、标准要求给模型附加基本属性信息、几何模型信息、非几何模型信息条目,主要用于满足规范要求的完整模型信息存储要求的信息附加(见图 11.4-3、图 11.4-4)。

图 11.4-3　模型编码信息附加工具界面

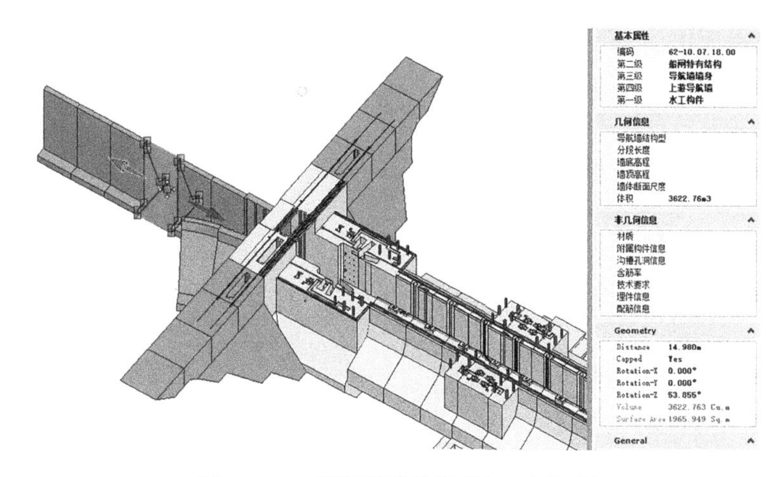

图 11.4-4　模型编码信息附加工程示例

2. KKS 编码

根据项目要求给模型附加数字及字母组合编码,编码可根据需求附加七级(见图 11.4-5、图 11.4-6)。

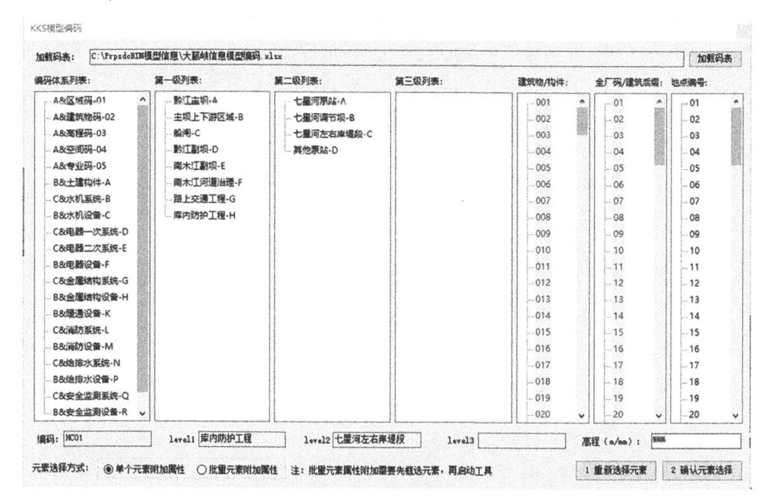

图 11.4-5　KKS 编码附加工具界面

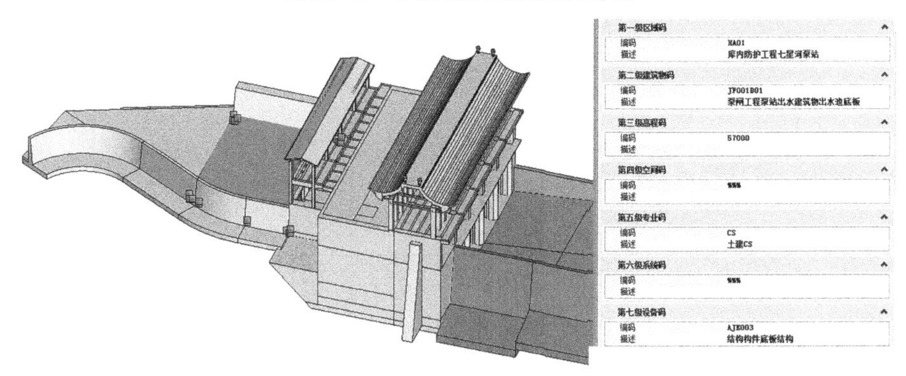

图 11.4-6　KKS 编码附加应用示例

11.4.1.2　成果应用

以信息模型创建为出发点,软件提供了集格式转换、属性附加、属性修改、KKS 编码于一体的水利工程三维模型信息辅助设计解决方案,有效解决了几何模型信息属性赋值的问题,目前已在类似项目中得到应用。

软件已获得软件著作权(见图 11.4-7)。

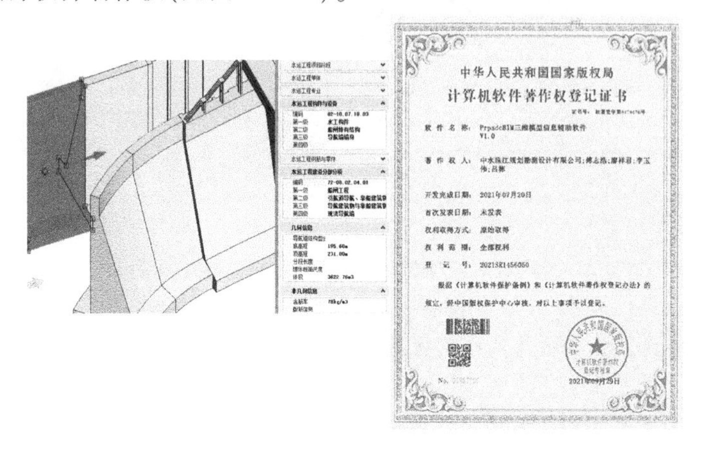

中华人民共和国国家版权局
计算机软件著作权登记证书

软件名称: PrpsdcBIM三维模型信息辅助软件 V1.0

著作权人: 中水珠江规划勘测设计有限公司;傅志浩;廖祥君;李玉伟;吕彬

开发完成日期: 2021年07月20日

首次发表日期: 未发表

权利取得方式: 原始取得

权利范围: 全部权利

登记号: 2021SR1456050

根据《计算机软件保护条例》和《计算机软件著作权登记办法》的规定,经中国版权保护中心审核,对以上事项予以登记。

2021年09月29日

图 11.4-7　PrpsdcBIM 三维模型信息辅助软件

11.4.2　自主研发"PrpsdcBIM 三维开挖辅助设计软件"

基于 MicroStationCONNECTEdition 平台开发的,主要包含通用类、放坡类、剖面类、统计类、标注类、土石坝及辅助类等 7 部分功能。针对本项目的特点,对工具进行了功能升级。

本项目通航渡槽与升船机上游引航道的交界处为多个建筑物结构的交叉开挖,传统的二维纵横断面图纸很难设计结构,通过开挖软件很好地解决了这一难题。通过三维开挖软件直观展示设计意图(见图 11.4-8),实现从开挖面到任意断面的一键式出图及工程量计算,开挖设计效率可提高 20%~40%。

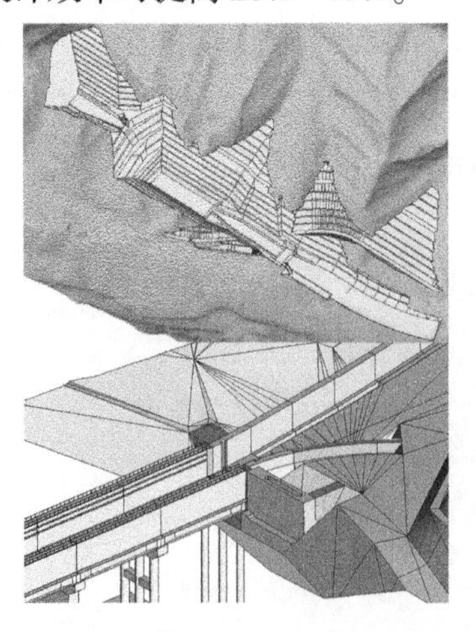

中华人民共和国国家版权局
计算机软件著作权登记证书

软件名称: PrpsdcBIM三维开挖辅助设计软件 V1.0

著作权人: 中水珠江规划勘测设计有限公司;吕彬;傅志浩;丁秀平

开发完成日期: 2020年02月10日

首次发表日期: 未发表

权利取得方式: 原始取得

权利范围: 全部权利

登记号: 2020SR0349679

根据《计算机软件保护条例》和《计算机软件著作权登记办法》的规定,经中国版权保护中心审核,对以上事项予以登记。

2020年04月20日

图 11.4-8　PrpsdcBIM 三维开挖辅助设计软件

11.4.3　自主研发“PrpsdcBIM 三维地形处理设计软件”

11.4.3.1　软件功能

PrpsdcBIM 三维地形处理设计软件分为 3 个模块(见图 11.4-9):地形分块、地形生成、地形处理,共计 10 个工具。

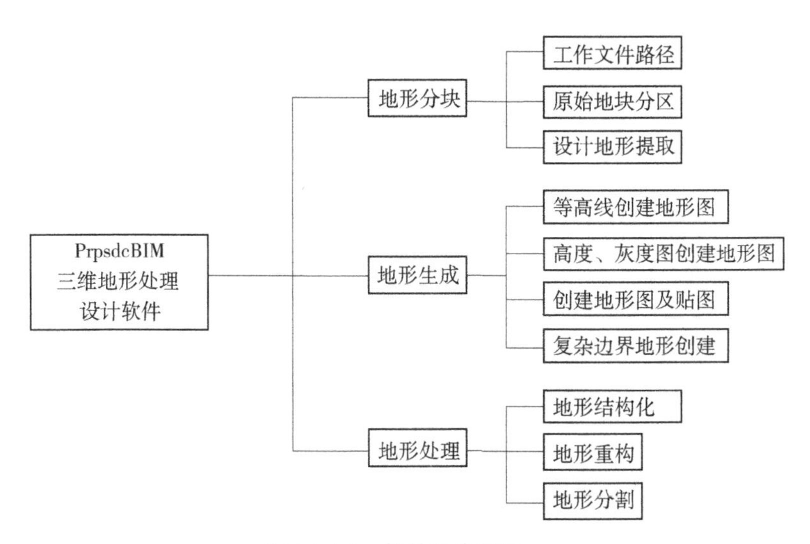

图 11.4-9　软件组成结构

(1)地形分块:主要完成区域等高线大地形分块处理、长距离线形工程涉及范围的带状地形提取及带状地形之外的地形提取,设计范围地形和范围之外的地形可设置不同的精度,可控制是否生成三维 Mesh 地形模型。

(2)地形生成:主要完成通过等高线创建三维地形模型、通过高程灰度图创建三维地形模型、通过高程灰度图及相应范围的影像图创建规则三维地形贴图模型、创建不规则边界三维地形贴图模型。

(3)地形处理:主要完成三维地模结构化处理、三维地模重构、三维地模分割等功能。

11.4.3.2　成果应用

通过研究工程大范围地形的处理,研发三维地形处理设计软件(见图 11.4-10)。主要实现大范围地形中线型工程带状地形提取、无实测地形情况下三维地形模型生成及三维地形模型结构化处理、地模分割、地模重构等功能,且在类似项目得到应用。

软件已获得软件著作权。

11.4.4　自主研发信息管理系统

结合 BIM、物联网、互联网、“3S”等技术,自主研发信息管理系统(见图 11.4-11),实现项目数据资源的管理和可视化展示,实现项目参建各方的协同工作。针对本项目,进行了系统的功能升级,并开发了手机端的系统应用(见图 11.4-12)。

中华人民共和国国家版权局

计算机软件著作权登记证书

软件名称：PrpsdcBIM三维地形处理设计软件 V1.0

著作权人：中水珠江规划勘测设计有限公司；吕彬；傅志浩；刘博文

开发完成日期：2021年01月20日

首次发表日期：未发表

权利取得方式：原始取得

权利范围：全部权利

登记号：2021SR0795509

根据《计算机软件保护条例》和《计算机软件著作权登记办法》的规定，经中国版权保护中心审核，对以上事项予以登记。

2021年05月31日

图 11.4-10　PrpsdcBIM 三维地形处理设计软件

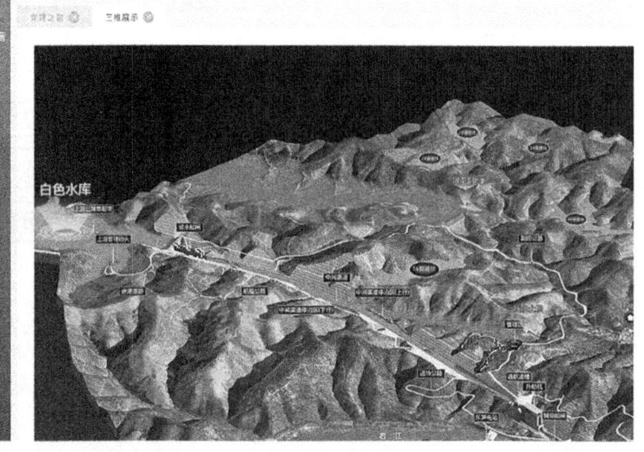

图 11.4-11　信息管理系统

中华人民共和国国家版权局

计算机软件著作权登记证书

软件名称：基于BIM的施工管理系统 V1.0

著作权人：中水珠江规划勘测设计有限公司

开发完成日期：2019年12月10日

首次发表日期：2019年12月24日

权利取得方式：原始取得

权利范围：全部权利

登记号：2020SR0120734

根据《计算机软件保护条例》和《计算机软件著作权登记办法》的规定，经中国版权保护中心审核，对以上事项予以登记。

2020年02月04日

图 11.4-12　信息管理系统手机端应用

该系统具备以下创新点：

(1)基于自研 Ewater 引擎建立轻量化平台,实现多源模型轻量化技术集成。

(2)集成 BIM、GIS 与 IoT 技术,实现多源数据高效融合。

(3)基于 BIM 虚拟建造及 4D 施工监管的建设管理系统,实现工程建设高效管理。

11.4.5　丰富可视化展示

结合项目沙盘模型,丰富可视化展示手段(见图 11.4-13),生动形象地展示工程样貌。

图 11.4-13　丰富可视化展示手段

11.4.6　AR+应用

探索 AR+工程管理的沉浸式应用(见图 11.4-14),以便于 BIM 模型与现场交互式对比展示,能够及时发现施工是否出现偏差。

图 11.4-14　AR+应用

11.5 可视化展示平台

11.5.1 平台设计

11.5.1.1 总体思路

水利工程可视化平台能直观展现工程效果，其开发流程包括基础数据处理、UE5 中的场景搭建、基于蓝图的功能开发和实际项目应用等。总体技术路线见图 11.5-1。

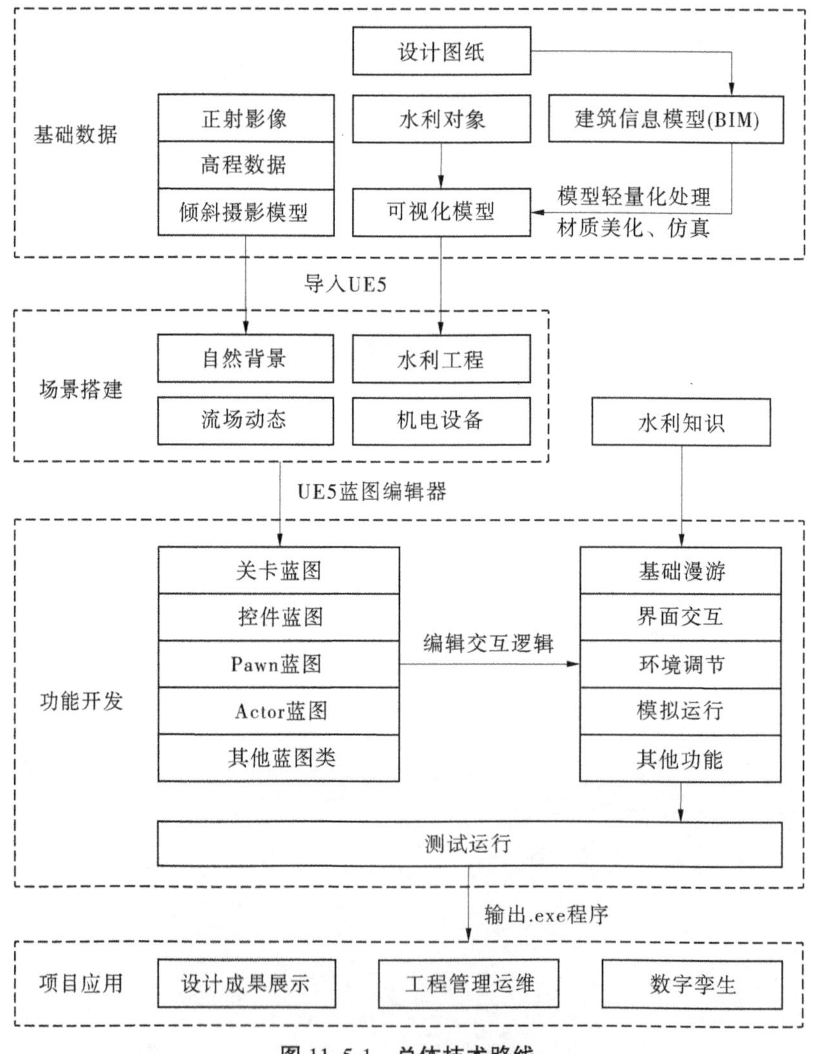

图 11.5-1 总体技术路线

其中，基础数据包含采集的地形数据和轻量化处理后的可视化模型；场景搭建通过 UE5 的地形编辑器、材质编辑器、粒子系统和 Cesium 插件等，对自然背景、流场动态、水利工程和机电设备等数字资产进行整合优化，形象地展示自然环境和水利对象的真实状态；功能开发基于 UE5 的关卡蓝图、控件蓝图，以及 Actor、Pawn、玩家控制器等蓝图类进行三维交互程序的编写，完成自由漫游和点击事件等交互设计；项目应用在设计成果展示、工程管理运维、数字孪生等业务中，针对不同项目替换模型和场景。

本项目可视化展示平台重点研究总体技术路线中的“功能开发”流程和方法，通过蓝图编辑器以零代码的方式实现三维交互功能。

11.5.1.2　**功能设计**

根据工程可视化业务需求和水利工程特性，平台通过基础漫游和模拟运行功能直观展现工程静态与动态效果，通过环境调节功能演示不同时间和气候下的工程状态，通过界面交互功能提升易操作性和用户体验感。平台功能框架见图 11.5-2。

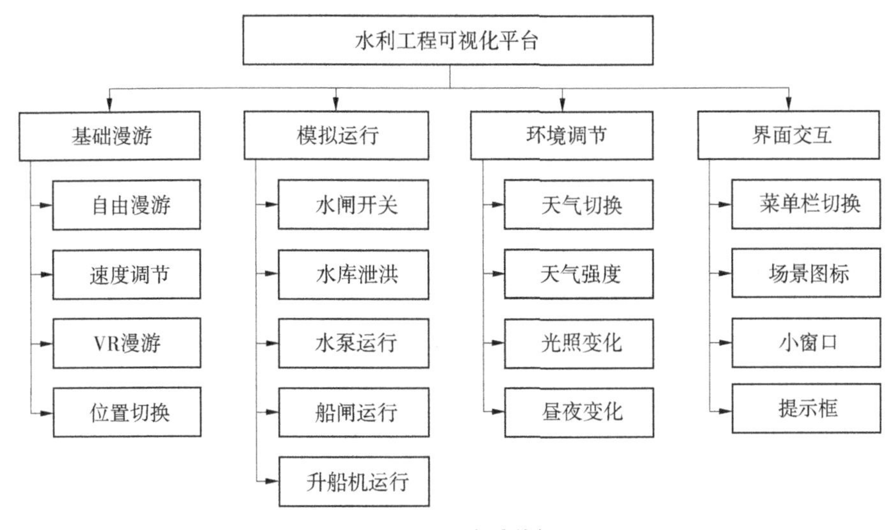

图 11.5-2　平台功能框架

1. 基础漫游

通过操控键盘和鼠标实现第一视角的移动、旋转和缩放，同时可改变漫游速度；通过点击按钮切换位置，满足大场景中快速跳转漫游起始点的需求；使用像素流技术将本地端实时渲染的图像传入 VR 设备中进行全景漫游。

2. 模拟运行

在工程核心范围内，通过键盘按键或界面按钮触发工程设备运行的动态模拟，辅助用户对工程的理解，包括水库项目中的闸门开关和水库泄洪、泵站项目中的水泵运行和水流状态、通航设施项目中的船闸和升船机运行，以及通用的船只行驶和水位升降等三维动态效果。

3. 环境调节

提供调节昼夜效果的服务，模拟一天中不同时间的光照和天空变化；提供晴天、多云、阴天、降雨、起雾和降雪等不同天气的切换服务，其中降雨分为小雨（<10 mm）、中雨（10~25 mm）、大雨（25~50 mm）、暴雨（50~100 mm）、大暴雨（100~250 mm）和特大暴雨（>250 mm），雾分为轻雾（能见度 1 000~10 000 m）、大雾（能见度 500~1 000 m）、浓雾（能见度 200~500 m）、强浓雾（能见度 50~200 m）和特强浓雾（能见度<50 m），降雪分为小雪（0.1~2.4 mm）、中雪（2.5~4.9 mm）、大雪（5.0~9.9 mm）和暴雪（>10 mm）。

4. 界面交互

用户界面(UI)和交互设计符合易用性、秩序性、简约性、有效性和审美性原则;各级菜单栏实现动态切换;在三维场景中插入始终面向用户视口的图标,点击图标查看对应模型信息;点击按钮弹出小窗口播放动画视频,介绍工程内容;鼠标悬停在按钮上出现提示窗口,显示对应功能。

11.5.2　核心功能

可视化平台所有交互功能均通过 UE5 的蓝图编辑器实现。本工程研究较通用的漫游位置切换和用户界面切换功能,以及与水利业务较密切的工程运行模拟和天气昼夜调节功能的实现方法。

11.5.2.1　位置与界面切换

1. 位置切换

水利工程可视化场景包含工程建筑物和周边地形,往往面积较大,工程关键点之间距离较远。位置切换功能可以通过点击界面按钮实现漫游起始位置在多个关键点之间的跳转,提高漫游效率,如水库项目中漫游视角在主坝、副坝、管理楼和监测站等建筑物之间的切换。

该功能通过在控件蓝图中设置 Pawn 变量的移动和玩家控制器的旋转、在关卡蓝图中配置蓝图类和变量来实现。其中,玩家控制器用以设置基本漫游操作和漫游视口;Pawn 是指游戏语境下场景中的玩家角色;控件蓝图用以创建用户界面与按钮点击事件,需在关卡蓝图中设置显示;关卡蓝图控制总体的交互流程。本功能实现的关键是控制 Pawn 空间位置的变化:Pawn 在场景中作为漫游起始点;控件蓝图中新建 Pawn 类型的变量用以储存新位置坐标数据并接入按钮点击事件;因为 Pawn 本身不属于控件蓝图,因此必须在关卡蓝图中匹配 Pawn 类型变量的内容为场景中的 Pawn、目标为变量所在的控件蓝图,才能成功编译相关蓝图,逻辑见图 11.5-3。

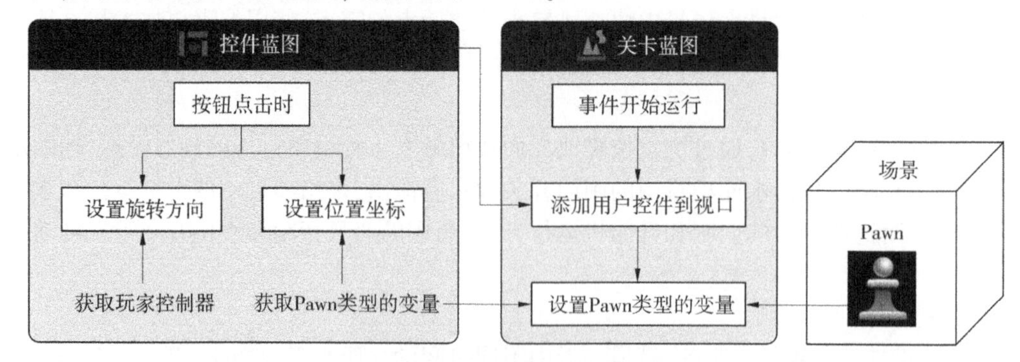

图 11.5-3　位置切换的蓝图逻辑

2. 界面切换

漫游起始点切换的同时,用户界面也切换至相应的二级菜单,包含对应的工程简介、查看图纸、模拟运行和数据变化等功能,以下对比了两种方法探讨点击按钮切换界面功能的实现。

本工程通过主控件蓝图做界面管理,可简化蓝图节点,即为每个二级菜单的界面创建子控件蓝图,添加在主控件蓝图里统一管理,将子控件蓝图中的按钮点击事件通过“事件分发器”委托给主控件蓝图,使用“设置可视性”节点和用户控件类变量来实现界面切换。

功能主要在主控件蓝图中编写,用户控件类变量及其对应的控件蓝图均属于主控件蓝图,无须在关卡蓝图中进行配置,极大地简化了关卡蓝图和其他子控件蓝图的节点数量,便于蓝图管理,提升蓝图编写效率,实现思路见图 11.5-4、图 11.5-5。

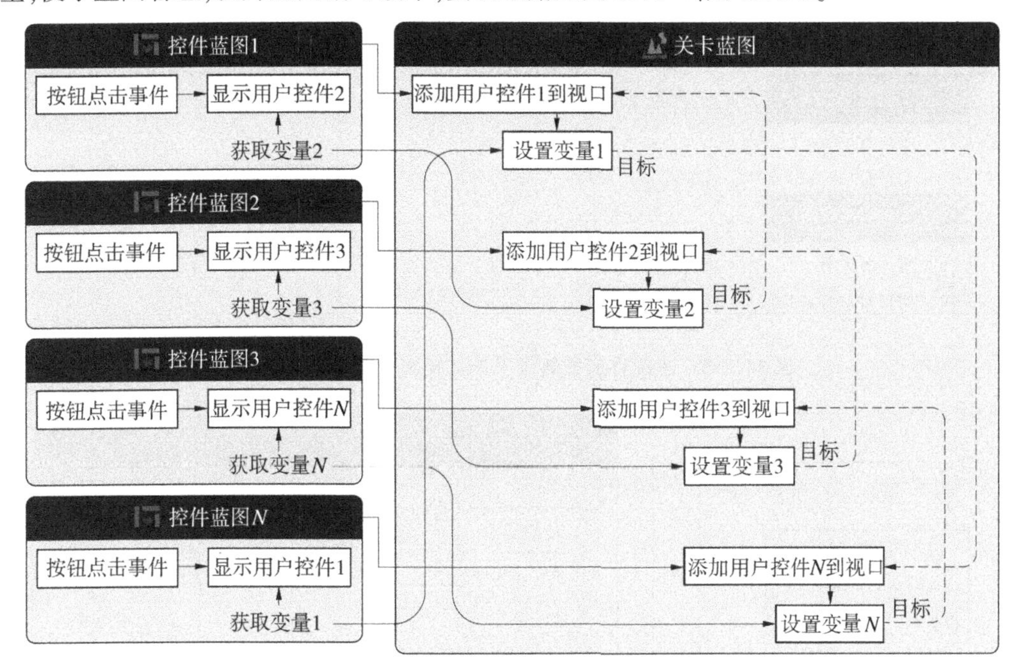

图 11.5-4　传统的切换界面功能实现方法

11.5.2.2　工程设备运行模拟

通过按键触发一系列的模型运动来模拟工程设备运行状态,直观展示工程设备运行动态效果,辅助用户对工程设计的理解。在 UE5 中使用 Actor 蓝图进行功能编写,Actor 指三维场景中的物体,而 Actor 蓝图是不可见的、可编程的 Actor,可用来绑定模型组件,控制模型运动。

1. 船闸运行模拟

该功能包括船只行驶、闸门开关和水位升降等模型动态效果,其核心是通过关键帧技术在每一个时间点给模型设置一个新的位置和方向。在 Actor 蓝图中绑定船只、闸门和水面等模型组件,通过“设置相对位置”和“设置相对旋转”节点控制模型组件的运动轨迹,通过“时间轴”节点控制模型运动的先后顺序;在 Actor 蓝图里添加一个空对象 Box 作为用户启动交互的触发区域,设置该 Box 的“开始重叠”事件和“结束重叠”事件,当用户漫游进入 Box 区域内即启动交互功能,否则不可交互,实现在特定区域内动态模拟的功能。蓝图逻辑见图 11.5-6。

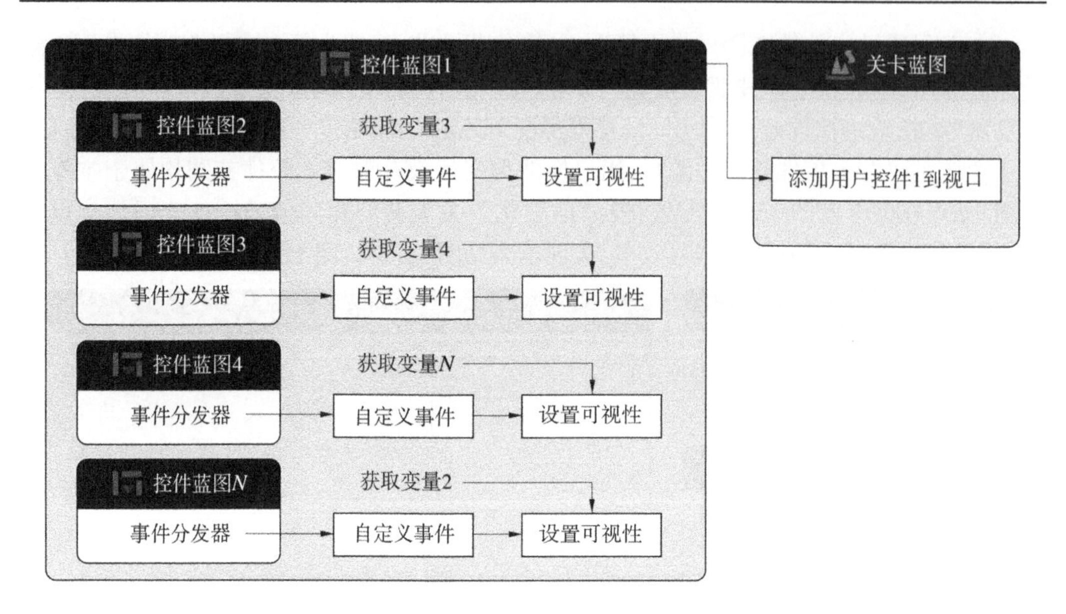

图 11.5-5　主控件蓝图管理下的切换界面功能蓝图思路

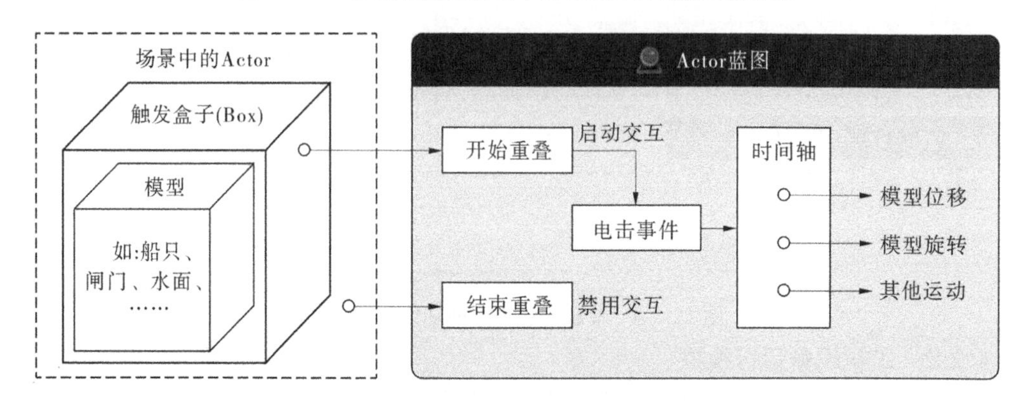

图 11.5-6　Actor 蓝图中工程设备运行模拟的实现方法

2. 升船机运行模拟

该功能包括船只行驶、闸门开关、承船厢与水位升降等流程，蓝图编写逻辑与船闸运行模拟功能类似。

3. 水坝泄洪模拟

该功能通过按钮点击事件实现，正向流程包括打开闸门、产生水流效果、产生水汽效果和上下游水位变化等，逆向流程包括关闭闸门、水流逐渐消失和水汽逐渐消失等。采用粒子系统制作水流模型，编辑粒子的重力、横向作用力、水滴材质、水滴最大最小值和喷射周期等参数模拟泄洪效果，编辑粒子的烟雾材质和相关参数制作水汽效果；将闸门模型、水流模型、水面模型绑定到 Actor 蓝图，编写模型运动轨迹和顺序，实现水坝泄洪的模拟功能。

11.5.2.3 昼夜和天气调节

1. 滑条控制昼夜

使用定向光源模拟太阳和月亮，绑定时间参数、定向光源的位置、光照强度和 HDR (High-Dynamic Range，高动态范围)环境贴图，使用变量控制光源的旋转角度并绑定日时间值(time of day)，通过改变日时间值影响场景的光照和昼夜效果，封装成天空工具包后预留修改时间和光照强度的接口。在控件蓝图中调用天空工具包，通过“事件预构造”设置时间的默认值，将时间值与滑条变更事件绑定，即可实现拖动滑条改变光照角度和昼夜效果的功能。

2. 按钮切换天气

其关键是通过粒子系统制作水汽、降雨和降雪模型，借助碰撞事件(Collision Event)体现溅起水花的效果，绑定物体材质参数实现潮湿和积雪等效果；使用不同天气效果的 HDR 贴图作为场景背景，通过体积雾(Volumetric Fog)表现云和雾，将天气模型固定在玩家控制器前方，仅在视口范围内模拟天气效果，以节省性能。封装成天气工具包后可切换晴天、多云、阴天、降雨、起雾和降雪等不同天气，可动态调节云层量、降雨量、雾浓度和降雪量等粒子效果。在控件蓝图中调用天气工具包，通过“事件预构造”设置天气的默认值，将不同天气状态与按钮点击事件绑定，实现点击按钮切换天气的功能。

11.5.3 成果应用

可视化展示平台的应用，为水库管理、通航设施设计、管理区建设等水利业务提供可视化服务和技术支撑，提升工程设计、施工和运维等各阶段可视化水平，实现水利数字化高级应用。

可视化平台集成了现有的水库孪生场景和设计阶段的通航设施工程模型，超过 400 km^2 的场景，2 套水利项目包括主坝、副坝、码头、桥梁、电站、船闸、升船机和管理楼共计 8 组工程建筑物，通过图形引擎、蓝图编程、倾斜摄影、VR/AR 及各类插件等关键技术，实现分级加载、三维漫游、位置切换、查看信息、界面管理、天气变化、昼夜变化、水库泄洪模拟、船闸运行模拟和升船机运行模拟等 10 个交互功能模块。平台打包为.exe 文件在 PC 端安装运行(见图 11.5-7)，通过像素流技术进行 Web 端加载，接入 VR 设备实现全景漫游。

此外，可视化平台还可展示智慧水利数字中心水利信息化建设成果，包括工程管理区各楼层的仿真场景，提供精美直观且交互流畅的室内外第一视角行走漫游服务，达到身临其境的效果。平台打包为.apk 格式在 Android 端安装运行(见图 11.5-8)。

11.5.4 结语

(1)针对当前水利工程可视化应用的局限性，本项目提出了基于 UE5 的可视化平台总体建设思路，探索了以蓝图编辑器作为主要开发工具的功能实现方法，以较低的编程门槛实现三维交互设计，极大地提升了项目开发效率。平台整体内容符合水利专业要求，具备精美的视觉效果、流畅的交互逻辑，加载帧率保持在 60 FPS(每秒传输帧数)以上，用户体验良好。其技术路线为水利业务的数字化高级应用提供了标准化、系统化的解决方案，相关方法对同类型可视化平台的快速开发具有借鉴意义。

图 11.5-7　可视化平台在 PC 端的运行效果

图 11.5-8　可视化平台在移动端的运行效果

(2)三维交互式可视化平台以水利工程知识和 BIM 数据为基础,重点研究图形引擎、模型轻量化、VR 等关键技术,实现三维漫游、运行模拟、环境调节等功能,基本满足实际项目的成果展示需求,但对于计算模型的应用仍然不足。如降雨、泄洪造成的积水和水位变化仅通过改变水面模型的 Z 轴数值实现可视化表达,缺乏基于数字高程模型(DEM)的精确的淹没分析模型,以及基于水动力学的动态的洪水演进模型。

(3)未来可进一步挖掘用户的潜在需求,继续提高可视化水平,深化 UE5 蓝图的应用。一是充分利用蓝图编辑器的节点实现更多交互功能,探索算法驱动的计算模型方法,配合 C++语言实现更高效的开发;二是借助物联网技术接入监测设备读取实时数据,集成实时采集、智能分析和远程控制技术,满足智慧水利建设要求;三是加强 VR 交互和 AR 巡检的应用,丰富可视化交底形式,助力水利高质量发展。

11.6 总　结

11.6.1 经济效益和社会效益

制定公司级 BIM 应用相关标准指南,配合使用三维开挖辅助设计软件等二次开发工具,在百色项目中得到了高质量的应用,提升设计效率约 70%,成图标注效率比传统方法提高 50%以上。以上创新点的应用,能在很大程度上节约人力成本,尤其是自主研发的 PrpsdcBIM 软件,易于掌握,设计人员可以直接使用,加快完成 BIM 建模工作,节约成本。

广西百色水利枢纽通航设施工程通过使用 BIM 技术在可行性研究阶段、初步设计阶段,提高了设计效率,加快了项目的设计进度,显著缩短了设计周期,助力项目顺利通过评审(见图 11.6-1)。积极推进 BIM 技术应用,营造 BIM 技术在工程全生命周期应用的良好氛围,对本项目的顺利实施具有重要意义。

图 11.6-1　项目评审会

11.6.2 技术总结

在广西百色水利枢纽通航设施工程中,根据工程特点和参建各方的需求有针对性地研发软件,可让 BIM 技术应用工作更加高效精准地开展;三维可视化的效果直观形象,可为各阶段、各方参建人员的交流沟通带来极大的方便。

公司将持续深化数字化转型思路,以推进业务数字化、数字化业务为主线,开拓进取,总结经验,全面提升公司工程数字化水平,提升新的核心竞争力。

第 12 章　海南省三亚市西水中调工程

12.1　项目概况

12.1.1　工程概述

三亚市西水中调工程(一期)的工程任务为以城市供水为主,兼顾改善沿线农业灌溉条件、生态补水等任务。工程包括大隆水库取水口、大隆水库至水厂输水隧洞、1#(2#)农灌支洞及农灌井、水源池水库补水支洞及补水口、水源池水库至水厂供水管道、检修支洞等。

取水口位于大隆水库大坝上游左岸山体,距大坝约 550 m。取水竖井布置一道拦污栅和一道事故检修门。大隆水库输水隧洞全长约 28.10 km,洞身断面为圆形,压力洞。桩号 D26+750.797 处为整条隧洞最低点,布置内径 0.60 m 放空支管,支管末端设置放空阀。1#农灌支洞布置在主隧洞桩号 D12+510.632 处,作为文门田洋和黑土田洋的灌溉预留。2#农灌支洞布置在主隧洞桩号 D16+447.057 处,作为桶井田洋的灌溉预留。农灌支洞末端布置农灌井,农灌井与支洞之间布置平板闸门,为后期农灌配套项目创造施工条件。补水支洞布置在主隧洞桩号 D24+736.485 处。补水支洞长 860.602 m,洞身断面为圆形,直径 3.00 m。在水源池水库内设补水口阀井,尺寸 8.0 m×5.0 m(长×宽)。水源池水库至水厂供水管线,全长 1.32 km,圆形压力钢管,管径 1.6 m。采用倒虹吸形式跨过槟榔河。

自 1990 年以来,三亚市经济社会快速发展。

(1)人口方面。三亚市常住人口从 1991 年的 38.60 万人增加到 2014 年的 74.19 万人,其中 1990—1995 年、1996—2000 年、2001—2005 年、2006—2014 年四个阶段三亚市总人口年均增长率分别为 2.2%、3.3%、1.5%和 2.2%,人口持续保持快速增长。

(2)城镇化率方面。1990 年三亚市城镇化率仅为 27.8%,2000 年达到了 45.1%,1995—2000 年年均增长 3.2%,到 2014 年已经达到 70.97%,三亚市城镇化水平显著提高。

(3)经济发展方面。三亚经济经过 20 世纪 90 年代中后期的调整后,从 1998 年开始进入新一轮的增长周期,连续十年保持两位数的增长。特别是进入“十一五”规划期间的 2006—2008 年,年均增长 17.8%。2008 年三亚市生产总值 144.31 亿元,到 2014 年实现生产总值 402.26 亿元。

12.1.2　水文

12.1.2.1　流域概况

三亚市地形呈北高南低之势。北部为山区，峰峦连绵；南部平原沿海岸呈东西分布。全市山地面积占 33.4%，丘陵面积占 25.2%，台谷地面积占 18.1%，平原面积占 23.3%。三亚市有独流入海的河流 10 条，分别是宁远河、藤桥河、三亚河、大茅水、龙江溪、九曲溪、烧旗溪、文昌溪、东沟溪、石沟溪。河流主要发源于三亚市北部山区及保亭县，由于地形地貌，自然形成了东、中、西三部分相对独立的水系，自北向南注入南海。独立水系包括东部的藤桥河、中部的三亚河和大茅水、西部的宁远河，4 条河流的流域面积均在 100 km^2 以上。

12.1.2.2　气象

三亚市多年平均气温为 25.5 ℃，属热带海洋性季风气候，长夏无冬，气候条件优越。年极端高气温为 35.7 ℃，极端低气温为 5.1 ℃，年日照数为 2 031.6~2 586.5 h，属于半湿润半干旱热带气候。季风特征明显，冬季盛行偏北风，夏季盛行偏南风，常年以偏东风为主，多年平均风速为 2.6 m/s。台风频率每年 3.72 次。三亚市地处热带北缘，是我国少有的热带季雨林原生地之一，有多类属于国家自然保护范围的动植物资源。

12.1.2.3　径流

三亚市西水中调工程涉及的水库主要有大隆水库和水源池水库。大隆水库径流计算以雅亮水文站为参证站，采用水文比拟法加以降水量修正计算 2003 年以前的年径流系列，2004 年以后的径流采用水库实际入库径流经还原后得到；水源池水库的径流直接采用 2017 年 8 月审查通过的《三亚市西水中调工程水资源论证》中的成果。大隆水库坝址多年平均径流量为 21.8 m^3/s，水源池水库多年平均径流量为 2.0 m^3/s。

12.1.2.4　洪水

水源池水库下游倒虹吸处距离水库坝址仅 950 m，区间无支流汇入，100 年一遇设计洪峰流量直接采用水源池水库 100 年一遇的下泄流量，即 1 140 m^3/s。

12.1.3　工程任务和规模

三亚市西水中调工程是选取宁远河上的大隆水库作为取水水源，通过引水隧洞将西部的大隆水库原水引至中部水厂，同时向水源池水库补水。工程以大隆水库作为主要水源，水源池水库作为备用水源，满足三亚市中部城区生产生活用水。工程包括原水工程、净水工程及配水工程，其中原水输水隧洞长 28.1 km，净水一期工程规模达到 20 万 t/日，二期总规模达到 40 万 t/日。

12.1.3.1　工程开发任务

按照工程供水对象、范围及重要性，结合地方政府意见及要求，确定三亚市西水中调工程开发任务为：以城市供水为主，兼顾改善沿线农业灌溉条件、生态补水等任务。

通过大隆水库向中部水厂供水，满足城市供水需求；同时根据大隆水库蓄水和水位情况，增加原水工程农业灌溉应急口；通过大隆水库向水源池水库补水实现水系和水库的连通，满足水源池水库向中部水厂应急供水及下游生态环境需求。

12.1.3.2　供水范围、设计水平年及供水保证率

本次设计根据项目可行性研究及水资源论证报告，确定三亚市西水中调工程供水范围涉及三亚市西部和中部，具体为吉阳区、天涯区、崖州区。供水对象为城区工业生活。

现状水平年仍采用 2015 年，规划水平年近期采用 2020 年，远期采用 2030 年。

城市供水设计保证率采用 97%。

12.1.3.3　工程调度运行方式

近期(2020 年)工程运行方式：大隆水库单库作为西部水厂、中部水厂及大隆灌区的供水水源；水源池水库的任务为自身水厂(荔枝沟水厂、金鸡岭水厂)的生活供水、自身灌区的灌溉供水、作为应急备用水源向中部水厂的应急供水。经计算分析，大隆水库向水源池补水规模为 1.02 m^3/s。同时，水源池水库向中部水厂应急供水规模 14 万 t/d。

远期(2030 年)工程运行方式：大隆水库单库作为西部水厂、中部水厂及大隆灌区的供水水源；荔枝沟水厂、金鸡岭水厂停运，水源池水库的任务为自身灌区的灌溉供水、作为应急备用水源向中部水厂的应急供水。经计算分析，大隆水库向水源池补水规模为 0.10 m^3/s。同时，水源池水库向中部水厂应急供水规模 28 万 t/d。

远景(2050 年)工程运行方式：大隆水库单库作为西部水厂、中部水厂及大隆灌区的供水水源；水源池水库的任务为自身灌区的灌溉供水、作为应急备用水源向中部水厂的应急供水。远景考虑到大隆水库水量有限，而中部水厂远景规模达到 60 万 t/d，大隆水库除向中部水厂供水外，已无多余水量补水给水源池水库，因此远景(2050 年)大隆水库不再向水源池水库补水。经计算分析，水源池水库向中部水厂应急供水规模 40 万 t/d。

为提高大隆水库的水资源利用效率，提高西-中部水库群联合供水系统的供水能力，大隆水库可通过连通工程对水源池水库进行补水，具体的补水原则如下：

(1)水文补偿补水。大隆水库需要弃水(汛限水位控制)，水源池水库尚未蓄满，尽可能将大隆水库超蓄水量引入。在满足城镇供水基础上可以有富余水量给水源池水库补水。

(2)生态补偿补水。大隆水库蓄水较充足(蓄水 2 亿 m^3 以上)，水源池水库兴利库容小于 563 万 m^3(城市应急库容 413 万 m^3，加上 90%保证率下的生态补水量 150 万 m^3)时，对水源池水库进行补充供水，通过水源池水库补充下游河道生态水量。

(3)应急保障补水。水源池兴利库容小于 413 万 m^3 时，补充水源池达到应急蓄水位 35.70 m(榆林高程)。

(4)检修工况补水。大隆水库输水隧洞需要检修时，可以提前将水源池水库蓄满，由水源池水库保证全部需水。

12.1.4　工程布置与建筑物

12.1.4.1　工程等别和建筑物级别

三亚市西水中调工程供水对象为三亚市中部地区，根据《防洪标准》(GB 50201—2014)、《水利水电工程等级划分及洪水标准》(SL 252—2017)和《调水工程设计导则》(SL 430—2008)等规定，本工程设计引水流量为 7.89 m^3/s，年引水量为 1.91 亿 m^3，在 1 亿 m^3~3 亿 m^3，虽然供水对象三亚市为重要城市，考虑到该工程不是三亚市的唯一水源，所以综合考虑，确定本调水工程规模为中型，工程等别为Ⅲ等，主要建筑物级别为 3 级，次要建筑物级别为 4 级，临时建筑物级别为 5 级。取/补水口、输水隧洞、供水管道等为主要建筑物，建筑物级别为 3 级。

12.1.4.2　洪水标准

主要建筑物等级为 3 级，根据《水利水电工程等级划分及洪水标准》（SL 252—2017）和《调水工程设计导则》（SL 430—2008）中供水工程永久性水工建筑物洪水标准，设计洪水采用 20～30 年一遇，校核洪水采用 50～100 年一遇，确定输水系统中的交叉建筑物设计洪水采用 30 年一遇，校核洪水采用 100 年一遇。穿槟榔河倒虹吸校核洪水标准大于该河段的防洪标准。

由于本工程从已建水利枢纽库区取水、补水，取水口建筑物的洪水标准按与枢纽工程相同确定，即：大隆水库坝上取水口的洪水标准为设计洪水 100 年一遇，校核洪水 2 000 年一遇；水源池水库补水口的洪水标准为设计洪水 100 年一遇，校核洪水 1 000 年一遇。

12.1.4.3　工程总布置

三亚市西水中调工程（一期）（原水工程部分）将位于三亚市西部宁远河中下游的大隆水利枢纽原水引入中部地区，从根本上解决三亚市中心城区水资源不足的问题，兼顾向水源池水库补水任务，并为沿线农业应急灌溉。工程包括大隆水库取水口、大隆水库至水厂输水隧洞、1#（2#）农灌支洞及农灌井、水源池水库补水支洞及补水口、水源池水库至水厂供水管道、检修支洞等。

取水口位于大隆水利枢纽，在三亚市崖城镇境内，距三亚市约 56 km。大隆水库 2008 年建成，是海南省南部水资源调配的重点工程，是一宗具有防洪、供水、灌溉、发电等综合利用效益的大（2）型水利枢纽，枢纽主要建筑物由土坝、溢洪道、引水隧洞和电站厂房等 4 部分组成。

取水口位于大坝上游左岸山体，距大坝约 550 m。大隆水库设计洪水位 71.55 m，校核洪水位 75.40 m，正常蓄水位 70.82 m，死水位 33.82 m，淤沙高程 23.82 m；则取水口最高引水位 75.40 m，最低引水位 33.82 m。取水口前端布置岩塞，以创造水下施工条件。为了满足供水保证率及保证水质，取水口岩塞进口高程布置在水库死水位以下、淤沙高程以上。取水口沿水流方向依次为岩塞段、聚渣坑、渐变段、廊道段和取水口竖井。取水竖井布置一道拦污栅和一道事故检修门。取水口竖井顶高程 86.50 m，拦污栅及事故检修门均采用固定卷扬机启闭。

大隆水库输水隧洞全长约 28.10 km，圆形，压力洞。纵坡设计具体如下：在 SD-1-069.000～SD0-000（D0+000），纵坡为 1∶356，在 D0+000～D26+750.797，纵坡为 1∶1 873；在 D26+750.797～D27+025.158，逆坡，纵坡 1∶1 000。桩号 D26+750.797 处为整条隧洞最低点，布置内径 0.60 m 放空支管，支管末端设置放空阀。

隧洞在桩号 D18+800.00 之前为钢筋混凝土衬砌段，圆形，洞径 3.00 m，衬砌厚 0.40 m；D18+800～D20+800 段穿越垃圾填埋场，为防止污染，2.0 km 全部采用压力钢管外回填混凝土衬砌形式，内径 2.60 m；D20+800～D25+750 段，钢筋混凝土衬砌段，洞身断面为圆形，洞径 3.00 m，衬砌厚 0.40 m；根据挪威准则，D25+750～D26+500 段采用压力钢管外回填混凝土衬砌形式，内径 2.60 m（其中检修阀两侧各 10 m 范围内径 2.00 m，配备

DN 2 000 检修阀,采用平底变径以利排水);桩号 D26+500~D27+025.158 为明挖回填钢管段,内径 2.20 m,末端与水厂调流调压阀对接。

1#农灌支洞布置在主隧洞桩号 D12+510.632 处,作为文门田洋和黑土田洋的灌溉预留。支洞与主隧洞夹角 82.727°,洞身断面为圆形,内径 2.20 m,长 1 469.768 m,纵坡 1:236。

2#农灌支洞布置在主隧洞桩号 D16+447.057 处,作为桶井田洋的灌溉预留。支洞与主隧洞夹角 88.252°,洞身断面为圆形,内径 2.20 m,长 1 572.985 m,纵坡 1:189。

农灌支洞末端布置农灌井,洞底高程 23.50 m。农灌井直径 8.0 m,井底高程 23.00 m,井顶高程 77.00 m。农灌井与支洞之间布置平板闸门,为后期农灌配套项目创造施工条件。

补水支洞布置在主隧洞桩号 D24+736.485 处,与主隧洞夹角 45°。补水支洞长 860.602 m,逆坡,纵坡 1:42,洞身断面圆形,直径 3.00 m。末端为压力钢管,洞径由 3.0 m 渐变为 1.60 m。在水源池水库内设补水口阀井,尺寸 8.0 m×5.0 m(长×宽),井内布置 1 个调流调压阀、2 个检修阀、1 个流量计。补水口阀井出口设溢流池,堰顶高程 33.0 m,维持补水口出水为淹没出流。

水源池水库至水厂供水管线,全长 1.32 km,圆形压力钢管,管径 1.6 m。供水管线上游接水源池水库放水涵岔管,中心高程 25.92 m,末端与水厂对接,中心高程 11.00 m,采用倒虹吸形式跨过槟榔河。在上游起始端设置检修阀,在下游 SYC1+076.972 处设置放空岔管接至主线放空湿井,管径 0.6 m,并在放空阀前设置进人孔,便于后期进人检修。

本工程大隆水库输水隧洞共设计 3 处检修支洞,分别位于桩号 D2+749.607(1#检修支洞)、D18+454.391(2#检修支洞)及 D25+850.000(3#检修支洞)。1#及 2#检修支洞为隧洞混凝土段检修支洞,兼作工程建设期的施工支洞,为满足施工要求,洞身开挖断面为城门洞,初次支护后净宽 4.50 m、直墙高 3.50 m、拱高 1.50 m;为保证运行期洞身结构安全,洞身二次衬砌为圆形断面,内径 3.70 m。3#检修支洞为末端钢管段检修支洞,为满足检修通车要求,衬砌后断面为 5.00 m×5.00 m 城门洞形;与主洞交叉点设置检修阀室,阀室尺寸为 8.00 m×8.00 m×7.55 m(长×宽×顶拱高),阀室内设 DN2 000 检修阀,并在阀后钢管上部设检修进人孔。

12.1.5 机电与金属结构

12.1.5.1 水力机械

本工程主要水力机械设备见表 12.1-1。

表 12.1-1 水力机械专业设备清单

序号	名称	规格	单位	数量
1	调流调压阀	DN1 600,PN1.0 MPa	台	1
2	电磁流量计	DN1 600,PN1.0 MPa	台	1
3	法兰式手动蝶阀	DN1 600,PN1.0 MPa	台	2
4	法兰式手动蝶阀	DN1 000,PN0.6 MPa	台	1

续表 12.1-1

序号	名称	规格	单位	数量
5	法兰式手动蝶阀	DN2 000,PN0.6 MPa	台	1
6	法兰式手动蝶阀	DN600,PN1.0 MPa	台(套)	2
7	静压式液位计	量程 0~50 m,4~20 mA 输出	台	4
8	复合式排气阀	DN100	台	1

12.1.5.2 金属结构

本工程金属结构设备布置于坝上取水口和 1[#]、2[#]农灌支洞部位,承担城镇和灌溉供水的水流控制任务。全部设备包括平面钢闸门 3 扇、拦污栅 1 扇、固定卷扬启闭机 4 台。金属结构设备总工程量约 202 t。

12.1.5.3 电气

三亚市中部供水工程供电范围包括四个区域,即大隆水库取水口、1[#]灌溉支洞、2[#]灌溉支洞、水源池水库补水口等区域。

大隆水库取水口电源按照永临结合的原则,在施工期间建设的 10 kV 输电线路按照永久供电标准实施,待工程施工完成后,业主向当地供电部门申请永久用电报装。10 kV 输电线路电源引接自大隆水库二级配电站,线路总长 1.3 km,其中架空线路部分长度 0.6 km,导体采用 JKLYJ-10-50 型。电缆线路部分长度 0.7 km,采用 YJV22-3×70 型电力电缆。为保证二级用电负荷供电可靠性,另设 1 台柴油发电机组作为备用电源。主供电源与备用电源通过 ATS 双电源自动切换装置自动投切,主供电源停电时,柴油发电机组起动保证工程区域内正常供电需求。

1[#]农灌井用电电源按照永临结合的原则,在施工期间建设的 10 kV 输电线路按照永久供电标准实施,待工程施工完成后,业主向当地供电部门申请永久用电报装,10 kV 输电线路电源引自天过线龙外分线 18[#]杆,线路总长 1.0 km,其中架空线路部分长度 0.6 km,导体采用 JKLYJ-10-50 型。电缆线路部分长度 0.4 km,采用 YJV22-3×70 型电力电缆。

2[#]农灌井用电电源按照永临结合的原则,在施工期间建设的 10 kV 输电线路按照永久供电标准实施,待工程施工完成后,业主向当地供电部门申请永久用电报装,10 kV 输电线路电源引自天响线岭什水库支线李德珠支线谢亚第分线 18[#]杆,线路总长 0.3 km,其中架空线路部分长度 0.2 km,导体采用 JKLYJ-10-50 型。电缆线路部分长度 0.1 km,采用 YJV22-3×70 型电力电缆。

水源池水库补水口用电电源引接方式,用电负荷点距坝后水电站 0.4 kV 低压配电室距离为 2 km 左右,采用 0.4 kV 电源供电不能满足供电质量要求,电能损失也比较大,因此考虑按照永临结合的原则,在施工期间建设的 10 kV 输电线路按照永久供电标准实施,待工程施工完成后,业主向当地供电部门申请永久用电报装,10 kV 输电线路电源引自妙山线南新二十队 52[#]杆,线路总长 1.2 km,其中架空线路部分长度 1.1 km,导体采用 JKLYJ-10-50 型。电缆线路部分长度 0.1 km,采用 YJV22-3×70 型电力电缆。为保证二级用电负荷供电可靠性,考虑到调流调压阀、流量计的用电负荷容量较小,工作具有连续性的特点,设置 1 套 EPS 电源(45 kW)系统作为备用电源,保证工程区域内二级用电负荷正常供电需求。

12.1.5.4　自动控制

自控系统设计范围为大隆水库取水口、补充农灌口、水源池水库供水口、水厂进口等四处电控设备的自动控制、视频监视和通信。

自动控制系统采用计算机监控系统,监控系统控制层次为两层结构,分别为主控层和站控层。

在大隆水库设置中央监控管理站,在大隆水库取水口启闭机室、补充农灌口、水源池水库供水口、水厂进口设置现地控制单元,实现站控层功能。各地控制单元的运行自成系统,既可控制本系统的运行和数据的采集,也可通过网络系统将数据传到主控层。

由于供水工程采用深埋隧洞供水,且受工程沿线地形限制,不便于自建光通信系统,因此补充农灌口、水源池水库供水口、水厂各处与集控中心之间均采用租用公网通道的通信方式。

12.2　工程 BIM 施工管理平台整体方案

为支撑三亚市经济快速发展、加快推进旅游城市建设,发挥大隆水库供水效益、实现水资源合理配置,解决三亚市中心城区缺水问题,保障中心城区用水安全的需要,三亚城投水务有限公司启动了三亚市西水中调工程。

BIM 技术作为贯彻落实水利部积极发展水利信息化、海南省建设“智能信息岛”,以及省水务厅党组加强运用信息化手段提升水利工程建设运行管理效能、加强行业监管的有关要求的重要手段,BIM 施工管理平台的建设能有效提升三亚市西水中调工程项目管理水平,为实现工程的全生命周期管理提供有力支撑。

由于项目建设规模大、结构形式复杂、分布范围广、施工场所和人员分散、施工难度大,传统的管理模式和信息化手段难以满足现代化建设的需要,企业和项目都面临巨大的投资风险、技术风险和管理风险。应用 BIM 技术建立基于 BIM 模型的施工管理平台,实现对工程项目管理计划与进度、合同、质量、安全、设计和施工的控制,规范工程建设管理的流程,为工程建设、运行管理和工程安全高效运行提供技术支撑,从设计、施工管理、移交运营方面提高信息化管理水平,已成为建设企业的迫切需求。

12.2.1　项目人员组织结构

根据本项目的性质、工作内容,公司成立了一个以从事水利工程、地理信息、软件开发等业务为主的专业团队,尤其是精通水利工程、BIM、地图编制、数据库设计、软件开发等专业方面的人才为主的强有力的项目实施组织机构(见图 12.2-1)。

12.2.2　项目进度计划

项目策划时制订项目进度计划(见图 12.2-2),确保项目按时保质完成。

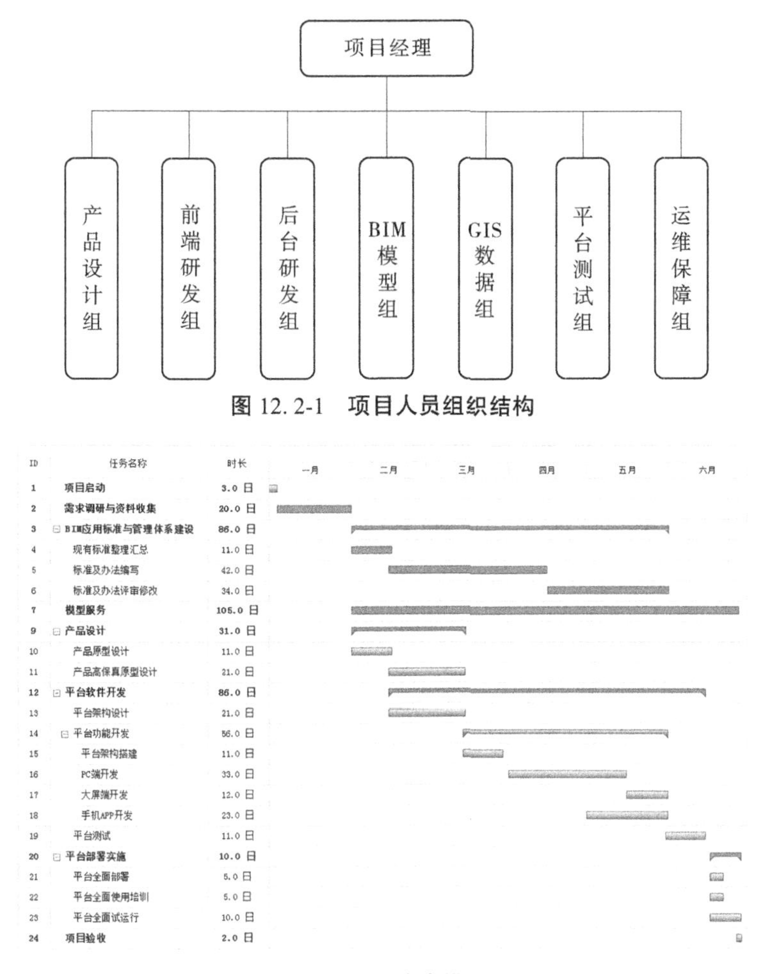

图 12.2-1　项目人员组织结构

图 12.2-2　进度安排计划

12.3　施工管理平台建设

三亚市西水中调工程 BIM 施工管理平台应用 BIM+GIS、云计算、大数据分析、数据可视化、微服务等主流技术，通过对基础性、全局性的施工过程信息资源的治理，实现了基于 BIM 的工程三维可视化、进度跟踪、质量安全控制及工程资料等管理功能，满足工程业主对工程进度、安全、质量、投资等方面的精细化监管要求，达到了全面提升工程管理效率和建设品质，项目全过程监控管理的目标，得到各参建方的充分肯定。

该平台是海南省水利工程项目首个正式投入使用的基于 BIM 技术的施工管理平台，标志着海南水利工程项目建设管理的全新突破，将大幅提升三亚市西水中调工程的施工管理能力，并对海南省水利工程项目建设管理能力提升起到强劲的推动作用。

12.3.1　建设目标

建设 BIM 施工管理平台，在 BIM 设计模型的基础上按照施工实际情况定期更新 BIM

施工模型,并通过 BIM 轻量化技术,实现跨区域的空间信息和模型信息的集成,提供三维 GIS 场景,使得工程可以通过三维 GIS 场景从宏观上把控长距离输水工程的状态指标,同时叠加高精度 BIM 模型,能够在宏观的基础上聚焦到局部各个领域,深化多专业协同应用。通过 BIM+GIS 的宏观、中观、微观数据集成,为数据挖掘、分析及信息共享提供数据可视化及展现平台,增强数据的表达方式。

(1)建立 BIM 应用标准与管理体系。

(2)建立 BIM 模型,并基于 BIM 模型建立施工管理平台。

(3)实现水利工程三维可视化设计、参数化建模、碰撞分析、工程量算等。

(4)实现对工程项目管理计划与进度、投资与成本、合同、质量、安全、设计和施工的控制,实时了解工程建设与管理的动态信息。

(5)规范工程建设管理的流程,提高工程信息的应用水平和共享程度。

(6)为工程建设、运行管理和工程安全高效运行提供技术支撑。

(7)全面提高工程建设与管理的水平和效益。

12.3.2　建设原则

12.3.2.1　规范性原则

BIM 管理平台建设需符合相关标准规范,系统的指标体系、数据接口、业务规范、信息数据项、信息分类编码标准应执行国家和行业标准规范,符合水利工程建设有关信息结构通则和指标体系。

12.3.2.2　先进性原则

在 BIM 施工管理平台建设设计过程中,采用 IT 领域先进成熟的技术,系统设计符合 IT 技术的发展趋势,全面应用开源技术,系统应完整统一、高效稳定、安全可靠,能方便地进行扩充、升级。

12.3.2.3　开放性原则

应采用开放的体系结构,各子系统既可独立运行,又可集成运行,具备松耦合特性,系统中的设备可以是异构的,在统一的标准下可连成一个完整的系统,系统既具有重构特性又具有可扩展性,适应二次应用开发的需求,实施难度低,系统接口标准、规范,访问透明,文档齐全。

12.3.2.4　安全性原则

系统应遵循安全性的原则,应着重考虑以下三种情况:一是防止外部非法用户访问网络,防止内部合法用户的越权访问;二是从信息安全政策、安全标准、安全管理等方面构架完整的安全管理体系;三是防止意外的数据损害。

12.3.2.5　实用易用原则

系统设计应考虑用户操作有统一用户入口,系统界面高效简洁、美观大气。开发与系统联动的移动 App,通过移动设备实现信息查询、浏览。

12.3.3　总体架构

BIM 施工管理平台建设应遵循中央、水利部、海南省政府、三亚市政府、三亚市水务局等各级管理单位对水利信息化的建设要求及规范,是三亚市西水中调工程建设的重要组成部分和关键环节,为全线工程的智慧管理提供重要的基础数据和管理平台。

系统总体架构分为物联感知层、基础设施层、时空数据层、平台服务层、智慧应用层(见图 12.3-1)。

图 12.3-1　系统总体架构

12.3.3.1　物联感知层

视频等监测信息是智慧管理必不可少的科学依据,物联感知层是 BIM 施工管理平台正常运行的基础,是支撑其他系统运行的信息基础。采用信息自动采集、人工采集与外部收集相结合的方式,逐步提高信息采集、传输、处理的自动化水平,扩大信息采集的范围,提高信息采集的精度和传输的时效性,形成较为完善的信息采集传输体系,为工程管理工作提供更好、更准确的信息支撑服务。本次项目接入现有摄像头等数据,并为人工巡测提供数据上报接口。暂不考虑新建采集设备和站点。

12.3.3.2　基础设施层

利用三亚市政府现有硬件和网络资源等。

12.3.3.3　时空数据层

时空数据层是数据资源库的集成。它包括了地理空间库、BIM 模型库、生产数据库、工程知识库等,并且考虑以后用户在信息化建设的过程中也会有各种不同类型的数据要添加进来,因此也提供开放的入口供其他数据库的建设。

12.3.3.4　平台服务层

平台服务层是基于底层是的资源层搭建的,综合各种空间信息资源形成服务目录,并为用户提供顶层软件的应用入口。

12.3.3.5　智慧应用层

智慧应用层是用户通过网页等方式浏览、操作各类应用系统功能。

12.3.4　建设内容

12.3.4.1　建立施工协同平台,实现工程信息共享

三亚市西水中调工程项目以 BIM 模型设计及技术应用为管理载体,建立项目施工管理平台,共享项目建筑模型设计及技术应用数据,通过协作平台,打通参建单位及各业务部门的数据联系。平台将 BIM 技术、GIS 技术与信息化管理紧密结合起来(见图 12.3-2),实现项目隧洞工程三维可视化、大屏展示、工程进度管理、施工质量管理、施工安全管理、施工资料管理、工程资源控制等功能,使工程处于参建各方即时监管,达到工程三维可视化、信息化综合管理,全面提升工程管理效率和建设品质。

图 12.3-2　平台 BIM+GIS 展示页面

12.3.4.2　建设施工管理平台,实现工程全面监管

平台功能由八大板块构成,除三维展示外,进度管理、质量管理、安全管理及合同管理都是其中的重点,平台系统地将工程建设的重点工序进行协同管理(见图 12.3-3),项目的各项工作处于全方位的监管中。

1. 多维度展示工程进度

通过对进度计划的导入、编辑,以及实际进度的上报、跟踪,对进度进行全方位管理;通过结合 BIM 技术,平台实现精细到构件级别的工程进度管理,并利用横道图、BIM 构件分类渲染等形式,实现计划进度与实际进度的对比,为用户直观展示工程进度,使业主更容易把控工程进度,为施工提供指导(见图 12.3-4);通过虚拟建造对施工过程进行三维仿真模拟,分析各工序安排是否合理,协助管理者对不妥之处及时调整。

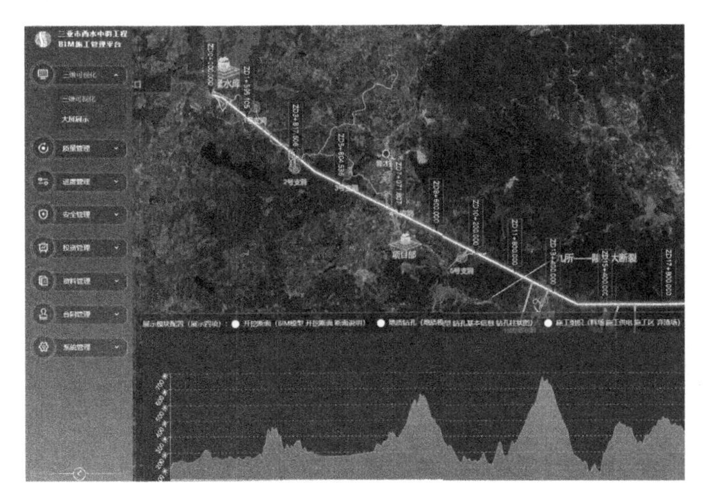

图12.3-3　施工协同平台页面展示

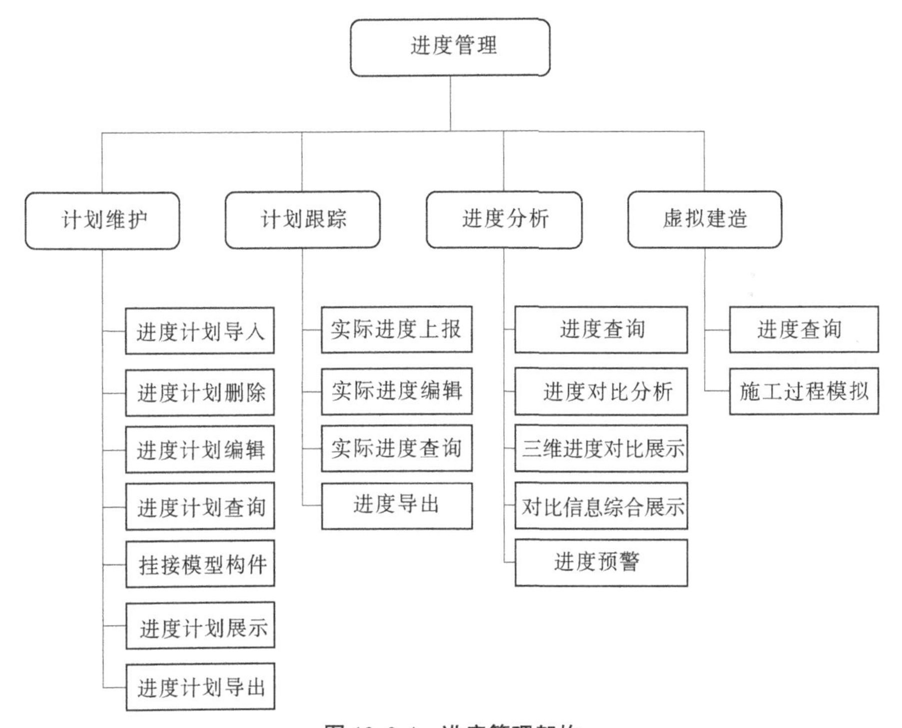

图12.3-4　进度管理架构

三亚市西水中调工程属于民生工程，工期紧张，如何在较短的工期内完成项目建设与交付运营，对项目参建任何一方都是巨大挑战，有效控制工期的途径是更少地重复工作，更高效的协调、更高的生产效率。BIM应用实现“三维、四维甚至多维度”的进度信息演示，深化阶段的BIM应用将可以根据数据分析、预演的结果提升项目决策的效率（见图12.3-5），而不是靠传统简单地“拍脑袋”，也解放了传统方式处理此类数据的大量人力资源。

图 12.3-5　进度管理页面展示

2. 协同监督质量管理

对施工过程中的各类质量评定信息进行管理(见图 12.3-6);结合移动 App 巡检上报的质量问题,实现对质量问题的全流程闭环管控;通过接入工程试验室的监测数据,实现原材料信息的管理;同时平台提供对质量管理过程文件的统一归口管理。通过加强信息的流转,提升质量管理的效率、力度和全面性。

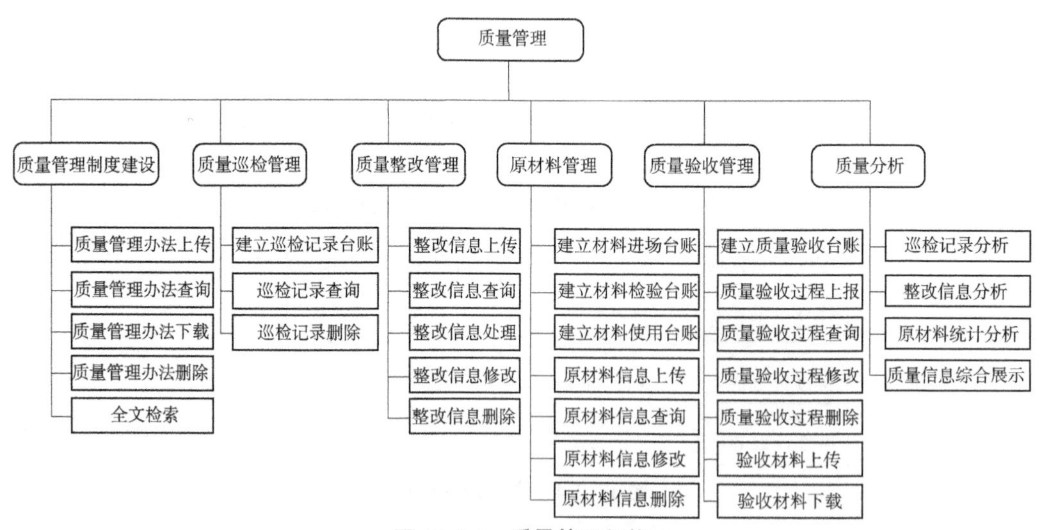

图 12.3-6　质量管理架构

三亚市西水中调工程是近年来海南省水利的重点工程,对施工质量要求更高。项目质量管理需要“事前、事中、事后”全过程周期的综合参与,也受到“人、机、物、法、环”五大因素的影响,丢掉任何一个过程或因素都可能造成质量管理的缺位。项目传统的管理方法往往受到项目管理人员专业技术水平、材料质量、各专业工作相互配合等多方面的影响。项目通过使用 BIM 协同管理在程序上限制任何一项工作的流程并形成监督机制(见图 12.3-7、图 12.3-8),使得“事前、事中、事后”控制得以保障,且不留盲点;质量管理者可以对所完成工程的成品质量实现溯源分析,尤其是对有质量缺陷的部位进行过程把控的回顾,并分析原因,真正实现西水中调项目全过程监控管理。

图 12.3-7　样板工程

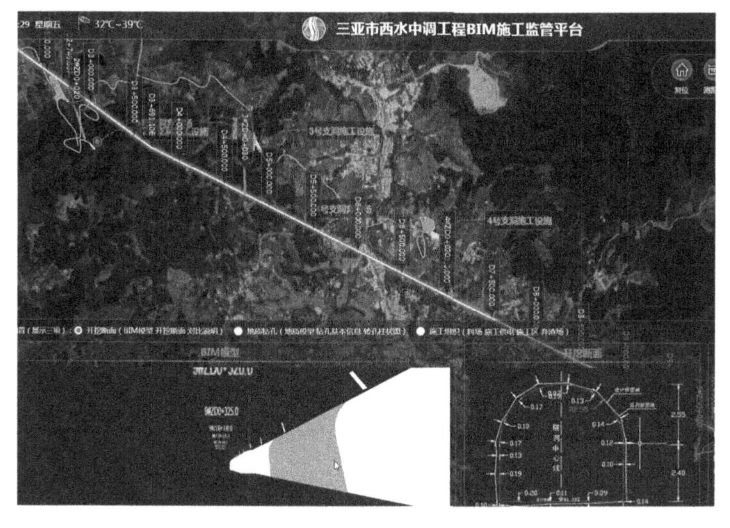

图 12.3-8　单体展示

3. 完备信息系统管理安全

结合移动 App 对安检员的日常巡检记录进行管理,并完成安全检查、安全整改、复查的全流程监管(见图 12.3-9),平台通过各类安全信息数据的分析,协助识别施工场地可能存在的安全隐患,辅助决策者制订安全措施。

三亚市西水中调项目为了满足施工需要,沿主洞全线 28 km 布置 3 条检修洞及 8 条施工支洞作为施工通道,施工区点多面广,要保证施工安全风险因素的全面控制,需投入大量的人力和物力。安全管理重在科学,传统的管理思路更依赖于“人”的因素,但施工环境越复杂,单纯依赖“人”的局限性就越大。BIM 技术可以实现施工准备阶段风险预判、施工过程仿真模拟、施工动态监测、灾害应急管控等多种功能(见图 12.3-10)。安全管理工作更加强调“细致”“无盲区”,BIM 具备“系统性”“模拟性”“信息完备性”的优势将发挥巨大作用。

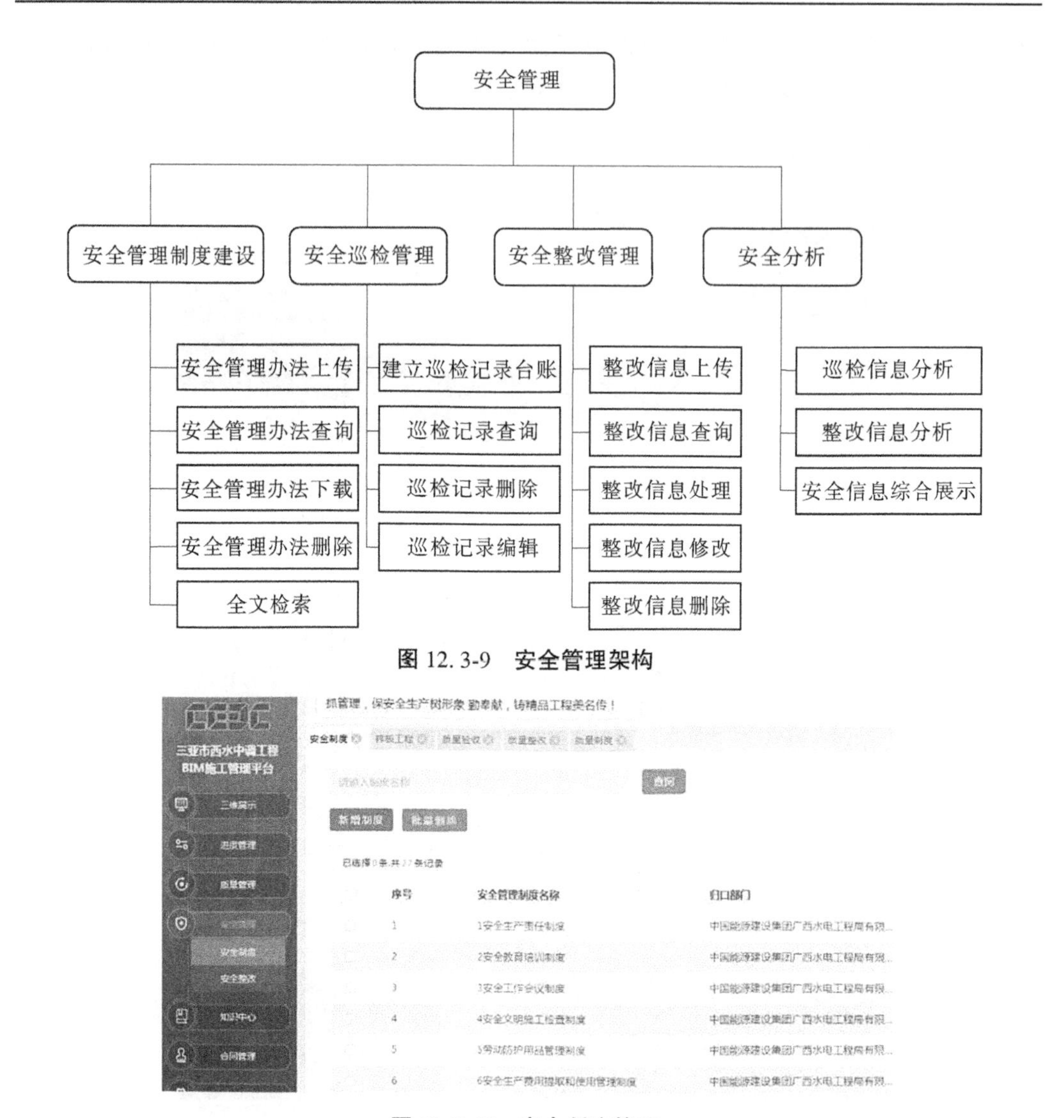

图 12.3-9　安全管理架构

图 12.3-10　安全制度管理

4. 精细化核算物料成本

平台实现工程量信息管理、投资事前事后管理、投资进度展示与分析、设计工程量与施工工程量对比等内容(见图 12.3-11)。更直观地体现出建筑工程项目的三维空间模型、时间、成本的五维建设信息,从而为工程造价管理全过程动态管理提供了有利条件,使项目按照施工图设计的思路进行人力资源的有效配置,以及合理安排时间、机械设备的有效使用、材料消耗量的有效管理。

精细化的 BIM 技术通过建立与工程结构模型相关联的庞大数据库,可以为项目进行数据查询和分析,并为决策和管理提供数据支撑,可应用于精确核算成本、经济活动分析、物资材料管理、施工前及施工中的工程变更等。BIM 管理正是基于对 BIM 模型中的数据处理而产生的理念,项目管理者可以加快决策进度、提高决策质量,从而提高项目质量,降低项目成本,增加项目利润,做到从数据了解项目情况,从细节中发现问题。

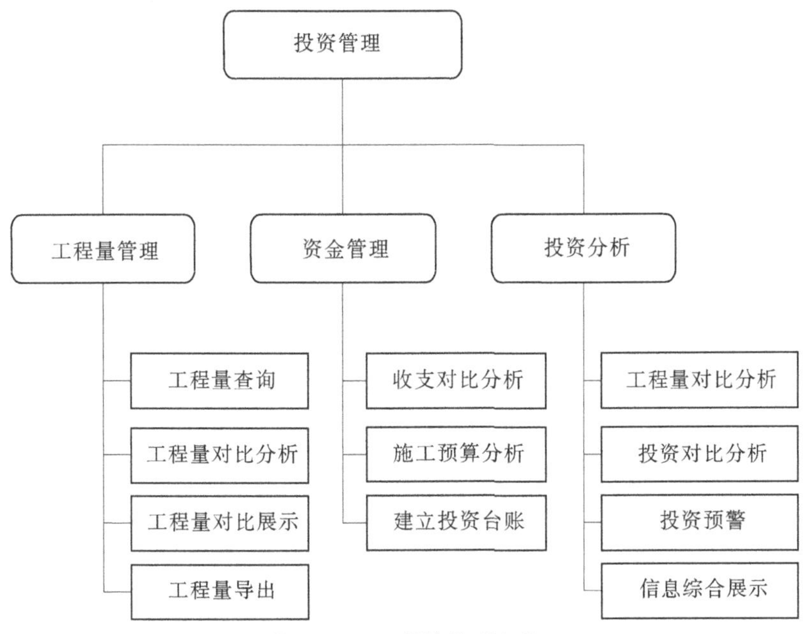

图 12.3-11 **投资管理架构**

12.3.5 BIM 施工管理平台特点、亮点

12.3.5.1 **全景可视化**

采用 BIM+GIS 技术(见图 12.3-12),整合多源信息,通过三维展示手段,直观展示施工场地布设、工地周边环境、地质、主洞纵剖面等数据,协助管理者全面了解工程的施工环境及当前的施工状态。

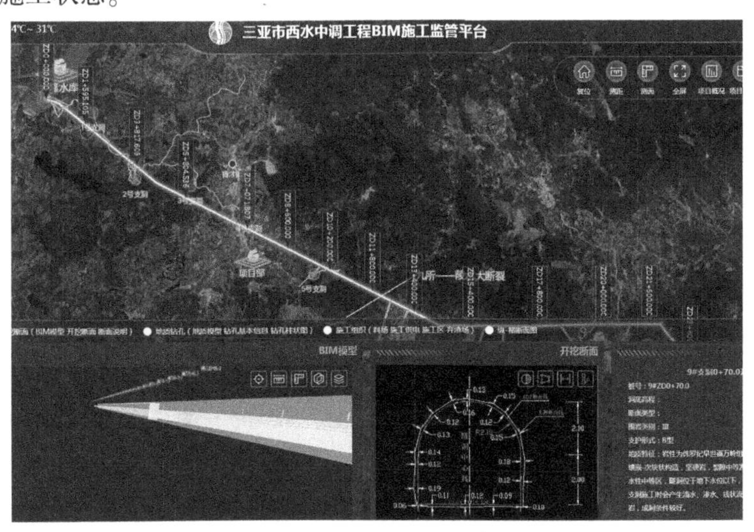

图 12.3-12 **平台 BIM+GIS 展示页面**

12.3.5.2 **全方位协同**

通过对进度计划、实际进度、报告单、技术方案、施工图纸等导入、编辑,实现对项目资

料信息进行全方位管理;通过结合 BIM 技术,平台实现精细到构件级别的工程进度、工程资料管理,并利用横道图、BIM 构件分类渲染等形式,实现计划进度与实际进度的对比,直观展示工程进度及工程资料信息,各参建方协调配合工作,易于把控工程进度及了解工程资料,为施工提供指导,分析各工序安排是否合理,协助管理者及时调整。

12.3.5.3　信息全覆盖

平台通过录入工程相关的各类质量、安全标准和规范文件,建立强大的工程知识库(见图 12.3-13),实现项目知识的共享与检索;同时通过建立工程资料目录树,对各类工程资料进行标准化的管理,使用户能够便捷、高效移交工程资料奠定基础。

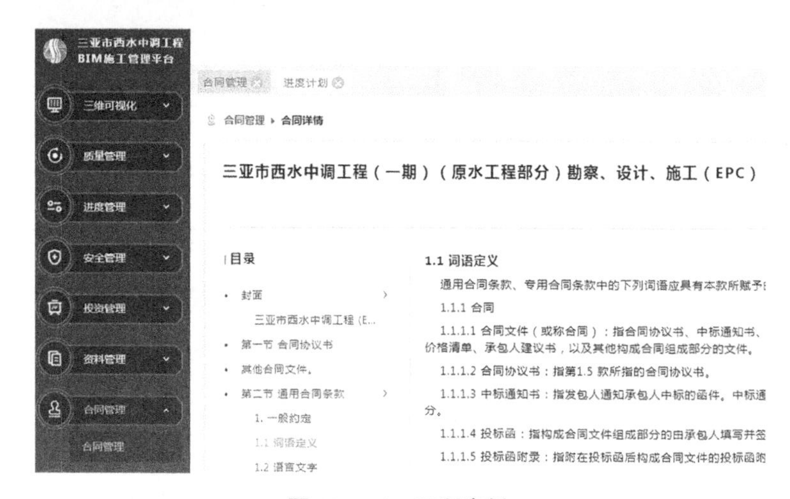

图 12.3-13　工程资料

12.3.6　BIM 应用效益和创新

与传统模式相比,BIM 的优势明显,因为建筑模型的数据在建筑信息模型中的存在是以多种数字技术为依托,从而以这个数字信息模型作为各个建筑项目的基础,可以进行相关工作。建筑工程与之相关的工作都可以从这个建筑信息模型中拿出各自需要的信息,既可指导相应工作,又能将相应工作的信息反馈到模型中。

三亚市西水中调工程 BIM 施工管理平台的建设应用,实现了基于 BIM 的工程三维可视化、进度跟踪、质量安全控制及工程资料等管理功能,满足了业主对工程进度、安全、质量、投资等方面的精细化监管要求,达到了全面提升工程管理效率和建设品质,项目全过程监控管理的目标。

三亚市西水中调项目作为海南省首个使用 BIM 管理平台开展建设的水利工程,将成为海南水利项目管理的里程碑,这是海南水利工程领域的一次技术革命,BIM 的普及将成为海南水利项目管理强有力的工具。

第 13 章　大藤峡水利枢纽工程

13.1　项目概况

大藤峡水利枢纽位于广西最大、最长的峡谷——大藤峡出口处，属广西桂平市，控制西江流域面积的 56.4%、西江水资源量的 56%，控制洪水总量占梧州站洪量的 65%。作为国务院确定的 172 项节水供水重大水利工程的标志性工程，它集防洪、航运、发电、水资源配置、灌溉等综合效益于一体，是珠江流域关键控制性水利枢纽，被喻为珠江上的“三峡工程”。大藤峡水利枢纽工程是国务院批准的《珠江流域综合利用规划》《珠江流域防洪规划》确定的流域防洪控制性工程；是广西建设西江亿吨黄金水道关键节点和打造珠江—西江经济带的标志性工程；是国务院批复的《红水河综合利用规划》中水电基地的重要组成部分，是红水河十个水电梯级开发的最后一级；是《珠江流域与红河水资源综合规划》和《保障澳门珠海供水安全专项规划》中的流域重要水资源配置工程。

大藤峡水利枢纽工程挡水建筑物由黔江主坝、黔江副坝和南木江副坝组成（见图 13.1-1、图 13.1-2）。单级船闸集中布置在黔江左岸；河床式厂房布置在黔江主坝，两岸分设，左岸布置 3 台机组，右岸布置 5 台机组；26 孔泄水闸（2 个高孔和 24 个低孔）布置在黔江主坝河床中部；黔江鱼道放置在主坝右岸。黔江主坝自右向左依次为右岸挡水坝段、右岸厂房坝段、泄水闸坝段、左岸厂房坝段、船闸坝段、船闸事故门库坝段等。黔江副坝为单一挡水建筑物，为黏土心墙石渣坝。南木江副坝由黏土心墙石渣坝段、灌溉取水及生态泄水坝段和混凝土重力坝段组成，南木江鱼道过鱼门布置在混凝土重力坝坝段上。主要建筑物级别为 1 级，次要建筑物和二期上游围堰级别为 3 级，临时建筑物级别为 4 级。工程建设总工期为 9 年。

图 13.1-1　大藤峡水利枢纽

图 13.1-2　大藤峡水利枢纽效果图

大藤峡一线船闸布置在河道左岸，右侧紧邻左电厂，左侧为预留的二线船闸位置。船闸等级为Ⅰ级，闸室有效尺度 280 m×34 m×5.8 m（长×宽×门槛水深），最大设计水头 40.25 m（上游正常蓄水位 61.00 m 至下游最低通航水位 20.75 m），通航 3 000 t 级单船和 1 顶 2×2 000 t 级船队，船舶尺度分别为 90 m×15.8 m×3.6 m 和 182.0 m×16.2 m×2.6 m（型长×型宽×满载吃水深），设计通过能力 5 189 万 t/年（上行 1 448 万 t，下行 3 741 万 t）。船闸上游设计最高通航水位 61.00 m（枢纽正常蓄水位），最低通航水位 44.00 m；下游设计最高通航水位 41.21 m（$P=10\%$），最低通航水位 20.75 m（流量 700 m^3/s，再考虑河道整治和下切等影响）。船闸轴线总长 3 495.0 m，其中船闸主体段长 385.0 m，上引航道长 1 453.0 m，下引航道长 1 897.0 m。船闸引航道采用不对称型布置，上、下游引航道均向左扩宽，主导航墙及靠船建筑物均位于右侧，船舶过闸均采取“直进曲出”的方式。

根据规划，黔江航道为内河Ⅰ级，因此大藤峡二线三线船闸按内河Ⅰ级标准、通航 3 000 t 级及以上吨级船舶标准建设。二、三线船闸采用单级、双线并列布置、共用引航道、同步建成；船闸设计最高通航水头为 40.9 m，有效尺度均为 340 m×34 m×6.8 m（长×宽×门槛水深），建成后，与先期建成的一线船闸共同构成大藤峡水利枢纽通航建筑物群共三线船闸，合计通过能力达 16 377 万 t，可满足 2050 年过坝货运量预测 15 800 万 t 的需求。

大藤峡水利枢纽二、三线船闸由上游共用引航道、上闸首、闸室、下闸首、下游共用引航道及其配套设施和上、下游锚地等组成。结合大藤峡水利枢纽建筑物布置格局、左右岸地形地貌、工程地质、水流条件、征地移民、投资等因素，通过技术经济比选，选定具有线路短、投资省、节约用地、便于后期统一运行管理等优点的方案一作为船闸线路推荐方案。具体方案为左岸“平行型”方案：二、三线船闸中心线平行于一线船闸，与一线船闸中心线距离为 346 m，二、三线船闸共用引航道，上游引航道采用“曲进直出”、下游引航道采用“直进曲出”方式运行，线路总长约 5 000 m。

大藤峡二、三线船闸有效尺度均为 340 m×34 m×6.8 m（长×宽×门槛水深），设计最大工作水头达 40. 9 m。无论是船闸有效尺度还是设计工作水头,都处于世界单级船闸最高水平,对输水系统布置提出了极高的要求。通过初步研究,二、三线船闸采用“闸墙长廊道经闸室中心垂直分流闸底纵支廊道二区段明沟消能输水系统”。

13. 2　BIM 设计整体方案

13. 2. 1　BIM 应用背景

大藤峡水利枢纽工程是一座以防洪、航运、水资源配置和发电为主,结合灌溉等综合利用大型水利枢纽,现有通航建筑为 3 000 t 级船闸,闸室有效尺度为 280 m×34 m×5. 8 m(长×宽×门槛水深),单向年设计通过能力(下行)为 5 189 万 t。

“十四五”时期,水利部党组做出了推动新阶段水利高质量发展的重大决策部署,明确智慧水利作为新阶段水利高质量发展的显著标志和六大实施路径之一,并指出关键和核心是打造数字孪生流域和数字孪生工程。2021 年 10 月 29 日,水利部出台《大力推进智慧水利建设的指导意见》《智慧水利建设顶层设计》《“十四五”智慧水利建设规划》,提出到 2025 年建成七大江河数字孪生流域,建成 11 个重大水利数字孪生工程。大藤峡水利枢纽工程是珠江流域唯一一个入选的重大水利工程,而且是规划中 11 个重大水利数字孪生工程中唯一的在建工程。为此,急需按照水利部关于数字孪生流域、数字孪生工程及数据融合共享等方面的标准规范要求,顺应数字技术发展新趋势,建立大藤峡数据底板,以推进数字孪生大藤峡建设,提升工程建设、工程运行核心能力。

BIM 模型是大藤峡水利枢纽工程区域内建筑物、构筑物、设备设施等 L3 级数据的模型载体,也是三维可视化平台的基础信息模型,用于提供建筑物、构筑物、设备设施精确的构件尺寸、逼真的材质纹理和详细的属性信息。

为满足基于数字孪生平台对日常业务管理的需求,需要建立枢纽工程范围内所有建筑物、构筑物、设备、管道、阀门仪表、监测设备、视频监控设备和主要资产设施三维可视化模型,从设施管理的角度深化模型数据信息,达到可以在 BIM 模型中查询构件名称、尺寸、材质、安装位置、系统类别、资产归属、检测维修保养记录、运行数据等内容的目标。

13. 2. 2　BIM 模型组织

13. 2. 2. 1　**模型层级**

为满足不同层次的 BIM 模型应用需要,需要将 BIM 模型划分层级。根据《水利水电工程设计信息模型交付标准》(T/CWHIDA 0006—2019),BIM 模型的层级划分原则见表 13. 2-1。

各层级关系满足以下要求:

(1)项目级 BIM 模型是项目的总装模型,由各工程区域 BIM 模型组成。

(2)功能级 BIM 模型按照不同专业、不同功能建筑物划分,由构件级 BIM 模型组成。

(3)构件级 BIM 模型是功能级 BIM 模型的最小功能单元。

(4)零件级 BIM 模型是构件级 BIM 模型的最小组成单元。

表 13.2-1　业务管理数据要素

模型层级	BIM 模型
项目级	各工程区域模型
功能级	按专业分(如土建模型、机电设备模型、监测模型)
	承载完整功能的系统
	建筑物空间分区
构件级	承载单一的构配件信息(如墙、板、水泵等)
零件级	从属于构件级模型

13.2.2.2　建模内容

本工程 BIM 模型建设的主要内容有枢纽工程区域内建(构)筑物土建模型、水力机械、电气一次、电气二次、金属结构、暖通、消防、给排水、安全监测,以及其他有必要加入数字孪生数据底板的专业细部构件模型。具体 BIM 模型建设内容如下。

1. 建(构)筑物模型建设

枢纽建(构)筑物模型包括工程所在区域范围内发电厂房、泄水闸、船闸、鱼道、南木江副坝、七星河调节坝、七星河泵站等建(构)筑物的 BIM 模型,包括结构及建筑两个专业。

2. 水力机械模型建设

水力机械模型建设包括水轮机、起重设备、技术供水系统、检修排水系统、渗漏排水系统、压缩空气系统、透平油/绝缘油系统、水力监测等系统中的构件级模型。

3. 电气一次模型建设

电气一次模型建设包括发电系统、控制保护系统、厂用电系统、照明系统、防雷接地等系统中的构件级模型。

4. 电气二次模型建设

电气二次模型建设包括计算机监控系统、继电保护系统、机组单元设备等系统中的构件级模型。

5. 金属结构模型建设

金属结构模型建设包括泄水闸的高/低孔、电厂进水口与尾水、船闸闸室、船闸输水与泄水系统、南木江副坝取水口,以及主坝/副坝鱼道系统中的闸门、埋件、启闭机等构件级模型。

6. 暖通设备模型建设

暖通设备模型包括冷冻水系统、通风排烟系统、空调系统、除湿系统中的构件级模型。

7. 消防设备模型建设

消防设备模型包括厂房、船闸、开关站、泄洪闸、鱼道等部位的建筑消防、消防设施、消防排烟构件级模型。

8. 给排水设备模型建设

给排水设备模型包括左/右岸厂房、地面开关站、船闸控制楼生活给排水的构件设备模型。

9. 安全监测设备模型建设

安全监测设备模型范围包括黔江主坝、通航建筑物、黔江副坝、南木江副坝及鱼道、塌滑体及边坡、库区淹没，以及环境量监测涉及的渗压计、量水堰、应力计、钢筋计等构件级模型。

10. 其他专业系统

其他专业系统包括水雨情自动测报系统，鱼道观测室观测设备、视频安防监控等系统与前端传感器孪生存在的构件模型。

13.2.2.3　模型系统划分

大藤峡水利枢纽工程模型系统按区域→专业→功能/系统→构件/设备进行划分。通过模型系统划分，使得复杂工程模型条理清晰，便于模型的建设以及运维过程的使用。划分示例见表 13.2-2。

表 13.2-2　BIM 模型系统划分示例

工程区域	专业	功能/系统	构件
黔江主坝（黔江副坝、南木江副坝、南木江河道治理、陆上交通、库内防护）	建筑/结构	挡水工程	—
		发电工程	—
		升压变电工程	—
		航运工程	—
		过坝建筑物	—
		……	—
	水机	技术供水系统	技术供水泵
		检修排水系统	检修排水泵
		……	……
	电一	发电机系统	励磁变压器柜
		220 kV 设备	SF6 全封闭组合电器 GIS
		……	……
	电二	计算机监控系统	220 kV 开关站现地控制单元
		继电保护	1#～8#机组微机保护屏
		……	……
	金结	泄洪高孔	事故闸门
		泄洪低孔	弧形工作闸门
		……	……
	暖通	冷冻水系统	冷却水泵
		通风系统	混流风机
		……	……
	消防	建筑物消防	防火门
		机电设备消防	干粉灭火器
		……	……
	给排水	生活给排水	污水处理设备
		……	……
	监测	黔江主坝监测	真空激光准直系统
		通航建筑物监测	测缝计
		……	……
⋮	⋮	⋮	⋮

1. 工程区域划分

工程区域划分如图 13.2-1 所示。

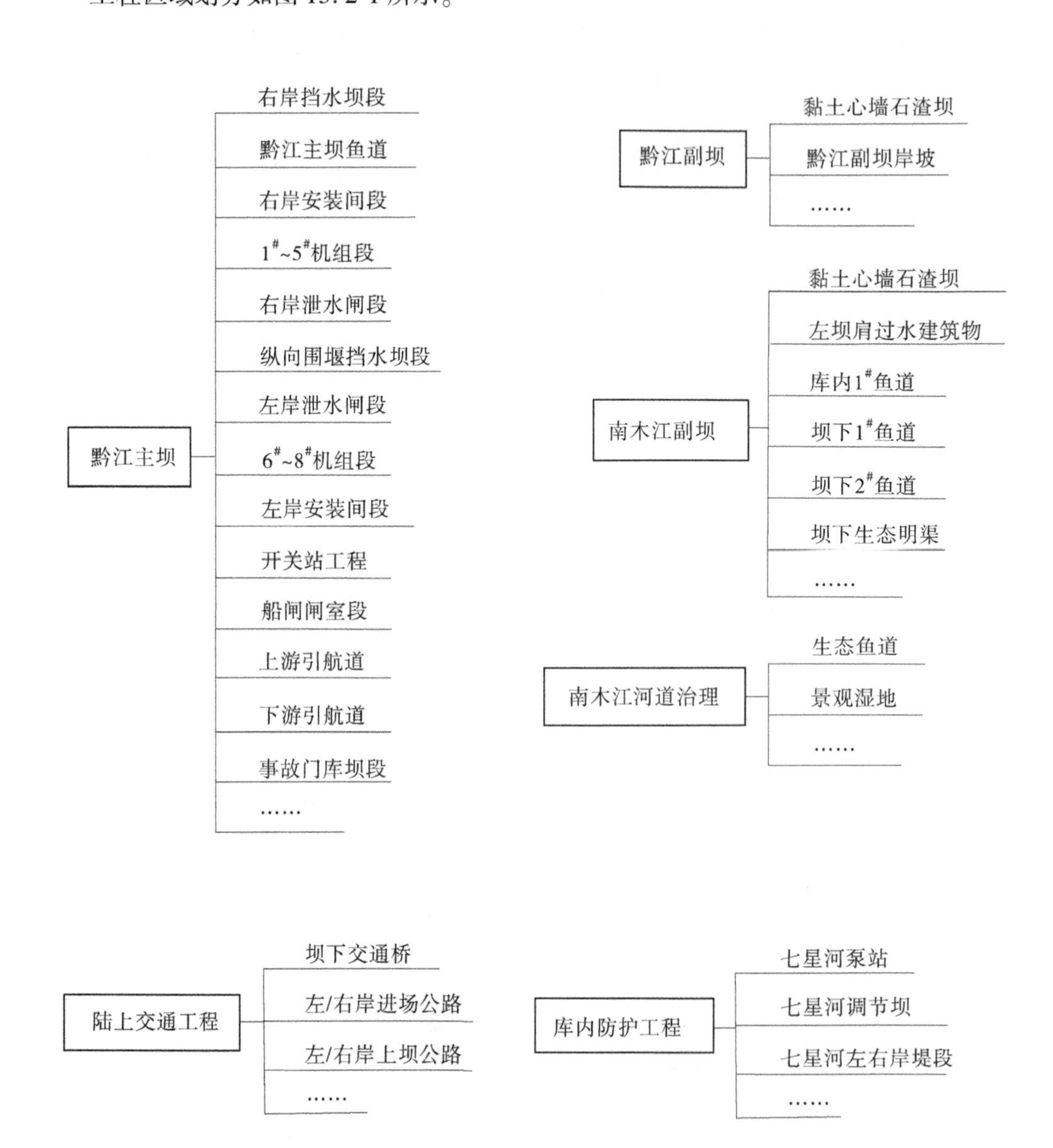

图 13.2-1　工程区域划分

2. 土建(建筑/结构)专业的功能系统划分

土建(建筑/结构)专业的功能系统划分如图 13.2-2 所示。

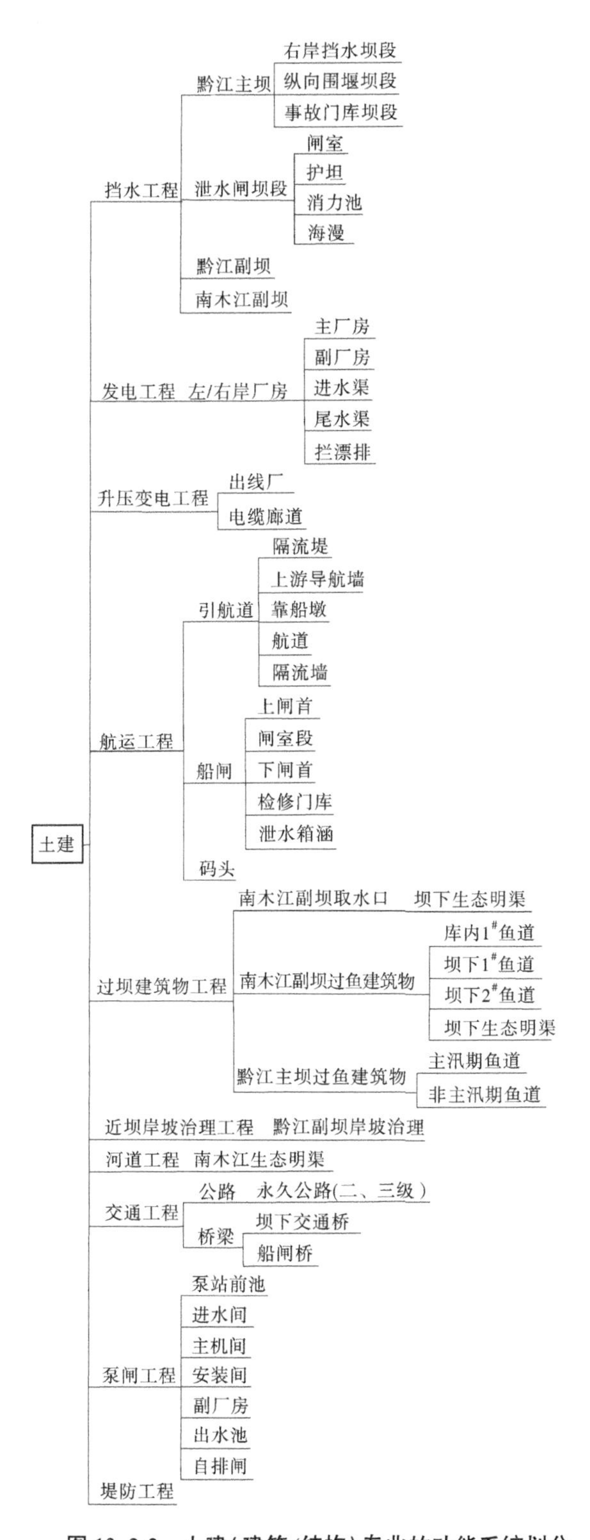

图 13. 2-2　土建(建筑/结构)专业的功能系统划分

3. 水力机械专业功能系统划分

水力机械专业功能系统划分如图 13. 2-3 所示。

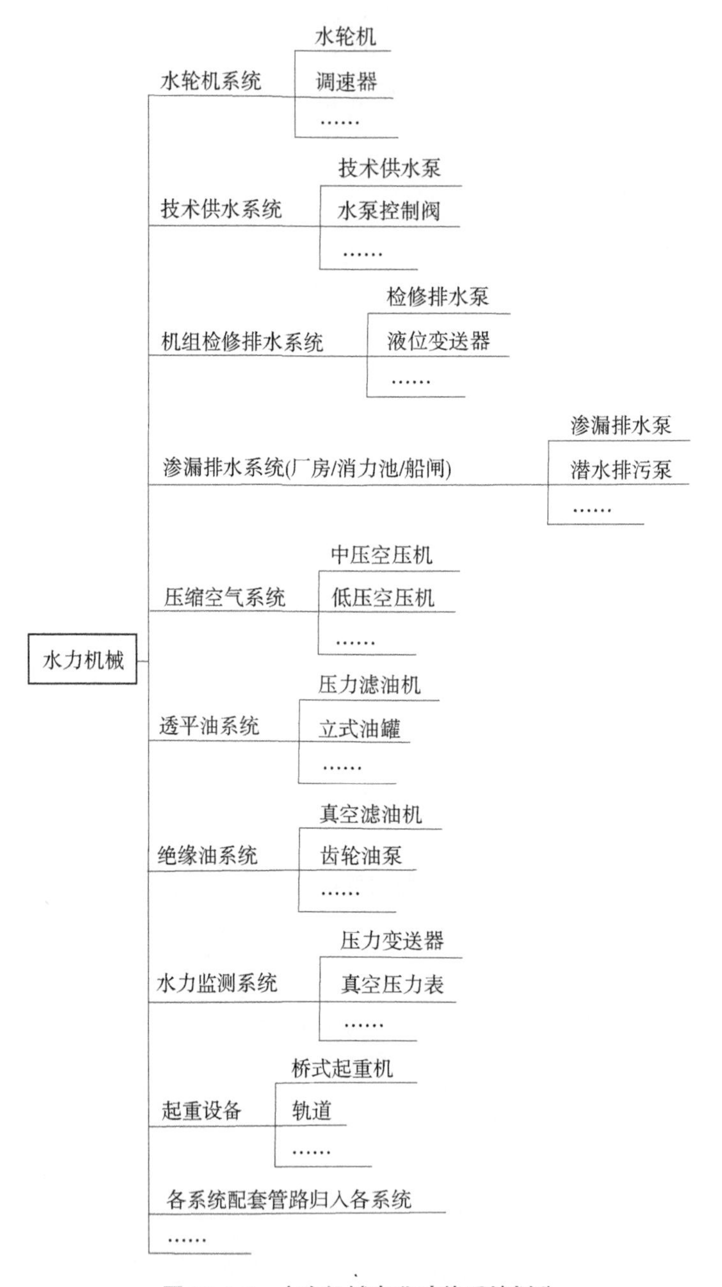

图 13. 2-3　水力机械专业功能系统划分

4. 电气一次功能系统划分

电气一次功能系统划分如图 13. 2-4 所示。

5. 电气二次功能系统划分

电气二次功能系统划分如图 13. 2-5 所示。

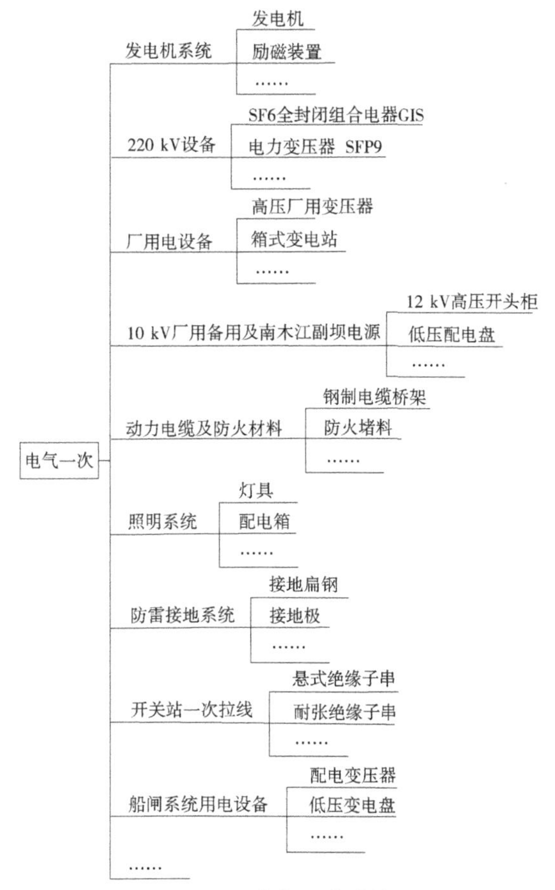

图 13.2-4 电气一次功能系统划分

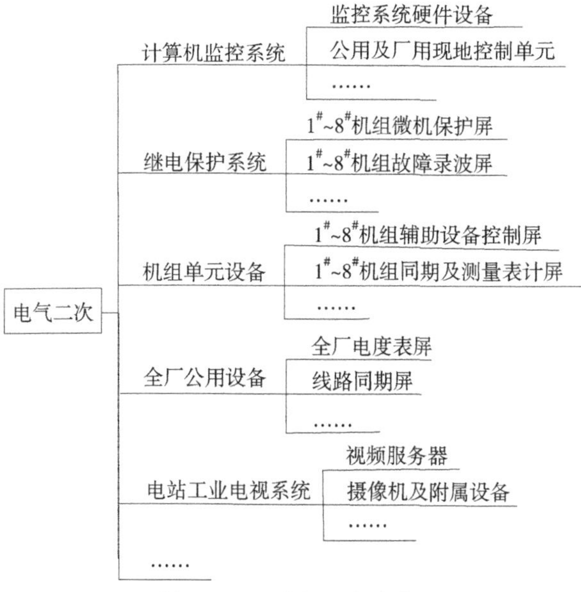

图 13.2-5 电气二次功能系统划分

6. 金属结构功能系统(位置)划分

金属结构功能系统(位置)划分如图 13.2-6 所示。

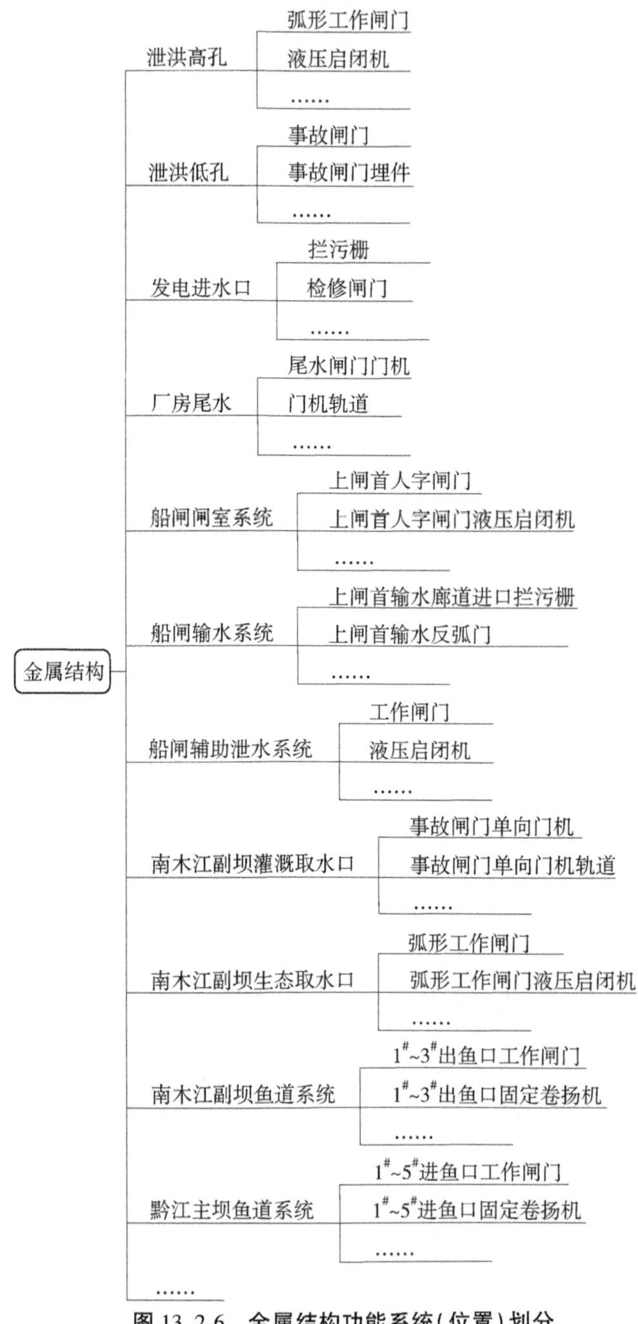

图 13.2-6　金属结构功能系统(位置)划分

7. 暖通专业功能系统划分

暖通专业功能系统划分如图 13.2-7 所示。

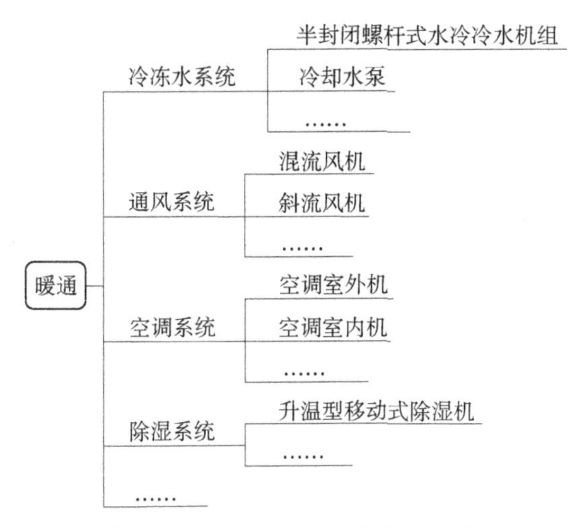

图 13.2-7 **暖通专业功能系统划分**

8. 消防专业功能系统划分

消防专业功能系统划分如图 13.2-8 所示。

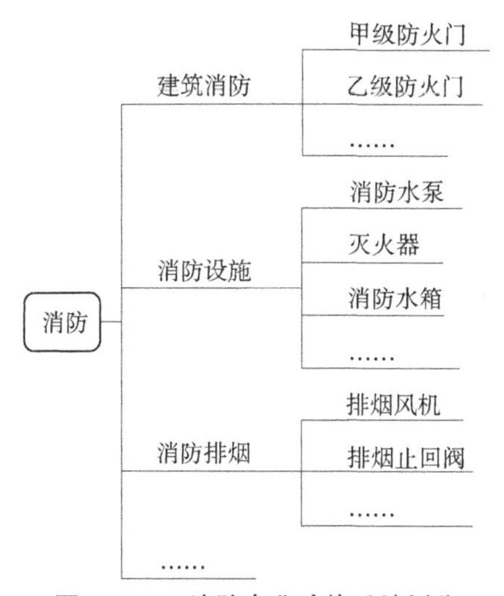

图 13.2-8 **消防专业功能系统划分**

9. 给排水专业功能系统划分

给排水专业功能系统划分如图 13.2-9 所示。

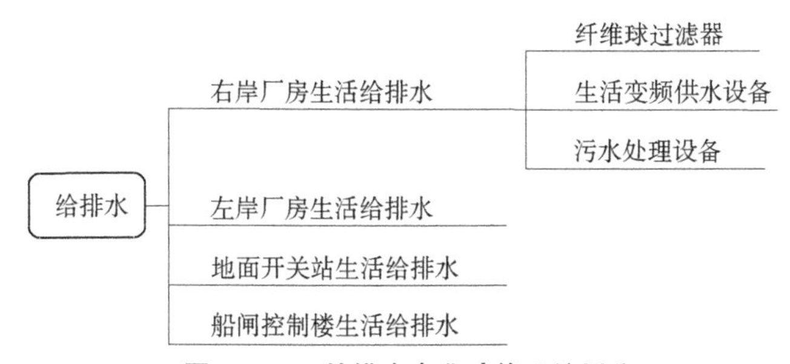

图 13.2-9 **给排水专业功能系统划分**

10. 监测功能系统划分

监测功能系统划分如图 13.2-10 所示。

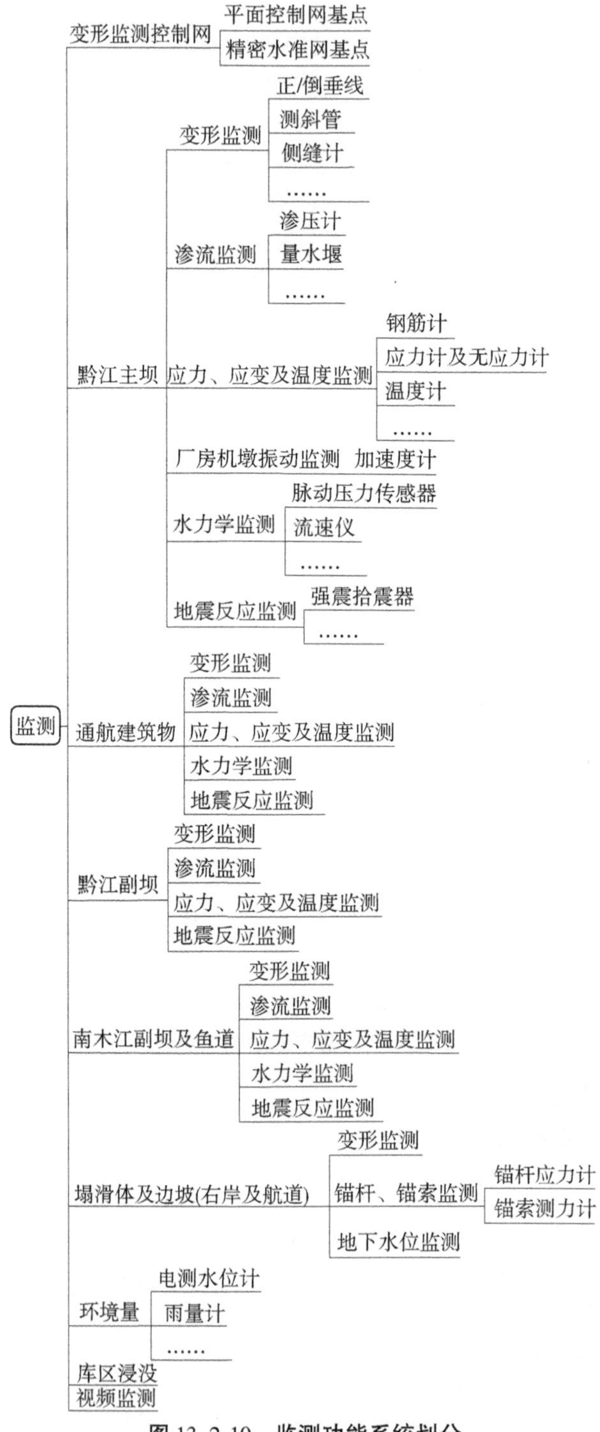

图 13.2-10 监测功能系统划分

13.2.3　建模规定

13.2.3.1　基本规定

(1)标高。本项目建模时可使用相对标高,以±0.000点为Z轴原点,监测和机电使用自己相应的相对标高。模型搭建完成后,应移至模型至绝对标高,以确保模型创建完成后与实际位置一致。

(2)“正北”和“项目北”之间关系。项目模型中轴网一般为“正北”方向,在进行模型组装时,需要注意“项目北”与“正北”的偏转角,即需依据设计图纸正确定位项目的地理位置和朝向。

(3)单位。一般项目模型,桩号单位为“千米+米(km+m)”,标高单位为“米(m)”外,其他默认单位为“毫米(mm)”。

(4)实施原则。按照枢纽工程建设内容,将工程模型分为若干分区,每个分区临时设定建模基点,高程采用坐标系的实际高程。

土建结构类模型基点应设置为构筑物的关键特征点,模型基点选择轴线交点,应在模型创建前设置完成。

分区模型建设完成后,以泄水闸建模原点为项目的整体坐标原点,其他区域模型根据与泄水闸原点的坐标关系进行总装,对项目的坐标原点赋予真实地理坐标系。

同分区的土建BIM模型、机电设备BIM模型与其他专业BIM模型应采用同一建模基准。项目过程中不可随意放置模型或修改基点,保证各自标段模型整合时能够对齐、对正。

13.2.3.2　模型精度要求

根据《数字孪生工程建设技术导则》要求,模型精度宜按对象划分为不同级别,对于工程土建、综合管网等,宜构建功能级模型单元(LOD2.0);对于闸门、发电机、水轮机等主要机电设备,宜构建构件级模型单元(LOD3.0)。模型应集成工程的几何信息和属性信息。

本工程建筑结构、综合管网构建功能级别(LOD2.0)的BIM模型。水机、电气、金结及暖通、消防、给排水的模型设备,构建构件级别(LOD3.0)的BIM模型。

根据数字孪生平台应用的对数据底板的需求,BIM模型精度可适当提高。

13.2.3.3　命名规则

1.模型文件名

模型文件命名主要考虑模型审核者或其他人员能够直观从中读取到模型的相关信息,如模型归属、专业、实施者、创建时间等,命名以尽量简洁易识别为原则,且尽量用对象名称首字母或数字代替,应进行字符位数限制,不宜超过60个字符。模型文件命名建议如下:

<项目代码>_<区域>_<专业代码>_【模型级别】_<建筑物名/系统名>_【桩号/编号】_【模型简述】_<作者/更新者>_<版本>

解释如下:

<必填项目>【选填项目】

<项目代码>——用于辨识不同项目,比如大藤峡水利枢纽工程可写为 DTXBIM。

<区域>——划分施工标段内不同区域的工作内容(黔江主坝-7$^{\#}$机组段)。

<专业代码>区分区域中各专业。

【模型级别】——项目总装、标段总装、区域总装、专业总装(当不是总装时,此命名层级忽略)。

<建筑物名/系统名>——按模型划分,分成建筑物及组成建筑物的部位或机电系统的划分(模型为总装时忽略)。

【桩号/编号】——用于识别模型文件水平方向的位置,可以为桩号/编号(模型为总装时忽略)。

【模型简述】——简单阐述模型内容,如房间命名(模型为总装时省略)。

<作者/更新者>——模型创建的人员姓名及模型更新人员姓名。

<版本>——用于区分因变更而产生的模型版本,采用版本号+日期方式。版本号按大写英文字母排序。

例:大藤峡黔江主坝#7 机组段主厂房下部结构

文件名:DTXBIM_黔江主坝#7 机组段_HS_主厂房下部结构_李 XX_A20220202

2. 模型构件名

向 BIM 模型中的构件赋予名称属性时,模型构件的命名原则是:构件类别(可选)-构件类型(必选)-构件名称(可选)-材质(必选)-构件尺寸(必选),构件名称应与设计资料一致。模型构件命名示例如表 13.2-3 所示。

表 13.2-3　模型构件命名示例

专业	构件类型	命名原则	示例
机电	风管	风管类型-材质-尺寸	矩形风管-镀锌-500×300
	水管	管道类型-材质-尺寸	热镀锌钢管-钢-DN100
	桥架	专业-样式-类型	EL-槽式-一次普通桥架
	设备	与设计图纸一致	与设计图纸一致

3. 模型材质名

向 BIM 模型中的构件赋予材质属性时,材质的命名分类清晰,符合行业规范,且便于查找,命名参考设置应由材质“类别”和“名称”的实际名称组成。赋予模型材质的贴图文件应符合材质特点。例如:混凝土-C30、混凝土-预制、金属-铝、玻璃-磨砂。

13.2.3.4　属性字段

为提高属性信息的使用效率,对属性信息分类设置,属性分类主要包括项目信息、身份信息、定位信息、结构信息、技术信息、建造信息、资产信息、维护信息 8 类。属性信息包括但不限于中文字段名称、编码、数据类型、数据格式、计量单位、值域、约束条件。《水利水电工程设计信息模型交付标准》(T/CWHZDA 0006—2019)中的模型属性分类见表 13.2-4。

表13.2-4　模型单元属性分类

序号	属性分类	分类代号	属性组代号	常见属性组	宜包含的属性信息
1	项目信息	PJ	PJ-100	项目标识	项目名称、编号、简称等
			PJ-200	建设说明	地点、阶段、建设依据、建筑物组成、坐标、交通、采用的坐标体系、高程基准、库容、工程效益指标、淹没损失及工程永久占地、特征水位等
			PJ-300	工程等别和建筑物级别	工程等级、库容,以及发电、供水、灌溉、防洪等指标
			PJ-400	技术经济指标	各类项目指标
			PJ-500	设计说明	各类设计说明
			PJ-600	建设单位信息	名称、地址、联系方式等
			PJ-700	建设参与方信息	名称、地址、联系方式等
2	身份信息	ID	ID-100	基本描述	名称、编号、类型、功能说明
			ID-200	编码信息	编码、编码执行标准等
3	定位信息	LC	LC-100	从属定位	项目所属的单位工程、分部工程、单元工程名称及其编号、编码
			LC-200	坐标定位	可按照平面坐标系统或地理坐标系统或投影坐标系统分项描述
			LC-300	占位尺寸	高程、长度、宽度、高、厚度、深度等
4	结构信息	ST	ST-100	结构尺寸	长度、宽度、高、厚度、深度等主要方向上特征
			ST-200	结构组成	主要组件名称、材质、尺寸等属性
			ST-300	关联关系	关联模型单元名称、编号、编码及关联关系类型
5	技术信息	TC	TC-100	设计参数	结构设计性能指标
			TC-200	技术要求	材料要求、施工要求、安装要求等
6	建造信息	CS	CS-100	土建施工信息	施工单位、监理单位、开工日期、完工日期、验收合格日期
7	资产信息	AM	AM-100	资产登记	资产登记信息
			AM-200	资产管理	资产管理记录
8	维护信息	FM	FM-100	巡检信息	巡检记录
			FM-200	维修信息	维修记录

结合表13.2-4信息及本工程不同专业的模型精度,模型数据如表13.2-5、表13.2-6所示。

表 13.2-5　土建模型数据

建(构)筑物信息	名称
	级别
	所属施工单位
	竣工时间
编码	区域码
	建筑物码
	高程码
	空间码
	专业码
	系统码
	构件/设备码
	团标编码
备注信息	

表 13.2-6　机电模型数据

构件/设备信息	名称
	材质
	技术信息
安装信息	制造商
	有效期
	……
编码	区域码
	建筑物码
	高程码
	空间码
	专业码
	系统码
	构件/设备码
	团标编码
资产信息	
维护信息	
备注信息	

13.2.3.5　建模及发布方法

（1）模型文件应保留建模软件原生数据文件格式，宜采用 DWG、DGN、PLN、RVT、CATPART、CATPRODUCT 等主流 BIM 数据文件格式。

（2）采用其他原生 BIM 数据文件格式，或在不同软件、系统之间进行数据传递，BIM 模型可保存为 DXF、3DX ML、IFC、STEP 等数据交换格式，选择的数据格式应能保证所要传递的数据完整、准确。

（3）建模依据标准应为项目竣工图，鉴于项目正在建设过程中，可采用施工图纸及变更文件建模。模型应根据施工过程的变更单及时更新维护，最终目标为竣工模型。

（4）各单位应按模型系统对负责模型进行拆分、分配建模工作，制订并提交各自的 BIM 执行计划，明确各自的建模责任及时间节点。

（5）模型成果文件应附带说明文件，说明文件可采用 SHP、XLS、XML 等格式提交。说明文件中应包含下列内容：

①模型创建时间、完成时间和更新时间。

②模型的创建人、审核人等信息。

③模型的所有权、使用权与密级说明。

④建模使用软件及版本和建模环境。

⑤建模所采用的局部坐标系原点对应的空间基准点坐标，以及平面坐标系统、高程系统。

⑥模型精度、细度情况说明。

⑦模型的拆分方法及引用参照关系。

⑧模型审核情况。

⑨模型用途限制。

⑩其他模型相关信息说明。

（6）模型完成后的轻量化发布及应用，与数字孪生工程平台及应用的建设同步进展。

13.2.4　三维建模

13.2.4.1　数字地形模型

测绘专业利用等高线、高程点等要素创建地面模型（见图 13.2-11、图 13.2-12），获得实际的三维地形模型，建立倾斜摄影模型。

13.2.4.2　倾斜摄影模型

采用无人机倾斜摄影或激光点云生产工程坝区优于 3 cm 分辨率、库区重点防护工程保护对象及下游影响区优于 5 cm 分辨率倾斜摄影模型（见图 13.2-13~图 13.2-15），并按要求进行单体化处理。更新频次根据工程运行管理需要确定。

13.2.4.3　数字地形模型

根据 BIM 设计方案建设枢纽工程坝址区域内（副坝）建筑物模型，机电设备及管道模型，金属结构、启闭机、监测设备模型，视频监控设备模型，库区内库区防护工程、库内堤防、库内监测设备设施、构筑物、机电金结等模型（见图 13.2-16~图 13.2-24）。

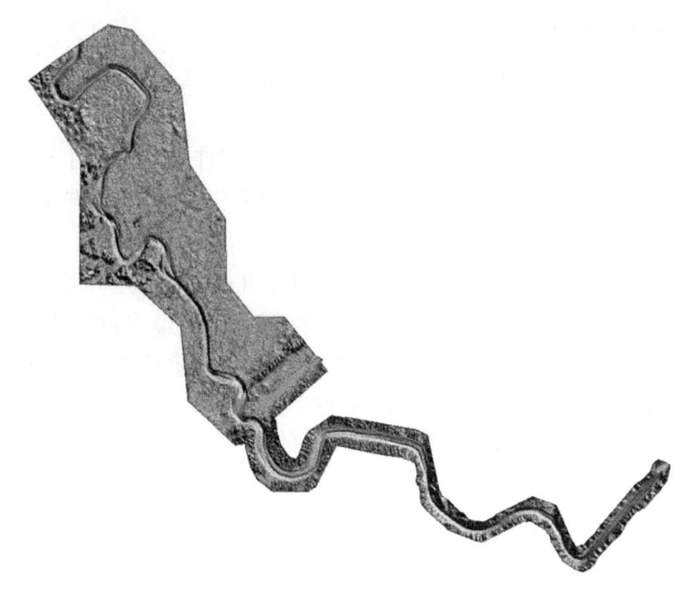

图 13. 2-11　库区防护区数字高程模型

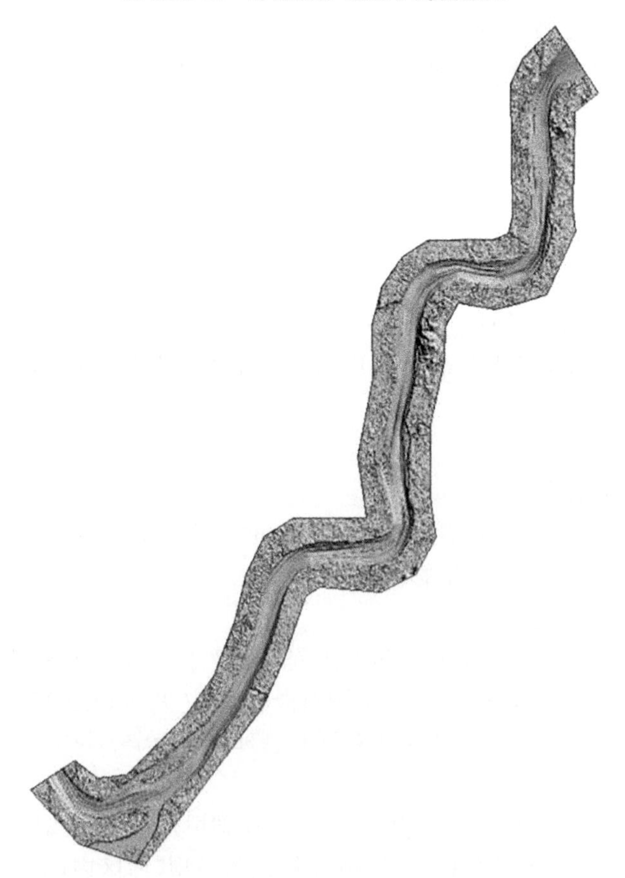

图 13. 2-12　坝址至江口段数字高程模型

图13.2-13　坝址区

图13.2-14　象州

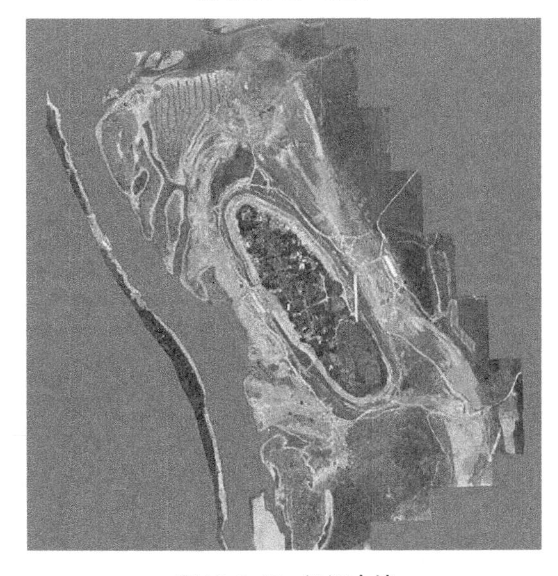

图13.2-15　运江古镇

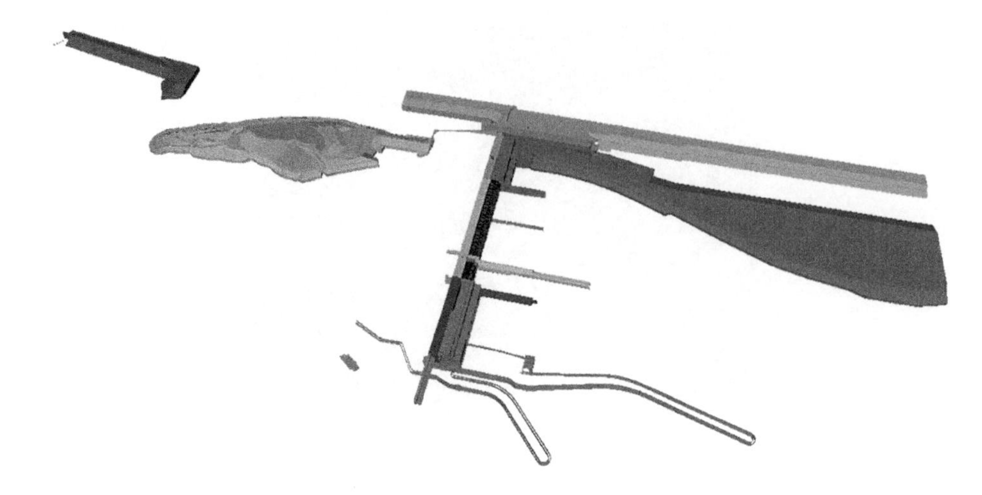

图 13. 2-16　坝址区单体化模型

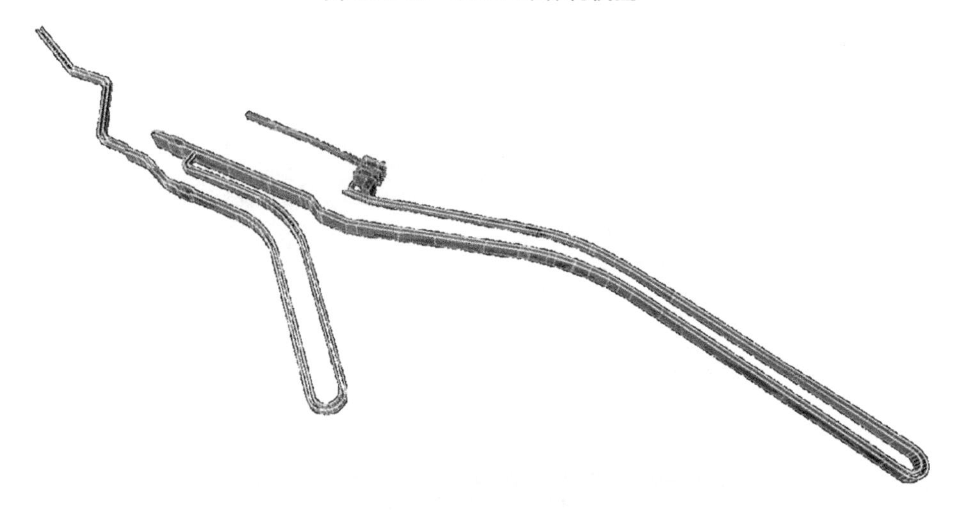

图 13. 2-17　主坝鱼道

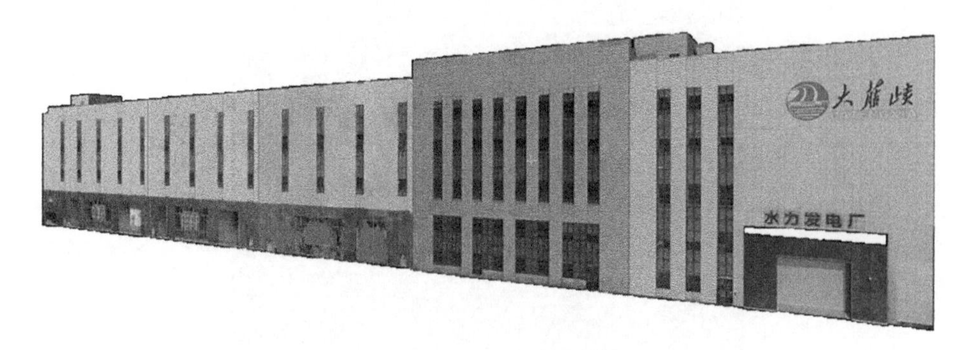

图 13. 2-18　左岸水力发电厂房

图13.2-19 观景台

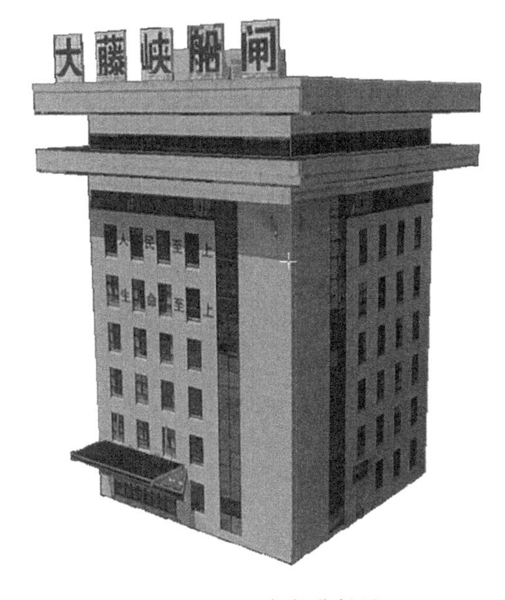

图13.2-20 船闸集控楼

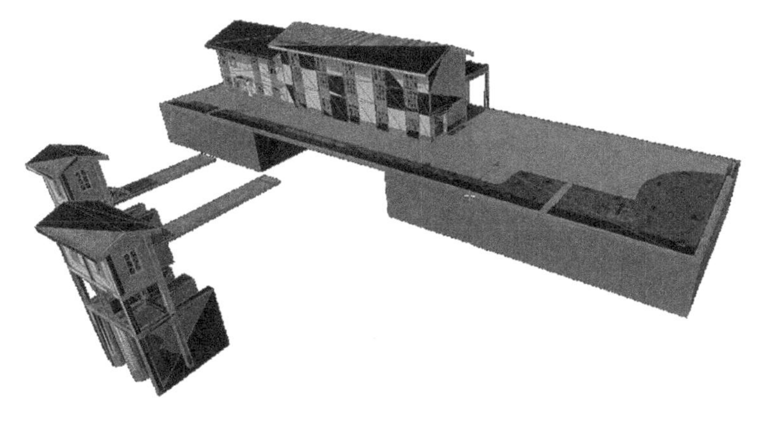

图13.2-21 马王沟排涝站

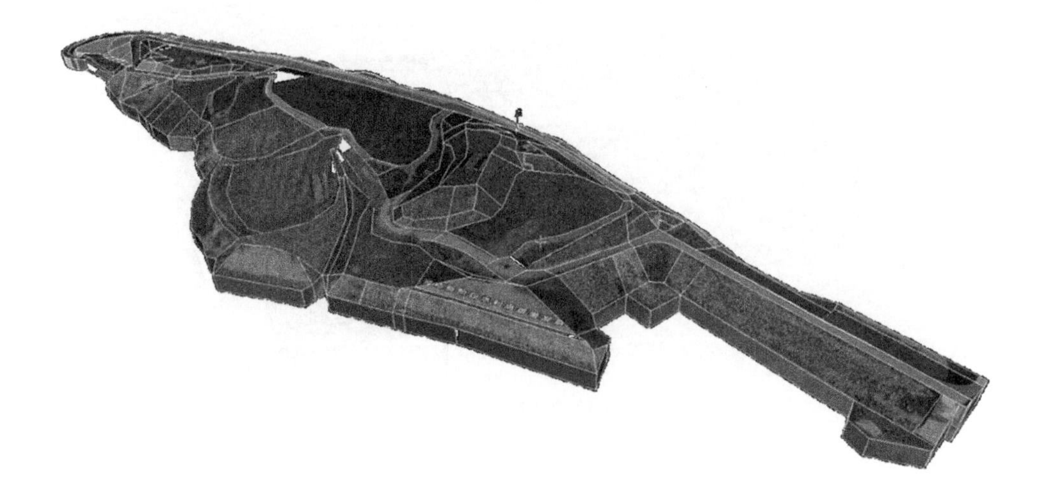

图 13. 2-22　龙珠岛

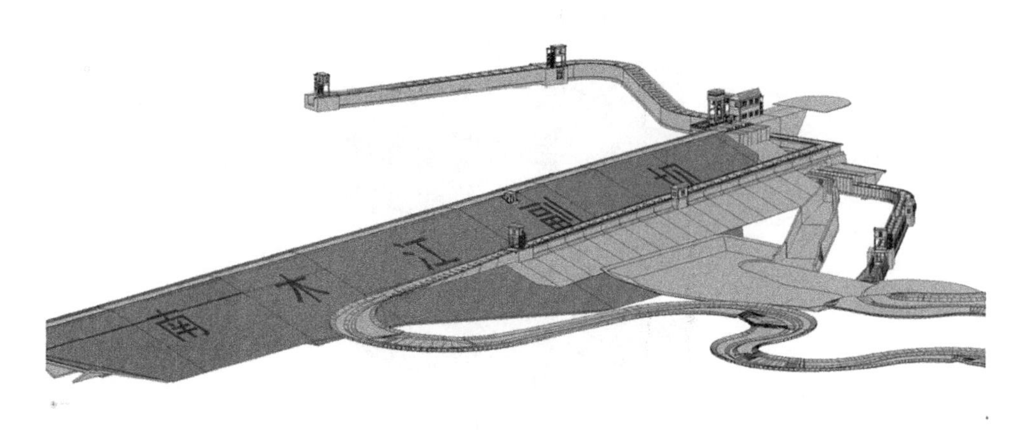

图 13. 2-23　南木江副坝

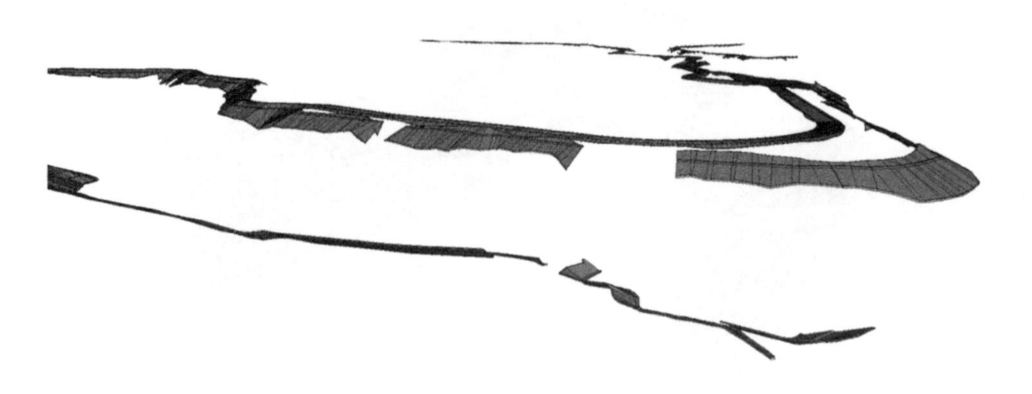

图 13. 2-24　堤防模型

参考文献

[1] 袁翱,胡屹,袁飞. BIM工程概论[M]. 成都:西南交通大学出版社,2017.

[2] 中国水利水电勘测设计协会. 水利水电BIM设计联盟行业BIM需求分析报告[R]. 2017.

[3] 王帅,崔峰,陈证钢,等. 基于BIM的水运工程地质三维设计系统开发与应用[J]. 水运工程,2021(6):200-205,237.

[4] 刘裬頠. 铁路站场BIM设计系统关键技术研究[J]. 铁道工程报,2022,39(6):84-89.

[5] 杨立刚,蔺志刚,郑会春. 基于CATIA Automation的锚杆自动化布设技术研究[J]. 人民黄河,2021,43(10):157-160.

[6] 刘全,游川,王浩. 基于CATIA二次开发的拱坝施工单元建模及属性提取[J]. 中国农村水利水电,2022(12):193-199,205.

[7] 李泽鑫. 利用Civil 3D提高复杂边坡处理的设计效率及准确性[J]. 广西水利水电,2018(5):18-22.

[8] 姬宏奎,张楠. GEOPAK在开敞式溢洪道三维开挖设计中的应用[J]. 水科学与工程技术,2015(6):78-80.

[9] 苏莹莹. GEOPAK软件在奋斗水库三维设计开挖中的应用[J]. 黑龙江水利科技,2014,42(4):41-42.

[10] 石俊杰,周奕琦,臧海荣,等. BIM技术在上海横沙岛集约化供水工程中的应用研究[J]. 灌溉排水学报,2016,35(增刊2):134-136.

[11] 付登辉. 基于CATIA石沟水库重力坝三维设计[J]. 陕西水利,2019(7):148-152.

[12] 傅志浩,吕彬. 基于ABD平台的水工结构VBA二次开发研究[J]. 人民珠江,2018,39(2):55-59.

[13] 王国光,李成翔,陈健. GeoStation地质三维系统图件自动编绘方法研究[J]. 水力发电,2014,40(8):69-71,85.

[14] 谢先当,刘厚强,翟连吉. 基于Bentley平台的铁路路基BIM正向设计研究[J]. 铁路技术创新,2020(4):43-49.

[15] 刘彦明. 基于Bentley平台的铁路桥梁构件参数化建模研究[J]. 铁路技术创新,2016(3):36-40.

[16] 刘廷. 基于Microstation平台和DEM的横断面提取方法研究[J]. 水利规划与设计,2017(3):54-57.

[17] 吕彬,傅志浩,黄殷婷,等. 基于Microstation平台土石坝三维模型创建方法研究与应用[J]. 人民珠江,2024,45(增刊1):212-219,225.

[18] 吕彬,傅志浩,邱浩扬,等. 高程灰度图和地形影像图融合的地形模型创建方法研究[J]. 人民珠江,2024,45(增刊1):232-238,283.

[19] 吕彬,傅志浩. BIM模型三维出图关键技术研究与应用[J]. 水电能源科学,2024,42(6):78-82.

[20] 吕彬,傅志浩. 基于Microstation平台的水利水电工程三维开挖设计软件开发与应用[J]. 人民珠江,2021,42(11):16-23,52.

[21] 傅志浩,吕彬,杨楚骅,等. 基于IFC的水利水电工程信息扩展实现与应用[J]. 人民珠江,2021,42(11):8-15.

[22] 杜成波. 水利水电工程信息模型研究及应用[D]. 天津:天津大学,2014.

[23] 中国水利水电勘测设计协会. 水利水电工程信息模型分类和编码标准:T/CWHIDA 0007—2020[S]. 北京:中国水利水电出版社,2020.

[24] 中华人民共和国交通运输部. 水运工程设计信息模型应用标准:JTS/T 198-2—2019[S]. 北京:人民交通出版社股份有限公司,2019.

[25] 中国水利水电勘测设计协会.水利水电工程设计信息模型交付标准:T/CWHIDA 0006—2019[S].北京:中国水利水电出版社,2019.

[26] 中华人民共和国住房和城乡建设部,中华人民共和国国家质量监督检验检疫总局.建筑信息模型分类和编码标准:GB/T 51269—2017[S].北京:中国建筑工业出版社,2017.

[27] 郑聪.基于BIM的建筑集成化设计研究[D] 长沙:中南大学,2012.

[28] 中国水利水电勘测设计协会.水利水电工程信息模型设计应用标准:T/CWHIDA 0005—2019[S].北京:中国水利水电出版社,2019.

[29] 深圳市住房和建设局.深圳市城市轨道交通工程BIM应用指南[R].2023.

[30] 贵州省水利水电勘测设计研究院．贵州省普安县五嘎冲水库工程初步设计报告[R].2013.

[31] 中交水运规划设计院有限公司,中水珠江规划勘测设计有限公司．江西省界牌航电枢纽船闸改建工程初步设计报告[R].2018.

[32] 中水珠江规划勘测设计有限公司．海南省南渡江迈湾水利枢纽工程初步设计报告[R].2019.

[33] 中水珠江规划勘测设计有限公司．广西百色水利枢纽通航设施工程初步设计报告[R].2021.

[34] 黄河勘测规划设计有限公司．海南省三亚西水中调工程初步设计报告[R].2017.

[35] 中水东北勘测设计研究有限公司,中水珠江规划勘测设计有限公司.大藤峡水利枢纽工程初步设计报告[R].2015.